U0213963

岩土锚固与喷射混凝土支护工程
设计施工指南

程良奎　范景伦　李成江　康红普　张孝松 等　编著

中国建筑工业出版社

图书在版编目（CIP）数据

岩土锚固与喷射混凝土支护工程设计施工指南/程良
奎等编著. —北京：中国建筑工业出版社，2019.9
ISBN 978-7-112-23866-8

Ⅰ. ①岩… Ⅱ. ①程… Ⅲ. ①岩土工程-锚固-
指南 ②喷射混凝土支护-工程施工-指南 Ⅳ. ①
TU753.8-62②TD353-62

中国版本图书馆 CIP 数据核字（2019）第 121249 号

本书是对《岩土锚杆与喷射混凝土支护工程技术规范》GB 50086—2015 的解
读、延伸和深化。全书共包括：第一章 总述；第二章 预应力岩土锚杆（索）；第
三章 低预应力锚杆与非预应力锚杆；第四章 喷射混凝土；第五章 隧道及大型洞
室的锚喷支护；第六章 煤矿巷道锚杆支护；第七章 边坡锚固；第八章 深基坑锚
固；第九章 基础锚固；第十章 混凝土坝的锚固；第十一章 岩土锚杆与锚固结构
的长期性能与安全评价等内容。

* * *

责任编辑：张伯熙
责任设计：李志立
责任校对：姜小莲

岩土锚固与喷射混凝土支护工程
设计施工指南
程良奎 范景伦 李成江 康红普 张孝松 等 编著

*

中国建筑工业出版社出版、发行（北京海淀三里河路 9 号）
各地新华书店、建筑书店经销
霸州市顺浩图文科技发展有限公司制版
北京圣夫亚美印刷有限公司印刷

*

开本：787×1092 毫米　1/16　印张：36½　字数：906 千字
2019 年 9 月第一版　2019 年 9 月第一次印刷
定价：**96.00** 元
ISBN 978-7-112-23866-8
（34176）

前　言

在土木、建筑、水利及矿业工程中，有一个正在迅猛发展的工程技术体系，这就是岩土锚杆、喷射混凝土和锚固结构技术。基于这门技术是以最大限度地挖掘、保护、利用和发挥岩土体的固有强度与自承能力为理论基础和实践依据的，因而其在工程建设中显示出旺盛的生命力和重大的影响力，已在国内外的隧道、大型洞室、地下空间、边坡、桥梁、大坝、深基坑、受拉基础及结构抗浮等工程中获得广泛应用。

《岩土锚固与喷射混凝土支护工程设计施工指南》（以下简称为《指南》）是对我国国家标准《岩土锚杆与喷射混凝土支护工程技术规范》GB 50086—2015进一步的诠释、解析、延伸和深化。其主要内容包括：岩土锚杆与喷射混凝土和锚固结构的基本理论、工作特性、设计、稳定性分析、工程材料、施工技术、试验、监测、长期工作性能与工程应用。本《指南》可供土木、水利、建筑和矿业工程界专业科技人员阅读使用，也可供相关高等院校师生及相关科研单位研究人员阅读参考。

本《指南》共分十一章内容，各章内容编著分工如下：第一章由程良奎编著，第二章由程良奎、范景伦编著，第三章由程良奎编著，第四章由程良奎、范景伦编著，第五章由程良奎、张孝松、张志波编著，第六章由康红普、姜鹏飞编著，第七章由李成江、范景伦编著，第八章由许建平、杨志银编著，第九章由柳建国、张智浩编著，第十章由程良奎、张培文编著，第十一章由程良奎、孙映霞编著。全部书稿由程良奎、范景伦负责复校和统稿。

在《指南》编著过程中，得到了中冶建筑研究总院有限公司、中国京冶工程技术有限公司、中国电建集团中南勘测设计研究院有限公司、北京中岩大地科技股份有限公司、北京方圆恒基岩土工程技术有限公司白雪峰、北京健安诚岩土工程有限公司、上海贝卡尔特-二钢有限公司、浙江聚能岩土锚固研究有限公司、四川中良建筑工程有限公司、无锡金帆钻凿设备股份有限公司、郑州市兰瑞工程材料有限公司、巩义市豫源建筑工程材料有限责任公司、苏州市能工基础工程有限责任公司、杭州图强工程材料有限公司王勇、温州市基础工程有限公司李绍闻、杭州富阳科盾预应力锚具有限公司等单位或个人的技术（提供了相关资料、图片等）支持，对此谨向他们表示深切的感谢。

目　　录

第一章 总 述

半个多世纪以来，岩土锚杆、喷射混凝土和锚固结构在国内外的土木、水利、建筑及矿业工程中得到空前广泛和迅猛的发展。岩土锚杆与锚固结构既是一门新兴的能充分挖掘和利用岩土体潜能的工程结构学科，也是隧道、大型洞室、地下空间、边坡、深基坑、桥梁、大坝和受拉基础等工程建设中具有重大影响力和不可缺失的工程技术体系。

岩土锚杆、喷射混凝土和锚固结构，能主动调用岩（土）体的自身强度和自稳能力，其设计新颖、结构轻型、显著减少工程材料的使用，施工快速高效，在提高工程结构的稳定性和经济性等诸多方面，均具有明显的优势，是传统被动的支挡结构和重力结构所无法比拟的，并在国内外的工程建设中显示出勃勃生机，因此具有广阔的发展前景。

为了适应我国国内及"一带一路"沿线土木建筑工程蓬勃发展的需要，大力发展岩土锚杆与锚固结构工程技术是十分必要的。新修订的国家标准《岩土锚杆与喷射混凝土支护工程技术规范》GB 50086—2015（以下简称为 GB 50086—2015）已于 2016 年 2 月 1 日正式实施。而《岩土锚杆与喷射混凝土支护工程设计施工指南》（以下简称《指南》）就是对 GB 50086—2015 的进一步诠释、解析、延伸和深化。希望广大专业科技人员能从本书中受益，更好地领会和掌握 GB 50086—2015 规范的内涵与要领，共同为推动岩土锚杆与锚固结构工程技术的发展而不懈努力。

本《指南》共有十一章，包括：岩土锚杆、喷射混凝土与锚固结构的基本理论、力学概念、工作性能、设计、稳定性分析、施工、试验、监测与工程应用等内容。

（1）预应力锚杆（索）是锚固结构的基本要素，其工作性能的长期稳定性决定着锚固结构的长期稳定性。《指南》第二章主要阐述了预应力锚杆（索）的基本理论、力学作用、锚杆类型、设计方法、材料、施工、试验与监测，并较为深入地分析了预应力锚杆（索）的荷载传递机制、岩土锚固系统的整体稳定性、腐蚀与防护、锚杆徐变与初始预应力的变化和重复荷载与地震效应对锚杆工作性能的影响等问题。

国内外的专家学者普遍认为，被欧洲人称为单孔复合锚固（SBMA）体系的荷载分散型锚杆（索）是 20 世纪 80 年代以来，岩土锚固技术领域的重大突破。理论分析与工程实践表明：在土层与软岩中应用这种岩土锚固体系，可显著提高锚杆的抗拔承载力。在同时增加锚杆锚固长度和单元锚杆数量的条件下，锚杆的抗拔承载力随锚固长度的增加而成比例地提高。由于沿锚固段长度粘结应力分布均匀，可大幅度减少应力集中及初始预应力的损失，使锚索长期保持其力学稳定性。为此，本章还着重介绍了压力分散型锚杆的工作原理、基本特征、设计施工及工程应用。

（2）在隧道、洞室开挖工程领域，岩土锚杆、喷射混凝土和监控量测被认为是新奥法（NATM）的三大支柱。早在 20 世纪 50 年代，新奥法的创始人 Rabcewicz 等人就在他们提出的隧洞支护经验设计法则中说明：岩土锚杆一般应施加预应力。此后，美国陆军工程兵部队所制定的详细的隧洞锚固支护设计法则中，也将岩石锚杆的长度、间距和预应力作为检验锚杆品质的三项基本指标。我国国标 GB 50086—2015 中也明确指出：隧道、洞室工程中的系统锚杆应当是低预应力的或以低预应力为主的锚固体系。国内外的历史经验已经证明低预应力（张拉）锚杆是岩石隧道、洞室现代支护体系的核心，轻视和排斥张拉锚杆，就有可能退回到隧洞围岩与支护相分离的老路上去。

《指南》第三章分析揭示了低预应力（张拉）锚杆与非预应力（非张拉）锚杆在作用机理、工作特性和工程效果方面的本质区别，并阐述了端头机械锚固型、端头粘结料（快硬水泥或树脂）锚固型和全长摩擦锚固型等三类低预应力锚杆的构造形式、力学效应、工作特性及使用范围。必须指出，对于围岩地质和工作条件差异显著的隧洞工程，选择工作特性最适宜的低预应力锚杆形式是极为重要的。

（3）在地下工程和边坡工程中，喷射混凝土作用的及时性、粘结性、整合性和柔性等工作特性，使它成为"岩土—锚喷支护"共同工作的结构体系中不可缺失的重要组成部分。在岩体地质和工程条件适宜时，喷射混凝土仅配置钢筋网或掺入钢纤维，就可维护隧洞及边坡稳定。喷射混凝土不仅适用于隧道、洞室、边坡和基坑支护，在工程结构补强加固和造型奇特新颖的薄壁结构的建造方面，也显示出独到的功效和诱人的魅力。

《指南》第四章阐述了喷射混凝土的支护理论、力学作用、工作性能、基本类型、组合材料性能、施工技术、质量检验方法与工程应用。本章还重点介绍了能显著改良喷射混凝土性能的钢纤维、硅粉等材料的特性与工程应用。对湿拌法与干拌法喷射混凝土的力学性能及各自的优点、特点与适用条件作了客观的评价。对于大型隧道、洞室而言，无疑应优先采用和发展湿拌法喷射混凝土，但纵观喷射混凝土技术及其应用全局，干拌法也有其独特的应用领域和发展空间。可以预见，湿拌法与干拌法喷射混凝土长期并存、共同发展的格局是不会被改变的。

（4）地下隧道和洞室是岩石锚固与喷射混凝土最早应用的领域之一，也是当今世界各国锚喷支护应用最为广泛的工程领域。系统的张拉（低预应力）锚杆、喷射混凝土以及必要时施加的预应力锚索与围岩紧密地联锁固结在一起，形成共同工作的岩石拱（环）结构体系，几乎完全取代了传统的钢木支架与现浇混凝土衬砌。

这种新型的"围岩—支护"融为一体，构成不可分割的锚喷结构体系，是以最大限度地挖掘、保护、利用和发挥围岩的固有强度和自承能力为理论基础和实践依据的，因而与传统的被动支撑结构相比，不仅施工快速高效，能最有效地利用时空效应保障隧洞施工安全，而且作为与围岩紧密结合、共同工作的永久性支护体系，也更为安全和经济。

《指南》第五章论述了地下隧道洞室锚喷支护的基本理论、工作特性、设计方法与应用技术，并用较大篇幅介绍了国内外大跨度高边墙洞室的锚喷支护体系的设计、施工、检测等方面的技术经验，列举了国内外一些典型的工程实例。此外，还指出当前我国部分公路、铁路隧道支护体系的设计与实施存在背离现代支护技术的倾向，对此倾向应当加以扭转和改进。

《指南》第六章介绍了适应我国煤矿巷道围岩地质和工作条件特点要求的煤系软岩锚固体系，主要内容包括：预应力锚固支护理论、设计方法、支护材料与构件、施工工艺以及监测技术，简述了有代表性的煤矿巷道应用锚杆支护的实例。

（5）边坡的稳定性一般受到剪切面以上岩土的自重产生的切向力以及坡体上其他荷载和渗透水或滞留水压力的威胁。为保持边坡的稳定性，最优的选择是采用系统布置的预应力锚杆（索），穿过剪切面，将剪切面以上不稳定的岩土体与下方稳定的岩土体紧固和锁定为一体的结构形式。预应力锚固最显著的一个特征是：它能在边坡开挖后，在岩石裸露时间最短和裸露面积最小的条件下，迅速主动地对边坡滑移面或破坏面施加足够的锚固抗力，使之与作用在破坏面上的所有力系相平衡，并具有足够的安全度。它还具有提高岩体剪切面或破坏面的抗剪强度，改善锚固范围内岩土体应力状态的作用，从而可以进一步提高岩土边坡的长期稳定性。

《指南》第七章论述了边坡破坏形式与锚固边坡的基本原则，锚固边坡设计计算理论与方法。阐述了边坡浅层加固与面层防护，锚固边坡的施工、试验与监测，还介绍了国内外一些锚固边坡的工程实例。

（6）在宽度较大的深基坑工程中，挡土结构采用预应力锚杆（索）背拉锚固与内支撑相比，具有多方面的优点：如，锚杆施工能与土方开挖平行进行，能为机械化施工及地下空间建造提供宽敞无阻的作业面，极大地加快了工程建设速度。随着后高压灌浆型锚杆及荷载分散型（包括可拆芯回收式）锚杆等新型锚杆技术的开发与应用，可使土层锚杆的承载力大幅度增长，提高锚拉支挡结构体系在软土地层中应用的适应性，也克服了锚杆超越工程红线的难题。

近几十年来，随着我国城市建设的发展，高层建筑大量新建，深大基坑数量越来越多，使得基坑锚固技术在我国得到空前的发展。《指南》第八章阐述了深基坑锚拉桩（墙）结构的设计与计算、稳定性验算、施工工艺及工程应用，还介绍了基坑土钉墙与复合土钉墙的设计及应用。

（7）建（构）筑物的基础，并不都是承受压力荷载的，在许多情况下，如动力线路的基础、高架管道的支座及类似的高耸结构的基础，主要承受由结构顶部水平力产生的倾覆力矩的作用；拱桥和拱形结构的基础，主要承受切向力并应有抵抗沿基底滑移的能力；埋置深度较大的低洼结构物（如地下室和大坝的消力池等）的基础，则要受到水浮力的作用。对于上述这些结构物的基础，传统的方法是依靠增加基础自重来保持其稳定。这样势必要大量开挖地层，增大基础体积。这通常是不经济的，甚至是不可行的。

采用预应力锚杆（索）技术，将基础与稳定地层锚固在一起，锚杆不仅能提供足够的抗力，有效控制基础的变形，确保锚固基础的稳定，而且可使基础体积大大减小，工程成本显著降低。这类锚固基础在国内外已获得广泛应用。

《指南》第九章阐述了承受切向力、倾覆力矩的基础锚固及地下结构抗浮锚固的设计及应用技术，并给出了国内外一些相关工程的应用实例。

（8）理论分析和大量的工程实践表明：采用高承载力（最高承载力设计值可达 10MN 以上）的预应力锚固体系，可以显著提高大坝的抗倾倒、抗滑移和抗地震的稳定性，从而明显地减小坝体结构物体积和降低工程成本。大坝的锚固荷载能够被监测，也可重复施加荷载，具有鲜明的安全性、经济性和灵活性。

据不完全统计，在过去的 60 年中，全世界约有 700 余座混凝土重力坝与拱坝（不包括坝基加固的大坝）的加高、加固或新建，成功地采用了高预应力锚固技术。这说明锚固混凝土坝结构的设计和应用，已进入相当成熟的阶段。

《指南》第十章论述了预应力锚索对混凝土坝的力学作用与锚固混凝土坝的稳定性，提出了锚固混凝土坝的设计施工原则与技术要点；简述了美国、澳大利亚、德国、英国

（苏格兰）、阿尔及利亚、中国、南非等国家 15 座锚固混凝土坝的坝体规模、基岩条件、锚杆结构、防腐技术和使用效果等内容，并详细介绍了其中 9 座锚固混凝土坝在锚杆的设计、防腐保护、施工技术、质量控制、性能试验和长期监测等方面的技术经验。

（9）岩土锚杆良好的长期性能是锚固结构物长期稳定和持续正常工作的基本保证。

《指南》第十一章介绍了国内外包括大坝、边坡、地下洞室、船坞、挡土结构等 24 项锚固结构的长期性能状况，分析了影响岩土锚杆与锚固结构稳定性的主要因素；并重点研究分析了英国普利茅斯德文波特核潜艇船坞锚固结构长期性能严重恶化、英国泰晤士河一处锚固桩墙码头在使用 21 年后出现锚拉桩墙突然倒塌等 4 项工程的病害特征及其原因分析和处治方法，提出了提高岩土锚杆与锚固结构长期性能的途径与方法。

本章还阐述了岩土锚杆与锚固结构的安全评价体系，锚固结构危险源的识别，提出了锚固结构安全工作的临界技术指标和病害治理方法。

当前，在我国辽阔的土地上，土木、水利、建筑工程建设蓬勃发展、规模空前，为推进岩土锚固技术创新提供了前所未有的良好机遇，同时也提出了许多新的更具有挑战性的难题。我们应当珍惜这一大好时机，在了解我国岩土锚杆与锚固结构技术领域取得巨大成就的同时，也应清醒地看到，面对错综复杂的工程建设要求，面对英国、美国、澳大利亚、德国、日本等岩土锚固技术强国，我们在岩土锚固领域的某些方面，如高承载力锚固体系、锚杆荷载传递机制、高性能的施工机具与工程监测技术、锚杆的腐蚀与防护、锚杆的长期性能以及适应复杂与特殊环境条件（动载、地震、岩爆、高挤压、高承压水地层和海洋环境等）的岩土锚杆形式与锚固方法等方面的科技水平与应用实践，仍存在着不足和差距。我们要努力拼搏、勇于创新、奋力前行，不断创造高水平的科技成果，使我国的岩土锚杆与锚固结构技术有更大的跨越和提升，以适应飞速发展的工程建设的需要。

第二章　预应力岩土锚杆（索）

第一节　概　　述

预应力灌浆型地层锚杆（索）是安设于岩层或土体中用来将施加的张拉力传至地层中的一种结构构件。灌浆的岩土锚杆可简称为岩土锚杆。

灌浆的地层锚杆的基本组成部分包括：

（1）锚头系统；

（2）杆体无粘结段（自由段）；

（3）杆体粘结段（锚固段）。

预应力灌浆型岩土锚杆的组成见图2-1-1。包括锚头、承压板和过渡管在内的锚头系统，具有将施加于锚杆筋体（钢绞线或钢筋）上的预应力传至地层表面或支承构筑物的作用。杆体非粘结段则具有借助在张拉过程或锁定后筋体的自由弹性伸长，将杆体粘结（锚固）段的抗力传递给支承构筑物的作用。杆体粘结段借助水泥浆体使锚杆筋体与地层紧密粘结，则具有将施加的张拉力传递给地层的作用。

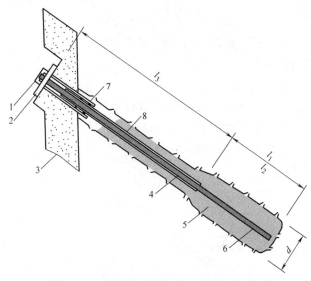

图 2-1-1　预应力灌浆型岩土锚杆的组成

1—锚头；2—承压板；3—墙体；4—非粘结杆体；5—锚固灌浆体；6—粘结杆体；
7—过渡管；8—筋体外套管；d—锚杆直径；l_1—杆体粘结段；l_2—锚杆粘结段；
l_3—非粘结长度

完整的锚杆杆体包括预应力钢绞线或钢筋、防腐保护装置、筋体用套管、对中装置和定位器，但不包括灌浆体。非粘结段筋体用套管一般是一种平滑的管，它可以防止非粘结段预应力筋体的腐蚀。预应力锚杆粘结段筋体则常用波形管防腐，而且筋体与波形管间的空隙必须用水泥浆填充紧实，以保证张拉力完全传递给地层。杆体对中装置，可以使杆体周边获得规定的浆体保护层厚度。

第二节　锚杆的力学作用

1. 阻止地层的剪切破坏

在边坡开挖过程中，当潜在滑体沿剪切面的下滑力超过抗滑力时，就会出现沿剪切面的滑移和破坏。在坚硬岩体中，剪切面多发生在断层、节理、裂隙等软弱结构面处。在土层中，砂质土的滑移面多为平面状，黏性土的滑移面则呈圆弧状，有时也会出现沿上覆土层和下卧岩层的临界面滑动的情况。

为了维护边坡的稳定，传统的方法是大量削坡，直至达到稳定的边坡角；或是设置桩墙支挡结构。在许多情况下，这些方法往往是不经济的或不可能实现的。

采用预应力锚杆锚固边坡，能提供需要的足够的抗滑力（图 2-2-1），并能提高潜在滑移面上的抗剪强度，还能实现逆作法施工，有效地阻止边坡的位移，确保边坡的长期稳定。在土层和强风化岩体中，边坡的稳定性分析常用条分法求解，安设预应力锚杆后边坡的稳定安全系数可用下式求得：

$$K = \frac{f(\sum \Delta N + P_n) + \sum c \cdot \Delta L}{\sum \Delta T \pm P_t} \tag{2-1}$$

式中　ΔN——作用在一条剪切面上的重量 G 的垂直分力；

　　　f——剪切面的摩擦系数，可用 $\tan\varphi$ 结果计算；

　　　c——剪切面的黏聚力；

　　　ΔL——一条剪切面的宽度；

　　　ΔT——作用在一条剪切面上重量 G 的切向分力；

　　　P_n——预应力锚杆作用力的垂直分力；

　　　P_t——预应力锚杆作用力的切向分力；

　　　K——安全系数。

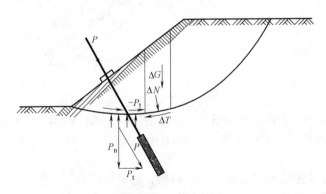

图 2-2-1　预应力锚杆对边坡稳定的作用

在岩体中，由于岩石结构及软硬程度存在显著的差异，岩石边坡可能出现不同的失稳和破坏模式，如滑移、倾倒、转动破坏或软弱风化带剥蚀等。锚杆的安设部位和倾角应当最有利于抵抗边坡的失稳或破坏，一般锚杆轴线应与岩石主结构面或潜在滑动面呈大角度相交。

2. 控制地下隧道、洞室围岩变形和防止塌落

地下开挖会扰动岩体的原始平衡状态，导致岩石的变形、松散、破坏甚至塌落。长期以来沿袭采用的木、钢支架和混凝土衬砌，完全依赖结构的自身强度被动地承受围岩的松散压力，以维护隧道、洞室的稳定。采用这类传统支护，尽管要花费大量工程费用，但基于自身的施工作业迟缓、围岩与支护相分离等固有弱点，支护结构的破坏与围岩的塌冒常常是难免的。

岩石锚杆、特别是预应力岩石锚杆与喷射混凝土相结合的支护体系（图 2-2-2）能主动加固围岩，提高围岩结构面的抗剪强度，保持岩块间的咬合镶嵌效应；能有效地提供径向抗力，使开挖后的岩石尽快避免出现单轴或两轴应力状态，以保护围岩的固有强度；可改善围岩的应力状态，锚杆与围岩紧锁在一起、共同工作，形成加筋的岩石承载环（拱），它不仅有足够的自承能力，还能阻止深部岩石的松动，显著改善隧道洞室的稳定性。对于大跨度、高边墙洞室，则可采用承载力 1000～2000kN 的预应力锚杆，有效地抑制深部危岩的滑移和塌落。

岩石锚杆作为新奥地利隧道施工法（NATM）的三大支柱之一，其功能是充分发掘围岩的自承与自稳能力，使围岩由荷载物转化为支护承载结构的主要组成部分，能以较小的支护抗力，经济有效地维护地下隧洞的稳定。

3. 抵抗结构物的竖向位移

对于水池、车库、水库、船坞等坑洼式结构物，当地下水浮力大于结构物自重及永久荷载时，将导致结构物上移、倾斜和破坏，因此在结构设计上必须采取抵抗竖向位移的设施。传统的方法是采用压重法，即加厚结构物的尺寸，但这会使结构物基底进一步下降，从而又增大了上浮力，因而增大结构工程量的作用又会部分地被增大体积所排开的水的浮力所抵消，同时基底的加深会造成基坑工程量的剧增，这是很不经济的。

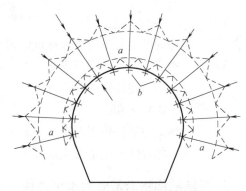

图 2-2-2 用均布的预应力锚杆锚固岩石隧洞
a—锚固的岩石承载拱（环）；b—预应力锚杆

采用预应力锚杆，通过锚具将锚杆顶端锁定在混凝土底板上，锚杆的底端（锚固段）则锚固在稳定的地层中，控制结构上浮变形的能力强，结构物整体稳定性好。特别是采用压力型或压力分散型锚杆，杆体为无粘结钢绞线，灌浆体受压，不易开裂，可形成多道防腐保护，显著提高锚杆的耐久性。用于抵抗地下水浮力的预应力锚杆的设计，除应验算锚杆的抗拔承载力及锚杆筋体的抗拉承载力是否满足要求外，还应按式（2-2）验算在地下水浮力作用下结构物—锚杆—包围的土体共同工作的整体稳定性（图 2-2-3）：

$$K = \frac{W + G}{F} \tag{2-2}$$

式中　W——基础的抗浮锚杆包围范围内土体的重量，计算时采用浮重度；

　　　G——结构自重与其他永久荷载之和；

　　　F——地下水浮力，$\gamma_w \cdot h \cdot L$；

　　　K——结构物抗浮的稳定安全性系数。

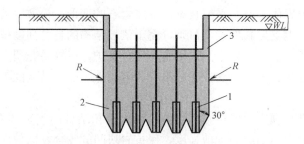

图 2-2-3　抵抗水浮力的结构稳定性

1—预应力锚杆；2—锚杆包围范围内的土体；3—结构物

4. 抵抗倾倒

用预应力锚杆群将重力坝与基岩紧紧地锁固在一起，形成共同工作体系，锚杆预应力作用点可位于距坝体转动边最大距离处，这就能以较小的锚固力，产生较大的抗倾覆力矩，维护坝体的稳定。锚固坝体抗倾覆所需的预应力锚杆受拉承载力 T 可按式（2-3）计算确定（图 2-4）：

$$T = \frac{KT^+ - M^-}{t_p} \tag{2-3}$$

式中　T——锚固的混凝土重力坝抵抗倾覆所需预应力锚杆的受拉承载力；

　　　M^+——预应力锚杆锚固前坝体上的正弯矩（倾覆力矩）之和；

　　　M^-——预应力锚杆锚固前坝体上的负弯矩（抗倾覆力矩）之和；

　　　t_p——预应力锚杆作用点至坝体旋转边间的距离；

　　　K——坝体抗倾覆稳定安全系数。

5. 抵抗结构物沿基底的水平位移

坝体等结构对水平位移的阻力在很多情况下是由其自重决定的。除自重外，水平方向的稳定也依靠基础底平面的摩擦系数。结构抵抗沿基底面剪切破坏的安全系数可由式（2-4）求得：

$$K = \frac{Nf}{Q} \tag{2-4}$$

式中　K——剪切破坏安全系数；

　　　N——垂直作用于基础底面的力的总和（kN）；

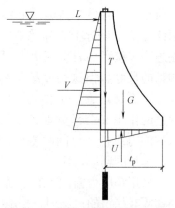

图 2-2-4　预应力锚杆锚固坝体
的抗倾覆稳定性

L—冰压力；V—水压力；U—上浮力；
G—坝静重；T—锚杆力；
t_p—锚杆力作用点至坝体旋转边的距离

　　Q——使结构产生水平位移的平行于基础底面的切向力总和（kN）；

　　f——基底面的摩擦系数，等于 $\tan\varphi$ 的数值。

　　如果计算得出的安全系数不能满足要求，则可用锚杆锚固于下卧地层的方法取代增加结构体积的方法（图 2-2-4）。这样，就能大量地节约工程材料和显著地降低工程造价。采用预应力锚杆的锚固方法，特别是采用斜向预应力锚杆作用于坝体与坝基结合面上，将产生两种力：一是锚杆预加力的垂直分力与摩擦系数的乘积所构成的摩阻力；二是锚杆预加力的切向分力，则可直接形成阻止水平位移的抗力。显而易见，类似于坝基面的桥墩、底脚、支座等承受切向力的结构物都很适合采用预应力锚杆阻止其沿基底的水平位移（图 2-2-5 和图 2-2-6）。

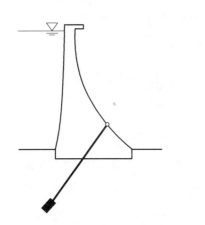

图 2-2-5　抵抗重力坝基底的水平位移

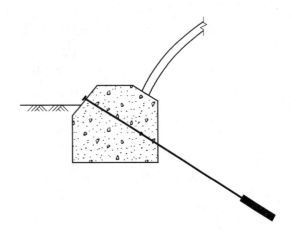

图 2-2-6　抵抗拱形结构物支座的水平位移

6. 用锚杆加固地基

　　预应力锚杆能使地基受到压缩，因此在各种结构物建造之前地基就能得到加固。首先是构筑基础或基础的主要部分，然后由深入基础以下足够深度的预应力锚杆将基础与下卧地基拉紧，以确保锚杆根部不受施工荷载影响。在工程施工中，这些地基中已由人工事先施加的预应力就会逐渐发挥作用，以消除结构物产生的附加应力或由过度沉降所导致的结构破坏。

　　在不同地基上建造的基础，会出现不均匀沉降。此外，对于可压缩性地基，由于结构物边缘负荷，而使变形集中于结构中心（图 2-2-7），或靠近原建筑物边缘建造新建筑物，引起不均匀沉降（图 2-2-8），或倾斜结构物的纠偏（图 2-2-9），均可用预应力锚杆处理地基，以满足结构物的稳定要求。

　　对于下卧地基，用预应力锚杆处理，能对设置在非弹性地基上的结构基础荷载分布产生有利影响。因为从这些结构基底周围边界区压下并挤出土体时，其反力传向基础板的中心，最大弯矩发生在底板中间。因此，在有些情况下用预应力锚杆压缩基础中部下面的地基，在技术上是可靠的，在经济上也是合理的。

　　关于对地基预加所需的锚固力，应根据结构物建成后地基所承受的永久荷载及施工开始前对地基预固结的期限长短而定。在短期内要求预固结肯定要比较长时间预固结所需的锚固力大得多。在所有情况下，用于预先结固的锚杆锚固力，都应大于以后结构本身加于地基的荷载。

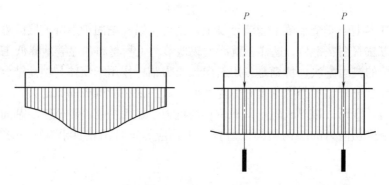

图 2-2-7　在结构边缘处进行锚固，以弥补调整可压缩地基的差异变形

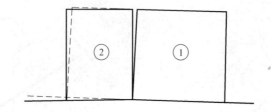

图 2-2-8　紧靠已有建筑物建造的另一建筑物的差异沉降，可用预固结地基加以消除
1—原有建筑物；2—新建筑物

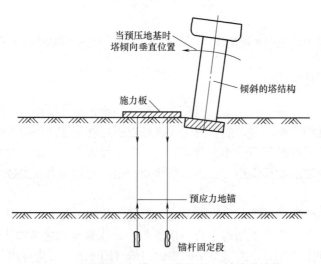

图 2-2-9　用预应力锚杆纠偏调平倾斜的塔结构

第三节　锚　杆　类　型

1. 概述

在特定的岩土地质条件下，预应力锚杆的抗拔承载力值主要取决于锚杆类型。施工工艺也影响着从锚杆固定段向其周围地层的应力传递；特别是灌浆方法，其影响较大；钻孔

工艺及对钻孔的冲洗也有一定影响。

我国各类工程应用的预应力岩土锚杆的类型，主要有以下四种（图 2-3-1）。

（1）A 型锚杆：直筒型重力灌浆型锚杆；

（2）B 型锚杆：荷载（压力或拉力）分散型锚杆；

（3）C 型锚杆：后高压灌浆型锚杆；

（4）D 型锚杆：底部扩大头锚杆。

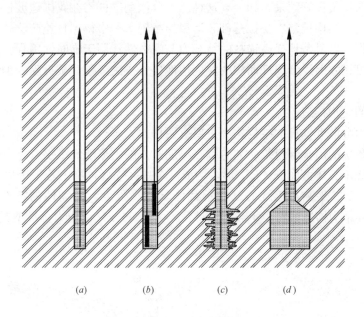

图 2-3-1　灌浆岩土锚杆的主要类型

（a）A 型锚杆；（b）B 型锚杆；（c）C 型锚杆；（d）D 型锚杆

2. 直筒型重力灌浆型锚杆

这类锚杆已广泛应用于国内外的岩石和土层中。锚杆杆体材料一般为钢绞线或预应力螺纹钢筋，锚杆孔呈直筒形，每个钻孔内只安放一根可由多股钢绞线或多根钢筋组成的杆体，杆体结构如图 2-3-1（a）所示。杆体上附着的注浆导管可用来对直筒型钻孔进行重力灌浆处理。根据钻孔壁面的自稳条件，决定是否要在钻孔时备有护壁套管。

这类锚杆的抗拔力取决于水泥浆体与地层结合界面上的抗剪能力被调动的程度。锚杆荷载传递方式的大量试验研究资料表明：荷载集中（拉力或压力）型锚杆承受荷载时，水泥浆体与地层结合界面上的剪应力沿锚固段长度方向分布是很不均匀的，地层抗剪强度的利用率低，锚杆抗拔力不可能随锚固段的增加而成比例增加。

3. 荷载（压力或拉力）分散型锚杆

压力分散型或拉力分散型锚杆是由两个或两个以上压力型或拉力型单元锚杆复合而成的，各单元锚杆均位于锚杆总锚固段的不同部位（图 2-3-2）。在英国和欧洲其他地区，将该类 B 型锚杆称为单孔复合锚固体系（SBMA）。

1）压力分散型锚杆

压力分散型锚杆在 20 世纪 80 年代初由英国 AD Barley 等人研究成功。随后，这种锚杆在日本得到很大发展，被命名为 KTB 工法，主要用于永久边坡工程，单根锚杆的拉力设计值通常为 600～800kN。我国冶金部建筑研究总院程良奎、范景伦、周彦清等与长江科学院等单位合作，于 1997 年在我国国内首先开发了这种压力分散型锚杆，对其荷载传递机制及工作特性进行了较系统深入的研究，并成功地用于北京中国银行总行办公楼深基坑支护工程，取得了良好效果。如今，这种压力分散型锚杆已在我国边坡、大型洞室、混凝土坝、深基坑、结构抗浮、受拉基础和运河船闸等工程中得到日益广泛的应用。它用于软岩和土体工程，可显著地提高锚杆的承载力与耐久性；用于临时性工程，则具有可拆除芯体的能力，可排除因设置锚杆而构成对周边地层开发的障碍，被拆除的钢绞线还能重复利用。

（1）锚杆的结构构造

目前，压力分散型锚杆的结构构造主要有两种：

一种是由我国的冶金部建筑研究总院在早期开发的由聚酯纤维复合材料作承载体，由无粘结钢绞线绕承载体弯曲成"U"形，构成一个单元锚杆，再由若干个单元锚杆组成锚杆杆体（图 2-3-2）。聚酯与纤维的复合承载体具有高强度、高韧性的特点（图 2-3-3 与表 2-3-1），这种结构构造适用于承载力设计值不大于 800kN 的压力分散型锚杆。

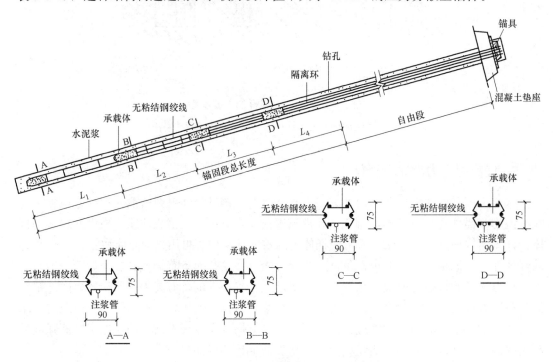

图 2-3-2 压力分散型锚杆的结构构造

另一种结构构造的主要区别在于承载体由钢板制成，钢板上开有若干个直径略大于钢绞线的圆孔，与承载板相固定的无粘结钢绞线穿过圆孔借助锚具相连接（图 2-3-4），这种结构构造可用于不同承载力设计值要求的压力分散型锚杆。

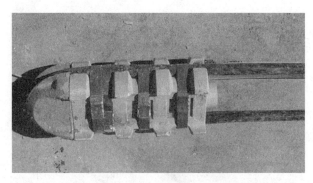

图 2-3-3　聚酯纤维承载体与无粘结钢绞线捆绑处的构造

图 2-3-4　钢板承载体与钢绞线挤压头连接处构造

承载体材料的主要技术性能　　　　　　　　　　　　　　表 2-3-1

项　　目	技术性能	项　　目	技术性能
弯曲强度	≥85MPa	吸水率	≤2.15%(24h,23℃)
抗冲击强度	≥28kJ/m²	绝缘电阻	$10^{12} \sim 10^{14}\Omega$
压缩强度	≥110MPa	热变形	150℃

（2）锚杆工作特性有限元模拟分析

冶金部建筑研究总院李成江等人曾进行了压力分散型锚杆与压力集中型锚杆工作状态下内力分布的有限元分析。计算分析的基本假定为：钻孔直径 130mm，注浆体强度等级 M25，压力分散型锚杆由 3 个单元锚杆组成，各单元锚杆的固定长度均为 5m，锚杆的总固定长度为 15m。压力（集中）型锚杆的固定长度也为 15m，并假定注浆体为弹性各向同性材料，地层介质符合 Drucker-prager 屈服准则的各向同性的弹塑性准则和不考虑地层覆盖层压力的作用。

按该假定条件，问题的求解归结为平面轴对称问题，计算分析时采用 8 节点等参元。图 2-3-5（a）是取单位荷载（N）作用时压力型与压力分散型锚杆的轴力曲线，图 2-3-5（b）为取单位荷载（N）作用时压力型与压力分散型锚杆的注浆体—地层界面上的剪（粘结）应力分布曲线。计算时土的弹性模量为注浆体的 1/400，泊松比为 0.3。从图 2-3-5 可以得出：

① 压力分散型锚杆固定长度上的轴力及注浆体—地层界面上的粘结应力峰值远小于压力型锚杆，仅为压力型锚杆的 0.33 和 0.43，极大地改善了锚杆固定长度轴力和粘结应

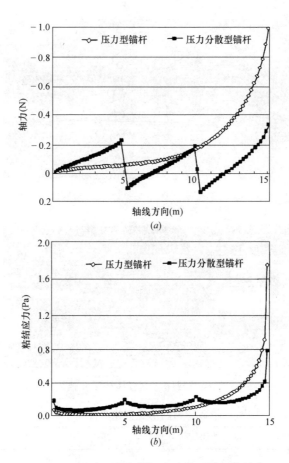

图 2-3-5　压力型锚杆与压力分散型锚杆的轴力
曲线与粘结应力分布曲线
（a）轴力曲线；（b）粘结应力曲线

力分布的不均匀性。

②　压力分散型锚杆的轴力及注浆体—地层界面上的粘结应力分布在整个 15m 长度的固定范围内。压力型锚杆的轴力和注浆体—地层界面上的粘结应力分布范围远比压力分散型小，轴力主要集中分布在长度约 8.0m 的范围内，粘结应力主要分布在长度约 6.0m 的范围内。

从两种锚杆工作性态的有限元分析可以得出：压力分散型锚杆可大幅度降低注浆体—地层界面的粘结应力峰值，并能较均匀地分布于整个锚固段长度上。

（3）压力分散型锚杆锚固段灌浆体轴向与径向应变测试

冶金部建筑研究总院与长江科学院曾测得了压力分散型锚杆固定段灌浆体的轴向与径向应变。图 2-3-6 为位于砂性土中的 141 号锚杆的第 2 个单元锚杆在不同张拉荷载时灌浆体轴向应变分布曲线。该曲线表明，随着荷载的增大，轴向应变峰值逐渐向固定段下端转移，在 222kN 荷载时，轴向应变仅分布在 2.0m 长的固定段上，荷载传递范围是很有限的，说明在砂土地层中，单元锚杆的锚固段长度可大大缩短。

图 2-3-7 为 141 号锚杆各单元锚杆锚固段灌浆体的轴向应变分布曲线。从该图上可看

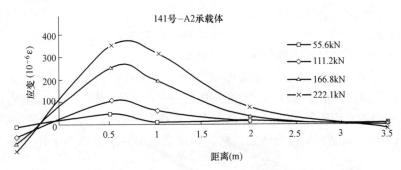

图 2-3-6　141 号锚杆 A_2 单元锚杆锚固段灌浆体的轴向应变分布

到，在 620kN 荷载作用下，尽管各单元锚杆锚固段灌浆体的轴向压应变不尽相等，但其基本分布形态是相似的。这反映了它与荷载集中型锚杆不同，锚固段灌浆体的轴向应变能分布于锚杆的整个固定长度上，应力集中现象得到明显的缓解与改善。

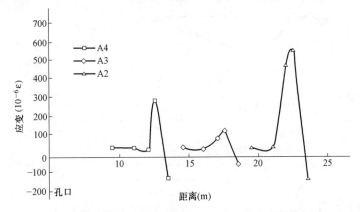

图 2-3-7　141 号锚杆整体加荷至 620kN 时，锚固段灌浆体的轴向应变分布

日本在札幌市的砂卵石地层中也进行了压力分散型锚杆锚固段灌浆体的应变测试。图 2-3-8 中 G_1、G_2、G_3、G_4、G_5 分别代表各单元锚杆的承载体，各单元锚杆的锚固段长均为 1.0m，锚固段总长为 5.0m。测试结果表明：各单元锚杆锚固段灌浆体长度方向一般均呈现压应变，仅在承载体的上方局部呈现拉应变。单元锚杆灌浆体的压应变随张拉力加

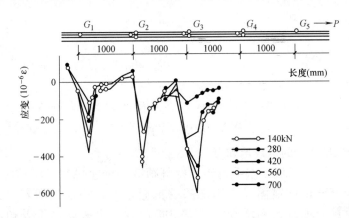

图 2-3-8　实测的压力分散型锚杆锚固段灌浆体轴向应变分布（日本）

大而上升，在总体上，各单元锚杆锚固段长度上均分布有压应变，呈现荷载分散的特征。与拉力型锚杆相比，应力集中现象得以大大缓减，具有更大的安全可靠性。

对于压力分散型锚杆锚固段径向应变的测定结果，图 2-3-9（a）和图 2-3-9（b）为测得的 141 号锚杆第 2 和第 3 个单元锚杆固定段灌浆体的径向应变。由图 2-3-9（a）和图 2-3-9（b）得知：各单元锚杆固定段灌浆体的径向应变均为拉应变，它随着荷载的增加而增加，集中分布在固定段前端 2.0m 范围内；在荷载为 222kN 时，固定段的最大径向拉应变为 61$\mu\varepsilon$，构成对锚杆周边土体的径向力，这对于提高灌浆体与土体界面上的摩阻力是有利的。

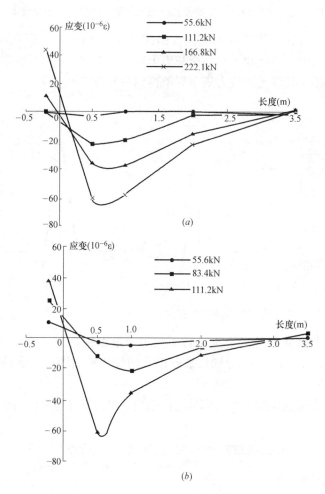

图 2-3-9 141 号锚杆 A_2、A_3 单元锚杆固定段的径向应变
（a）A_2 单元锚杆；（b）A_3 单元锚杆

（4）压力分散型锚杆的抗拔承载力

由于压力分散型锚杆从根本上改善了锚杆荷载的传递机制，粘结应力沿锚固段的分布较均匀，能充分调动锚固段周边地层的抗剪强度，特别是随着单元锚杆数量的增加，其抗拔承载力可成比例增长，因而单锚承载力大幅度高于普通的拉力型锚杆（表 2-3-2）。

压力分散型锚杆的抗拔承载力　　　　　　　表 2-3-2

工程名称	地质情况	单元锚杆长度(m)	个数(个)	锚固段总长度(m)	锚杆抗拔力(kN)
北京中银大厦	粉质黏土、细中砂	4.5、5.0、5.0、5.0	4	19.5	1480
首都机场2号航站楼	旋喷砂层	2	3	6	2200
广州凯城东兴大厦	粉质黏土	6	3	18	810
中国香港的新机场	完全风化崩解的花岗岩	3～5	7	30	3000

注：每个单元锚杆粘结应力传递长度仅为2.0～2.5m。

在国外，这种荷载分散型锚杆（欧洲称为单孔复合锚杆体系）已使安装于土层和软岩中的锚杆极限承载达到 3000～4000kN，也使常用的土层锚杆的工作荷载范围为 800～2000kN（A D Barley，2003）。

（5）锚杆的耐久性

压力分散型锚杆的杆体一般由无粘结钢绞线或由套管包裹的钢绞线组成，且锚杆锚固段灌浆体基本受压、不易开裂，锚杆筋体具有良好的防腐保护性能，可显著提高锚杆的耐久性。

（6）压力分散型锚杆与大型锚固构筑物的稳定性

我国四川锦屏一级水电站大坝左坝肩自然边坡高 1000m，开挖边坡高达 530m，1850～1900m 高程线以下为三叠系杂谷脑组大理岩出露边坡；1900m 高程以上为变质砂岩，粉砂质板岩出露边坡。岩石地质条件复杂，节理、裂隙极其发育，卸荷强烈，深拉裂缝分布广泛。左坝肩及抗力体范围内发育有多条断层及煌斑岩脉等不利于稳定的地质结构面，可能出现楔形体破坏，形成沿断层的平面破坏或圆弧形破坏模式。边坡支护设计主要采用设计承载力为 1000kN、2000kN 与 3000kN，长度为 30～80m、间距为 4～6m 的压力分散型锚杆。预应力锚杆总量为 6300 余根。

该锚固高边坡在施工及工作期间，对锚杆初始预应力及边坡位移变化一直坚持着跟踪监测。锚杆安设后 7 年的监测资料表明：锚杆的初始预应力损失为 2%～4%（图 2-3-10）。当大坝蓄水后，水位增至 1860m 时，用多点位移计测得的边坡锚杆孔口测点位移变化量

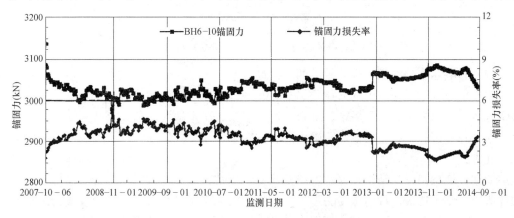

图 2-3-10　左岸 EL 1930.21m 预应力锚杆锚固力及其损失率历时变化

为－0.26～0.23mm。位移变化量很小，说明外荷载的增加，对边坡位移变化影响极小。

石家庄峡石沟拦挡垃圾及洪水的混凝土重力坝，坝长127.5m，坝体最大高度32m，最大底宽10.85m，坝顶宽2.0m，坝体混凝土总计16500m³，共布置承载力设计值为2200kN的压力分散型锚杆62根；锚杆垂直于坝顶面设置，穿过坝体伸入坝体底部的岩体，锚杆伸入岩体的长度分别为9.5～19.05m。

该工程压力分散型锚杆锁定过程的预应力损失为1.17%～4.41%；锁定后180d的预应力损失为3.47%～3.61%；随后即趋于稳定。该混凝土重力坝比单一的混凝土重力坝节约混凝土量及工程投资分别为39%和30%，具有显著的经济与社会效益。

位于北京的中国银行总行办公大楼，地下四层，其基坑底标高为－20.5～－24.5m，所处地层自上而下为杂填土、粉质黏土、黏质粉土、细中砂、砂卵石。基坑面积13100m²，基坑支护采用4排预应力锚杆背拉厚80cm的地下连续墙。基坑南、西、北侧的锚杆形式为拉力集中型；东侧因日后要修筑地下商场，不允许锚杆杆体残留在地层内，锚杆形式为压力分散型（可拆芯式），锚杆的设计拉力值一、二、三排为698kN，第四排为722kN。

该工程在施工中对基坑周边位移变化进行了全面监测，监测结果表明，基坑东侧采用337根压力分散型（可拆芯式）锚杆支护的地连墙的位移最大值为13mm（图2-3-11），而地层条件基本一致的其余三侧锚拉地连墙的最大位移值则均接近30mm，说明压力分散型锚杆与拉力集中型锚杆相比，具有更强的控制基坑变形的能力。

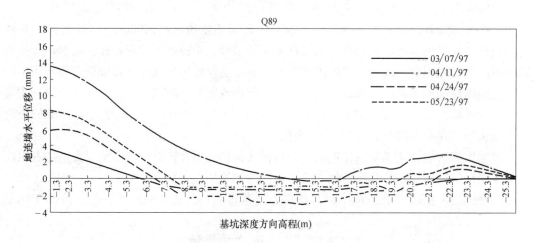

图2-3-11　北京中国银行总行办公楼基坑东侧压力分散型锚杆背拉地连墙位移实测曲线图

（7）影响压力分散型锚杆成效的两个关键因素

在土层或强烈风化破碎的岩层中钻孔，孔壁碎屑砂土等极易塌落，若堆积于压力分散型锚杆各单元锚杆承载体的后端，导致该区段灌浆料严重缺失，形成松散的灌浆体，承载力极端下降。因此，在土层或严重破碎的岩体中采用压力分散型锚杆，应采用有护壁套管的钻孔方式。

荷载分散型锚杆在结构上存在各单元锚杆无粘结长度不等的问题，若对锚杆采用一次整体张拉，则会造成锚杆筋体受力不均。在施加较大张拉荷载时，局部钢绞线会因拉应力过大而出现断丝现象，影响到锚杆固有承载力的发挥。现已有多种改良的筋体张拉方式，可以实现锚杆钢绞线受力均等的要求：一是采用并联千斤顶组张拉方式，如图 2-3-12 所示，它能使各单元锚杆的筋体从开始张拉直至锁定完毕始终处于受力均等状态；二是采用非同步张拉法，即按各单元锚杆受力均等的原则，在对各单元锚杆整体张拉前，采用由钻孔底端向顶端对各单元锚杆逐次张拉的方式，分次张拉荷载值的确定，应满足锚杆承受拉力设计值条件下各预应力筋受力均等的原则。

图 2-3-12　采用并联千斤顶组等荷载张拉锚杆

2）拉力分散型锚杆

拉力分散型锚杆是一种结构构造较为简单的荷载分散型锚杆。它实际上是由在同一个钻孔中安装几个自由长度不等的拉力型单元锚杆复合而成的。其结构构造如图 2-3-13 所示。

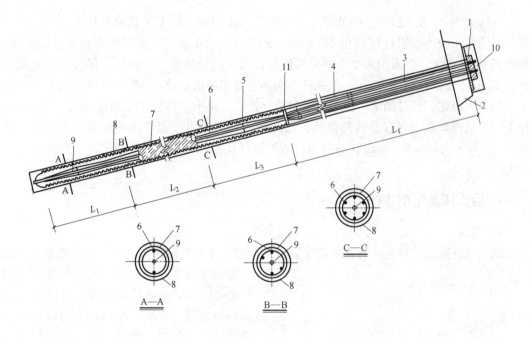

图 2-3-13　永久性拉力分散型锚杆的结构构造（I 级防护）

1—锚具；2—垫座；3—涂塑钢绞线；4—光滑套管；5—隔离架；6—无包裹钢绞线；

7—波形套管；8—钻孔；9—注浆管；10—保护罩；

11—光滑套管与波形套管搭接处（长度不小于 200mm）

L_1、L_2、L_3—1、2、3 单元锚杆的锚固段长度；L_f—3 单元锚杆的自由段长度

拉力分散型锚杆与压力分散型锚杆相比，除防腐性能较差外，其他工作特性是基本相同的。由于其施工工艺简单，因而在基坑支护工程中的应用日益广泛。如北京的昆仑公寓、LG 大厦和财富大厦等深基坑工程，由于采用拉力分散型锚杆，均取得了显著的技术

经济效果，解决了工程建设中的关键技术难题。

深18m的北京昆仑公寓基坑工程施工中，采用传统的集中拉力型锚杆，难以达到要求的承载力，改用由2个单元锚杆复合而成的拉力分散型锚杆后，使锚杆锚固段总长缩短2～3m，而锚杆的极限抗拔承载力均提高了30%以上（表2-3-3）。若增加单元锚杆个数，无疑会进一步增大锚杆的极限抗拔力。

拉力分散型锚杆与普通拉力型锚杆抗拔承载力的比较　　　　　　表 2-3-3

工程名称	地层条件	锚杆形式	锚固段总长度（cm）	单元锚杆		锚杆抗拔力（kN）
				个数	锚固段长（m）	
北京 LG 大厦	粉质黏土	集中拉力型	21	—	—	400～450
		拉力分散型	15	2	7.5	650
北京昆仑公寓	粉质黏土	集中拉力型	18	—	—	400～450
		拉力分散型	16	2	8.0	600～640
	粉质黏土	集中拉力型	19	—	—	600～625
		拉力分散型	16	2	8.0	810～840

在深度为21.5～23.0m的北京LG大厦基坑工程中，当施工到第三排锚杆时，由于25m长的集中拉力型锚杆按倾角15°安设，必须通过承压水层，钻孔时造成涌砂、涌水，被迫停工10多天。后采用由2个单元锚杆组合而成的拉力分散型锚杆，锚杆锚固段长度减少5.0m，安设倾角改为10°，使锚杆不再通过含水砂层，成功地解决了LG大厦基坑施工中的一大难题。经过测定，拉力分散型锚杆比拉力集中型锚杆在锚固段缩短5.0m的条件下，其抗拔承载力仍有显著的提高。25m长的集中拉力型锚杆在粉质黏土地层中，其抗拔力为400～450kN，20m长的拉力分散型锚杆在相同地层中的抗拔力可上升至600kN以上。

4. 后高压灌浆型锚杆

1）概述

后高压灌浆型锚杆是一种在杆体上附有袖阀管和密封袋装置的锚杆，它是在初次完成的重力式灌浆形成的直筒型地层锚杆静置停放24h后，对其锚固段灌浆体施加二次或多次高压（2.5～4MPa）灌浆，使初次灌浆体产生裂缝，灌浆料随即沿裂缝挤入土中，并逐渐在土中渗透、扩散，形成扩大了的外缘与土体交织在一起的灌浆体（图2-3-14）。这种类型的锚杆，由于锚固段体积增大，锚固段高压灌浆体与周边土体相互交织和紧密咬合，粘结强度显著提高，加之后高压灌浆对孔壁周边土体作用有较大的径向力等综合因素，可显著提高锚杆的抗拔承载力，与重力灌浆的直筒型

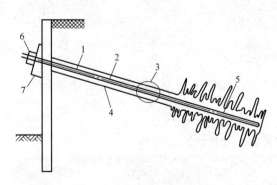

图 2-3-14　后高压灌浆型锚杆结构体系示意图
1—钢绞线杆体；2—袖阀管；3—无纺布密封袋；4—钻孔；5—高压灌浆体；6—锚具；7—承压块件

锚杆相比，在软黏土中应用，可提高抗拔承载力一倍以上。

2）锚杆的结构构造

后高压灌浆型锚杆与重力灌浆直筒型锚杆在结构构造上的主要区别是增设了带袖阀的灌浆管和密封袋。此外，灌注浆液是通过灌浆枪送入袖阀管内指定部位。袖阀管为在侧壁上每隔 $0.5\sim1.0$m 开有若干个小孔的塑料管，在袖阀管开孔处的外部有橡胶圈覆盖（图 2-3-15），使灌浆液料在高压作用下只能从管内流出，而不能反向流动（图 2-3-16）。袖阀管的构造见图 2-3-17。密封袋由无纺布扎制而成，$1.0\sim1.5$m 长，直径为 $30\sim50$cm，绑扎在自由段和锚固段的交界处，起封堵作用，可使高压作用下的水泥浆液不致从锚固段内流出。注浆枪为中间开有若干小孔的特制钢管，其两端有与袖阀管内壁相配合的密封塞，以控制限定的注浆区段，可满足当注浆枪从锚固段底部向顶部逐渐上移时，能有足够的压力使均匀的浆液冲开袖阀和初始注浆层，向钻孔周边的土体挤出和扩散。

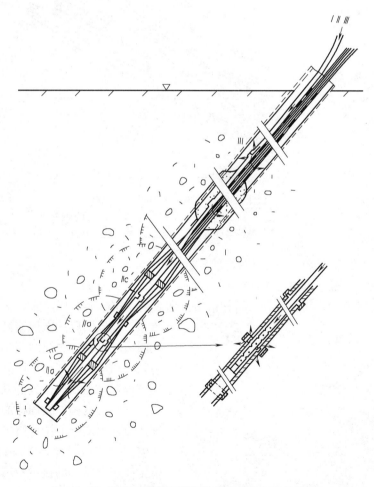

图 2-3-15　后高压灌浆型锚杆的结构构造与工作原理

试验资料表明，后高压灌浆型锚杆的承载力与锚固段所用的灌浆压力有直接关系（图 2-3-18）。后高压灌浆的压力不宜小于 $2.0\sim2.5$MPa。

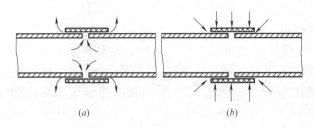

图 2-3-16 袖阀管内外浆液流动图

（a）管内水泥浆液在高压下挤开橡胶圈；（b）管外的高压挤压橡胶圈，使袖阀管孔洞封闭

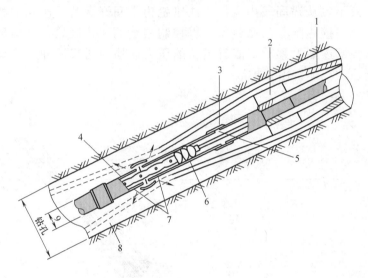

图 2-3-17 后高压灌浆用袖阀注浆管构造

1—钢绞线；2—塑料隔离架；3—橡胶圈；4—灌浆枪；5—灌浆孔；6—灌浆枪两端的阻塞装置；

7—灌浆压力使橡皮套张开，使浆液冲破硬化水泥浆体流入周围土体中；8—水泥浆液；9—袖阀管

3）后高压灌浆型锚杆抗拔承载机理分析

后高压灌浆型锚杆抗拔承载力得以显著提高的机理分析如下：

（1）在对普通的直筒型锚杆进行初次重力灌浆后，实施后高压灌浆，扩大了锚固段的体积，且锚固段的水泥浆液渗透并嵌入钻孔周边的土层，硬化灌浆料与土体结合面的紧密咬合与不规则形态（图 2-3-18），极大地提高了结合面处的粘结应力。

（2）改良锚杆锚固体周边土的物理力学性质，提高土的抗剪强度。由于后高压劈裂注浆挤压土体，使颗粒间距离减小，单位面积上颗粒的接触点增多，提高了原状土的凝聚力。另外，水泥水化反应生成的 Ca^{2+} 离子与土体中的氧化物反应以及与 Na^+ 离子交换，提高了土体、裂隙及弱面点颗粒的固化黏聚力。对土体进行高

图 2-3-18 后高压灌浆型锚杆的锚固体效果图

1—后高压灌浆形成的锚固体；2—直筒型重力灌浆形成的锚固体

压劈裂注浆，可增大土体密度和增强颗粒的咬合作用，浆脉的形成能约束颗粒间的运动，弱结合水的减少可减小吸附水膜厚度。同时，化学反应和离子交换也限制了颗粒间的相互作用，从而可提高土体的内摩擦角。

（3）提高了锚固段与土层结合面上的法向应力。通常以大于 2.5MPa 的高压劈裂灌浆，会对孔壁外周边土体产生较大的法向应力。英国 Ostermayer 的研究认为，二次高压劈裂灌浆使锚固体表面受到的法向应力比覆盖层产生的应力大 2～10 倍。法国土锚公司的研究认为：锚杆的抗拔承载力与锚固段所用的灌浆压力有直接的关系，他们的试验已经证明，锚杆的抗拔承载力随灌浆压力增加而增大（图 2-3-19）。

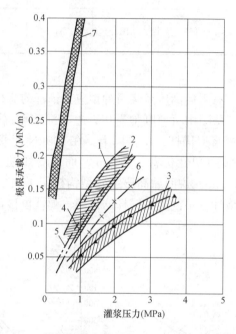

图 2-3-19　锚杆承载力的增加与所用注浆压力的关系

1—比利时布鲁塞尔地区的中粒砂；2—泥灰质石灰岩；3—泥灰岩；4—法国塞纳河的河流沉积物；
5—带黏土的砾石与砂子；6—软质白垩沉积物；7—硬石灰岩

4）后高压灌浆技术实施要点

（1）首先对锚杆进行普通的重力灌浆，使直筒形锚固段空腔及密封袋内充满水泥浆液；

（2）锚杆的重力灌浆实施 24～36h 后，此时圆柱状锚固段及密封袋内的水泥结石体强度已达 5.0MPa 时，即可实施后高压灌浆；

（3）后高压注浆压力不应小于 2.0MPa，也不宜大于 4.0MPa；

（4）灌浆时，灌浆枪应伸入袖阀管底端，灌浆次序应由下向上，每隔 0.5～1.0m 停歇 4～5s，有序地进行。

5）后高压灌浆型锚杆的工作特性与使用效果

（1）锚杆的抗拔承载力

从表 2-3-4 中可以明显地看到，在相同的锚固长度条件下一次重力灌浆型锚杆的抗拔承载力为 420kN，经后高压灌浆处理后，锚杆的抗拔承载力达 800～1000kN，锚杆的抗拔承载力提高了 1.9～2.3 倍。

工程名称	地层条件	钻孔直径（mm）	锚固长度（m）	后高压灌浆	灌浆水泥总量(kg)	锚杆极限抗拔力(kN)
后高压灌浆型锚杆的抗拔承载力						表 2-3-4
上海太平洋饭店基坑工程	淤泥质土	168	24	无	1200	420
				有	2500	800
				有	3000	1000
深圳海神广场基坑工程	黏土	168	19	有	3000	＞1260
深圳嘉宾大厦基坑工程	淤泥质粉质黏土	168	16	有	1625	＞750

（2）锚杆的变形特性

上海淤泥质土地层中，有无后高压灌浆两种预应力锚杆的荷载（P）—位移（S）关系曲线实测结果见图 2-3-20。从图中可清晰地看出，重力灌浆型锚杆在单位荷载（kN）作用下的位移量要比后高压灌浆型锚杆大 1 倍以上。在 400kN 荷载作用时，重力灌浆型锚杆的总位移量达 85mm，其中塑性位移为 47mm；而后高压灌浆型锚杆的总位移量为 38mm，其中塑性位移为 16mm。说明后高压灌浆型锚杆用于软黏土地层中抵抗剪切变形的能力强，具有较好的适应性。不同类型锚杆的荷载—弹性位移及荷载—塑性位移曲线见图 2-3-21。

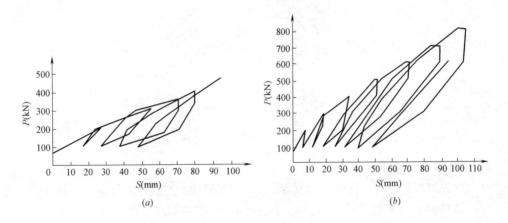

图 2-3-20　在筋体截面及锚固体参数相同条件下，受荷时不同类型锚杆
的荷载（P）—位移（S）关系曲线
（a）重力灌浆型锚杆；（b）后高压灌浆型锚杆

（3）后高压灌浆型锚杆在上海淤泥质土基坑中的应用及其效果

1986 年，上海太平洋饭店基坑工程采用 4 排后高压灌浆型锚杆背拉厚 45cm 的钢筋混凝土板桩，支护软黏土中的基坑获得成功。该基坑开挖面积 86m×120m，深 12.55～13.66m，所处地层为饱和流塑至软塑的淤泥质砂质黏土，c 值为 15～35kPa，φ 为 0°～1.5°，采用的后高压灌浆锚杆水平间距，第一排为 5.0m，其余三排为 1.86m，锚杆的锚

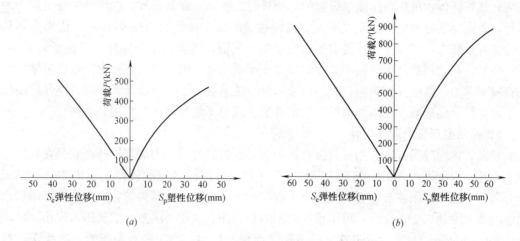

图 2-3-21　不同类型锚杆的荷载（P）—弹性位移（S_e）与荷载（P）—塑性位移（S_p）曲线
（a）直筒式重力灌浆型锚杆；（b）后高压灌浆型锚杆

固段长为 20～25m，（图 2-3-22），锚杆极限抗拔力达 800～1000kN，当基坑开挖至坑底标高，板桩水平位移大部分测点在 10cm 以下，局部测点达 10～15cm，随即保持稳定。后高压灌浆锚杆的预应力损失约为 10%。

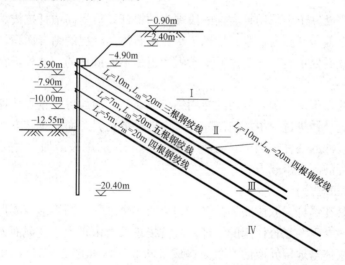

图 2-3-22　上海太平洋饭店基坑土体分布及后高压灌浆锚杆布置

Ⅰ—粉质黏土层 $q_u=0.02～0.036$MPa，$W=41.7\%～45.7\%$；Ⅱ—灰色淤泥质软黏土层 $q_u=0.04$MPa；
Ⅲ—灰色淤泥质黏土、粉质黏土层 $q_u=0.026～0.85$MPa；Ⅳ—灰色粉质黏土 $q_u=0.043～0.082$MPa，
$W=37.8\%～46.3\%$

6）后高压灌浆锚杆在国外的发展

在欧洲和美国，后高压灌浆锚杆得到了广泛应用。英国的《地层锚固实践规范》BS 8081：1989 将后高压灌浆锚杆确定为预应力岩土锚杆的一种基本类型。1996 年，美国后张预应力混凝土学会（PTI）在修订后的《预应力岩土锚杆规程》中指出：对于因锚杆粘结部位而达不到锚杆验收试验合格要求的承载力时，相应的措施是取决于能否进行后高压

灌浆。锚杆杆体预留后高压灌浆设施的，应进行二次高压灌浆处理，以增补锚杆抗拔力的不足；否则应废除（更换）或在不大于锚杆达到的最大荷载的50％时锁定，作为实际具有的锚杆承载力，它与原设计要求的锚杆承载力差值，则要用增补锚杆的方法予以补偿。由此可见，在软弱或复杂地层中安设的后高压灌浆锚杆，也仅可完成初次的重力灌浆，作为直筒型重力灌浆锚杆使用。只有当检验锚杆抗拔承载力不符合设计要求时再施作后高压灌浆，这样可显著减少用增加锚杆方法来补足承载力不足所消耗的费用和时间。

7）简易型后压力灌浆锚杆

目前，国内较为普遍采用一种没有袖阀管和密封袋的后压力灌浆锚杆。它是在杆体上预先绑扎一根能耐1.0MPa压力的塑料管，在伸入锚固段区域的管段上每隔1.0～2.0m开有若干小孔，并用胶布包裹。施作重力灌浆的则采用另一根塑料管，重力灌浆终结后水泥结石体强度达5.0MPa时，再用预埋的塑料管施作二次压力灌浆。灌浆压力较小，一般为1.0～1.5MPa，且二次灌浆管上的小孔既稀少又集中，由于没有袖阀管，也无法进行有序的定位灌浆，严重影响了后压力灌浆浆液挤入锚固段周边土体的深度和均匀度，因而它与普通重力灌浆锚杆相比，抗拔力的增大是有限的，约为30％。

5. 扩大头锚杆

1）概述

在黏土特别是硬黏土中采用扩大锚固段端头的锚杆，对提高锚杆抗拔承载力具有明显优越性。这不仅是因为钻孔的扩张，增加了水泥结石体与土层的结合面积，而且在锚杆加荷载时，钻孔变截面处扩大部分土体的支承阻力也是不能低估的。此外，在硬黏土中形成孔穴一般不易塌陷。

钻孔端部的孔穴，是用配有铰刀的专用钻机或在钻孔内放置少量炸药爆破而成。用钻机钻孔出现的问题是钻进过程中如何清除孔穴内的松散物料，而用爆破方法来扩张钻孔又只能适用于埋置较深的锚杆，因为接近地表面（＜5m）的爆破会加大对周围土体的扰动和破坏，影响锚杆的固有承载力。

2）抗拔承载机理分析

扩大头锚杆是在锚杆锚固段底端扩张成一个或多个球形、圆锥形或菱形的锚杆，一般称为具有"支承—摩阻"复合作用的锚杆。其抗拔承载力由扩大头变截面处扩大土体的支承力和锚固段灌浆体与地层界面的摩阻力构成（图2-3-23和图2-3-24），其中，前者对锚杆抗拔承载力的贡献要更大一些。

扩大头锚杆的极限抗拔力，一般应由基本试验确定。在土中的扩大头锚杆的承载力T_u也可由式（2-5）进行估算：

$$T_u = Q + F < \frac{\pi}{4}(D^2 - d^2)q + \pi D L_1 f_{mg} + \pi d L_2 f_{mg} \qquad (2-5)$$

式中　　　Q——扩大头变截面处土体的支承力（kN）；

　　　　　F——锚固体周边总的摩阻力（kN）；

　　　　　D、d——扩大头、非扩大头部分锚固体直径（mm）；

　　　　　$\frac{\pi}{4}(D^2 - d^2)$——锚固段扩大头部分土体的承压面积（m²）；

q——锚固段扩大头部分土体的抗压强度（kN/m²）；

L_1、L_2——非扩大头与扩大头部分锚固体长度（m）；

f_{mg}——锚固段与土层间的粘结摩阻强度标准值（kN/m²）。

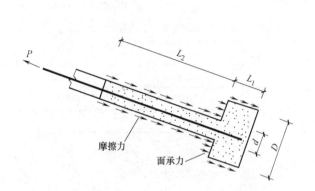

图 2-3-23　端部扩体型锚杆抗拔力原理图

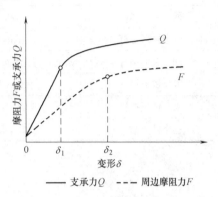

图 2-3-24　支承作用和摩阻作用

但是必须说明，在采用式（2-5）估算扩大头锚杆的承载力时，要充分认识到要求摩擦与承压共同发挥作用的锚杆，各自的抗力分别达到最大值时的锚固体位移量不一样，两者抗力最大值之和与锚固体抗拔力极限值可能不一致，因此还是要以锚杆基本试验的结果，作为锚杆设计的依据。同时，在预估锚杆的抗拔承载力时，要谨慎地确定 q 值与 f_{mg} 值。

3）扩大头锚杆的形式及其应用与效果

自扩大头土层锚杆问世以来，工程中应用较多的主要有机械（铰刀）扩张的形式或用旋喷工艺切割土体形成的扩大头形式。

（1）机械扩孔型扩大头锚杆

英国的某些公司采用不同扩张方式的锚固段来固定锚杆。这种方法不是在钻孔底端形成一个大的孔穴，而是使用专门的钻机和铰刀，在钻孔内制作几个两倍或四倍于钻孔直径的连续扩张孔洞，每一个扩

图 2-3-25　Fondedile 公司制作的扩大头锚杆

张孔洞的形状像圆锥形或菱形。英国 Fondedile 基础公司制作的有多个圆锥体的扩大头锚杆系统（图 2-3-25），其近似的极限承载力控制值如表 2-3-5 所示。该公司对伦敦典型的硬黏土中的多个圆锥形扩大头锚杆进行的荷载试验结果见图 2-3-26。

在英国，已研制出多种黏土锚杆用的扩张工具，从而使锚杆钻孔直径达到 200mm。正如英国的锚杆承包商所认识到的，研制黏土中钻孔用的机具是比较容易的，但是有效地清除钻探渣土，并用浆体填充全部钻孔的孔隙却是相当困难的。如今，英国已研制出锚杆扩孔用的最大型号的工具，利用此种工具和一种有效的高压水冲设备，就可以通过 200mm 钻孔同时形成 5 个 700mm 直径的钟形扩孔。在英国伦敦硬黏土中安装了这种扩孔锚杆，并在 2300kN 荷载下对其进行试验，并没有发生任何破坏。

扩大头圆锥形数量	黏土的抗剪强度		
	120kN/m²	160kN/m²	200kN/m²
两个锥形锚杆	400kN	520kN	660kN
三个锥形锚杆	590kN	790kN	980kN
四个锥形锚杆	790kN	1050kN	1310kN
五个锥形锚杆	980kN	1310kN	1640kN
六个锥形锚杆	1180kN	1540kN	1970kN
七个锥形锚杆	1380kN	1830kN	2300kN

Fondedile 多扩大头圆锥形锚杆的极限承载力 表 2-3-5

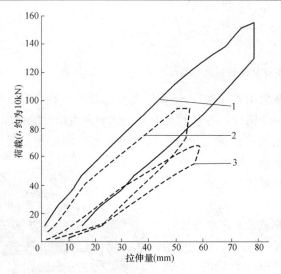

图 2-3-26 英国伦敦硬黏土中多个圆锥体形成的扩大头锚杆荷载试验结果
1—c＝140kN/m²黏土中 7 个圆锥体形锚杆；2—c＝140kN/m²黏土中 5 个圆锥体形锚杆；
3—c＝170kN/m²黏土中 3 个圆锥体形锚杆

　　中国台湾省的大地工程公司采用特制的扩孔器可在硬黏土（黏土岩）地层中扩成多个圆锥形扩体（图 2-3-27），每个圆锥体的抗拔承载力约为 250～300kN，已广泛用于当地的各种用途的土层锚固工程。中国台湾省的久耀基础工程公司在抗浮工程中，应用在钻孔底端扩成圆锥体的锚杆，锚固地层为砂层。它借助旋转叶片，可在孔底扩成 0.6m 的锥体（图 2-3-28）。当固定长度为 6～10m 时，锚杆的极限承载力达 960～1400kN，可比直径为 12cm 的圆锥状固定段的锚杆承载力提高 2～3 倍。

　　（2）旋喷扩大头锚杆

　　近年来，我国的苏州市能工基础工程有限责任公司和中国京冶工程技术有限公司开发的承压型旋喷扩大头锚杆，在结构抗浮和基坑支护工程中获得了较为广泛的应用。

　　苏州市能工基础工程有限责任公司开发的压应力分散型旋喷扩大头锚杆，是将预先由工厂制作的底端附有 2 块或 3 块承压板（钢板或塑料合页板）的杆体放置于钻孔中，采用改良的旋喷工艺，形成直径为 600～800mm 的水泥土体，当其固结硬化并达到设计要求的强度，对杆体施加预应力后，即可提供足够的抗力，以平衡作用于结构物上的所有力系。

图 2-3-27 中国台湾省的大地工程公司开发
的多段扩体型锚杆

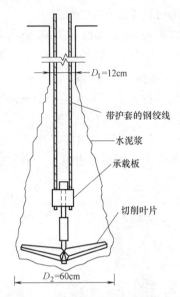

图 2-3-28 底端呈大圆锥状的扩大头
锚杆结构（中国台湾省的久耀基础公司）

压应力分散型锚杆的结构如图 2-3-29 所示，它在力学上有两个显著的特点：一是由 2～3 块承压板巧妙地分布在底端的扩大头段，增大了承压板面积，可大幅度减小锚固段水泥土体的压应力，有利于避免水泥土体的局部压碎和剪切破坏；二是锚固段底端由 200mm 扩张至 600～800mm，不仅显著增大了锚固段周边侧摩阻力，还可利用锚固段变截面处扩大部分土体的支承力而提升锚杆的抗拔承载力。

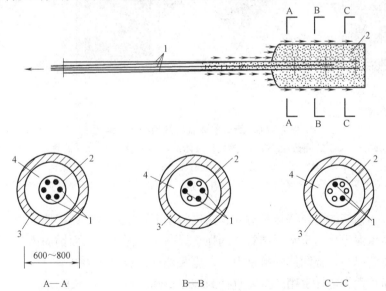

图 2-3-29 压应力分散型旋喷扩大头锚杆结构示意图
1—无粘结钢绞线；2—φ195×16mm 钢板；3—土层；4—旋喷水泥与土的混合体囊式扩大头锚杆

该种锚杆已在结构抗浮及基坑工程中得到较广泛的应用，取得良好效果。在砂土地层中，锚杆的极限抗拔力可达 900～1000kN；在含水的粉质黏土或粉土地层中，锚杆的极限抗拔力可达 700～800kN。

浙江中桥预应力设备有限公司开发应用的旋喷扩大头锚杆，一般用 4 根直径为 15.2mm 的外套 PE 管的钢绞线作杆体，杆体底端穿过承压钢板与锚具固定；主（引）孔直径为 200mm，锚固段长度约为 8～10m，其中旋喷扩大头长度 3～5m，直径约 600mm，非扩大头长度为 3～5m。锚杆 20d 龄期的极限抗拔力一般为 600kN（砂土）和 500kN（黏土）。这种扩大头锚杆，常在承压板的前端用该公司研发的 OQM 型可回收筋体锚具，构成 OQM-d 系列可回收锚杆，并已在江浙地区获得较广泛应用，成效显著。

中国京冶工程技术有限公司开发的囊式旋喷扩大头锚杆的结构如图 2-3-30 所示。

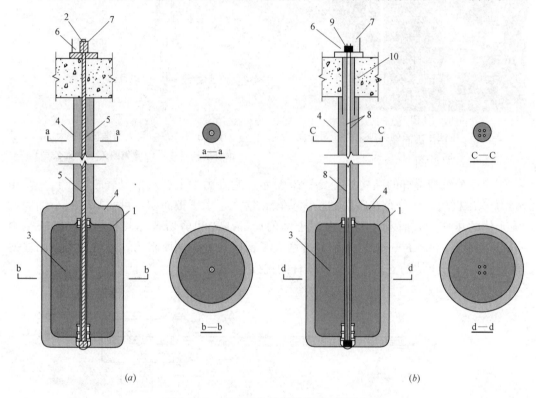

(a)　　　　　　　　　　　　　　　　　(b)

图 2-3-30　囊式扩体锚杆结构构造示意图

1—膨胀挤压筒；2—钢筋锚具；3—囊内注浆体；4—锚孔注浆体；5—钢筋；6—外锚头；
7—锚具外罩；8—无粘结钢绞线；9—钢绞线锚具；10—过渡管
（a）采用钢筋为主筋的囊式扩体锚杆；（b）采用钢绞线为主筋的囊式扩体锚杆

这种扩大头锚杆的主要特点是对囊仓内进行水泥注浆，可以使扩体锚固段大部分体积由水泥浆置换水泥土，由于水泥结石体的强度远高于水泥土，因而锚固体与周边土体的摩阻强度得以显著提高，锚固体的端承力得以更大地发挥。

囊式旋喷扩大头锚杆常用的扩体直径为 300～800mm，扩体长度为 2～6m，设计承载力为 500～600kN。至今已在全国 100 多个工程中应用，工程应用效果良好。

6. 可拆芯锚杆

在临时性锚杆工程中，当锚杆使用功能完成后，若预应力筋体继续残留在地层内，势必影响周边地块的开发，给周边地下空间的利用、长期规划和可持续发展等造成严重影响。欧美等国家和地区在法律上明确规定土地所有者对地块的使用范围，在我国国内人们也越来越重视岩土锚杆对地下环境的影响问题，我国部分省市和香港地区已经开始限制锚杆在基坑支护中超越红线范围。进行锚杆（索）的可回收利用技术研究和应用，节约钢材、减少城市地下垃圾、消除后续开发的障碍，以便更好地利用地下空间，是岩土锚固技术发展的必然趋势。国内众多科研单位和生产厂家致力于基于压力型（压力分散型）锚杆技术基础上的可拆芯锚杆技术的研究，逐步形成了结构形式多样、可拆成功率高、绞线可再次利用的多种可拆锚杆技术。目前，应用比较成熟的可拆芯锚杆有机械拉拔式、解锁式两种锚杆形式。

1）机械拉拔式—"U"形可拆芯锚杆

拉拔式可拆锚杆典型的有日本的 JCE、英国的 SBMA 和我国基坑工程最早使用的"U"形可拆芯锚杆，它们基本上是在具有"U"形锚固端的压力分散型锚杆的基础上发展而成的。我国的"U"形可拆锚杆的筋体为无粘结钢绞线，绕承载体（聚酯与纤维的复合而成）弯曲成"U"形构成单元锚杆。根据锚杆设计拉力的大小，每根可拆芯锚杆可由若干个单元锚杆组装而成。"U"形可拆芯锚杆结构构造如图 2-3-31 所示，加工完成后的单元锚杆锚固端见图 2-3-3 所示。冶金部建筑研究总院开发的"U"形可拆芯锚杆承载体为高分子聚酯纤维增强塑料经高温高压而制成，具有耐腐蚀，高强度，高韧性的特点（表 2-3-1）。

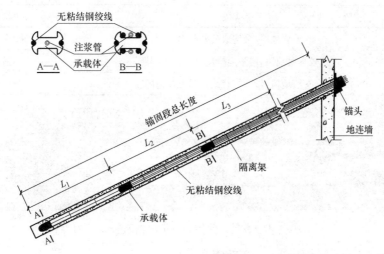

图 2-3-31　"U"形可拆芯锚杆结构构造简图

在单元锚杆筋体拆除前，采用卸锚器和前卡式千斤顶先拆除工作锚具上的夹片。基于无粘结钢绞线的特性，当钢绞线一端受拉时，另一端在克服无粘结涂塑层的阻力及弯曲处的阻力后即可被抽出。这种可除式锚索施工时，对锚索的绑扎要求高，必须借助机械施工，抽除钢绞线时也需要借助机械将其强行拉出，钢绞线的直径越大施工就越困难。使用这种形式的锚索，钢绞线在"U"形端部弯心处有一定的损伤，且钢绞线只能双数使用。

北京中银大厦深基坑东侧采用设计荷载为 698kN 和 722kN 的分散拉力型可拆锚杆337 根，采用 8 根 φ12.7mm、1860MPa 无粘结钢绞线，可拆锚杆结构参数见表 2-3-6。采用 5t 卷扬机进行抽芯，实际抽芯率达 96%，基本消除了基坑东侧日后地铁 4 号线建造的地下障碍。

北京地铁宋家庄站～肖村站明挖段基坑南侧盾构接收井基坑位于盾构接收一侧的第三排锚杆采用 6 根 φ15.2mm、1860 钢绞线的"U"形可拆锚杆，抽芯率达 100％。

中银大厦可拆芯锚杆结构参数表　　　　　　　　　表 2-3-6

排数	锚杆长度（m）	自由段长度(m)	锚固段长度(m)	承载体个数	承载体间距(m)	锚杆倾角（°）	钢绞线（根）
第一排	32.0	12.5	19.5	4	5.0、5.0、5.0、4.5	20、25	8
第二排	27.0	10.0	17.0		均为 4.25		
第三排	29.0	8.0	21.0		均为 5.25		
第四排	24.0	6.0	18.0		均为 4.5		

2）解锁式

（1）热熔解锁回收锚索

热熔式可拆芯锚杆采用热熔锚具通过低压通电将锚具内部结构熔化破坏，解除夹片对钢绞线的束缚，从而给钢绞线卸荷，实现回收钢绞线的目的。热熔型可拆芯锚固端见图 2-3-32。自动回收设备见图 2-3-33。苏州市能工基础工程有限责任公司生产的可回收锚杆可根据工程项目的实际情况控制回收率见表 2-3-7。

可回收锚杆控制回收率　　　　　　　　　表 2-3-7

控制等级	破坏后果	回收控制率
Ⅰ	重要地段，会构成公共开发问题	95％～100％
Ⅱ	较重要地段，但不会构成公共开发问题	90％～95％
Ⅲ	一般地段，影响较轻或可以方便清障	85％～90％

图 2-3-32　热熔型可拆芯锚固端

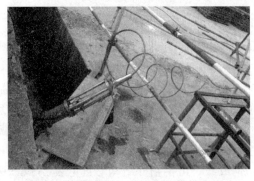

图 2-3-33　自动回收设备工作状态图

（2）主、副工作索解锁回收锚索

此种可拆式锚索是由主、副工作索组成的：主工作索承担工作拉力，副工作索不承担工作拉力，只为拆除主工作索而准备，主、副工作索之间及承载体之间，靠一些套筒插销相互约束，当要拆除时，需要先将副工作索用力拔出，解除主、副索套筒、插销、承载体之间的相互约束，才能拔出主工作索。此种可除式锚索的缺点是必须在主、副工作索内端部固定一个 P 型锚具，这就需要在钢绞线外套一根直径比 P 型锚具直径更大的外套管，才能将钢绞线抽出来。浙江中桥预应力设备有限公司生产的主、副工作索回收锚索结构图和实体图分别见图 2-3-34 和图 2-3-35，回收锚索参数表见表 2-3-8。

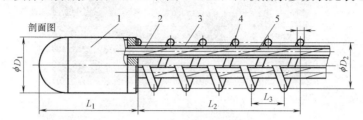

图 2-3-34　主、副工作索解锁回收锚索结构图
1—承载体；2—连接头；3—塑料管；4—螺旋盘筋；5—钢绞线

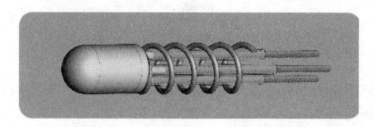

图 2-3-35　主、副工作索解锁回收锚索实体图

中桥 OQM-d 型回收锚索参数表　　　　　　　　　　　表 2-3-8

型号规格	钢绞线根数	钻孔			承载体		抗拔承载力（kN）
		主孔直径	扩大孔直径	扩大孔深度	D_1	L_1	
OQM-d 15-2	2						200
OQM-d 15-3	3						400
OQM-d 15-4	4	$\phi150\sim$ $\phi200$	$\phi300\sim$ $\phi700$	$2000\sim$ 8000	$\phi107$ $\sim$ $\phi180$	179	600
OQM-d 15-5	5						600
OQM-d 15-6	6						800
OQM-d 13-2	2						140
OQM-d 13-3	3						280
OQM-d 13-4	4	$\phi130\sim$ $\phi150$	$\phi300\sim$ $\phi700$	$2000\sim$ 8000	$\phi107$ $\sim$ $\phi180$	179	420
OQM-d 13-5	5						560
OQM-d 13-6	6						700

（3）转动式解锁回收锚索

通过顺时针转动钢绞线的解锁方式，解除可拆芯锚具套筒内钢绞线的夹片，可顺利由人工拔出钢绞线。杭州富阳科盾预应力锚具有限公司生产的转动式解锁回收锚索锚固端如图 2-3-36 所示。这种回收锚索可方便组装成分散压力型锚杆，钢绞线的根数也不受限制。转动式可回收锚索所回收的钢绞线可重复使用，经检测表明，所回收的钢绞线，其抗拉强度并未降低。

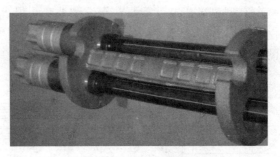

图 2-3-36　人工转动解锁锚固端

第四节　岩土锚固工程的勘察与调查

岩土锚固与喷射混凝土支护工程设计前应进行工程调查、工程地质与水文地质勘察。

1. 调查

岩土锚固工程设计前的调查应包括周边环境调查、区域地质等相关资料的收集，以及施工条件及影响因素调查，主要应包括下列内容：

（1）调查工程区域环境条件、气候条件、施工条件、周围土地利用与规划情况，以及与工程相关的法规；

（2）收集和分析工程区域的工程地质、水文地质和地震等资料；

（3）调查工程地形地貌、以往的挖填方记录，对边坡锚固工程，还应进行历史调查，分析人类活动对边坡稳定的影响；

（4）查明工程影响区域内的邻近建筑物、地下管线及构筑物的位置及状况；

（5）查明施工场地与相邻地界的距离，调查锚杆可否借用相邻地块；

（6）调查当地类似工程的主要支护形式、施工方法及工程经验。

2. 工程地质与水文地质勘察

工程地质与水文地质勘察应正确反映工程地质与水文地质条件，查明不良地质作用和地质灾害及其对整体稳定性的影响，提出岩土锚固设计和施工所需参数，提出设计、监测及施工工艺等方面的建议。工程地质与水文地质勘察应包括下列内容：

（1）地层土性和岩性及其分布、岩组划分、风化程度、岩土化学稳定性及腐蚀性；

（2）场地地质构造，包括断裂构造和破碎带位置、规模、产状和力学属性，划分岩体结构类型；边坡工程重点研究对边坡稳定性有影响的软弱夹层（带）的变形特性和不同条件下的抗剪强度；

（3）岩土天然容重、抗剪强度等物理力学指标；具有传力结构时，地基的反力系数，抗剪强度指标及剪切试验的方法应与分析计算的方法相配套；

（4）主要含水层的分布、厚度、埋深、地下水的类型、水位、补给排泄条件、渗透系数、水质及其腐蚀性；

（5）隧道及地下洞室工程的围岩分级，岩体初始应力场，不良地质作用的类型、性质和分布；

（6）边坡工程应提出边坡破坏形式和稳定性评价，地质环境条件复杂、稳定性较差的大型边坡宜在勘察期间进行变形和地下水位动态监测；

（7）抗浮锚固工程还应提出抗浮设防水位，抗浮设防水位应结合区域自然条件、地质特点、历史记录、现场实测水位、使用期内地下水位的预测以及建筑物埋置深度综合确定；

此外，当锚固地层为特殊地层及采用从未用过的新型锚杆与锚固结构的工程，则应进行专项试验研究。

第五节　锚杆的设计

1. 一般规定与设计流程

1）一般规定

（1）岩土锚杆工程设计前应根据岩土工程勘察报告及工程条件与要求，对锚杆实施的安全性、经济性和施工可行性作出评估和判断。

（2）锚杆类型设计应根据工程要求、锚固地层性质、锚杆承载力大小、现场条件、施工方法及设备供应条件等综合因素确定。

（3）锚杆设计应确保岩土锚杆及锚固结构物在工作荷载及施工荷载作用下有足够的安全度，应符合国家标准 GB 50086—2015 关于预应力锚杆安全系数的规定。

（4）设计的锚杆使用年限应不低于构筑物的使用年限，其防护等级与防腐构造应符合国家标准 GB 50086—2015 的规定。

（5）永久性锚杆的锚固段不应设置在有机质土、液限 $W_L > 50\%$ 及相对密度 $D_r < 0.3$ 的土层中。

（6）永久性锚杆的结构参数与工艺方法应通过锚杆基本试验校核或调整。

（7）在特殊条件下为特殊目的而使用的锚杆，如水中应用的锚杆、可拆芯式锚杆及承受疲劳荷载的锚杆，必须在充分的调查研究与必要的试验基础上进行设计。

（8）承受交通荷载、风荷载等反复变动荷载的锚杆，其反复荷载变动幅度应不大于锚杆拉力设计值的 20%。

2）锚杆的设计流程

锚杆的设计包括：计算外荷载；决定锚杆布置和安设角度；锚杆锚固体尺寸、自由段长度和预应力筋截面的确定；稳定性验算和锚头设计等主要步骤。同时，应加强施工后的管理工作，特别要做好长期观测，当观测得到的锚杆预应力变化不符合设计要求时，应立即寻求对策，以保证锚杆的长期可靠性。锚杆的设计流程见图 2-5-1。

2. 锚杆的设置

1）锚杆的间距

锚杆的间距与长度应根据锚杆所锚固的构筑物及其周边地层的整体稳定性确定。

锚杆通常是以群体的形式出现的，如果锚杆布置得很密，地层中受力区的重叠会引起

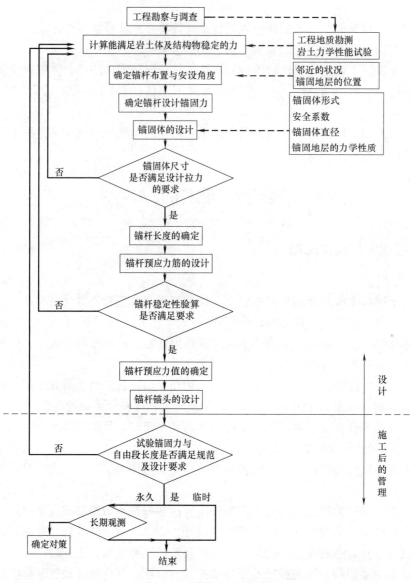

图 2-5-1 锚杆设计流程图

应力叠加和锚杆位移，从而降低锚杆极限抗拔力的有效发挥。这就是我们通常说的"群锚"效应。

锚杆锚固体的设置间距取决于锚固力设计值、锚固体直径、锚固长度等许多因素。必须注意的是，锚杆的极限抗拔力会因群锚效应而减小。

群锚效应的影响与锚固体间距、锚固体直径、锚杆长度及地层性状等因素有关。图 2-5-2 为锚杆受力时锚固体间距对锚杆应力圆锥的影响。

日本《地层锚杆设计施工规程同解说》1990 版建议关于群锚效应引起的锚杆极限抗拔力的减低率可按图 2-5-3 求得。图中 T 为单根锚杆充分发挥作用时的极限抗拔力，ϕ 为考虑群锚效应的锚杆极限抗拔力减低率，T' 为减低后的锚杆极限抗拔力，a 为锚杆间距，R 为影响圆锥半径（根据锚杆长度及 β 角求出）。

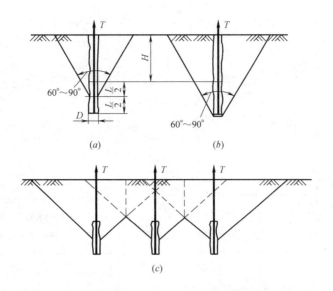

图 2-5-2　锚杆受力时锚固体间距对应力圆锥的影响

（a）拉力型锚杆的应力圆锥；（b）压力型锚杆的应力圆锥；

（c）应力圆锥叠合的影响

砂土：$\beta=2/3\varphi$；

岩石：$\beta=45°$。

为避免因锚杆间距过小而引起锚杆承载力的降低，国内外锚杆规范中均对锚杆锚固体的最小间距加以限制，我国国家标准《岩土锚杆与喷射混凝土支护工程技术规范》GB 50086—2015 规定：锚杆锚固段的间距不应小于 1.5m，当需间距小于 1.5m 时，应将相邻锚杆的倾角调整至大于 3°或采用交错的锚杆长度（图 2-5-4）。

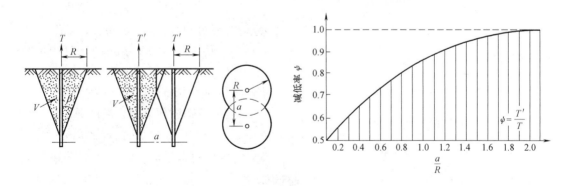

图 2-5-3　考虑群锚效应的锚杆抗拔力降低图

2）锚杆与相邻结构物的距离

锚杆的配置，还应考虑其对相邻结构物的影响。设计锚杆时，如发现邻近有构筑物及地下埋设物时，则需对锚杆的安设位置及锚杆的安设倾角进行充分研究。根据国外经验：锚杆与相邻基础及地下构筑物的距离要在 3.0m 以上。

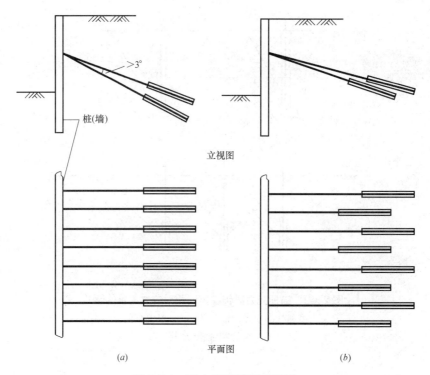

图 2-5-4　对小间距锚杆的处理

（a）有不同倾角的锚杆；（b）有不同长度的锚杆

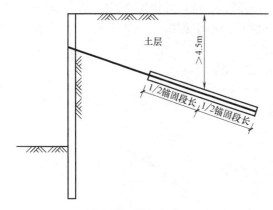

图 2-5-5　锚杆锚固体上方的合理土层厚度

3）锚杆的倾角

依据锚杆的作用原理，不同类型工程的锚杆倾角（指锚杆与水平面的夹角）是不同的。总的来说，确定锚杆的倾角应有利于满足工程抗滑、抗塌、抗倾或抗浮的要求。但就控制注浆质量而言，如锚杆倾角过小，则注浆料的泌水和硬化时产生的残余浆渣会影响锚杆的承载力，因而要求锚杆倾角应避开$-10°\sim+10°$的范围。

4）锚杆锚固体上覆土层的厚度

布置锚杆位置时，锚杆锚固体上方应有足够的土层厚度，一般不宜小于 4.5m（图 2-5-5）。较厚的上覆土层，既可减缓地面交通荷载对锚杆承载力的不利影响，也不致因对锚杆孔采用较高的注浆压力而使地面隆起。

3. 锚杆结构设计

1）锚杆的拉力设计值

国家标准 GB 50086—2015 明确规定，预应力锚杆的拉力设计值可按下列公式计算：

$$永久性锚杆\quad N_d=1.35\gamma_w N_K \tag{2-6}$$

$$临时性锚杆\quad N_d=1.25 N_K \tag{2-7}$$

式中　　N_d——锚杆拉力设计值（N）；

$\quad\quad$ N_K——锚杆拉力标准值（N）；

$\quad\quad$ γ_w——工作条件系数，一般情况取 1.1。

永久性锚杆的 N_d 要取 $1.35\gamma_w N_K$，主要考虑预应力锚杆一般均设置于地层深处，锚杆周边的岩土体不仅受到施工过程中周围作业的扰动，且随着时间的推移，会受到降雨、地下水活动、振动及其他环境条件变化的侵扰，从而使其力学性能指标降低，因而其拉力设计值比临时性锚杆高一些是十分必要的。

2）锚杆结构的设计计算内容

预应力锚杆结构的设计计算，应包括以下内容：

（1）锚杆筋体的抗拉承载力计算，以确定锚杆的筋体截面积；

（2）锚杆锚固段注浆体与筋体，注浆体与地层间的抗拔承载力计算，以确定锚杆的锚固段长度；

（3）压力型或压力分散型锚杆，尚应进行锚固段注浆体截面受压承载力计算。

4. 锚杆筋体抗拉承载力计算

1）非预应力锚杆筋体受拉承载力应按下式计算：

$$N_d \leqslant f_{py} \cdot A_s \tag{2-8}$$

$$N_d \leqslant f_y \cdot A_s \tag{2-9}$$

式中　　N_d——锚杆拉力设计值（N）；

$\quad\quad$ f_{py}——预应力螺纹钢筋或钢绞线抗拉强度设计值（N/mm²）；

$\quad\quad$ f_y——普通钢筋抗拉强度设计值（N/mm²）；

$\quad\quad$ A_s——锚杆筋体截面积（mm²）。

2）预应力锚杆筋体抗拉承载力应按筋体的张拉控制应力要求计算，即

永久性预应力锚杆：

$$N_d \leqslant 0.55 f_{ptk} \cdot A_s \tag{2-10}$$

临时性预应力锚杆：

$$N_d \leqslant 0.6 f_{ptk} \cdot A_s \tag{2-11}$$

式中　　N_d——锚杆拉力设计值（N）；

$\quad\quad$ f_{ptk}——钢绞线极限抗拉强度标准值（N/mm²）；

$\quad\quad$ A_s——锚杆筋体截面积（mm²）。

预应力锚杆是一种典型的后张法预应力结构，因此锚杆筋体抗拉承载力设计计算必须满足筋体张拉控制应力的要求。

预应力锚杆常用的筋材为具有高抗拉强度的钢绞线。筋体张拉后各股钢绞线受力常常是不均匀的，当锚固结构物出现较大位移时，又相当于筋体被进一步张拉，其受力不均匀度会增大，这样当高拉应力钢材遇有腐蚀介质时，则易出现应力腐蚀破坏的风险。因此，美国、英国等多数国家的岩土锚杆规范规定，预应力锚杆钢绞线筋体的容许拉应力值，即控制应力值 σ_{con} 不得大于其极限抗拉强度标准值的 60％。英国岩土锚杆标准 BS8081：1989 还规定：永久性锚杆及腐蚀风险高或类似作为悬索结构的主要缆索或为起吊重型结构提供反力等破坏后果严重的临时性锚杆，其筋体的容许拉力值，应取其极限抗拉强度标准值的 50%。我国国家标准 GB 50086—2015 规定：锚杆预应力筋的张拉控制应力 σ_{con} 应符合表 2-5-1 的规定。该表对永久性锚杆或临时性锚杆所用的各种筋体的张拉控制应力容许值作了明确规定，在设计锚杆预应力筋的截面积时应予遵循。

锚杆预应力筋的张拉控制应力 σ_{con} 表 2-5-1

锚杆类型	σ_{con}		
	钢绞线	预应力螺纹钢筋	普通钢筋
永久	$\leqslant 0.55 f_{ptk}$	$\leqslant 0.70 f_{pyk}$	$\leqslant 0.70 f_{yk}$
临时	$\leqslant 0.60 f_{ptk}$	$\leqslant 0.75 f_{pyk}$	$\leqslant 0.75 f_{yk}$

5. 锚杆抗拔承载力设计计算

预应力锚杆的抗拔承载力，在锚固体直径确定的条件下，主要取决于锚固段的长度及锚固段灌浆体与地层间的粘结强度。

我国国家标准 GB 50086—2015 规定：锚杆及单元锚杆锚固段的抗拔承载力应按下列公式计算，锚固段的设计长度取计算长度的较大值。

$$N_d \leqslant \frac{f_{mg}}{K} \cdot \pi \cdot D \cdot L_a \cdot \psi \qquad (2\text{-}12)$$

$$N_d \leqslant f'_{ms} \cdot n \cdot \pi \cdot d \cdot L_a \cdot \xi \qquad (2\text{-}13)$$

式中　N_d——锚杆或单元锚杆轴向拉力设计值（kN）；

L_a——锚固段长度（m）；

f_{mg}——锚固段注浆体与地层间极限粘结强度标准值（MPa 或 kPa），应通过基本试验确定，当无试验资料时，可按表 2-5-3 取值；

f'_{ms}——锚固段注浆体与筋体间粘结强度设计值（MPa），按规范 GB 50086—2015 表 4.6.12 取值；

D——锚杆锚固段钻孔直径（mm）；

d——钢筋或钢绞线直径（mm）；

K——锚杆锚固段注浆体与地层间的粘结抗拔安全系数，按规范 GB 50086—2015 表 4.6.11 取值；

ξ——采用 2 根或 2 根以上钢筋或钢绞线时，界面粘结度降低系数，取 $0.70 \sim 0.85$；

ψ——锚固段长度对极限粘结强度的影响系数，可按表 2-5-2 选取；

n——钢筋或钢绞线根数。

对于锚杆抗拔承载力计算公式式（2-12），有以下几点应当加以说明：

1）关于锚固段长度对极限粘结强度的影响系数"ψ"

根据国内外对岩土锚杆荷载传递规律的研究及大量预应力锚杆抗拔试验成果，程良奎等人于 2001 年指出：预应力岩土锚杆锚固段灌浆体与地层间的平均粘结应力（强度）值不仅与地层条件有关，与锚杆锚固段长度也有较大的关系。锚固段灌浆体与地层间的平均粘结应力随锚固段长度的增加而降低，锚固段越长，灌浆体与地层间的平均粘结应力越低；锚固段越短，灌浆体与地层间的平均粘结应力越高。传统的锚杆抗拔承载力计算公式将不同长度的锚固段灌浆体与地层间的粘结强度作定值处理，导致计算结果与实际测量结果有较大偏离，应予以修正。并提出了在锚杆抗拔承载力计算公式中应引入锚固段长度对粘结强度影响系数的概念与取值。

2005 年，中国工程建设标准化协会发布的《岩土锚杆（索）技术规程》CECS22：2005 的 7.5.1 条和 7.5.2 条在锚杆抗拔承载力计算公式中引入了锚固段长度对粘结强度影响系数。

2015 年发布的国家标准《岩土锚杆与喷射混凝土支护工程技术规范》GB 50086—2015 明确规定：对锚杆抗拔承载力计算公式中的锚固段灌浆体与地层间的平均粘结强度值应乘以锚固段长度对粘结强度的影响系数 ψ，并给出了 ψ 的建议值（表 2-5-2）。

锚固段长度对粘结强度的影响系数 ψ 的建议值　　　　　　　　　　表 2-5-2

锚固地层	土层					岩石				
锚固段长度(m)	14～18	10～14	10	10～6	6～4	9～12	6～9	6	6～3	3～2
ψ 值	0.8～0.6	1.0～0.8	1.0	1.0～1.3	1.3～1.6	0.8～0.6	1.0～0.8	1.0	1.0～1.3	1.3～1.6

2）锚杆锚固段灌浆体与地层间的极限粘结强度

我国国家标准 GB 50086—2015 规定：锚杆锚固段灌浆体与地层间的极限粘结强度标准值应通过基本试验确定，当无试验资料时，可按表 2-5-3 取值，以用于预估锚杆的极限抗拔承载力。表 2-5-3 中的取值主要根据国内以往岩土锚固工程的实测数据，并参考美国、日本的岩土锚杆标准所提供的相关数据。美国 PTI《预应力岩土锚杆的建议》（1996 年）推荐的沿锚杆锚固段灌浆体—地层结合面的粘结应力见表 2-5-4。

锚杆锚固段灌浆体与周边地层间的极限粘结强度标准值（N/mm²）　　　表 2-5-3

岩土类别			极限粘结强度标准值 f_{mg}
岩石	坚硬岩		1.5～2.5
	较硬岩		1.0～1.5
	软岩		0.6～1.2
	极软岩		0.6～1.0
砂砾	N 标贯值	10	0.1～0.2
		20	0.15～0.25
		30	0.25～0.30
		40	0.30～0.40
砂	N 标贯值	10	0.10～0.15
		20	0.15～0.20
		30	0.20～0.27
		40	0.28～0.32
		50	0.30～0.40

续表

岩土类别		极限粘结强度标准值 f_{mg}
黏性土	软塑	0.02～0.04
	可塑	0.04～0.06
	硬塑	0.05～0.07
	坚硬	0.08～0.12

注：1. 表中数值为锚杆锚固段长 10m（土层）或 6m（岩石）的灌浆体与岩土层间的极限粘结强度经验值，灌浆体采用一次注浆；若对锚固段注浆采用带袖阀管的后高压注浆，其极限粘结强度标准值可显著提高，提高幅度与注浆压力大小关系密切。
　　2. N 值为标准贯入试验锤击数。

沿锚杆锚固段灌浆体—地层结合面的粘结应力推荐值（美国 PTI 1996）　　表 2-5-4

岩石		黏性土		非黏性土	
岩石种类	平均极限粘结应力（MPa）	锚杆类型与土体种类	平均极限粘结应力（MPa）	锚杆类型与土体种类	平均极限粘结应力（MPa）
花岗岩和玄武岩	1.7～3.1	重力灌浆锚杆（直孔型）	0.03～0.07	重力灌浆锚杆（直孔型）	0.07～0.14
白云质石灰岩	1.4～2.1	软粉砂质黏土	0.03～0.07	中细砂,中密至密实	0.08～0.38
软石灰岩	1.0～1.4	粉砂质黏土	0.03～0.07	中粗砂,中密	0.11～0.66
板岩与硬质页岩	0.8～1.4	硬黏土（中至高塑性）	0.03～0.10	中粗砂,中密至极密	0.25～0.97
软页岩	0.2～0.8	硬黏性黏土（中至高塑性）	0.07～0.17	粉砂	0.17～0.41
砂岩	0.8～1.7	硬黏土（中塑性）	0.10～0.25	密实的冰碛物	0.30～0.52
风化砂岩	0.7～0.8	极硬性黏土（中塑性）	0.14～0.35	砂质砾石,中密至密实	0.21～1.38
白垩	0.2～1.1	极硬的砂质黏土（中塑性）	0.28～0.38	砂质砾石,密实至极密实	0.28～1.38
风化泥灰岩	0.15～0.25				

注：黏性土列锚杆类型为"压力灌浆锚杆（直孔型）"，非黏性土列锚杆类型为"压力灌浆锚杆（直孔型）"。

3）锚杆抗拔承载力安全系数的确定

锚杆抗拔承载力安全系数，实际上也就是锚杆锚固段灌浆体与地层间粘结强度的安全系数。

基于锚杆结构设计中的不确定因素与风险程度，如地层性态与地下水或锚杆周边环境变化、灌浆材料与工艺的不稳定性、钻孔方式与成孔质量的差异、锚杆群中个别锚杆承载力下降或失效所附加给周边锚杆的工作荷载增量等，都会影响到锚杆锚固段灌浆体与地层粘结强度的变化，因此，从锚杆基本试验或从表 2-5-4 中所获得的极限粘结强度标准值还必须除以适当的安全系数 K，换算成粘结强度设计值，方能作为计算锚杆抗拔承载力设计值的粘结强度参数。

我国国家标准 GB 50086—2015 规定：锚杆锚固段注浆体与周边地层间的粘结抗拔安全系数，应根据岩土锚固工程破坏后的危害程度和锚杆的服务年限，按表 2-5-5 确定。

锚杆锚固段注浆体与地层间的粘结抗拔安全系数　　　　表 2-5-5

锚固工程安全等级	破坏后果	安全系数	
		临时锚杆	永久锚杆
		＜2 年	≥2 年
Ⅰ	危害大，会构成公共安全问题	1.8	2.2
Ⅱ	危害较大，但不致出现公共安全问题	1.6	2.0
Ⅲ	危害较轻，不构成公共安全问题	1.5	2.0

注：蠕变明显地层中永久锚杆锚固体的最小抗拔安全系数宜取 3.0。

从总体上可以看出，各国岩土锚杆规范中对锚杆锚固段灌浆体与地层间的粘结抗拔安全系数的取值是比较接近的（表 2-5-6）。

国外岩土锚杆规范关于锚杆锚固段注浆体与地层间的粘结抗拔安全系数　　表 2-5-6

标准归属	标准名称及编制单位	最小安全系数	
		临时锚杆	永久锚杆
瑞士	SN533—191《地层锚杆》	1.3、1.5、1.8	1.6、1.8、2.0
英国	BS—8081《岩土锚杆实践规范（1989）》（英国标准学会）	2.0	2.5～3.0
美国	PTI《预应力岩土锚杆的建议（1996）》（美国后张预应力混凝土学会）	—	2.0
国际预应力混凝土协会	FIP《预应力灌浆锚杆设计施工规范》（国际预应力混凝土协会）	—	2.0
日本	《地层锚杆设计施工规程》CJG4101—2000（日本地盘工学会）	1.5	2.5
日本	《建筑地基锚杆设计施工指南与解说（2001）》（日本建筑学会）	1.5、2.0	3.0

4）荷载分散型锚杆抗拔承载力设计计算

压力或拉力分散型锚杆抗拔承载力可按下式计算：

$$T_\mathrm{d} = \sum_{i=1}^{n} T'_i \qquad (2\text{-}14)$$

式中　T_d——压力或拉力分散型锚杆的抗拔承载力设计值；

T'_i——各单元锚杆的抗拔承载力设计值。

5）扩大头锚杆抗拔承载力设计计算

扩大头锚杆锚固段的抗拔承载力由摩擦和支承两部分抗力组成，其抗拔承载力设计计算详见本章式（2-5）。

6. 锚杆自由段设计

1）锚杆自由段长度的规定

关于锚杆自由（张拉）段长度，几乎世界各国的锚杆技术标准都作出了规定（表2-5-7）。若锚杆的自由段长度过短，则对锚杆施加预应力后，锚杆的弹性位移较小，一旦锚头处出现松动等情况会造成较大的预应力损失。此外，锚固段与结构物间的地层过薄，也易出现由于地层抗剪力不足、垫墩荷载损失等原因，而限制锚杆抗拔力的发挥。同时，锚杆自由段长度的确定还必须使锚杆锚固于比破坏面更深的稳定地层，以保证锚杆和被锚固结构的整体稳定性。

国内外锚杆技术标准对锚杆自由段长度的规定 表 2-5-7

国别	规范名称	规定内容
中国	《岩土锚杆与喷射混凝土支护工程技术规范》GB 50086—2015	锚杆自由段应穿过潜在滑裂面，长度不应小于1.5m，锚杆自由段长不应小于5.0m
日本	《地层锚杆设计施工规程同解说》JGS 4001—2000 地盘工学会	锚杆自由段长度一般在4.0m以上
美国	美国后张预应力混凝土学会(PTI)《预应力岩土锚杆的建议》	(1)采用预应力钢绞线自由段长度不应小于4.5m，采用预应力钢筋自由段长度不应小于3.0m。(2)自由段穿过破坏面至少1.5m
中国	《岩土锚杆(索)技术规程》(CECS 22:2005)	锚杆自由段长度应穿过潜在滑裂面不少于1.5m，且不应小于5.0m
日本	《地层锚杆设计施工指南同解说》2001(日本建筑学会)	锚杆自由段长度一般在4.0m以上

2）锚杆工作时，自由段杆体应能自由伸缩

自由段杆体有将锚头的荷载直接传递到锚固体的作用。因此，自由段上的拉杆在结构上要求可自由伸缩，且不与周边地层发生摩擦。若自由段拉杆与套管间有水泥灌浆体进入，则根据摩擦阻力的大小，会产生下列问题：

（1）不能将锚头荷载完整地传递给锚固地层；

（2）自由段长度缩短，因松弛作用、导入拉力损失及地层蠕变等原因，会导致锚杆初始预应力大量损失；

（3）锚杆张拉锁定后，因摩擦作用逐渐损失，导致锚固后的结构发生二次变形。

3）影响锚杆自由段功能的主要因素

自由段产生摩擦阻力一般有以下原因：

（1）自由段杆体外包层质量差、厚度不足，破损后导致灌浆料与筋体直接接触，如仅在筋体外面卷上涂油的布带，不仅减小粘结摩阻的效果，而且极易在插入杆体时破损；

（2）自由段弯曲；

（3）自由段套管变形；

（4）无粘结钢绞线一般不会产生摩擦阻力，但当钢绞线聚乙烯涂层较薄，加压注浆时外套层被绞线压住，使自由伸缩受到约束，也会发生摩擦。

基于以上情况，设计锚杆结构应对自由段杆体的套管质量、厚度以及防止杆体与灌浆体间可能产生的粘结摩阻的技术措施提出明确要求，以满足自由段杆体具有能自由伸缩的功能。

7. 锚杆锚固段灌浆体受压承载力计算

压力型或压力分散型锚杆锚固段灌浆体的承压面积与强度的乘积若不足以抗衡锚杆拉力值，则会引起锚杆锚固段灌浆体端部出现局部压碎或剪切破坏的现象。因此压力型或压力分散型锚杆锚固段水泥浆体的抗压强度不得低于 C30（土层锚杆）和 C35（岩石锚杆）。压力型或压力分散型锚杆锚固段灌浆体的受压承载力应按下式进行验算：

$$N_d \leqslant 1.35 A_p \left(\frac{A_m}{A_p} \right)^{0.5} \eta f_c \qquad (2-15)$$

式中　N_d——锚杆或单元锚杆轴向拉力设计值；

$\quad\quad A_p$——锚杆承载体与锚固段注浆体横截面净接触面积；

$\quad\quad A_m$——锚固段注浆体横截面积；

$\quad\quad \eta$——有侧限锚固段注浆体强度增大系数，由试验确定；

$\quad\quad f_c$——锚固段注浆体轴心抗压强度设计值。

式（2-15）中的 f_c 是指现场灌入试模内的水泥浆体强度设计值，是在无侧限条件下测得的，该指标主要用来检验单轴条件下水泥浆体硬化后的品质。其强度远小于锚杆工作时周边有侧限（围压）条件下的强度，因此验算锚固段注浆体局部承压的能力，应考虑锚杆工作时有侧限条件下，水泥注浆体强度的增大系数"η"。

8. 锚杆的初始预应力

1）国家标准 GB 50086—2015 规定，预应力锚杆初始预加力的确定应符合下列要求：

（1）对地层及被锚固结构位移控制要求较高的工程，初始预加力值宜为锚杆拉力设计值；

（2）对地层及被锚固结构位移控制要求较低的工程，初始预加力值宜为锚杆拉力设计值的 0.70～0.85；

（3）对显现明显流变特征的高应力低强度岩体中隧洞和洞室支护工程，初始预加力宜为拉力设计值的 0.5～0.6；

（4）对用于特殊地层或锚固结构有特殊要求的锚杆，其初始预加力可根据设计要求确定。

2）关于锚杆的初始预应力要作以下几点说明：

（1）这里所说的锚杆初始预加力是指锚杆经验收试验合格后将张拉力放松至起始张拉荷载，再施加张拉力至规定的锁定荷载。

（2）对于锚拉桩（墙）支护的基坑工程，是容许其有适度变形的临时性工程，支挡结构周边的土体在暴雨、连续降雨或生活用水泄漏等条件影响下，若无完善的疏排措施，容易引起基坑周边土压力上升并出现坑壁位移及土锚筋体拉应力的急剧增长，也可能出现局部钢绞线因应力超限而断裂。因此，对于这类工程，规定初始预应力宜为锚杆拉力设计值的 0.7～0.85。但该初始预应力值也不宜定得过低，因为锚拉力不足也会出现支护体系的失稳或破坏。

第六节　岩土锚固系统的整体稳定性

1. 概述

（1）许多岩土锚固工程，特别是用于以下方面的岩土锚固系统，是需要考虑其整体稳定性的：

① 抵制地层深开挖引起的滑动。

② 边坡稳定。

③ 地下开挖的稳定处理。

④ 新建或既有结构物的稳定作用。

⑤ 承受竖向荷载或瞬时荷载的结构物的安全。

深开挖工程或地下开挖工程的锚固，欲评价其整体稳定性，必须把地层、结构物和锚固系统之间的相互作用当作一个完整的体系。

（2）在对锚固结构物进行整体稳定性评估时，设计人员应当考虑以下因素：

① 锚固能力。例如，分散布置的锚固承载力大的锚杆对于整体稳定性的贡献可能小于密集布置的锚固承载力小的锚杆。

② 临界破坏面的位置。确保锚杆自由段长度超过此类临界破坏面。

③ 锚杆群的破坏形式。

④ 建筑物或规划设计的限制条件。可能限制或拒绝在施工区（红线）以外使用锚固系统。

⑤ 与地层条件、地下公用设施等有关的直接限制条件。

（3）还应当指出，对于锚固体系或锚固结构物的整体稳定性，审慎地明确以下要点也是十分重要的：

① 锚固系统的工作荷载（拉力设计值）。

② 锚杆自由段的最小长度。

③ 锚固系统的总体布置。

④ 由于某些障碍物或直接条件的变化而允许修改原设计。

2. 土层锚固

用土层锚杆稳定坑壁是地锚工程最具代表性的结构物。土锚的设计应满足结构的安全性，不产生有害变形，而且要进行包括锚固地层在内的整体稳定性分析。

采用锚拉桩（墙）支护体系的变形、失稳和破坏，一般是由以下原因引起的：

① 锚杆抗拔力（锚固体与地层的摩阻力、拉杆强度、拉杆与灌浆体的粘结力）不足；

② 腰梁强度不够；

③ 锚头破坏；

④ 桩（墙）支护根部前面抗力不足（图 2-6-1a）；

⑤ 桩（墙）支护结构支承力不足（图 2-6-1b）；

⑥ 锚拉桩（墙）系统锚固地层的剪切整体破坏（图 2-6-1c）；

⑦ 锚拉桩（墙）系统锚固地层的滑动破坏（图 2-6-1d）。

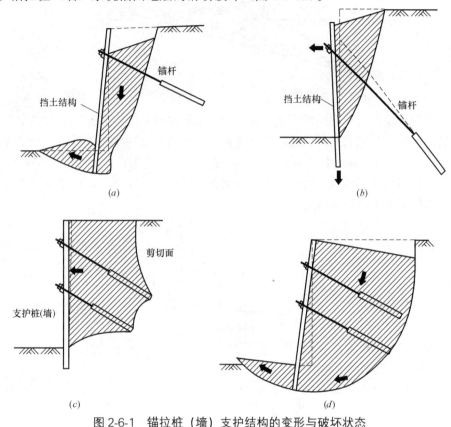

图 2-6-1　锚拉桩（墙）支护结构的变形与破坏状态

（a）支护结构前面抗力不足；（b）支护结构支承力不足；（c）锚拉桩（墙）支护的锚固地层
出现块体剪切破坏；（d）锚拉桩（墙）支护的锚固地层发生滑动破坏

因此，在黏土特别是软黏土或地下水位过高的砂土中，基坑采用锚拉桩（墙）支护体系，仅仅考虑将锚杆锚固段设置在主动破坏面（即从基底以下的假想不动点按 $45°+\varphi/2$ 角度向上画线与基坑顶部水平面的交汇面）以外就能满足基坑稳定是有安全风险的。还必须考虑包括地层锚杆在内的基坑外侧的整体滑移问题，可采用圆弧滑动法进行整体稳定验算。该验算方法如图 2-6-2 所示，地层内的破坏面在土层锚杆的顶端，从锚杆锚固段顶端向内 1.0m 左右位置，以及通过此坑底更深的假定圆弧面上的抵抗力矩与滑动力矩之比作为安全系数，一般可将该安全系数定为 1.2。

此外，还要特别注意软弱层、不连

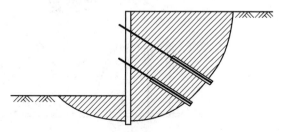

图 2-6-2　用圆弧滑动法计算基坑锚拉桩（墙）
支护体系的整体稳定性

续面或顺坡向的岩层结构面对基坑支护整体稳定性的影响（图 2-6-3）。

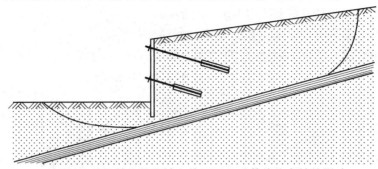

图 2-6-3　邻近基坑的顺坡向软弱层面对整体稳定性的影响

为了将基坑位移减少到最低程度，任何时候都要保持侧墙基底和挖方的稳定，这是最为重要的。此外，基坑阳角处的锚固位置和锚杆自由段长度均应有不同于一般条件的特殊设计（图 2-6-4）。图 2-6-4 中明确地表示出，在阳角处的锚固，应避免相邻锚杆的相互干扰，锚杆的自由段长度应适当增加，应穿过潜在破坏面一定距离，以满足坑边的竖向结构物、土体与锚固系统的整体稳定。

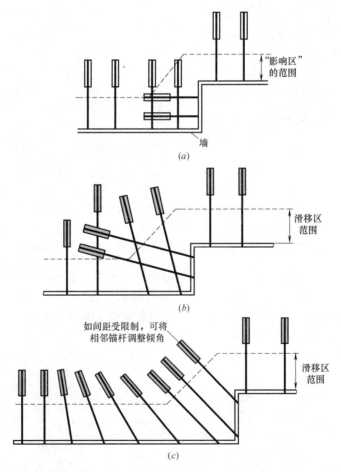

图 2-6-4　基坑阳角处锚杆的布设

（a）错误的锚杆布设；（b）调整锚杆的安设方位与倾角；（c）调整锚杆的安设方位

对于在砂层或砂砾层中承受倾斜荷载的锚杆而言，土锚体系的整体稳定性验算，应用锚固体系的力系平衡图来分析处理（图 2-6-5）。图中，W 为锚杆上覆土层重量；P_A 为上覆土侧壁边主动土压力；R 为土体的摩擦抗力；T_{UK}（T_{max}）为锚杆的极限承载力；N_d 为设计荷载。

当安全系数 $K=\dfrac{T_{UK}}{N_d}>1.2$，即可判定为通过整体稳定评估。从图 2-6-5 可以得出以下两点结论：

（1）锚锭型基础适用于承受倾斜荷载；

（2）预应力锚杆与水平面夹角小于 30° 是无效的，因为承受倾斜荷载的锚杆其上覆土层不应小于 5m，才能抵抗被拔出。

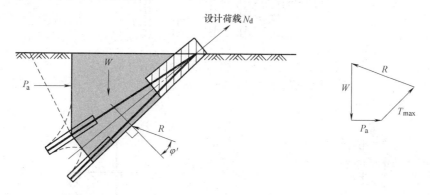

图 2-6-5　在非黏性土中的倾斜锚杆群及其力系平衡图

向下的垂直锚杆常用作结构物抵抗由水压力引起的上浮力。设计这类预应力锚杆锚固系统，只分析计算锚杆锚固段注浆体与地层间的粘结摩阻力来平衡结构承受的上浮力，对锚固结构物的整体稳定性是不能满足要求的。承受上浮力的锚固结构物的整体稳定性应满足下列力系平衡方程式（图 2-6-6）：

$$U=W_1+W_2 \tag{2-16}$$

式中　U——全部上浮力，即 $\gamma_w hL$；

$\quad\quad W_1$——结构物重；

$\quad\quad W_2$——被锚杆包围的土体重。

图 2-6-6 中土体的几何形状是拉力型锚杆锚固的结构破坏时可调动的土体。如采用压力型锚杆锚固土体，从安全考虑，土体与结构侧墙间的摩阻力可忽略不计。

还必须指出，对于承受上浮力的结构，如安设在可压缩性土层中，由于上部结构物作用、地下水位的变动、土层固结、土层徐变等引起的结构物位移，会导致在结构物工作期间土层锚杆的荷载发生显著变化。这是由于锚杆杆体常处于张拉与静止的周期性变化中，结构物的位移也具有周期性变化的特点。如果锚杆杆体在锁定后可能要承受附加的张拉荷载，则锚杆预应力筋体的截面尺寸应按照在结构物的整个服务年限内可能承受的最大工作荷载设计。

对于受拉基础或提供地基反力的垂直向的地层锚杆，应根据锚杆在极限荷载条件下地层的破坏形态（图 2-6-7 和图 2-6-8）进行整体稳定性分析。

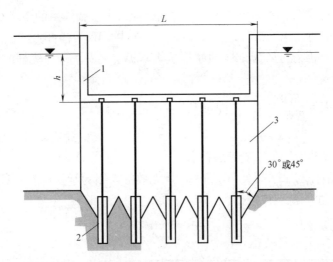

图 2-6-6　承受上浮力的锚固结构的整体稳定性

1—结构物；2—拉力型预应力锚杆；3—被锚杆包围（调动）的土体

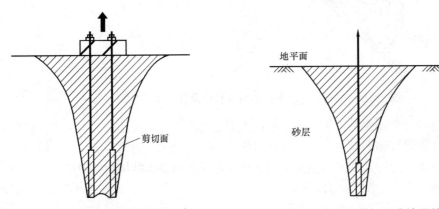

图 2-6-7　垂直锚杆土层块体剪切破坏　　图 2-6-8　浅砂层中垂直锚杆周边地层的块体剪切破坏

3. 岩体（层）锚固

1）基本原理与概念

实践已经证明，对大多数岩体（层）而言，采用锚固系统确保岩石边坡（已有的或新开挖的）及地下岩石隧道洞室的稳定都是有效的。根据各种具体条件，锚固系统可以当作提供岩石开挖工程稳定的唯一手段；也可将其与喷射混凝土、钢拱架或其他混凝土支护构筑物共同使用。

为给定的条件选择锚固系统在很大程度上取决于经验和判断能力。根据以往的经验对比以及对各种锚固方案的研究分析，所提炼出的经验性指导原则能够对合理选择不同岩石地质条件和工程条件下的锚固系统提供有效的帮助。国家标准《岩土石锚杆与喷射混凝土支护工程技术规范》GB 50086—2015 中表 7.2.1 隧洞洞室围岩级别、表 7.3.1-1 隧洞与斜井的锚喷支护类型和设计参数与表 7.3.1-2 竖井锚喷支护类型和设计参数，对我国各类岩石条件下的隧洞洞室锚固系统设计具有重要的指导作用。

目前，在地下岩石开挖工程中虽然在国内几乎张拉（主动）与非张拉（被动）的锚杆都有采用，但是在通常情况下，设置锚杆以后，应当尽快地对其进行张拉处理。张拉的锚固系统通过提高不连续结构面的抗剪强度的方式加固岩体，以防止松散岩块掉落，增强岩块间的连锁咬合特性，改善围岩的应力状态，能在锚杆加固的岩体范围内形成处于压应力状态的岩石拱、岩石环或岩石墙。

被张拉锚杆锚固的岩石拱或岩石墙是一种有相当承载能力的岩石结构体，它具有允许变形的柔性，并可提供足够的刚度，从而可以使岩体内不连续面的张开和岩体的位移减少到最低程度。

岩坡或地下岩石隧洞洞室的失稳是由下列一种或几种因素引起的：

（1）由于外力作用，尤其是重力或水、冰产生的压力引起岩块或岩石楔体的位移；

（2）在地应力作用下，而使岩块或岩石楔体发生位移；

（3）由于超限应力作用使原状岩体发生破坏；

（4）由于受到大气条件的影响而使岩体物质发生变质与剥蚀。

通常情况下，地应力水平会随着离地表深度的加大而加大。因此，在离地表深度较小的情况下，岩坡或地下开挖工程的稳定性取决于开挖工程的三维几何形状与岩体结构性质；而在离地表较深的开挖工程，其稳定性则应通过限制导致岩体发生破坏的应力水平和控制已有不连续面处的岩块位移来维持。

根据边坡或地下隧洞洞室不同的失稳模式，预应力锚杆既可用较短的低承载力锚杆，密集地分布于岩面，系统地加固岩石；也可用高或较高承载力锚杆稀疏地布设于岩面，以提供足够的抗力，控制大块或大范围岩体的坠落或滑移。保持岩体整体稳定性的锚固系统的有效性，取决于岩体节理裂隙的发育程度、锚杆的间距及其承压面的尺寸。

2）岩石边坡

由预应力锚杆支护的岩石边坡，可以用极限平衡理论分析。但要格外注意，岩体具有的结构特性和最可能发生的破坏面。因此，重要的是根据与岩石坡面有关的岩体中不连续面的产状、间距及物理特征，对岩石进行分类。Goodman、Hoek 等人提出的赤平投影法，即作一个赤平投影图，该图表示出有关边坡和不连续面的方位与倾角，以及有关这些面的极点资料，以确定破坏面的几何形状。这被认为是一种较实用的边坡稳定性分析方法。岩石边坡可能发生的破坏形式如图 2-6-9 所示，该图还展示出岩石预应力锚杆对提高边坡稳定性的作用。可以根据下面的岩坡破坏机理布置岩石锚杆，以确定控制失稳的方法。

（1）沿着层理或叶理面的破坏；

（2）沿着单一的不连续面或节理构造的平面破坏；

（3）沿着相互交割的不连续面的楔体破坏；

（4）沿着软弱面、剪力带或已有破坏面的平面破坏；

（5）沿着陡倾角结构面的倾倒破坏。

利用极限平衡稳定性分析或计算机技术，可以得到作用于边坡上独立岩块或岩体带上的外力，识别出潜在的失稳岩块或岩石带。还应当根据特殊部位的典型试验或经验方法测定可能引起破坏的不连续面的强度。

一般情况下，对坡面的排水处理是必要的，它对提高锚固边坡的稳定性有着极为重要

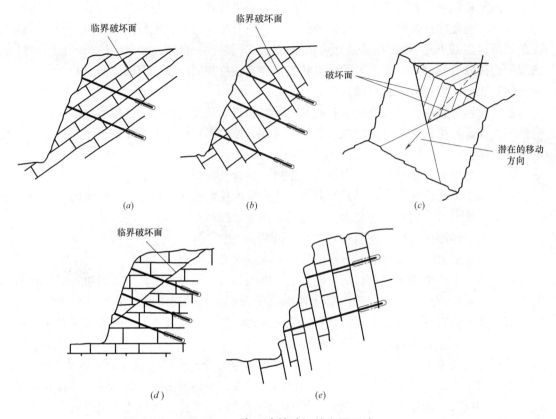

图 2-6-9　岩石边坡破坏的主要形式
（a）沿层理或叶理面的滑动；（b）沿节理面的滑动；（c）楔形体岩石破坏；
（d）沿断层或剪切面的滑动；（e）倾倒破坏

的作用。关于边坡的排水处理，Hoek 和 Bray（1977 年）曾介绍了对岩坡进行排水处理的一些典型方法。我国长江黄腊石滑坡整治及三峡永久船闸高边坡稳定等工程也曾积累了较多的边坡排水处理经验。人们应当根据有效应力对岩坡进行分析，同时还要考虑任何排水措施的影响。如果坡体上的不连续面夹有黏土或者早已发生破坏，那么应当使用残余强度参数。在发生大位移的情况下，黏聚力应取零，那么设计只能按不连续面的摩阻力进行。要重视敏感性分析，以便评估每一种因素的影响以及每一种参数的可能性变化，这也是非常重要的。

可能存在诸如锚杆的自然时效问题，也就是由于环境效应而引起的强度性质变化和变形等与时间相关的影响。虽然不一定要对这些影响做出详尽的分析，但必须对性能的可能变化及其对稳定性的影响做出评估。

锚杆的布置应视地质构造而定，并且要将锚杆的固定段设置于任何临界破坏面之外（图 2-6-9）。对存在严重节理的岩体而言，可用锚杆与钢筋网喷射混凝土相结合的支护方法，防止岩石剥落。

开挖方法可对锚固条件产生重大影响，应当采用控制爆破预防对岩体的损伤或破坏，从而将岩石塌落的可能性降低至最低程度。

必须对开挖后的岩体的工作状态进行监测，以便检验设计中的假定条件，确保识别出将来可能发生失稳的任何趋势。

3）地下隧道洞室工程

岩石锚固体系已被广泛地用于加固各种地下岩体开挖工程，其中包括交通隧道、矿山井巷与采场，以及诸如地下电站水封油库等大型洞室。一般采用的设计方法是：在开挖前先按围岩级别与工程跨度确定锚固系统，然后根据监测到的围岩变形等信息，修改或调整加固水平。而最终的锚固水平则由于开挖隧洞洞室的几何形状、地质条件及使用功能产生很大差别。

（1）影响地下隧道洞室稳定性的主要因素：

① 隧道洞室的几何形状、尺寸与埋置深度；

② 地质条件；

③ 不连续面（断层、剪切带或节理构造）的延伸性、间距和特性；

④ 原状岩体与节理岩体的性质（强度、变形和徐变特性）；

⑤ 地应力；

⑥ 地下水条件；

⑦ 开挖方法与顺序；

⑧ 外加荷载（如起重机轨、地震作用）；

⑨ 暴露岩石的剥蚀。

评估工程开挖后岩体的稳定性应当根据采用球状平面极射投影或其他图形方法，结合弹性或弹塑性应力分析方法确定，并应对岩体结构进行深入的调查研究。

（2）维护锚固隧道洞室整体稳定性的主要对策

按隧洞围岩的结构类型、地质构造及其破坏机制设置预应力岩石锚杆。地下隧洞典型的破坏方式如图 2-6-10 所示，该图也反映了锚杆的布置及其对维持岩体稳定的作用。

① 选择设置锚固系统的合理时机极为重要。为确保岩体变形与锚固系统变形相适应，还应当评估岩体与支护系统的相互作用。

② 应考虑锚固系统的分阶段设置，以确保工程开挖中岩体的稳定性。

③ 岩石锚固系统的设计不应忽略下列一些因素：

——当前的实践与以往的经验；

——对已开挖洞室（隧洞）的性态观测；

——对岩体结构构造控制区（块）的加固处理；

——对超限应力区的加固处理；

——锚固系统的特性（锚杆类型、尺寸、承载能力、安设方位、间距及长度等）；

——洞室的三维几何形状；

——开挖顺序；

——对锚固系统耐久性的要求；

——锚固系统与其他支护方式（如喷射混凝土）的一体化；

——质量控制与管理。

必须对开挖岩体的性状及位移进行监测，以便全面校核开挖后的洞室性态，要比较观察到的岩体位移与预估的位移的差值，以检验设计中的假设条件。设计人员应根据出现的与初期预测有差异的新情况，及时调整或修改设计。

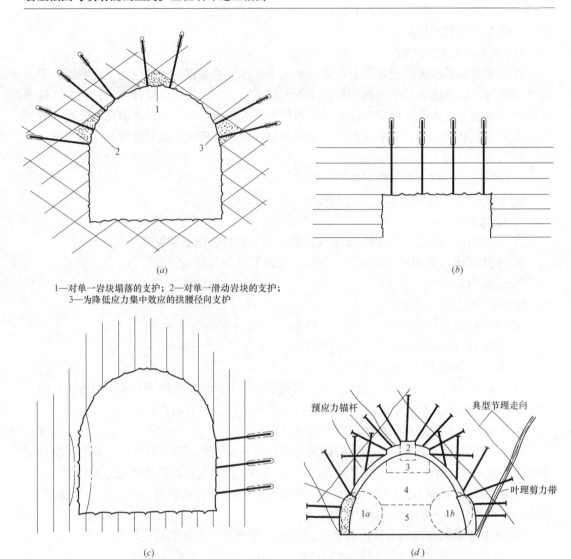

1—对单一岩块塌落的支护；2—对单一滑动岩块的支护；
3—为降低应力集中效应的拱腰径向支护

(c)

1—高垂直地应力作用下的边墙弯曲变形

注：图中的数字为开挖支护顺序

图 2-6-10　地下开挖工程岩体的破坏方式及预应力锚杆的布置

（a）　一般的岩石破坏形式；（b）在薄层状岩石中的锚固梁结构；（c）防止岩石板
（柱）的弯曲破坏；（d）密集节理岩石的锚杆布设系统

第七节　锚杆荷载传递机制及其对锚杆设计的影响

　　岩土锚固的应用正在不断扩大，各种锚杆所传递的荷载也在不断增加。然而埋没于地层中的锚杆及锚杆自身的材料却没有多大变化。这样就需知道荷载到底是怎样传递给地层的，其中有些什么问题或偏差，又应当怎样去克服这些偏差。

　　在实际工程中，锚杆可能以下列一种或几种形式发生破坏：

　　（1）沿着杆体与灌浆体的结合处破坏；

　　（2）沿着灌浆体与地层结合处破坏；

（3）地层岩土体破坏；

（4）杆体（钢绞线、钢丝、钢筋）的断裂；

（5）围绕杆体的灌浆体的压碎；

（6）锚杆群的破坏。

需要分析互相联系的每一种因素，以确定某一特定的锚杆系统是否能安全地承受规定的设计载荷，并能正确地估价施工方法的微小变化对荷载的影响。

1. 荷载从杆体传递给灌浆体的力学行为

在锚杆锚固段中，杆体与灌浆体的粘结包括以下三个因素：

（1）黏着力。即杆体钢材表面与灌浆体间的物理粘结。当这两种材料由于剪力作用产生应力时，黏着力就构成了发生作用的基本抗力。当锚固段发生位移时，这种抗力就会消失。

（2）机械连锁。由于钢筋有肋节、螺纹和凹凸等存在，故在灌浆体中形成机械连锁。这种连锁同黏着力一起发生作用。

（3）摩擦力。这种摩擦力的形成与夹紧力及钢材表面的粗糙度成函数关系。而且摩擦系数的量值也取决于摩擦力是否发生在沿接触面位移之前（摩擦系数量值较大）或位移过程中（此时表面上残留的摩擦系数较小）。

大量的试验已经证实，随着对锚杆施加荷载的增加，杆体与灌浆体结合应力的最大值移向固定段的下端，并以渐进的方式发生滑动和改变着结合应力的分布。图 2-7-1 的曲线表明：随着锚杆内荷载的增加，沿锚固长度以类似于摩擦桩的方式转移结合应力。黏着力最初在锚固段的近端发生作用，而远端则保持原状。当近端的黏着力被克服时就会产生滑动，大部分结合应力就被逐渐传入锚固段远端，而锚固段近端的摩擦力只起到很小的作用。很明显，粘结抗力并不作用在整个锚固段长度上（图2-7-1）。

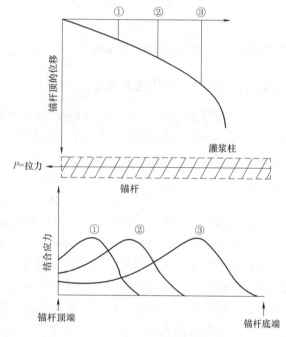

图 2-7-1 加荷过程中沿锚杆长度杆体与灌浆体结合应力的变化

混凝土与钢筋结合应力的研究成果可直接用于锚杆问题。假定结合应力的分布呈指数关系形式：

$$\tau_x = \tau_0 e^{-\frac{Ax}{d}} \tag{2-17}$$

式中　τ_x——距锚固体顶端 x 处的结合应力；

　　　τ_0——锚固体顶端处的结合应力；

　　　d——锚杆杆体直径；

A——锚杆中结合应力与主应力有关的常数。

沿锚固长度 L 积分，应用边界条件，施加于锚杆的荷载 P 为：

$$P = \frac{\tau_0 \pi d^2}{A} \qquad (2\text{-}18)$$

整理式（2-16）和式（2-17）得：

$$\frac{\tau_x \pi d^2}{p} = A e^{\frac{\Delta x}{d}} \qquad (2\text{-}19)$$

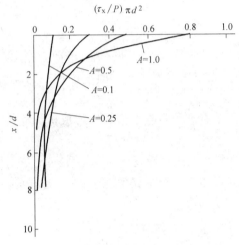

图 2-7-2　不同 A 值沿锚杆的荷载分布

图 2-7-2 反映了方程中 A 的范围对结合应力分布的影响。它清楚地表明，A 值越小，沿锚杆的结合应力分布就越均匀。

由上述可知，锚杆杆体的固定长度越短，越能发挥杆体（钢筋、钢绞线、钢丝）与灌浆体的结合力。

锚杆的锚固或固定长度必须使杆体—灌浆体间结合应力的发挥有足够的储备，以保证杆体—灌浆体界面上不发生破坏。

此外，要使杆体—灌浆体的结合应力得以充分发挥，组成锚杆杆体的钢绞线、钢丝和钢筋外表面应被足够的浆体所包裹。锚杆杆体制作时，使用隔离架是十分重要的。

2. 荷载从沿浆体传递到地层的力学行为

对于长度为 L、直径为 D 的锚固段，以往都假定灌浆体与地层间的结合（粘结）应力 τ 是均匀分布的。假定灌浆体与地层的交界面上不会发生局部粘结弱化、剥离和脱开现象，那么就得出锚杆的破坏完全发生于灌浆体与地层交界面上的剪切破坏。锚杆的承载力 P 为：

$$P = \pi D L \tau \qquad (2\text{-}20)$$

然而事实并非如此，这些理想的假定是不存在的。在锚杆负荷时，从灌浆体到孔壁地层的应力转移，是以径向应力和剪应力的形式传递的。但破坏发生的部位通常是不明晰的，也许发生在进入地层的某一段距离，也许发生在交界面上，特别对于长锚固段的情况，锚杆受荷时，剪应力集中现象更为明显，锚杆沿长度方向的破坏可能是从锚固段的前端逐渐向后端发生的。总之，锚杆的破坏形态与部位取决于交界面和相邻地层的强度、锚固段长度以及荷载值大小。当地层是坚硬的岩石时，破坏出现在灌浆体与岩石的交界面上，甚至会进入地层一段距离。

Coates 和 Yu 曾用有限元法分析了弹性介质中的理想锚杆特性，研究结果表明，结合应力的分布取决于锚杆模量 E_a 与地层模量 E_g 之比，除长径比等于 6 的短锚杆。图 2-7-3 给出了不同模量比条件下，锚杆锚固段剪应力的分布形态。图中曲线表明，E_a/E_g 比值越小，锚杆顶端应力越集中；反之，E_a/E_g 越大，即软岩或土，则锚杆结合应力分布越均匀。

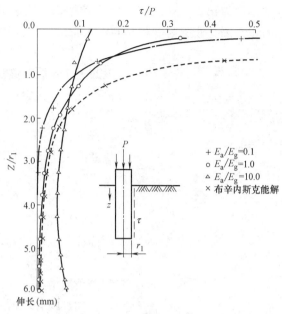

图 2-7-3 沿锚杆长度，E_a/E_g 对结合应力分布的影响

在砂性土中固定的锚杆，灌浆体与土体界面上的粘结强度通常大于土体的抗剪强度。阻止锚杆被拔出的抗力值通常大于根据锚固段周围土体极限剪切应力所计算的量值。这是由于水泥浆的渗透，一方面是实际的锚固体直径大于钻孔直径；另一方面，由于水泥浆渗透的不均匀性，使具有不规则形状的锚固体表面产生一种侧向力，可以明显地提高土体中锚杆锚固体上的摩擦力。德国 Ostermayer 已经证实，在高压灌浆条件下，锚固体表面的法向（垂直）应力可增大到覆盖层所产生应力的 2～10 倍。

图 2-7-4 表示出 30 根不同锚固长度破坏试验的成果。这些试验锚杆与水平面成 20°。

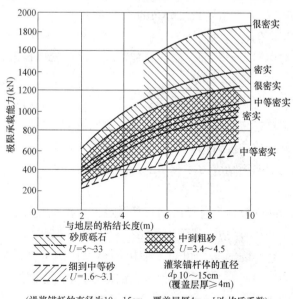

（滑浆锚杆的直径为10～15cm，覆盖层厚4m，U 为均质系数）

图 2-7-4 砂性土中锚杆承载力与土体种类及锚杆锚固段长度的关系

57

从这些曲线得出平均表面摩阻力很大，这是高压灌浆使锚固体表面的局部应力几倍于有效上覆压力值的结果，同时也会因剪胀引起砂颗粒的楔入而得到高的抗拔承载力。

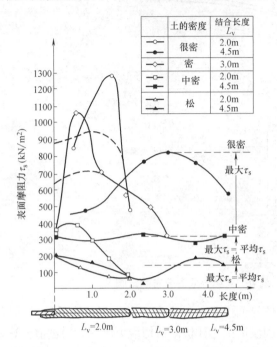

图 2-7-5　在极限荷载下量测的表面摩阻力的分布

擦力值要增大 5 倍。

从图 2-7-4 中还可看出，当锚固长度超过 7m 后，锚杆的极限抗拔力增长甚小。

Ostermayer 和 Scheele 得到的试验曲线（图 2-7-5）是很值得重视的。从该曲线图上可得到几点重要的结论：

（1）很密实的砂的最大表面摩擦力值分布在很短的锚杆长度范围内，但在松砂和中密砂中，地层的弹性模量低，而锚杆与地层的弹性模量比值高，其表面摩擦力的分布就接近于理论假定的均匀分布的情况。

（2）随着外荷载的增加，表面摩擦力峰值移向锚杆的底端。

（3）较短锚杆表面的平均摩擦力值要大于较长锚杆表面的平均摩擦力值。

（4）砂的密实度与锚杆承载力关系极大。从松砂到很密实的砂，其表面摩

3. 锚杆荷载与粘结应力沿锚固长度的分布特征

1）锚杆荷载与粘结应力沿锚固长度分布的不均匀性

在地锚设计中，至今仍有不少人认为地锚的极限承载力直接正比于锚杆的锚固长度，这与实际应用情况是存在巨大差异的。实践及理论都证明了锚固段的粘结应力分布具有很大的非均匀性。

1977 年，Ostermayer 和 Scheele 曾发表过关于在中密封密实的砂层中锚杆张拉过程粘结应力分布形态的文章。文章强调：工作状态的锚固段的粘结应力主要分布在锚固段的近端。这种粘结应力分布特性使得锚固段远端（末端）常常并未有效承受荷载。只有张拉力不断提高，锚固段远端的粘结应力才有所上升，但此时锚固段近端的粘结应力则远小于其峰值（图 2-7-6）。

1993 年，Weerasinghe 曾用大直径的钢套管做过一个模拟安装于软岩中的锚杆抗拔试验，锚杆锚固段长为 4.0m，用应变仪测得的结果示于图 2-7-7 中。

1977 年，英国 D. A. Adams 采用可重复使用的全尺比例试验设备，进行了锚杆荷载与粘结应力传递机制的试验研究。试验的预应力锚杆杆体由 4 根直径为 15.2mm 的钢绞线组成，锚杆锚固段长度为 3.0m 和 3.6m，采用多级循环加载，记录了每级荷载条件下的荷载及筋体与水泥浆体间粘结应力沿锚固段长度的分布形态，见图 2-7-8 和图 2-7-9。

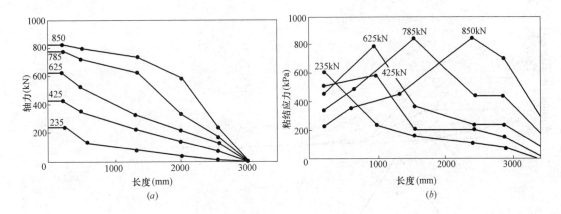

图 2-7-6　张拉荷载与锚杆内力沿锚杆固定段长度的分布

（a）锚杆的轴力曲线；（b）锚杆的粘结应力曲线

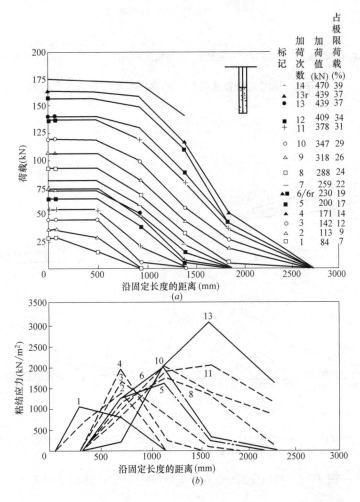

图 2-7-7　试验室中锚杆抗拔试验中张拉荷载与粘结应力分布

（a）锚杆张拉荷载分布曲线；（b）锚杆粘结力分布曲线

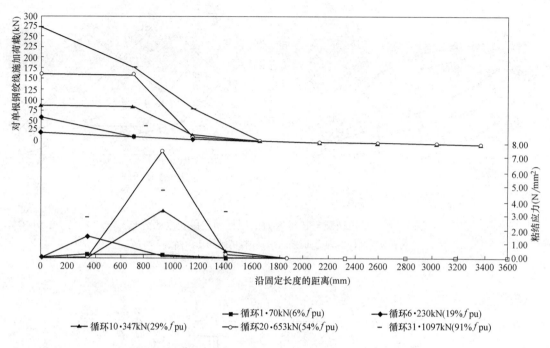

图 2-7-8　模拟软岩介质条件下的锚杆荷载与粘结应力分布

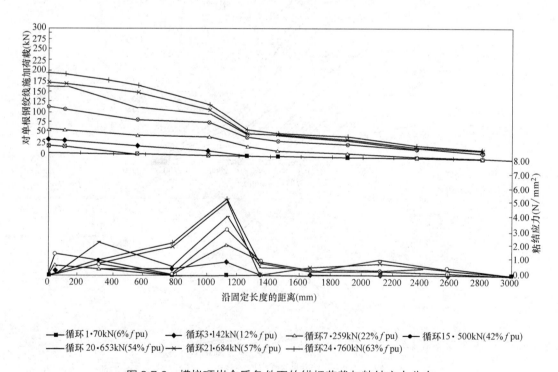

图 2-7-9　模拟硬岩介质条件下的锚杆荷载与粘结应力分布

　　纵观上述诸多试验室试验或现场实测所揭示的锚杆荷载和粘结应力沿固定段长度分布特征，可得到以下重要结论：

（1）锚杆张拉荷载值沿固定段长度是逐步衰减的，而且荷载传递长度是较为有限的（在砂层中约为 3.0～8.0m；在岩石中约为 1.5～2.7m）。

（2）锚杆杆体与注浆体。注浆体与地层间的粘结应力沿锚固段长度的分布是很不均匀的，粘结应力峰值则随着张拉荷载的增加逐步由锚固段顶端向底端（根部）转移，最后呈现为图 2-7-10 的状态，锚固段顶端的粘结应力则降至地层的残余强度水平。

（3）传统的拉力集中型锚杆的锚固段越长，则平均粘结应力越低，地层强度的利用率也就越小；锚固段越短，则平均粘结应力越高，地层强度利用率也就越高。

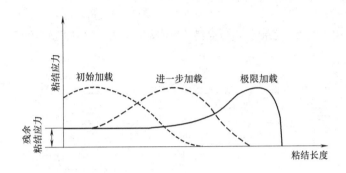

图 2-7-10　张拉锚杆粘结应力沿锚固长度分布变动图

2）锚固长度对抗拉拔承载力贡献的局限性

锚杆荷载与粘结应力沿锚固段长度的分布区段的局限性决定着锚固长度对锚杆承载力贡献是有限度的。对于荷载集中型锚杆，试图过度增加锚固段长度来提高锚杆抗拔承载力是无效的。

大量的工程实践已经证明：在岩石、砂土、黏土中安设的荷载集中型（受拉型或受压型）锚杆，当锚固段长度超过某一临界值时，其抗拔承载力就不再提高了。

德国（原联邦德国）的 Ostermayer 和慕尼黑大学的同事们共同努力，得到了以大范围的现场试验为基础的锚杆极限抗拔力与不同密实度的砂层及锚杆长度的关系曲线。从该关系曲线可以明显地看出两点重要结果：一是砂的密实度对锚杆的抗拔承载力有重要影响。二是当锚固段长度从 2m 增至 6m 时，锚杆的抗拔承载力近似成比例地增长；当锚固段长度由 6m 增至 8m 时，锚杆抗拔承载力的增长就显著减小；当锚固段长度增至 10m 时，抗拔承载力的增长率就更为微小了。

北京地铁 10 号线慈寿寺站基坑处于粉质黏土地层中，采用由 4 根 15.24mm 的钢绞线作为杆体，系拉力集中型锚杆。锚杆的锚固段长度分别为 11m、12m、14.5m 和 16m，每种长度的锚杆取 3 根进行了系统的基本试验，试验结果如图 2-7-11 所示。该图说明，当锚杆锚固段由 12m 逐步增至 16m，锚杆的抗拔承载力都保持在 600kN 左右，不再增长。

英国 A. D. Barley 通过对伦敦硬黏土中 61 个单元锚杆的试验（其中有 21 个单元锚杆和 2 根普通锚杆发生了破坏），对其结果分析整理后，综合考虑了粘结以及有效锚固长度随锚杆固定长度增加而降低的影响，得出了伦敦极坚硬黏土中锚杆固定长度与综合有效因子 f_c 的关系曲线（图 2-7-12）。

从图 2-7-12 中可以看到，当采用短的固定长度（2.5～3.5m）时，硬黏土的不排水抗

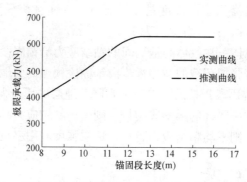

图 2-7-11　北京地铁 10 号线慈寿寺站基坑土锚抗拔力测定结果

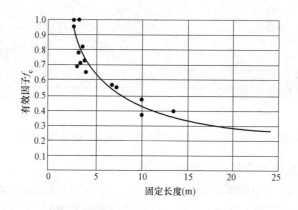

图 2-7-12　坚硬黏土中锚杆固定长度与综合有效因子（f_c）的关系曲线

剪强度几乎能全部被调动，承载力有效因子达到 0.95～1.0；当固定长度为 3.5～4.0m，有效因子可降为 0.66～0.95；当固定长度大于 4.0m 时，则有效因子就急剧下降；当固定长度为 25m 时，锚杆的有效因子 f_c 可降至 0.25。

程良奎、范景伦曾主持检验了国内部分基坑工程采用不同锚固长度的锚杆的抗拔承载力，其检验结果如表 2-7-1 所示。它同样说明，安设于土层中的预应力锚杆，随着锚固长度的增加，锚杆锚固段灌浆体与上层间的粘结应力呈现显著下降的趋势。

不同锚固长度对锚杆灌浆体与地层间粘结应力的影响　　　　　　表 2-7-1

工程名称	地层条件	锚固段长度（m）	平均粘结应力（kPa）
北京昆仑公寓	粉质黏土	8	91～98
		18	54～61
	黏质粉土	8	124～127
		19	77～81
北京 LG 大厦	粉质黏土	7.5	106
		21	65
广州凯城东兴大厦	粉质黏土	6	109
		9	77

4. 锚杆荷载与粘结应力传递特征对锚杆设计的影响

1）锚杆抗拔承载力计算公式的修正

以往，人们认为锚杆锚固段灌浆体与地层间的粘结应力沿锚固段长度分布是不变的，传统的锚杆抗拔承载力计算公式为：

$$T = \pi \cdot D \cdot L \cdot f_{mg} \qquad (2-21)$$

式中　T——锚杆极限抗拔承载力；

　　　L——锚杆锚固段长度；

　　　f_{mg}——锚杆锚固段灌浆体与地层间的粘结应力（强度）；

　　　D——钻孔直径。

随着对锚杆荷载与粘结应力传递特征研究的深入，我国及世界其他国家对锚杆抗拔承载力计算公式先后作出了修正。根据程良奎、范景伦、胡建林等人的建议，中国工程建设标准化协会标准《岩土锚杆（索）技术规程》CECS22：2005 及国家标准《岩土锚杆与喷射混凝土支护工程技术规范》GB 50086—2015 均规定：锚杆抗拔承载力计算公式中应引入锚杆锚固段长度对粘结强度的影响系数 ψ，并对不同锚固长度的粘结强度变化值作了规定。

2001 年日本建筑学会修编的《地层锚杆设计施工的规程》规定，按锚固体和周围地层间的摩擦阻力确定的锚固体长度，应满足以下公式要求：

（1）锚固长度为 3m 时

$$P_d \leqslant 3 \cdot \tau_a \cdot \pi \cdot D_a \qquad (2-22a)$$

（2）锚固长度大于 3m 时

$$P_d \leqslant [3 + (L_a - 3) \times 0.6] \cdot \tau_a \cdot \pi \cdot D_a \qquad (2-22b)$$

式中　P_d——锚固力设计值（kN）；

　　　L_a——锚固体长度（m）；

　　　D_a——锚固体直径（m）；

　　　τ_a——锚固地层的容许剪应力值（kN/m²）。

式（2-22）表明，锚杆锚固段长度超过 3.0m 的部分，地层的容许剪应力应按 0.6 倍折减。

2）锚杆锚固段长度合理区间的确定

根据荷载集中型锚杆荷载与粘结应力沿锚固段长度传递范围的试验研究和工程实测资料，世界各国的岩土锚杆标准都对锚杆锚固段长度的合理区间作出了规定（表 2-7-2）。

国内外岩土锚杆标准关于锚杆锚固段合理长度的建议　　表 2-7-2

标准归属	标准名称及主编单位	建议的锚杆锚固段长度
中国	《岩土锚杆(索)技术规程》CECS22：2005 （中冶集团建筑研究总院）	岩层锚杆：3～8m 土层锚杆：6～12m
中国	《岩土锚杆与喷射混凝土支护工程技术规范》 GB 50086—2015(中冶建筑研究总院有限公司)	岩层锚杆：3～8m 土层锚杆：6～12m

标准归属	标准名称及主编单位	建议的锚杆锚固段长度
英国	《岩土锚杆实践规范》BS8081：1989 （英国标准学会）	3m以上，10m以下
美国	PTI《预应力岩土锚杆的建议》 （美国后张预应力混凝土学会）	钢绞线：4.5～10m 钢筋：3～10m
国际预应力 混凝土协会	FIP《预应力灌浆锚杆设计施工规范》	3m以上，10m以下
日本	《地层锚杆设计施工规程》CJG 4101—2000 （日本地盘工学会）	3m以上，10m以下
日本	《地层锚杆设计施工指南》2001 （日本建筑学会）	3m以上，10m以下
瑞士	《地层锚杆规程》SN533-191 （瑞士工程建筑学会）	在砂性土和岩石中 4～7m

3）荷载分散型锚固体系获得广泛应用

20世纪80年代后期，英国的A. D. Barley等人在研究荷载集中型锚杆传力机制的基础上，首先研究出能使锚杆荷载均匀分布于锚固段上的单孔复合锚固体系，当时被定名为SBMA法。20世纪90年代以后，该方法在日本、中国、韩国不断得到应用与发展，并将这种锚固体系称之为荷载分散型（压力分散型或拉力分散型）锚杆。

与传统的荷载集中型锚杆相比，荷载分散型锚杆最为独特的优势是锚杆荷载与粘结应力沿锚固段全长分布均匀，能充分利用地层的抗剪强度，抗拔承载力高，并且随着单元锚杆数量及锚固段总长的增加，其抗拔承载力能成比例增高。此外，压力分散型锚杆还具有良好的防腐保护性能。

近10多年来，压力分散型锚杆在中国的应用与发展尤为迅速，它不仅被广泛地应用于高边坡工程，也被广泛地应用于大型洞室、永久船闸、结构抗浮、混凝土重力坝、桥梁受拉基础等永久性结构工程。近年来由于城市地铁、地下管廊的大量兴建，基坑工程对可拆芯式锚杆的需求越来越多，在深基坑工程中应用可拆芯的压力分散型锚杆取代不能回收芯体的拉力型锚杆已成为不可逆转的发展趋势。

在日本，被称为KTB工法的压力分散型锚固体系在边坡工程中的应用十分普遍，据推测约占边坡岩土锚杆应用总量的70%。日本也是目前可拆芯式压力分散型锚杆品种最多、应用量最大的国家之一。

第八节　锚杆的腐蚀与防护

埋置在岩层与土体中锚固结构的使用寿命取决于锚杆的耐久性。对其寿命的最大威胁，则来自腐蚀。

1. 腐蚀原理

金属发生腐蚀的原因很简单：大多数金属都是由它们的氧化物加工而成的，因此，其稳定性比它们的天然存在的状态要差。如果环境条件适当，金属就试图还原成它的氧化物状态，即发生腐蚀。除非采取适当的措施防止腐蚀，否则，金属就将与氧和水发生反应，表达式如下：

$$金属 + O_2 \xrightarrow{H_2O} 金属(OH)_x$$

这种化学反应导致了金属的损失，且水和氧转化成氢氧离子。此外，电子从金属中迁移生成氢氧离子，而金属离子则迁移到含水的电解质中。出现金属损失的区域是阳极，氧和水转变成氢氧离子的区域是阴极。所发生的这些反应可用图 2-8-1 表示。这种电池反应可能以多种方式形成，例如金属自身的非均匀性，造成阳极与阴极的电位差；又如埋设在地下的金属，穿过两种不同的土层中，也可能因此形成差动电池而出现腐蚀。

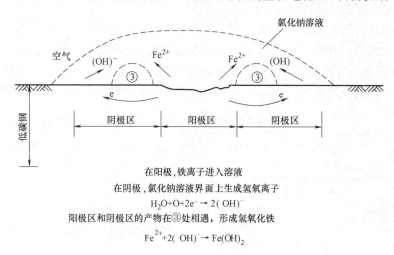

在阳极，铁离子进入溶液

在阴极，氯化钠溶液界面上生成氢氧离子

$$H_2O + O + 2e^- \rightarrow 2(OH)^-$$

阳极区和阴极区的产物在③处相遇，形成氢氧化铁

$$Fe^{2+} + 2(OH)^- \rightarrow Fe(OH)_2$$

图 2-8-1　电池腐蚀原理图

地层是由固、液、气三种形态的物质组成的，因而可提供发生电化学腐蚀的合适条件。即使地层毛细管内含有的极少水分也能起到电解液的作用，而不必将可能成为阳极和阴极之处完全由电解质包围起来。实际上，在饱和地层中，金属的腐蚀速度有所减缓（图 2-8-2）。充气的程度及其局部差异对腐蚀过程具有明显的影响。比如，阳极的腐蚀过程可能发生在无气介质包围的区域内，但是，如果其他区域暴露于充气介质时，则会加速腐蚀过程。

在某些条件下，锚杆的金属材料也会受到需氧或厌氧细菌的腐蚀。比如，金属表面细菌不规则分布所产生的不同程度的充气，就能发生生物腐蚀。细菌也能加速化学反应速度。比如，可以

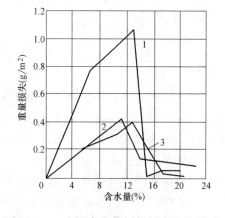

图 2-8-2　土层含水量对钢材腐蚀的影响
1—粉质黏土；2—粉土（Ⅰ）；3—亚砂土（Ⅱ）

65

加速以黄铁矿转化成硫酸的过程等。

土体的化学成分对腐蚀的发展具有重大的影响。特别当土体中存在钠盐、钙盐和镁盐（一般酸性的碳酸盐、硫酸盐或氯盐）时会大大加速腐蚀。由于这些盐的可溶性高，所以易于被地层中的水分分解。

为了选择锚杆最佳的防腐方法，就必须掌握埋置锚杆地层的腐蚀活动。这种腐蚀活动可以根据以下测试来确定：

（1）地层的成分和地下水水位；

（2）地层的有效电阻（率）；

（3）地下水和地面水的电导率；

（4）地层中各个地质层的化学成分和含水量；

（5）地下水和地面水的化学成分；

（6）物理和化学性质（pH值、氧化还原电势等）；

（7）可能存在的外来电场。

在固定锚杆之后，最好应通过测试来检查锚杆与地层的电位。

根据测试结果，就能估计出岩层、土体和水对钢材的腐蚀程度。地层的实测值与表2-8-1中的数据至少有两项相符合时，就可归属于这一级别。如果锚杆杆体穿过了地质条件和成分不相同的几种地层，则将极大地增加锚杆发生腐蚀的危险性。

地层对钢材产生腐蚀的分级　　　　　　　　　　　表 2-8-1

地层的腐蚀度	地层的有效电阻（Ω/m）	水的电导率（μs/cm）	氧化还原电位（mV）	地层的电流密度（mA/m²）
低（Ⅰ）	＞100	＜100	400	$<1.10^{-4}$
中等（Ⅱ）	50～100	200～100	200～400	$3.10^{-3}\sim1.10^{-4}$
高（Ⅲ）	63～50	430～200	100～200	$1.10^{-1}\sim3.10^{-3}$
很高（Ⅳ）	＜23	＞430	100	$>1.10^{-1}$

地层的腐蚀度	pH值	岩层或土壤的内含物		腐蚀性水的含量	
		总硫量(%)	Cl(%)	$SO_3^{2-}+Cl^-$(mg/L)	CO_2(mg/L)
低（Ⅰ）	6.8～8.5	＜0.1	＜0.02	＜100	0
中等（Ⅱ）	8.5～14	0.1～0.2	0.02～0.05	100～200	0
高（Ⅲ）	6.0～6.5	0.2～0.3	0.05～0.1	200～300	5
很高（Ⅳ）	＜6.0	＞0.3	0.1	＞300	5

制造锚杆的钢索是由经淬火和冷拔处理的钢丝构成的，因此，锚索体各股钢绞线上存在的高机械应力会加速产生严重的应力腐蚀，这其中包括了腐蚀裂缝和氢脆。

这些腐蚀效应还会引起晶体内部腐蚀和跨晶腐蚀，而这种晶体腐蚀最初是很难觉察的，即使在腐蚀后期，也只出现极细的裂缝（用显微镜才能看到）（图 2-8-3），无任何肉眼可见的腐蚀产物（锈斑）。故在此情况下，钢丝将出现没有降低其强度预兆的破坏。

综上所述，应当注意强调对钢丝热处理的全部工艺。而淬火工艺是其中最为合适的一种工艺，因为淬火钢丝比用其他方法进行热处理的钢丝较少产生腐蚀裂缝。在对钢丝进行淬火和拉拔处理后，再进行回火处理和养护，可极大地减少应力腐蚀的危险，以此来消除大部分不均匀的内应力，同时也能减少内应力与外力（预应力）共同引起的钢丝内部总体机械应力。

2. 腐蚀的必要条件与腐蚀类型

1）腐蚀的必要条件

锚杆杆体或预应力筋的腐蚀是一种电解现象。钢材发生腐蚀，应在其阴极和阳极同时发生反应。引起这种反应的力就是其在两极区的电位差。下列条件会导致金属出现电位差：

（1）如果两种金属以化学方式接触，那么，电化学电池会因各个金属的电位上的差值而形成，组成一个电化学原电池。活性差的金属起阴极作用，另一个起阳极作用，在适当条件下阳极金属就会锈蚀。

（2）金属表面存在不均匀的地方，例如成分变化的局部区域产生了不同电位差，于是就可能形成微型原电池。

图 2-8-3　用显微镜观察到的钢丝腐蚀裂缝（肉眼不能看到这类裂缝）

（3）金属表面形成一层防护氧化膜的地方，在防护膜间断处也可能出现原电池，这些缺陷由于金属内部的不均一性或由于金属加荷引起膜的破裂所造成，在破裂处出现的锈蚀较轻，除非有氧气供给，而供氧对于埋入地下的金属腐蚀有重要影响。金属被高浓度氧气包围的地方变成阴极，而在低浓度氧气包围的地方就是阳极，这样就形成一个差动电池，其锈蚀速度取决于供氧量的多少。因而，在供氧充足的地区，例如在填土区域或地面附近，其锈蚀速率比供氧少的地方高很多。

（4）如果金属处于离子浓度有变化的环境中，那么就能形成差动电池，其腐蚀速率受氧气控制；氢离子浓度（pH 值）的变化也可以产生差动电池。金属埋入不同类型的土中，例如从透气地层变到不透气地层，也可以大量产生这种电池。

总之，必须对金属腐蚀有较全面的了解，其目的是采取必要的防腐措施，保证在锚杆使用期限内，不出现不允许的腐蚀。应当说明，选择锚杆的防护系统时必须认清，引起锚杆腐蚀的主要危害是地层和地下水的侵蚀性质，锚杆通过性状差异的地层、双金属作用及地层中存在杂散电流。

2）腐蚀的类型

金属腐蚀类型一般分成下列三大类：全面腐蚀、局部腐蚀及由于氢脆或加荷引起的应力腐蚀（图 2-8-4）。

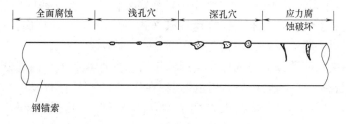

图 2-8-4　不同形式腐蚀的表面形态

全面腐蚀是在金属的阴极区和阳极区出现面积大小大致相等的锈蚀，金属表面产生一种大致连续的膜，从而阻抑金属面上的进一步侵蚀。

局部腐蚀出现在有独立腐蚀电池的地方。它是由金属表面形成的各个双金属电池的电位差引起的（图 2-8-5）。金属面上的防护涂料和防护氧化膜出现局部破损则易出现局部腐蚀。这种腐蚀在氯化物侵蚀性离子的地方往往是较严重的。

在拉伸或氢脆作用下促成裂缝的腐蚀是材料加荷与局部腐蚀结合的结果，这两个因素的联合作用就可以引起比它们分别作用的影响总和大得多的破坏。该作用机理是复杂的，但可作如下理想化的解释：局部腐蚀的影响导致金属表面产生孔穴或凹槽，当这些杆件受到拉伸或弯曲，在杆件孔穴和凹槽的尖端处就形成较高的集中应力，它导致裂缝的开展，直到金属杆件断面的削弱而导致金属的破坏。此外，当周围介质有大量氯化物时，钢材则可能受到应力腐蚀。该过程的示意图见图 2-8-6，图中形成一个氢电池引起的阴极反应：

$$2H^+ + 2e \rightarrow H_2$$

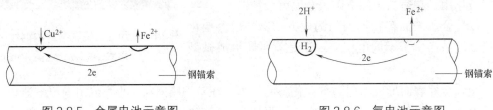

| 图 2-8-5　金属电池示意图 | 图 2-8-6　氢电池示意图 |

正是由于这种电池产生的氢引起了损坏。这种氢渗入金属，并在那里形成产生内应力的分子。于是由氢引起的应力和外荷载均能使裂缝开展和腐蚀发展。

3. 锚杆的腐蚀破坏及其原因分析

1）锚杆腐蚀的破坏实例

至今，国内外锚杆腐蚀破坏现象时有发生，如法国朱克斯坝有几根承载力为 1300kN 的锚杆预应力钢丝在仅使用几个月后就发生断裂。钢丝所用的应力水平为极限值的 67%，经多次试验后得出结论：处于高拉伸应力状态下的腐蚀是其破坏的主要原因。英国泰晤士河畔的一个码头，采用预应力锚杆背拉的钢板桩工程，在使用 21 年后发生预应力筋断裂并导致钢板桩向外倾斜 30m 的严重事故。经分析，锚杆的钢绞线锈蚀是引起钢板桩倒塌的主要原因之一。Feld 和 White 曾报道过一个临时性和未加防护的锚杆迅速腐蚀的有趣例子：有一堵由单排锚筋（直径 35mm）锚杆支撑而工作了两年左右的墙壁，其中几个锚杆断裂并像标枪一样越过工地飞走了。后来经过调查才发现，由于多年来烧煤的火车头掉下的煤渣硫酸，使得地下水具有腐蚀性腐蚀了锚杆。

到 1986 年为止，国际预应力协会（FIP）地锚工作小组已收到世界各地 35 例锚杆腐蚀破坏实例（表 2-8-2），其中永久锚杆腐蚀破坏占 69%，临时锚杆腐蚀破坏占 31%，断裂部位多数位于锚头附近及自由段长度处。

我国安徽梅山水库的预应力锚杆在使用 8 年后，发现其 3 个孔内部分钢丝因应力腐蚀（兼有氢脆）而断裂。西南地区某边坡锚固工程在使用 10 年后检查发现，其锚头预应力筋及锚具出现锈蚀（图 2-8-7），锚头保护层龟裂（图 2-8-8）。其原因是锚头处保护层仅为 10～20mm 的水泥砂浆层，在龟裂后被雨水渗入而引起预应力筋及锚具的腐蚀。

腐蚀事故调查结果 表 2-8-2

调查项目		事件数	调查项目		事件数
调查件数	永久锚杆	24件	锚杆的使用期限	6个月以内	9件
				6个月～2年	10件
	临时锚杆	11件		2年以上	18件
				31年	1件
预应力筋的种类	预应力钢丝	19件	断裂部位	锚头附近	19件
	预应力钢筋	9件		自由段长度处	21件
	预应力钢绞线	8件		锚固段长度处	2件

图 2-8-7 锚头预应力筋出现锈迹　　　　图 2-8-8 锚头保护层太薄而龟裂

2）锚杆腐蚀原因分析

国际预应力协会（FIP）地锚工作小组曾对调查的 35 例锚杆腐蚀破坏的原因作如下分析：

（1）锚固段预应力筋的腐蚀破坏

两例锚固段长度内预应力筋的腐蚀破坏都是由于锚固段灌浆不足所致，其中一例是 3.0m 长的钢绞线被含硫酸盐和氯化物的地下水侵蚀，此例中 3 根锚杆在工作 3 年后发生了破坏现象，致使一座管线桥倒塌。其破坏原因有以下几点：

① 锚杆锚固段处于透水性地层（砂、砾石）中且未做压水或灌浆处理；

② 灌浆没按要求达到孔口返浆，预先确定的钻孔内的灌浆量仅能满足锚固段的灌装量；

③ 没有对锚杆锚固段进行套管保护。

（2）自由段预应力筋的腐蚀破坏

所记录到的自由段预应力筋的腐蚀破坏呈现多种多样，有单一型腐蚀破坏，也有复合型腐蚀破坏，例如：

① 地层和地下水含有硫化物及氯化物，使浆液产生劣化和预应力筋腐蚀；

② 地层移动造成超应力，使预应力筋产生裂纹，有时因腐蚀锈斑或腐蚀疲劳而加剧

裂纹的产生；

③ 因施工缺陷，损坏了保护套管或保护材料；

④ 作为防锈材料的油类分解沉淀，未充分包裹预应力筋；

⑤ 来自相邻铁路沿线的杂散电流而产生腐蚀；

⑥ 预应力筋在无保护条件下存放了很长时间。

（3）锚头的腐蚀破坏

锚头或锚头附近的破坏原因是各种各样的，既有安装后缺乏防腐保护（在侵蚀环境下即使是几个星期），也有在工作期间由于防护剂充填不完全。如在中国香港的某项工程中，一锚固挡土墙锚杆锚头的腐蚀是由于张拉后到封裹锚头之间耽误了很长时间。

4. 锚杆的防护

1）一般要求

锚杆的防护应满足以下基本要求：

（1）应按锚杆的使用年限、锚杆所处环境的腐蚀程度及锚杆破坏后果等因素确定防护类型与标准；

（2）锚杆防护的有效期应等于锚杆的有效期；

（3）锚杆在其全部自由长度上必须能自由移动，在锚杆试验与加荷时，所有荷载都能由自由段传递到锚固段；

（4）锚杆的防护设施必须具有足够的强度和韧性，在锚杆加荷时不致破坏；

（5）锚杆及其防护系统在制作、运输、安装过程中不应受到损坏；

（6）用作防护系统的材料在预料的工作温度范围内保持不开裂、不变脆或不成为流体，具有化学稳定性，不与相邻材料发生反应，并保持其抗渗性。

2）环境侵蚀性与锚杆的防护类型

锚杆的防腐保护方法应根据锚杆的服务年限及所处地层有无侵蚀性确定。因此，弄清地层的侵蚀性是十分必要的。一般认为，对于岩土锚固工程而言，若地层有下列一种或多种情况，则认为是有侵蚀性的：

（1）pH 值小于 4.5；

（2）电阻率小于 $2000\Omega \cdot cm$；

（3）出现硫化物；

（4）出现杂散电流或造成对其他地下混凝土结构的化学侵蚀。

直流输电线、电站、铁路、焊接操作、运矿设备及地下工业设备等工作环境，均可能产生杂散电流。

在分析国内外诸多预应力锚杆腐蚀案例、总结我国岩土预应力锚杆防腐保护经验教训、吸收发达国家处理预应力锚杆防腐保护的基本原则与实施要点的基础上，我国国家标准《岩土锚杆与喷射混凝土支护工程技术规范》GB 50086—2015 对预应力锚杆防腐处理作出了明确的规定：

（1）锚杆的防腐保护等级应根据锚杆的设计使用年限及所处地层的腐蚀性程度确定。

（2）腐蚀环境中的永久性锚杆应采用Ⅰ级防腐保护构造设计；非腐蚀环境中的永久性锚杆及腐蚀环境中的临时性锚杆应采用Ⅱ级防腐保护构造设计。该条被列入国家标准

GB 50086—2015 的强条。

（3）非腐蚀环境中的临时性锚杆可采用Ⅲ级防腐保护构造设计。

（4）锚杆Ⅰ、Ⅱ、Ⅲ级防腐保护构造应符合表2-8-3及图2-8-9、图2-8-10的要求。

锚杆Ⅰ、Ⅱ、Ⅲ级防腐保护构造设计　　　　表2-8-3

防腐保护等级	锚杆类型	预应力锚杆及锚具防腐保护构造要求		
		锚头	自由段	锚固段
Ⅰ级	拉力型、拉力分散型	采用过渡管,锚头外露端用混凝土封闭或用钢罩保护	采用注入油脂的护管或无粘结钢绞线,并在护管或无粘结钢绞线束外再套有光滑套管	采用注入水泥浆的波形管
	压力型、压力分散型	采用过渡管,锚头外露端用混凝土封闭或用钢罩保护	采用无粘结钢绞线,并在无粘结钢绞线束外再套有光滑管	采用无粘结钢绞线
Ⅱ级	拉力型、拉力分散型	采用过渡管,锚头外露端用混凝土封闭或用钢罩保护	采用注入油脂的保护套管或无粘结钢绞线	采用注入水泥浆的波形管
	压力型、压力分散型	采用过渡管,锚头外露端用混凝土封闭或用钢罩保护	采用无粘结钢绞线	采用无粘结钢绞线
Ⅲ级	拉力型、拉力分散型	采用过渡管,锚头外露端涂防腐油脂	采用注入油脂的保护套管或无粘结钢绞线	注浆

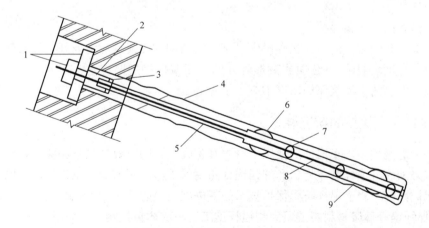

图2-8-9　拉力型锚杆的Ⅰ级防护构造（波形套管保护锚杆）

1—锚具,如暴露在空气中,需用锚具罩;2—过渡管（管内注入防腐剂）;3—密封;4—锚杆灌浆;5—注入防腐剂的套管;6—对中支架;7—内部隔离（对中）支架;8—预应力筋材;9—波形套管（管内灌入水泥浆）

3）锚杆防腐保护细则

（1）锚头的防腐保护

永久性锚杆在预应力筋张拉作业完成后，应立即对锚具和承压钢板进行Ⅰ级防腐保护

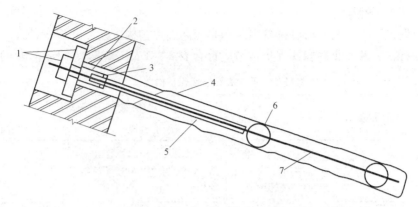

图 2-8-10　拉力型锚杆的Ⅲ级防护构造（灌浆保护锚杆）

1—锚头外露端涂防腐油脂；2—过渡管（管内注入防腐剂）；3—密封；4—锚杆灌浆；
5—注入防腐剂的套管；6—对中支架；7—预应力筋

处理。日后需调整拉力的永久性锚杆的锚具和承压板应安装防护钢罩，且罩内应填充防腐油脂。不需调整拉力的永久性锚杆和承压板可埋入混凝土内，混凝土保护层厚度不应小于 50mm。

处于腐蚀性环境中的临时性锚杆，其锚具和承压板应安装防腐罩，且罩内应充填防腐油脂。处于非腐蚀环境中的临时性锚杆的外露锚具和承压板可涂防腐油脂防护。

（2）自由段的防腐保护

采用Ⅰ级防腐保护的永久性锚杆，其自由段的预应力筋应采用双层防护，即涂油脂的预应力筋＋外包防护管＋光滑防护管，或无粘结钢绞线＋光滑套管。对采用Ⅱ级防腐保护的预应力锚杆的自由段可采用单层防护，即涂油脂的预应力筋外包防护管或无粘结钢绞线。

（3）锚固段的防腐保护

采用Ⅰ、Ⅱ级防护的锚杆锚固段应采用无粘结钢绞线或预应力筋外套波形管，筋体与波形管内应充填水泥浆。PE 层或波形管外的水泥浆保护层厚应不小于 20mm；采用Ⅲ级防护的预应力筋的水泥浆保护层厚不应小于 10mm。

5. 锚杆防腐保护的新进展

在许多情况下，岩土锚杆的使用寿命与其防腐保护的有效性息息相关。近年来，国内外都在致力于改进锚杆筋体材料和加强锚杆防腐保护体系等方面的工作，以不断提高锚杆的防腐保护性能。岩土锚杆防腐保护技术的新进展主要表现于以下几方面：

1）加强锚杆灌浆材料裂缝研究和锚杆施工过程的质量控制

锚杆养护期间水泥浆的收缩应变及施加张拉荷载期间的剪应力作用都可导致锚杆自由段及锚固段水泥浆的开裂，英国利特约翰和韦拉辛格（1997）、亚当斯（1997）及纳托和伍尔斯拉格（1983）在对多股钢绞线锚杆进行室内等比例试验时，都对灌浆材料的开裂现象进行了观测研究，发现在因施加预应力而致使灌浆体破坏的锚固段中，裂缝宽度在 0.04～5.8mm 之间变化，因而国外多数规范未将水泥浆列为第一位的永久性防腐蚀措施。而在欧洲的锚杆规范（EN11537：1996）中，则规定：允许在特定条件下灌注高浓度水泥砂浆作为两种永久性防腐措施之一，但需使锚杆在工作负荷时，水泥砂浆的裂缝宽度不大于 0.1mm。该规范还将壁厚不小于 3.0mm 的钢管或波纹管用作永久性防护措施，但需用压力不低于 0.5N/mm² 、灌注厚度不少于 20mm 的砂浆覆盖层，而且必须保证加荷时水泥砂浆裂缝宽度不超过 0.2mm。目前，从国内外大多数锚杆技术标准中可以得出，预应力锚杆锚固段的水泥浆层不足以形成一道有效的防腐保护层。德国等国的锚杆标准明确指出：锚杆的双层防腐保护是指不包括水泥浆层的两种物理防腐保护层。

美国锚杆标准（PTI）在施工一章中，特别强调了锚杆的正确搬运、储藏及下孔，以便有效地保护所提供的防腐系统免受损坏，并要求避免暴露的钢绞线受到污染。

2）环氧涂层钢绞线

环氧涂层钢绞线系统，可提供一层防腐薄膜，这种方法正被引入锚固行业，尤其在美国的应用已相当普遍。中国在桥梁受拉基础等岩石锚固工程中，也已使用填充型环氧涂层钢绞线。目前有两种类型的树脂涂层钢绞线，而且两者都使用传统的低松弛 7 股钢丝钢绞线。从奥克坤坝上游岩石锚固的经验看，布鲁斯等人（1996）观测到环氧树脂涂层的钢绞线的蠕变几乎要比裸体钢绞线的蠕变大一个数量级。这种过量的蠕变位移会使锚杆在恒定荷载条件下的位移加大，这正是欧洲一些国家不愿意在岩石锚固工程中采用环氧涂层钢绞线的一个主要原因。为此，美国锚杆技术标准 PTI-1996 规定：厂商在将产品送达现场前，应进行粘结强度试验。在试验中，将直径 15mm 的环氧涂层钢绞线埋入 400mm 长的纯水泥浆柱体中，且柱体装在一钢管内，其灌浆体强度为 25～30MPa，当在钢绞线一端施加 35kN 拉力时，未施加荷载一端的位移不应大于 0.25mm。

3）纤维增强塑料绞线

棒式纤维增强塑料锚杆在国内外均有所发展，这类锚杆的优点是防腐性好、轻便、易切割。近年来，在国外，纤维增强塑料绞线也开始引入岩土锚杆之中。据 1992 年 Peterson 和 Pakalnis 报导，有两项工程使用了纤维增强塑料绞线锚杆，现场锚杆试验表明，这种杆体的抗拔力要比相似的钢绞线杆体高 40%。然而纤维增强塑料绞线价格昂贵，而且在使用时应保证能与水泥灌浆的碱环境相适应。

4）电绝缘锚杆

对永久锚杆而言，适宜的防腐保护是对筋体采用非导电的、不渗水的密封保护装置，诸如在筋体外包裹 PE 套管。为了检验锚杆筋体密封保护系统的完善性，瑞士的专家组制定了锚杆的电阻测定方法。该方法已被瑞士 1996 年开始执行的瑞士锚杆规范（SLAV191）采用。

该规范明确规定：所有的永久锚杆以及处于侵蚀环境或承受的杂散电流已达到极限状态的临时锚杆必须采取全面防护。而锚杆的全面防护则要求锚杆筋体外的防护密封系统具有足够的耐化学性、防瓦斯渗入和电绝缘性。防护密封材料应具有良好的质量和足够的厚度，在锚杆的运输、贮存、就位、灌浆和张拉过程中，筋体的防护密封系统不被损坏，并规定应在设计的锚杆服务年限内，对锚杆的保护密封系统的电绝缘性进行监测。

测定锚杆的电绝缘性，也就是测定锚杆自身与周围介质间的电阻。高电阻值标志着锚杆筋体的防护密封系统是完好的，低电阻值则表明锚杆筋体的防护密封系统已被损坏。

瑞士规定的锚杆电阻测定法分为两种：即电阻测定法Ⅰ（ERMⅠ）和电阻测定法Ⅱ（ERMⅡ）。ERMⅠ是测定锚杆杆体（包括锚头在内的自由段和锚固段）与周围地层及结构物间的电阻值（图 2-8-11 和图 2-8-12）。规定测得的电阻 R_I 值应不小于 0.1MΩ。ERM Ⅱ是测定锚头（锚具）与承载板或结构物配筋间的电阻值（图 2-8-13），要求测得的 R_{II} 应不小于 100Ω。

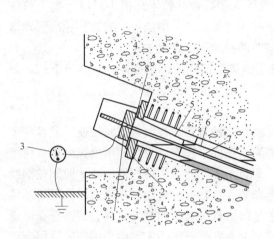

图 2-8-11　在张拉后的锚杆上进行 ERM Ⅰ 测定

1—锚头；2—承载板；3—欧姆表；4—结构；5—PE 喇叭管；6—PE 管；7—受拉杆件；8—绝缘板

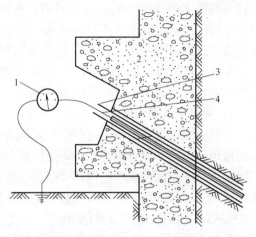

图 2-8-12　在未张拉的锚杆上进行 ERM Ⅰ 测定

1—欧姆表；2—钢筋混凝土结构；
3—PE 管；4—受拉杆件

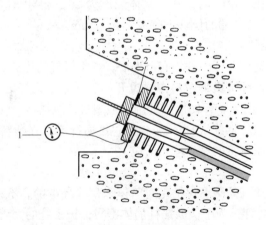

图 2-8-13　进行 ERMⅡ测定

1—欧姆表；2—绝缘板

第九节　锚杆徐变与初始预应力的变化

随着时间的推移，锚杆的初始预应力一般都呈现有所降低的趋势。这种预应力损失，在很大程度上是由负荷地层的徐变及锚杆杆体材料的松弛共同效应造成的。所谓"徐变"是指锚杆在长期荷载作用下所产生的位移，这种位移又随时间而变化。锚杆的徐变位移包括地层的徐变和锚杆各组成部分的徐变（水泥浆体的徐变、杆体钢材的松弛、杆体与浆体间的粘脱以及钢质筋体与墙体及锚固件之间的连接点的徐变）。因此，人们设计和安设锚杆时，必须考虑这些徐变效应，使这类徐变位移在构筑物的使用期间不致因出现有害的变形而导致预应力锚杆的失效和破坏。

1. 地层的徐变

地层在负荷条件下的徐变，是由于岩层或土体在负荷影响区内的应力作用下产生的塑性压缩或破坏造成的。对于预应力锚杆，其徐变主要发生在应力集中区，即邻近锚杆自由段的锚固段上端和锚头以下的锚固结构物与地层的接触面处。

1）岩石的徐变

坚硬岩石产生的徐变是很小的，即使在大的和持续荷载作用下也如此。岩石锚杆的预应力损失量在 7 天之后可达 3%，主要是由于钢材的松弛造成的。对锚固的大坝进行的长期观测也表明，预应力的损失量最大可达 10%，主要是由于钢材的松弛和混凝土的徐变造成的，而不是由于基岩的徐变引起的。人们对阿尔及利亚舍尔法水坝所用锚杆的预应力进行了长时间的监测。这种预应力达 10MN 的锚杆被固定于坚硬的砂岩之中。3 年之后，预应力损失量为 4%，而在 18 年之后损失量达到 5.5%。

Comte 测定过固定在大洞室裂隙多变的泥质片岩中的锚杆（预应力为 1250kN），其预应力损失量为 4%～8%。很明显，这种损失量都集中在 10% 的范围内，而且大部分的预应力损失都发生在 5 年观测期的早期。

Möschler 和 Matt 也提供过关于对预应力锚杆加荷至 1725kN 的荷载试验性能资料，这种锚杆被固定在 Waldeck 水电站大洞室有断裂的石灰质片岩中，其承载力为 1330kN，锚杆锚固段长 4.5m，使用 9 个多月后，预应力损失达 3%，此后，预应力值即趋于稳定（图 2-9-1）。

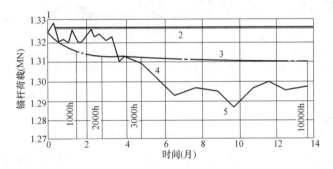

图 2-9-1 监测锚杆的荷载随时间的变化

1—初始荷载；2—设计荷载（1.33MN）；3—锚杆杆体理论松弛曲线；4—实测的锚杆荷载变化曲线；
5—记录到的最小荷载值（荷载损失量 0.04MN＝3%）

我国三峡永久船闸高 70m 的直立边坡，有 4000 余根承载力为 3000kN 级的预应力锚杆，固定于坚硬的花岗岩中。少量锚杆在工作 6～8 个月后，初始预应力损失达 8.0%～10%，随后则趋于稳定（图 2-9-2）。分析预应力损失较大的主要原因是由于锚杆预应力筋的张拉应力过大，为钢绞线 f_{ptk} 的 67%，导致筋材出现较大的应力松弛造成的。

四川锦屏一级水电站左坝肩开挖高度为 530m 的边坡，为维持边坡稳定，主要采用了6300 余根、长度为 30～80m、设计承载力为 1000～3000kN 的预应力锚杆，每根锚杆的锚固长度为 6.0～8.0m，分别锚固于大理岩、变质砂岩和粉砂质板岩中。对 140 多根负荷的岩石锚杆初始预应力进行长期监测的结果表明，工作锚杆在 1 年后的预应力损失量约为

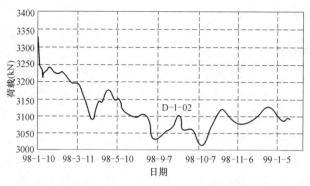

图 2-9-2　D-1-02 锚杆荷载—时间曲线

$2\% \sim 4\%$，7 年后预应力损失量基本保持不变。图 2-9-3 为高程是 1930.21m、边坡是 0+203.82m 测点锚杆的预应力随时间变化的曲线图。该边坡锚杆位移较小的原因是：锚杆类型采用压力分散型锚杆，锚固段水泥浆与岩层间剪应力分布均匀，基本上消除了应力集中现象，且锚杆采用低松弛钢绞线，筋体的张拉应力仅为 $0.57 f_{ptk}$，锚杆的徐变量小。

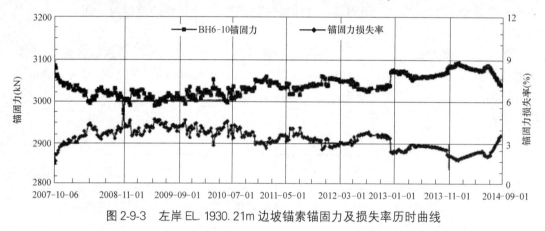

图 2-9-3　左岸 EL.1930.21m 边坡锚索锚固力及损失率历时曲线

2）土层的徐变

在达到破坏荷载之前，由于恒定荷载的作用，黏性土体内会产生很大的徐变位移，而且在均匀颗粒的无黏性土体中也会产生这种徐变位移，这就意味着这类土体的稳定性随时间而变化。这类土体相互连接的平均孔隙尺寸非常小，所以孔隙水的流动因气孔的作用而变得缓慢，水流的阻力是通过孔隙水的流量和土的渗透性来测定的，而后者则是识别恒定荷载下土体性状的有效量差参数。例如，砂土和正常固结的黏土可能具有相似的有效应力和抗剪强度参数，但黏土的渗透性比砂土的小得多，这种差别就使得在静力荷载作用下的黏土稳定性随时间而变化，而砂土几乎立即会对荷载变化作出反应。

当饱和的黏土受到荷载作用时，有效应力只会立即发生很小的变化，这是因为孔隙水承受了大部分荷载。然而，随着时间的推移，超孔隙水压力会因为从压力增大区进入邻近的压力较小区而消散，结果使有效应力增大，从而使受影响区内土体体积随时间而缩小，此种过程称为"固结"。所以，土体结构会随着沉降量的下降及强度的增加而变得坚硬。

在短期荷载作用下，黏土的含水量或体积都不会迅速发生变化，但是荷载增量一般会使应力区发生某种变形。因此，随着时间的推移，有效应力的明显变化以及土体结构的变化，导致黏土进入塑性流动状态。

在恒定的极限荷载作用下，随时间而变化的土体在锚杆发生结构破坏之前会发生较大的徐变位移，而且锚固段周边的土体会产生流动，这种位移随着时间推移将继续增大，所以锚杆所需的拉力就不可能保持固定不变，锚杆的承载力就会下降，锚杆被连根拔出土体的危险性就相应增大了。所以，在设计永久性锚杆时，必须考虑土体的徐变性能，还应获取徐变位移与时间函数关系的资料。

一般情况下，永久负荷锚杆的徐变—时间关系近似呈指数关系。Ostermayer 对均匀细粒状砂中的锚杆，进行试验的结果如图 2-9-4 所示。

根据时间—位移图上直线的斜率就可求出徐变系数 K_s，它随着锚杆荷载（拉力）的增大而增大。锚杆徐变系数 K_s 可由下式求得：

$$K_s = \frac{S_2 - S_1}{\lg(t_2/t_1)} \tag{2-23}$$

式中　S_1——t_1 时所测得的徐变量；

　　　S_2——t_2 时所测得的徐变量。

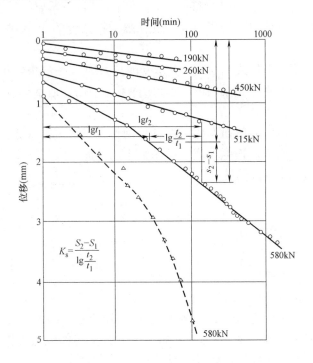

图 2-9-4　均质砂层中的锚杆在不同荷载作用下的位移—时间曲线及徐变率
（对两根锚杆进行监测，第一根锚杆所得数值用圆圈表示，第二根锚杆用三角形表示）

考虑到固定在一些特殊土层中的锚杆负荷时会产生较大的徐变位移，导致锚杆失效或锚固工程的破坏，因而包括我国国家标准 GB 50086—2015 在内的许多国家的岩土锚杆规范都规定：永久性锚杆的锚固段不得设置在未经处理的有机质土、液限大于 50% 或相对密实度 D_r 小于 0.3 的土层中。

2. 锚杆组成部分的徐变

1）水泥浆体徐变

大部分水泥基浆体在持续荷载下不会产生任何明显的徐变。但在使用防止泌水和泛浆的外加剂的情况下，也有可能产生有限的徐变。

2）杆体筋材的松弛

松弛和徐变均表示钢材随时间而变化的特性，并导致大致相等的锚杆预应力损失。

标准的钢材性能试验可以较精确地建立钢筋束类型与松弛及徐变之间的关系式，从而预测使用期间的预应力损失。

在弹性范围内以及在相同条件下，徐变和松弛可用以下简单形式表示：

$$\sigma_r = EC_r \tag{2-24}$$

式中　σ_r——松弛速率；

　　C_r——钢筋束的徐变速率；

　　E——钢材的弹性模量。

Littlejohn. Bruce 和 L. Hobst 曾对钢杆的松弛得出了以下重要结论。

（1）当对锚杆的钢杆体施加的应力等于其极限抗拉强度的 50% 时，这种松弛损失率可忽略不计。

（2）使用稳定化了的钢丝或钢绞线，其承受的拉力为 75% 的极限抗拉强度的条件下，就可以将预应力损失降低到 1.5%；而在同样条件下，采用普通钢丝或钢绞线，其预应力损失率为 5%～10%。

（3）松弛速率随初始应力值而变化，而且与钢材种类成函数关系。对于达到 50% 极限抗拉强度的初始应力而言，松弛（值）是非常小的；而对大于 55% 极限抗拉强度的初始应力而言，松弛值可用下式估算：

$$\frac{f_t}{f_i} = 1 - \frac{\lg t}{10}\left(\frac{f_i}{f_y} - 0.55\right) \tag{2-25}$$

式中　f_t——时间 t 内的残余应力；

　　f_i——初始应力；

　　f_y——工作条件下所得 0.1% 的验证应力；

　　t——施加初始应力后的时间。

（4）当钢杆体初始预应力达到 70% 的极限抗拉强度后持荷 1000h，重新施加应力，就会使总的松弛损失量几乎减少 3/4；而对初始应力达到 80% 的极限抗拉强度后持荷 1000h 重新施加应力，则总的松弛损失量会减少 1/2。

（5）张拉钢绞线的千斤顶对预应力钢绞线松弛的影响具有重要的实用意义。而这种影响与钢绞线伸直的趋势有关。用千斤顶加荷中存在的扭转分力才对松弛损失有明显作用。

3）钢材的徐变

与土体的徐变一样，钢材的徐变也很难进行合理的理论计算或通过试验方法进行测定。一般认为，钢材徐变在低的应力值时就会发生，在 $0～30\% f_{pu}$（极限抗拉强度）范围内，徐变速率 C_r 不断增大，在达到比例极限（指 $0.68 f_{pu}$）时，就会变为常量，但此后又随着荷载增大而快速增加。当荷载超过弹性极限之后，应变会连续增加。

3. 锚杆徐变对初始预应力变化的影响

根据对锚杆徐变性质及徐变位移量组成的试验研究，由锚杆杆体与水泥浆接触面之间及杆体筋材松弛所引起的徐变位移约为 0.4mm。大于该数值的徐变系数，则预示是由锚杆灌浆体与地层间的徐变引起的。利用锚杆试验中得到的徐变系数，就可从理论上计算出锚杆的长期徐变位移。目前，世界各国的岩土锚杆规范几乎都把锚杆极限荷载（拉力）作用下的容许徐变系数定于 1.0mm（恒载 0～10min）或 2.0mm（恒载 6～60min 或 10～60min）。若遵循这一规定，从理论上而言，就相当于锚杆承受荷载不变的条件下，从 30min 到 50 年期间内，发生的徐变位移不会超过 10mm。

国外的一些工程锚杆试验结果表明，直径为 130～168mm、长度为 20～25m 的灌浆型预应力锚杆，在砂土中由徐变引起的初始预应力较小，约为 5%～7%，而且主要出现在施加预应力后的 5d 内，以后则随之稳定。冶金部建筑研究总院对北京新侨饭店基坑工程的锚杆预应力变化进行了监测，安设在砂土中的设计承载力为 800～850kN 预应力锚杆的初始预应力在 2～3d 内损失值为 5.2% 和 7.0%，此后即趋于稳定（图 2-9-5）。

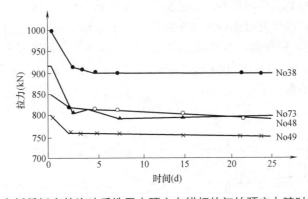

图 2-9-5 北京新侨饭店基坑砂质地层中预应力锚杆的初始预应力随时间的变化曲线

上海太平洋饭店基坑地层为饱和淤泥质土（$\varphi=0°～1.5°$；$C=16\text{kPa}$），基坑支护形式为 4 排后高压灌浆型预应力锚杆背拉厚度为 45cm 的钢筋混凝土板桩。冶金部建筑研究总院和宝钢十二冶金建设公司曾对该基坑位移及锚杆初始预应力变化进行了系统监测，监测结果表明（图 2-9-6），锚固于饱和淤泥质土中的直径为 168mm、设计承载力为 500kN 的预应力锚杆在锁定后的初始预应力值呈现缓慢下降，约在 30～40d 降至谷底，损失率约为

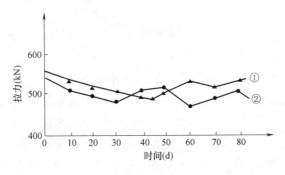

图 2-9-6 上海太平洋饭店基坑淤泥质土层中锚杆预应力变化曲线

10%，以后则显现波动式变化，总体保持稳定。这是国内软黏土地层中锚杆初始预应力损失最小的一个典型实例，分析其原因有二：一是对锚杆锚固体周边软土采用后高压灌浆技术，极大地提高了锚杆锚固段水泥浆体与土层间的粘结强度，导致锚杆的抗拔承载力得以显著增高；二是对部分初始预应力损失率大于10%的锚杆，采取了再次补偿张拉。

4. 影响锚杆预应力变化的外部因素

许多外部因素都能使锚杆的受荷状况发生变化。例如，锚固介质因受到冲击或锚固结构的荷载发生变化或波动等，从而导致锚杆预应力的永久性损失（降低）。其他一些因素，如温度变化、地层平衡力系的变化等，甚至会使锚杆的应力有所增加。锚杆预应力的这些变化能够明显地影响或损害锚杆的功能。

1）锚固介质中发生的冲击

在锚杆固定的岩层中发生的最强烈冲击，常常是由爆破（炸）造成的。重型机械和地震活动区内的地震也能产生这类冲击作用。这些冲击作用引起的锚杆预应力损失量较之长期静荷载作用引起的预应力损失量要大得多。在严重情况下（经常发生高强冲击作用），这些冲击作用不仅导致预应力的损失，还会大幅度降低锚杆的承载力。

在美国，人们已经研究过爆炸对水平层状的白云石矿山锚固系统的影响。当距离锚杆3m以内进行爆炸时，锚杆预应力有明显的损失，这种预应力损失量要比同样锚杆在相似时间受静荷载作用发生的预应力损失量大36倍左右（图2-9-7）。在距离锚杆5m以外，普通爆炸的影响就不明显了。

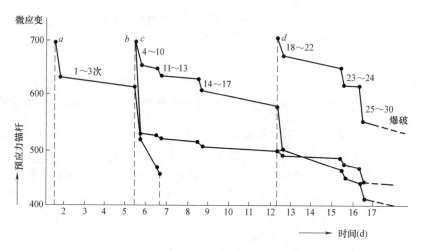

图 2-9-7　随时间推移和爆破冲击引起锚杆预应力损失图

a、b、c、d—试验锚杆；1～30—连续的爆破次数

三峡船闸边坡的预应力锚索安装后，岩石开挖爆破点离锚头的距离一般在10m之外，从测得铺索荷载变化曲线看，岩石开挖爆破冲击并未对锚索的荷载变化带来明显影响。在中隔墩上安装的部分锚索，其锚头离爆破点约4.0m，也未测得锚索的荷载有明显损失，但当爆破孔距锚头1.5m时，锚索的荷载值则有明显的衰减，如图2-9-8所示，两根锚索的荷载值分别由爆破前的 2897.3kN 和 2783.7kN 下降至爆破后的 2494.6kN 和 2665.5kN，荷载损失率为 13.90% 和 4.25%。

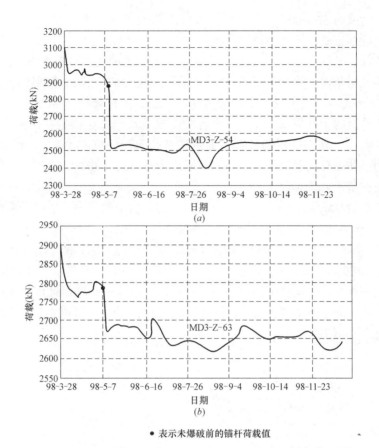

● 表示未爆破前的锚杆荷载值

图 2-9-8　爆破对锚杆初始预应力变化的影响（爆破点离锚头 1.5m 时）

（a）MD3-Z-54 锚索荷载变化曲线；（b）MD3-Z-63 锚索荷载变化曲线

爆破点离锚头的距离小于 3.0m 的爆破冲击能引起锚杆预应力的明显损失，其原因是强烈的爆破冲击波使锚头处发生了松动，而并非预应力锚索锚固段周边岩体松动破坏所致。一般预应力锚索的自由段长度大于 10m，其相对延伸率 ε 为 0.006，张拉后的弹性伸长达到 60mm，不会因爆破冲击作用而使其预应力大幅度下降。

2）锚杆荷载的急剧变化

锚杆荷载的长期急剧变化，对保持锚杆杆体上的拉力和锚固体的承载力，都具有不利的影响。

在捷克斯洛伐克，曾研究过荷载急剧变化对锚固结构的影响。所研究的结构是混凝土补偿块体，转子（转动体）的重量为 2000kN，旋转速度为 1.25Hz。该块体建立在砂砾石层上，锚杆的球状固定段就锚固在厚 10m 的黏土质岩和砂岩组成的覆盖层中。在使用 10 年之后，监测到的锚杆预应力损失为 17%。因此在荷载波动极大的情况（如高耸结构物中被锚固的混凝土块，其荷载变化可达 50%）下，预计锚杆将会发生更大的预应力损失。在此情况下，必须对锚固力变化进行长期的监测，并配备追加实施补充预应力的设备。

3）锚固结构应力状态变化

锚固结构应力状态变化能对锚杆预应力产生较大影响，特别是在人们不能或未曾将这类变化当做静力分析的组成部分来分析的情况下尤为如此。

我国某大跨度高边墙洞室工程，所处的岩体最大主应力达 30MPa，岩石强度应力比小。在洞室边墙开挖后，围岩出现早期变形大、变形向深度方向的发展幅度宽、且持续变形时间长等特征，尤其在 f_{13}、f_{14} 断层和煌斑岩脉通过或受其影响的部位，变形尤为剧烈。面对这类地层条件，边墙初始支护仍采用非预应力的全长粘结型锚杆，约在开挖后 80d 才施作初始预应力为 1000kN 的预应力长锚杆。在锚杆施作 5 个月之后，变形仍呈现等速发展，所监测的 130 根预应力锚杆中有 127 根呈现轴力比锁定拉力值大，有 39 根锚杆轴力超过拉力设计值，10 根锚杆轴力大于锚杆拉力设计值的 125％，16 根锚杆出现轴力突降，说明这些锚杆的钢绞线由于应力超限已出现断裂。此后，追加了大量预应力较高的锚杆，才使洞室边墙位移稳定。

天津华信商厦基坑深 10～11.0m，且处于饱和软黏土地层中，采用了单排预应力锚杆背拉 600mm 地连墙支护。当锚杆施作后，侧墙中下部土体连续开挖，导致局部地段边墙位移达 80～100mm，锚杆轴力出现明显增长趋势，90d 后锚杆轴向拉力上升至锚杆锁定荷载的 120％～166％（图 2-9-9），说明锚杆锁定荷载偏低，不足以承受锚固地层的应力变化。遇到这种情况，若锚杆筋体应力进一步上升，已接近锚杆筋体极限抗拉强度标准值的 60％，则在采取增补锚杆措施的同时，还应对应力增加显著的锚杆适当放松应力，使之降至 60％极限抗拉强度标准值以下。

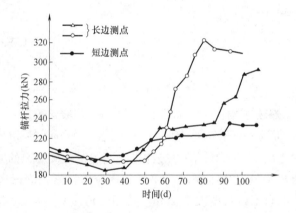

图 2-9-9　天津华信商厦基坑锚杆预应力随时间的变化曲线

5. 控制锚杆预应力变化的方法

1）合理确定锚杆的抗拔承载力设计值

在锚杆的基本试验和验收试验中，只有当试验锚杆在 1.1 倍拉力设计值（临时性锚杆）或 1.2 倍拉力设计值（永久性锚杆）作用条件下持荷 10min、徐变量≤1.0mm 或持荷 60min、徐变量≤2.0mm 时，方能确定为锚杆的抗拉承载力符合设计要求，并满足在长期使用过程中，不致因锚杆徐变而影响锚杆安全工作。

2）采用低松弛钢绞线

锚杆筋体采用低松弛钢绞线，且筋体的张拉应力应小于筋材抗拉强度标准值的 60％，这样既可显著降低杆体的松弛和预应力损失，也可避免在高拉应力条件下出现应力腐蚀的危险。

3）发展荷载分散型锚固体系

岩土锚杆采用荷载分散型体系，大大降低了水泥浆体与地层间粘结应力峰值，使粘结应力得以较均匀分布于锚杆固定段上，从而能显著减少锚杆的徐变变形和预应力损失，这已为国内外大量的岩土锚固工程实践所证实。

4）预应力锚杆的传力结构应有足够的强度、刚度及与岩土体相接触的面积

合理确定锚杆传力体系的形式与结构尺寸，以防止与传力结构直接接触的表层岩土体出现过度的应力集中与压缩变形，而引起锚杆较大的预应力损失。当边坡表层为坡积土层或强风化岩层，则应采用坚固的钢筋混凝土格构作传力结构；当边坡表层为节理裂隙发育的岩层，也可用短锚杆先加固后再设置配筋混凝土墩座。

5）采用间隔分阶段施加预应力

为了进一步减少锚杆的徐变及其对预应力损失的影响，国内外一些高承载力锚杆在加载过程中采用分阶段施加预应力的方法，均取得了减少锚杆徐变及有效控制预应力损失量的效果。

德国的 EDER 大坝高 47m，1914 年建成，是一个半径 305m 的拱坝。由于坝内及坝基的扬压力（在最初静力计算时没有加以考虑）的量级使大坝整体稳定性不足。为此采用 104 根长 75m 的预应力锚杆锚固，以改善重力坝的整体稳定性。该坝每根预应力锚杆的锁定荷载均为 4500kN，所有锚杆都通过了验收试验。最后的预应力加载按锁定荷载的 50%、80% 和 100% 以几周或几个月的时间分步完成，有效地将徐变的影响减少到最低程度。从 1994 年到 1996 年对全部锚杆锚固力的测试结果表明：1994 年平均锚固力为 4523kN；1996 年平均锚固力为 4475kN。历经 26 个月时间，锚杆锚固力平均损失为 63kN，仅为锁定荷载的 1.4%。

英国的 Argal 重力坝是在第二次世界大战前建成的，战争结束后，需要将坝体加高 3.0m。改建时用了 47 根长达 41.5m 的预应力锚杆，每根锚杆施加的预应力达 2.0MN。钻孔深入坝底以下至少 8.0m，进入比较坚硬的花岗岩层，锚杆的锚固段长为 4.0m，对锚头浇灌混凝土 21d 后，分三个阶段对锚杆施加预应力，以克服锚杆筋体松弛引起的预应力损失。

我国河北省石家庄市峡石沟垃圾拦挡坝，坝体长 127.5m，最大坝高 32m，是一座于 2005 年建成的采用锚固技术的重力坝。为提高大坝的抗倾覆稳定性，该坝采用 62 根压力分散型锚杆；每根施加的预应力为 2.2MN。为了控制锚杆筋体松弛及锚杆徐变对预应力损失的影响，一方面采用较小的张拉控制应力，即锁定荷载条件下，钢绞线的张拉应力为其抗拉强度标准值的 53% 和 57%；另一方面，对锚杆施加预应力分两阶段完成，首次张拉对锚杆施加 100% 拉力设计值后，停放 5~7d，再张拉至 105% 拉力设计值，作为最终锁定值。锚杆锁定后 180d 的预应力损失量为 3.47%~3.61%。

6）对锚杆二次施加荷载，补偿预应力损失

上海太平洋饭店基坑工程采用锚固于淤泥质土地层中的后高压灌浆型锚杆，当锚杆拉力为 526kN 时锁定，5d 后初始预应力下降至 461kN，损失率为 12%。经二次张拉至 545kN 锁定，7d 后测得的拉力值为 520kN，预应力损失率为 4.6%，此后则趋于稳定（图 2-9-10）。适时地采用二次张拉补偿应力效果甚佳。其原因是：当饱和的黏土受到荷载作用后，随着时间的推移，超孔隙水压力会逐渐消散，结果使有效应力增大，并引起受影

响区内土体体积缩小，土体强度也有所增长。因而在首次张拉锁定后的一定时间（5～10d）内，再次施作补偿张拉，追加10％～20％的初始应力值，则锚杆的预应力损失就会明显减少。

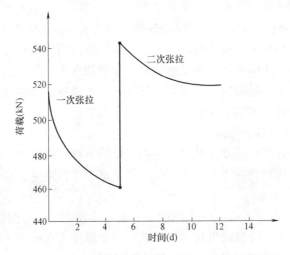

图 2-9-10　二次张拉对锚杆预应力损失的补偿作用

第十节　重复荷载与地震效应对锚杆工作性能的影响

1. 承受重复荷载的锚杆

反复荷载会对锚杆周围的土体产生周期性剪应力。在砂土中，经过某些循环荷载之后，由于土颗粒的重新定向，土就开始硬化；而对干燥的砂土在其体积不发生变化的情况下，法向应力就必定会下降。Moussa（1976 年）对干燥的砂土进行的简单周期性剪力试验表明，法向应力会随荷载循环次数增加而逐步降低。在循环荷载作用下，直到构件失效之前固定锚杆区四周的法向应力都是逐步下降的，而且锚固的粘结摩擦力也相应降低。在黏土中，周期性剪应力伴随着孔隙压力逐步累积而增大，从而降低了有效应力，结果使粘合力下降。周期性剪应力也会使黏土初始重塑，同时也会降低抗剪强度。

1982 年，Soletunche 和 Pfister 等人对防波堤工程所用土的锚杆进行的重复试验表明：如果峰值循环荷载低于极限静力荷载的 63％，那么在经过 5 次循环之后，锚杆的位移就会减少；在较大的循环荷载作用下，锚杆的位移会以不变的速率或增大的速率继续增加。这些试验是在荷载循环不超过 50 次的条件下进行的。

Carr（1971 年）根据安装于现场砂土中的预应力锚杆，以及实验室内砂土中的圆柱形灌浆锚杆进行的试验研究工作，报道过循环荷载会增加锚杆的位移，而当卸载至零而不是峰值荷载的 50％时，每增加一次循环就会增加锚杆的位移。

AbuTAleb（1974 年）对预应力锚杆进行过重复荷载试验，得出：重复荷载会降低锚杆预应力，而且消除全部预应力所需的循环次数也会随着循环荷载变化幅度的增大而减少。在同一试验组内，较大的预应力荷载也会减少每一次循环作用之后锚杆的位移。

Andreadis 等人在 1978 年对饱和砂土中锚锭板式锚杆进行过模型试验研究，同样也得出了产生破坏的循环次数随循环荷载变化幅度的增大而减少的结论。对达到静力极限承载力 20% 的那种循环荷载而言，当循环次数达到 5000 次之后，应变就会明显增加。此外，峰值循环荷载的绝对量值也会对锚杆产生破坏的循环次数有影响，但影响程度较低。

图 2-10-1 表示荷载循环对锚杆位移的累积效应，这些数据是 AL-Mosawe 在 1979 年对安装于中等密实的干砂土中的杆体直径 38mm 的锚锭板式锚杆进行重复荷载试验获得的。试验时，荷载是以每分钟循环一次的速率施加的。该图代表一种组合条件，而且表示锚杆位移与施加的最大荷载以及循环荷载的变化幅度成函数关系。当每一次循环的荷载完全消除时就会产生最不利的条件，但是如果保留部分荷载，在某一种特殊的位移范围内，就会延长锚杆的使用功能。图 2-10-2 表示每一次循环位移速率的变化与循环的次数成函数关系。值得注意的是，在该研究中锚杆位移速率一直都是下降的，但不会停止下来，因此不会发生锚杆被拉出的现象。通过非预应力锚杆和预应力锚锭板式锚杆的重复荷载效应试验的对比，Al-Mosawe 在 1979 年得出了施加预应力可以大大延长锚杆使用寿命的结论。

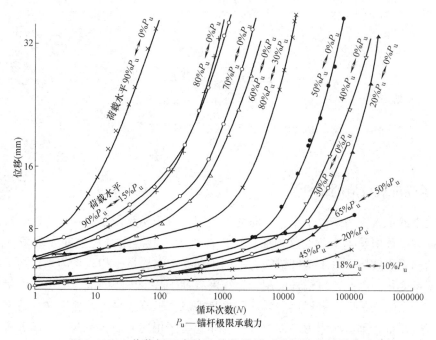

图 2-10-1 荷载循环次数及荷载振幅对锚杆位移的影响

Hanna 等人在 1978 年研究过交变（反复）荷载（由拉力变为压力）对锚锭板式锚杆的影响，其结论是：同交变荷载有关的反向应力比重复荷载更具不利的影响，而且产生破坏（失效）的循环次数也随交变荷载的变化幅度而发生明显变化。

基于以上关于重复荷载对锚杆性能影响的研究工作及其所得到的基本结论，控制重复荷载变化幅度（范围）对预应力锚杆的长期工作安全性十分重要。为此中国工程建设标准化协会标准《岩土锚杆（索）技术规程》CECS22：2005 及国家标准《岩土锚杆与喷射混凝土支护工程技术规范》GB 50086—2015 明确规定：预应力锚杆承受反复变动荷载的幅度不应大于锚杆拉力设计值的 20%。法国、奥地利等国的岩土锚杆规范也都作出类似的

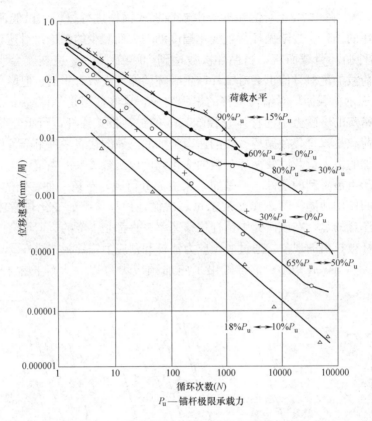

图 2-10-2　荷载循环次数对锚杆位移速率的影响

规定。

2. 承受地震效应的锚杆

在震中的地震应力来源于垂直方向的加速度。由于相互作用的块体惰性，致使竖向力在竖向振动过程中发生变化。这种变化可以产生大于混凝土结构强度或基岩承载力的荷载，使结构发生破坏。由于锚杆锚固力不同于那些与结构重量相联系的力，在运动的影响下不会发生变化。因此，将锚杆应用于地震区有助于减少由竖向加速度引起的附加荷载。

假定一个结构是以垂直作用的力连同自身重量去抵抗水平力，那么在受地震威胁的区域内，就必须增大垂直作用力，以便获得与非地震区相同的安全系数。增加垂直力的方法可以是增加结构物体积或把结构锚固于地层。结构增加的重量为 ΔG，由锚固力 P 来补足，以抵抗地震期间由加速度的垂直分力所产生的位移，其计算公式为：

$$\Delta G/G_0 = \alpha(1+\alpha)(1-\zeta) \tag{2-26}$$

$$\alpha = \frac{a}{g}, \zeta = P/G_0$$

式中　G_0——未锚固结构的重量；

　　　P——锚杆作用产生的锚固力；

　　　a——振幅；

　　　α——水平加速度。

锚杆锚固力 P（图 2-10-3）没有与结构物块体连接，因此在地震影响下其值不变。

节省的混凝土 $\Delta G'$ 可用锚固结构重量的百分数 G_0 来表示，在静止时可以安全地抵抗水平位移。其计算式为：

$$\frac{\Delta G'}{G_0} = \alpha\zeta(1+\alpha) \tag{2-27}$$

$\frac{\Delta G'}{G_0}$ 的数值如图 2-10-4 所示。

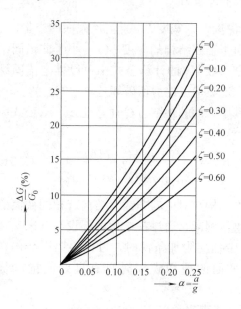

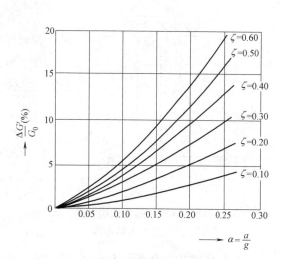

图 2-10-3 结构遭受地震需要增加的重量 ΔG

图 2-10-4 锚固于基岩承受垂直振动的结构所节约的混凝土用量 ΔG

随着结构与震中距离的增加，任何加速度的水平分力也越占优势，这会引起水平荷载的改变，同时通过惯性作用影响到结构块体上，从而产生一个与结构重量成比例的附加水平力。因此，水平加速度对于竖向结构是一个较大的威胁，即使当结构并无侧向荷载时也是如此。

对于承受水平荷载的结构，水平加速度危及稳定的程度更为严重。依靠深入地层深处的锚固力比依靠结构自重所产生的安全度要大，假定未锚固结构所需重量 G 可由下式求得：

$$G = G_A + P \tag{2-28}$$

式中 G_A——被锚固的结构重量；

P——锚杆预应力的垂直分力。

同样，对锚固结构与非锚固结构，保持结构稳定所需的弯矩设计值 M_G 与抵抗有效荷载的弯矩是等值的，即：

$$M_G = M_{GA} + Pt_p \tag{2-29}$$

式中 M_{GA}——锚固结构自身重量所产生的抵抗弯矩；

Pt_p——锚杆预应力的垂直分力 P 所产生的抵抗弯矩。

根据以上分析，基础底面抵抗剪切破坏的安全系数 K_s 可由下式确定：

$$K_s = \frac{G \cdot f}{Z_H + \alpha \cdot Q \int_J^H b(x) dx} \qquad (2\text{-}30)$$

式中　　　　　　　f——基础平面的摩擦系数；

　　　　　　　　　G——未锚固结构所需重量；

　　　　　　　　　Z_H——静荷载的水平分力；

$\alpha \cdot Q \int_J^H b(x) dx$——由结构质量的惯性产生的水平地震力。

假如坝体的截面如图 2-10-5 所示，取其单位深度，则宽度 $b(x)$ 为该截面的当量，Q 为常数。由于锚固结构的厚度 $b(x)$ 小于非锚固结构，从安全系数 K_s 的计算公式中可以推定锚固结构对于抵抗地震造成的剪切破坏是较为安全的。

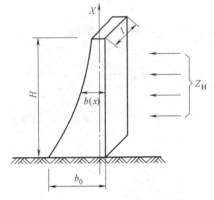

图 2-10-5　锚固于基岩的坝体在地震时水平加速度的作用

若把基础平面的粘结力 C 计算进去，K_s 公式应修正如下：

$$K_s = \frac{G \cdot f + C \cdot b(0)}{Z_H + \alpha \cdot Q \int_J^H b(x) dx} \qquad (2\text{-}31)$$

当锚固结构与对应的非锚固结构有相同截面的情况下（重量削减是通过在结构内部设空洞来实现的），在不带任何附加条件时，可以说锚固结构在抵抗基础平面的剪切破坏时具有良好的抗震稳定性。

抵抗倾覆的安全系数 K_P 可以用类似于 K_s 的公式来表示：

$$K_P = \frac{M_G}{M_Z + \alpha \cdot Q \int_J^H b(x) dx} \qquad (2\text{-}32)$$

式中，M_Z 为荷载的有效静弯矩，分母第二项是结构的地震惯性力矩，应用 K_P 的条件和 K_s 相似。

对于挡土墙和重力坝等大体积结构，共振的危险性较小。这种危险性可能发生在很高的坝体（高于 150m）和很薄的坝体（多拱坝）。如果使锚固结构的截面更为细薄，就会增大共振的危险性。

锚杆附近岩石产生的应力状态，使靠近锚杆的岩石强度发生破坏，在这一破坏区附近，形成一个其应力接近于岩石强度的区域。在地震时，岩石的应力模式可能改变，从而使锚杆周围的破坏区进一步扩展，结果就会削弱锚杆的固定强度。但是，对于较长的锚杆，由于墙（坝）振动所产生的摆动有所衰减，减弱锚杆固定强度的危险性较小。

总之，在地震期间锚固技术对于承受垂直荷载和水平荷载的结构，是增强抵抗剪切破坏能力的经济而有效的方法，同时这种方法也能提高结构抵抗倾倒的安全度。当锚固结构的基础宽度能保持与非锚固结构相同时，其优越性更为明显。明确的结论是：从地震的影响来说，锚固结构较之非锚固结构安全。

一些遭受地震破坏的工程实例，也说明锚固结构具有良好的抗震性能。如我国唐山曾发生 7.8 级地震，震后对震中 10km 内的地下矿山巷道支护结构的损坏情况作了调查，结果表明：由短的非预应力岩石锚杆和喷射混凝土结合的支护的损坏率为 1.5%，而混凝土衬砌损坏率为 4.5%。日本 HANSHIN-Awaji 大地震后，未得到任何关于锚杆背拉的挡墙或由锚杆加固的边坡发生破坏或失效的报告，但调查到一个采用锚拉的挡土墙结构物，当开挖深度达到 13m 时墙顶部的位移为 8mm，地震后这个位移达到 11mm，也就是说，在地震作用下墙顶位移只增加了 3mm，并且锚杆的轴向应力没有增加。对比之下，采用内支撑的基坑，却发生了五起边墙破坏的事例。

第十一节　锚杆的材料

1. 杆体材料

1）基本要求

预应力锚杆的杆体材料通常采用钢绞线和预应力螺纹钢筋，有时也使用普通热轧钢筋和纤维增强复合材料筋。杆体材料的选择取决于设计要求的锚杆承载力、锚杆长度、数量及锚杆安放的空间、张拉设备等因素。对锚杆杆体材料性能的要求主要有：

（1）高强度。从减少用钢量、节约资源考虑，强度越高，用钢量越少。在同等预加应力作用下，筋材强度越高，破坏时的延伸率越大，预加应力损失率越小，预应力效果越好。

（2）高延性，低松弛，杆体预应力损失小。

（3）对腐蚀不敏感，特别是对应力腐蚀。

（4）几何尺寸误差小，便于控制预加力。

（5）便于锚杆制作、运输与安装，方便施工。

2）钢绞线与预应力螺纹钢筋的规格

（1）钢绞线

国家标准《预应力混凝土用钢绞线》GB/T 5224—2014 规定的钢绞线的表示方法为：预应力钢绞线结构—公称直径—抗拉强度—GB/T 5224—2014。通常采用的直径为 15.20mm、强度为 1860MPa 的标准型钢绞线表示为：1×7—15.20—1860—GB/T 5224—2014。1×7 钢绞线外形如图 2-11-1 所示。1×7 标准型钢绞线的公称直径、公称横截面

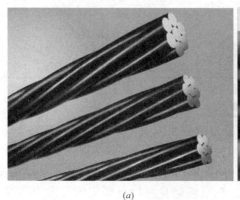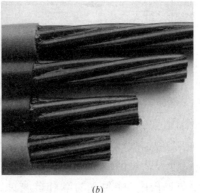

(a)　　　　　　　　　　　　　*(b)*

图 2-11-1　钢绞线外形示意图

（a）有粘结钢绞线；（b）无粘结钢绞线

积、每米理论重量见表 2-11-1。

1×7 标准型钢绞线的公称直径、公称横截面积、每米理论重量   表 2-11-1

钢绞线结构	公称直径 D_n(mm)	直径允许偏差 (mm)	公称横截面积 S_n(mm²)	每米理论重量 (g/m)	中心钢丝直径 d_0 加大范围(%) ≥
1×7	9.50	+0.3, −0.15	54.8	430	2.5
	11.10		74.2	582	
	12.70	+0.4, −0.15	98.7	775	
	15.20		140	1101	
	15.70		150	1178	
	17.80		191	1500	
	18.90		220	1727	
	21.60		285	2237	

压力型锚杆或压力分散型锚杆采用的无粘结预应力钢绞线，其质量应符合《无粘结预应力钢绞线》JG/T 161—2016 的要求。无粘结预应力钢绞线的规格和性能参数应符合表 2-11-2 的要求。

无粘结预应力钢绞线的规格和性能参数   表 2-11-2

钢绞线			防腐润滑脂的含量 (g/m)	护套厚度 (mm)	κ	μ
公称直径 (mm)	公称横截面积 (mm²)	公称抗拉强度 (MPa)				
12.70	98.70	1720	≥43	≥1.0	≤0.004	≤0.09
		1860				
		1960				
15.20	140.00	1720	≥50	≥1.0	≤0.004	≤0.09
		1860				
		1960				
15.70	150	1720	≥53	≥1.0	≤0.004	≤0.09
		1860				
		1960				

    注：κ—考虑无粘结预应力钢绞线护套壁（每米）局部偏差对摩擦的影响系数；
        μ—无粘结预应力钢绞线与护套之间的摩擦系数。

无粘结预应力钢绞线母材应符合《预应力混凝土用钢绞线》GB/T 5224—2014 或国家现行其他类型钢绞线相关标准，在运输和储存期间应进行妥善防腐保护，涂油包塑前其表面不应锈蚀及沾染防腐介质或其他杂物。防腐润滑涂层应具有良好的化学稳定性，对周围材料无侵蚀作用，能阻水防潮和抗腐蚀，润滑性能良好，在规定的温度内高温不流淌、低温不变脆。采用防腐润滑脂制作防腐润滑涂层，防腐润滑脂应符合《无粘结预应力筋用防腐润滑脂》JG/T 430—2014 的规定。采用密度在 0.942～0.965g/cm³ 范围内的高密度聚乙烯树脂制作护套，其性能应符合《聚乙烯（PE）树脂》GB/T 11115—2009 的规定。护套的拉伸性能应符合表 2-11-3 的规定。

护套的拉伸性能　　　　　表 2-11-3

拉伸屈服强度（MPa）	拉伸断裂标称应变（%）
≥15	≥400

（2）预应力螺纹钢筋

预应力螺纹钢筋是一种热轧成带有不连续的外螺纹的直条钢筋，该钢筋在任意截面处，均可用带有匹配形状内螺纹的连接器或锚具进行连接或锚固。预应力锚杆用螺纹钢筋以屈服强度划分级别，其代号为"PSB"加上规定屈服强度最小值表示。例如：PSB830 表示屈服强度最小值为 830MPa 的钢筋。预应力螺纹钢筋外形为螺纹状无肋且钢筋两侧螺纹在同一螺旋线上，其形状如图 2-11-2 所示。预应力螺纹钢筋公称直径、公称截面面积与理论重量见表 2-11-4。

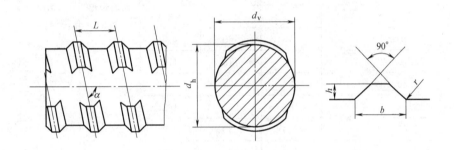

图 2-11-2　预应力螺纹钢筋

d_h—基圆直径；d_v—基圆直径；h—螺纹高；b—螺纹底宽；L—螺距；r—螺纹根弧；α—导角

预应力螺纹钢筋公称直径、公称截面面积与理论重量　　　　　表 2-11-4

公称直径（mm）	公称截面面积（mm²）	有效截面系数	理论截面面积（mm²）	理论重量（kg/m）
15	177	0.97	183.2	1.4
18	255	0.95	268.4	2.11
25	491	0.94	522.3	4.1
32	804	0.95	846.3	6.65
36	1018	0.95	1071.6	8.41
40	1257	0.95	1323.2	10.34
50	1963	0.95	2066.3	16.28
60	2827	0.95	2976	23.36

3）钢绞线与预应力螺纹钢筋的力学性能

（1）预应力锚杆用钢绞线的力学性能参数见表 2-11-5。

1×7 钢绞线力学性能参数表　　　　　表 2-11-5

钢绞线结构	公称直径 D_n(mm)	公称抗拉强度 R_m(MPa)	整根钢绞线最大力 F_m(kN)	整根钢绞线最大力的最大值 $F_{m,max}$(kN)	0.2%屈服力 $F_{p0.2}$(kN)≥	最大力总伸长率(L_0≥500mm) A_{gt}(%)≥	应力松弛性能 初始负荷/实际最大力的百分数(%)	应力松弛性能 1000h 应力松弛率 r(%)≤
1×7	9.50	1860	102	113	89.8	所有规格 3.5	70 80	2.5 4.5
	11.10		138	153	121			
	12.70		184	203	162			
	15.20		260	288	229			
	15.70		279	309	246			
	17.80		355	391	311			
	18.90		409	453	360			
	21.60		530	587	466			
	9.50	1960	107	118	94.2			
	11.10		145	160	128			
	12.70		193	213	170			
	15.20		274	302	241			
1×7I	12.70	1860	184	203	162			
	15.20		260	288	229			
(1×7)C	12.70	1860	208	231	183			
	15.20	1820	300	333	264			
	18.00	1720	384	428	338			

（2）预应力螺纹钢筋力学性能参数见表 2-11-6。

预应力螺纹钢筋的力学性能参数　　　　　表 2-11-6

级别	屈服强度 R_{cL}(MPa)	抗拉强度 R_m(MPa)	断后伸长率 A(%)	最大力下总伸长率 A(%)	应力松弛性能 初始应力	应力松弛性能 1000h 后应力松弛率 V_r(%)
	不小于				初始应力	1000h 后应力松弛率 V_r(%)
PSB785	785	980	8	3.5	$0.7R_m$	≤4.0
PSB830	830	1030	7			
PSB930	930	1080	7			
PSB1080	1080	1230	6			
PSB1200	1200	1330	6			
无明显屈服时,用规定非比例延伸强度(R_p0.2)代替						

（3）钢绞线与预应力螺纹钢筋的强度设计值与弹性模量 E_p

钢绞线与预应力螺纹钢筋的强度设计值、弹性模量 E_p 分别见表 2-11-7 和表 2-11-8。

强度设计值（N/mm²）　　　　　　　　　　　　　　表 2-11-7

种类	f_{ptk}	抗拉强度设计值 f_{py}	抗压强度设计值 f'_{py}
钢绞线	1570	1110	390
	1720	1220	
	1860	1320	
	1960	1390	
预应力螺纹钢筋	980	650	400
	1080	770	
	1230	900	

弹性模量 E_p　　　　　　　　　　　　　　表 2-11-8

种　　类	E_p（N/mm²）
钢绞线	1.95×10^5
预应力螺纹钢筋	2.0×10^5

2. 辅助材料

锚杆辅助材料包括：锚杆杆体自由段套管、锚固段波纹管、注浆管、承载体、隔离架、袖阀注浆管等。

1）自由段套管

锚杆杆体保护套管材料应满足以下性能要求：

（1）应具有足够的强度和柔韧性；

（2）应具有防水性和化学稳定性，对预应力筋无腐蚀影响；

（3）应具有耐腐蚀性，与锚杆浆体和防腐剂无不良反应；

（4）应能抗紫外线引起的老化。

锚杆自由段套管通常采用按《给水用低密度聚乙烯管材》QB/T 1930—2006 标准生产的低密度 PE 管或 PVC 软塑料管。

2）波纹管

国标 GB 50086—2015 明确规定：永久性预应力锚杆的锚固段筋体必须采用外套的波纹管或无粘结钢绞线，以满足筋体防腐保护的要求。预应力锚杆采用的塑料波纹管应符合《预应力混凝土桥梁用塑料波纹管》JT/T 529—2016 的要求。预应力锚杆用塑料波纹管见图 2-11-3。圆形塑料波纹管管节规格见表2-11-9。

图 2-11-3　预应力锚杆用塑料波纹管

圆形塑料波纹管管节规格　　　　　　　　　　　　表 2-11-9

型号	内径 d(mm)		外径 D(mm)		壁厚 b(mm)		配套使用锚具	
	标准值	偏差	标准值	偏差	标准值	偏差		
C-50	50		63		2.5		YM-12-7	YM15-5
C-60	60		73		2.5		YM-12-12	YM15-7
C-75	75	±0.06	88		2.5	±0.06	YM-12-19	YM15-12
C-90	90		106		2.5		YM-12-22	YM15-17
C-100	100		116		3.0		YM-12-31	YM15-22
C-115	115		131		3.0		YM-12-37	YM15-27

　　预应力锚杆用波纹管的选用应考虑钢绞线的直径、根数及管内支撑架与管外支撑架的尺寸及钻孔的直径等因素，参照表 2-11-10 预应力混凝土后穿束用波纹管尺寸选用。

预应力混凝土用波纹管的选用　　　　　　　　表 2-11-10

预应力筋根数（根）		3	4	5	6	7	8	9	10	11	12	14
ϕ15.2 钢绞线	后穿束	50	55	60	65	70	75	80	80	85	85	90
ϕ12.7 钢绞线	后穿束	40	50	55	60	60	65	65	70	70	75	80
单根 ϕ25 预应力螺纹钢筋		≥60MPa										
单根 ϕ32 预应力螺纹钢筋		≥80MPa										

3）隔离架（对中支架）

　　锚杆杆体居中隔离架（又称对中支架）兼有对中和分隔预应力筋的作用，用以保证钢绞线间的合理间距及筋体的保护层厚度。钢绞线用的塑料隔离架应根据钢绞线根数、保护层厚度和钻孔直径等因素合理选用。预应力螺纹钢筋的接长和定位支架由生产厂家提供，常用的几种隔离架见图 2-11-4 和图 2-11-5。

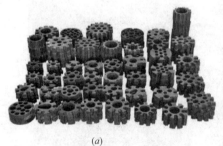  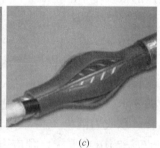

（a）　　　　　　　　　　　　（b）　　　　　　　　　（c）

图 2-11-4　钢绞线或预应力普通钢筋塑料隔离架

（a）、（b）钢绞线用塑料隔离架；（c）钢绞线或预应力钢筋用塑料隔离架

图 2-11-5　预应力螺纹钢筋隔离架

4）注浆管

锚杆用注浆管应满足以下性能要求：

（1）强度高、耐环境应力，开裂性能优良、抗蠕变性能好。

（2）韧性、挠性好，对弯曲和变形的适应能力强。

（3）具有良好的耐候性（包括抗紫外线性能）和长期热稳定性。

（4）耐腐蚀，无需做防腐处理，使用寿命长。

（5）内壁光滑，水流阻力小，流通能力大。

（6）耐磨性好，抗磨损。

（7）抗低温冲击性能好，可在 −20～40℃温度范围内安全使用，不受季节施工影响。

（8）无毒性，聚乙烯原料只含有碳、氢两种元素，对人体无害。

按《给水用低密度聚乙烯管材》QB/T 1930—2006 标准生产的低密度 PE 管与按 QB/T 13663.1—2017 标准生产的《给水聚乙烯 PE 管》均可以满足锚杆注浆的要求。其常用型号如下：

PE80 系列，公称压力：0.4MPa、0.8MPa、1.0MPa、1.25MPa；外径：$\phi25\sim\phi50$mm。

PE100 系列，公称压力：0.6MPa、0.8MPa、1.0MPa、1.25MPa、1.6MPa；外径：$\phi32\sim\phi50$mm。

3. 水泥浆材料

通常采用水泥浆将预应力锚杆与地层固定或对锚杆筋体加以保护，其硬化后可形成坚实的填料。同时，也可加固钻孔周围的岩土体。水泥结石体的粘结强度和防腐保护效果在很大程度上取决于水泥的成分及其拌制和注入方法。

1）水泥

预应力锚杆用水泥应采用新鲜的强度不低于 42.5 级的硅酸盐水泥或普通硅酸盐水泥，其抗压强度和抗折强度应符合表 2-11-11 的规定。

不同品种水泥的抗压、抗折强度 表 2-11-11

品 种	强度等级	抗压强度（MPa）		抗折强度（MPa）	
		3d	28d	3d	28d
硅酸盐水泥	42.5	≥17.0	≥42.5	≥3.5	≥6.5
	42.5R	≥22.0		≥4.0	
	52.5	≥23.0	≥52.5	≥4.0	≥7.0
	52.5R	≥27.0		≥5.0	
	62.5	≥28.0	≥62.5	≥5.0	≥8.0
	62.5R	≥32.0		≥5.5	
普通硅酸盐水泥	42.5	≥17.0	≥42.5	≥3.5	≥6.5
	42.5R	≥22.0		≥4.0	
	52.5	≥23.0	≥52.5	≥4.0	≥7.0
	52.5R	≥27.0		≥5.0	
矿渣硅酸盐水泥 火山灰硅酸盐水泥 粉煤灰硅酸盐水泥 复合硅酸盐水泥	32.5	≥10.0	≥32.5	≥2.5	≥5.5
	32.5R	≥15.0		≥3.5	
	42.5	≥15.0	≥42.5	≥3.5	≥6.5
	42.5R	≥19.0		≥4.0	
	52.5	≥21.0	≥52.5	≥4.0	≥7.0
	52.5R	≥23.0		≥4.5	

2）拌合用水

水泥浆用的拌合用水水质应符合现行行业标准《混凝土用水标准》JGJ 63—2006 的有关规定。

3）细骨料

锚杆注浆用的细骨料应选用质地良好、粒径小于 2.0mm 的砂，砂的含泥量按重量计不得大于总重量的 3%，砂中云母、有机质、硫化物及硫酸盐等有害物质的含量，按重量计不得大于总重量的 1%。水泥砂浆仅能用于一次注浆。

4）外加剂

水泥系注浆料中可使用提高浆液流动性或早期强度或满足特殊目的的外加剂。外加剂性能应满足国家标准并在质保期内使用，应在确保外加剂不影响浆体与岩土体的粘结和不对锚杆杆体产生腐蚀的前提下，通过配合比试验后确定其掺量。

4. 锚具

锚具是用于保持预应力锚杆筋体的拉力并将其传递到被锚固结构上的锚固装置，又称为工作锚。夹具是建立或保持预应力锚杆筋体预应力的临时性锚固装置，也称为工具锚。预应力锚杆用锚具、夹具和连接器应满足国家标准《预应力筋用锚具、夹具和连接器》GB/T 14370—2015 和行业标准《预应力筋用锚具、夹具和连接器应用技术规程》JGJ 85—2010 的要求。

1）夹片式锚具的锚固机理

夹片式锚具就是利用锥孔的楔紧原理将钢绞线锚固，即楔形夹片把钢绞线锚固于锚板锥形孔内。当使用千斤顶对钢绞线束进行张拉，达到设计要求的拉力值以后，千斤顶缓慢放张，锚具的夹片即被匀速回缩运动的钢绞线束带进锚板的锥形孔内，形成一个锚固单元，钢绞线束的应力通过锚板及锚垫板传递到锚定结构上，形成永久性预应力。

圆形张拉端夹片式锚具由夹片、锚板、锚垫板以及螺旋筋这四部分组成。夹片是锚固体系的关键零件，其形式为二片式或三片式，用优质合金钢制造并通过合理的热处理；锚板有锥孔，与夹片配合，利用锥孔的楔紧原理将钢绞线锚固；锚垫板与螺旋筋共同组成锚下受力构件，其性能要满足承载和传递预应力的要求。

2）预应力锚杆常用锚具、夹具型号见表 2-11-12。

预应力锚杆常用锚具、夹具型号　　　　表 2-11-12

代　　号		锚具	夹具
夹片式	圆形	YJM	YJJ
	扁形	BJM	BJJ

锚具的表示方法为锚具代号—预应力筋直径—预应力筋根数，例如锚固 12 根 15.2mm 钢绞线的圆形夹片式锚具表示为：YJM15-12；锚固 12 根 12.7mm 钢绞线的挤压式锚具表示为：YJM13-12。

《预应力筋用锚具、夹具和连接器》GB/T 14370—2015 规定：当采用无顶压张拉工艺时，ϕ15.2 钢绞线用夹片式锚具的预应力筋内缩量不宜大于 6mm，锚口摩阻损失不宜大于 6% 并应满足分级张拉、补张拉和放松拉力等张拉工艺的要求，锚固多根预应力筋的锚具，除应具有整束张拉的性能外，尚应具有单根张拉的性能。

3）钢绞线锚具

国内众多厂家生产满足国家标准的锚具及其配套的张拉设备，常用的预应力夹片锚

图 2-11-6　OVM 锚具

具有 OVM、QM、YJM 锚具等。OVM 锚具外形见图 2-11-6，其构造见图 2-11-7。

OVM 锚具是在综合吸收国内外钢绞线锚固体系的优点及生产、质量控制经验的基础上新研制生产的。它具有锚固效率系数高，锚固性能稳定、可靠，适应范围广等优点，一般情况下锚具可锚固 1～55 根钢绞线，锚固直径分别为 ϕ12.7、ϕ12.9、ϕ15.2、ϕ15.7、ϕ17.8、ϕ21.8、ϕ28.6 的钢绞线。最新研制开发的 OVM2000 锚固体系具有更优越的锚固性能，且结构轻巧。

4）预应力螺纹钢筋锚具

预应力螺纹钢筋常用 JLM 型锚具，锚具的尺寸及质量要求应符合《预应力筋用锚具、夹具和连接器应用技术规程》JGJ 85—2010 的要求。常用的预应力螺纹钢筋的锚具见图 2-11-8，其构造简图见图 2-11-9。

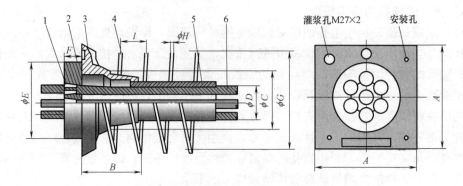

图 2-11-7 OVM 锚具结构构造图

1—夹片；2—锚板；3—锚垫板；4—螺旋筋；5—金属波纹管；6—预应力筋

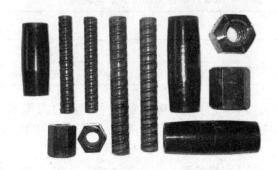

图 2-11-8 预应力螺纹钢筋锚具及接长器

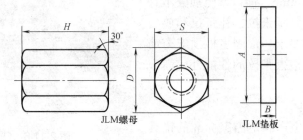

图 2-11-9 JLM 锚具构造图

锚具出厂时，生产厂家已按《预应力筋用锚具、夹具和连接器》GB/T 14370—2015 和行业标准《预应力筋用锚具、夹具和连接器应用技术规程》JGJ 85—2010 的规定进行组批并进行了出厂检验。进场的产品是在生产厂家出厂检验合格的基础上进行的验证性复检，目前国内锚具、夹具和连接器等产品的质量及其稳定性比以往有明显提高，应尽量简化进场检验批数量：通常条件下，检验批为 2000 套。锚具产品包括锚具（或夹具、连接器）、锚垫板和螺旋筋等，生产厂家应将产品验收所需的技术参数在产品质量保证书上明确注明，作为进场复验的依据。锚具产品质量保证书包括：

（1）产品的外形尺寸，硬度范围，适用的预应力筋品种、规格等技术参数，生产日期、生产批次等，产品质量保证书应具有可追溯性；

（2）按《预应力筋用锚具、夹具和连接器》GB/T 14370—2015 和《预应力筋用锚具、夹具和连接器应用技术规程》JGJ 85—2010 的规定进行的锚固区传力性能检验报告。

进场复验通常进行三项验收工作：外观检查、硬度检验和静载锚固性能试验。锚具用量较少（不足检验批的 25％）时，如有生产厂提供有效的静载锚固性能试验合格的证明文件，仅进行外观检查和硬度检验。

锚具外观检查中，应从每批产品中抽取 2％且不少于 10 套样品，其外形尺寸应符合产品质量保证书所示的尺寸范围，且表面不得有裂纹及锈蚀。当有 1 个样品不符合产品质量保证书所示的外形尺寸时，应取双倍数量的零部件重做检查；仍有 1 件不合格或有 1 个样品有裂纹或夹片、锚孔锥面有锈蚀时，应进行外观逐套检查。对配套的锚垫板和螺旋筋允许有轻度的锈蚀。

对硬度有要求的锚具，应从每批产品中抽取 3％且不少于 5 套样品（多孔夹片式锚具的夹片，每套抽取 6 片）进行检验，硬度值应符合产品质量书中的规定。当有 1 个样品不符合要求时，应另取双倍数量的样品重做检验；在重做检验中如仍有 1 个样品不符合要求，应对该批产品逐个检验，符合者方可进入后续检验。

静载锚固性能试验是锚具进场验收最后把关的工作，试验用的预应力筋—锚具（夹具或连接器）组装件应由锚具（夹具或连接器）和预应力筋组装而成，试验用的样品应是在进场验收经过外观检查和硬度检验合格的产品。试验用的预应力筋应至少取 6 根试件进行母材力学性能试验且试验结果符合国家现行标准的规定，静载锚固性能试验应按照国家标准进行，考虑工程要求和我国锚具生产厂家目前的产品质量水平，行业标准《预应力筋用锚具、夹具和连接器应用技术规程》JGJ 85—2010 规定：对于锚具用量少于检验批数量（不超过 2000 套）25％的一般工程，如锚具供应商提供了有效的锚具静载锚固性能试验合格的证明文件，可仅进行外观检查和硬度检验。一般工程即设计无特殊要求的工程，有效的证明文件是指：试验时间不超过一年，且由具有资质的检测单位提供的试验报告。

第十二节　锚杆施工

预应力锚杆的施工是锚固工程的关键步骤。其施工质量的优劣，不仅影响锚杆的承载力，而且影响是否满足锚杆设计参数的要求；施工效率的高低，不仅制约着锚杆的成本，而且影响锚固工程的成败。锚杆施工应该考虑的主要因素有：选择适宜的施工方法、科学有效地组织施工、提高施工效率、降低施工成本、减少环境污染，最终取得良好的经济效益。针对锚杆施工隐蔽性强的特点，为确保锚固工程的质量，要求科学、合理、有序地组织锚杆施工。锚杆施工前，应充分核对设计条件、地层条件、环境条件，制定详细的施工组织设计。施工组织设计应对锚杆施工的主要环节（钻孔，杆体制作、存储及安放，注浆，张拉与锁定，后期维护）有明确的技术要求，确定施工方法、施工材料、施工机械、施工程序、质量管理、进度计划、安全管理、环境保护等事项。施工过程中，如遇与原设计条件有差异时，应及时报告设计人员，并提出处理意见。锚杆施工又具有专业性强的特点，施工人员的素质和经验往往影响到施工质量的优劣，所以应由施工经验丰富的专业化施工队伍承担。

1. 施工准备

1）施工前的调查

锚杆施工前应对下列事项进行调查核实：

（1）工程计划。设计图纸、地勘报告等基础资料，掌握整个锚固工程和所处地点及地层的基本情况。

（2）地下水的状态及水质情况。详细研究地下水的利用和对钻孔方法、注浆工艺及注浆浆液的影响，并采取相应的对策。

（3）锚杆长度范围内的地下埋设物和障碍物。这些在规划设计阶段已考虑的问题，在锚杆施工前应再度进行细致检查复核，确认无误后方可开始施工。

（4）锚固工程周边环境。掌握周边各种建（构）筑物及交通道路、气象条件和其他影响锚杆施工的基础资料，并提出相应的对策。

（5）环境保护及废弃物的处理。对钻孔、注浆及各种冲洗介质产生的污水、污物、粉尘、噪声等，必须提出相应的处理措施。

（6）有关作业限制、环保法律和地方法规。应充分了解并掌握这些法律、法规对确定工程进度和管理的影响。

（7）其他。如对施工空间、施工设备、辅助设施、工程道路、各工程之间的配合、安全、卫生、消防等，都需要进行相应的部署。

2）施工组织设计

锚固工程施工前应详细制定施工组织设计，确定施工方法、施工材料、施工机械、施工程序、质量管理、进度计划、成本控制和安全、文明、环境、消防、卫生管理等事项，对施工过程中可能遇到的安全、质量、进度等隐患因素应予以明确，并制定详细的应急处理预案。施工组织设计一般应包括以下内容：

（1）工程概况。工程名称、工程地点、工程量、工期、地质及水文地质和气象条件。

（2）锚固工程的设计概述。

（3）锚固工程材料、施工机械及施工工艺。

（4）施工组织。

（5）施工平面布置及临时设施。

（6）施工程序及各工种人员的配备。

（7）工程进度计划。

（8）工程施工质量控制。

（9）工程安全措施及应急预案。

（10）卫生、环保、消防、噪声等管理计划。

（11）质量检验及验收。

（12）工程监测。

（13）应交付的各种技术资料。

（14）编制施工流程及管理示意图，一般模式见图 2-12-1。

为使锚杆施工顺利进行，还应对施工所需的风、水、电和施工工作面的准备作出详细计划和明确的保障措施，须搭设脚手架的工程应按照有关国家标准制定脚手架专项施工方

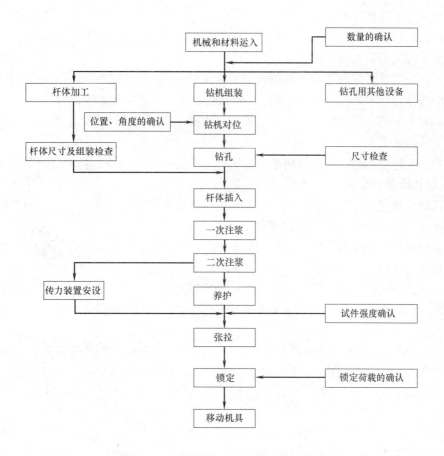

图 2-12-1　锚固工程施工管理程序示意图

案，确保施工人员和施工设备的安全。

2. 锚杆孔的钻凿

锚杆孔的钻凿是控制锚固工程工期的主要工序，必须选择最为有效的钻孔方法，并认真细致地预估钻孔的成孔速度。锚杆孔的钻凿应满足设计图纸要求的孔径、长度和倾角，采用适宜的钻孔设备和钻凿工艺以确保钻孔的精度，使其后续的预应力筋插入和注浆作业能顺利进行。

1）一般要求

（1）在钻孔过程中，对锚固区段的位置和岩土分层厚度进行验证，如计划的锚固地层过分软弱，则要求采取注浆加固或变更锚固地层。

（2）根据不同的岩土层条件，选用适宜的钻机和钻凿方法，以保证预应力筋插入和注浆过程中孔壁不塌陷和缩颈；钻孔直径应符合设计要求，不致使孔壁过分扰动。

（3）钻孔冲洗液宜用清水，膨润土悬浊液和泥浆都会减弱锚杆的承载力，应避免使用。当用水作冲洗液对周边建筑物地基和锚固地层有不良影响时，应考虑干作业或套管护壁钻凿成孔工艺。

（4）锚固长度区段内的孔壁如有沉渣或黏性土附着，会使锚杆承载力下降，因此要求用清水和压力风动清洗孔壁。

（5）钻凿过程若有地下水流出孔口，必要时应采取注浆等方法堵水，以防止锚固段浆液随地下水流失而影响锚杆的承载力。

（6）在裂隙发育及富含地下水的岩层中钻凿锚杆孔时，应对钻孔孔壁进行渗水试验，渗水率应符合 GB 50086—2015 的规定，否则应采取固结灌浆等方法处理。

（7）对于滑坡治理和斜坡稳定等工程，钻孔循环水会对坡体稳定性产生不利影响，严禁水作业钻凿成孔。

（8）对于砂卵石地层或易坍塌地层或压力分散型锚杆应采用套管护壁钻凿成孔。

2）钻孔质量控制

钻孔的质量包括定位偏差、钻孔精度、方位偏差等，开孔时应检查定位偏差和方位偏差，钻孔过程中应经常检查钻孔的准直度。

国家标准 GB 50086—2015 规定：锚杆位置允许偏差为 ±100mm，钻孔的偏斜尺寸为不大于钻孔长度的 2%，钻孔直径的允许偏差为 ±10mm。

《岩土锚杆（索）技术规程》CECS 22：2005 规定：锚杆水平方向的孔距偏差不应大于 50mm，垂直方向孔距偏差不应大于 100mm；钻孔底部的偏斜尺寸不应大于锚杆长度的 3%。

《水电水利工程预应力锚索施工规范》DL/T 5083—2010 规定：锚杆孔位坐标偏差不应大于 10cm；开孔时应控制钻具的倾角和方位角，钻进 20～30cm 时应校核角度，钻进中应及时测量孔斜及时纠偏，终孔孔轴偏差不应大于孔深的 2%，方位角偏差不应大于 3°。

《特种岩土工程的实施—锚杆》（欧洲标准 EN 1537：2013）规定：锚孔入口点的允许误差为 ±75mm；钻孔入口点与轴线的倾角、水平角允许偏差为 ±2.5° 以下；锚杆孔底偏离轴线的允许误差不大于锚杆长度的 1/30。

20 世纪 90 年代，我国三峡水利枢纽永久船闸高边坡预应力锚索设计钻孔精度为 1%，这是当时国内外锚固工程中不多见的难度非常大的钻孔偏斜控制要求。当时的冶金工业部建筑研究总院与四平东北岩土工程公司和武警水电部队三峡指挥部合作，采用研制的 DKM 水平锚索钻机和一整套钻孔偏斜控制方法，使平均长度达 40m 的锚索钻孔偏斜率控制在 1% 以内。三峡水利枢纽永久船闸高边坡预应力锚索钻孔偏斜控制的要点：一是设置主副导正器支点纠正偏斜，二是选择适宜刚度和重量的钻具，三是适时调整导正器的参数，四是采用合理的钻机钻进参数。

3）锚杆孔的钻凿方式

锚杆孔通常按直径大小分为两类：一是小直径（小于 100mm）短锚杆（不大于 12m）孔的钻凿，二是大直径（大于 100mm）长锚杆（不小于 12m）孔的钻凿，钻凿方式通常为旋转、冲击、旋转冲击钻进，冲洗介质分别为清水和压力风，干作业钻进属于无冲洗介质钻进。

（1）小孔径短锚杆孔的钻凿

在岩石地层钻凿小孔径短锚杆孔通常采用气动冲击钻机，在土层中钻凿时通常采用螺旋钻机干作业成孔。国内众多钻机生产厂家为满足不同工程需要和钻孔要求而生产了不同型号的钻孔设备，完全可以满足锚杆孔钻凿的要求。对地下大型洞室或交通隧道的锚杆孔钻凿，也可采用高效移动式单臂或多臂凿岩台车。国内一些厂家已生产适合我国国情的配备风动或液压冲击凿岩机的凿岩台车，改变了依赖国外进口钻机的局面，极大地提高了我国钻凿设备的制造水平。

（2）大直径长锚杆孔的钻凿

大直径长锚杆孔的钻凿通常采用旋转钻机、冲击钻进或旋转冲击相结合的方式，应当根据岩土类型、孔径和长度、接近工作面的空间、所用冲洗介质的种类以及锚杆的类型、较快的钻凿速度来选择钻孔设备。英国 Mcgregor 曾根据地层类型和钻孔直径提出了适宜的钻孔方式建议，如图 2-12-2 所示，在塑性黏土层中最合适的钻孔方式是采用带麻花钻头的螺旋钻杆又不需要冲洗的旋转钻机；在松散岩土层中，使用球形合金钻头的旋转钻孔效果较好；在硬质岩层中钻凿小直径的钻孔采用通过空气清洗的冲击钻机最为简便，而钻凿大直径的钻孔，最好采用带金刚石钻头的旋转钻机或带潜孔冲击器的冲击钻机。

由于荷载分散型和后高压灌浆型锚杆构造特殊，不容许钻孔时泥砂、石屑残留于钻孔内，因而在土层中施工这两种锚杆时应采用套管护壁钻孔。当成孔质量较高、洗孔干净时也可采用无套管护壁钻孔。

4）钻孔机具

国内众多厂家生产不同型号满足不同要求的全液压多功能锚固钻机和钻具，不仅可以螺旋钻进也可配备潜孔冲击器进行冲击钻进，还可配备同心套管或偏心套管潜孔锤钻进或双管钻机，更有配备顶部液压冲击器的钻机。不仅适用于岩土层锚杆钻孔，在松散堆积层、卵石层和破碎岩层也有良好的钻凿效率，基本解决了复杂地层锚杆孔的钻凿难题。

图 2-12-2　根据岩土类型和钻孔直径推荐的钻孔方法

分体式液压锚杆钻机适用于在边坡脚手架平台上进行锚杆成孔，履带式液压锚杆钻机适用于分步开挖的土层或岩层锚杆成孔。为减轻工人劳动强度，提高拆装钻杆效率，带自动装卸钻杆功能的钻机应运而生。

目前，国内常用的分体式全液压锚杆钻机和履带式全液压锚杆钻机主要有无锡金帆钻凿设备股份有限公司生产的 YG 系列和 YGL 系列、无锡探矿总厂生产的 MD 系列和 MDL 系列、无锡市安曼工程机械有限公司生产的 MX 系列和 MXL 系列、重庆探矿机械厂生产的 MGY 系列、成都哈迈机械厂生产的 YXZ 系列等钻机。

（1）分体式锚杆钻机

分体式全液压锚杆钻机具有以下特点：

① 泵站、操纵台、主机分体，结构紧凑，重量轻，解体性强，便于搬迁和安装。

② 钻机动力头扭矩大，行程长，钻孔速度快，适用范围广，钻进效率高。

③ 钻机可适用多种钻进工艺方法，如合金回转钻进、螺旋钻进、潜孔锤钻进、跟管钻进等。可配备跟管钻进钻具，成孔质量好。

④ 钻机钻孔角度范围大，滑架可沿底架前后滑移，钻孔定位方便、可靠。

⑤ 全液压控制，操作方便灵活，省时、省力。

⑥ 可选配孔口集尘装置，减少环境污染，改善工作环境。

分体式锚固钻机在国内水电站洞室工程及交通路堑边坡工程中广泛使用。分体式锚固钻机见图 2-12-3、图 2-12-4。

图 2-12-3　YG-80 锚固钻机　　　　　图 2-12-4　MD-80 锚固工程钻机

（2）履带式锚杆钻机

YGL 系列、MXL 系列和 MDL 系列履带式锚杆钻机为履带底盘装载、全液压驱动动力头式钻机，适合钻杆钻进、套管钻进、钻杆套管复合钻进，可以根据不同的地层配置相应扭矩的回转器，提高钻机的适应性，用于水电工程、铁路、公路边坡等岩土工程中的大吨位预应力锚固孔或排水孔，城市深基坑支护和地基加固工程锚杆孔的钻凿。履带式锚杆钻机见图 2-12-5。

图 2-12-5　MDL-135D 履带式锚杆钻机

（3）顶驱履带式锚杆钻机

在砂层、砂卵石层、松散覆盖层及破碎岩层钻凿锚杆孔最有效的方法是采用全液压顶部冲击回转多功能履带钻机，该型钻机配备大扭矩、高钻速、大功率液压冲击动力头，可在多角度、多方位钻孔，又可采用液压顶驱钻进、液压锤跟管钻进、潜孔锤基岩钻进、潜孔锤偏心跟管钻进、潜孔锤对心跟管钻进等钻进方式，钻进速度快、成孔质量好、效率高。国内众多设备制造商在消化吸收国外液压锚固钻机先进技术的基础上，结合国内实际情况而设计制造的顶驱履带式多功能全液压钻机，已成为国内锚固钻机的主力机型，配套的液压冲击动力头有德国克虏伯 HB 系列、德国欧钻 HD 系列和国产动力头。顶驱履带式锚杆钻机见图 2-12-6～图 2-12-9。

图 2-12-6　MDL-C200 顶驱式多功能钻机

图 2-12-7　MGL-C2000 顶驱式多功能钻机

图 2-12-8　HTYM808 顶驱式多功能钻机

图 2-12-9　180B 履带式多功能钻机

（4）潜孔冲击器（潜孔锤）和钻头

常用的风动潜孔冲击器分为低压和高压冲击器，无锡金帆钻凿设备股份有限公司生产的 QCW 型无阀式风动潜孔冲击器具有结构简单、性能优良、工作可靠、维修方便、耗风量低的特点。冲击器取消了复杂的配气结构，代之以简单的配气气路，压气直吹，气道路程短，气体压力损失小；加之利用了压缩气体膨胀作功，使冲击器耗风量大大减少，从而降低空压机容量，减轻了空压机重量，降低了能耗。该冲击器虽然按照低风压条件设计制造，但在中高风压条件下，冲击器膨胀作功的性能将得到充分发挥，会取得更好的凿岩效果。QCW 系列潜孔冲击器和钻头分别见图 2-12-10 和图 2-12-11。

张家口市宣化恒通鑫钻孔机械有限公司生产的 CIR 系列和 DHD 系列高风压潜孔冲击器具有结构简单、凿岩高效、高寿命、低消耗的特点，能将风压（0.56～2.46MPa）转化为高冲击能，CIR、DHD 系列潜孔冲击器和钻头分别见图 2-12-12 和图 2-12-13。

潜孔锤跟管钻进是克服疏松、破碎、砂卵砾石等复杂地层钻进的有效方法，分为套管回转和套管非回转两种类型。套管回转类套管跟进为回转头驱动套管回转，同时钻机施加轴压推进套管跟进；套管非回转类套管跟进是通过套管内环肩冲击套管，同时钻机施加轴压推进套管跟进。

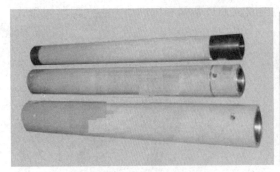

图 2-12-10　QCW 型无阀式风
动潜孔冲击器

图 2-12-11　QCW 型无阀式风动潜孔
冲击器配套钻头

图 2-12-12　CIR、DHD 系列潜孔冲击器和钻头

图 2-12-13　DHD 系列高风压冲击器配套钻头

偏心和同心跟管钻具分别见图 2-12-14 和图 2-12-15，偏心钻具与同心或偏心跟管钻具配套的拔管机分别见图 2-12-16 和图 2-12-17。

图 2-12-14　偏心跟管钻具

图 2-12-15　同心跟管钻具

（5）空气压缩机

为潜孔钻机配备的空气压缩机主要有中低压（≤0.8MPa）系列的活塞式电动或柴油驱动空压机，中风压（0.8～1.4MPa）系列的螺杆式电动或柴油驱动空压机，高风压（≥1.4MPa）系列的两级螺杆式电动或柴油驱动空压机。从提高成孔速度角度考虑，应尽量选择中高风压的空气压缩机。

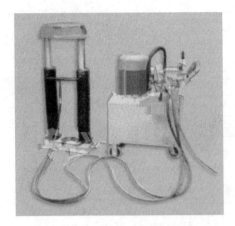

图 2-12-16　无锡金帆 YB 系列拔管机

图 2-12-17　宣化恒通鑫 YB 系列拔管机

我国生产的柴动移动螺杆和电动式空压机（高压系列）见图 2-12-18 和图 2-12-19。国外进口的螺杆空压机主要有日本的 AIRMEN 系列、美国寿力系列和瑞典的阿特拉斯系列，排气压力从低压至高压，排气量从 $10\text{m}^3/\text{min}$ 到 $40\text{m}^3/\text{min}$，可根据锚杆施工的要求进行选用。

图 2-12-18　电动柴动移动螺杆空压机

图 2-12-19　柴动移动空压机

3. 杆体制作与安放

随着锚固技术的发展和锚杆材料、结构形式、施工工艺的不断丰富和进步，特别是新型锚杆的大量涌现和防腐要求的提高，对锚杆杆体制作提出了更高的要求，永久性锚杆、荷载分散型锚杆、后高压灌浆型锚杆、扩大头锚杆、可拆芯锚杆的制作要求更为严格。通常，锚杆杆体的制作、存储宜在特定的工厂加工车间或施工现场专门加工棚内，由技术熟练的操作工人用专用设备按照制作标准进行操作，所用的设备和工艺因锚杆材料和结构形式的不同有所区别，锚杆杆体制作的流程见图 2-12-20。

1）钢筋锚杆杆体制作

杆体钢筋制作前应平直、除油和除锈，普通热轧钢筋的接长可采取焊接或直螺纹连接或钢筋套筒连接，HRB 钢筋应在锚头一端焊接张拉用螺纹张拉杆，预应力螺纹钢筋、中空钢管接长应采用配套的接长连接器。预应力筋的前部常设置导向帽以便于预应力筋的安放，锚杆锚固段沿杆体轴线方向每隔 1.5～2.0m 设置一个对中支架，对中支架的尺寸应满足杆体保护层厚度的要求。钢筋锚杆杆体可在施工现场的作业棚制作，包括自由段隔离套管的绑扎

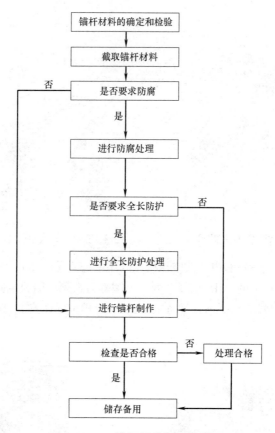

图 2-12-20　锚杆杆体制作流程图

和锚固段设置对中支架及张拉螺纹杆的焊接。对有防腐要求的锚固段钢筋应有圆形塑料或钢质波纹管保护，并应在筋体与管壁间注入灰浆。钢筋锚杆的结构图见图 2-12-21。

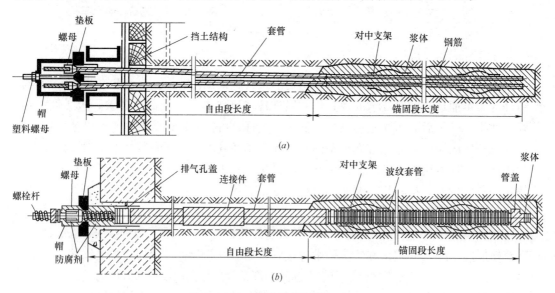

图 2-12-21　钢筋锚杆结构示意图

（a）简单防腐的单根钢筋锚杆；（b）双层防腐的单根钢筋锚杆

2）钢绞线锚杆杆体制作

目前，国内钢绞线锚杆大多在施工现场临时性简易加工场地进行加工；国外大多在专业工厂内组装不同类型的锚杆，运往工地后直接安装，不仅保证了锚杆杆体的质量，也加快了各类锚固结构的施工速度。锚杆杆体加工制作工厂化是锚杆技术发展的必然趋势。

钢绞线锚杆杆体制作时应清除油污、锈斑，严格按设计尺寸下料，钢绞线的下料长度误差不应大于50mm，按排列顺序进行编排绑扎，特别是严格按防腐要求切实做好锚杆杆体防腐保护体系（锚固段杆体绑扎波纹管、自由段杆体绑扎光滑隔离套管等）的安设，锚杆锚固段沿杆体轴线方向每隔1.0~1.5m设置一个隔离架，注浆管和排气管应与杆体绑扎牢固，绑扎材料不宜采用镀锌材料。钢绞线锚杆结构示意图见图2-12-22。

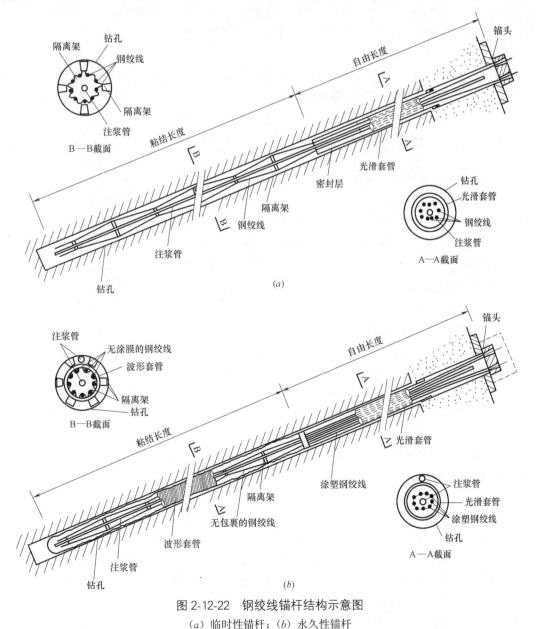

图 2-12-22　钢绞线锚杆结构示意图

（a）临时性锚杆；（b）永久性锚杆

3）荷载分散型锚杆杆体制作

荷载分散型锚杆通常包括压力分散型锚杆和拉力分散型锚杆两种，这两种锚杆的工作机理、设计要点、使用条件和张拉方式基本相同。

压力分散型锚杆预应力筋材料常采用无粘结钢绞线，单元锚杆的承载体可选用特制的聚酯纤维复合材料或钢板。采用聚酯纤维承载体时，应由专用弯曲机将无粘结钢绞线绕承载体弯曲成"U"形，并用钢带绑扎在承载体上（图2-3-3）。采用钢板作为承载体时，则在钢板上开有若干个小孔，用以使剥离PE套管的钢绞线通过，每根钢绞线的端头设置单孔挤压锚具（图2-3-4）。永久性压力分散型锚杆结构简图见图2-3-2。

单元锚杆预应力筋的外露端应在绞线上做出明显的标记，便于后期张拉时区分单元锚杆的位置和张拉顺序，荷载分散型锚杆杆体制作的这一工序是有别于其他类型锚杆的。当各单元锚杆杆体制作完成后，再按设计要求将各单元锚杆组装并绑扎注浆管、隔离架，组成一根完整的压力分散型锚杆杆体。

拉力分散型锚杆与拉力集中型锚杆杆体制作的主要区别在于拉力分散型锚杆由两个以上拉力型单元锚杆组装而成，各单元锚杆有独立的自由段和锚固段，单元锚杆的锚固段位于钻孔的不同部位，各单元锚杆的自由段长度是不同的。同样，要求单元锚杆预应力筋的外露端应在绞线上做出明显的标记，同时单元锚杆锚固段沿杆体轴线方向每隔1.0～1.5m设置一个隔离架。

4）后高压灌浆型锚杆杆体制作

后高压灌浆型锚杆的基本原理与结构构造已在本书第二章第三节中作了论述，在杆体制作时，一定要按设计要求设置PVC袖阀管并预先准备好长度1.0m左右、直径300～500mm的无纺布袋，采用滑动方式套在锚杆锚固段和自由段的分界处，无纺布袋两端与钢绞线捆绑牢固（图2-3-17）。在一次重力灌浆时，浆液充满布袋并向孔壁挤压，以构成可靠的止浆密封结构，为后高压灌浆提供条件。

5）锚杆杆体的存储与安放

（1）锚杆杆体制作完成后，应详细检查验收，不合格的杆体不得投入存储和使用，合格的杆体方可编号存储。

（2）杆体应存放在干燥、清洁的加工棚内，并用塑料布覆盖。

（3）运输及存放过程中应避免机械损坏或油脂溅落在杆体上。

（4）杆体安放前应对钻孔重新进行检查，对钻孔内可能出现的塌孔、掉块等缺陷及时处理。

（5）安放杆体前，杆体的防腐保护系统检查合格的方可送入钻孔内。安放过程中应防止杆体防护层的损坏。

4. 注浆

通常采用水泥净浆或水泥砂浆灌入锚杆钻孔，其凝结硬化后形成具有一定强度的结石体，将锚杆预应力筋与周围地层锚固在一起，一定厚度的结石体对预应力筋还具有防腐保护作用，压力注浆的浆液还可对周围地层进行改良和加固，既提高了周围地层的强度和力学性能，也能相应地提高锚杆的抗拔承载力。水泥浆的成分及拌制和注入方法决定着灌浆结石体与周围地层岩土体的粘结强度和防腐保护效果。

1）水泥净浆的成分

灌注锚杆的浆液通常采用保质期内符合国家标准的硅酸盐水泥和拌合水（水泥砂浆掺入一定比例的细砂）配制搅拌而成，一次注浆多采用水泥净浆或水泥砂浆，二次高压注浆则采用水泥净浆。

水灰比是影响水泥净浆性能的主要因素，过大的水灰比会使浆液产生泌水，降低结石体强度并产生较大的收缩，降低结石体的耐久性。水泥结石体强度与水灰比的关系如图2-12-23所示。大量试验表明，锚杆灌浆水泥浆适宜的水灰比宜为 0.4～0.6，浆液具有泵送所要求的流动度，易于渗入细小的裂隙内，硬化后结石体强度较高，收缩较小。国家标准 GB 50086—2015 考虑泵送性及浆液性能，规定水泥浆水灰比宜为 0.5～0.55，水泥砂浆的灰砂比宜为 1：0.5～1：1。为了缩短凝结时间，防止在凝结过程中的收缩，增加浆液的流动度及减少泌水，以改善水泥浆性能，可在浆液中加入外加剂（表2-12-1）。水泥结石体强度一般 7d 不应低于 20MPa，28d 不应低于 30MPa；压力分散型锚杆的水泥结石体强度 7d 不应低于 25MPa，28d 不应低于 35MPa。此外，也不宜同时使用数种外加剂以获得水泥浆的综合性能效应，除非已由相关试验证实是相容的。

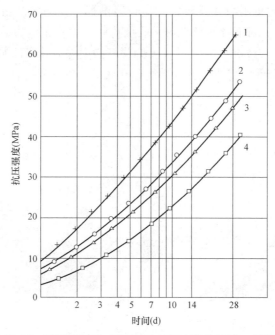

图 2-12-23 普通硅酸盐水泥不同水灰比浆体强度—时间曲线

1—水灰比 0.4；2—水灰比 0.45；3—水灰比 0.5；4—水灰比 0.6

水泥浆用外加剂 表 2-12-1

外加剂	名称	掺量（水泥占比）（%）	说明
早强剂	三乙醇胺	0.05	加速凝结硬化
缓凝剂	木质磺酸钙	0.2～0.5	缓凝并增大流动度
膨胀剂	铝粉	0.005～0.02	膨胀率可达 15%
抗泌剂	纤维素醚	0.2～0.3	起泌水作用
减水剂	UFN-5 等	0.6	增强、减少收缩

2）水泥浆的拌制

为获得优质水泥浆（砂浆），水泥浆（砂浆）的拌制应遵循以下原则：

（1）水泥和砂子必须按重量计量准确；

（2）在向搅拌机输送水泥和砂子之前，先放入最佳水灰比所需的水；

（3）加入任何外加剂，应在水泥浆搅拌时间过半时掺入；

（4）机械搅拌时间不应少于 2min，不得人工搅拌；

（5）拌合完成的浆液存放时间不应超过 120min。

浆液拌合完成后应存放于特制容器内，并使其缓慢搅动，通常使用双罐搅拌机或自循环搅拌机，使浆液均匀并连续地供给注浆泵。

3）注浆设备和注浆工艺

水泥浆（砂浆）是采用注浆泵通过高压注浆胶管及绑扎在锚杆杆体上的注浆管注入锚杆钻孔的，注浆泵的压力范围通常为 0.1～12MPa。注浆泵分为挤压式或活塞式，挤压式注浆泵可注入水泥砂浆，但注浆压力较小，仅适用于锚杆的一次注浆或自由段的补浆。目前应用较多的活塞式注浆泵见图 2-12-24 和图 2-12-25，注浆泵技术参数见表 2-12-2。在锚杆长度范围内，根据注浆压力和注浆方法应让浆液通过 12～25mm 的注浆管，注浆管通常采用 PVC 软塑料管。对下倾锚杆必须采取从孔底开始注浆的方式进行注浆，其注浆管端部一般距孔底的距离为 300～500mm；上倾锚杆必须采取孔口注浆的方式进行注浆，应在孔口设置密封装置，并应将排气管内端设于孔底。在安放锚杆杆体时，应防止注浆管端部发生堵塞和破损漏浆。

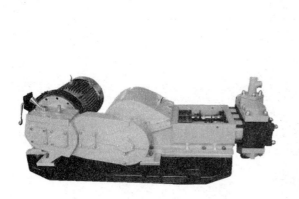 

图 2-12-24　3SNS 活塞式注浆泵　　　　　图 2-12-25　BW150 活塞式注浆泵

锚杆用注浆泵技术性能参数表　　　　　　　　　　　表 2-12-2

型号	注浆压力（MPa）	注浆流量（L/min）	出浆口直径(mm)	适用范围	备注
UBJ1.8	≤1.5	30	38	一次注浆	
UBJ3	≤2.0	50	50	一次注浆	
BW150	≤7.0	32～150	32	多次注浆	
BW250	≤7.0	35～166	50	多次注浆	
3SNS	≤10.0	50～200	64	多次注浆	可注砂浆

型号	注浆压力（MPa）	注浆流量（L/min）	出浆口直径(mm)	适用范围	备注
HBW50/15	≤1.5	50		一次注浆	
BWH-100/5	≤5.0	100		一次注浆	可注砂浆
TS-SW02	2.0～5.0	50		一次注浆	可注砂浆

对于后高压注浆的锚杆，注浆分为一次注浆和二次高压注浆（劈裂注浆）。一次注浆，浆液从孔底注入直至孔口流出为止；二次高压注浆是在一次注浆形成圆柱形锚固体的基础上，对锚固段的锚固体进行二次（多次）高压劈裂注浆，使浆液向周围地层挤压渗透，形成直径较大异形的锚固体，一方面改善了周围地层的力学性能，另一方面较大地提高了锚杆的承载能力，且大大减小了锚杆的塑性变形。二次高压注浆通常在一次注浆24h后从孔底分段由锚固段底端向前端注浆，重复高压注浆的劈开压力不宜低于2.5MPa。根据已有工程经验，具体的间隔时间以一次注浆结石体强度达到5.0MPa控制，注浆完成后二次注浆管留在钻孔内。采用袖阀管式的可重复高压注浆锚杆杆体主要由钢绞线、可重复注浆的袖阀管、注浆枪、止浆密封装置（图2-3-15和图2-3-17）等组成。后注浆的注浆管通常采用PVC塑料管，沿其轴线方向每隔0.5m左右设有一个进浆阀，一次注浆和高压注浆均通过进浆阀得以实现。止浆密封装置设在自由段与锚固段的分界处，目的是将锚固段端部封闭，为锚固段的高压注浆创造条件。后高压注浆锚杆注浆枪的直径较小，所需的浆液宜为水灰比较大的纯水泥浆。

对于普遍采用的简易二次压力注浆工艺，一般是在锚杆锚固段二次注浆管上每隔一定距离环向开孔，管外包裹塑料胶布，在一次注浆24h后进行二次压力劈裂注浆，注浆压力不大于1.5MPa。简易二次压力注浆只能进行一次，其注浆压力可控性差，二次注浆浆液在锚固段周边土层中的分布范围较小，且不均匀，其对锚杆抗拔力的增大效果远不如标准的后高压注浆锚杆。

5. 张拉与锁定

1）锚杆张拉作业要点

（1）锚杆张拉施加预应力前要认真检查锚杆传力结构（腰梁、墩座、钢筋混凝土格构）体系的规格、强度、质量是否符合设计要求，台座承压面是否平整，并能与锚杆轴线保持垂直。锚杆张拉时，锚具和承压板应分别按图2-12-26～图2-12-29的要求固定。

（2）锚杆张拉前应对千斤顶、高压油泵的油压表和位移传感器或百分表等进行标定，标定合格后才能用于工程锚杆的张拉作业，为保证张拉数据的可靠性，通常每3～6个月标定一次千斤顶和油压表。

（3）锚杆进行正式张拉前，应取0.1～0.2的拉力设计值，对锚杆预张拉1～2次，使杆体钢绞线完全平直，各部位的接触紧密。特别是应观察千斤顶出力方向与锚杆轴线方向是否一致，如有偏差应及时卸荷进行调整，直到满足要求为止。

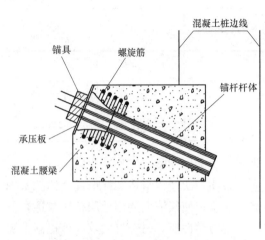

图 2-12-26　钢筋混凝土腰梁与锚杆锚头构造图

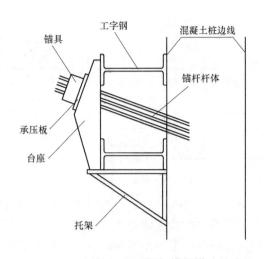

图 2-12-27　型钢组合腰梁与锚杆锚头构造图

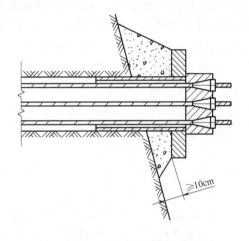

图 2-12-28　用于硬岩坡面的混凝
土或钢筋混凝土墩座

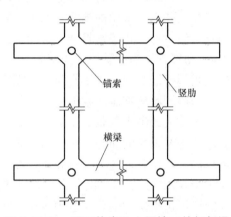

图 2-12-29　用于软岩及土层坡面的框架梁

图 2-12-30　锚杆张拉作业

2）张拉设备

锚杆张拉主要设备包括一台千斤顶、一台高压油泵和配套的高压油管以及量程和精度适宜的油压表，同时还包括准确测定拉力的压力传感器和精确测定锚头位移的位移传感器（通常用百分表）。见图 2-12-30。锚杆整体张拉通常用穿心式千斤顶，预紧或单根张拉用前卡式张拉千斤顶，高压油泵分 50MPa 和 63MPa 超高压油泵。

锚杆张拉应准确确定作用于锚固结构上的预加力，通常情况下，采用校准合格且在有效期内的油压表即可，但使用压力传感器更为准确可靠。使用固定在千斤顶上的毫米级量尺可获得锚头位移的近似值，要获得准确的锚头位移值，应采用位移传感器或百分表。

把位移传感器或百分表固定在与千斤顶无接触的稳定结构上，必要时应同时测定锚固结构或传力结构的位移，以便准确测量张拉引起的位移。通常要求位移测定值精确到 0.1mm。

预应力钢筋锚杆与钢绞线锚杆张拉作业装配图见图 2-12-31 和图 2-12-32。

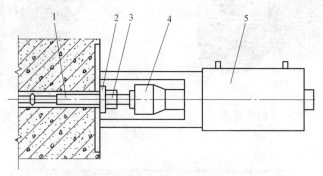

图 2-12-31　预应力钢筋锚杆张拉装配图

1—螺栓杆；2—钢垫板；3—螺母；4—张拉杆；5—千斤顶

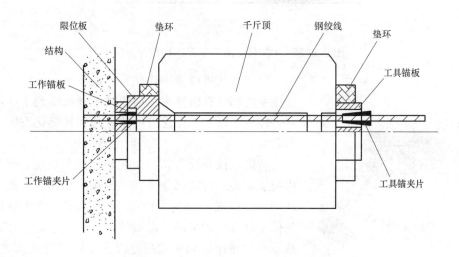

图 2-12-32　预应力钢绞线锚杆张拉装配图

近年来，我国已有一批优质张拉设备在工程中得到了广泛应用。其中，柳州 OVM 公司生产的 YCW 系列预应力穿心式千斤顶具有体积小、重量轻、强度高、密封性好、可靠性高的特点，广泛用于预应力锚杆的张拉锁定作业。YCW-B 型千斤顶结构见图 2-12-33。

前卡式千斤顶是一种预应力前卡式穿心千斤顶，采用新型密封件，轻量化设计；内置反复使用的工具锚，在工作时可自动夹紧和松开工具夹片；内设止转装置，能有效地防止张拉时千斤顶和钢绞线的旋转；可用于 $\phi13$、$\phi15$、$\phi18$、$\phi22$ 等钢绞线锚具的单根张拉，配用各种长短限位头、退锚器还可以多孔锚具地逐根预紧、张拉退锚；在千斤顶张拉时，可自锁锚固也可顶压锚固，需顶压锚固时，在千斤顶端部加装顶压器，在油泵油路上加装 FL 型分流阀即可。前卡式千斤顶见图 2-12-34。

YC（L）系列千斤顶应用于螺纹钢筋或预应力螺纹钢筋的张拉锁定，构造示意图见图 2-12-35。高压油泵见图 2-12-36。

图 2-12-33　YCW-B 型千斤顶

图 2-12-34　YCQ 前卡式穿心千斤顶

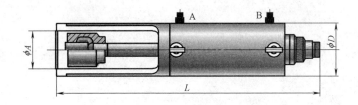

图 2-12-35　YC（L）系列千斤顶构造示意图

图 2-12-36　ZB6-600 高压油泵

随着现代机电液一体化技术的发展，电液比例控制液压系统和计算机技术在锚固技术领域得到了应用和发展，体现了现代工程建设中信息化和智能化发展的要求和趋势。

智能张拉系统为新一代网络化施工系统，现场设备由智能泵站、智能操作平台、专用千斤顶、智能张拉软件四部分组成，如图 2-12-37 所示。该系统由数控泵站替代手动或电动泵站，以工控平台替代手动操作，以传感器替代油压表和钢卷尺，以主动记录替代人工记录，以实时数据分析替代施工后校核，实现了信息数据的无线传输，实现了预应力张拉施工的自动化与智能化、精细化与标准化、网络化与信息化。

智能张拉系统通过国家法定计量机构进行的标定校核结果表明，该系统测量精度能很好地控制在 0.5% 以内，满足有关规范规定的 ±1.5% 的要求，可满足预应力工程应用的要求。

3）张拉方法

锚杆张拉的方法取决于锚杆类型、锚具形式和要施加预应力的大小，一般采取直接拉拔的方式。锚杆张拉锁定时，锚杆锚固段注浆体和传力台座混凝土强度应满足表 2-12-3 的要求。极其重要的是，必须使拉力始终作用在锚杆轴线方向，且不得让预应力筋产生任何弯曲，可在被锚固结构或岩土层表面设置角度板和承载板，使张拉荷载方向与锚杆轴线方向保持一致。

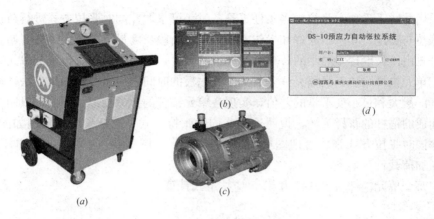

图 2-12-37　智能张拉系统组成
(*a*) 智能泵站；(*b*) 智能操作平台；(*c*) 专用千斤顶；(*d*) 智能张拉软件

锚杆张拉时注浆体与台座混凝土的抗压强度值　　　　　　　表 2-12-3

锚杆类型		抗压强度值（MPa）	
		注浆体	台座混凝土
土层锚杆	拉力型	15	20
	压力型及压力分散型	25	20
岩石锚杆	拉力型	25	25
	压力型及压力分散型	30	25

对钢绞线锚杆采用穿心千斤顶、夹具（工具锚盘及夹片）和限位板进行张拉，工作锚夹片的回缩锁定了预应力筋，达到施加预应力的目的。预应力钢绞线用锚具产品应配套使用，夹片式锚具的限位板和工具锚一般情况下应采用与生产工作锚同一厂家的配套产品，不应混用不同厂家的工具锚、工作锚和限位板等产品。需要强调的是，工作锚不得作为工具锚使用。国家标准《预应力筋用锚具、夹具和连接器》GB/T 14370—2015 和行业标准《预应力筋用锚具、夹具和连接器应用技术规程》JGJ 85—2010 都对夹片的回缩变形有明确的规定，通常情况下不大于 6mm。这一回缩变形会引起锚杆预应力值的损失，在实际操作过程中应考虑其损失带来的影响，通常采取超张拉的方式抵消此部分预应力值的损失。

采用前卡式千斤顶进行单根预应力筋的张拉锁定相对简单一些，它不需要工具锚盘，千斤顶自带工具锚夹片，其所需预应力筋的张拉长度较小，能保证每根预应力筋拉力均等，通常用于预应力筋的预紧等作业，配备卸锚器后还可方便进行夹片的拆除。

张拉作业时，锚杆筋体要承受很大拉力，应重视工作安全，千斤顶前方严禁站人，无关人员应远离张拉作业现场。

4）荷载分散型锚杆的张拉

荷载分散型锚杆因各单元锚杆分布于锚杆锚固段的不同部位，每个单元锚杆的自由段（非粘结段）均不相同，其张拉有别于拉力型或压力型锚杆。当按照各单元锚杆受力相同（非同时张拉方式）的目标张拉时，各单元锚杆的变形有较大差异；当按照变形相等（同时张拉方式）的目标张拉时，各单元锚杆的拉力就有所不同。为保证各单元锚杆受力均等，宜采用并联千斤顶组张拉。当条件不具备时，可采取非同时张拉方式进行荷载分散型锚杆的张拉与锁定。其基本原理和操作方式是从自由段长度最大的单元锚杆开始张拉，依次向锚杆自由段长度逐步减小的各单元锚杆进行张拉，最后再整体张拉全部单元锚杆。这是一种把单元锚杆张拉工具锚夹片安装到工具锚板的时间先后错开的张拉方法，通过调整单元锚杆的最大和最小变形量的差值，实现各单元锚杆的拉力均等。下面，以四个单元锚杆组合而成的锚杆的张拉为例，说明这种非同时张拉方式。锚杆长度示意图如图 2-12-38 所示，非同时张拉方式张拉管理图如图 2-12-39 所示。图 2-12-38 中各单元锚杆的荷载、位移及预加荷载计算如下。

（1）每个单元锚杆所受的拉力 T_n，应按下式计算：

$$T_n = \frac{T_d}{n} \tag{2-33}$$

式中　T_d——锚杆拉力设计值；

　　　n——单元锚杆数量（个）。

（2）每个单元锚杆的弹性位移量（mm），应按下式计算：

$$T_1 = 0$$
$$S_i = \frac{T_n \times L_i}{E_s \times A_s} \tag{2-34}$$

式中　L_i——每个单元锚杆的长度（mm）；

　　　E_s——钢绞线的弹性模量（N/mm^2）。

（3）各单元锚杆的起始荷载 T_i，应按下列公式计算：

$$T_1 = 0$$
$$T_i = T_{i-1} + [(i-1) \times T_n - T_{i-1}] \times \frac{S_{i-1} - S_i}{S_{i-1}} \quad (i = 2, 3, 4 \cdots) \tag{2-35}$$

按照张拉管理图，荷载分散型锚杆的张拉步骤如下：

（1）将张拉工具锚夹片安装在第一单元锚杆位于锚头处的筋体上，按张拉管理图张拉至第二单元锚杆起始荷载 T_2；

（2）将张拉工具锚夹片筋体安装在第二单元锚杆的筋体上，张拉第一、二单元锚杆至张拉管理图上荷载 T_3；

（3）将张拉工具锚夹片筋体安装在第三单元锚杆的筋体上，继续张拉第一、二、三单元锚杆至张拉管理图上荷载 T_4；

（4）在张拉工具锚夹片仍安装在第一、二、三单元锚杆钢绞线的基础上，将张拉工具锚夹片安装在第四单元锚杆的筋体上，继续张拉至张拉管理图上的组合张拉荷载 P 组；

（5）按照荷载分级及观测时间进行各单元锚杆组合张拉和锁定。荷载分散型锚杆的张拉记录见表 2-12-4。

5）锚杆的维护、卸荷和拆除

对临时性锚杆而言，在锚杆使用功能完成后方便地拆除地层中的预应力筋对周围场地的开发至关重要。近年来，我国锚杆预应力筋的拆除技术取得了巨大进展，以"U"形锚和解锁型锚杆为代表的多种预应力筋可拆除锚杆在工程中得到了广泛应用，抽芯率接近100%，抽芯效果良好，基本消除了预应力筋深入地层造成的地下污染，满足了周围地块的开发。可拆锚杆技术详见第二章第三节。

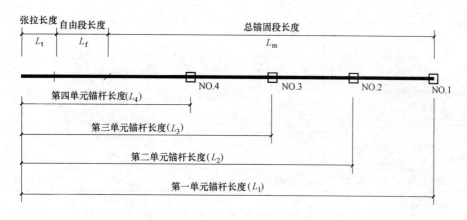

图 2-12-38　荷载分散型锚杆长度示意图

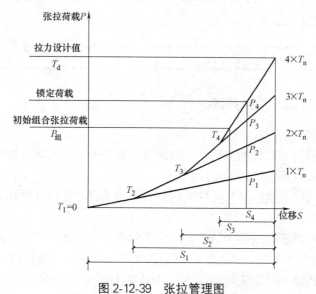

图 2-12-39　张拉管理图

荷载分散型锚杆的张拉记录表　　　　　　　　　表 2-12-4

工程名称：　　　　　　　　施工单位：　　　　　　　　张拉日期：

锚杆编号			设计拉力			锚杆总长			张拉方式	
预应力筋面积			弹性模量			油压表			千斤顶	
第一单元锚杆自由段长度			第二单元锚杆自由段长度			第三单元锚杆自由段长度			第四单元锚杆自由段长度	
第一单元锚杆锚固段长度			第二单元锚杆锚固段长度			第三单元锚杆锚固段长度			第四单元锚杆锚固段长度	
张拉阶段	张拉荷载		位移值(mm)							
	拉力	油压表读数	第一单元锚杆		第二单元锚杆		第三单元锚杆		第四单元锚杆	
	(kN)	(MPa)	测量值	位移值	测量值	位移值	测量值	位移值	测量值	位移值

续表

第一阶段	一级								
	二级								
	三级								

张拉阶段		张拉荷载		锚头位移		
		拉力	油压表读数	时间	测量值	位移值
		(kN)	(MPa)	(min)	(mm)	(mm)
第二阶段	第一级					
	第二级					
	第三级					
	第四级					
	第五级					
备注						

6. 锚杆工程的质量控制与验收

1）质量控制要点

为保证锚杆和锚固工程的施工质量，除满足一般岩土工程的质量控制要求外，应重点对下列关键工序和节点进行严格的监控：

（1）锚杆传力结构和承压面与锚杆轴线必须保持垂直，使锚杆预加力完全传递给锚杆锚固段。

（2）在含水的松散破碎地层中钻孔时，应进行压水（渗水）试验，渗水量大于国家标准 GB 50086—2015 规定的容许值时，应对钻孔周边地层进行注浆处理。

（3）严格控制边坡和混凝土坝锚固工程中长度大于 30m 的钻孔的偏斜率，一般不应大于钻孔长度的 2/100。

（4）规范化锚杆验收试验，锚杆承载力、自由段长度或蠕变率不合格的锚杆，应根据情况，分别采取更换或追加锚杆的方法处理。

2）验收

锚杆工程完成后，应按设计要求和质量合格条件进行验收，验收时应提供下列资料：

（1）原材料出厂合格证或质量保证书。

（2）原材料抽样检查和复试报告。

（3）代用材料合格证及试验报告。

（4）施工用设备、仪器仪表的检验合格表或率定报告。

（5）各施工工序的施工记录。

（6）锚杆验收试验等报告。

（7）钻孔过程中发现异常地层的性质、层位、深度等情况说明及相应的处理措施。

（8）设计变更文件及图纸。

（9）隐蔽工程检查验收记录。

（10）锚杆质量问题的调查及处理文件。

（11）施工总结报告和竣工图。

对于进行监测的锚杆工程还应提供下列报告或资料：

（1）监测点布置图。

（2）监测仪器及方法。

（3）监测仪器检验报告。

（4）监测仪器标定合格文件。

（5）监测原始数据记录表。

（6）监测结果分析报告。

第十三节　锚杆荷载试验

为了确定锚杆极限承载力，验证锚杆设计参数与施工工艺的合理性，检验锚杆的工程质量是否满足设计要求，以及检验锚杆在特殊工作条件及地层条件下的工作性能，应对锚杆进行多项荷载试验，包括锚杆的基本试验、验收试验和蠕变试验及特殊试验（锁定后承载力试验、群锚效应试验、疲劳试验等）。各项试验的目的要求与实施时间见表 2-13-1。其中，特殊试验是为特殊目的而进行的试验，不是必做的试验项目。锚杆试验示意图和作业图见图 2-13-1。

预应力锚杆各试验项目的目的与实施时间　　　　　　　　　　　　　表 2-13-1

试验项目		试 验 目 的	实施时间
基本试验		求得锚杆荷载—位移特性，确定锚杆极限承载力和平均极限粘结强度标准值	施工前或选最初施工的 3 根锚杆
验收试验		确认工程锚杆是否具有设计要求的承载力、锚杆自由段长度及蠕变特性	施工中
蠕变试验		检验锚杆在软弱、松散及塑性流变特征明显的地层中的蠕变特性	设计前
特殊试验	锁定后承载力（提离）试验	确定锚杆使用期间适时预加力和承载力	使用中
	群锚效应试验	检验因锚固体相距太近锚杆承载力降低的特性	设计前
	疲劳试验	检验锚杆在反复荷载作用下的工作特性与位移增量	

1. 基本要求

（1）各种锚杆荷载试验，最大试验荷载 T_p 应取杆体预应力筋极限抗拉强度标准值的 75％或屈服强度标准值的 85％中的较小值。这是从安全角度考虑的，如果张拉时预应力筋被拉坏，可能会发生严重的伤人事故，锚杆荷载试验是不允许预应力筋被拉断的。

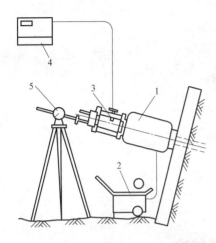

图 2-13-1　锚杆荷载试验示意图

1—千斤顶；2—油泵；3—荷载传感器；

4—荷载传感器读数仪；5—百分表

（2）锚杆试验加载装置的额定负荷能力不应小于最大试验荷载的 1.2 倍，并应能满足在所设定的时间内持荷稳定。加载设备包括千斤顶和高压油泵，其规格型号及性能参数见锚杆施工一节。

（3）锚杆试验的反力装置在最大试验荷载下应具有足够的强度和刚度，并应在试验过程中不发生结构性破坏。反力装置主要是试验用反力梁，必要时应验算地基承载力。反力梁的强度和刚度应按现行钢结构或钢筋混凝土结构规范验算。

（4）锚杆试验的计量测试装置包括位移计、荷载传感器等，应在试验前检定，确认合格后才可用于锚杆试验。

2. 基本试验

国家标准 GB 50086—2015 规定：永久性锚杆工程应进行锚杆的基本试验，临时性锚杆工程当采用任何一种新型锚杆或锚杆用于从未用过的地层时，应进行锚杆的基本试验。

基本试验的目的是确定锚杆的极限承载力和平均极限粘结强度标准值，掌握锚杆抵抗破坏的安全程度，揭示锚杆施工过程中可能影响其承载力和设计要求的自由段长度等缺陷，以便在正式使用锚杆前调整锚杆结构构造、结构参数或改进锚杆制作安装、注浆工艺。锚杆的基本试验应采用多循环张拉加荷、卸荷和持荷试验。

锚杆基本试验的地层条件、锚杆杆体和参数、施工工艺必须与工程锚杆相同，地层条件基本相同或相似的情况，试验数量不应少于 3 根。每组锚杆极限承载力的最大差值不大于 30％时，应取最小值作为锚杆的极限承载力；当最大差值大于 30％时，应增加试验锚杆数量，按 95％保证概率计算锚杆的受拉极限承载力。

地层性态相差较大时，则应根据地层情况，增做一组或多组基本试验，以确定不同地层条件锚杆的极限承载力。为了准确地获得锚杆注浆体与地层间的极限粘结应力数据，可适当增加试验锚杆预应力筋的截面积。

1）荷载集中型锚杆的基本试验

（1）试验方法

① 预加的初始荷载应取最大试验荷载的 10％；分 5～7 级加载到最大试验荷载。

② 黏性土中的锚杆每级荷载持荷时间宜为 10min，砂性土、岩层中的锚杆每级持荷时间宜为 5min。基本试验的加荷、持荷和卸荷模式应符合表 2-13-2 的要求。

③ 每一加荷等级，应根据独立固定参考点记录锚头的总位移（即扣除反力装置和地层的变形），一般应精确到 0.1mm，在每一加荷增量等级和卸荷至 $0.1T_p$ 时，持荷时间最少 2min 以获得位移读数。

④ 每一持荷的观测时间内按 1、2、3、5、6 和 10min 的时间记录试验荷载下的位移读数（图 2-13-2）。

⑤ 在保持每级荷载持荷稳定时，才能记录锚杆的位移量，当持荷发生波动时可通过

液压千斤顶的重复泵油起到补偿作用，使荷载恢复到规定的试验荷载。

基本试验的加荷、持荷和卸荷　　　　　　　　　　　　　表 2-13-2

	初始荷载						10	
	第一循环					10	30	10
	第二循环				10	30	50	10
加荷等级 （T_p%）	第三循环			10	30	50	60	10
	第四循环		10	30	50	60	70	10
	第五循环	10	30	50	60	70	80	10
	第六循环	30	50	60	70	80	90	10
	第七循环	50	60	70	80	90	100	10
观测时间 （min）	黏性土	2	2	2	2	2	10	2
	砂性土、岩层	2	2	2	2	2	5	2

注：T_p—最大试验荷载（杆体极限抗拉强度标准值的 75% 或屈服强度标准值的 85% 中的较小值）。

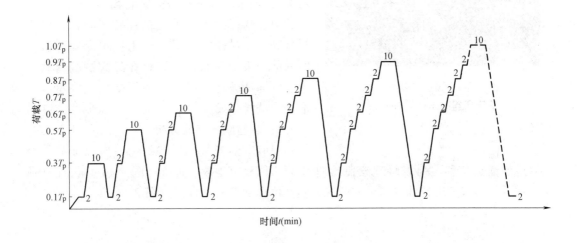

图 2-13-2　黏性土中预应力锚杆基本试验多循环加荷等级与观测时间

⑥ 在规定的每级持荷时间内，锚杆的蠕变量（位移增量）大于 1.0mm 时，应继续持荷至 60min，其蠕变率应不大于 2.0mm，否则应停止基本试验。

⑦ 试验中的加荷速度通常为 50～100kN/min；不宜加荷速度过快，以免影响锚杆的承载能力或加快锚杆的破坏速度，卸荷速度通常为 100～200kN/min。

（2）锚杆破坏标准

预应力锚杆基本试验出现下列情况之一时，即可确定锚杆破坏：

① 在规定的持荷（60min）时间内锚杆位移增量大于 2.0mm。

② 锚杆杆体破坏。

2）荷载分散型锚杆的基本试验

荷载分散型锚杆因其结构构造的特殊性，其基本试验的荷载施加方式通常采取以下三种：

（1）采用多个千斤顶并联。即千斤顶组按等荷载方式对各单元锚杆同时进行加荷、持荷与卸荷，完成锚杆基本试验（图2-13-3）。

（2）按锚杆锚固段前端至底端的顺序对各单元锚杆逐一进行多循环张拉试验，对每个单元锚杆单独进行常规锚杆张拉，锚杆的试验成果由若干个单元锚杆的试验资料组成。要求先从锚固段前端的单元锚杆开始进行试验，然后依次对底端的单元锚杆进行多循环试验，这样做的目的是消除前端单元锚杆对后端单元锚杆的承载力的影响。锚杆的极限承载力由最小单元锚杆极限承载力和单元锚杆数量确定。

图2-13-3 预应力锚杆并联
千斤顶组基本试验作业图

（3）采用补偿张拉方式。该方式是按预计最大拉力值作用下各单元锚杆受力相等的原则，确定各单元锚杆的起始荷载，依次对单元锚杆（由锚杆底端的单元锚杆开始）预张拉，然后按等荷载试验方法进行张拉试验（详见本章第十二节）。当采取等荷载方式进行荷载分散型锚杆试验时，锚杆中某一单元锚杆破坏时视为整个锚杆破坏，锚杆的极限承载力按单元锚杆破坏时的前一级加荷数值确定；在最大试验荷载下未达到锚杆破坏标准时，锚杆受拉极限承载力取最大试验荷载。

3）试验结果整理分析

预应力锚杆基本试验结果，应按加荷等级与对应的锚头位移，列表整理绘制锚杆荷载—位移（T-S）曲线（图2-13-4）、锚杆荷载—弹性位移（T-S_e）曲线与锚杆荷载—塑性位移（T-S_p）曲线（图2-13-5）。

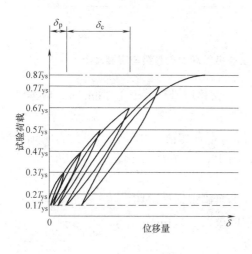

图2-13-4 锚杆荷载—位移曲线

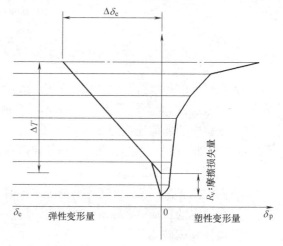

图2-13-5 锚杆荷载—弹性位移与锚杆
荷载—塑性位移曲线

从图 2-13-4 中可以得到的每一级加荷等级时的总位移，可分为弹性位移和塑性位移两部分，弹性位移为通过加荷等级时测得的总位移减去相应的塑性位移。按弹性变形理论计算，在每一级加荷时，预应力筋的表观自由段长度如下式：

$$L_{fb}=A_s \cdot E_s \cdot \Delta / T \tag{2-36}$$

式中　A_s——预应力筋截面积（mm^2）；

　　　E_s——预应力筋的弹性模量（MPa）；

　　　Δ——弹性位移（mm）；

　　　T——试验荷载－初始荷载（N）。

国家标准 GB 50086—2015 规定了表观自由段长度的范围，压力型或压力分散型锚杆的单元锚杆在最大试验荷载作用下，所测得的弹性位移应大于锚杆自由杆体长度理论弹性伸长值的 90%，且应小于锚杆自由杆体长度理论弹性伸长值的 110%。这一规定是该规范新增加的内容，也是针对目前工程应用中广泛采用的压力型或压力分散型锚杆的试验专门制定的。拉力型锚杆或拉力分散型锚杆的单元锚杆在最大试验荷载作用下，所测得的弹性位移应大于锚杆自由杆体长度理论弹性伸长值的 90%，且应小于自由杆体长度与 1/3 锚固段之和的理论弹性伸长值。上述规定较已有规范规定的数值范围进一步缩小，也意味着对锚杆施工提出了更高的要求，目的是将锚杆自由段长度控制在设计允许的范围之内，如果实测的弹性位移超出了规范要求，说明锚杆的自由段材料和施工工艺不满足锚杆的质量要求，必须在工程锚杆施工前加以改进，确保锚杆的自由段长度满足设计要求。

3. 蠕变试验

塑性指数大于 17 的土层锚杆、强风化的泥岩或节理裂隙发育张开且充填有黏性土的岩层中的锚杆应进行蠕变试验。用作蠕变试验的锚杆不得少于 3 根。

锚杆蠕变试验加荷等级与观测时间应满足表 2-13-3 的规定。在观测时间内，荷载应保持恒定。每级荷载应按持荷时间间隔 1、2、3、4、5、10、15、20、30、45、60、75、90、120、150、180、210、240、270、300、330、360min 记录蠕变量。

锚杆蠕变试验加荷等级与观测时间　　　　　表 2-13-3

加荷等级	观测时间(min)	
	临时锚杆	永久锚杆
$0.25T_d$	—	10
$0.50T_d$	10	30
$0.75T_d$	30	60
$1.00T_d$	60	120
$1.10T_d$	120	240
$1.20T_d$	—	360

注：T_d——锚杆轴向拉力设计值。

蠕变试验结果应绘制不同荷载等级下蠕变量－时间对数曲线（S-$\lg t$）曲线，蠕变率应按下式计算：

$$K_c=\frac{S_2-S_1}{\lg t_2-\lg t_1} \tag{2-37}$$

式中　S_1——t_1 时所测得的蠕变量；

　　　S_2——t_2 时所测得的蠕变量。

锚杆在最大试验荷载作用下的蠕变率不应大于 2.0mm/时间对数周期（图 2-13-6）。蠕变率是反映锚杆蠕变特性的一个主要参数，它表明蠕变的变化趋势，由此可判断锚杆的长期工作性能。据资料推算，最大试验荷载作用下的锚杆蠕变率不大于 2.0mm/时间对数周期，则意味着在 30min 至 50 年内，锚杆蠕变量约为 12mm。

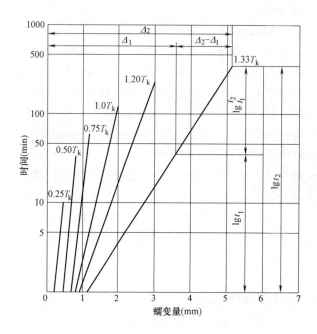

图 2-13-6　锚杆蠕变量—时间对数关系曲线

4. 验收试验

预应力锚杆的验收试验是检验锚杆的抗拉承载力、蠕变率和杆体自由段长度能否满足设计与规范要求，判别锚杆质量是否合格的唯一科学而可靠的方法。若不对每根工程锚杆严格地按规范规定要求进行验收试验，势必会在锚固工程中或多或少地混有一些不合格锚杆，大大增加了锚固工程的安全风险。对国内一些发生事故的锚固工程的分析表明，没有按规范要求对锚杆进行严格的验收试验，是锚固工程滋生严重病害与破坏事故的主要原因之一。因此，国家标准 GB 50086—2015 将锚杆验收试验列为强制性条文，明确规定：工程锚杆必须进行验收试验。其中，占锚杆总量 5% 且不少于 3 根的锚杆应进行多循环张拉验收试验，占锚杆总量 95% 的锚杆应进行单循环张拉验收试验。锚杆多循环张拉验收试验通常由业主委托有资质的第三方负责实施，锚杆单循环张拉验收试验可由工程施工单位在锚杆张拉过程中实施。预应力锚杆验收试验作业图见图 2-13-7。

1）多循环验收试验

锚杆多循环张拉验收试验的加荷、持荷、卸荷方式如下：

① 最大试验荷载。永久性锚杆取锚杆拉力设计值的 1.2 倍；临时性锚杆取锚杆拉力设计值的 1.1 倍。

图 2-13-7　预应力锚杆验收试验作业图

② 加荷级数不宜小于 5 级，初始荷载宜为锚杆拉力设计值的 10%，各级持荷时间宜为 10min。

③ 加荷速度宜为 50～100kN/min；卸荷速度宜为 100～200kN/min。

④ 锚杆多循环张拉的加荷、持荷、卸荷方式如表 2-13-4 和图 2-13-8 所示。

⑤ 每级荷载 10min 的持荷时间内，按持荷 1、3、5、10min 测读一次锚头位移值。

⑥ 荷载分散型锚杆多循环张拉验收试验按并联千斤顶等荷载张拉方式或国家标准 GB 50086—2015 规定的荷载补偿张拉方式进行加荷、持荷和卸荷。

锚杆多循环张拉验收试验加荷等级与观测时间　　　　　表 2-13-4

加荷等级（T_d%）	初始荷载					10					
	第一循环				10	40	10				
	第二循环			10	40	60	40	10			
	第三循环		10	40	60	80	60	40	10		
	第四循环	10	40	60	80	100	80	60	40	10	
	第五循环	10	40	60	80	100	120	100	80	60	40	10
观测时间（min）		1	1	1	1	1	10	1	1	1	1

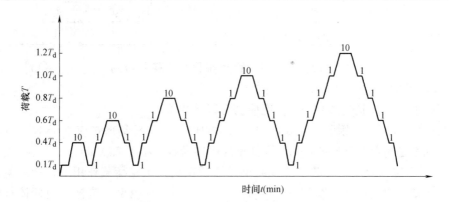

图 2-13-8　锚杆多循环张拉验收试验加荷、持荷和卸荷模式

锚杆多循环张拉验收试验结果整理应绘制荷载—位移曲线、荷载—弹性位移曲线和荷载—塑性位移曲线（图 2-13-9）。

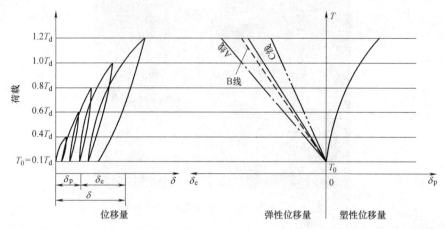

图 2-13-9　锚杆多循环张拉验收试验荷载（T）—位移（δ）曲线、荷载（T）—弹性位移（δ_e）曲线和荷载（T）—塑性位移（δ_p）曲线

2）单循环验收试验

锚杆单循环验收试验的加荷、持荷、卸荷方式如下：

① 最大试验荷载。永久性锚杆取锚杆拉力设计值的 1.2 倍；临时性锚杆取锚杆拉力设计值的 1.1 倍。

② 加荷级数不宜小于 4 级，初始荷载宜为锚杆拉力设计值的 10%，各级持荷时间不小于 5min。

③ 加荷速度宜为 50～100kN/min；卸荷速度宜为 100～200kN/min。

④ 锚杆单循环张拉的加荷、持荷、卸荷方式如表 2-13-5 和图 2-13-10 所示。

锚杆单循环张拉试验的加荷等级与观测时间　　　　　　　　表 2-13-5

加荷等级（T_d%）	初始				10					
	第一级				10	40	10			
	第二级			10	40	70	40	10		
	第三级		10	40	70	100	70	40	10	
	第四级	10	40	70	100	110/120	100	70	40	10
观测时间（min）		1	1	1	1	5	1	1	1	1

锚杆单循环张拉验收试验结果整理应绘制荷载—位移曲线图（图 2-13-11）。

3）锚杆验收试验合格标准

锚杆多循环张拉验收试验合格标准应符合以下要求：

① 最大试验荷载作用下，在规定的持荷时间内锚杆的位移增量应小于 1.0mm，不能满足时，则增加持荷时间至 60min，锚杆累计位移增量应小于 2.0mm。

② 压力型锚杆或压力分散型锚杆的单元锚杆在最大试验荷载作用下，所测得的弹性位移应大于锚杆自由杆体长度理论弹性伸长值的 90%，且应小于锚杆自由杆体长度理论弹性伸长值的 110%。

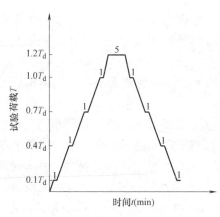

图 2-13-10 锚杆单循环张拉验收试验
加荷、持荷和卸荷方式

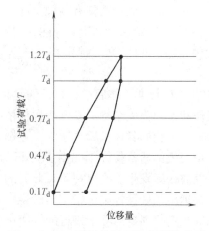

图 2-13-11 锚杆单循环验收试验荷载
（T）—位移（δ）曲线

③ 拉力型锚杆或拉力分散型锚杆的单元锚杆在最大试验荷载作用下，所测得的弹性位移应大于锚杆自由段长度理论弹性伸长值的 90%，且应小于自由段长度与 1/3 锚固段之和的理论弹性伸长值。

锚杆单循环验收试验合格标准应符合以下要求：

① 与多循环验收试验结果相比，在同级荷载作用下，两者的荷载—位移曲线包络图相近似。

② 所测得的锚杆弹性位移值应符合上述多循环验收试验合格标准的要求。

修订后的国家标准 GB 50086—2015 进一步明确了拉力型和压力型锚杆的验收合格标准，将国家标准 GB 50086—2001 版规范规定的拉力型锚杆的实测弹性变形不得超过自由段长度与 1/2 锚固段长度之和的理论弹性伸长，修改为不得超过自由段长度与 1/3 锚固段长度之和的理论弹性伸长。目的是限制锚杆锚固段前端筋体与注浆体的粘结失效长度，避免性能不良锚杆影响工程的安全性，也能有效地控制锚固结构物的变形。关于压力型锚杆受力后的实测弹性变形的控制范围，考虑锚杆筋体的非粘结隔离层是在工厂加工的，通常采用无粘结钢绞线，摩擦损失较小，参照英国和德国锚杆标准的规定，将上下限值定为杆体非粘结长度理论弹性伸长值的 110% 和 90%。

将预应力锚杆实测的弹性变形与理论计算的弹性变形进行比较，可以评价工程锚杆的质量和性能。当实测的锚杆弹性伸长偏离规定的下限值，并远大于自由段长度理论计算的弹性变形时，表明锚固体产生了明显的塑性变形或拉力型锚杆预应力筋与灌浆体之间的粘结破坏或压力型锚杆承压板（承载体）附近的灌浆体被压坏；当实测的锚杆弹性变形偏离规定的上限值，并远小于自由段长度理论计算的弹性变形时，表明自由段预应力筋的非粘结长度不符合设计要求，这就意味着部分锚固段长度位于滑移区或破坏区内，实测得到的有效抗拔力是不真实的，其后期预应力损失也会较大，锚固效果差。

5. 特殊试验

1）锚杆锁定后承载力（提离）试验

为确定锚杆锁定后的预加荷载和承载力，可进行锚杆的提离试验，又称不松开锚具的拉拔试验。提离试验通常有两种情况：

① 锚杆锁定后即进行，目的是检验锁定荷载是否满足设计要求，同时也可确定荷载锁定过程的损失。锁定损失与千斤顶类型和锚筋自由长度有关，可考虑通过超张拉补偿。

② 锚杆长期工作后进行，目的是检验预应力筋上的预加荷载大小，为判断锚杆的即时工作状态和锚固结构的安全度提供依据。

提离试验的具体试验方法为：在锁定后的锚头上架设千斤顶，逐级加荷至锚具被提起离开承压板，通常拉开 1mm，最小可为 0.1mm，观察千斤顶的压力表，压力增长速度突然降低时，即发生了提离现象，此时的张拉荷载即为预应力筋上的预加荷载。日本建筑学会的《地层锚杆设计施工指南与解说》中工程锚杆提离荷载的确定如图 2-13-12 所示。美国标准规定：锁定后马上进行的提离试验确定的驻留荷载与相应的锁定荷载相差应在 5% 以内，如果不满足，应通过再次张拉等方法调增锁定时的预加荷载，之后再重复提离试验检验。

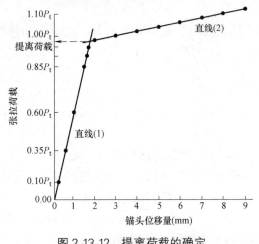

图 2-13-12　提离荷载的确定

为了确定锚杆受力的变化量和锚杆的蠕变量，采用千斤顶"提离"（lift off）技术，早在 20 世纪六七十年代就开始实施，在这方面，Buro（1972），Mitchell（1974），T.MHanna（1984）均有过报道和论述。对于在锚杆锁定后数天或短期内检测锚杆预加荷载的变化，提离试验确是一种有效的方法。但作为一种长期检测锚杆受力变化的方法，就会遇到很多问题，如在通道受限制的高边坡上、重型起重设备无法靠近的处所，这类试验实施将十分困难。如果锚杆头包有永久性保护系统无法拆除时，这种试验也是不现实的。因此，从广义的角度来说，锚杆长期受力状态的监测，主要还是要用锚杆测力计。我国三峡、锦屏一级水电站等高边坡锚固工程，采用性能良好的振弦式锚索测力计，通过精心安装、后期维护等措施，显示的数据表明，测力计客观真实地反映了锚杆预加荷载随时间的变化，监测效果良好。

2）群锚效应试验

通常认为土层锚杆锚固体间距小于 8 倍的锚固体直径或 1.5m 时，锚杆张拉锁定时可产生相互影响，降低锚杆的承载能力。这时，应进行群锚效应试验。通常同时进行 3 根锚杆试验，按基本试验或验收试验及蠕变试验要求进行，以确定群锚效应作用下锚杆的承载力。群锚效应试验有两种测试方法：一是通过比较两条或多条相邻锚杆各自单独张拉和同时张拉的情况来掌握群锚效应；二是先张拉一条锚杆并测试其持有荷载，张拉相邻锚杆时测量持有荷载损失从而得出群锚效应。

3）疲劳试验

欧洲标准指出，锚杆承受的交变荷载超过锁定荷载（如抗浮锚杆等，可能不会锁定到最大工作荷载）且锚固段处于对交变荷载敏感的地层（如饱和细砂）中的永久性锚杆，在适应性试验之后应进行交变荷载试验，试验中锚杆应经历20次交变荷载循环，交变荷载的上限为锚杆的设计荷载，下限为其一半，至少每5个循环后记录1次位移，随后锚杆卸荷，这样就能够确定交变荷载作用下的永久位移。每遍循环的位移增量随循环次数减小，上限荷载及下限荷载下的位移曲线均如此，位移—循环次数曲线将渐近于一条水平线，该水平线即为永久位移。如图 2-13-13 所示。

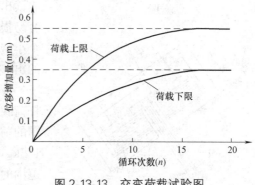

图 2-13-13　交变荷载试验图

第十四节　锚杆长期观测

1. 概述

预应力锚杆安设后，连续监测超过24h就可称为锚杆的长期监测，其目的是掌握锚杆预加力及锚头与锚固结构的位移变化情况，据此对锚固结构的安全性作出分析判断，如发现有影响锚固结构工程安全的异常变化，应及时采取锚杆二次张拉或增设锚杆等措施予以整治。

锚固结构工程的监测方案应包括监测项目、测点布置与数量、监测仪器与设施、监测频率、监测数据的整理与反馈、建立应急预案等内容。

2. 锚杆预加力的监测

1）锚杆预加力的监测仪器

对锚头位移的观测，恒定荷载下锚头位移量的变化应符合锚杆验收试验的要求。如果位移的增加与时间对数成比例关系或位移随时间而减小，则锚杆是符合要求的。

锚杆预加力的监测可采用机械式、振弦式、液压式、应变式以及光弹原理制作的各种不同类型的测力计，监测仪器应具有良好的稳定性和长期工作性能。使用前应进行标定，合格后方可使用。测力计通常布置在传力板和工作锚具之间，必须始终保证测力计中心受荷，并定期检查测力计的完好程度。

（1）机械测力计

机械式测力计是根据各种不同钢衬垫或钢弹簧变形进行工作的。尽管这类测力计的量测范围较小，但坚固耐用。将标定的弹簧垫圈置于紧固螺母之下，就能对短锚杆的应力进行简单的监测，测得的这些垫圈的压力变化可以表示锚杆的应力变化。

法国 Bachy 公司利用一组弹簧垫圈来检验大荷载（10MPa）作用下的锚杆预应力变化。用封套把垫圈连同锚固头一起覆盖起来，该封套内装有传感器，可以自己记录超过容许量值的锚杆变形（图 2-14-1）。

（2）液压测力计

液压测力计主要由带压力表的充油密闭压力容器组成。其主要优点是：可直接由压力

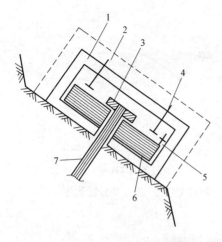

图 2-14-1 法国 Bachy 公司机械测力计

1—活动密封套；2—混凝土；3—锚头；
4—传感器；5—固定测力计的调节
长度；6—弹簧垫；7—锚杆

表读出压力值，体积小，重量轻，除压力表外，不容易损坏。这种测力计制作也较容易，只要制作一个小型压力容器，并在该容器上备有能安装压力表的出口。

德国的 F·GLOETZL 公司生产了一种测量锚杆荷载的精密液压测力计，可测得 250～5000kN 范围的荷载（图 2-14-2）。这类测力计的重量为 4～125kg，其精度可达 ±1%，在温度差为 20℃ 下测量范围的热误差也只有 1.2%。还可以在压力表上安装触点信号灯，当压力达到规定的极限值时，该信号灯就会发亮。

（3）弦式测力计

弦式测力计是最可靠和最精确的荷载传感器，借助于圆形传感器内的钢弦振动频率的变化来反映荷载的大小。我国丹东市前工仪器有限公司等单位生产的振弦式锚索测力计具有良好的工作性能和长期稳定性。前工牌 XYJ—三弦测力计（图 2-14-3），测力范围 10～10000kN，它是由高强优质钢制成的圆筒承载体，沿圆周相隔 120° 有三个钢弦式触发接收单元，不均匀及偏心

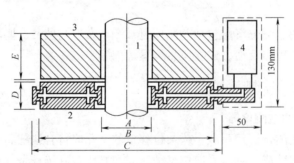

图 2-14-2 液压测力计

1—锚杆；2—装有液体的高压容器；3—均衡垫圈；4—压力表

荷载的影响可以通过三个接收单元的读数进行平均而消除。具有工作稳定性好，抗干扰能力强，密封可靠，测试及数据处理简便快捷的特点。主要工作性能参数为：①非线性≤1.5%F·S；②重复性≤±0.5%F·S；③滞后≤±0.5%F·S；④分辨率≤0.2%F·S；⑤满量程输出量≥50～400Hz；⑥温度漂移≤0.1%F·S；⑦零点漂移≤0.5%F·S；⑧温度范围 −30～+80℃；⑨绝缘电阻≥500MΩ。

我国众多厂家生产的多种形式的振弦式测力计已广泛应用于水利水电、交通、地灾、城建及矿山工程建设的锚固工程中，并获得良好效果。

（4）应变式测力计

采用应变计或应变片对预应力锚杆的预加力进行监测，能获得满意的结果。这些应变计或应变片固定在受荷的钢制圆筒壁上，通过量测钢筒的应变变化来监测所受荷载的大小。我国东北勘测设计院水利科学研究所与燕山大学合作研制成 LC-6000kN 级轮辐式测

力计，就是将差动电阻丝式的应变计固定在带有内外环的轮辐上进行工作的。该测力计可测得的最大荷载为6000kN，适应的工作温度范围为－25～60℃。该测力计还可在有一定水压和各种电磁场干扰的条件下长期工作。它在丰满电站大坝51号坝段预应力锚固工程中应用，为正确评价大坝锚固效果提供了实用资料。

图 2-14-3　XYJ-三弦式荷载传感器

（5）光弹测力计

这类测力计装有一种会发生变形的光敏材料。在荷载作用下，光敏材料图形与压力线的标准图形加以对比，即可获得锚杆的拉力值。这类测力计的精度可达±1％，测试范围20～6000kN，价格较便宜，应用方便，而且不受外界干扰。

2）监测数量与频率

国内外锚杆规范几乎都对锚杆预加力变化的长期观测做出了明确规定。如国际预应力协会（FIP）规定，应对10％的锚杆进行长期观测；法国标准指出，对5％～15％的永久性锚杆（取决于锚杆总根数）至少监测10年，在第一年内每3个月观测1次，第二年内每半年观测1次，以后的观测间隔时间为1年。锚杆预应力的变化容许值为锚杆设计荷载的10％。英国和南非规定，在全部临时性锚杆和永久性锚杆施加预应力后24h或48h就对其进行观测，如果结果满足设计要求，就对全部工程锚杆的5％继续观测1年的时间。

我国的《岩土锚杆（索）技术规程》CECS 22：2005规定：对永久型锚杆的预应力变化进行长期观测的锚杆数量不应少于锚杆总数的5％～10％，观测时间不宜少于12个月。国家标准GB 50086—2015按照锚杆的服务年限规定了单个独立工程锚杆预加力的监测锚杆数量（表2-14-1），并不得少于3根。锚杆预加力的监测频率，要求在安装测力计的最初10d宜每天测定1次，第11～30d宜每3d测定1次，以后则每月测定1次。但当遇有暴雨及持续降雨、邻近地层开挖、相邻锚杆张拉、爆破振动以及预加力测定结果发生突变等情况时，应加密监测频率。锚杆预加力监测期限应根据工程对象、锚杆初始预加力的稳定状况及锚杆使用期限等情况确定，永久性工程的锚杆预加力监测不应少于5年或应在其服务期内监测。

预加力监测的锚杆数量　　　　　　　　　　　　　　　表 2-14-1

工程锚杆总量	监测预加力的锚杆数量（％）	
	永久性锚杆	临时性锚杆
＜100 根	8～10	5～8
100～300 根	5～7	3～5
＞300 根	3～5	1～3

3）监测结果的整理、反馈与处置

以下介绍三项锚固工程锚杆预加力实测结果及其整理、分析及处置情况。

（1）锦屏一级水电站左坝肩高边坡锚固工程

锦屏一级水电站左坝肩边坡开挖高度530m，出露岩层分别为变质砂岩、粉砂质板岩和大理岩，采用1000kN、2000kN、3000kN级预应力锚杆（索）6300余根支护。用140

多台测力计对锚固（索）对锚杆受力变化进行监测。经 7 年监测，3000kN 级锚杆的预加力损失为 2%～4%。说明预应力锚杆长期工作性能良好，边坡处于稳定状态。

（2）石泉水电站大坝加固工程

该坝为混凝土重力坝，始建于 1973 年。1989 年，经大坝安全检查，认为经千年一遇的洪水标准校核，该坝将出现拉应力，不满足规范要求。经论证，决定采用 29 根 6MN 和 1 根 8MN 的预应力锚索加固大坝，加固工程于 1995 年初完成。锚索工作期间，曾用测力计对锚索的荷载变化进行了 30d 和 1 年的监测，监测结果见图 2-14-4。监测结果表明，6MN 锚索在 30d 监测时间内，荷载降幅为 0.19%～1.5%，说明锚索长期性能优良。

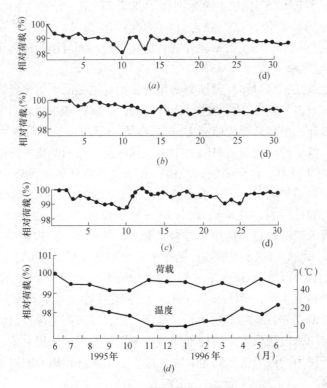

图 2-14-4　6MN 锚索荷载长期监测曲线

（a）25-6 号锚索（30d）；（b）24-2 号锚索（30d）；（c）24-8 号锚索（30d）；
（d）24-8 号锚索（1 年）

（3）上海太平洋饭店基坑锚固工程

上海太平洋饭店基坑深 12.55～13.66m，所处地层为饱和流塑的淤泥质黏质粉土，基坑支护采用厚 45cm 的钢筋混凝土板桩和 4 道后高压灌浆型预应力锚杆，锚杆的拉力设计值为 500kN（锚杆基本试验表明后高压灌浆型锚杆的极限抗拔力可达 800～1000kN）。该工程对部分锚杆的预加力变化进行了监测，并整理出锚杆预加力随时间的变化曲线（见图 2-9-6）。锚杆最大预应力损失约为锚杆拉力设计值的 10%，锚杆工作性能整体良好。但有少量锚杆在安设后的 4～5d 内，预应力损失达 11% 以上，后采取二次补偿张拉对预应力损失较大的锚杆重新张拉至比原预加力稍大的荷载时锁定，使预应力损失减小到 4% 左右，满足了锚固基坑稳定的要求。

3. 锚杆锚头与锚固结构的位移（变形）监测

1）位移监测方法与所用仪器

对隧道、洞室、边坡、基坑等锚固工程，均应选择有代表性的横断面埋设位移（变形）观测点，对锚头位移及被锚固结构物的变形进行长期观测。可采用全站仪、高精度经纬仪、水准仪或光波测距仪等仪器进行测量；对隧道、地下洞室内的相对位移测定可采用位移收敛计；对岩土体内的位移测定可采用多点位移计。锚固边坡位移测点布置与测定方法示意见图 2-14-5。

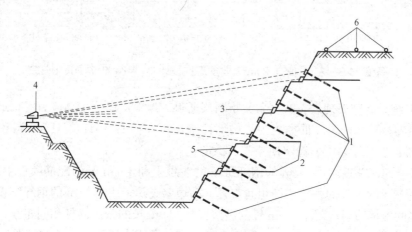

图 2-14-5 边坡锚杆锚头、坡面、坡体位移观测示意图

1—锚杆；2—坡体多点位移计；3—坡面多点位移计；4—光波测距仪；

5—锚头位移测点；6—水准测量测点

位移监测频率与锚杆受力监测同步极限，对永久性的锚固结构，其位移监测时间不应少于 5 年。

2）位移监测结果的整理、反馈与处置

锚头与锚固结构位移变化是锚固结构稳定状态最直接的反映，因此，对其监测结果进行整理、反馈和处理十分重要。同锚杆受力变化的监测结果整理一样，也应该及时整理出锚固结构位移随时间变化的曲线，以此来评判锚固工程的稳定性，并作出是否应进行加强处置的设计变更。下面介绍锦屏Ⅰ级水电站左坝肩高边坡和地下厂房两项工程锚固结构位移监测结果的整理分析与处置情况。

（1）锦屏一级水电站左坝肩高边坡的位移监测

高 530m 锚固边坡的基本情况与锚杆预加力变化的监测已在本节前文中作了介绍。在锚固结果的位移监测方面，历经 7 年多的监测，左岸缆机平台以上 13 个正常工作的 13 套多点位移计的监测结果显示，测点孔口位移为 $-3.85 \sim 22.09$mm，且位移主要发生在早期开挖的几个月内（图 2-14-6），说明开挖卸荷是构成锚固边坡位移的主要因素。当大坝蓄水水位增至 1860m 时，各测点孔口位移变化量仅为 $-0.26 \sim 0.23$mm，位移变化量很小，说明外部荷载的增加，对边坡位移影响很小。

（2）锦屏一级水电站主厂房洞室位移监测结果的整理、分析与处置

锦屏一级水电站主厂房位于大坝下游约 350m 的右岸山体内，垂直埋深 160~420m，

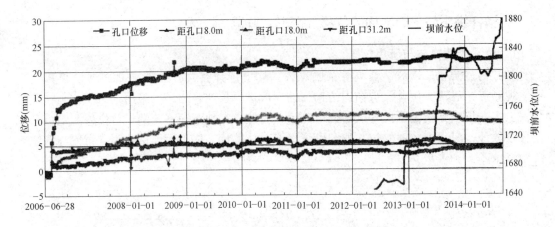

图 2-14-6　左岸 1991.20m 边坡多点位移计 M1 测得的位移变化曲线

厂区出露上统杂谷脑大理岩,有多条大小断层通过。地下厂房位于高应力区,最大主应力大于 130MPa,厂区围岩以Ⅲ类为主,局部稳定性差,在 f13、f14、f15 断层和煌斑岩脉出露部位属Ⅳ、Ⅴ类,围岩稳定性差或不稳定。

主厂房拱顶支护采用厚 5cm 的钢纤维喷射混凝土和 15cm 厚的配筋喷射混凝土,7m 长的砂浆锚杆和 9m 长的张拉锚杆相间布置。高边墙支护采用厚 5cm 的钢纤维喷射混凝土和 10cm 厚的配筋喷射混凝土,6m 长的砂浆锚杆和 9m 长的张拉锚杆相间布置,洞室水下游分别采用多排 $T=1750kN/2000kN$、$L=20\sim45m$ 预应力锚索与相邻洞室对拉。

由于该主厂房及主变室所处位置围岩主应力大于 30MPa,岩石强度应力比较小,具有明显的高挤压变形特性,再加上高边墙早期均为非张拉的被动型砂浆锚杆,抵抗地层塑性流变的能力很差,而设计采用的不同等级预应力锚索(初始预加力均为 1000kN)约在开挖 80d 后才实施张拉锁定等多种因素的影响下,洞室部分测点位移如图 2-14-7 所示,开挖后 3 个多月的位移即大于 20mm,并一直处于等速率发展状态,1 年后的位移已大于 60mm。在此期间内,停止洞室向下开挖,并连续增补预应力锚索,才使位移速率减小,并在一年半以后,位移才逐步趋于稳定。

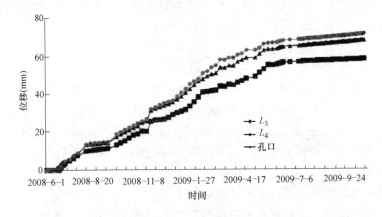

图 2-14-7　锦屏主厂房 0＋79.0m 断面下游 EL 高程 1859 位移曲线

参 考 文 献

[1] 程良奎，李象范. 岩土锚固·土钉·喷射混凝土—原理、设计与应用 [M]. 北京：中国建筑工业出版社，2008.

[2] (英) TH 汉纳. 锚固技术在岩土工程中的应用 [M]. 胡定，邱作中，刘浩吾等译. 北京：中国建筑工业出版社，1987.

[3] L Hobst，Zajic. Anchoring in rock and soil [M]. New York：Elsevier scientific publishing company，1983.

[4] A D Barley. Theory and practice of the single Bore Multiple Anchor system [A]. in：proc. Int. symp. On Anchors in Theory and practice [c]. Salzburg，Austria，1995：293-301.

[5] 程良奎. 单孔复合锚固法的机理和实践//中国岩石力学与工程学会. 新世纪岩石力学与工程的开拓和发展 [M]. 北京：中国科学技术出版社，2000：867-870.

[6] 黄福德，吕祖珩. 预应力群锚高边坡增稳机理研究 [A]//中国岩土锚固协会. 岩土锚固新技术. 北京：人民交通出版社，1998：90-94.

[7] 王冲，张修德，预应力锚固在安徽水利水电工程中的应用. 混凝土技术，1991，(2).

[8] 李志谦，沙克敏，沈安琪，等. 石泉水电站大坝大吨位预应力锚索加固工程. 水力发电，1996，(12).

[9] 程良奎，张培文，王帆. 岩土锚固工程的若干力学概念问题. 岩石力学与工程学报，2015，(4).

[10] 中华人民共和国住房和城乡建设部. 岩土锚杆与喷射混凝土支护工程技术规范 GB 50086—2015. 北京：中国计划出版社，2016.

[11] 中国工程建设标准化协会. 岩土锚杆（索）技术规程 CECS 22：2005. 北京：中国计划出版社，2005.

[12] British Standards Institution（BS8081）. British standard code of practice for ground anchorages. 1989.

[13] Post-tensioning Institution. PTI Recommendations for pressing rock and soil anchors. 1996.

[14] 地盘工学会. グテウソドァソカ—设计 施工基准，同解说，JGS 4101-2000. 2000.

[15] 程良奎. 岩土锚固研究与新进展. 岩石力学与工程学报，2005，24（21）：3803-3810.

[16] 周德培，刘世雄，刘鸿. 压力分散型锚索设计中应考虑的几个问题 [J]. 岩石力学与工程学报. 2013. 32（8）：1513-1519.

[17] R I Woods，K Barkhordari. The influence of bond stress distribution on ground anchor design [A] in：proc. Int. symp on Ground anchorages and anchored structures [c]. London：Themas Telford，1997：55-64.

[18] 程良奎，张作琚，杨志银. 岩土加固实用技术 [M]. 北京：地震出版社，1994.

[19] 程良奎，于来喜，范景伦，等. 高压灌浆预应力锚杆及其在饱和淤泥质地层中的应用. 工业建筑，1988 (4).

[20] 赵长海. 预应力锚固技术. 北京：中国水利水电出版社，2001.

[21] 程良奎，范景伦，韩军，等. 岩土锚固. 北京：中国建筑工业出版社，2003.

[22] 王泰恒，许文年，陈池. 等. 预应力锚固技术基本理论与实践. 北京：中国水利水电出版社，2007.

[23] 刘宁，高大水，戴润泉，等. 岩土预应力锚固技术应用与研究. 武汉：湖北科学技术出版社，2002.

[24] G S Littlejohn. Ground anchorages and anchored structures. Proceedings of international conference organized by the Institution of Civil Engineers and held in London，UK on 20-21 March. 1997.

[25] U. S. Department of Transportion Federal Highway Administration. Ground anchors and anchored systems. Honolulu，Hawaii，2006.

[26] Anchor in Theory and practice. Proceedings of the international symposium on anchors in theory and practice. Salzburg，Austraia，9-10 October 1995.

[27] 闫莫明，徐祯祥，苏自约. 岩土锚固技术手册. 北京：人民交通出版社，2004.

[28] 石家庄道桥建设总公司，石家庄道桥管理处. 高承载力压力分散型锚固体系及其在新建坝体中的应用研究. 2006.

[29] 杨秀山，刘宗仁，郑谅臣. 黄河小浪底水利枢纽岩石力学研究与工程实践. 王思敬. 中国岩石力学与工程世纪成就. 南京：河海大学出版社. 2004：829-860.

[30] 锦屏建设管理局安全监测中心. 锦屏一级电站地下厂房洞室群安全监测综合分析报告. 2009.

[31] 梁炯鋆. 我国岩土预应力锚索的发展与问题. ∥熊厚金. 国际岩土锚固与灌浆新进展. 北京：中国建筑工业出版社，1996.

[32] 程良奎，范景伦，张培文，等. 提高岩土锚杆抗拔承载力的途径、方法及其效果. 工业建筑，2015，(6).

[33] 陈宗严译. 锚杆的腐蚀与防护. 岩土锚固工程. 1990 (1).

[34] 日本 KTB 协会. 岩土锚杆的锚固极限承载力的研究. 岩土锚固工程，1995 (2).

[35] 程良奎，胡建林. 土层锚杆的几个力学问题∥中国岩土锚固工程协会. 岩土锚固工程技术. 北京：人民交通出版社. 1996.

[36] 日本建筑学会. 地层锚杆设计施工指南与解说. 2001.

第三章　低预应力锚杆与非预应力锚杆

Ⅰ　低预应力锚杆

第一节　概　　述

几十年以来，以钢棒或钢管为杆体的低预应力锚杆在地下开挖工程中得到广泛应用。为了适应土木与矿山工程不同围岩特征和工作条件的需要，锚杆的类型也有很大的发展。

凡预应力值小于 200kN 的锚杆均可称为低预应力锚杆。其杆体安装后，凡被张拉的或在其杆体全长对围岩作用径向力的，都属于主动型锚杆。明确的抗拔承载力，改善围岩应力状态，有效控制围岩变形的能力，是低预应力岩石锚杆显著的力学特征。至今，国内外地下开挖工程中应用的低预应力锚杆大致有三类，即：端头机械锚固型（包括胀壳式或楔缝式）锚杆、端头粘结料锚固型（包括快硬水泥基料或树脂）锚杆及全长摩擦锚固型（包括缝管式或水胀式）锚杆等三类。这类锚杆若短期应用，则无需灌浆；若长期应用，或用于有腐蚀性地下水的岩层处，则锚杆杆体与岩石之间空隙应用水泥浆充填。

应根据岩体的地质与力学特征、锚杆的拉力设计值、锚杆自身结构的特性、锚杆的工作条件及施工条件，最终确定低预应力锚杆类型与方法。低预应力锚杆一般应在岩石开挖面上系统布置，用以加固隧道、洞室、边坡的岩体，有时需与较长的且承载力高的预应力锚杆（索）结合使用。

第二节　机械锚固型锚杆

1. 胀壳式锚杆

1）锚杆的结构构造

在锚杆杆体底端，附有锥形或楔形底座和 2～3 片夹片的胀壳式锚杆，被国内外公认为是一种可靠的机械式锚杆。当杆体的外露端转动时，其底端的锥形体就会被嵌入与箍套相连的夹片（胀壳）之间（图 3-2-1），这样就迫使夹片（胀壳）紧贴岩面，随着杆体转动的增加，胀壳的张开度会越来越大；在实际应用中，当夹片不能进一步张开时，夹片将侵入岩层 4～10mm；岩层越软，侵入深度就越大。锚杆正是依靠杆体底端张开的夹片与岩壁间摩阻力的作用而得以固定。在高强度岩层中，这种锚杆的抗拔承载力范围可达 170～220kN。

这种机械式固定的锚杆，其杆体一般为预应力螺纹钢筋或特制的带螺纹的钢管，直径为16～36mm，在杆体外露端设置钢垫板与螺母或带内螺纹的套筒。杆体安设后，应立即用扭力扳手或千斤顶对锚杆施行张拉锁定。

在机械固定型锚杆插入钻孔固定并对其施加预应力后，即通过注浆管将泵送的水泥浆灌入钻孔中，首先应封闭钻孔的入口处，以保证钻孔的灌浆料充填密实饱满，并加固附近有节理的岩层。如果岩石是节理裂隙不发育的完整结构，则必须安设排气管将空气迅速排出钻孔（图3-2-2）。

图3-2-1 带有锥形基座和螺纹夹片的机械式锚固件

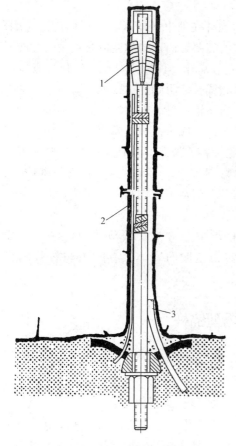

图3-2-2 带有预应力螺纹钢筋的
胀壳和注浆管的组合锚杆
1—机械锚固件；2—注浆管；3—排气管

2）胀壳式机械固定型锚杆的特点

（1）锚杆固定后能立即提供足够的抗拔力，对其施加预应力，能在机械锚固件和托板间产生压应力锥，形成岩石压应力区（图3-2-3），从而能显著提高岩体的稳定性。

（2）在获得同等体积剪力锥（压应力区）的条件下，机械固定型锚杆的锚固段长度仅为水泥基粘结料固定的锚杆锚固段长度的 $\frac{1}{2}$ ～ $\frac{1}{6}$（图3-2-4），这样就显著缩短了锚杆长度，可节约材料与成本，加快工程进度。

（3）这类锚杆属于主动型锚杆，有利于控制岩体位移。理论上，只要外部荷载不超过锚杆的预应力值，是不会有位移的。这就可以在很大程度上免除杆体周边灌浆的开裂，增强锚杆的防腐保护性能。

（4）采用机械固定型锚杆，其固定装置与钻孔岩壁紧贴的长度一般为 10～20cm，施加张拉荷载时，会在岩石中产生大的应力，因而对固定处的岩石强度要求高。这类锚杆适用于岩石强度高且节理裂隙不发育的岩体，即国家标准 GB 50086—2015 所规定的Ⅱ、Ⅲ级围岩。

3）胀壳式机械固定型锚杆的形式及其应用

目前，带螺纹基底的胀壳式机械固定锚杆的应用较广，全世界有众多家厂商在制作这种锚杆，其中有代表性的厂商有法国的帕蒂恩（Pat-tin）（图3-2-1）、努瓦尔和梅尼埃（Lenoir et Meinier）（图3-2-5），英国（英格兰）的罗尔博茨（Rawl Bolts）、贝利斯（Baylis）、德国的 Dywidag，南非的 Bail（图3-2-6），美国的威廉姆斯（Williams）和澳大利亚的 Riton。法国的努瓦尔和梅尼埃公司能提供多种带有胀壳基底的锚杆，用于不同岩层及尺寸各异的 8 种胀壳固定装置（表 3-2-1），其中大部分配有固定基底的特殊的预锚固弹簧，能为安装于钻孔内的锚杆实施初始张开。

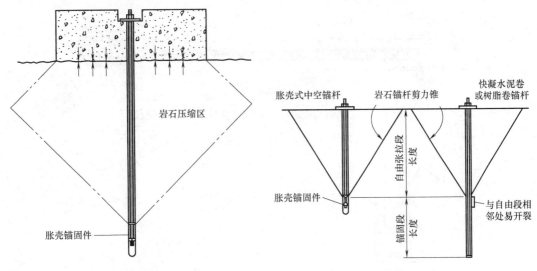

图 3-2-3 机械固定型锚杆作用于岩石时形成压应力区

图 3-2-4 锚杆工作时形成的剪力锥

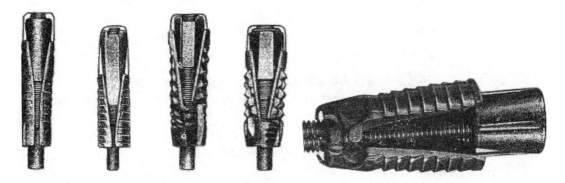

图 3-2-5 法国努瓦尔和梅尼埃公司生产的胀壳锚固件

图 3-2-6 南非（Bail）锚杆的带螺纹的基底

法国努瓦尔和梅尼埃公司生产的不同胀壳固定装置的机械式锚杆　　　表 3-2-1

型号	原始直径（mm）	扩张量（mm）	长度（mm）	接触的表面积（cm²）	钻孔直径公差（mm）	岩石
31LN	31	+16	98	80	紧密配合	坚硬
34LS	34	+16	75	70	紧密配合	较坚硬
36UW	36	+18	120	100	36+4	较软
41UP	41	+18	100	100	41+5	软到硬
41UM	41	+18	120	140	41+5	可压缩的
46UP	46	+18	120	180	46+8	所有岩石
56UM	56	+18	200	300	56+8	所有岩石
66UM	66	+22	250	400	66+9	所有岩石

美国威廉姆斯公司生产的胀壳式机械固定锚杆，由带螺纹的中空钢管作杆体，是一种

性能良好的机械固定型锚杆。图 3-2-7 为这种锚杆的外形。图 3-2-8 为该种胀壳式锚固件的细部结构及工作原理。根据岩层类型，应选用不同规格的胀壳，并通过转动锚杆杆体使

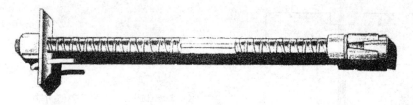

图 3-2-7　美国威廉姆斯公司的胀壳式中空锚杆结构

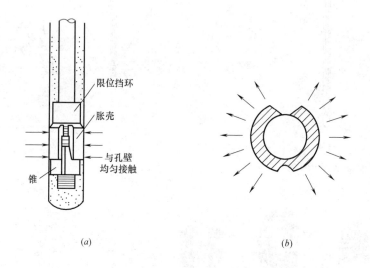

(a)

(b)

图 3-2-8　威廉姆斯岩石锚杆固定件细部构造与工作原理

(a) 细部构造；(b) 胀壳工作时形成的抗力

壳体紧贴钻孔岩壁而固定。对锚杆施加预应力后，接着用钢管的空腔或用短塑料管进行充填灌浆（图 3-2-9）。据称，这种锚杆的 8 种胀壳充分张开时，能在 300° 范围内提供摩阻力，因而负荷能力强。

我国杭州、成都等地的一些单位也先后开发出这类胀壳件固定的机械式锚杆。杭州图强工程材料有限公司开发生产胀壳式中空锚杆（图 3-2-10），根据不同工程和不同岩石条件的需要，能生产多品种多规格的锚杆（表 3-2-2）。其胀壳结构简单，工作性能良好，已在我国彭水水电站大跨度洞室、锦屏Ⅱ级水电站高地应力隧洞、北京八达岭高铁大跨度隧洞等多个大型地下工程中应用，均取得良好效果。

杭州图强公司胀壳式中空锚杆主要技术指标　　　　表 3-2-2

型号	胀壳极限拉力值(kN)	建议预应力值(kN)	杆体极限拉力值(kN)	延伸率(%)	名义外径/壁厚(mm)	锚杆孔直径(mm)
EX25N	≥90	60	≥180	6	25/5	42
EX29N	≥140	120	≥290	6	29/7	50
EX32N	≥180	120	≥290	6	32/6	65
EX38N	≥280	200	≥450	6	38/8	70
EX25S15	≥90	60	≥150	6	25/4	42

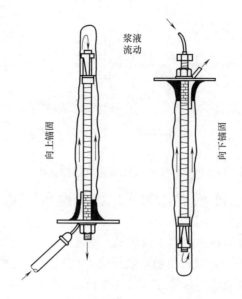

图 3-2-9 威廉姆斯岩石锚杆的灌浆浆液流动图

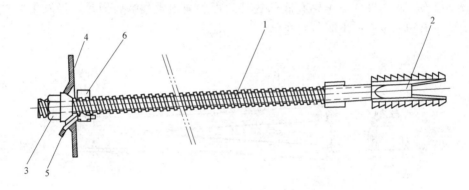

图 3-2-10 图强公司生产的 EX 胀壳式中空锚杆的构造

1—中空锚杆体；2—胀壳锚固件；3—螺母；4—垫板；5—注浆（排气）管；6—止浆体

2. 楔缝式锚杆

带有楔块基层的楔缝式锚杆是一种较陈旧的锚杆，杆体为钢筋或钢管，在其底端有一纵向劈开的缝，将钢制楔块插入缝中。固定锚杆时用锤击法，迫使楔块进入劈缝，同时挤压钻孔孔壁（图 3-2-11）。

这种楔缝式锚杆能适用于所有坚硬岩层，其局部拉伸 10mm 时的承载力可达 70～120kN。正确固定的楔缝式锚杆，在重复的拉力试验中没有降低其固定强度，即使数次之后也如此。

这种楔缝式锚杆的楔块置于钻孔中锚杆底端的劈缝，然后由该基底对钻孔壁产生膨胀力的作用而得以固定。从理论上而言，该膨胀力可能不断增大，直至岩层达到极限抗压强度为止。当锚杆基底的张开部分向岩石挤压时，将由锚杆与钻孔壁之间的摩擦力来阻止锚

143

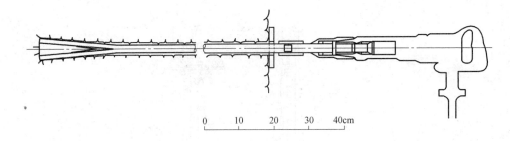

图 3-2-11　楔缝式锚杆用风镐打入的方法

杆基底的位移。对锚杆拔出的抗力不仅取决于这种摩擦力的量值，而且在很大程度上也取决于基底处岩层的抗剪强度（图 3-2-12）。

国外用光弹测试和计算技术对岩层内机械式基底压力产生的应力状态进行过研究。比如，伊沃尔德森（Ewoldsen）就曾使用有限元法对固定在弹性均质岩层中锚杆周围的轴向、径向和切向的应力组成进行过研究（图 3-2-13）。通过计算，伊沃尔德森发现，如果对锚杆基底板施加 44kN 预应力（这时钻孔固定段的直径为 51mm，长 76mm），则会在基底与锚杆杆体（钢筋束）相连之外，且平行于锚杆的岩层中产生 7.6MPa 以上的最大压应力，这种应力，将会导致靠近钻孔底部的基底板后面出现裂缝。但是，当发生此种情况时，岩层应力图形不会产生明显的变化。

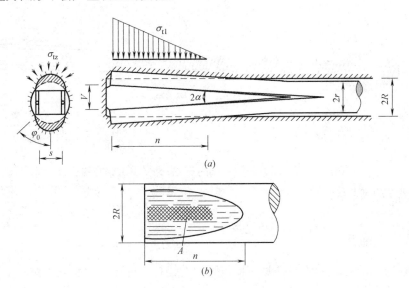

图 3-2-12　固定在钻孔中的楔形锚杆
（a）紧贴钻孔壁岩层处锚杆端部劈开的翼片；（b）集中于锚杆翼片与岩层接触的抛物面上的应力

应当指出，与初期的楔缝式锚杆相比，现代的楔缝式锚杆有本质上的区别：一是它用预应力螺纹钢筋或外端连接带螺纹的钢棒的钢管作杆件，能够在锚杆安装后，及时施加预应力；二是可对杆体与钻孔壁间的间隙内灌注水泥浆，以适应永久性锚杆的防腐保护要求。因而，它同样是一种值得重视的机械锚固型锚杆。

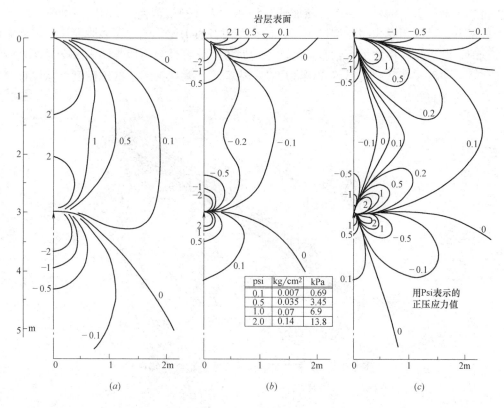

图 3-2-13　预应力为 44kN 的锚杆附近的岩层应力状态

（a）轴向应力；（b）切向应力；（c）径向应力

第三节　端部粘结固定型锚杆

1. 快硬水泥基料粘结型锚杆

1）概述

快硬水泥基料粘结型锚杆对不同围岩条件的适应性强，能在安设后 5～6h 施加 150kN 以上的预应力，及时控制围岩变形的发展，且成本较低廉。因而，是在我国的隧道洞室工程、特别是大跨度高边墙的大型洞室工程中应用最为广泛的一种低预应力锚杆。

快硬水泥基料粘结型锚杆是由锚头、预应力筋和快硬水泥基锚固剂固定的锚固段组成，利用预应力筋自由段（张拉段）的弹性伸长，对锚杆杆体施加预应力，以提供所需的主动支护抗力的低预应力锚杆。快硬水泥基锚固剂则是由普通硅酸盐水泥或特种水泥为基材掺加适量外加剂的粉状材料，经水化作用，能在数小时内与钢筋、岩层产生良好粘结效应的水硬性胶凝材料。

快硬水泥基料粘结型锚杆用于永久性隧道洞室支护，可在锚杆自由段范围筋体与围岩的空腔内用普通水泥浆或水泥砂浆充填，以作为筋体的防护层。

2）锚杆的结构构造

快硬水泥基料粘结型锚杆的锚固剂有"卷式"和"袋装"两种。采用卷式锚固剂时，应先将锚固剂放置于锚杆孔底端，然而插入杆体，锚杆的结构构造如图 3-3-1 所示。杆体自由段部分，可采用卷式缓凝型锚固剂，也可采用普通水泥浆或水泥砂浆灌注。采用袋装锚固剂时，则应先将杆体插入钻孔再灌注水泥浆液。该杆体自由段与锚固段交界面处应设置止浆环，快硬水泥基胶凝料仅在锚固段范围内灌注。为保证灌浆的饱满度，除设置灌浆管外，还应设置排气管。

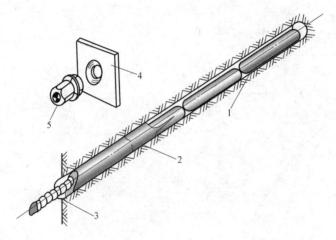

图 3-3-1　快硬水泥基料（卷式）粘结型锚杆
1—快硬水泥卷；2—缓凝水泥卷；3—钢筋杆件；4—面板；5—锁定螺母

3）快硬水泥锚固剂的技术性能

快硬水泥锚固剂的性能对快硬水泥基料粘结型锚杆早期的抗拔承载力有重要影响。根据国内《水电水利工程预应力锚杆用水泥锚固剂技术规程》DL/T 5703—2014 等相关标准的规定，快硬水泥锚固剂应符合下列各项技术指标要求。

（1）细度

细度以筛余百分率表示，其 80mm 方孔筛筛余量不宜大于 10%。

（2）稠度

水胶比为 0.3 的锚固剂净浆，稠度宜为 60～120mm。

（3）凝结时间

锚固剂的凝结时间应符合表 3-3-1 的规定。

锚固剂凝结时间　　　　　　　　　　　　　　　　表 3-3-1

锚固剂类型	凝结时间	
	初凝	终凝
速凝型	≥30min	≤100min
缓凝型	≥8h	≤24h

（4）抗压强度

当水胶比为 0.3 时，不同龄期型锚固剂结石体的抗压强度应符合表 3-3-2 的规定。

锚固剂抗压强度 表 3-3-2

锚固剂类型	抗压强度(MPa)	
	5h	28d
速凝型	≥20	≥35
缓凝型	—	≥35

（5）锚固力（抗拔承载力）

将直径为 25mm 的热轧带肋钢筋插入注满水胶比为 0.3 的锚固剂浆液的模拟孔（壁厚 2mm、内径 50mm 的钢管）内，锚固段长为 400mm。该试件在温度为 20±2℃，相对湿度不低于 50% 的环境中养护 5h 后，测得的杆体锚固力（抗拔力）应不小于 150kN。

《水电水利工程预应力锚杆用水泥锚固剂技术规程》DL/T 5703—2014 编制组曾对国内几个水泥锚固剂供应厂家生产的产品按规程规定的方法进行了检测，在不同直径杆体、不同锚固段长度条件下测得的锚杆安设 5h 的抗拔力见表 3-3-3。从表中可以看到，在筋体直径分别为 25mm 或 28mm、锚固段长度为 375～560mm 条件下，采用快硬水泥锚固剂固定的锚杆，其锚固力均不小于 150kN。

快硬水泥基料粘结型锚杆的抗拔力（锚固力） 表 3-3-3

序号	试样编号	钢筋直径 (mm)	锚固长度 (mm)	锚固力 (kN)
1	X-1	25	500	≥150
		25	500	
		25	500	
2	X-2	28	420	≥200
		28	420	
		28	420	
3	X-3	25	375	≥150
		25	375	
		25	375	
4	X-4	28	560	≥200
		28	560	
		28	560	
5	X-5	25	500	≥150
		25	500	
		25	500	
6	X-6	25	375	≥150
		25	375	
		25	375	

序号	试样编号	钢筋直径 （mm）	锚固长度 （mm）	锚固力 （kN）
7	X-7	28	420	≥200
		28	420	
		28	420	
8	X-8	28	560	≥200
		28	560	
		28	560	

表 3-3-3 的试验结果表明，不同直径和不同锚固长度的锚杆 5h 锚固力均不小于 150kN。

（6）膨胀率

膨胀率大于零。

4）锚杆设计

（1）快硬水泥基料粘结型锚杆适用于不同用途和不同围岩条件的隧道、洞室和边坡的岩石锚固，通常要与喷射混凝土支护结合使用。

（2）隧道洞室工程支护中应用此类型锚杆，其设计长度和间距应按国家标准 GB 50086—2015 中表 7.3.1-1 确定。

（3）锚杆杆体宜采用预应力螺纹钢筋，这对于钢筋连接加长及张拉锁定均极为方便。

（4）作为加固隧道、洞室围岩的快硬水泥基料粘结型锚杆，应系统有规则地布置在隧道洞室的顶拱与侧壁。根据围岩质量和工程跨度，锚杆长度宜为 1.5～10m，相应的锚杆抗拔承载力宜为 40～200kN。锚杆锚固段长度宜为 0.4～1.5m。Ⅵ、Ⅴ级围岩中的锚杆锚固段应适当增长。

5）锚杆施工技术要点

（1）锚杆孔径与杆体间的空隙不应小于 1.0cm。永久性锚杆杆体上每隔 1.5m 应安设隔离居中装置，以保证锚杆与锚固料的良好粘结和足够而均匀的杆体保护层厚度。

（2）采用卷式快硬水泥锚固剂，锚杆施工宜采用"先塞卷后插杆"的程序；采用袋装快硬水泥锚固剂，锚杆施工宜采用"先插杆后注浆"的程序。

（3）袋装快硬水泥锚固剂宜采用机械拌制，浆液应拌制均匀，及时用注浆机注入锚孔。

（4）卷式快硬水泥锚固剂使用时，应将每个孔内的所有卷式锚固剂同时放入洁净水中浸泡，待卷式锚固剂表面无气泡逸出时应立即取出。可采用手工或风送方式一次连续装入孔内。

（5）袋装快硬水泥锚固剂应向有止浆环分隔的锚杆锚固段范围内注浆（此时已安装好锚头处的托板和螺母）。

（6）锚杆锚固段的卷状或袋装快硬水泥锚固剂与水泥混合发生水化作用 5h 后，即用扭力扳手或小型千斤顶张拉至设计要求的锁定值锁定锚杆。

（7）锚杆锁定后，即可向锚杆自由段内的空隙灌注普通水泥浆液。

6）工程应用及其效果

20 世纪 80 年代，快硬水泥基料粘结型锚杆开始在我国矿山工程中应用。随着快硬水泥基锚固剂早期强度显著提高，为锚杆安设后数小时即可施加预应力提供了保证，有效地改善了隧道洞室工程的安全性。因而近些年来，这种锚杆已在我国地下岩石开挖工程中获得广泛应用。特别是郑州兰瑞工程材料有限公司、巩义市豫源建筑有限公司等单位生产的快硬水泥锚固剂，性能良好，符合《水电水利预应力锚杆用水泥锚固剂技术规程》DL/T 5703—2014 的技术要求，在我国长江三峡、龙滩、向家坝、溪洛渡、大岗山和功果桥等数十个大型水电站工程中应用，工程效果良好。其中，黄河小浪底水电站地下厂房全面采用快硬水泥基料粘结型张拉锚杆，取得的洞室稳定效果尤其令人瞩目。该地下主厂房跨度 26.26m，高 61.4m，长 251.5m，围岩属于Ⅱ、Ⅲ级，断层区及其影响带围岩等级降至Ⅴ级和Ⅳ级。洞室顶拱和边墙全面系统地采用长 6m、8m 和 10m 的快硬水泥锚固剂粘结的张拉（低预应力）锚杆，并在开挖后立即施作，顶拱还采用长 25m、间隔为 4.5m×6.0m、承载力为 1500kN 的预应力锚杆（索）。最终，洞室建成后，测得的拱顶最大下沉量为 4.76mm，边墙最大位移为 5.97mm，预应力锚杆拉力变化值为 0.3%～1.5%，稳定效果极佳。

2. 树脂锚杆

1）概述

在 20 世纪六七十年代，随着新奥法及岩石锚杆支护技术的快速发展，树脂锚杆在国外矿山、隧道及地下电站工程中得到了较多的应用。随后，我国煤炭科学研究总院郑重远、黄乃炯等人结合煤炭矿山支护的需要，开展了颇有成效的研究应用工作。如今，树脂锚杆在国内外煤矿巷道采场支护工程中得到广泛应用，国外的一些大型水电站工程也常将树脂锚杆用作岩石开挖后能迅速施加预应力的、长度较短的张拉锚杆。

用合成树脂固定锚杆的优点是：合成树脂与坚硬岩石之间形成的粘结力比水泥浆与岩石之间的粘结力大 2～3 倍，固化时间短，一般是数分钟到 1h。此外，树脂具有抗腐蚀和抗冲击动力影响的良好性能。与水泥浆相比，其缺点是：费用较高，固化时间在一定程度上取决于围岩温度。此外，用树脂固定锚杆的安设及对钻孔的充填处理也比较严格。

由于这些原因，迄今为止，树脂仅被用来固定对岩层开挖面需进行迅速加固的短钢筋锚杆。只有在特殊情况下，树脂才被用来固定岩层中的长锚杆段，因为长锚杆一般不要求固定岩石的粘结材料数分钟或十多分钟内快速固结，而且在施加预应力前由缩短粘结材料的固化时间所获得的好处也弥补不了使用树脂所增加的费用。

2）树脂锚杆的性能

固定锚杆最适宜的树脂是不饱和聚酯树脂。这类树脂凝固时对低温和水分是最不敏感的，同时能吸收大量的无机填充料。由于这类树脂具有触变性，所以在锚杆插入过程中能降低其黏度，而且在安设过程中流出钻孔的可能性很小。这种树脂同适宜的催化剂混合后也能在水中产生固化，所用催化剂的量可以控制凝结和固化时间。目前，使用树脂混合料的时间为 1～30min（20℃ 以下），低温可以明显地减缓凝固与固化速度，较高温度则能加速固化。树脂混合料的黏度是由树脂用量、配制时间以及环境温度共同确定的。钻孔越深，设置锚杆的难度就越大。温度越低，则要求树脂的黏度就越小，以使树脂与催化剂彻

底混合。这对获得适宜的凝固是极为重要的。

聚酯树脂与岩层间的粘结力，主要取决于岩层的抗压强度。英国伦敦皇家学院试验得到的聚酯树脂与岩石间的极限粘结力示于表3-3-4。

聚酯树脂与岩石间的极限粘结力　　　　　　　　　　表3-3-4

岩石类型	平均抗压强度（MPa）	极限粘结力（MPa）
黏土岩和粉砂岩	5.0	1.2～1.6
煤、页岩、泥灰岩、砂岩	14.0	1.6～3.0
砂岩、石灰岩	50.0	3.0～5.0
花岗岩	100.0	5.0～7.0

用树脂固定的锚杆有三种类型：第一种是施加预应力，以便产生对岩层的主动抗力；第二种是不加预应力，通过短锚杆的销钉作用加固岩层；第三种则是将前两种锚杆功能结合在一起的锚杆（图3-3-2）。若用树脂将锚杆的底端固结在钻孔内并施加预应力，而对锚杆的剩余长度没有施作防腐保护层，这种树脂锚杆只能用于临时工程。但是，可以使用速凝树脂将锚杆固定在钻孔的内端部，然后使用缓凝树脂在钻孔的剩余部段作防腐保护层，对这种锚杆施加预应力是在速凝树脂固化之后、缓凝树脂固化之前进行的。完全埋入树脂中不加预应力的短锚杆，只有当岩层发生位移时，锚杆才发挥作用。

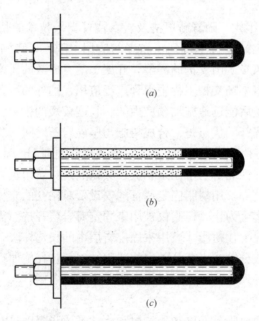

图3-3-2　用速凝（黑色）和缓凝（带点色）树脂固定的三种岩石锚杆
（a）树脂锚杆的张拉锚杆；（b）全长用速凝树脂与缓凝树脂的张拉锚杆；
（c）全长用树脂锚杆的非张拉锚杆

以往，树脂是通过动力泵或手压泵强制拌合成混合料送入钻孔的，所以需要较长的固化时间。目前，国内外广泛采用在工厂就填充好的卷筒状树脂锚固剂，卷筒内分别有树脂和固化剂，用塑料袋或玻璃管包装。树脂锚固剂根据其固化时间，有超快的CK型，有快速的 K 型，有中速的 Z 型和慢速的 M 型，其技术参数见表 3-3-5。树脂锚固剂（即树脂卷）的规格及主要技术参数见表 3-3-6 和表 3-3-7。不同金属杆体与基材的锚固力见表 3-3-8。

型号	特性	凝胶时间（min）	固化时间（min）	备 注
CK	超快	0.5～1	≤5	在 20±1℃环境温度下测定
K	快速	1.5～2	≤7	
Z	中速	3～4	≤12	
M	慢速	15～20	≤40	

树脂卷规格、型号和技术参数　　　　表 3-3-5

树脂锚固剂（树脂卷）的规格　　　　表 3-3-6

型号	规格（mm）	重量（g）	适用钻孔（mm）	每箱支数
Z3537	$\phi 35 \times 370$	700±10	$\phi 42 \pm 2$	40
Z3530	$\phi 35 \times 300$	550±10	$\phi 42 \pm 2$	40
Z3835	$\phi 28 \times 350$	400±10	$\phi 32 \pm 2$	40
Z2850	$\phi 28 \times 500$	640±10	$\phi 32 \pm 2$	40
Z2335	$\phi 23 \times 350$	300±10	$\phi 28 \pm 2$	50

树脂锚固剂主要技术参数　　　　表 3-3-7

性 能	指 标	性 能	指 标
抗压强度	≥60MPa	振动疲劳	>800 万次
剪切强度	≥35MPa	泊松比	≥0.3
密度	1.9～2.2g/cm³	贮存期（<25℃）	>9 个月
弹性模量	≥1.6×10⁴MPa	适用环境温度	−30～+60℃
粘结强度	对混凝土>7MPa,对螺纹钢筋>16MPa		

不同杆体与锚固介质条件下树脂锚杆的锚固力（kN）　　　　表 3-3-8

锚固介质　　　　　杆体规格材质	C25 混凝土	砂岩	页岩	煤	砖砌体
$\phi 16$ Q235 钢	60～70	60～70	40～50	35～45	35～45
$\phi 16$ 16Mn 螺纹钢	70～80	70～80	40～50	35～45	35～45
$\phi 20$ Q235 钢	75～85	70～80	—	—	—
$\phi 28$ Q235 钢	100～120	90～100	—	—	—

注：锚固长度为 210～320mm。

3）树脂锚杆的安装与张拉

为了保证树脂卷固定锚杆获得成功，应严格遵循以下固定程序（图 3-3-3）：

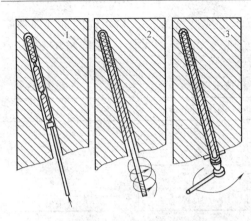

图 3-3-3　树脂固定锚杆的安设固定程序
1—插入树脂卷；2—插入并旋转杆体；
3—树脂固化后对锚杆施加预应力

（1）必须认真清洗锚杆孔。选用同锚杆杆体与树脂卷相适应的锚杆孔。

（2）把合适的树脂卷插入钻孔。将速凝树脂卷置于孔的内端（底部），以不致延缓对锚杆的张拉，将缓凝树脂卷置于钻孔的剩余部段，以保护锚杆的全长。

（3）不应使用损坏的或部分凝固的树脂卷。

（4）首先将锚杆杆体插入，然后用钻具旋转，从而使杆体穿透钻孔内的树脂卷。当杆体到达钻孔底部后继续转动 30～60s，以确保卷筒内混合料的彻底混合。

（5）停止转动锚杆杆体，然后用钻具产生的最大推力向内挤压锚杆杆体持续达数分钟，直到速凝树脂凝固。

（6）装上承压板并拧上螺母。

（7）用螺母紧固锚杆，并通过液压千斤顶、转动扳手对锚杆施加预应力。施加预应力一般在速凝树脂固化 5min 后、缓凝树脂凝固前 20min 进行。

用上述方法设置的锚杆，在附近可能有振动或进行爆破作业的情况下仍能保持其拉力。当锚杆的承载力超过极限粘结力时，锚固也不会发生突发性破坏，而只是以极慢的速度开始屈服。

4）工程应用

当前，我国树脂固定的张拉锚杆在煤矿井巷支护工程中得到广泛应用，成效显著。应用详见本《指南》第六章煤矿巷道锚杆支护。

在国外，树脂卷固定的钢筋锚杆除用于煤矿巷道支护外，还多见用于水电站大跨度洞室的初期支护，锚杆长度一般为 4～6m，设计承载力为 120～160kN，树脂固定后 20min 至数小时施加预应力，使岩石尽快得到加固，以形成具有足够自支持能力的岩石拱（墙）。

应当说明，采用树脂卷固定杆体的张拉（预应力）锚杆，张拉后完全可以用灌注水泥将杆体与钻孔孔壁内的空隙充填密实，以适应永久性隧道洞室锚杆支护防腐保护的需要。

如德国（原联邦德国）的 Waldeck 电站是当时世界上最大的洞室之一。该洞室长 106m，高 54m，宽 33m。位于倾角 20°并有明显的厚层节理的黏土质页岩和硬砂岩系的地段，这些岩石的抗压强度介于 50～80MPa，层理的剪切参数为 $\varphi=20°$，$c=0.15$MPa。面积为 1390m^2 椭圆形截面的开挖，是从顶部向下分阶段进行的。开挖后，对每一段及时进行锚固。挖掘后，表面用 2 层总厚 20cm 的喷射混凝土支护，每层均用钢丝网加固。沿着整个周边的岩面用张拉型的钢筋锚杆（顶面用长 6m，侧壁用长 4m）加固。用树脂固定，在 20min 后，对锚杆施加预应力达到 120kN。此后，紧跟着施作长 23.5m、承载力 1.7MN 的预应力锚索（杆体由 33 根直径为 8mm 的钢丝组成）。

瑞士 Veytaux 地下电站的洞室宽 30.5m，高 26.5m，长 137.5m，是在水平层状和多节理的石灰岩和泥灰岩中分阶段开挖的，首先开挖洞室周边，然后开挖洞室芯体。整个开挖面用长 4.0m 的树脂锚杆和厚度至少为 150mm 的加筋网喷射混凝土作初期支护，树脂固定锚杆几小时后就可对锚杆施加 160kN 的预应力。开挖洞室顶部和侧壁的岩石后，再用长 11～18m、设计承载力为 1.35MN 和 1.15MN 的预应力锚杆支护（平均约为每 14m² 用 1 根预应力锚杆）。

第四节　摩擦型锚杆

摩擦型锚杆主要有缝管锚杆与水胀锚杆两种。

1. 缝管锚杆

1）概述

缝管锚杆是一条全长开缝的钢管，被打入直径较小的岩石钻孔，强制使钢管的缝宽变小，于是就产生一种径向力，也就是在开缝钢管全长的周边，提供了全面的摩擦力，使岩石—锚杆紧密地锚固在一起。

缝管锚杆最早是由美国 J. J. scott 博士设计的（1976 年），并由美国英格索兰（Inger-soll Rand）公司生产。1981～1982 年，我国冶金部建筑研究总院程良奎、冯申铎等人对摩擦型缝管锚杆的结构构造、设计参数、力学特性和工程应用进行了系统深入的研究，随后开始正式批量生产反映我国地下矿山支护要求的新型缝管锚杆，当年就有百余个金属矿、煤矿和铁路隧道工程采用。

2）锚杆结构构造

缝管锚杆由纵向开缝的管体、挡环和托板三部分组成，其结构构造见图 3-4-1，锚杆外形见图 3-4-2。开缝钢管上端呈锥体状，下端部焊有挡环；锚杆外径为 38～41.5mm，缝宽 14mm，长度一般为 1.2m、1.5m、1.8m、2.0m 和 2.5m；钢材选用壁厚 2.0～2.5mm 的 16Mn 和 20Mnsi 带钢。锚杆采用焊管机卷压成型，钢托板采用 A3 钢，尺寸为 150mm×150mm×6mm。

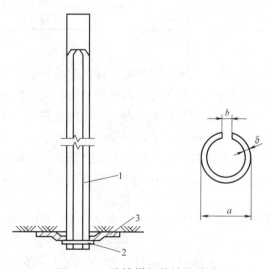

图 3-4-1　缝管锚杆的结构构造

1—开缝钢管；2—挡环；3—托板；

a—管体外径；b—缝宽；δ—管壁厚度

图 3-4-2　缝管锚杆的外形

3）锚杆的工作特性与力学作用

程良奎、冯申铎等人对缝管锚杆的工作特性进行了系统研究，揭示了这种锚杆具有的不同于机械型张拉锚杆的独特力学作用。

（1）对围岩施加三向预应力

缝管锚杆打入比其外径小 2.0～3.0mm 的钻孔中，开缝管体受到岩石孔壁的约束而产生环向应变，其环向应变远比纵向应变为大。管体在 18kN 推力作用下，最大环向应变达 $1550\mu\varepsilon$，而纵向应变为 $133\mu\varepsilon$，沿管体长度测得的径向力一般可大于 0.4MPa。正是依赖于这种较高的径向力，锚杆间的岩层挤紧，抑制围岩裂隙张开，阻止岩石滑移或坠落。

此外，在安装锚杆时托板紧贴在岩面上，对岩石产生大于 10kN 的支承抗力，这样就对岩石产生三向预加应力，使围岩处于三维压缩状态（图 3-4-3）。

（2）锚杆安装后能立即提供支承抗力，有利于及时控制围岩变形

缝管锚杆在安装后马上就能提供较高的抗力，已被不同岩石条件下 200 余根锚杆的拉拔试验所证实。缝管锚杆的初始锚固力一般为 37～71kN（表 3-4-1），这就能在早期及时控制围岩变形。

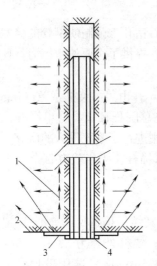

图 3-4-3　锚杆周围的岩石处于三维压缩状态
1—杆体和托板作用在岩石上的力；
2—岩石；3—托板；4—挡环

缝管锚杆的初始锚固力　　　　表 3-4-1

锚杆应用单位	岩石	锚杆长度（m）	初始锚固力（kN）
湖南湘东铁矿	砂页岩	1.2～1.6	48～85
湖南湘东铁矿	绿泥岩，砂页岩	1.5	45～57
湖南湘潭锰矿	灰绿页岩	1.5	43～71
湖南湘潭锰矿	风化灰绿页岩	1.5	40～54
山东焦家金矿	碎裂岩	1.65	37～43

（3）锚固力随时间而增加

端头式机械固定的锚杆在安装后会产生应力集中，由于岩层碎裂、爆破振动冲击、锚固头蠕变或其他因素影响，锚杆锚固力会在使用过程中剧烈下降，甚至导致岩层完全失去约束。缝管锚杆在工作中没有应力集中现象，岩层的剪切位移或采掘过程中的爆破振动冲击，导致杆体折曲，从而进一步锚固岩层（图 3-4-4）。在超限应力或膨胀性围岩中，由于钻孔缩小管体被挤得更紧，使锚杆的径向力增大。杆体在潮湿介质中有轻微锈蚀，管体表面粗糙度增大，杆体与岩石孔壁间的摩擦力也会有所提高。所有这些，都会使锚杆的锚固力随时间而增加。

对铁矿、锰矿、金矿不同岩层条件下锚杆锚固力时间效应所作的测定表明：在测定的所有岩石中安放的锚杆锚固力随时间均有明显增长（图 3-4-5），锚杆安装后 60～100d 的锚固力约提高 35%～65%。缝管锚杆支护力随时间而增长的特性，符合"岩石—支护"协同变形要求的"先柔后刚"的原理，特别对于流变特征明显的岩体更具有良好的适应性。

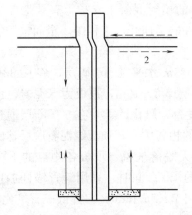

图 3-4-4　岩石移动使缝管锚杆进一步锁紧岩石
1—作用于岩石上的力；2—岩石移动

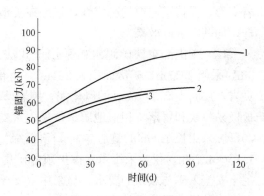

图 3-4-5　锚杆锚固力随时间而增长的曲线
1—黑色页岩；2—锰矿体；3—绿泥岩

（4）围岩移动后锚杆仍能保持较高的锚固力

缝管锚杆的一个重要特点是全长锚固，均匀受力。即使当锚杆与其周围的岩石发生相对滑动时，它仍保持着较高的锚固力。从图 3-4-6 所示的锚杆从岩层中的拔出量与锚杆锚固力的关系曲线可见，当锚杆从岩层中被拔出 50～100mm 时，锚杆锚固力约降低 5～8kN，实际上锚杆只损失了未与岩层接触那段长度上的摩擦阻力。当拔出部分的杆体被重新打入钻孔时，锚杆的锚固力就恢复原状。

上述情况说明，当岩石荷载大于锚杆的锚固力时，则锚杆在受力方向发生滑动；当锚杆承受的岩石荷载小于其锚固力时，锚杆即停止滑动，并在新的位置与岩层接触的长度上继续保持较高的锚固力，直到围岩进一步位移导致锚杆产生新的滑动。锚杆的这种既允许围岩适度位移又能保持一定支承抗力的特性，使其在承受较大的拉力或剪力时具有柔性卸载作用，在"锚杆—围岩"相互作用中，保持围岩位移与锚杆摩擦阻力间的动态平衡。

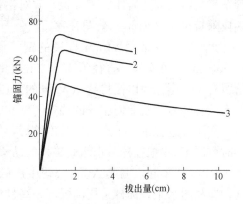

图 3-4-6　缝管锚杆的锚固力与
拔出量的关系
1—砂岩；2—锰矿体；3—绿泥岩

4）工程应用及其效果

由于缝管锚杆具有独特的力学作用和加固效果，对适度岩爆和采动条件下的巷道洞室支护也有良好的作用，且锚杆安装简便，因而在国内外应用较广，尤其在矿山巷道采场工程中应用更为广泛。美国金属矿的巷道顶部锚杆支护，大约有 50% 以上使用缝管锚杆；而我国金属矿、煤矿的巷道、采场支护等工程中，也已较广泛地应用缝管锚杆，并均取得良好效果。

（1）峰峰矿务局马家荒矿三水平延伸开拓巷道，净断面 10.48～14m²，埋深 400m，穿过软弱破碎的砂页岩，有明显的构造应力，曾采用厚达 400mm 的料石衬砌，出现明显的挤压变形，底鼓达 10～100cm，水平收敛值达 10～60cm，严重影响采煤生产。采用长

1.5～1.8m、间距 0.7m 的缝管锚杆与厚 10～15cm 的喷射混凝土支护，有效地控制了围岩变形，保持了巷道的稳定性，该矿在类似地质条件的延伸开拓工程中，全面采用缝管锚杆，均获得良好效果。

（2）湖南湘东铁矿潞水矿采用壁式法采矿的 335m 水平 4～6 矿房，斜长 33m，宽 8m，采幅 2.13m，矿房面积为 264m²，上部覆盖岩层厚 5～10m，顶板为绿泥岩、泥质砂页岩，层间夹有 1～5cm 的风化泥，围岩节理裂隙发育，风化严重，有 5 条断层通过，顶板极易掉块和冒落。相似地质条件采用木支撑支护的相邻矿房，顶板绿泥石脱层达60％～70％。采用长 1.6m 的缝管锚杆，顶板绿泥石基本无脱落现象，顶板各测点的下沉量为 1.55～4.7cm，仅为采用木支撑护顶的矿房下沉量的 1/2。同时，采用缝管锚杆护顶，满足了安全采矿与放顶的要求，与采用木支撑相比，可节约坑木 50％，降低矿石贫化率 2％ 左右，并提高了采矿效率。

（3）八街铁矿在松软破碎的开拓巷道中用 1.3～2.0m 长的缝管锚杆与金属网取代钢筋混凝土支架与背板相结合的支护，也取得良好效果。该巷道围岩为砂岩与板岩互层，泥化严重，地质条件恶劣。过去每米巷道支护需架设 2 架钢筋混凝土支架，用背板 20 块；改用缝管锚杆与金属网支护后，不仅施工简便，而且每米巷道支护成本可降低 50％。

2. 水胀式锚杆

水胀式锚杆是另一种摩擦型锚杆，是利用高压水使特制的异形钢管在钻孔内胀开，钢管全长与钻孔周边岩体紧密接触，并对钻孔周边产生径向力而加固岩体。这种锚杆首先由瑞典阿特拉斯（Atlas）公司开发，该公司生产的这类锚杆被命名为"Swellex"锚杆。

水胀式锚杆常用 44mm 直径的钢管制作，并通过机械方式加以整形，使其外径为 25～28mm，可安放于直径为 32～39mm 的钻孔中。锚杆两端加有套管，用焊接密封，套管留有一个小孔，以便将约 30MPa 的高压水注入管内，使其胀开，当钻孔直径小于钢管原来的直径时，就能使胀开的锚杆与钻孔壁面保持紧密结合，并产生挤压孔壁岩层的径向力。在胀开过程中，导致锚杆长度缩短，结果使锚杆的垫板压紧岩石面。用此种方法，每小时可固定 50 根锚杆。水胀式锚杆的结构图见图 3-4-7。

从 1993 年起，瑞典 Atlas 公司生产的 "Swellex" 锚杆被 EXL Swellex 锚杆所取代。这种新型的水胀式锚杆采用高强度、高韧性的钢材制作，当锚杆穿过大的节理，形成非摩擦段的条件下，尽管出现显著位移，但锚杆承载力仍不降低。1994 年，Stillborg 采用两块抗压强度为 60MPa 的混凝土块，模拟有节理的岩石，检验 EXL Swellex 锚杆的承载力和延韧性。检验是在瑞典 Luleå 大学的实验室进行的。试验结果表明：EXL Swellex 锚杆在位移达 140mm、恒定荷载为 110kN 时发生破坏（图 3-4-8）。

由于水胀式锚杆的外表面直接与岩石接触，因而锚杆腐蚀的问题是不能回避的。

与传统的或快硬水泥灌浆型锚杆相比，快速安装并施加预应力是水胀式锚杆的主要优点。事实上，水胀式锚杆或缝管锚杆，当将安装时间计入成本时，它们比任何一种可以比较的岩体加固方式都要经济。

瑞典 Atlas 公司生产的"Swellex"水胀式锚杆在许多国家的矿山支护与隧道软岩加固工程中得到了较广泛的应用。1997 年，笔者随中国岩石力学与工程学会代表团出席在美国哥伦比亚大学举办的国际岩石力学学术会议时，曾考察了纽约郊区一条断面为

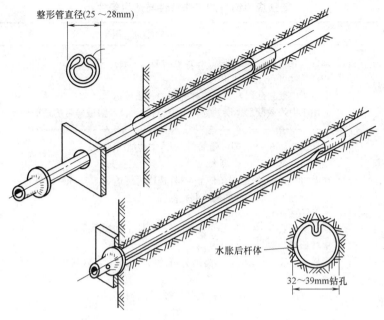

整形管直径(25～28mm)

水胀后杆体

32～39mm钻孔

图 3-4-7　水胀式锚杆（胀开前后）的结构图

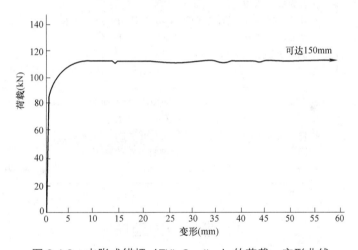

可达150mm

荷载(kN)

变形(mm)

图 3-4-8　水胀式锚杆（EXL Swellex）的荷载—变形曲线

6.0m×7.0m 的水工隧洞。在该隧洞开挖过程中，遇到软弱破碎围岩，均采用长度为 1.6～2.0m 的水胀式锚杆作初期支护。

20 世纪 90 年代后期，我国山东新汶矿务局也研制并生产出水胀式锚杆，在煤矿隧洞支护中得到应用。

第五节　不同类型的低预应力锚杆的工作性能及适用条件

由于不同类型的低预应力锚杆的结构构造、结构尺寸、与围岩的接触和结合方式均存在差异，因此，它们的工作性能与适用条件也不尽相同。不同类型的低预应力锚杆的工作特性及适用条件见表 3-5-1。

低预应力锚杆的工作特性与适用条件　　　　　　　　表 3-5-1

锚杆类型	工作特性与适用条件
机械锚固型锚杆	锚杆安装后可立即施加预应力,主动加固围岩; 锚杆长度可达 10m 或更大; 安设于中硬岩或硬岩中的锚杆锚固力一般可达 80～160kN; 适用于中硬或硬岩地层的锚杆支护,对软岩及断层破碎带的适应性差
快硬水泥基料 粘结型锚杆	锚杆安装后 5～6h,即可施加预应力,主动加固围岩; 锚杆长度可达 10m 或更大; 在Ⅱ、Ⅲ、Ⅳ、Ⅴ级围岩条件下,锚杆锚固力可达 80～160kN 或更高; 适用于各类围岩条件的隧道洞室的锚杆支护
树脂锚杆	锚杆安装后 5～20min 即可施加预应力,能主动加固围岩; 锚杆长度一般为 1.2～4.0m; 煤矿小直径锚杆,其锚杆锚固力可达 60～100kN(砂岩)、40～50kN(页岩)和 35～45kN(煤层); 适用于矿山软岩、煤层条件及长度较短的锚杆支护
缝管锚杆	锚杆安装后,即产生对围岩的三向预应力,能主动加固围岩; 锚杆长度一般为 1.2～2.5m; 在软岩中的锚杆(锚杆长 1.2～1.6m),初始锚固力可达 40～80kN; 在动载及围岩移动条件下,锚杆锚固力可进一步增加; 当围岩变形达 150mm 时,仍能保持其初始锚固力; 适用于金属矿、煤矿Ⅱ、Ⅲ、Ⅳ、Ⅴ级围岩及受动载影响的巷道采场中的锚杆支护
水胀型锚杆	锚杆安装后,即产生对围岩的三向预应力,主动加固围岩; 锚杆长度一般为 1.2～2.5m,必要时,也可加长; 锚杆长度为 1.2～2.5m,初始锚固力可达 50～110kN; 当围岩变形达 150mm,仍能保持锚杆的初始锚固力; 适用于地下矿山巷道、隧洞软弱复杂围岩支护及承受动载条件隧洞的岩层加固

Ⅱ　非预应力锚杆

第六节　非预应力锚杆

1. 概述

非预应力锚杆一般由全长粘结的杆体(钢筋或钢管)、垫板和螺母组成,可用于加固地层及允许地层有适度变形的工程。

这种锚杆不能在安设后施加预应力,是一种被动型锚杆,只有当地层位移时,才能发挥锚杆的作用。它与低预应力锚杆相比,在基本作用原理与力学特性方面存在着显著差异(表 3-6-1)。

低预应力锚杆与非预应力锚杆的比较表　　　　　　　　表 3-6-1

低预应力锚杆	非预应力锚杆
安装后能及时提供支护抗力,使岩体基本上处于三轴应力状态; 能提供明确的抗力,用于满足结构物及岩土体的稳定性要求; 按一定密度布设,施加预应力后能在被锚固的岩土体范围内,形成压应力区; 随着锚杆自由段长度的增加,可在全长的锚固范围内发挥锚固作用; 预加应力后,能显著提高潜在滑裂面或岩体软弱结构面的抗剪强度; 控制地层与结构物的变形能力强	安装后,地层移动时锚杆才能被动发挥作用; 主要用于岩土体加固; 一般不能改善岩土体的应力状态; 即使增加锚杆长度,其锚固作用范围也是很有限的; 仅依靠锚杆杆体自身强度发挥其抗拉抗剪作用; 控制地层与结构物变形的能力弱

作为加固岩体的一种手段,非预应力锚杆的作用是应当肯定的,特别是其结构简单,施工方便,因而仍较广泛地应用于地层开挖工程的浅层岩土加固或阻止预应力锚杆间小块岩石的滑落。在一般情况下,非预应力锚杆是与喷射混凝土、预应力锚杆相结合使用的。

2. 岩石中的非预应力锚杆

在中小跨度（5～10m）以下的地下岩体开挖工程中,围岩级别属于Ⅲ级或Ⅲ级以上的情况,无论是块状结构,中厚层状结构的岩体,采用带托（垫板）按一定密度布设的,并用螺母固定,灌浆饱满的全长粘结型（非张拉）锚杆,能保持岩块间的镶嵌咬合效应。阻止岩块坠落,改善岩块间或层理间的结合能力,在浅层围岩中形成被锚固的岩石承载拱,其作用是显著的。

冶金部建筑研究总院程良奎、庄秉文等人,曾于 1977 年进行了非预应力锚杆加固块状结构岩石拱的足尺模型荷载试验,拱跨 2.0m,拱厚 30cm（图 3-6-1）。试验结果表明,由 34 块混凝土组成的不稳定岩石拱,借助拱趾的约束作用,拱顶采用 4 点加荷,具有 73kN 承载力。但当用 10 根 ϕ8mm 的灌浆钢筋锚杆加固后,拱的承载力提高了 6 倍,达到 507kN。50kN 荷载时的拱中挠度仅为未锚固支护拱的 13.3%。这些数字表明,被全长粘结型锚杆加固的块状结构岩石拱,其整体刚度和承载能力有明显提高,说明非预应力锚杆

图 3-6-1　被锚固的碎块状岩石拱的荷载试验实况

对加固浅层的Ⅱ、Ⅲ级围岩是有效的。

3. 锚杆类型及使用条件

岩石中的非预应力锚杆主要有普通水泥砂浆锚杆、中空注浆锚杆和自钻式中空注浆锚杆三种。

（1）普通水泥砂浆锚杆

普通水泥浆或水泥砂浆锚杆是由钢筋作锚杆杆体、由水泥浆或水泥砂浆作粘结料的全长粘结型锚杆。这种锚杆结构简单，施工方便，成本低廉，较广泛地应用于围岩等级为Ⅱ、Ⅲ级的交通隧道初期支护，以及阻止大型洞室与高边坡预应力锚杆（索）间小块岩石的坠落。

（2）中空注浆锚杆

中空注浆锚杆是由特制的表面有标准螺纹的中空钢管为杆体，外露端备有止浆塞、垫板和螺母的全长粘结型锚杆。锚杆安设时，采用先插杆后注浆工艺。注浆时，浆液从中空杆体的孔腔内向杆体与钻孔间的空隙流动，当浆液由锚杆底端流向孔口时，止浆塞与托板能有效阻止其外溢，保证杆体与孔壁间的注浆饱满，使锚杆伸入范围内的岩体都得到有效加固。此外，通过连接套和对中环，可使杆体在孔内居中，杆体被均匀的砂浆保护层包裹，可明显提高锚杆的耐久性。这种锚杆在我国交通隧道工程中已获得应用。

（3）自钻式中空注浆锚杆

在软弱破碎岩石或砂卵石地层条件下，成孔极为困难，可将中空杆体作为钻杆，当钻杆达到要求的锚杆深度时，及时向中空杆体空腔内注浆，构成自钻式锚杆。该锚杆适用于散体结构围岩、断层破碎带、砂卵石等钻孔极易塌陷的地层的加固。

4. 土体中的非预应力锚杆

土体中的非预应力锚杆，国内外通常称作土钉。土钉群与配筋喷射混凝土面层相结合，被称为土钉墙，已广泛应用于深度小于10m的放坡基坑支护。若基坑土钉支护设计得当，又能谨慎处理基坑的防排水问题，一般都能取得良好的稳定效果。若基坑深度超过10m，则应采用预应力锚杆与土钉墙复合，形成复合土钉墙结构，以保证工程的稳定性。

关于土钉墙的设计、施工及典型的工程实例，本《指南》第八章有较详细的阐述。

参 考 文 献

[1] 程良奎，范景伦，韩军，等. 岩土锚固. 北京：中国建筑工业出版社，2003.

[2] L Hobst，J zajie. Anchoring in Rock and Soil. New York：Elsevier Scientific publishing Company，1983.

[3] 程良奎. 喷锚支护的工作特性与作用原理. 地下工程，1981（6）1～12.

[4] Scott J J. A New Innovation in Rock Support-Friction Rock Stabilizers. Canadian Institute of Mining and Metallurgy Annual Meeting. Montreal，1979.

[5] Scott J J. Interior Rock Reinforcement Eixtures. 21st U. S. Symposium on Rock Mechanics. University of Missouri-Rolla，1980.

［6］ 中华人民共和国住房和城乡建设部. 岩土锚杆与喷射混凝土支护工程技术规范 GB 50086—2015. 北京：中国计划出版社，2016.

［7］ 国家能源局. 水电水利工程预应力锚杆用水泥锚固剂技术规程 DL/T 5703—2014. 北京：中国电力出版社，2015.

［8］ 郑重远，黄乃炯. 树脂锚杆及锚固剂. 北京：煤炭工业出版社，1983.

［9］ 程良奎，冯申铎. 管缝式锚杆的力学作用和加固效果. 煤炭科学技术，1984，(6).

［10］ Cheng Liangkui. Hujanlin. A new Innovation in Mine Tunne Support in China. Proceedings of International Congress on Progress and Innovation in Tunnelling. September 9-14，1989 Toronto，475-480.

［11］ Mayfield B，Bates M W，Snell C. Resin Anchorage. Civil Engineering 1978，(3).

第四章　喷射混凝土

第一节　概　述

1. 喷射混凝土的特点

喷射混凝土是借助喷射机械，利用压缩空气或其他动力，将按一定比例配合的水泥、砂、石和水相混合的拌合物，通过管道以高速喷射到受喷面（岩石、土层、建筑结构物或模板）上凝结硬化而成的一种混凝土。

喷射混凝土不是依赖振动来捣实混凝土，而是在高速喷射时，由水泥与骨料的反复连续撞击而使混凝土压密，同时又可采用较小的水灰比（常为 0.4～0.45），因而它具有较高的力学强度和良好的耐久性。特别是与岩层、混凝土、砖石、钢材有高的粘结强度，可以在结合面上传递拉应力和剪应力。喷射法施工还可在拌合料中加入各种外加剂和外掺料，大大改善喷射混凝土的性能。喷射法施工可将混凝土的运输、浇筑和捣固结合为一道工序，不要或只要单面模板；可通过输料软管在高空、深坑或狭小的工作区间向任意方位施作薄壁的或复杂造型的结构，工序简单，机动灵活，具有广泛的适应性。

2. 喷射混凝土技术发展的历史沿革

喷射混凝土是由喷射水泥砂浆发展起来的。1914 年，美国在矿山和土木建筑工程中首先使用了喷射水泥砂浆。1942 年，瑞士阿利瓦（Aliva）公司研制成转子式混凝土喷射机，能喷射含最大粒径为 25mm 骨料的混凝土。1947 年，德国 BSM 公司研制成双罐式混凝土喷射机。1948～1953 年间兴建的奥地利卡普隆水力发电站的米尔隧洞最早使用了喷射混凝土支护，此后，瑞士、德国、法国、瑞典、美国、英国、加拿大、日本等国相继在土木建筑工程中采用了喷射混凝土技术。

我国冶金、水电部门于 20 世纪 60 年代初期，即着手研究混凝土喷射机械及喷射混凝土技术。1965 年 11 月，冶金部建筑研究总院程良奎、王岳汉、苏自约等人组成的科研团队与第三冶金建设公司合作，完全依靠自身研发的喷射混凝土机械、材料与工艺等科研成果，成功地在鞍钢弓长岭铁矿建成了一条用喷射混凝土支护的矿山运输巷道。1966 年初，冶金部建筑研究总院用喷射混凝土修补北京地下铁道古城段因火灾烧伤的钢筋混凝土衬砌，获得了良好效果。同年，本钢南芬选矿厂一条长 2km、直径 3m、地质条件复杂（页岩）的泄水洞，攀钢专用的铁路隧洞及成昆铁路的部分隧道相继采用喷射混凝土与锚杆相结合的支护。1968 年，我国回龙山水电站主厂房及梅山铁矿竖井工程采用了喷射混凝土与锚杆相结合的支护。上述这些工程都为我国早期喷射混凝土技术的迅速发展奠定了基础。

　　20 世纪 70 年代以后，国内外加强了喷射混凝土技术的研发工作，技术上取得了许多突破，使之在隧道与地下洞室工程、边坡与基坑工程、结构补强加固工程、异形薄壁结构工程与耐火工程等方面获得了广泛应用。

　　这一期间，国外对喷射混凝土的学术交流也异常活跃。1980 年在英国召开的国际混凝土学术会议，将喷射混凝土列为会议的三个主要论题之一。从 1973 年起，由美国工程基金会组织的"地下喷射混凝土支护技术"国际学术讨论会，已先后在美国、奥地利和哥伦比亚等国召开了四次，对于推动全球喷射混凝土技术的发展发挥了良好的作用。

　　从 20 世纪末至今，国内外喷射混凝土支护技术有许多新的发展，这主要表现为湿拌喷射混凝土技术在大型隧道、洞室中的广泛应用，极大地提高了喷射混凝土的施工效率，改善了喷射混凝土的匀质性和显著减少了施工粉尘与环境污染；在喷射混凝土的组分中，掺加了无碱速凝剂、硅粉或高强片状钢纤维等新型外加剂与外掺料，可显著提高喷射混凝土的强度和韧性。从而进一步凸显喷射混凝土或其与锚杆相结合的结构用在隧洞和边坡支护具有高度的安全性和经济性。

　　关于喷射混凝土技术标准化建设工作，许多国家都很重视。美国混凝土学会于 1960 年成立了 506 委员会（喷射混凝土专业委员会），并于 1966 年首先制定了《喷射混凝土施工规范》ACI 506—66，1977 年制定了《喷射混凝土的材料、配比与施工规定》ACI 506—77，这两个标准在 1982 年由 506 委员会局部修改后重新认定，对美国喷射混凝土的发展发挥了重要作用。奥地利混凝土协会于 1990 年制定了喷射混凝土指南，该指南包括喷射混凝土工程的规划设计与实施细则。德国（原联邦德国）钢筋混凝土学会于 1974 年制定了《喷射混凝土施工规范（DIN 18551）》，1976 年制定了《喷射混凝土维修和加固混凝土结构的规程》，1983 年对喷射混凝土维修规程，作了较全面的修改，发布了喷射混凝土维修建筑结构的新规程，极大地推动了喷射混凝土在德国建筑工程中的应用。芬兰于 1988 年出版了芬兰的喷射混凝土指南，该指南还包含有关在刚喷好的混凝土附近进行爆破的规定。

　　1996 年，发布了《欧洲喷射混凝土规程》，该规程对喷射混凝土的组成材料及其合成、性能（包括耐久性）要求、施工工艺、试验方法、质量控制和健康与安全等均提出明确规定。1999 年挪威发布了《岩土支护用喷射混凝土指南》，它是对 1993 年《指南》的修订版。新修订的《指南》主要细化了喷射混凝土支护设计及质量控制等技术要求，还增加了无碱速凝剂和健康与安全防护等内容。

　　自 1976 年以后，我国冶金、煤炭、铁道、水电、军工等部门相继制定了有关喷射混凝土锚杆支护的标准。1979 年，国家建委批准颁发了《锚杆喷射混凝土支护设计施工规定》。1986 年，正式颁发了国家标准《锚杆喷射混凝土支护技术规范》GBJ 86—85，此后，经两次修订，又相继颁发了国家标准《锚杆喷射混凝土支护技术规范》GB 50086—2001 和国家标准《岩土锚杆与喷射混凝土支护工程技术规范》GB 50086—2015，使我国喷射混凝土技术标准化建设日趋完善，进一步提升了喷射混凝土技术规范在我国水利、土木和建筑工程中的指导作用与影响力。

第二节　喷射混凝土的结构作用与设计要点

1. 隧道洞室中的喷射混凝土支护结构

1）作用原理

隧道与地下工程喷射混凝土的支护作用是通过其及时性、整合性、粘结性和柔性来实现的。能使隧洞浅层一定范围的岩石参与承载结构作用，形成"岩石—喷射混凝土"共同工作的岩石承载拱。

（1）及时效应

喷射混凝土可在隧道或地下工程开挖后几小时内施作，能充分利用开挖面的端部支承效应，并迅速对裸露岩面提供连续的支护抗力，避免围岩处于单轴或双轴应力状态，保护围岩的固有强度，以保持围岩稳定。

（2）整合效应

喷射混凝土能射入岩层表面张开的节理裂隙，把被裂隙分割的岩体整合起来，有利于阻止岩块松动，控制围岩变形发展；喷射混凝土填补隧道表面的坑洼不平整处，避免或缓减了危岩处的应力集中，并可使隧洞拱部岩层的法向应力转化为切向应力，形成岩石拱（图 4-2-1），有效地发挥了岩层的自支承能力。

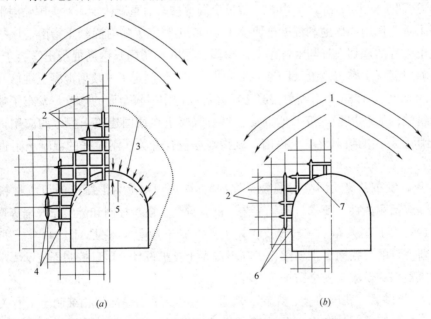

(a)　　　　　　　　　　　　　　(b)

图 4-2-1　喷射混凝土阻止松动、控制变形而使岩层稳定

（a）岩层强度由于过度沉降而降低；（b）用薄层喷射混凝土支护控制过度的沉降保持岩层强度

1—岩层拱；2—岩层节理；3—支护上的荷载；4—节理张开；5—沉陷；6—节理轻微张开；7—喷射混凝土

（3）粘结效应

喷射混凝土与围岩紧密粘结和咬合，在充分清洗围岩表面的条件下，喷层与围岩间的粘结强度通常大于 1.0MPa，能在结合面上传递拉应力和剪应力。这样，当喷射混凝土的

粘结强度与抗剪强度足以抵抗局部危岩的坠落或滑移时，则一定范围内的岩层将参与承载结构作用，形成"岩石—喷射混凝土"共同工作的整体承载结构。

（4）柔性效应

与围岩密贴的喷射混凝土可设计成既有一定支承抗力又有良好柔性的支护结构。这是由于：喷层可沿岩面施作薄层（5～10cm）支护；较厚的喷层支护可分期施作；喷射混凝土内可掺入钢纤维等材料，以显著改善其韧性；能与锚杆结合使用，必要时喷层可设置纵向变形缝。

喷射混凝土支护既能迅速提供全面、均匀、连续的支护抗力，又有良好的柔性，对控制围岩的初始变形特别重要。它可以允许围岩塑性区有一定发展，但又不致使围岩进入松散的破坏状态，喷层支护与围岩的相互作用对发挥围岩的自支承能力十分有利（图4-2-2），能以较小的支护抗力，获得良好的稳定效果。

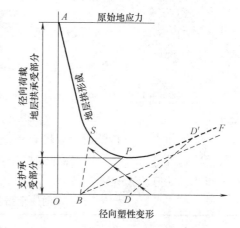

图 4-2-2　岩层拱抗力曲线原理图

ASPD—岩层拱曲线；*BS*—支护过刚；
BP—支护适宜；*DD′*—支护过晚；*BF*—支护过柔

2）设计要点

（1）喷射混凝土 1d 龄期的抗压强度不应低于 8N/mm²；28d 龄期的抗压强度不应低于 20N/mm²；对于大型洞室及特殊条件下的工程支护，28d 龄期的抗压强度不应低于 25N/mm²。

（2）喷射混凝土与岩石间的粘结强度应不小于 0.8N/mm²，与混凝土的粘结强度应不小于 1.0N/mm²。

（3）喷射混凝土的体积密度可取 2200～2300kg/m³，弹性模量可按表 4-2-1 采用。

喷射混凝土的弹性模量（N/mm²）　　　　　　　　表 4-2-1

喷射混凝土强度等级	弹性模量	喷射混凝土强度等级	弹性模量
C20	2.3×10^4	C35	3.0×10^4
C25	2.6×10^4	C40	3.15×10^4
C30	2.8×10^4		

（4）处于高应力低强度的塑性流变岩体或大范围黏土剪力带地层中的大变形隧洞的喷锚支护工程，宜采用具有高韧性的钢纤维喷射混凝土。钢纤维喷射混凝土的残余抗弯强度（韧性）试验方法及其不同残余抗弯强度等级的最小抗弯强度要求应符合 GB 50086—2015 附录的规定。图 4-2-3 为残余抗弯强度等级图。表 4-2-2 为不同残余强度等级的钢纤维喷射混凝土的残余应力值。

（5）喷射混凝土的抗渗等级不应小于 P6，当设计有特殊要求时，可通过调整材料配合比或掺加外加剂、掺合料（如硅粉）等方式配制高于 P6 的喷射混凝土。

（6）对于有严重冻融侵蚀的永久性工程，喷射混凝土的抗冻融循环能力不应小于 200 次。

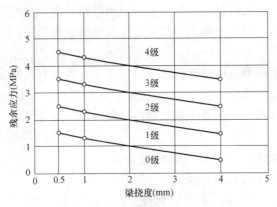

图 4-2-3　残余抗弯强度等级图

（7）处于侵蚀性介质中的永久性喷射混凝土工程，应采用由耐侵蚀性水泥配制的喷射混凝土。

（8）喷射混凝土支护的设计厚度，不应小于 50mm；含水岩层中的喷射混凝土支护的设计厚度不应小于 80mm；钢筋网喷射混凝土支护设计厚度不应小于 80mm；支护层最终设计厚度不应大于 250mm。

不同残余强度等级的钢要点　　　　　　　　　　　　　　表 4-2-2

变形等级	梁的挠度（mm）	不同残余抗弯强度等级下的残余应力值（MPa）			
		等级 1	等级 2	等级 3	等级 4
很低	0.5	1.5	2.5	3.5	4.5
低	1	1.3	2.3	3.3	4.3
普通	2	1.0	2.1	3.0	4.0
高	4	0.5	1.5	2.5	3.5

注：1. 变形等级系指不同围岩与工作条件对喷射混凝土支护层变形的要求。
　　2. 残余抗弯强度等级则是喷射混凝土韧性高低的标志，等级 4 韧性最高，依次韧性逐级降低。

（9）喷射混凝土对局部不稳定块体的抗冲切承载力可按下式验算（图 4-2-4）：

$$KG \leqslant 0.6 f_t u_m h \tag{4-1}$$

当喷层内配置钢筋网时，则其抗冲切承载力按下式计算：

$$KG \leqslant 0.3 f_t u_m h + 0.8 f_{yv} A_{svu} \tag{4-2}$$

式中　G——不稳定岩块自重（N）；

　　　f_t——喷射混凝土抗拉强度设计值（N/mm²）；

　　　f_{yv}——钢筋抗剪强度设计值（N/mm²）；

　　　h——喷射混凝土厚度（mm）；

　　　u_m——不稳定块体出露的周边长度（mm）；

　　　A_{svu}——与冲切破坏锥体斜截面相交的全部钢筋截面积（mm²）；

　　　K——安全系数，取 1.5～2.0。

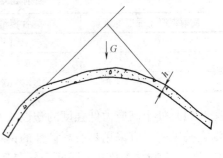

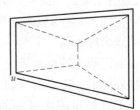

图 4-2-4　喷层抗冲切承载力计算图示

（10）受采动影响或承受高速水流冲刷的隧洞，宜采用钢纤维喷射混凝土。

（11）为控制喷层收缩开裂，使喷层受力时应力分布均匀，并提高喷层的抗剪能力和整体工作性能，宜采用钢筋网喷射混凝土。钢筋间距宜为 150～300mm，钢筋保护层厚度不应小于 20mm，水工隧洞的钢筋保护层厚度不应小于 50mm。钢筋网喷射混凝土厚度不应小于 100mm，也不宜大于 250mm。

（12）对于下列情况，宜采用钢架喷射混凝土：

① 围岩自稳时间很短，在喷射混凝土或锚杆的支护作用发挥前就要求开挖面稳定；

② 为抑制围岩大变形，需增强支护抗力。

（13）深埋高应力大变形围岩及受采动影响的隧洞宜采用 U 形可缩性钢架，浅埋土质隧洞宜采用格栅钢架。

2. 边坡工程中的喷射混凝土支护

1）作用原理

喷射混凝土是一种边坡岩体表层的防护技术，如果与岩石锚杆一起作用，则是一种理想的岩石边坡支护方法。

边坡工程喷射混凝土的主要作用：

（1）预防风化作用及雨水对岩石的腐蚀损伤和岩体工程地质条件的恶化，保护岩体，从而有利于保持边坡的长期稳定。

（2）喷射混凝土能加强坡面上不连续结构面周围的岩体。当这些不连续结构面形成楔形或平面形不稳定块体时，喷射混凝土将增加对岩石的抗滑阻力（图 4-2-5）。

2）设计要点

（1）设计中应对喷射混凝土与岩面的粘结强度提出要求。喷层厚度一般为 10～20cm，对坡面或锚杆间可能出现的不稳定岩块，应验算喷层的抗冲切能力，其验算方法见式（4-1）和式（4-2）。

（2）为避免喷层收缩开裂，改善受力时喷射混凝土应力分布的均匀性，并增强喷层抵抗岩块剪切的能力，一般应采用钢筋网喷射混凝土或喷射钢纤维混凝土。

（3）用于边坡防护的喷射混凝土的强度等级不得小于 C20。

（4）应用喷射混凝土必须考虑到防止喷混凝土层后面水位抬高问题，一旦喷层密封边坡时水位抬高，那么地下水压力增大本身就可能引起不稳定。务必在岩面内埋设排水管，将裂隙水排走。

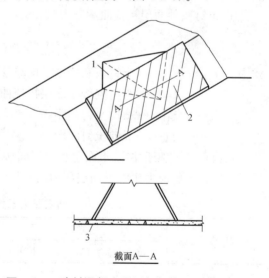

图 4-2-5 喷射混凝土用以加固楔形不稳定块体
1—楔形不稳定块体；2—喷射混凝土；
3—喷射混凝土加固楔形不稳定体

（5）为有效防范冻结对喷射混凝土质量的不利影响，喷射混凝土施工应在温度高于 5℃和解冻天气后一周进行。

3. 土钉墙中的喷射混凝土面层

1）作用原理

在土钉支护体系中，土—钉—面层的相互作用，保持着土体开挖边坡的稳定。土钉与配筋喷射混凝土面层紧密连接，面层的抗剪与抗弯能力，可承受土钉头的工作荷载，面层刚度可限制坡面的侧向变形。此外，土质边坡上全面覆盖的喷射混凝土面层，可防止雨水的冲刷与渗入，保持土体的固有强度，也十分有利于土质边坡的稳定。

2）设计要点

（1）土钉支护工程临时性喷射混凝土面层的厚度宜在 50～150mm，混凝土强度等级不低于 C20，3d 强度不低于 10MPa；永久性喷射混凝土面层厚度宜在 100～250mm，混凝土强度等级不低于 C30，3d 强度不低于 15MPa。

（2）喷射混凝土面层内应设置钢筋网，临时性面层钢筋网的钢筋直径一般为 6.5～8mm，永久性面层钢筋网的钢筋直径可适当加大，网格尺寸宜为 150～300mm，当设置两层钢筋网时，喷射混凝土面层厚度不应小于 120mm。

（3）对土钉墙支护面层和搭接系统，喷射混凝土面层可能因为下列因素而破坏：①挠曲；②冲切；③钉头的拉伸破坏。因此，要验算喷射混凝土面层的抗挠曲强度和抗冲切强度，尤其对于永久性土钉支护工程，对土钉头的抗挠曲和抗冲切验算是必需的。

（4）关于土钉头抗挠曲和抗冲切验算，美国交通部联邦公路管理局制定的《土钉墙设计施工与监测手册》SA-96-069R 中曾提出了有关验算方法，可供参考。该验算方法的要点介绍如下。

① 土钉头处面层抗挠曲承载力（T_{FN}）：

$$T_{FN}=C_F(m_{V1}+m_{V2})\left(\frac{8S_H}{S_V}\right) \tag{4-3}$$

式中 m_{V1} 和 m_{V2}——土钉头和跨中竖向单位弯矩承载力；

C_F——喷射混凝土面层抗挠曲压力系数；

S_H——横向土钉间距；

S_V——纵向土钉间距。

系数 C_F 反映喷射混凝土面层和土层间接触压力的不均匀性，可按表 4-2-3 选取。面层后部产生较大的应力集中，面层压力的不均匀分布见图 4-2-6，在设计中应加以考虑。

面层压力系数设计推荐值　　　　　　　　　　　　　　　表 4-2-3

面层厚度（mm）	临时性面层		永久性面层	
	抗剪力系数 C_F	抗剪力系数 C_s	抗剪力系数 C_F	抗剪力系数 C_s
100	2.0	2.5	1.0	1.0
150	1.5	2.0	1.0	1.0
200	1.0	1.0	1.0	1.0

土钉头和跨中竖向单位弯矩承载力 m_V 可由下式求得：

$$m_V=\frac{A_sf_y}{b}\left(d-\frac{A_sf_y}{1.7f_cb}\right) \tag{4-4}$$

式中　A_s——宽度为 b 的面板中拉筋面积；

　　　b——单位面板宽度（即 S_H）；

　　　f_y——钢筋抗拉强度设计值；

　　　f_c——喷射混凝土抗压强度；

　　　d——喷射混凝土面层受压区边缘至受拉钢筋质心的距离。

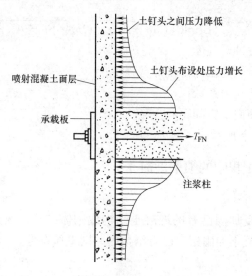

土钉头之间压力降低

土钉头布设处压力增长

喷射混凝土面层

承载板

T_{FN}

注浆柱

图 4-2-6　典型喷射混凝土面层压力分布

② 面层的抗冲剪强度：

喷射混凝土面层的抗冲剪强度与土钉头处的连接方式有关。这里推荐的抗冲剪强度验算方式是以当前美国普遍采用的土钉与面板的连接方式为前提的，土钉头处的连接方式见图 4-2-7。

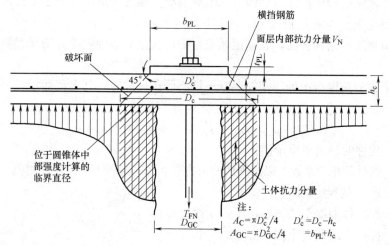

b_{PL}

横挡钢筋

面层内部抗力分量 V_N

破坏面

$45°$

D'_c

D_c

t_{PL}

h_c

位于圆锥体中部强度计算的临界直径

土体抗力分量

T_{FN}

D_{GC}

注：
$A_C = \pi D_c^2 / 4$　　$D'_c = D_c - h_c$
$A_{GC} = \pi D_{GC}^2 / 4$　　　　$= b_{PL} + h_c$

图 4-2-7　土钉头连接处的冲剪力

喷射混凝土面层内部抗冲剪强度 V_N：

$$V_N = 0.33 \sqrt{f'_c} \pi \cdot D'_c \cdot h_c \tag{4-5}$$

式中　f'_c——喷射混凝土抗压强度标准值；

　　　　D'_c——有效的冲切圆锥体直径；

　　　　h_c——有效圆锥体深度。

通过考虑力的平衡及图 4-2-7 所示的锥状破坏体的直径和土钉头后面增加的压力，还要计入土体反力对土钉头抗力的作用。土钉头冲剪强度的最终表达式如下：

$$T_{FN} = V_N \left[\frac{1}{1 - C_S(A_C - A_{GC})/(S_V \cdot S_H - A_{GC})} \right] \qquad (4-6)$$

式中　T_{FN}——土钉头抗冲剪强度；

　　　　V_N——喷射混凝土面层内部抗冲剪强度；

　　　　C_S——面层的剪切力系数；

　S_V、S_H——竖向及横向土钉间距；

　A_C、A_{GC}——见图 4-2-7 所示。

4. 建筑结构加固工程中的喷射混凝土

1）作用原理

采用喷射混凝土修复加固已有的混凝土结构或砌体结构，改善了结合面上的粘结性能，从而可提高喷射混凝土加固层与已有结构的共同工作特性。

2）加固设计要点

（1）结构构件的强度计算，应综合考虑结构构件截面在加固前已有的应力、加固结构的应变滞后、加固层与原结构共同工作的程度。

（2）喷射混凝土加固建筑结构设计，应优先采用卸荷加固方法。

（3）验算结构承载力时，应综合考虑实际的荷载偏心、结构变形、温度作用引起的附加内力。

（4）用于建筑结构构件强度加固时，喷射混凝土强度等级不应低于 C20，并应较被加固结构的混凝土强度等级高 1～2 级，喷射混凝土厚度应不小于 50mm。

（5）对所加固的结构表面，宜采用插栽锚固件或涂刷界面剂等方法增强新旧结构层的粘结。

（6）当采用喷射混凝土加固钢筋混凝土轴心受压构件时，其正截面承载力应按下列公式计算：

$$N < 0.9\varphi \left[f_{co}A_{co} + f'_{yo}A'_{so} + \alpha(f_c A_c + f'_y A'_s) \right] \qquad (4-7)$$

式中　N——构件的轴向力设计值；

　　　　φ——构件的稳定系数，以加固后截面为准，按《混凝土结构设计规范》GB 50010—2010 的规定采用；

　　　f_{co}——原构件混凝土的轴心抗压强度设计值；

　　　A_{co}——原构件的截面面积；

　　　f'_{yo}——原构件纵向钢筋的抗压强度设计值；

　　　A'_{so}——原构件纵向钢筋的截面面积；

　　　A_c——喷射混凝土的截面面积；

　　　f_c——喷射混凝土轴心抗压强度设计值；

f'_y——构件加固用纵向钢筋的抗压强度设计值；

A'_s——构件加固用纵向钢筋的截面积；

α——考虑后加固部分应变滞后和新旧混凝土协同工作差异时，加固用喷射混凝土和纵向钢筋的强度利用系数，可近似取 $\alpha=0.8$。当采用卸荷加固时，该系数可根据卸荷后原构件的实际应力水平或有关可靠试验数据适当提高。

（7）当喷射混凝土加固后为大偏心受压构件时，受压区新增喷射混凝土和纵向钢筋的抗压强度设计值及受拉区新增纵向钢筋的抗拉强度设计值应乘以折减系数 0.9。

（8）当喷射混凝土加固后为小偏心受压构件时，受压区新增喷射混凝土和纵向钢筋抗压强度设计值应乘以折减系数 0.8，受拉区新增纵向钢筋的抗拉强度设计值应乘以折减系数 0.9。

（9）当采用喷射混凝土加固梁板受弯构件时，应根据结构的实际情况，分别在受压区或受拉区采用两种不同的加固形式。对在受压区加固的受弯构件，其承载力、抗裂度、裂缝宽度及变形计算和验算可按现行国家标准《混凝土结构设计规范》GB 50010—2010 中关于叠合构件的规定执行；对受拉区加固的受弯构件，计算其承载力时，新增纵向钢筋的抗拉强度设计值应乘以折减系数 0.9。

（10）当采用喷射混凝土夹板墙对墙体进行抗震加固时，楼层抗震能力的增强系数可按下列公式计算：

$$\eta_{pi} = 1 + \frac{\sum_{j=1}^{n} (\eta_{pij} - 1)A_{ijo}}{A_{io}} \tag{4-8}$$

式中　η_{pi}——面层加固的第 i 楼层抗震能力的增强系数；

η_{pij}——第 i 层中第 j 加固墙段的增强系数，按表 4-2-4 采用；

n——第 i 楼层中在验算方向上面层加固的抗震墙道数；

A_{ijo}——第 i 楼层第 j 墙段在 1/2 层高处的净截面面积；

A_{io}——第 i 楼层中在验算方向上原有抗震墙在 1/2 层高处的净截面总面积。

墙体加固后的增强系数　　表 4-2-4

原墙体砌筑砂浆的强度等级	加固墙段的增强系数	原墙体砌筑砂浆的强度等级	加固墙段的增强系数
M2.5	2.5	M7.5	2.0
M5		M10	1.8

第三节　喷射混凝土类型

1. 干拌法与湿拌法喷射混凝土

有两种制备喷射混凝土的方法，即干拌法喷射与湿拌法喷射。干拌法喷射混凝土，是将干拌合料（水泥、骨料及粉状速凝剂）借助喷射机在压缩空气带动下输送至喷嘴处，加水后喷射至受喷面（图 4-3-1*b*）；而湿拌法喷射混凝土，则是将湿拌合料（水泥、骨料与水），借助喷射机由泵送或风送的方式输送至喷嘴处，与液态速凝剂混合后喷射到受喷面（图 4-3-1a）。

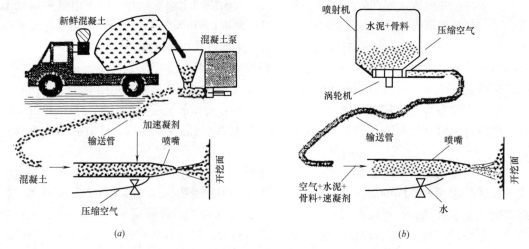

图 4-3-1　湿拌法喷射与干拌法喷射工艺简图

(a) 湿拌法喷射；(b) 干拌法喷射

2. 湿拌法喷射混凝土的优缺点

湿拌法喷射混凝土的突出优点有：

（1）施工效率高，特别是泵送型湿拌法喷射混凝土 1h 可完成 6.0～8.0m³，甚至可高达 20m³/h；而干拌法喷射混凝土，一般 1h 能完成 3～4m³。

（2）回弹量低，湿拌法喷射的拱墙平均回弹率为 5%～10%，而干拌法喷射的拱墙平均回弹率为 15%～20%。

（3）喷射区粉尘量小，特别是采用泵送型湿拌法喷射，其粉尘浓度比干拌法喷射显著降低。

（4）由于减少了对喷射手技能的依赖，湿拌法喷射混凝土的匀质性较好，但由于水胶比较高，因而两种喷射混凝土的强度大致相当。

但湿拌法喷射混凝土也有其不足之处，如对潮湿或含水地层的适应性差；对难以进出的区域施工，由于机械较庞大也颇不方便；对使用量较少的工程也欠灵活性等。此外，频繁地启动或关闭泵送，则会浪费不少混凝土材料。

3. 干拌法喷射混凝土的优缺点

干拌法喷射混凝土尽管某些性能比湿拌法喷射混凝土差，但仍有湿拌法不及的优越之处，如：

（1）可及时调整水灰比与粉状速凝剂掺量，以适应潮湿、含水地层施工的需要。

（2）对难以进出的区域或工程量较少的地方，干拌法喷射设施的快速到达或转移以及混合料在输料管内可作长距离输送。

（3）工作面不大的区域能在开挖面暴露后迅速喷射防护。

4. 国内外干拌法与湿拌法喷射混凝土的应用比例

国内干拌法与湿拌法喷射混凝土的用量大致相等，大断面隧道及大跨度洞室一般均采用湿拌法喷射混凝土；而边坡、基坑土钉墙支护，结构加固及矿山巷道洞室支护一般采用干拌法喷射混凝土。国外干拌法与湿拌法喷射混凝土的应用比例见表4-3-1。

世界各国干拌法和湿拌法喷射混凝土的比例　　　　　　表 4-3-1

使用干拌法喷射混凝土为主的国家			使用湿拌法喷射混凝土为主的国家		
国别	湿拌法(%)	干拌法(%)	国别	湿拌法(%)	干拌法(%)
奥地利	5	95	法国	60	40
加拿大	5	95	意大利	90	10
德国	15	85	日本	80	20
英国	10	90	挪威	99	1
葡萄牙	20	80	瑞典	80	20
匈牙利	10	90	瑞士	65	35
摩洛哥	10	90	美国	60	40

总体而言，无论是国外还是国内，现在或在今后相当长的时间内，湿拌法与干拌法喷射混凝土长期并存、共同发展的格局不会发生明显变化。根据湿拌法与干拌法喷射混凝土各自的优点和特点，国家标准 GB 50086—2015 明确规定：

（1）大断面隧道及大型洞室喷射混凝土支护，应采用湿拌法喷射混凝土；

（2）矿山巷道洞室、小断面隧道及露天锚喷工程，喷射混凝土支护可采用含水率5%～6%的干拌（半湿拌）法喷射混凝土。

第四节　喷射混凝土的原材料及其配合比

1. 水泥、骨料与水

喷射混凝土与浇筑混凝土类似，基本上由水泥浆（水泥加水）与惰性的粗细骨料组成。掺入一定量的外加剂或外掺料，可使水泥浆减少对水的需求量，排出空气分散颗粒，缩短混凝土的凝结时间，提高混凝土的早期强度、粘结强度，改善喷射混凝土的工程性质。

1）水泥

水泥品种和强度等级的选择主要应满足工程使用要求，当加入速凝剂时，还应考虑水泥与速凝剂的相容性。

喷射混凝土应优先采用硅酸盐水泥或普通硅酸盐水泥，因为这两种水泥的 C_3S 和 C_3A 含量较高，与速凝剂的相容性好，能速凝、快硬，后期强度也较高。矿渣硅酸盐水泥凝结硬化较慢，但对抗矿物水（硫酸盐、海水）腐蚀的性能比普通硅酸盐水泥好。

当喷射混凝土遇到含有较高可溶性硫酸盐的地层或地下水的地方，应使用抗硫酸盐类水泥。当结构物要求喷射混凝土早强时，可使用硫铝酸盐水泥或其他早强水泥。当骨料与水泥中的碱可能发生反应时，应使用低碱水泥。当喷射混凝土用于耐火结构时，应使用高铝水泥，它同时对于酸性介质也有较大的抵抗能力。高铝水泥由于早期水化作用，发热量较高，使用时需要采取一定的预防措施。

2）骨料

所用骨料应符合《普通混凝土用砂、石质量及检验方法标准》JGJ 52—2006 的要求。

砂：喷射混凝土用砂宜选择中粗砂，细度模数大于 2.5。一般砂子颗粒级配应满足表 4-4-1 要求。砂子过细，会使干缩增大；砂子过粗，则会增加回弹；砂子中小于 0.075mm 的颗粒不应超过 20%，否则由于骨料周围粘有灰尘，会妨碍骨料与水泥的良好粘结。

<table>
<tr><td colspan="4" style="text-align:center">细骨料的级配限度　　　　　　　　　　　　　　　　表 4-4-1</td></tr>
</table>

筛孔尺寸（mm）	通过百分数（以质量计）	筛孔尺寸（mm）	通过百分数（以质量计）
10	100	0.6	25～60
5	95～100	0.3	10～30
2.5	80～100	0.15	2～10
1.2	50～85		

石子：卵石或碎石均可，但以卵石为好，卵石对设备及管路磨蚀小，也不像碎石那样因针片状含量多而易引起管路堵塞。尽管目前国内生产的喷射机能使用最大粒径为 25mm 的骨料，但为了减少回弹，骨料的最大粒径不宜大于 20mm。骨料级配对喷射混凝土拌合料的可泵性、通过管道的流动性、在喷嘴处的水化、对受喷面的粘附以及最终产品的表观密度和经济性都有重要作用。为取得最大的表观密度，应避免使用间断级配的骨料。经过筛选后，应将所有超过尺寸的大块除掉，因为这些大块常常会引起管路堵塞。喷射混凝土需掺入速凝剂时，不得用含有活性二氧化硅的石材作粗骨料，以免碱骨料反应而使喷射混凝土开裂破坏。近年来，随着湿拌法喷射混凝土的发展，为了避免堵管并减少回弹，粗骨料最大粒径一般控制在不大于 12mm。骨料常用的级配见表 4-4-2。

3）水

喷射混凝土用水要求与普通混凝土相同，不得使用污水、pH 值小于 4.5 的酸性水、碱含量不大于 1500mg/L、硫酸盐含量按 SO_4 计超过水重 1% 的水及海水。

<table>
<tr><td colspan="4" style="text-align:center">粗细骨料级配限度　　　　　　　　　　　　　　　　表 4-4-2</td></tr>
</table>

筛孔尺寸（mm）	过筛重量百分比（%）	筛孔尺寸（mm）	过筛重量百分比（%）
12	100	1.25	35～55
10	90～100	0.63	20～35
5	70～85	0～3.15	8～20
2.5	50～70	0～1.60	2～10

2. 外加剂

1）速凝剂

使用速凝剂的主要目的是使喷射混凝土速凝快硬，减少回弹损失，防止喷射混凝土因重力作用所引起的脱落，提高它在潮湿或含水岩层中使用的适应性能，以及可适当加大一次喷射厚度和缩短喷射层间的间隔时间。

喷射混凝土用速凝剂同普通混凝土用的速凝剂在成分上有很大不同，喷射混凝土用速凝剂的种类繁多，按产品形态可以分固态和液态；按其碱含量，可分为有碱、低碱和无碱；按其化学成分，可分为铝氧熟料—碳酸盐系、铝氧熟料—明矾石系、水玻璃系。

近年来，随着我国工程建设的发展和速凝剂技术的不断创新研发，品质优良的速凝剂能使混凝土早期强度更高，28 天强度保存率可达 90％，凝结时间可控在 2～6min，广泛应用于各类工程。据不完全统计，2009 年，我国速凝剂的产量约为 100.71 万 t（其中粉状速凝剂占 74.32％，液态速凝剂占 25.68％）。2013 年，我国无碱或低碱的液态速凝剂产量约为 3.45 万 t，占到速凝剂总产量的 3％；2015 年无碱或低碱的液态速凝剂产量约为 346.96 万 t，占到速凝剂总产量的 63.3％，较 2013 年同比增长近 100 倍。

建筑材料行业标准《喷射混凝土用速凝剂》JC 477—2005 规定了喷射混凝土所掺加的速凝剂按形态分为粉状速凝剂和液体速凝剂，按照产品等级分为一等品与合格品，并对掺加速凝剂的净浆和硬化砂浆性能作了具体规定（表 4-4-3）。

对掺加速凝剂的净浆和硬化砂浆的性能指标要求　　　　　　　表 4-4-3

参　　数		性能指标
凝结时间（min）	初凝	≤4
	终凝	≤10
抗压强度比（％）	1d	≥105
	28d	≥70
细度 80μm 筛分（％）		≤14
含水率（％）		≤2

近年来，由于我国低碱、无碱型速凝剂（粉状与液体）研制成功并获得广泛应用，使得掺加速凝剂的喷射混凝土 28d 抗压强度与不掺加速凝剂的喷射混凝土 28d 抗压强度比已达到 90％以上。鉴于当前低碱和无碱速凝剂的广泛使用及已获得的良好工程效果，我国国家标准 GB 50086—2015 对掺加速凝剂的喷射混凝土性能要求作出以下规定：

① 掺加正常用量速凝剂的水泥净浆初凝时间不应大于 3min，终凝时间不应大于 12min。

② 掺加速凝剂的喷射混凝土试件，28d 抗压强度不应低于不掺加速凝剂试件抗压强度的 90％。

③ 宜用无碱或低碱型速凝剂。

（1）速凝剂的类型

① 铝氧熟料—碳酸盐系

其主要速凝成分为铝氧熟料、碳酸钠以及生石灰。

铝氧熟料是由铝矾土矿（主要成分为 $NaAlO_2$，其中 $NaAlO_2$ 含量可达到 60％～80％）经过煅烧而成，属于此类的速凝剂产品有红星 I 型、711 型、782 型、J85 型以及尧山型。

红星 I 型速凝剂是由铝氧熟料（主要成分为 $NaAlO_2$）、碳酸钠（Na_2CO_3）、生石灰（CaO）按质量比 1∶1∶0.5 的比例配制而成，粉磨细度接近于水泥。成分中铝酸钠占 20%，氧化钙占 20%，碳酸钠占 40%，其余为无速凝作用的硅酸二钙、硅酸钠等。

711 型速凝剂是由铝矾土、碳酸钠、生石灰按一定比例配合成生料，将生料在 1300℃ 左右的高温下煅烧成铝氧烧结块，再将其与无水石膏按质量比 3∶1（铝氧烧结块∶无水石膏）共同粉磨制成，其中铝酸钠占 37.5%，无水石膏占 25%，其余为硅酸二钙及中性钠盐等。

782 型速凝剂是由矾泥、铝氧熟料和生石灰按质量比 74.5%∶14.5%∶11% 的比例配制而成。

这类速凝剂含碱量高，虽然早期强度发展快，但后期强度降低较大，加入无水石膏后可以降低一些碱度和提高一些后期强度。

② 铝氧熟料—明矾石系

主要成分为铝矾土、芒硝（$Na_2SO_4 \cdot 10H_2O$），经煅烧成为硫铝酸盐熟料后，再与一定比例的生石灰、氧化锌共同研磨而成。产品的主要成分为：铝酸钠、硅酸三钙、硅酸二钙、氧化钙和氧化锌。如阳泉一号即为此类速凝剂。这类速凝剂含碱量低一些，且由于加入氧化锌而提高了后期强度，但早期强度的发展却慢了一点。

③ 水玻璃系

以水玻璃（硅酸钠）为主要成分，为降低黏度需要加入重铬酸钾，或者加入亚硝酸钠、三乙醇胺等。其生产方法是将水玻璃调整到波美度 30，再适当加入其他辅料。

④ 低碱或无碱系

主要成分为硫酸铝、羟基胺、稳定剂复合制成的无碱型速凝剂和成分为可溶性树脂的聚丙烯酸、聚甲基丙烯酸羟基胺等制成的低碱类有机类速凝剂。低碱或无碱类速凝剂的含碱量分别小于 0.5% 和 0.3%。这类速凝剂加入喷射混凝土中具有凝结快、早期强度高、28d 强度损失率小或不损失等优点，是水泥速凝剂的发展方向。郑州市兰瑞工程材料有限公司生产的 SWJF 粉状速凝剂和 SWSY 液体速凝剂以及河南巩义市豫源建筑工程材料有限责任公司生产的 YY 系列低碱和无碱速凝剂均为性能良好的无碱速凝剂。郑州市兰瑞工程材料公司生产的 SDJY 低碱液体速凝剂和 SWJY 无碱液体速凝剂性能指标（由中国水电顾问集团成都勘测设计研究院检测）见表 4-4-4。该公司生产的低碱和无碱速凝剂已在三峡、溪洛渡、糯扎渡、锦屏、龙滩等大型水电站洞室工程，厦门海底隧道以及铁路隧道工程中得到广泛应用。

低碱与无碱液体速凝剂性能　　　　　　　　　　表 4-4-4

速凝剂品种	凝结时间		1d 抗压强度（MPa）	28d 抗压强度比（%）	固体含量（%）	密度（g/ml）	Na_2SO_4 含量（%）	碱含量（%）	还原糖含量（%）	CL^- 含量（%）	pH
	初凝	终凝									
SDJY 低碱液体	2′02″	4′14″	10.1	79.7	62.28	1.510	0.06	16.86	1.64	0.64	13.09
SWJY 无碱液体	2′45″	4′56″	8.2	102.5	53.45	1.436	39.41	0.09	2.28	0.003	2.44

注：摘自成都水电勘测设计研究院科研所《用兰瑞外加剂配制喷射混凝土性能试验研究报告》。

YY 系列速凝剂性能 表 4-4-5

品种	凝结时间		1d 抗压强度（MPa）	28d 抗压强度比（%）	固体含量（%）	密度（g/mL）	碱含量（%）	Cl⁻含量	pH	细度
	初凝	终凝								
YYSⅠ粉状（2012 年）	2′32″	7′34″	10.9	78						
YYSⅡ低碱液体（2012 年）	3′15″	6′10″	8.6	85	61.25	1.491	21.43	0.00	12.04	
YYSⅡ低碱液体（2015 年）	3′02″	8′49″	9.8	78	61.31	1.492	20.96	0.00	12.10	
YYSⅣ无碱液体（2012 年）	2′46″	7′48″	9.0	97	48.56	1.43	0.5	0.00	3.55	
YYSⅣ无碱液体（2015 年）	3′09″	9′01″	9.7	96	48.62	1.432	0.5	0.00	3.53	

注：摘自河南省建材工业产品质量监督检验中心检验报告。

巩义市豫源建筑工程材料有限责任公司生产的 YYSⅠ型粉状速凝剂和 YYSⅡ型液态低碱及 YYSⅣ型无碱速凝剂性能指标见表 4-4-5，其性能良好，满足检测标准要求，已广泛应用于海南抽水蓄能电站，锦屏、乌东德、龙滩、白鹤滩等电站，滇池补水系统、广大铁路等洞室及隧道、昔阳煤矿等地下工程。

（2）喷射混凝土速凝剂的作用机理

速凝剂可使水泥在数分钟内凝结，其作用机理复杂，主要是由于速凝剂各组分之间以及这些组分与水泥中的石膏、矿物成分之间发生一系列的化学反应所致。

① 铝氧熟料—碳酸盐系作用机理

主要化学反应如下：

$$Na_2CO_3 + CaO + H_2O \longrightarrow CaCO_3 + 2NaOH$$

$$NaAlO_2 + 2H_2O \longrightarrow Al(OH)_3 + NaOH$$

$$2NaAlO_3 + 3CaO + 7H_2O \longrightarrow 3CaO \cdot Al_2O_3 \cdot 6H_2O + 2NaOH$$

$$2NaOH + CaSO_4（石膏）\longrightarrow Na_2SO_4 + Ca(OH)_2$$

碳酸钠、铝酸钠与水作用都生成 NaOH，氢氧化钠与水泥中的石膏反应生成过渡性的产物 Na_2SO_4，使水泥浆中起缓凝作用的可溶性石膏浓度明显降低，此时，水泥矿物组分 C_3A 就迅速溶解进入溶液中，水化生成六角板状的 C_3AH_6，将加速水泥浆体的凝固。上述反应所产生的大量水化热也会促进反应进程和强度发展。此外，在水化初期，溶液中生成的 $Ca(OH)_2$、SO_4^{2-}、Al_2O_3 等组分，结合而生成高硫型水化硫铝酸（钙矾石），不仅对早期强度发展产生有利影响，也会使水泥浆体中 $Ca(OH)$ 浓度下降，从而促进了 C_3S 的水化，生成的水化硅酸钙凝胶相互交织搭接，形成网络结构的晶体而促进凝结。

② 铝氧熟料—明矾石系作用机理

主要化学反应如下：

$$Na_2SO_4 + CaO + H_2O \longrightarrow CaSO_4 + 2NaOH$$

$$CaSO_4 + 2NaOH \longrightarrow Ca(OH)_2 + Na_2SO_4$$

$$NaAlO_2 + 2H_2O \longrightarrow Al(OH)_3 + NaOH$$

$$2NaAlO_3 + 3CaO + 7H_2O \longrightarrow 3CaO \cdot Al_2O_3 \cdot 6H_2O + 2NaOH$$

大量生成的氢氧化钠，消耗了水泥浆体中的 SO_4^{2-}，促进了 C_3A 的水化反应。水化热的发生促进反应进程和强度发展。$Al(OH)_3$、Na_2SO_4 具有促进水化作用，使 C_3A 迅速水化生成钙矾石而加速凝结硬化。钙矾石的生成进一步降低了液相中 $Ca(OH)_2$ 浓度，又促进了 C_3S 水化，生成水化硅酸钙凝胶，由此而产生了强度。

由于早期大量生成的钙矾石，后期会向单硫型水化硫铝酸钙转化，致使水泥石内部孔隙增加，因此，这类早期生成钙矾石产物的速凝剂均会使后期强度下降。

③ 水玻璃系作用机理

以硅酸钠为主要成分的水玻璃系速凝剂，主要是硅酸钠与水泥水化产物氢氧化钠反应：

$$Na_2O \cdot nSiO_2 + Ca(OH)_2 \longrightarrow (n-1)SiO_2 + CaSiO_3 + 2NaOH$$

反应中生成大量 $NaOH$，如前所述促进了水泥水化，从而迅速凝结硬化。

④ 复合硫铝酸盐系（无碱速凝剂）的作用机理

掺有复合硫铝酸盐系速凝剂的水泥浆可发生如下反应：

$$Al_2(SO_4)_3 + 3CaO + 5H_2O \longrightarrow 3CaO \cdot 2H_2O + 2Al(OH)_3$$

$$2NaAlO_3 + 3CaO + 7H_2O \longrightarrow 3CaO \cdot Al_2O_3 \cdot 6H_2O + 2NaOH$$

$$3CaO \cdot Al_2O_3 \cdot 6H_2O + 3CaSO_4 \cdot 2H_2O + 25H_2O \longrightarrow C_3A \cdot 3CaSO_4 \cdot 31H_2O$$

因此，在水泥—速凝剂—水体系中，由于 $Al_2(SO_4)_3$ 等电解质的电离和水泥粉磨时加入石膏的溶解，液相中 SO_2^- 浓度骤增，并与溶液中的 Al_2O_3、$Ca(OH)_2$ 等组分迅速反应，生成大量微细针柱状钙矾石和中间产物次生石膏，这些晶体生长、发展在水泥颗粒之间，交叉形成网络状结构导致速凝，同时反应热的释放，加快了凝结过程。

（3）国外速凝剂的发展

国外正致力于开发非碱性速凝剂。如美国科罗拉多州 Denver Protex 工业公司研制的非碱性速凝剂，pH 值为 7.0～7.5，属中性（传统的水泥速凝剂 pH 值高达 12.7）速凝剂。在水泥中掺入该速凝剂，其 28d 强度要比加入传统速凝剂的高 24%，而且可显著减少回弹损失。瑞士 Aliva 公司生产的非碱性速凝剂掺入喷射混凝土拌合料中 24h 的强度比掺入碱性速凝剂的高 40%，7d 的强度高 1 倍，28d 的强度高 55%。德国在研究开发无机中性盐类和有机类速凝剂。这些物质对皮肤无腐蚀作用，同时不含碱金属或含量极少，所以对强度无不良影响，甚至可使最终强度大大提高。

在日本，Kogyo 公司于 1981 年研发出粉状铝酸钙速凝剂，基本上扭转了喷射混凝土强度损失大的局面。随后，又开发出硫铝酸钙系列粉状速凝剂，应用于高强喷射混凝土效果良好。

20 世纪 80 年代初，国外开始液体速凝剂的研究，早期研制的一般为碱性液体速凝剂。美国从 20 世纪 90 年代后期开始研究无碱液体速凝剂，欧洲各国研制的液体速凝剂品种也较多，瑞士 MBT 公司生产了 MEYCOSA 系列无碱液体速凝剂。近些年来，尤其是在日本、欧洲，几乎不生产碱性速凝剂。

2）减水剂

混凝土中掺入减水剂后，可在保持流动性的条件下显著地降低水灰比，一般减水剂的减水率为 5％～15％。产生减水的原因主要是由于减水剂的吸附和分散作用。

水泥与水混合以及在凝结硬化过程中，由于水泥矿物所带电荷不同，产生异性电荷相吸等原因，会产生一些絮凝状结构，如图 4-4-1 所示。在这些絮凝结构中，水泥颗粒包裹着很多拌合水，从而减少了水泥水化所需的水量，降低了喷射混凝土的和易性，为了保持混凝土必要的和易性，必须在混合时相应地增加用水量，这就会在水泥石结构中形成过多的孔隙，从而严重影响硬化混凝土的一系列物理力学性能。

加入减水剂后，减水剂的憎水基团定向吸附于水泥质点表面，亲水基团指向水溶液，组成了单分子或多分子吸附膜（图 4-4-2）。

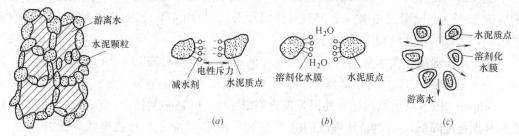

图 4-4-1　絮凝状结构　　　　　　　　　图 4-4-2　减水剂作用简图

由于表面活性剂分子的定向吸附，使水泥质点表面上带有相同符号的电荷，于是在电性斥力的作用下，不但使水泥—水体系处于相对稳定的悬浮状态，而且使絮凝结构内的游离水释放出来，从而达到减水的目的。

国内外的实践表明，在喷射混凝土中加入少量（一般占水泥质量的 0.5％～1.0％）减水剂，可以提高混凝土强度，减少回弹，并明显地改善其不透水性和抗冻性。

3）早强剂

鉴于在喷射混凝土中加入速凝剂，会提高混凝土的早期强度，因此一般并不要求再加入早强剂，而且某些具有早强作用的外加剂（如硫酸钠系）加入后，会对喷射混凝土的后期强度产生不良影响。若采用硝酸盐、链烷醇胺或多元醇类等为主要成分的早强剂，则不仅会加速凝结，而且对后期强度的增长无不良影响。

4）增黏剂

在喷射混凝土拌合料中，加入增黏剂，可明显地减少施工粉尘和回弹损失。

（1）8604 型增黏剂

冶金部建筑研究总院研究成功的 8604 型增黏剂是采用两种具有黏性的工业废料经过适当处理后，配以天然黏性矿物和少量水溶性无毒有机物，经过一定的工艺配制而成。其外观为灰褐色粉末状固体，无异味，遇水后有黏性，其水溶液的 pH 值为 7，呈中性，对人体无腐蚀作用。

8604 型增黏剂具有良好的综合性能：

① 掺入水泥质量 5％的增黏剂后，水泥浆黏度显著提高（图 4-4-3），从而增加了混凝土的胶黏性，使混凝土凝结在黏稠状态下

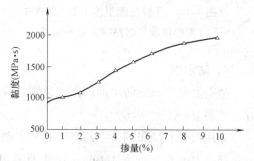

图 4-4-3　增黏剂掺量对水泥浆黏度的影响

进行，能起到抑制粉尘和减少回弹的作用。喷射混凝土的回弹率降低 28％～51％，喷射作业面的粉尘抑制率为 22％～37％，一次喷层厚度也有所增加。

② 掺入增黏剂后，混凝土不同龄期的抗压强度有不同程度的提高。28d 龄期混凝土在喷射成型时，混凝土抗压强度提高 3％～20％。

③ 增黏剂对钢筋无锈蚀作用，改善了混凝土的抗渗性能和收缩性能。

（2）Silipon SPR6 型增黏剂

该增黏剂由德国杜塞尔多夫 HenkeⅠ厂生产，具有良好的减少粉尘浓度的效果。对于干法喷射，在拌合料中加入水泥质量3‰的 Silipon SPR6 型增黏剂，可以使粉尘浓度分别减少85％（在喷嘴处加水）或95％（骨料预湿），见图 4-4-4。由于增黏剂与水反应需要时间，所以采用骨料预湿是很适宜的。

对于湿法喷射，在水灰比为 0.36 和 0.4 的条件下，掺入 Silipon SPR6 型增黏剂，其掺量为水泥质量的 3‰，可以降低粉尘浓度90％以上（图 4-4-5）。

Silipon SPR6 型增黏剂还可使回弹损失降低 1/4。但是必须指出，它往往使喷射混凝土的早期强度降低，8h 的抗压强度约降低 10％～20％，28d 的抗压强度约降低 15％。

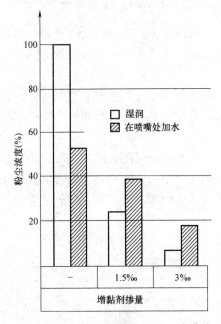

图 4-4-4　干拌法喷射施工时，喷嘴处
粉尘浓度与增黏剂掺量的关系

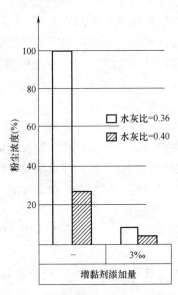

图 4-4-5　湿拌法喷射施工时，喷嘴处
粉尘浓度与增黏剂掺量的关系

5）防水剂

喷射混凝土高效防水剂的配置原则是减少混凝土用水量，减少或消除混凝土的收缩裂缝，增强混凝土的密实性。

采用明矾石膨胀剂、三乙醇胺和减水剂三者复合的防水剂，可使干拌法喷射混凝土抗渗等级达 P30 以上（表 4-4-6），比普通喷射混凝土提高 1 倍；抗压强度达到 40MPa，比普通喷射混凝土提高 20％～80％。

加入防水剂的干拌法喷射混凝土抗渗试验结果　　　　表 4-4-6

编号	喷射混凝土配合比(水泥，砂，石)	水灰比	外加剂(占水泥重，%)					钻取试样的抗渗等级
			明矾石膨胀剂	三乙醇胺	UNF-2	PDN-S	782 速凝剂	
1	1∶2∶2	0.45	20	0.05				P12
2	1∶2∶2	0.45	20	0.05			5	P12
3	1∶2∶2	0.45	20	0.05	0.3			＞P30
4	1∶2∶2	0.45	20	0.05	0.3		5	＞P30
5	1∶2∶2	0.45	20	0.05		0.3		＞P30
6	1∶2∶2	0.45	20	0.05		0.3		＞P30

6）引气剂

对湿拌法喷射混凝土，可在拌合料中加入适量的引气剂。

引气剂是一种表面活性剂，通过表面活性作用，降低水溶液的表面张力，引入大量微细气泡，这些微细气泡可增大固体颗粒间的润滑作用，改善混凝土的塑性与和易性。气泡还对水转化成冰所产生的体积膨胀起缓冲作用，因而显著地提高其抗冻融性和不透水性，同时还增加一定的抵抗化学侵蚀的能力。

我国最普遍使用的引气剂是松香皂类的松香热聚物和松香酸钠；其次是合成洗涤剂类的烷基苯磺酸钠、烷基磺酸钠或洗衣粉。上述两类引气剂的技术性能基本相同。合成洗涤剂是石油化工产品，料源比较广泛。

需要指出，铝粉和双氧水（过氧化氢）与水泥作用，也能产生直径为 0.25mm 左右的气泡，但不能形成提高混凝土抗冻性的气孔体系，只能作为生产多孔混凝土的加气剂使用，不能作为湿拌法喷射混凝土的引气剂。

7）粉尘抑制剂

在日本，为抑制干拌法喷射混凝土的粉尘而开发的粉尘抑制剂已达实用阶段。它以脂化纤维素类材料为主要成分，目前日本市场上有多种产品出售。图 4-4-6 为这种材料抑制粉尘的一个实例，当粉尘抑制剂掺入量为水泥质量的 0.1％～0.2％时，可大大降低粉尘。但是，加入这种材料后，将出现推迟喷射混凝土的硬化、其后期强度的增长比没添加时减小等问题。粉尘抑制剂的掺量与喷射混凝土抗压强度的关系见图 4-4-7。应当说明，由于

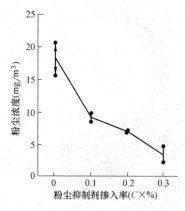

图 4-4-6　粉尘抑制剂掺入率与粉尘浓度的关系

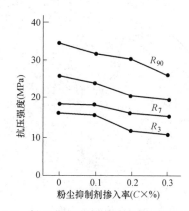

图 4-4-7　粉尘抑制剂掺入量与抗压强度的关系

该种材料价格昂贵，使其普及应用受到限制。

3. 外掺料

1）概述

除了化学外加剂外，矿物外掺料的作用是不能被忽视的，尤其是硅粉及粉煤灰等外掺料对喷射混凝土性能的改善是更为重要的。

硅粉、粉煤灰等矿物填充料细颗粒中，含有 65%～97% 的 SiO_2，且比表面积很大，其微粒尺寸为水泥的 1/60～1/100（表 4-4-7）。加入适量优质硅粉、粉煤灰，可以明显地提高喷射混凝土的抗压强度、密实性、粘结强度和一次喷层厚度，即使在不加速凝剂的条件下，也可实施厚层喷射。

各种胶凝材料的比表面积   表 4-4-7

材料品种	比表面积（m^2/g）
硅粉	20～35
粉煤灰	0.4～0.7
普通硅酸盐水泥	0.3～0.4

2）硅粉

（1）硅粉及其作用机理

硅粉是制造硅铁金属的一种副产品。将高纯度的石英和煤在电弧炉内还原，从过滤炉排出的气体中可得到硅粉。这种散发在气体中含有相当多极小的非晶体的二氧化硅，其微粒尺寸为正常水泥颗粒的 1/60，硅粉掺入喷射混凝土混合物的比例一般为水泥质量的 5%～10%。

硅粉中含有大量很细的非结晶玻璃质球状 SiO_2 颗粒，它与水泥水化时生成的 $Ca(OH)_2$ 作用后形成稳定的坚硬的钙硅质水化合物（图 4-4-8）。这不仅可提高混凝土的黏聚力，抑制新鲜混凝土中的离析与泌水，还可因阻断毛细孔而改善混凝土的抗渗性。

加入细度均为水泥颗粒 1/100 的硅粉，充填在水泥颗粒间的孔隙内（图 4-4-9），可明显提高喷射混凝土的抗压强度、密实性和粘结强度等性能。硅粉已经成为现代喷射混凝土中一种基本的胶黏材料。

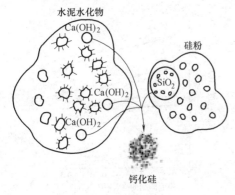

图 4-4-8　硅粉的化学作用

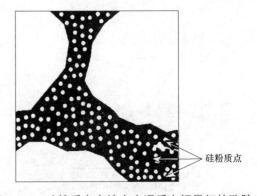

图 4-4-9　硅粉质点充填在水泥质点间微细的孔隙内

（2）掺入硅粉的喷射混凝土强度

奥地利因斯布鲁克大学建材研究所对掺入硅粉的喷射混凝土的抗压强度进行了测定。喷射混凝土拌合料的配合比为：水泥 $450kg/m^3$，硅粉掺量 $25kg/m^3$，水泥与骨料之比：$1 : 3.8$，测得的喷射混凝土的抗压强度见图 4-4-10。从图 4-4-9 可见，加入硅粉后，喷射混凝土 28d 的抗压强度可达 92.8MPa。该研究所还对掺与不掺硅粉的喷射混凝土的强度进行了对比试验，其结果表明：掺加硅粉，28d 后喷射混凝土的抗压强度可提高 15%～89%（表 4-4-8）。

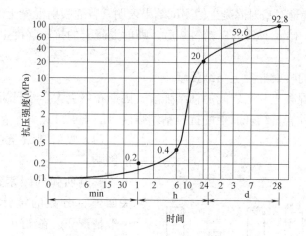

图 4-4-10 掺硅粉的喷射混凝土的抗压强度

掺与不掺硅粉的喷射混凝土强度比较　　　　　　　　表 4-4-8

试验系列	拌合料（水泥重＋外加剂重）28d 的抗压强度（MPa）		强度增长（%）
	掺硅粉	不掺硅粉	
喷射混凝土薄型衬砌	450＋25MS 92.8	450＋30FA 56.1	65
降低回弹试验（无速凝剂）	350＋40MSS 38.2	350＋0 33.2	15
干拌法喷射混凝土试验（无速凝剂）	380＋27MSS 48.4	380＋0 36.8	32
干拌法喷射混凝土试验（无速凝剂）	380＋55MSS 55	380＋0 40	38
Hondrich 隧道（湿拌法喷射）	450＋32MSS 41.7	430＋0 32.7	27
Mans wärth（干拌法喷射隧道）	350＋35MSS 36	380＋0 19	89

注：MS＝粉末状硅粉（干硅粉）；MSS＝悬浮液状硅粉（硅灰浆）；FA＝粉煤灰。

中铁西南科学研究院有限公司采用占水泥重 5%～10% 的硅粉及占水泥重 0.8%～0.96% 的减水剂，加入湿拌混凝土中，用国产 TK-961 湿喷机进行作业，其各龄期的抗压强度见表 4-4-9。

<table>
<tr><td colspan="4" align="center">湿拌法喷射硅粉混凝土的抗压强度   表 4-4-9</td></tr>
</table>

硅粉掺量占水泥质量的比例(%)	不同龄期的抗压强度(MPa)		
	1d	7d	28d
5	19.9	28.5	44.3
7.5	18.4	30.5	53.5
10	20.0	30.0	50.4

哈根巴哈试验隧道对喷射混凝土的测试结果表明，普通喷射混凝土（无硅粉）28d 的抗压强度为 46.6MPa，掺入 15% 的硅粉料浆后，喷射混凝土的抗压强度上升为 54.7MPa，约提高 17%。

（3）掺入硅粉的喷射混凝土粘结强度

为了检验喷射混凝土与围岩间的粘结强度，因斯布鲁克大学建材研究所测定了掺硅粉的喷射混凝土与多种岩石结合面上的抗拉粘结强度（图 4-4-11）。

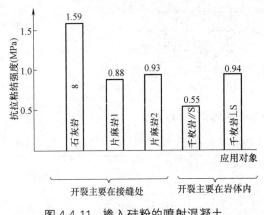

图 4-4-11　掺入硅粉的喷射混凝土的抗拉粘结强度

（4）喷射混凝土中掺硅粉后对回弹的影响

影响回弹的因素很多，各种文献有关回弹百分数的统计数字也不尽相同，一般情况下，隧道中干喷法的平均回弹率为 20%～25%，湿喷法则要低一些。

在哈根巴哈试验隧道喷射混凝土支护工程，曾测得掺入占水泥质量 15% 的硅粉料浆（料浆中固体质量含量为 50%，因此实际固体硅粉为水泥质量的 7.5%）的喷射混凝土的回弹率为 8%，比不掺硅粉的喷射混凝土的回弹率 20% 约减少 60%。

3）粉煤灰与矿渣粉

粉煤灰与矿渣粉也是具有一定活性的胶凝材料，在喷射混凝土中掺入这些外掺料，既可以取代部分水泥而获得应有的混凝土强度，也可改善喷射混凝土的施工性能和硬化后的性能。如加入适量的粉煤灰，可明显地减少水泥水化过程的水化热，从而可减少混凝土的收缩裂缝，而且这些矿物外掺料对减少回弹及改善喷射混凝土与围岩的粘结性能都是有利的。

在喷射混凝土混合料中掺加的粉煤灰、硅粉和粒化高炉矿渣粉，其品质必须分别符合现行国家标准《用于水泥和混凝土中的粉煤灰》GB/T 1596—2017、《电炉回收二氧化硅微粉》GB/T 21236—2007 和《用于水泥、砂浆和混凝土中的粒化高炉矿渣粉》GB/T 18046—2017 的规定。

4. 拌合料的配合比设计

无论干拌法或湿拌法喷射，拌合料设计必须符合下列要求：

① 必须能向上喷射到指定的厚度，并且回弹最少；

② 4～8h 的强度应能具有控制地层变形的能力；

③ 在速凝剂用量满足可喷性和早期强度的要求下，必须达到设计的 28d 强度；

④ 有良好的耐久性；

⑤ 回弹量少；

⑥ 不发生管路堵塞。

1）胶骨比

喷射混凝土的胶骨比，即水泥等胶凝材料与骨料之比，常为 1∶4～1∶4.5。水泥过少，回弹量大，初期强度增长慢；水泥过多，不仅会产生粉尘量增多等劣化施工条件的情况，而且硬化后的混凝土收缩也增大。

混凝土的收缩值取决于其配合比及所用原材料的性能。当水泥用量及用水量增大，则混凝土的收缩变形增大。在浆体中引入骨料，可以约束水泥浆体的体积变化，从而减少水泥浆体的收缩。苏联的 P.пермит 提出的混凝土收缩与其配合比之间的关系如下：

$$\frac{S_p}{S_c}=1+\beta\frac{V_g}{V_p} \tag{4-9}$$

式中　S_p、S_c——水泥石及混凝土的收缩变形；

　　　V_g、V_p——骨料与水泥的体积；

　　　　β——与水灰比、骨料粒径及其他因素有关的材料常数，$\beta=1.5～3.1$。

因此，每立方米体积混凝土中的水泥过多，无论在经济上还是在技术上都是不可取的。

水泥过多，对喷射混凝土后期强度的增长也有不利影响。铁道科学研究院西南研究所的研究结果表明：当水泥用量超过 400kg/m³ 时，喷射混凝土强度并不随水泥用量增大而提高（表 4-4-10）。日本有研究报告指出：水泥用量对抗压强度的影响很大，水泥量最大时会使强度降低。

水泥用量对喷射混凝土抗压强度的影响　　　　　　　　　表 4-4-10

单位体积混凝土的材料用量（kg/m³）						混凝土抗压强度（MPa）	表观密度（kg/m³）
水泥		砂		石			
设计	实测	设计	实测	设计	实测		
380	526	950	883	950	810	31.4	2450
542	689	812	698	812	730	22.6	2370
692	708	692	716	692	644	19.0	2360

水泥用量对喷射混凝土抗压强度的影响，除了因混凝土中起结构骨架作用的骨料太少外，水泥用量过多，拌合料在喷嘴处瞬间混合时，水与水泥颗粒混合不均匀，水化不充分，也是降低喷射混凝土强度的重要原因之一。

2）砂率

砂率，即砂子在整个粗细骨料中所占的百分率对喷射混凝土施工性能及力学性能的影响，见表 4-4-11。综合权衡砂率大小所带来的利弊，喷射混凝土拌合料的砂率以 45％～55％为好。

砂率对喷射混凝土性能的影响　　　　　　　　　表 4-4-11

性　　能	砂　　率		
	<45%	>55%	45%～55%
回弹损失	大	较小	较小
骨路堵塞	易	不易	不易
湿喷时的可泵性	不好	好	较好
水泥用量	少	多	较少
混凝土强度	高	低	较高
混凝土收缩	较小	大	较小

3）水灰比

水灰比是影响喷射混凝土强度的主要因素。当水灰比为 0.2 时，水泥不能获得足够的水分与其水化，硬化后有一部分未水化的水泥质点。当水灰比为 0.4 时，水泥有适宜的水分与其水化，硬化后形成致密的水泥石结构。当水灰比为 0.6 时，过量的多余水蒸发后，在水泥石中形成毛细孔（图 4-4-12）。对于干拌法喷射混凝土施工，预先不能准确地给定拌合料中的水灰比，水量全靠喷射手在喷嘴处调节。一般来说，当喷射混凝土表面出现流淌、滑移、拉裂时，表明水灰比太大；若喷射混凝土表面出现干斑，作业中粉尘大，回弹多，则表明水灰比太小。水灰比适宜时，混凝土表面平整，呈水亮光泽，粉尘和回弹均较少。经测定，适宜的水灰比值为 0.4～0.5，偏离这一范围，不仅降低喷射混凝土强度（图 4-4-13），也要增加回弹损失（图 4-4-14）。

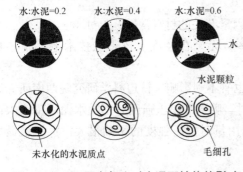

图 4-4-12　不同水灰比对水泥石结构的影响

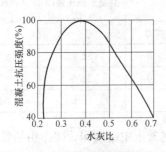

图 4-4-13　水灰比对强度的影响

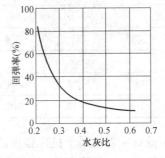

图 4-4-14　水灰比对回弹率的影响

4）速凝剂的掺加条件

在下列情况下喷射混凝土应掺加速凝剂：

（1）要求快速凝结，以便尽快喷射到设计厚度；

（2）要求很高的早期强度；

（3）仰喷作业；

（4）向有渗漏水的地层或结构物喷射。

鉴于国内目前生产的某些品种速凝剂在不同程度上降低混凝土的最终强度，故速凝剂的掺量应严格控制。

当向下方或侧面的干燥基层（岩石、土层或砖石混凝土结构）上喷射薄层混凝土时，也可不掺加速凝剂。

5）拌合料配合比设计

无论干拌或湿拌喷射混凝土，其拌合料配合比设计应符合下列规定：

（1）胶凝材料总量不宜小于 $400kg/m^3$；

（2）水泥用量不宜小于 $300kg/m^3$；

（3）矿物外掺料总量不宜大于胶凝材料总量的 40%；

（4）干拌法混合时水胶比不宜大于 0.45，湿拌法混合时水胶比不宜大于 0.55，用于有侵蚀介质的地层时，水胶比不得大于 0.45，湿拌法混合料的坍落度不宜小于 10cm；

（5）胶凝材料与骨料比宜为 $1 : 4.0 \sim 1 : 4.5$；

（6）砂率宜为 50%～60%；

（7）钢纤维喷射混凝土的拌合料掺加抗拉强度不低于 1000MPa 的钢纤维，钢纤维掺量不宜小于 $25kg/m^3$；

（8）需掺加硅粉的混合料，硅粉的掺量宜为硅酸盐水泥重量的 5%～10%。

第五节 喷射混凝土性能

喷射混凝土的性能除与原材料的品种和质量、拌合料配合比、施工条件等因素有关外，施工人员的操作方式也有直接的影响。

1. 喷射混凝土的强度

1）抗压强度

喷射混凝土抗压强度常用来作为评定喷射混凝土质量的主要指标。

喷射法施工时，当拌合料以较高的速度喷向受喷面时，水泥颗粒与骨料的重复冲击，使混凝土层连续地得到压密，同时喷射工艺可以使用较小的水灰比，因而喷射混凝土一般都具有良好的密实性（图 4-5-1）和较高的强度。国内有代表性的喷射混凝土工程的实测抗压强度值（采用大板切割法）见表 4-5-1。2000 年后国内有代表性的湿拌法与干拌法喷射混凝土早期（1d、7d）及 28d 的抗压强度值见表 4-5-2。近年来，随着低碱和无碱速凝剂的应用，掺加速凝剂的喷射混凝土 28d 抗压强度已逐渐接近不

图 4-5-1 喷射混凝土的剖面图

掺加速凝剂的喷射混凝土强度。

国内各类工程的干拌法喷射混凝土抗压强度（1990年前） 　　表 4-5-1

工程名称	水泥品种和强度等级	配合比（水泥：砂：石）	速凝剂掺量（占水泥重%）	抗压强度（MPa）	测定单位
碧鸡关隧道	普硅 425	1：2：2	2.8	26.7	铁道部昆明铁路局
灰峪隧道	普硅 425	1：2：2	3.0	25.2	铁道部第三工程局
梅山铁矿地下洞室	普硅 425	1：2：2	4.0	24.7	冶金部建筑研究院
冯家山水库	普硅 425	1：2：2	4.0	22.4	西北水利科学研究所
渔子溪一级电站	普硅 425	1：2：2	3.5	23.2	
石头河水库	普硅 425	1：2：2	3.0	28.9	西北农学院
舞阳钢铁公司主电室修复工程	普硅 425	1：2：2	3	30	冶金部建筑研究总院
石景山饭店建筑结构补强工程	普硅 525	1：2：1	0	53	冶金部建筑研究总院
北京某薄壳工程	普硅 525	1：1.77：3.59	0	33～53	北京市第三建筑工程公司
北京昌平水池工程	普硅 425	1：2：2	0	34	冶金部建筑研究总院
北京房山供电局住宅补强工程	普硅 425	1：2：2	0	28.5	冶金部建筑研究总院
北京怀柔水库桥墩加固	普硅 525	1：2：2	0	33～39	冶金部建筑研究总院
北京玉渊潭某住宅楼剪力墙加固	普硅 525	1：2.5：1.5	0	33～39	冶金部建筑研究总院

国内部分工程湿拌及干拌喷射混凝土抗压强度值（1998年后） 　　表 4-5-2

工程名称与类型	施工单位	检测单位	干拌或湿拌	水泥(含其他胶凝料)：骨料	速凝剂	喷射混凝土抗压强度（MPa）		
						1d	7d	28d
乌东德水电站导流隧洞	水利水电十四局	云南博泰工程质量检测有限公司	湿拌	1：3.5	低碱	8～12		25～35
黄登水电站隧道洞室	水利水电十四局	云南博泰工程质量检测有限公司	湿拌	1：3.5	无碱	8.4～11.2		21.2～31.7
南平至龙岩线铁路隧道	水利水电十四局	云南博泰工程质量检测公司	湿拌	1：3.5	低碱	8.6		34.5
杨房沟水电站厂房洞室	水利水电七局	中国水利水电第七工程局试验室	湿拌	1：4	低碱			32.7
杨房沟水电站厂房洞室	水利水电七局	水利水电七局试验室	干拌	1：4	低碱			29.7
白鹤滩水电站左岸边坡	水利水电七局	水电七局试验检测院	干拌	1：4	低碱			34.7
深圳抽水蓄能电站洞室支护	水利水电十四局	云南博泰工程质量检测公司	干拌	1：4	低碱粉状			30.7

续表

工程名称 与类型	施工 单位	检测 单位	干拌或 湿拌	水泥(含其他胶 凝料):骨料	速 凝 剂	喷射混凝土抗压强度 (MPa)		
						1d	7d	28d
清远抽水蓄能电 站洞室支护	水利水电 十四局	云南博泰工程质量 检测公司	干拌	1:4	粉状			31.7
江门市南山路工程 隧道洞室	中电建路 桥公司	江门建设工程检测 中心有限公司	干拌	1:4	低碱			28.1
佛清从边坡支护	水利水电 十四局	云南博泰工程质量 检测公司	湿拌	1:4	无碱			24.58
清远抽水蓄能电 站边坡支护	水利水电 十四局	云南博泰工程质量 检测公司	干拌	1:4	粉状			25.9
黄岛地下 水封油库	安能建设 总公司		干拌	1:4	无碱	5.8		28.5
杨房沟水电 站边坡	水利水电 七局	水电七局杨房 沟试验室	干拌	1:4	低碱			33.6
蒙西至华中地区 铁路隧道(红土岭)	水利水电 七局	蒙华铁路中心 试验室	湿拌	1:4	低碱	12.5~ 12.9		29.6~32.1
蒙西至华中地区 铁路隧道 (方山1号隧道)	水利水电 七局	蒙华铁路中心 试验室	湿拌	1:4	低碱	12.6		32.1
湛江地下水封 洞库主洞室	水利水电 十四局	长江科学院 试验室	湿拌	1:3.5	无碱	5.7		32.4
湛江地下水封 洞库工程竖井	水利水电 十四局	长江科学院 试验室	干拌	1:3.5				25.7~35.2
湛江地下水封 洞库工程、竖井、 水幕隧洞	中铁隧道局	长江科学院 试验室	干拌	1:3.5				25.9~32.8
白鹤滩水电站 左岸排水廊道	水利水电 七局	水电七局试 验检测院	干拌	1:4	低碱			33.8
北京百货 大楼加固	中国京冶工程 技术有限公司	冶金建筑部研究 总院试验室	干拌	1:4				33.6~38

注:表中水泥均采用 P.042.5 级。

　　喷射混凝土的抗压强度受多种因素影响。如拌合料设计(用水量、单位水泥用量、砂率、速凝剂用量等)和施工工艺(喷射压力、喷嘴与受喷面的距离角度以及拌合料的停放时间等)都对抗压强度有影响。

　　在拌合料中,加入适量速凝剂后,可以明显地提高喷射混凝土早期强度。1d 的抗压强度可达 6~15MPa。根据国内外大量资料的统计,加速凝剂的喷射混凝土的抗压强度随龄期增长的趋势见图 4-5-2。从图 4-5-2 可以看出,加速凝剂的喷射混凝土,龄期 3d 内强度发展最为显著，28d 后强度增长速度虽然放慢，当仍有一定的增长。

关于分层喷射对混凝土抗压强度的影响问题，已经查明，施工质量良好的喷射混凝土并没有因为分层施作而影响其强度（表 4-5-3）。

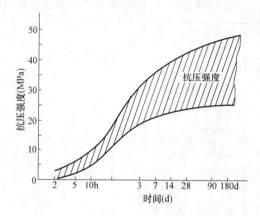

图 4-5-2　加速凝剂的喷射混凝土的强度与龄期的关系图

粗骨料和细骨料喷射混凝土芯样的强度　　表 4-5-3

类别	喷射混凝土抗压强度（MPa）		类别	喷射混凝土抗压强度（MPa）	
	在喷射方向加压	垂直于喷射方向加压		在喷射方向加压	垂直于喷射方向加压
粗骨料拌合物	22.3	23.4	细骨料拌合物	33.1	29.7
	22.5	21.6		29.7	32.3
				27.6	34.0

2）抗拉强度

一般确定喷射混凝土抗拉强度有两种方法，即轴向受拉或劈裂受拉试验。轴向受拉试验是在混凝土试件的两端用夹具夹紧进行张拉；劈裂受拉试验则在立方体试件中线（圆柱形试件的两侧）施加压力，使喷射混凝土沿加压的平面出现破坏。

根据国内外大量实测资料的统计，不同龄期喷射混凝土的劈裂抗拉强度值见表 4-5-4。喷射混凝土的劈裂抗拉强度约为抗压强度的 10%～12%，约高于中心受拉强度 15%。

喷射混凝土抗拉强度随抗压强度的提高而提高，因此提高抗压强度的各项措施，基本上也适用于抗拉强度。采用粒径较小的骨料，用碎石配制喷射混凝土拌合料，采用铁铝酸四钙（C_4AF）含量高而铝酸三钙（C_3A）含量低的水泥和掺用适宜的减水剂都有利于提高喷射混凝土的抗拉强度。

喷射混凝土的劈裂抗拉强度　　表 4-5-4

水泥	配合比（水泥：砂：石子）	速凝剂（占水泥重，%）	劈裂抗拉强度（MPa）		
			28d	60d	180d
普通硅酸盐水泥 42.5 级	1：2：2	0	2.5～3.5	2.7～3.7	3.0～4.0
普通硅酸盐水泥 42.5 级	1：2：2	2.5～4	1.5～2.0	—	2.2～3.0

3）抗弯强度

依据有关文献报道的喷射混凝土的抗弯强度数值，归纳在表 4-5-5 中。苏联工程建筑物维修用喷射混凝土技术规程中规定的喷射混凝土抗弯强度值也落在这一区间。抗弯强度与抗压强度的关系同普通混凝土相似，即约为抗压强度的 15%～20%。

喷射混凝土的抗弯强度　　　　　　　　表 4-5-5

龄期	8h	3～8d	28d
抗弯强度（MPa）	0.27～1.76	0.99～6.16	2.82～10.6

4）抗剪强度

在地下工程喷射混凝土薄衬砌中，常出现剪切破坏，因而在设计中应考虑喷射混凝土的抗剪强度。但目前国内外实测资料不多，试验方法又不统一，难以进行综合分析。表 4-5-6 为国内部分喷射混凝土抗剪强度测定值，一般变化于 3～4MPa。国外，泰勒斯等曾报道过 7d 的抗剪强度，当含有 390～675kg/m³ 水泥时，无论干拌法或湿拌法喷射，28d 喷射土的抗剪强度变化于 4.15～5.04MPa 之间。博茨等人提出，含 279～501kg/m³ 水泥和 3% 速凝剂的粗骨料喷射混凝土，其 7d 的抗剪强度为 4～4.65MPa，28d 的则为 4.7～6.5MPa。

喷射混凝土的抗剪强度　　　　　　　　表 4-5-6

测定单位与现场	水泥品种	速凝剂 （占水泥重，%）	配合比 （水泥：砂：石子）	抗剪强度 （MPa）
冶金部建筑研究总院 （梅山铁矿巷道工程）	普通硅酸盐水泥 42.5 级	2.5～4	1：2：2	3～4
铁道部第四工程局 （牛角山隧道）	普通硅酸盐水泥 42.5 级	2	1：2.5：1.5	3.7
铁道部第三工程局 （灰峪隧道）	普通硅酸盐水泥 42.5 级	3	1：2：2	3.7

5）粘结强度

喷射混凝土常用于地下工程支护和建筑结构的补强加固，为了使喷射混凝土与基层（岩石、混凝土）共同工作，其粘结强度是特别重要的。国家标准 GB 50086—2015 规定，需发挥结构作用的喷射混凝土与岩石的粘结强度不得小于 0.8N/mm²，与混凝土的粘结强度不得小于 1.0N/mm²。

对于喷射混凝土，应考虑的粘结强度有两种，即抗拉粘结强度与抗剪粘结强度。抗拉粘结强度是衡量喷射混凝土在受到垂直于结合界面上的拉应力时保持粘结的能力，而抗剪粘结强度则是抵抗平行于结合面上作用力的能力。实际上，作用在结合面上的应力，常常是两种应力的结合。

由于喷射时拌合料高速连续冲击受喷面，而且要在受喷面上形成 5～8mm 厚的水泥砂浆层后，石子才能嵌入。这样水泥颗粒会牢固地粘附在受喷面上，导致喷射混凝土与岩石或混凝土有良好的粘结强度。根据国内部分工程的实测资料，表 4-5-7 列出了喷射混凝土与岩石或混凝土的粘结强度值。

喷射混凝土与岩石或混凝土的粘结强度				表 4-5-7
工程名称	岩石或混凝土	喷射混凝土	28d 粘结强度（MPa）	测定方法
白鹤滩水电站尾水隧道洞支护	玄武岩	湿拌	1.68	大板切割试件结合面劈裂法
杨房沟水电站洞室支护	花岗闪长岩	湿拌	0.9	大板切割试件结合面劈裂法
黄登水电站洞室支护		湿拌	1.2～2.0	
白鹤滩水电站厂房洞室支护		湿拌	2.17	
湛江地下水封洞库支护		湿拌	1.1	
黄岛地下水封洞库支护	花岗片麻岩	湿拌	3.3	隔离钻芯拉拔法
南京梅山铁矿隧洞洞室支护	安山岩	干拌（无速凝剂）	1.5～2.1	大板切割试件结合面劈裂法
		干拌（有碱性速凝剂）	1.0～1.5	
北京地铁古城段混凝土衬砌	混凝土	干拌	2.36	大板切割试件结合面劈裂法

应当指出，工程实践表明，采取以下措施，对提高喷射混凝土与岩石间的粘结强度具有明显作用：

（1）混合料配制中，足够的胶凝材料（不小于 $400kg/m^3$）和水泥（不小于 $300kg/m^3$）

（2）水胶比不大于 0.45；

（3）掺加硅粉等外掺料；

（4）认真清洗岩面，彻底清除残留在岩石表面的碎屑、泥渣与灰土；

（5）喷嘴与受喷面相垂直，并缩小喷嘴与受喷面间的距离，以加大对喷射混凝土的压实度。

6）弹性模量

由于拌合物设计、混凝土龄期、抗压强度和试件类型不同，并且定义也不相同，因而国内外文献报道的喷射混凝土弹性模量有较大的离散。

国外报道的喷射混凝土弹性模量变动范围见表 4-5-8，国内实测得到的喷射混凝土龄期 28d 的弹性模量值见表 4-5-9。

国外喷射混凝土弹性模量的典型范围			表 4-5-8
龄期(d)	1	3～8	28
弹性模量(MPa)	$(1.3～2.9)×10^4$	$(1.8～3.4)×10^4$	$(1.8～3.7)×10^4$

国内喷射混凝土弹性模量 表 4-5-9

抗压强度等级	弹性模量（MPa）	抗压强度等级	弹性模量（MPa）
C20	$(2.0\sim2.3)\times10^4$	C30	$(2.5\sim2.7)\times10^4$
C25	$(2.3\sim2.5)\times10^4$	C35	$(2.7\sim3.0)\times10^4$

同普通混凝土一样，喷射混凝土的弹性模量与下列因素有关：

（1）混凝土的强度和表观密度。混凝土强度、表观密度越大，弹性模量则越高。

（2）骨料。骨料弹性模量越大，则喷射混凝土的弹性模量也越高；轻骨料喷射混凝土的弹性模量只有相同强度的普通喷射混凝土的 50%～80%。

（3）试件的干燥状态。潮湿喷射混凝土试件的弹性模量较干燥的高。

2. 喷射混凝土的变形性能

1) 收缩

喷射混凝土的硬化过程常伴随着体积变化。最大的变形是当喷射混凝土在大气中或湿度不足的介质中硬化时所产生的体积减小。这种变形被称为喷射混凝土的收缩。国内外的资料都表明，喷射混凝土在水中或在潮湿条件下硬化时，其体积可能不会减小，在一些情况下甚至其体积稍有膨胀。

同普通混凝土一样，喷射混凝土的收缩也是由其硬化过程中的物理化学反应以及混凝土的湿度变化引起的。

喷射混凝土的收缩变形主要包括干缩和热缩。干缩主要由水灰比决定，较高的含水量会出现较大的收缩，而粗骨料则能限制收缩的发展。因此，采用尺寸较大与级配良好的粗骨料，可以减少收缩。热缩是由水泥水化过程的温升值所决定的。采用水泥含量高、速凝剂含量高或采用速凝快硬水泥的喷射混凝土热缩较大。厚层结构比含热量少的薄层结构热缩要大。

喷射混凝土水泥用量大，含水量大，又掺有速凝剂，因此比普通混凝土收缩大。我国冶金部建筑研究总院测定的喷射混凝土收缩量随龄期的增长见图 4-5-3。该图表明，在自然条件下养护的喷射混凝土，360d 龄期的收缩值变动于（80～140）×10^{-5} cm/cm。美国报道的喷射混凝土收缩值变动于（60～150）×10^{-5} cm/cm。国内外的实测结果是较为近似的。

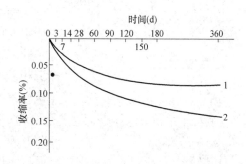

图 4-5-3　喷射混凝土收缩量随时间的变化
1—不掺速凝剂的试件；2—掺 3%～4%速凝剂的试件

许多因素影响着喷射混凝土的收缩值，主要因素有速凝剂和养护条件。由图 4-5-4 可以看出，同样在自然条件下养护，掺加占水泥重 3%～4%的速凝剂的喷射混凝土，最终收缩率要比不掺速凝剂的大 80%。这是因为，加入速凝剂后，加速了水泥水化作用，使存在于水泥颗粒间的大量游离水被未水化的颗粒迅速吸收，使 C_2S 提前进入凝结硬化。由于新生成物不断加入，胶体迅速变稠失去塑性，氢氧化钙与含水铝酸三钙逐渐从胶体中结晶，使水泥具有强度。同时，当水泥加速反应时，放出大量热量，失去水分。这些都使加速凝剂比不加速凝剂的收缩要大。

养护条件，也就是喷射混凝土硬化过程中的空气湿度和混凝土自身保水条件，对喷射混凝土的收缩也有明显的影响。曾对不同条件下养护的标准喷射混凝土试件（六面敞开）和保水喷射混凝土试件（六面均用石蜡封闭，近似模拟不失水情况）的收缩进行测定，测定结果见图 4-5-4 和图 4-5-5。图 4-5-4 表明：喷射混凝土在潮湿条件下养护时间越长，则收缩量越小。图 4-5-5 表明：保水（近似反映紧贴表面或旧混凝土面无失水）状态下的喷射混凝土的收缩值远比标准试件为小，在相对湿度 90% 条件下养护 45d 后再行自然养护的保水试件，龄期 150d 的收缩值为 14.2×10^{-5} cm/cm。

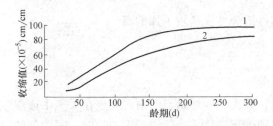

图 4-5-4　不同养护条件下的喷射混凝土的收缩
1—空气相对湿度为 90% 条件下养护 28d 后自然养护；
2—空气相对湿度为 90% 条件下养护 45d 后自然养护

图 4-5-5　不同保水条件下的喷射混凝土的收缩
1—标准试件；2—保水试件

如果喷射混凝土硬化过程中水分蒸发过多，当剩余水量少于继续水化所需的水量，则硬化过程就会暂时中止。这时，喷射混凝土表面就会明显产生网状收缩裂纹。

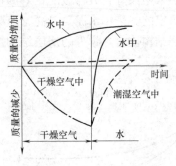

图 4-5-6　变干后重新湿润的
喷射混凝土的质量变化

如果在喷射混凝土变干后又重新放入水中（或潮湿空气中），它就会吸收水分，使试件的质量接近于假设终置于水中（或潮湿空气中）的数值（图 4-5-6）。但收缩的可逆性是不完全的，总会有不可逆的残余变形保留下来。

收缩是一个从混凝土表面逐步向内部发展的过程，它能引起内应力和残余变形。喷射混凝土层的形状或尺寸不同，这种残余变形也不相同。如果喷射混凝土结构厚薄相差悬殊，则薄的部位常常容易产生裂缝，原因就是该处水的蒸发速度快。

显而易见，保持喷射混凝土表面的湿润状态，能够减缓收缩，减弱内应力，从而减少开裂的危险。

还要提及，作为隧洞支护或建筑结构物补强加固的喷射混凝土，其收缩受到附着的岩石或结构物的限制，实际的收缩量远较自由收缩为小。

2）徐变

喷射混凝土的徐变变形是其在恒定荷载长期作用下变形随时间增长的性能。一般认为，徐变变形取决于水泥石的塑性变形及混凝土基本组成材料的状态。

影响混凝土徐变的因素比影响收缩的因素还多，并且多数因素对徐变和收缩是类似的。如水泥品种与用量、水灰比、粗骨料的种类、混凝土的密实度、加荷龄期、周围介质和混凝土本身的温湿度及混凝土的相对应力值等，均影响混凝土的徐变变形。

喷射混凝土的徐变变形规律在定性上是同普通混凝土的徐变变形规律一致的。试验证实，当喷射混凝土的水泥品种与用量、水胶比、粗骨料种类等条件不变时，其徐变变形有下列主要影响因素：

（1）持续荷载时间和加荷应力的影响

随着持续荷载时间的增加，徐变变形亦增加，加荷初期增加得比较快，以后逐渐减缓趋近于某一极限值。喷射混凝土的徐变稳定较早，28d龄期加荷的密封试件持荷120d的徐变度 $c=6.6\times10^{-5}\,\mathrm{cm^2/N}$，即接近极限值。

当加荷应力小于 $0.4R_a$（轴心抗压强度）时，喷射混凝土的徐变应变 ε_c 与加荷应力 σ 成正比，即 $\varepsilon_c=C\cdot\sigma$，C为徐变度，即单位应力的徐变（图 4-5-7）。

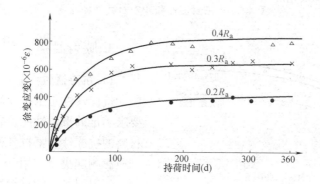

图 4-5-7　不同持荷时间和加荷应力下喷射混凝土的徐变曲线

（2）加荷龄期和周围介质湿度的影响

从图 4-5-8 可以看出，加荷龄期和周围介质相对湿度对喷射混凝土的徐变影响很大。加荷龄期早，徐变值大；加荷龄期晚，则徐变值小。加荷龄期早的试件持荷前期变形发展快，徐变速率衰减也快；加荷龄期晚的试件，持荷前期变形发展慢，但徐变衰减也慢。

周围介质的相对湿度越小，徐变越大，相同的加荷龄期和持荷时间条件下的非密封试件［环境相对湿度（80±5）%］

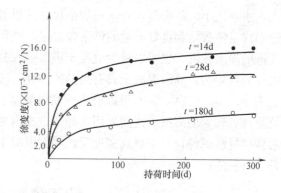

图 4-5-8　加荷龄期对徐变的影响

比密封试件的徐变度大 1.22～1.99 倍，而徐变系数则大 1.06～1.66 倍，而且变形延续时间要长得多（图 4-5-9）。如同样 28d 龄期加荷的两种试件，持荷时间为 90d 的密封试件的徐变度已达持荷时间为 300d 的徐变度的 92%，而非密封试件持荷时间为 90d 的徐变度只有持荷时间为 300d 的徐变度的 73%。

（3）速凝剂的影响

速凝剂使喷射混凝土的徐变增大（图 4-5-10）。这是因为速凝剂的掺入虽然提高了早期强度，但后期水泥矿物的继续水化受到阻碍，从而降低了同龄期混凝土强度，使徐变增大。

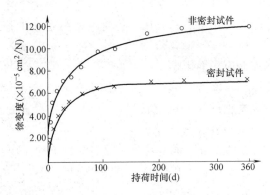

图 4-5-9　密封试件和非密封试件的徐变

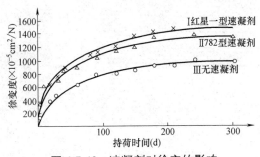

图 4-5-10　速凝剂对徐变的影响

3. 喷射混凝土的抗渗性与抗冻性

1）抗渗透性

抗渗透性是水工及其他构筑物混凝土要求满足的重要性能。它在一定程度上对材料的抗冻性及抵抗各种大气因素及腐蚀介质影响起决定作用。

喷射混凝土的抗渗性主要取决于孔隙率和孔隙结构。喷射混凝土的水泥用量大，水灰比小，砂率高，并采用较小尺寸的粗骨料，这些基本配置特征有利于在粗骨料周边形成足够数量和良好质量的砂浆包裹层，使粗骨料彼此隔离，有助于阻隔沿粗骨料互相连通的渗水孔网，也可以减少混凝土中多余水分蒸发后形成的毛细孔渗水通路。因而，国内外一般认为，喷射混凝土具有高的抗渗性。国内某些干拌法喷射混凝土的抗渗性实测值见表 4-5-10。由表 4-5-10 可以看出，喷射混凝土的抗渗等级一般均在 P7 以上。表中所列抗渗性有较大的离散，这同采用在标准铁模内喷射成型试件有很大关系。若今后改用钻取芯样作抗渗试件，对于较真实地反映喷射混凝土工程的实际抗渗性、缩小抗渗指标的离散都是有利的。

干拌法喷射混凝土的抗渗性　　　　　　　　　　　　　　　　　　表 4-5-10

测定单位	抗渗等级	测定单位	抗渗等级
水电部第一工程局	P8～P15	铁道部三局四处	P15～P32
水电部第十二工程局	P10～P20	冶金部第十五冶金建设公司	P22
水利部西北水利科学研究所	P7	中条山有色金属公司	P10
冶金部建筑研究总院	P5～P20		

应当指出，级配良好的坚硬骨料，密实度高和孔隙率低，均可增进材料的防渗性能。任何能造成蜂窝、回弹裹入、分层、孔隙等不良情况的喷射条件，都会恶化喷射混凝土的抗渗性。

2）抗冻性

喷射混凝土的抗冻性是指它在饱和水状态下经受反复冻结与融化的性能。引起冻融破坏的主要原因是水结冰时对孔壁及微裂缝孔所产生的压力。水的体积在结冰时增长 9％～10％，而混凝土的刚性骨架阻碍水的膨胀，因此在骨架中产生很高的应力，经多次冻融循环，混凝土将逐步遭到破坏，冻融循环次数越多，破坏也越大。

混凝土试件质量损失小于 5％或强度降低不超过 25％的冻融循环数，被定为混凝土的抗冻等级。

喷射混凝土具有良好的抗冻性。这是因为，在拌合料喷射过程中会自动带入一部分空气，空气含量为 2.5％～5.3％，气泡一般是不贯通的，并且有适宜的尺寸和分布状态，这类似于加气混凝土的气孔结构，有助于减少水的冻结压力对混凝土的破坏。

冶金部建筑研究总院对普通硅酸盐水泥配制的喷射混凝土进行的抗冻性试验表明，在经过 200 次冻融循环后，试件的强度和质量损失变化不大，强度降低率最大为 11％（表4-5-11）。美国进行的冻融试验也表明，有 80％的试件经受 300 次冻融循环后，没有明显的膨胀，也没有质量损失和弹性模量的减小。

喷射混凝土抗冻性

表 4-5-11

冻融循环次数（F）	冻融状态	速凝剂	冻融后试块强度（MPa）	检验试块强度（MPa）	冻融后强度变化率（％）
150	饱和吸水	无	29.4	27.1	＋8
		有	23.5	24.0	－2
	半浸水	无	32.4	33.3	－3
		有	18.9	19.4	－3
200	饱和吸水	无	28.8	32.2	－11
		有	22.2	21.0	＋6
	半浸水	无	32.2	33.5	－10
		有	20.8	19.0	＋9

我国辽宁南芬铁矿的泄水洞，1966 年采用喷射混凝土衬砌，在 20 多年后进行检查，衬砌未因反复冻融而破坏。美国伊利诺斯水道的德累斯顿岛的船闸和水坝上的喷射混凝土结构物是 1953 年施工的，到 1976 年从闸门墙上钻取直径为 15cm 的芯样，已经历了 23 年，而且一直暴露在连续不断的干—湿与冻—融交替的环境中，未引起任何破坏。对三件有代表性的喷射混凝土芯样做了显微镜分析，以确定其气孔量（表 4-5-12），从气孔结构来看，喷射混凝土具有良好的抗冻性。

喷射混凝土芯样的微气孔分析

表 4-5-12

组分	芯样钻取地点		
	北墙		南墙
	1	2	1
带入的含气量[①]（％）	2.3	1.8	1.6
截留含气量（％）	1.5	0.9	1.4

续表

组分	芯样钻取地点		南墙
	北墙		
	1	2	1
总气量(%)	(3.8)	(2.7)	(3.0)
水泥浆(%)	43.1	40.5	41.5
骨料(%)	52.5	56.6	55.3
金属网(%)	0.6	0.2	0.2
总计	100.0	100.0	100.0
气孔间距系数(mm)	0.33	0.25	0.36

注：①1mm 或小于 1mm 直径的气孔。

有多种因素影响着喷射混凝土的抗冻性。坚硬的骨料，较小的水灰比，较多的空气含量和适宜的气泡组织等，都有利于提高喷射混凝土的抗冻性。相反，采用较弱的、多孔易吸水的骨料，密实性差的或混入回弹料并出现蜂窝、夹层及养护不当而造成早期脱水的喷射混凝土，都不可能具有良好的抗冻性。

4. 喷射混凝土的动力特性

在快速变形下的强度和变形性能，对承受动载的喷射混凝土工程是十分重要的。国内曾用 C-3 动载试验机测定了不同应变速率（$\varepsilon = 0.4271/s$，$0.0451/s$，$0.0061/s$）下喷射混凝土的抗压和抗剪动力性能。

1）抗压动力性能

不同应变速率 $\dot{\varepsilon}$ 下的轴心抗压强度 f_c 如表 4-5-13 所列。说明加载速度越快，相应的轴心抗压强度越高。在中等应变速率范围（$\dot{\varepsilon} = 0.006 \sim 0.4271/s$）内，喷射混凝土强度提高比为 1.11～1.41。喷射混凝土与其他类型混凝土在不同应变速率（$\dot{\varepsilon}$）下的强度提高比值 k_d 的比较见图 4-5-11。可以看出，不同类型混凝土的强度值相差高达 7～8 倍，而 k_d 值却非常接近。

不同应变速率 $\dot{\varepsilon}$ 下的轴心抗压强度　　　　表 4-5-13

加载类型	平均加载时间 t(s)	平均应变速率 $\dot{\varepsilon}$（1/s）	轴心抗压强度（MPa）		强度提高比值 k_d
			平均值	均方差	
静载	300		22.6	2.02	1
加速加载	0.340	0.006	25.0	2.28	1.11
	0.048	0.045	28.4	1.37	1.26
	0.005	0.427	31.8	3.26	1.41

2）受压弹性模量动力性能

不同应变速率下的 E_{cd} 及其 k_e 见表 4-5-14。由表 4-5-14 不难看出，在加速加载条件下，喷射混凝土弹性模量的提高比值比相应的抗压强度提高比值 k_d 要小，在试验的 $\dot{\varepsilon} = 0.006 \sim 0.4271/s$ 范围内，k_E 介于 1.09～1.21。

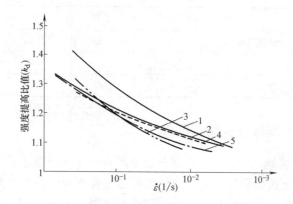

图 4-5-11　几种混凝土在不同应变速率 $\dot{\varepsilon}$ 下的强度提高比值

1—喷射混凝土（f_c=22.6MPa）；2—普通混凝土（f_c=30～40MPa）；3—高强浇筑混凝土（f_c=51.2～107.4MPa）；4—钢纤维混凝土（f_c=117～191MPa）；5—聚合物浸渍混凝土（f_c=151～191MPa）

不同应变速率 $\dot{\varepsilon}$ 下的弹性模量值　　　　　　　　　　　　表 4-5-14

试件编号	静载时的弹性模量 E_c	加速加载			弹性模量提高	
		加载时间（s）	平均应变速率 $\dot{\varepsilon}$（1/s）	动力弹性模量 E_{CD}	单个值	平均值
4	2.42			2.71	1.12	
11	2.76			2.81	1.02	
12	3.64	0.34	0.006	3.85	1.06	1.09
17	3.08			3.53	1.15	
6	2.85			3.63	1.27	
24	2.5			2.83	1.13	
26	2.86	0.048	0.045	3.14	1.10	1.12
28	3.08			3.08	1.00	
34	2.78			3.11	1.12	
1	2.38			3.00	1.26	
5	3.23			4.11	1.27	
9	3.08	0.005	0.427	3.53	1.15	1.21
29	2.63			3.04	1.16	
18	2.70			3.66	1.36	
27	2.75			2.85	1.04	

3）抗剪动力性能

喷射混凝土的抗剪动力性能采用双面剪切法测定。试件的正应力 σ 用千斤顶施加。剪应力 τ 则采取快速加载的方法，加载时间为 7～14ms。动力抗剪强度见表 4-5-15。由表 4-5-15 可以看出，当加载时间为 7～14ms 时，喷射混凝土的抗剪强度提高系数 k_τ 介于 1.14～1.68。

不同正应力 σ 下的动、静载抗剪强度 　　　　　　　　　表 4-5-15

σ(MPa)		0	1.0	2.0	3.0	4.0
剪切强度（MPa）	静载（2min）	3.06	4.67	6.72	8.14	8.05
	动载（7～14ms）	3.92	7.85	9.50	9.32	11.10
抗剪强度提高比值 k_τ		1.28	1.68	1.41	1.14	1.38

5. 喷射混凝土的腐蚀及其防腐措施

实际应用的喷射混凝土，只有一小部分处于严重的化学侵蚀之下。一般的化学侵蚀见表 4-5-16。喷射混凝土抗化学侵蚀的能力同水泥品种有密切的关系。大体上，不同品种水泥的抗化学侵蚀能力按下列次序增加：普通硅酸盐水泥、矿渣硅酸盐水泥、抗硫酸盐水泥或火山灰质水泥、硫酸盐矿渣水泥、高铝（矾土）水泥。现将几种主要的侵蚀类型分别加以叙述。

某些化学物质对混凝土的作用 　　　　　　　　　表 4-5-16

侵蚀速度	无机酸	有机酸	碱溶液	盐溶液	杂质
快	盐酸 氢氟酸 硝酸 硫酸	醋酸 甲酸 乳酸	—	氯化铝	—
中	磷酸	丹宁酸	钠碱 氢氧化钠＞20%	硝酸铝 硫酸铝 硫酸钠 硫酸镁 硫酸钙	溴（气体） 亚硫酸盐废液
慢	碳酸	—	氢氧化钠 10%～20% 氯化钠	氯化铝 氯化镁 氯化钠	氯（气体） 海水 软水
忽略不计	—	草酸 酒石酸	氢氧化钠＜10% 氯化钠 氢氧化氨	氯化钙 氯化钠 硝酸锌 铬酸钠	氨（液体）

1）硫酸盐侵蚀

固体盐类并不侵蚀混凝土，但是盐溶液却能与硬化水泥浆发生化学反应。例如，当岩石中含硫酸镁与硫酸钙时，这种岩石中的地下水实际上就是硫酸盐溶液。硫酸盐与 $Ca(OH)_2$ 及水化铝酸钙发生反应，就会对水泥产生腐蚀。

反应生成物石膏与硫铝酸钙，其体积均较原化合物体积大很多，因此，与硫铝酸盐反应引起混凝土的膨胀与破裂。

硫酸钠与 $Ca(OH)_2$ 的反应式如下：

$$Ca(OH)_2 + Na_2SO_4 \cdot 10H_2O \rightarrow CaSO_4 \cdot 2H_2O + 2NaOH + 8H_2O$$

硫酸钠与水化铝酸钙的化学式如下：

$$2(3CaO \cdot Al_2O_3 \cdot 12H_2O) + 3(Na_2SO_4 \cdot 10H_2O) \rightarrow$$

$$3CaO \cdot Al_2O_3 \cdot 3CaSO_4 \cdot 31H_2O + 2Al(OH)_3 + 6NaOH + 17H_2O$$

冶金部建筑研究总院曾进行硫酸盐（Na_2SO_4）溶液对喷射混凝土的侵蚀试验，结果表明：

（1）硫酸盐（Na_2SO_4）溶液对喷射混凝土的腐蚀程度随 SO_4^- 离子浓度的增加而增加。在 SO_4^- 离子浓度为 1% 时，试块外表无异常变化，强度损失也不大。当 SO_4^- 离子浓度大于 2% 时，试块外表掉皮、棱角破损以至全部崩解碎块。

（2）喷射混凝土试件在 1%～5% 的 SO_4^- 浓度的溶液中，腐蚀程度随时间的增大而加剧。在 SO_4^- 浓度为 1% 的溶液中，不加速凝剂的试件一年内无异常变化，而一年半后则完全被腐蚀破坏。

（3）速凝剂加速喷射混凝土的腐蚀。如同样在 SO_4^- 离子浓度为 1% 的溶液中，不加速凝剂的试件浸泡半年后，外观未变化，而加速凝剂的试件则腐蚀严重。

（4）腐蚀程度与混凝土的密实性有很大关系。密实性好，即使 SO_4^- 浓度很高，喷射混凝土浸泡后强度并不降低。如在浓度为 4% 的溶液中，由于试块密实，经过半年、一年时间的浸泡，虽然试块有掉皮现象，但强度仍较高。

为了提高喷射混凝土抵抗硫酸侵蚀的能力，一般应采取以下措施：

（1）减少速凝剂的掺量；

（2）根据 SO_4^- 离子的侵蚀程度，采用低热硅酸盐水泥或抗硫酸盐水泥；

（3）严格控制水灰比，避免施工过程的干砂夹层和裹入回弹物，提高喷射混凝土的密实性。

2）海水侵蚀

喷射混凝土用于新建或加固海工结构时，常引起海水侵蚀问题。海水含有硫酸盐，除化学侵蚀之外，盐类在混凝土孔隙中的结晶作用，可引起混凝土的破裂。

在潮汐标界之间的喷射混凝土，因遭受干湿交替的作用而侵蚀严重；长久浸入水中的混凝土，则侵蚀较轻微。

就配筋喷射混凝土而言，盐的吸附建立了阳极与阴极场，由此引起的电解作用促使钢筋周围的混凝土破裂，因此，海水对配筋喷射混凝土的腐蚀比对素喷混凝土更为严重。为了提高海工结构喷射混凝土抵抗海水侵蚀的能力，应当采用以下措施：

（1）钢筋保护层厚度不得低于 50mm，最好为 75mm。

（2）采用密实的不透水的喷射混凝土。

（3）喷射混凝土水胶比不应大于 0.45。

3）碱性水泥对硅质骨料混凝土的腐蚀作用

工程实践已经表明，水泥中的氢氧化物和骨料中活性二氧化硅之间的反应（碱—骨料反应）会导致混凝土的破坏。

碱—骨料反应引起混凝土破坏的原因比较复杂。一般认为，混凝土加水拌合后，水泥中的碱类 Na_2O、$NaCO_3$ 不断溶解为 $NaOH$，同时水泥浆中的铝酸钙和硅酸盐又不断吸收水分，使 $NaOH$ 变浓。这种碱液与活性骨料中的硅酸物质起反应，生成硅酸碱：

$$2NaOH + SiO_2 \xrightarrow{H_2O} Na_2O \cdot SiO_2 + nH_2O$$

硅酸碱类为白色胶体，会从周围介质中吸水膨胀（体积可增大 3 倍）。这种膨胀力足以使混凝土内部出现明显的内应力，从而引起混凝土的开裂与破坏。

之所以要特别审慎地重视喷射混凝土的碱—骨料反应问题，是因为国内曾广泛使用的喷射混凝土速凝剂（红星 1 型、711 型），纯碱（NaOH）含量高达 40%。若速凝剂以 3% 的量加入水泥，即相当于掺入水泥重 1.2% 的 $NaCO_3$，连同水泥本身的碱性物质含量为 0.4%～0.6%，这样，水泥中的总碱量就可高达 1.8%～2.0%。因此，对于喷射混凝土使用的骨料，除应进行各项常规检验外，还应做是否属于活性骨料的检验。

活性骨料可用岩石学鉴定、化学法试验、砂浆长度法试验等进行检验。现已确定的活性骨料有：

蛋白石、玉髓、鳞石英及方石英；

火成岩，如玻璃质或隐晶质流纹岩、安山岩、辉绿岩；

硅质岩，如蛋白燧石、玉髓燧石、硅质灰岩；

变质岩，如千枚岩。

为了防止碱—骨料反应，可采取如下专门措施：

（1）采用碱性物质含量小于 0.5% 的低碱水泥。

（2）采用低碱或无碱速凝剂。

（3）采用掺有善于吸收和结合水泥中碱性物质的磨细掺合料的特种水泥（如火山灰水泥）。

（4）在混凝土中掺入加气剂或引气剂，以便为碱—骨料反应的生成物提供缓冲压力的孔隙。

6. 影响喷射混凝土强度和性能的若干因素

喷射混凝土强度值变化较大，这同许多因素有关，主要影响因素有：

1）拌合料设计的影响

水泥含量为最佳值时，能提高早期和极限强度。当水泥用量超过这一标准时，喷射混凝土瞬凝之后一旦受到扰动，就会降低早期及极限强度。

速凝剂的掺量在适宜范围内（一般为水泥重的 2.5%～4%），有利于提高早期强度，后期强度降低也较少。但如进一步增加掺量，则喷射混凝土的早期及极限强度都会降低。

干拌法喷射混凝土中的骨料，含水率过大，易引起水泥预水化；含水率过小，则颗粒表面可能无足够水泥粘附，也无足够的时间使水与干拌合料在喷嘴处拌合。这两种情况都能造成较低的早期和极限强度。

2）喷筑条件对强度的影响

影响强度的喷筑条件包括配料作业、喷嘴与喷射机的操作、骨料温度和环境温度等。

喷射手是控制喷射混凝土最终产品的一个主要因素。尤其是干拌法喷射，若喷射手技术不佳，会因裹入回弹或对水的控制不当而造成产品的强度及匀质性降低。

在普通浇筑混凝土技术中，含水量或水灰比是设计人员为控制混凝土强度可改变的参数。但在喷射混凝土技术中，即使是湿拌法喷射对强度的控制也不是调整含水量能办到的。对干拌法喷射技术，喷射手控制加水量时，拌合物的水灰比过大或过小的范围是很窄的。应当注意，只要偏离最佳的水灰比范围，强度就降低，水灰比过小时，喷射混凝土的强度降低更多。因为，水灰比小就会出现分层现象，这种分层常为一些干水泥砂层，对混凝土长期强度的影响是很大的。

干拌法喷射混凝土的含水量并不是一个独立变量，它也取决于一些其他条件，如水泥含量、拌合料级配、湿度和喷射速度等。

速凝剂的用量和与水泥的相容性已在本章第四节进行了讨论。但若工地对速凝剂的控制不良，拌合不适当，造成速凝剂浓度高于或低于最佳含量，就会使喷射混凝土的早期强度和长期强度发生很大变化。

3）水泥预水化对强度的影响

见本章第七节相关内容。

4）试验方法

试件制作、加载方法不符合要求，也可能影响喷射混凝土的早期强度与极限强度，或造成混凝土强度值离散。如试件在龄期数小时内即受到扰动，试件养护环境温度偏低、湿度过小，以及加压时试件未放在传力面中心、加载速率过低、荷载未见标定和垫帽不良等，都会使喷射混凝土强度试验结果偏低或出现较大的离散。当试件养护环境比实际工作环境温度高且湿度大，试件加压方向垂直于分层方向，加载过快，就会出现试验强度值过高的现象。

影响喷射混凝土（含速凝剂）性能的各种因素见表 4-5-17。从表 4-5-17 中可以找到混凝土性能不佳的各种原因，以便对症下药，采取相应措施，改善喷射混凝土的性能。

影响喷射混凝土（含速凝剂）工程性能的各种因素   表 4-5-17

性能不佳的类型	拌合料设计	喷敷条件	养护情况	地层或结构物条件
一、早期及极限强度均低	1. 水泥含量少 2. 选用的拌合料活性过高,造成水泥预水化或瞬凝后受到扰动 3. 骨料完全干燥 4. 水的质量不佳	1. 喷敷条件使拌合料中高活性得到激发造成水泥预水化 ①使用过湿的骨料且拌合料停放时间长 ②加入速凝剂后,由于各种原因,延误喷出时间 2. 喷敷条件使水泥在瞬凝后受到扰动 ①速凝剂用量高 ②材料及工作环境温度过高 ③水灰比过低 3. 喷敷工艺不适宜 ①喷射时工作风压低 ②喷嘴处水压不足 ③水环堵塞 ④喷射时裹入空气、回弹物或有分层现象	养护湿度过低	土中或地下水中硫酸盐浓度高

性能不佳的类型		拌合料设计	喷敷条件	养护情况	地层或结构物条件
二、极限强度低，早期强度满意		使用的速凝剂量超过该温度条件下所需要的用量 ①对水泥与速凝剂相容性的理解不正确 ②材料或工作环境温度增高	1. 掺入速凝剂的方式不当,使实际的速凝剂用量过高 2. 喷射条件掌握不当造成砂窝或成层 3. 工作风压低,压实力不够		1. 养护湿度过低 2. 在温暖环境下或使用热材料喷射,随后在低温下养护
三、早期强度低，极限强度满意		1. 速凝剂用量低于该温度条件下所需要的用量 ①对水泥与速凝剂相容性理解不正确 ②材料及工作环境温度降低 2. 使用了凝结慢的水泥 3. 水的质量不佳	1. 实际的速凝剂用量过低 2. 喷射混凝土水胶比过大 3. 水泥、骨料或水的温度过低	养护温度过低	
四、粘结力不佳	1. 喷敷中或喷敷后当时不能粘附	水泥含量低	1. 速凝剂用量过低 2. 喷射的拌合料水胶比过大 3. 喷层过厚 4. 受喷面未处理好 5. 材料及工作环境温度过低	受喷面与喷射混凝土结合的界面上养护不良,任其干燥	1. 岩石表面有滑溜的断层泥或尘埃 2. 岩石有大量的淋滴水 3. 结构物吸湿性强
	2. 早期粘结强度低	水泥含量低	1. 速凝剂用量低 2. 喷射的拌合料水胶比过大 3. 受喷面(旧混凝土、砖石)喷射前未用水浸湿		
	3. 极限粘结强度低	水泥含量低	速凝剂用量过高		地下水或土层中的硫酸盐浓度高
五、耐久性较差		1. 骨料质量不良 2. 骨料对水泥和速凝剂有不良反应	1. 喷嘴操纵不当,以致裹入空气、回弹物,使喷射混凝土易于渗透 2. 喷射时工作风压低,压实力不足 3. 喷射的拌合料水胶比过大	养护条件不好	地下水的硫酸盐浓度高
六、渗透性强		1. 骨料质量不好 2. 骨料级配中断 3. 水泥含量低 4. 湿喷拌合料的水胶比高	1. 喷嘴操纵不当,以致裹入空气或回弹物 2. 压实力不足 3. 喷射的拌合料水胶比过大	养护条件不好	

续表

性能不佳的 类型	拌合料 设计	喷敷 条件	养护 情况	地层或结构 物条件
七、收缩量大	1. 水泥含量高 2. 骨料质量不佳 3. 砂率过大 　4. 湿喷的水胶比过大	1. 喷射的拌合料水胶比过大 2. 速凝剂用量高 3. 喷层过薄	养护环境的湿度过低	1. 受喷面为过于软弱的土层 　2. 附着的结构物表面过于干燥

第六节　混凝土喷射机

1. 概述

混凝土喷射机有干拌混凝土喷射机与湿拌混凝土喷射机两类。

1942 年，瑞士阿利瓦（Aliva）公司首先研制出转子式干拌混凝土喷射机。1947 年，德国（原联邦德国）BSM 公司研制成双罐式干拌混凝土喷射机。其后，英国、苏联、日本等相继研制出各种干拌混凝土喷射机。

我国从 20 世纪 60 年代开始着手研制干拌混凝土喷射设备，先后研制出双罐式冶建-5 型（冶金工业部建筑研究院）、转子式 PH30-74 型（扬州机械厂）、HLP-701 型（煤炭科学研究总院）及 PZ-5 型（河南省煤炭科学研究院有限公司）等各种干拌混凝土喷射机。近年来，众多厂家在 PZ-5 型干拌混凝土喷射机的基础上改型生产了不同型号、能适应不同工作环境的干拌喷射机，基本满足了国内工程对喷射机的需求。据统计，目前我国各行业投入使用的转子式干拌混凝土喷射机近 10 万台，每年更新数千台，使用量很大，是我国喷射混凝土工程中的主要设备。

20 世纪 60 年代初，湿喷技术在西方发达国家开始逐渐推行，各种湿拌混凝土喷射机也陆续开发出来。由于湿拌混凝土喷射机具有生产效率高、工作条件明显改善等突出优点，在国外的隧道和地下洞室工程中已获得广泛应用。

国内的第一台湿喷台车（AL500）于 1996 年由生产转子式混凝土喷射机的瑞士阿利瓦（Aliva）公司引进，成功应用于云南大朝山水电站工程。2002 年，随着混凝土喷射技术的发展及工程要求，阿利瓦公司活塞式混凝土泵湿喷台车 Sika-PM500 应运而生。

1997 年，成都中铁岩峰公司研制出 TK 系列风动转子活塞式湿拌混凝土喷射机，获得广泛应用。

近些年，国内三一重工、徐工集团和中联重科等单位也已开发研制出了几种泵送型湿拌混凝土喷射机，生产规模和应用范围日益扩大。这类泵送型混凝土湿拌喷射机技术先进、回弹量少、施工粉尘小、施工效率高，是湿拌混凝土喷射机的发展方向。

2. 干拌混凝土喷射机

目前，国内应用最多的是转子式 5（PZ-5）型系列及其改进型干拌混凝土喷射机。其

图 4-6-1 PZ-5 型干拌混凝土喷射机

工作原理和结构特征是：带有衬板的整体式转子以一定的转速旋转，而结合板压在衬板上固定不动，结合板上连接有进风管和出料弯头，当转子中装有混凝土干拌合料的各个料杯转动到与进风管和出料弯头相通时，在压缩空气的作用下，拌合料通过出料弯头和输料管输送到喷嘴，并在喷嘴处加水喷射出去。PZ-5 干拌混凝土喷射机的外形见图 4-6-1，PZ 系列干拌混凝土喷射机技术参数见表 4-6-1。该机具有以下特点：

（1）直通式防粘结料腔，出料通畅，高效省时；

（2）四点弹性补偿压紧，密封效果好，机旁粉尘少，易损件寿命长；

（3）采用低压高速涡旋气流输送，料流均匀，连续稳定，克服物料输送中粘结、堵管和脉冲离析等问题；

（4）新型喷头，出料弯头装置，改善喷敷效果，回弹少，喷层质量高。

PZ 系列干拌混凝土喷射机技术参数　　　　　表 4-6-1

型号　项目	PZ-5	PZ-6	PZ-7
生产能力（m³/h）	5	6	7
输送距离（水平/高度）(m)	100/30	100/30	100/30
输料管内径（mm）	φ51	φ64	φ64
最大骨料直径（mm）	φ20	φ20	φ20
额定工作压力（MPa）	0.5	0.5	0.5
耗气量（m³/min）	≤11	≤11	≤11
电机功率（kW）	5.5	7.5	7.5
自重（kg）	650	700	750

3. 湿拌混凝土喷射机

湿拌喷射按照混凝土在喷射机上输送方式的不同，分为泵送型稠密流输送和风动型稀薄流输送。稀薄流输送是把拌合好的湿混凝土添加到转子式混凝土喷射机的料斗内，喷射机把物料均匀分配至下料口处，再由压缩空气裹带物料通过输料管输送到喷头，在喷头处加入液态速凝剂，混凝土被高速喷射到受喷面上。稠密流输送是把拌合好的湿混凝土通过液压泵泵送到喷头，在喷头处添加压缩空气和液态速凝剂，混凝土被高速喷射到受喷面上。

1）风动型转子式湿拌混凝土喷射机

该型湿拌混凝土喷射机采用稀薄流输送技术，具有出料均匀，结构紧凑，作业粉尘浓度低，回弹少，喷射混凝土强度高等优点。其工作原理是：

混凝土按配合比由搅拌机搅拌好后加到振动料斗内，经筛网落到转子体的料腔中，转动的转子体将料腔内的湿拌合料带到面板的出料口，压缩空气进入本机"配风器"后，共分三路：一路到速凝剂混合器；一路到旋流器（下风路）；再一路到料斗座（上风路），该路风经料斗座、转子体料腔，直通面板的出料口。当转子体装有湿拌合料的料腔到达出料口时，压缩空气便将湿拌混合料经旋流器、喷砂管吹到喷头，下风路的风通过旋流器后，形成旋风，所以，当料流经过旋流器时，其湿拌混合料得到了加速旋转，因而不易产生粘结发生堵管现象。

液体速凝剂的添加是由一套输送系统来完成的。该系统由速凝剂泵、蓄液箱、集成块、流量计等部件组成。集成块中包括溢流阀、单向阀、混合室。液体速凝剂从蓄液箱由速凝剂泵泵出后，经溢流阀、调节阀、流量计到混合室，由分风器过来的压力风将速凝剂吹到喷头与湿拌合料混合喷出。

TK 系列转子活塞式湿喷机是中铁岩峰成都科技有限公司拥有自主知识产权的科研成果。其独特的转子活塞凸轮喂料机构，实现了塑性混凝土在管道内的均匀稀薄流输送。它拥有以下三大关键技术：

（1）防粘技术。机内活塞强制泵送喂料，彻底解决料腔粘料问题。

（2）均匀稀薄流技术。三个料腔同时径向喂料，实现塑性混凝土管道内的均匀稀薄流输送。

（3）速凝剂添加与控制技术。计量泵计量准确可调，雾化射流与喷嘴高质量料流使得速凝剂与混凝土混合均匀。

国产 TK 转子活塞式湿拌混凝土喷射机见图 4-6-2，其性能参数见表 4-6-2。

图 4-6-2 TK 系列转子活塞式湿喷机

转子活塞式湿拌混凝土喷射机性能参数表　　　　　表 4-6-2

型号	生产率（m³/h）	骨料最大粒径（mm）	最大输送距离（m）	速凝剂掺量（%）	喷射管内径（mm）	适宜混凝土坍落度（mm）	工作风压（kPa）
岩峰 TK600	6	15	水平 30 垂直 20	7	57	100～180	0.4～0.6

2）泵送型湿拌混凝土喷射机

泵送型湿拌混凝土喷射机是利用液压泵产生的推力，使两个油缸往复交替运动，将湿拌合料由输送管道送至混流管处，经压缩空气形成稀薄流通过管道送至喷头处，在喷头处加入一定比例的速凝剂，直接喷射到受喷面上的一种机、电、液三合一的机械设备，具有生产效率高、输送距离远、耗气量小、喷射回弹小等优点。

（1）三一重工股份有限公司于 2008 年初研制成功了国内第一台带机械臂和自行走式底盘的大型湿喷机——HPS30 混凝土湿喷机。其主要特点如下：

① 底盘采用全液压控制，具有驱动力大、结构紧凑、使用轻便、使用可靠等优点。自行式底盘，在工地上转移方便快捷。

② 工作系统采用柴油机和电动机双动力系统提供动力，工作时二者可以任选，并可进行快速切换。该系统具有节能、环保、降噪、应用范围广等优点。

③ 臂架采用智能控制系统，既可近控，也可以无线遥控，操作灵活、方便、可靠，降低了工人劳动强度，提高了施工质量和施工效率。

④ 工作范围大，整机静态工作区域可达到宽 28m、长约 15m、上高 16m、下深 8.5m 的大施工范围，超过了国外同类产品。

（2）徐工集团生产的 HPS 系列混凝土喷射台车是集行走、泵送、喷射于一体的设备，可喷射预拌混凝土、含钢纤维或聚合纤维的预拌混凝土，具有性能稳定、操作简单、回弹率低、施工质量高的特点，静液压式传动、四轮驱动、四轮转向刚性底盘，动力性能优良、爬坡性能好，尤其适合路面崎岖的场地。

（3）中联重科股份有限公司生产的智能化高适应性混凝土湿喷台车 CSS-3 混凝土喷射机械手，由 2008 年收购的意大利 CIFA 公司的 CIFASpritz 系列演变升级而来，集高效、多自由度的机械手结构设计，多关节机械手实时姿态感知与电液控制等尖端技术于一体，整车采用模块化设计和大量创新技术，有效地满足了隧道作业、地下作业和"露天"工地的混凝土喷护施工需求。其双动力作业系统与高适应性底盘，全面满足设备对狭小空间、崎岖路况、大坡度及防爆等级要求的地下复杂工况施工的适应性需求，最大喷射高度达 15.7m，理论喷射能力达 5～30m³/h，喷射宽度最大 32m，喷射深度最大 5.5m。其具有如下特点：

① 独特的双转台系统，一次定位喷射面积更广，侧向作业更简单，能更好地捕捉隧道拱形轮廓，极大地提高了工作适应性；

② 独特的移动式臂座设计，可实现臂座沿底盘轴线 3.7m 滑移；

③ 独特的全钢板机身和封闭式驾驶室设计，环保、安全；

④ 独特的防偏磨技术，使切割环与眼镜板使用寿命提高 2～3 倍；

⑤ 使用电能或柴油驱动的双驱动底盘，工况适应性好。

部分国产泵送型湿拌混凝土喷射机见图 4-6-3～图 4-6-5，主要技术参数见表 4-6-3。

图 4-6-3　三一重工 HPS30A 型湿拌混凝土喷射机

图 4-6-4　徐工集团 HPS30K 型湿拌混凝土喷射台车　　图 4-6-5　中联重科 CSS-3 混凝土喷射机

泵送型湿拌混凝土喷射机主要技术参数　　　　表 4-6-3

规格与性能＼型号	三一重工 HPS30A	徐工集团 HPS30K	中联重科 CSS-3
长×宽×高(mm)	8265×2600×3141	8720×2595×3190	8960×2450×3100
自重(kg)	16640	16550	16000
喷射垂直高度(m)	16.17	16.5	15.7
喷射水平宽度(m)	29.3	29	32
前方最远喷射距离(m)		14.5	
最小喷射作业隧道高度(m)		4	
最大作业深度(m)		8	5.5
柴油机额定功率(kW)	81	82	72
理论排量(m³/h)	32	30	5～30
允许骨粒最大粒径(mm)泵送/喷射	22/16	22/16	
喷头嘴口直径(mm)	φ45	φ45	
空压机功率(kW)	75	75	75
空压机排气量(m³/min)	11.5	10.5	
空压机工作压力(MPa)	0.7	0.8	
外加剂输出流量(l/h)	0～100	60～600	
外加剂系统压力(MPa)	2	0.8	

　　湿拌混凝土喷射机中小型化近几年也取得进展,徐工集团生产的 HPB220 湿拌混凝土喷射机,既可作为混凝土泵,也可作为混凝土湿喷机,进行隧道、护坡等领域的喷射混凝土支护作业。该机可智能选择并控制混凝土、液态速凝剂比例参数,保证配合比的准确性,添加剂控制系统保证计量平稳、准确,精度可达±0.5％。HPB220 混凝土湿喷机见图 4-6-6,其技术性能参数见表 4-6-4。

图 4-6-6　HPB220 混凝土湿喷机

<table>
<tr><td colspan="3" align="center">**HPB220 湿拌混凝土喷射机技术性能**</td><td align="right">表 4-6-4</td></tr>
</table>

项目	单位	技术性能指标
最大喷射高度	m	100
最大喷射长度	m	300
喷射方式		湿拌
理论喷射能力	m³/h	20
混凝土喷射泵最大输出压力	MPa	7.1
外加剂输送能力	L/min	1.5～8
喷射骨料最大粒径	mm	≤12
电机功率	kW	30
主泵功率	kW	25
主泵压力	MPa	25
泵送风压	MPa	0.4～0.6
外形尺寸(长×宽×高)	mm	4159×1540×1650
重量	kg	2340

图 4-6-7 KC 系列混凝土喷射机器手

（4）混凝土喷射机械手

长沙科达智能装备股份有限公司生产的 KC 系列混凝土喷射机器手（图 4-6-7）具有以下特点：

① 液压伸缩喷射臂。含大臂回转、大臂俯仰、三节小臂液压伸缩、喷射头回转、喷嘴摆动、喷嘴刷动共计六个自由度工作，各部分尺寸适合分层开挖的施工工况。

② 柴油机动力系统。柴油机动力供行走或臂架动作。

③ 电液动力组。为喷射臂工作提供动力。

④ 活塞式泵送系统。喷射量 25m³/h，较转子式泵送系统工作效率高 3 倍以上。

⑤ 无线遥控臂架动作。

⑥ 喷射范围（含 1m 喷射距离）。最大高度约 8.5m，最大宽度约 14m。

⑦ 喷射头运动范围。喷嘴绕臂纵轴回转 360°，喷嘴对臂纵轴摆动 240°，喷嘴绕动 360°无限连续。

⑧ 履带底盘。装有两个能收缩展开的液压伸缩支腿，爬坡时或坡地工作时车架能俯仰以保持车身水平。

⑨ 最小可作业隧道高度。约 3m。

近年来，混凝土喷射机械手替代人工操作并负责混凝土的喷射，成为边坡、基坑、井巷、隧道、洞室等领域广泛使用的一种施工设备。徐工集团生产的 HPR08 混凝土喷射机械手（图 4-6-8）与湿拌混凝土喷射机配套使用，是目前湿喷施工的主流发展方向。喷射机械手小巧、灵活、耐用、适应能力强，可实现湿拌喷射机械化作业，彻底解决人工喷射劳动强度大的问题。标配有线控制系统（也可选配无线控制系统），可实现远距离操控，具备危险工况作业能力。HPR08 喷射机械手技术性能指标见表 4-6-5。

HPR08 喷射机械手技术性能指标	表 4-6-5
项目	参数
发动机功率(kW)	16.5
电机功率(kW)	7.5
混凝土管径(mm)	64
喷射高度(m)	8.2
最大喷射宽度(m)	12.3
前方最大喷射距离(m)	6.5
喷射控制方式	15m 有线控制
爬坡能力	30°
行走速度(km/h)	4.4/2.4
外形尺寸(长×宽×高)(mm)	4600×1080×2335
整机重量(kg)	2110

图 4-6-8　HPR08 喷射混凝土机械手

第七节　喷射混凝土施工工艺

1. 待喷面的准备工作

对接受喷射混凝土的岩面的准备工作，可影响喷射混凝土与岩石的粘结强度和靠近喷层岩石的坚固性。岩面的准备工作主要包括撬落危石和喷水冲洗。采用的方法和准备作业量取决于地层状态和隧道表面特征。在某些情况下，不应撬落危石，而仅仅清除表面物质即可。

在松动地层中，必须清除松动的岩块。因为暂时稳定的松动岩块在喷敷时会进一步松落，给工人带来很大危害。如果岩块仅由一层新的喷层支护，它会在无任何预警的情况下随着喷射混凝土衬砌一起掉落。此外，新的喷射混凝土质量可能大至从围岩上拉动松动的岩片而造成下垂（图 4-7-1），从而也影响喷射混凝土与岩石的相互作用。

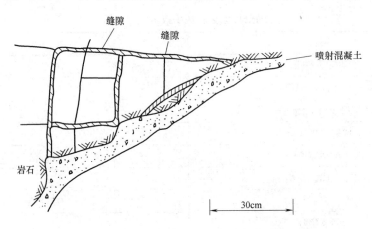

图 4-7-1　撬顶不良造成岩块间的缝隙

在剥落地层中，只应迅速撬掉最松动的石板或石片，更多的撬落并无好处，而只能增加超挖，正确的办法是尽早提供初期支护。

在超限应力或挤压性地层中不应撬落岩石，因为清除塑性带内的岩石后，喷射混凝土衬砌内发展的应力将比喷在未撬落过的岩面上的衬砌内要高。在某些情况下，超限应力或挤压性地层会因撬落危石而造成衬砌的失败。在这类地层中，只能仅仅冲洗岩面，使喷射混凝土不致脱落。

喷射混凝土失败的一个最普遍原因是岩石冲洗不当而造成粘结不良。冲洗不当还可造成喷射混凝土的脱落和下垂。脱落会增加损失，而下垂则在喷射混凝土与岩石间产生空隙（图 4-7-2）。

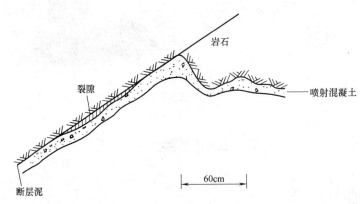

图 4-7-2　岩石冲洗不当造成喷射混凝土与岩石间的空隙

在喷敷初始层或相继喷层以前，冲洗受喷面或喷混凝土表面的最普遍方法是用风—水射流。为此，可通过料管吹入压缩空气并在喷嘴处加水，采用风—水射流冲洗断层泥最为有效。断层泥下面会露出坚硬、光滑的岩面，这些岩面不受风—水射流的影响。清除断层泥是有利的，因为喷射混凝土粘结在光滑表面比粘结在断层泥上好得多。射出的水还有利于喷射混凝土底层水泥的水化。

若喷射混凝土紧贴土层表面施作，如土钉墙支护、运河衬砌或水池、游泳池的池壁等，这时土层表面要严格压实和整平，不能向冻结、松散和积水的地层表面喷射混凝土。

在修理损坏的结构时，首先要清除掉所有松散物质。对于混凝土和砖石为基底的受喷面，要用压力水彻底冲洗，再将积水吹走。对于多孔表面，喷射前应保持2～4h的湿润。

2. 模板与钢筋的安设

1）模板

喷射混凝土用于隧道、洞室、边坡及基坑支护时是不需要安设模板的。

在结构加固工程中，有时要安设样型模板。图4-7-3表示柱子加固时采用的样型模板及其安设顺序。样型模板的作用是保持喷射混凝土的规则棱角，并必须有一个敞开的间隙能使空气和回弹物得以排出，避免形成回弹物的窝积。

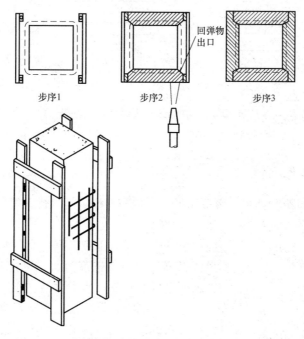

图4-7-3　用喷射混凝土加固柱子时采用的样型模板

必须设置适当的和安全的脚手架，以便使喷射手在整个工作面上都正确掌握喷嘴的角度和距离。假如喷射混凝土表面需要整平，脚手架应为施工人员走近受喷面提供通道。只要条件许可，脚手架的结构要适应连续作业的要求。

2）钢筋

当设计和配置的钢筋对喷射混凝土工作干扰最小时，才能获得最致密的喷射混凝土。尽可能使用直径较小的钢筋。必须采用大直径钢筋时，应特别注意用混凝土把钢筋握裹好。

图4-7-4表示了正确和不正确的配筋方法。当喷射两层或多层配筋结构时，则外层钢筋不应正对内层钢筋（图4-7-4a），而应交错地排列（图4-7-4f）；或采用分次配筋，即里

层钢筋埋入第一层喷射混凝土内，再敷设第二层钢筋和施作第二层喷射混凝土。钢筋不应当拼接，而应当在一定搭接长度范围内，使钢筋间距不小于50mm，平行钢筋的间距不小于80mm。

喷射砂浆时，钢筋网与受喷面的间距不小于12mm（图4-7-4d）；喷射粗骨料混凝土时，钢筋网与受喷面的距离不小于2倍最大骨料粒径d（图4-7-4e）。

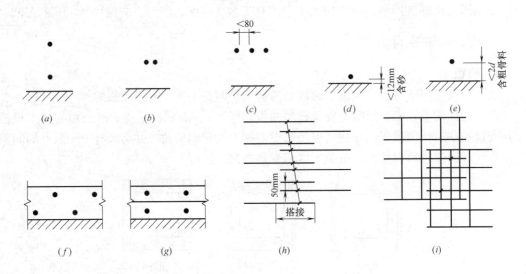

图4-7-4　喷射混凝土内的钢筋配置
(a)、(b)、(c)、(d)、(e) 不正确的钢筋配置；(f)、(g)、(h)、(i) 正确的钢筋配置

3. 喷射机的操作

喷射机的操作可影响回弹、混凝土的密实性和料流的均匀性。喷射机的操作主要是正确地控制工作风压和保证喷嘴料流的均匀性。

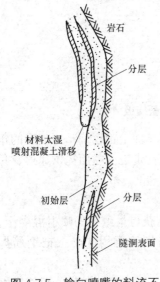

图4-7-5　输向喷嘴的料流不匀，造成喷射混凝土分层

喷射机处的工作风压应根据适宜的喷射速度而调整。若工作风压过高，即喷射速度过大，动能过大，使回弹增加。若工作风压过低，则喷射速度太低，压实力小，影响混凝土强度。工作风压同输料管长度、喷嘴离喷射机出料口水平的高度、拌合料的配合比、含水率等因素有关。当输料管路长为20m且喷嘴与喷射机出料口的高差小于5m时，喷射机处的工作风压一般为0.12～0.14MPa。

无论干喷或湿喷，喷嘴处的料流均应始终一致。干喷对料流的均匀性特别敏感，料流不匀将产生干湿相间的现象。当料流量少时，因拌合料水灰比过大，常引起脱落；当大股料流通过水环时，则因拌合料水量不足而出现分层现象（图4-7-5），分层将降低喷射混凝土的强度和耐久性。料流必须保持一致，因为喷射手不可能很快发觉料流不匀，而立刻把水量调节到正常拌合料的用水量。

湿喷材料内的速凝剂分布也取决于料流的均匀性。如果料流不匀，则结构物内某些部分的材料只有很少的速凝剂，而其他部位速凝剂又过多。速凝剂少的部分将造成材料脱落，特别在坍落度高的情况下；而速凝剂过多的部分将使极限强度大大降低。

料流不匀不仅是工作风压与料流量不衡定造成的，而且也可因向喷射机供应材料不当所造成。操纵喷射机时，必须保持料流的连续性与均匀性。

4. 喷嘴的操作

对喷嘴的操作技术和步骤在很大程度上影响着喷射混凝土的质量与回弹。回弹不仅造成材料损失，而且在喷嘴操作不良时还会造成部分回弹料被裹住。缺少水泥的回弹材料被裹在喷层中，可使喷射混凝土的极限强度和耐久性大大降低。此外，回弹越多，部分回弹料被裹住的机会也就越多。

1）喷嘴与受喷面间的角度

在喷敷平整的受喷面时，喷嘴应与受喷面保持垂直，而且不能与受喷面倾斜超过45°（图4-7-6）。从喷嘴中射出的喷射混凝土流应该是稳定和连续的。当喷嘴偏离垂直受喷面方向太大角度时，喷射混凝土会呈现滚动和折叠覆盖，造成喷射面不均匀、表面很粗糙以致出现过多的回弹和飞溅，造成喷射混凝土强度的离散（图4-7-6、图4-7-7）。

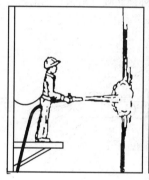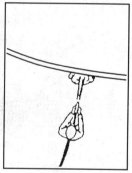

正确的喷射位置　　　　　　　　　　　　　　与墙成直角的位置

图 4-7-6　正确的喷射位置与方向

允许喷嘴不与受喷面垂直的特殊场合是指喷敷内部角隅（图4-7-8）和必须躲开有潜在危险的岩面下面时。内部角隅应在两个受喷面夹角处进行喷敷。这种方法可使裹入角隅的回弹量最少。随着角隅已被填满形成一个曲面后，再向两侧壁面逐渐延伸。然后，按推荐的与壁面成90°的角度进行喷敷。对外部角隅，可将喷嘴垂直地先对准一个受喷面喷敷，然后再喷敷角隅的另侧（图4-7-9）。

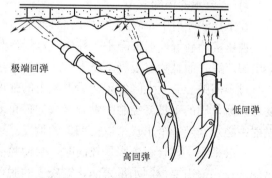

图 4-7-7　正确与不正确的喷射角度

2）喷嘴与受喷面间的距离

干拌法喷射，喷嘴与受喷面的最佳距离一般为0.8～1.0m。距离大于1m，将增加回弹量，并降低密实度，从而也降低了强度（图 4-7-10）。如喷嘴距岩面小于 0.8m，则不仅回弹增加，而且喷射手也受回弹颗粒的打击。

3）喷嘴移动

喷嘴指向一个地点的时间不应过久，因为这样会增加回弹并难于取得均匀厚度。一种好的喷敷方法是横过岩面将喷嘴稳定而系统地作圆形或椭圆形移动（图 4-7-11）。喷嘴有节奏地作一系列环形移动可形成均匀的产品。

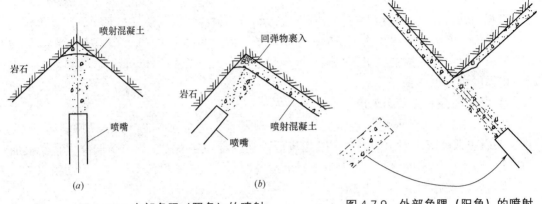

图 4-7-8　内部角隅（阴角）的喷射　　　图 4-7-9　外部角隅（阳角）的喷射

（a）正确方式；（b）不正确方式

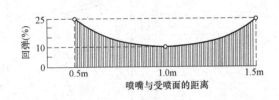

图 4-7-10　喷嘴与受喷面的距离对
回弹的影响（干拌法喷射）

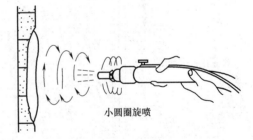

图 4-7-11　喷嘴连续不断地作小圆圈旋喷

4）拌合水的控制

在干拌法喷射中，喷射手必须在料流通过喷嘴时向物料注入正确的水量。为此，要持续注视压实的新鲜喷射混凝土，并调节水量使其产生有光泽的表面。如加水过多，则表面会出现流淌，而且喷射混凝土将下垂。如加水过少，则表面将呈现干斑，料流的灰尘很大并有过多回弹，会大大降低硬化后混凝土的强度。有经验的喷射手通过观察颜色的均匀程度可判断正确的水量。控制喷嘴处水量的最重要方面是防止材料的含水量出现很大变动，喷射手必须选定一个水量来取得期望的稠度。

一般来说，拌合料含水量较高时，会使喷射混凝土变得更加可塑和更能接受料流中射出的颗粒，但需要控制水量来防止混凝土的脱落。过高的含水量将增大喷射混凝土的收缩量，而收缩裂缝将会严重影响薄层喷射混凝土的强度与耐久性。

5）顶喷与侧喷

喷射混凝土下垂脱落以及回弹过多，是向顶面喷射的两大问题。下垂常常是喷层过厚或过湿造成的。对于新鲜喷射混凝土，其抗拉及粘结强度都很低，一旦喷射混凝土的自重大于其与顶部受喷面的粘结强度时，即出现下垂或脱落（图4-7-12），因此需要分层喷射，前后层喷射的间隔时间应为2～4h。

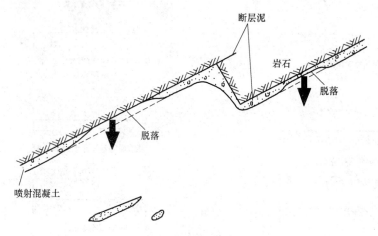

图 4-7-12　喷射混凝土的脱落

侧墙喷射混凝土应从墙脚开始向上喷射，使回弹不致裹入最后的喷射层内。

一次喷射厚度以喷射混凝土不滑移、不坠落为度。即既不能因喷层太厚而影响喷射混凝土的粘结力和凝聚力，又不能因喷层太薄而增加回弹。建议的一次喷射厚度见表4-7-1。

加速凝剂的喷射混凝土一次喷射厚度　　　　　　　　　　　表 4-7-1

喷射部位	一次喷射厚度（cm）	
	干拌法喷射	湿拌法喷射
顶部	5～8	8～10
侧壁	10～15	10～20

向配有钢筋网的受喷面进行喷射时，一般喷嘴应更靠近受喷面一些，与垂直方向稍偏离一个小角度，以便获得较好的握裹效果，且便于排除回弹物。拌合料水灰比应比一般情况稍微大一些，以喷在钢筋后面的混凝土不会滑落为准。这个方法迫使可塑性的喷射混凝土粘结在钢筋后面，而防止堆积在钢筋正面（图4-7-13）。

5. 水泥预水化与拌制后拌合料的停放时间

1）水泥预水化

干拌法喷射混凝土，水泥与骨料是在加入喷射机前进行拌合的。所用骨料一般有3％～5％的含水率。这种预先潮湿的骨料会减少灰尘和干拌合料通过管路时所产生的静电现象。然而，假如水泥与潮湿骨料保持接触，并停滞一段时间，就会发生预水化。在喷射时，部分预水化了的水泥颗粒会受到冲击力的扰动，影响骨料与水泥颗粒间的紧密粘结，也不利于水泥水化的均匀发展，从而延缓凝结时间和降低强度。这种现象在掺或不掺速凝剂的喷射混凝土中均会发生。

加入速凝剂会加速水泥预水化。在同样的骨料含水率条件下，喷射混凝土混合料中掺

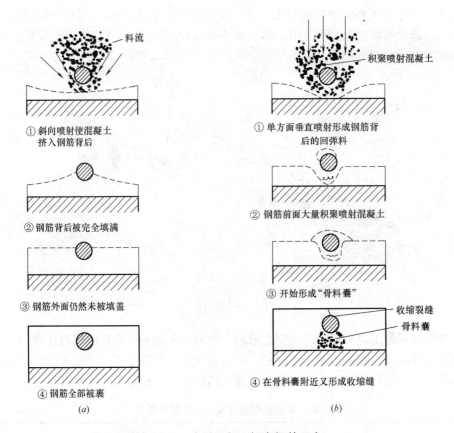

图 4-7-13　喷射混凝土握裹钢筋示意

(a) 正确方式（喷嘴很近）；(b) 不正确方式（喷嘴过远）

入 4％（占水泥重量）的速凝剂并在喷射前停放 2h，则喷射混凝土 28d 的强度约降低 40％（图 4-7-14）。而混合料中不掺速凝剂并同样在喷射前停放 2h，则喷射混凝土 28d 的强度才降低 10％左右（图 4-7-15）。

在实际工程中常常可以看到，预水化的拌合料出现结块成团现象，拌合料温度升高，喷射后则形成一种缺乏凝聚力的、松散的、力学强度很低的混凝土。

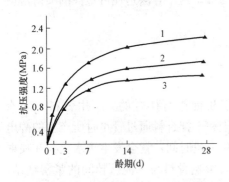

图 4-7-14　干拌混合料（含速凝剂）
停放时间对喷射混凝土强度的影响

1—无停放；2—停放 30min；3—停放 120min

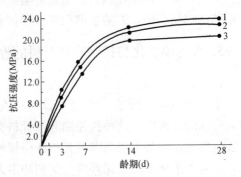

图 4-7-15　干拌混合料（不含速凝剂）
停放时间对喷射混凝土强度的影响

1—无停放；2—停放 30min；3—停放 120min

干拌合料从拌合到喷射，导致水泥预水化的因素是：高水泥含量；高速凝剂含量或使用能引起速凝早强的特种水泥；延长拌合料（特别是混有速凝剂后）的存放时间；较高的环境温度和湿度。

2）拌制后混合料的停放时间

为了防止水泥预水化的不利影响，最重要的是缩短混合料从搅拌到喷射的间隔时间，也就是说，混合料一般应随搅随喷，搅拌和喷射工艺应紧密衔接。国家标准 GB 50086—2015 对混合料拌制后至喷射间的最长时间作出了规定（表 4-7-2）。

混合料拌制后至喷射的最长间隔时间允许值　　　　　　　　　　表 4-7-2

拌制方法	拌制时混合料中有无速凝剂	环境温度（℃）	喷射前混合料最长停放时间允许值(min)
湿拌	无	5～30	120
	无	>30～35	60
干拌	有	5～30	20
	无	5～30	90
	有	>30～35	10
	无	>30～35	45

6. 回弹与回弹物的窝积

1）回弹

回弹是由于喷射料流与坚硬表面、钢筋碰撞或骨料颗粒间相互撞击而从受喷面上弹落下来的拌合物。回弹率同原材料配合比、施工方法、喷射部位（喷嘴与水平面的夹角）及一次喷层厚度关系很大。

（1）配合比的影响

在配合比中影响回弹的主要因素为水泥用量、砂率及用水量。一般来说，水泥用量越多，砂率越高，用水量越大，回弹也就越少。但如果水泥用量不变，则砂率越高，用水量越大，抗压强度也就越低。因此，应选择既满足强度要求而回弹量又少的配合比。此外，就用水量而言，与速凝剂的效果关系也很大。同时，用水量过大，则粘附于受喷面上的混凝土容易剥落，为此，应选择不易剥落的用水量范围。良好的级配与选择较小的粗骨料尺寸，也有利于减少回弹。

（2）施工方法的影响

保持喷嘴与受喷面的夹角、距离及喷射压力适宜，对减少回弹也有重要意义。当喷射料流与受喷面倾斜时，则必出现一个平行于受喷面的分力，该分力越大，喷射砂浆与受喷面的附着力越小，粗骨料对砂浆的嵌入力也就越弱，回弹量也就越多。因而，喷射料流应与受喷面保持垂直，这时回弹最小。

（3）喷射部位的影响

由于重力的作用，喷射部位的不同，所以回弹率有明显的差异。不同喷射部位的回弹率见表 4-7-3。

喷射混凝土的回弹率　　　　　　　　　表 4-7-3

喷射混凝土类型	喷射部位	一次喷层厚度(cm)	回弹率(%)
干拌法喷射混凝土 (含速凝剂)	顶部	5～8	20～30
	侧壁	10～15	12～16
湿拌法喷射混凝土 (含速凝剂)	顶部	8～10	15～20
	侧壁	10～20	5～10

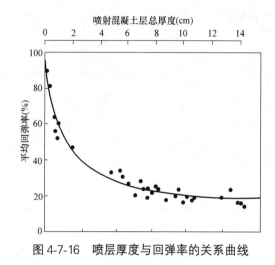

图 4-7-16　喷层厚度与回弹率的关系曲线

（4）一次喷层厚度的影响

一次喷层厚度对回弹的影响很大。当料流开始与受喷面碰撞时，回弹率很大，特别是粗骨料几乎全部弹回；只有当形成一层 5～10mm 的塑性砂浆层后，粗骨料才被嵌入，回弹率才逐渐降低；喷层厚度大约为 50mm 时，回弹率才稳定下来（图 4-7-16）。

回弹物中水泥含量很少，主要为粗骨料，凝结硬化后则是一种松散的、多孔隙的块体。因此，应及时予以清除，不能使之聚集在结构物内。一般收集起来的回弹物也不能放进下批配料中，否则将影响喷射混凝土的质量。回弹物可利用制作低强度的预制板件。

2）回弹物的窝积

有时回弹物没有从冲击点掉落下来，而是集聚于有窝穴之处，容易被新喷的混凝土覆盖而构成喷射混凝土结构中的薄弱部位。窝积物由不密实、水化不充分的回弹料组成，会损害工程质量，必须注意避免。

窝积的形成是由于如图 4-7-17 所示的三种情况（遮挡、直角边缘和从上而下喷筑）

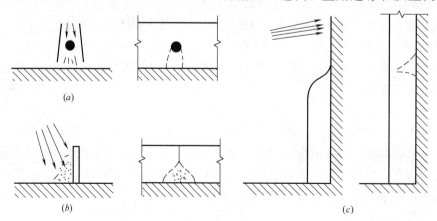

图 4-7-17　回弹物窝积的形成
（a）遮挡；（b）直角边缘；（c）从高处喷射

造成的。在这些情况下，喷射手虽然使用了正确的压力和喷射距离，并注意了明显障碍的移除，但窝积还是容易发生。遮挡（图 4-7-17a）只发生在钢筋直径 10mm 以上的情况下。从工艺的角度来说，喷射混凝土结构的钢筋直径不应超过 40mm。直角边缘（图 4-7-17b）必须避免，在样板根部要提供释放冲击力和逸出回弹物的条件。由上往下喷射（图 4-7-17c）是喷射手的错误。有窝积之处不能喷筑，应用高压风吹除。砂窝或砂层也可以因机械的故障所产生，如喷射机工作压力的猛增或喷嘴处水量调整不当所引起，这些缺陷都应清除。

7. 施工粉尘及其抑制方法

地下工程喷射混凝土施工，特别是干拌法喷射混凝土施工时，会产生大量粉尘。

喷射混凝土粉尘中虽然游离二氧化硅含量较少，但仍能危害施工人员的身体健康，并降低了作业区的能见度，不利于施工质量的控制与提高。

1）喷射混凝土粉尘的起因

喷射混凝土粉尘主要来源于以下方面：干拌合料的搅拌与上料；喷射机密封不良；水与干拌合料拌合不匀；喷射机工作风压过高等。

（1）干拌合料的搅拌与上料

当在地下空间喷射机附近拌料时，常因砂、石含水量太小，造成水泥飞扬。另外，由于拌合料太干燥，在向喷射机上料时，也会产生大量粉尘。

（2）喷射机密封不良

目前，用于干拌法喷射的各类喷射机，都是以压缩空气为动力，把物料送至喷头的。因此，若喷射机密封件密封不良，就会由于跑风漏气带出大量粉尘。例如，转盘式喷射机，如果扇形密封胶板耐压性差，或安装使用不当、机械维修保养不及时等，就极易磨损，使密封失效。

（3）水与干拌合料拌合不均匀

干拌法喷射混凝土施工是干拌合料被压缩空气通过管路送至喷嘴时，才与水混合，随之喷向受喷面。据国外用高速摄影测定，干拌合料在管路中的运动速度为 30～60m/s。若喷嘴拢料管长为 50cm，那么加水后，材料仅经历 0.01～0.017s 就离开喷嘴了。很显然，在这样短的时间内，水和干拌合料是很难拌合均匀的，致使部分水泥颗粒仍处于干燥状态，加之喷嘴出口处压缩空气体积的剧烈膨胀，便产生大量粉尘。此外，当喷嘴处水压力不足，或水环上部分孔眼堵塞，也会造成加水不均，影响水与材料的均匀拌合。

（4）喷射机工作风压过高

喷射机工作风压是指正常喷射时进气管内压缩空气的压力。工作风压的选择与喷射机的类型、输料管长度、输料方向（向上或向下）、原材料性能和配合比、输料管弯曲程度等因素有关。当其他条件变化不大时，主要取决于输料管长度。如果工作风压过高，水与干拌合料难于均匀拌合，喷射时便会产生大量粉尘。

2）减少粉尘的主要方法

喷射混凝土粉尘的起因是多方面的，减少粉尘的根本方法是采用湿拌法喷射。对于干拌法喷射施工而言，减少粉尘应采取综合方法，这些方法主要有：

（1）增加骨料含水量，变喷干料为喷潮料

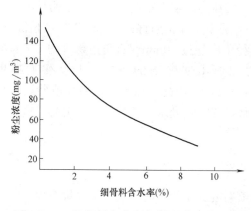

图 4-7-18　细骨料含水率与粉尘浓度的关系

当砂、石含水量较大时，水泥颗粒容易粘附于骨料表面，并得到一定程度的湿润，这样在搅拌、上料及喷射过程中，可大大减少水泥的飞扬。实践证明，这是减少喷射混凝土粉尘的简单有效的方法之一（图4-7-18）。从图4-7-18中可看出，随着细骨料含水量的提高，粉尘浓度显著下降。

但是，为防止喷射机料罐或贮料槽粘料和产生堵管，细骨料含水率也不宜太高。一般情况以 5％～7％ 为宜。施工中当骨料干燥时，应提前 4h 向砂、石料洒水，使之均匀湿润。

（2）保持喷射机良好的密封，防止跑风漏气

目前，国内的干拌法喷射普遍采用转盘式喷射机，其扇形胶板与衬板的接触是密封的关键部位，应采取有效措施，减少或防止胶板的异常磨损。当胶板出现沟槽或严重磨损时，应及时车平或更换。

（3）采用双水环加水

所谓双水环加水，即在距喷嘴一定距离的输料管上安装一个水环，干拌合料通过时，在此将所需水量一次加入（图4-7-19）。由于提前加水，可使湿料在管路中有较长的拌合时间，从而提高其均匀性，并使水泥颗粒得以较充分地湿润。国内外的实践证明，若水环至喷嘴距离太大，会使湿料在管路中发生离析，喷射时出现脉冲。一般情况，水环至喷嘴 3～4m 为宜。采用该法时，由于湿料在管路中输送阻力增加，应适当提高喷射机工作风压，否则容易堵管。

铁道部第三工程局曾在某隧道喷射混凝土施工中，采用图 4-7-19 所示的双水环加水方式，使喷射混凝土施工粉尘浓度由 31～55mg/m³ （单水环）降低至 14.5mg/m³，顶拱喷射的回弹率由 40％（单水环）降至 20％。

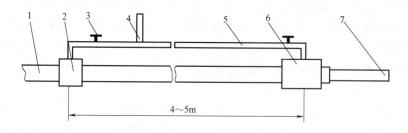

图 4-7-19　双水环加水示意图

1—输料管；2—水环；3—水阀；4—总水管；5—进水分管；6—喷头；7—拢料管

（4）加强喷射作业区的局部通风

工程实践证明，加强通风是降低空气中粉尘浓度必不可少的一环。如果作业区风流大，产生的粉尘就会迅速扩散，新鲜空气与污浊空气交换也快。反之，即使喷射中粉尘较少，也会由于逐渐积聚，使粉尘浓度越来越高。因此，当喷射作业区的风速较小时，应采

取局部通风措施。根据作业区的原始通风情况，可采用混合式、压入式或抽出式通风。一般来讲，混合式排尘效果较好，多用于独头巷道或风速很低的区段。

8. 施工缝与伸缩缝

在新建工程中，若要喷射混凝土使用成功，合理地设置施工缝是很重要的。施工缝的形式如图 4-7-20 所示。图 4-7-20（c）为标准施工缝。对于厚度为 75mm 的喷层，宜在 200～300mm 的宽度范围内喷筑成斜面。当喷层厚度增大时，斜面宽度应相应增加。在倾斜的喷射面上，清除浮末和回弹物后，不要另行切割和压抹，只要用压力水冲洗湿润，即可接受后续的喷射混凝土。

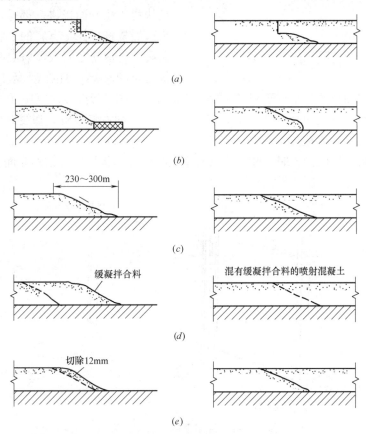

图 4-7-20 喷射混凝土结构的施工缝

（a）型模施工缝；（b）止端施工缝；（c）标准施工缝；（d）整体施工缝；（e）切割施工缝

图 4-7-20 中，施工缝（a）和（b）的处理是相同的，都是为了使接缝更为整齐。接缝（c）大多出现于喷射工作终止于分段样板的情况。接缝（a）、（b）和（c）可以作进一步改善，就是在喷筑之前，在斜面上涂刷一层环氧树脂、聚氯乙烯或乳胶等结合剂。

接缝（d）是一种有专门操作技术的做法，在一天施工的最后一批拌合料中掺有缓凝剂并喷筑在接缝线上，使第二天最先施作的喷射混凝土与这一层仍处于塑性状态的混凝土凝结成整体，形成均一的接缝。

接缝（e）一般用于海边工程，它与接缝（c）相同，只是把斜面凿去一层，以免斜面

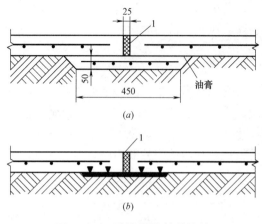

图 4-7-21　贮液结构的伸缩缝
1—嵌缝料

受海水的侵蚀而影响接缝质量。

对于一般结构的伸缩缝，常用槽式缝，填嵌复合料就能适用。对于贮存液体的结构，使用图 4-7-21 所示的伸缩缝，嵌缝材料为人造橡胶或类似的复合物。

9. 表面整修与养护

1）表面整修

喷射面自然整平，不论从结构强度还是从耐久性方面来讲，都是可取的。进一步追加整修往往是有害的，它会损害喷射混凝土与钢筋之间或喷射混凝土与底部材料之间的粘结，且在混凝土内部产生裂缝。但是，喷射面自然整平过于粗糙。要求表面光滑和外形美观的地方，必须使用特殊的整平方法，即在混凝土初凝后（喷射后 15～20min）用刮刀将模板或基线以外多余的材料刮掉，然后再用喷浆或抹灰浆找平。

在喷敷最后一层混凝土时，喷射手常常借助导线和导板取得一致的断面。导线是临时设置的最后表面标志（图 4-7-22）。

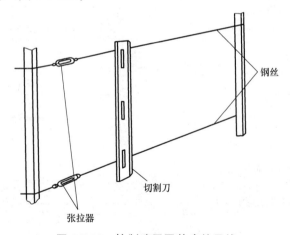

图 4-7-22　控制喷层平整度的导线

另一控制厚度均匀的方法是先喷筑一些混凝土条，然后在它们之间喷至适当厚度。这些条带先要硬结，随后在条带中间区域用新鲜混凝土填充。硬结的条带作为抹平时的导轨（图 4-7-23）。

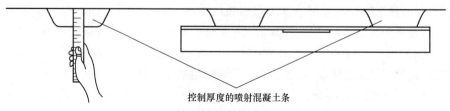

控制厚度的喷射混凝土条

图 4-7-23　控制喷层平整度的混凝土条带

对于游泳池、灌溉渠等类工程，其平整度和形状只需目测，可用长柄宽幅的刮板修整表面。

2）养护

良好的养护，对于水泥含量高、表面粗糙的薄壁喷射混凝土结构显得更为重要。喷射后的 7d 内对于养护是最关键的时期。此后，喷射混凝土已取得足够的抗拉强度来抵制收缩应变，并且靠近暴露面的渗透率也降低到足以使混凝土内部失水最少。

喷射混凝土终凝 2h 后，应喷水养护，养护时间，一般地下工程不少于 7 昼夜，地面工程，不少于 14 昼夜。当地下工程内相对湿度大于 85% 时，也可采用自然养护。

冬期施工时，喷射混凝土作业区的气温不应低于 +5℃，拌合料进入喷射机时的温度不能低于 +5℃。骨料可在配料时加热，而温水则用于拌合时或在喷嘴处加入。喷嘴处和拌合时的水温应在 10～20℃。水温高于 20℃ 会造成水泥的预水化。

喷射混凝土受冻前必须具有足够的强度。国家标准 GB 50086—2015 规定：普通硅酸盐水泥配制的喷射混凝土低于设计强度的 30%、矿渣水泥配制的喷射混凝土低于设计强度的 40%，不得受冻。不得在冻结面上喷射混凝土，也不宜在受喷面温度低于 2℃ 时喷射混凝土。喷射混凝土冬期施工的防寒可采用毯子或采取在封闭的帐篷内加湿等措施。

此外，施工喷射混凝土面层的环境条件应符合下列要求：

（1）在强风条件下不宜进行喷射作业，或应采取防护措施；

（2）永久性喷射混凝土工程的喷射作业宜避开炎热天气，适宜于喷射作业的环境温度及喷射混凝土表面蒸发量应符合表 4-7-4 的规定。

环境温度与喷射混凝土表面蒸发量　　　　　　　　　　　　　表 4-7-4

项　　　目	容许范围
环境温度（℃）	5～35
混合料温度（℃）	10～30
喷层表面蒸发量（kg/m² · h）	＜1.0

第八节　钢纤维喷射混凝土

1. 引言

钢纤维喷射混凝土（SFRS）是一种采用喷射法施工的典型的复合材料，它同时含有抗拉强度不高的混凝土基本材料和抗裂性大、弹性模量高的钢纤维材料。采用这种复合材料主要有以下三种作用：

（1）提高基材的抗拉强度；

（2）阻止基材中原有缺陷（微裂缝）的扩展并延缓新裂缝的出现；

（3）提高基材的抗变形能力从而改善其韧性和抗冲击性。

自从 20 世纪 70 年代开始采用钢纤维喷射混凝土以来，随着钢纤维品种的不断更新和发展，钢纤维喷射混凝土在国内外获得了更为广泛的应用。无论是在岩石边坡稳定和地下隧道洞室支护，还是在结构修复加固及充气圆顶结构的建造中，都显示出钢纤维喷射混凝土独特的功效与魅力。

2. 钢纤维

1）钢纤维的类型

向喷射混凝土中添加钢纤维可以改善混凝土的能量吸收，提高其抗冲击能力和韧性。

目前，喷射混凝土用的钢纤维有各种不同的形状、尺寸和类型。钢纤维生产也有多种不同的工艺，其中包括以下几种：

（1）切割冷拔钢丝法；

（2）剪切钢板法；

（3）熔融抽取法；

（4）轧制钢纤维法。

2）钢纤维的特性

钢纤维的长度必须为最大粗骨料粒径的 3 倍（图 4-8-1），以便于填补两个粗骨料之间的间隙（此处也是易产生裂缝之处）。

为了使基体具有足够的粘结力，钢纤维应当具有足够的长度，以防止被轻易拉出。

考虑到喷射混凝土拌合料通常所用粗骨料的最大粒径为 10mm 或 12mm，因此钢纤维的长度范围必须为 30～35mm。

使用小直径纤维会增加单位重量所用纤维的数量，而且会使钢纤维网更加密实。当纤维变细时，纤维之间的间距就会缩小，因此纤维的增强作用也就更加有效。

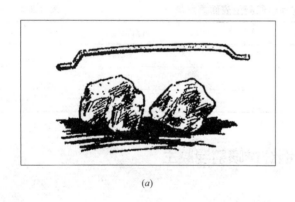
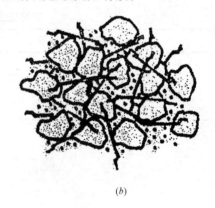

（a） （b）

图 4-8-1　钢纤维长度应 3 倍于骨料最大粒径

（a）钢纤维跨越 2 个最大粒径的骨料；（b）钢纤维在混凝土中的分布

两根纤维之间的间距（s）可以根据 Mckee 理论计算出来：

$$s=\sqrt[3]{\frac{\pi d_f^2 \cdot l_f}{4 \cdot P_f}} \qquad (4\text{-}10)$$

式中　P_f——纤维体积；

　　　l_f——纤维长度（mm）；

　　　d_f——当量（等效）纤维直径（mm）。

为了获得均匀的增强作用，纤维之间的间距（s）必须小于 $0.45 l_f$。

表 4-8-1 为满足不同长径比与最小间距的钢纤维最小用量（kg/m³）。

不同长径比及最小间距条件下的钢纤维最小用量　　　　　　表 4-8-1

长径比 l_f/d	钢纤维用量(kg/m³)		
	$d=25mm$ ($s=11.25mm$)	$d=30mm$ ($s=13.50mm$)	$d=35mm$ ($s=15.75mm$)
0.45	22	20	20
0.50	27	20	20
0.55	33	23	20
0.60	39	27	20
0.80	69	48	35

注：l_f—钢纤维长度；d—钢纤维直径；s—钢纤维间距。

由于钢纤维和喷射混凝土间的粘结特性，喷射混凝土产生的拉应力就可以传至钢纤维。通过钢纤维的机械锚固并选择形态合适的钢纤维，就能提高钢纤维的抗拔能力。

影响钢纤维喷射混凝土性能的最主要的钢纤维参数与力学指标有：

（1）长径比；

（2）体积密度；

（3）几何形状；

（4）抗拉强度。

在喷射混凝土中掺入高强度钢纤维的长径比和体积密度（用量）越大，则钢纤维喷射混凝土的韧性、抗裂性就会越高。无论是由骨料粒径而定的纤维最小长度还是由给定的纤维最小间距所要求的小直径纤维都需要钢纤维具有高抗拉强度。因此，国家标准 GB 50086—2015 建议钢纤维喷射混凝土宜采用抗拉强度不小于 1000MPa 的钢纤维。

然而，也必须指出，所用钢纤维的长径比和体积密度越大，喷射混凝土拌合料的搅拌、输送以及喷射作业就会越困难。因此，表 4-8-1 所规定的向喷射混凝土中添加松散钢纤维用量的实用极限值是应当遵循的。

具有良好增强效果的、长径比很大的、松散的钢纤维一般很难掺入混凝土中，也很不容易均匀地分布于拌合料中。

BEKAERT 公司和国内上海贝卡尔特—二钢有限公司等单位已成功地利用一种水敏胶把松散的钢纤维粘结成纤维片，这种纤维片由 30～50 根纤维组成（图 4-8-2），从而便于钢纤维的运输和分散处理。与长径比大的松散钢纤维不同，经粘结成片的钢纤维不存在任何搅拌困难。可以把这种纤维片作为混凝土的附加骨料，而且添加作业也无需采用特殊设备，无论使用干拌或湿拌料都适用。

可以将这些纤维加入含水率为 4%～6% 的骨料中，也可以将其加入已经搅拌过的混凝土中。只要开始搅拌，这些纤维片就会立刻分散于整个拌合料中（图 4-8-3），从而可显著提高钢纤维喷射混凝土的增强效果。

图 4-8-2　30～50 根端头带弯钩的
钢纤维粘结成片的外形

图 4-8-3　拌合料搅拌后片状
钢纤维均匀地分散后拌合

3. 钢纤维喷射混凝土的主要性能

1）抗压强度

在一般条件下，钢纤维喷射混凝土的抗压强度要比素喷混凝土高 50％左右。

表 4-8-2 为国内外钢纤维喷射混凝土的抗压强度实测资料。当钢纤维的尺寸相同时，混凝土强度随纤维含量增加而提高。

喷射钢纤维混凝土的抗压强度　　　　　　　　　　表 4-8-2

实测单位		中国冶金部建筑研究总院		美国混凝土学会		美国陆军工程兵部队	
水泥：骨料（质量比）		1：4		1：4		1：4	
钢纤维尺寸（mm）		—	$d=0.3$ $L=25$	—	$d=0.3$ $L=30$	—	$d=0.25$ $L=25$
钢纤维掺量（体积百分率）		0	1.20	0	1～1.5	0	1.3～1.5
抗压强度	测定值（MPa）	28.0	36.0～46.0	36.0	48.1～58.8	25.4	41.2
	相对值（％）	100	135～150	100	134～163	100	162

在混凝土中加入适宜的钢纤维后，可明显地改善 48h 内的强度。图 4-8-4 为含 2％体积的钢纤维与不含钢纤维的喷射混凝土早期相对强度的比较。

2）抗拉、抗弯强度

钢纤维喷射混凝土的抗拉强度比素喷混凝土约提高 50％～80％，抗拉强度随纤维掺量的增加而提高（图 4-8-5）。当钢纤维的长度和掺量不变时，细纤维的增强效果优于粗纤维，这是由于细纤维单位体积的比表面积大，与混凝土的粘结力高的缘故。

喷射钢纤维混凝土的抗弯强度比素混凝土提高 0.4～1 倍，国内外的实测资料见表 4-8-3。

同抗拉强度的规律一样，增加纤维掺量，或减小纤维直径，均有利于提高钢纤维喷射混凝土的抗弯强度。

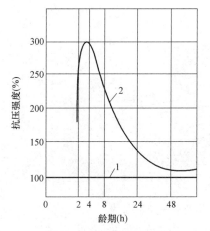

图 4-8-4　喷射钢纤维混凝土的早期相对强度
1—喷射钢纤维混凝土；2—普通喷射混凝土

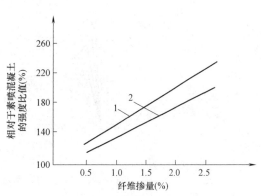

图 4-8-5　喷射钢纤维混凝土的抗拉
强度与钢纤维掺量的关系
1—抗拉强度；2—抗弯强度

喷射钢纤维混凝土的抗弯强度　　　　　　　　　　　表 4-8-3

实测单位		中国冶金部建筑研究总院		美国混凝土学会		美国矿山局	
钢纤维尺寸(mm)		$d=0.3$　$L=25$		$d=0.3$　$L=30$		$d=0.4$　$L=25$	
钢纤维掺量(体积百分率)		0	1~2.0	0	2.0	0	2.0
抗弯强度	实测值(MPa)	6.3	8.6~10.8	5.6	7.5	—	—
	相对值(%)	100	143~170	100	140	100	200

　　近年来，白鹤滩、乌东德、黄登水电站和黄岛、惠州地下水封洞库工程钢纤维喷射混凝土抗弯强度的实测资料表明，钢纤维喷射混凝土（湿拌）的抗弯强度变动于 4.0～8.9MPa 之间。

3）韧性

　　良好的韧性是喷射钢纤维混凝土的重要特性。所谓韧性是指从加荷开始直至试件完全破坏所做的总功。韧性的大小常以荷载挠度曲线与横坐标轴所包络的面积表示。国外采用 10cm×10cm×35cm 的小梁试验表明，喷射钢纤维混凝土的韧性可比素喷混凝土提高10～15 倍。我国冶金部建筑研究总院采用 70mm×70mm×300mm 的试件试验表明，喷射钢纤维混凝土的韧性约为素喷混凝土的 20～50 倍（图 4-8-6）。

4）抗冲击性

　　在喷射混凝土中掺入钢纤维，可以明显地提高抗冲击性。测定喷射钢纤维混凝土的抗冲击力，常采用落锤法或落球法。美国用 4.5kg 锤对准厚 38～63mm、直径为 150mm 的试件进行锤击：素喷混凝土在锤击 10～40 次后即破坏，而喷射钢纤维混凝土试件破坏所需的锤击次数约在 100～500 次以上，即抗冲击力提高 10～13 倍。

　　我国冶金部建筑研究总院曾用直径 35mm、重 2.55kg 的钢球，在距试件 1.0m 高的上方对 70mm×250mm×250mm 的试件进行撞击，试验结果见表 4-8-4。掺入钢纤维后喷射混凝土的抗冲击力约提高 8～30 倍。

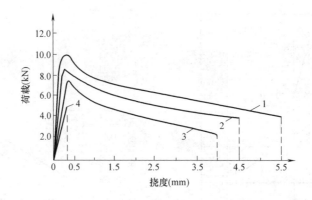

图 4-8-6　喷射钢纤维混凝土小梁荷载—挠度曲线

1—钢纤维直径 0.3mm，长 25mm，掺量 2％；2—钢纤维直径 0.4mm，长 25mm，掺量 2％；

3—钢纤维直径 0.4mm，长 25mm，掺量 1.5％；4—素喷混凝土

喷射钢纤维混凝土抗冲击性能　　　　　　　　表 4-8-4

试件名称	钢纤维掺量（％）	初裂		破坏	
		裂纹条数	冲击次数	裂纹条数	冲击次数
素喷混凝土	0	1	3～6	1	4～7
喷射钢纤维混凝土	1	1～3	4～7	3～4	30～46
喷射钢纤维混凝土	1.5	1～3	8～10	3～4	69～95
喷射钢纤维混凝土	2.0	1	15～24	3～4	195～416

注：钢纤维直径为 0.4mm，长度为 20mm。

5）拔出强度

对喷射钢纤维混凝土中埋入的锚杆所做的抗拔试验表明，抗拔强度与喷射混凝土的抗压、抗弯强度有一定关系。在加拿大一露天矿边坡上对喷射钢纤维混凝土所做的试验结果表明，龄期 14d 的喷射混凝土，其抗拔强度达 7.0MPa；而在相同龄期条件下，钢纤维喷射混凝土的抗拔强度则提高至 12.7MPa。

6）90％极限荷载的拉应变

美国的卡顿（Katon）完成了对 100mm×100mm×305mm 喷射混凝土试件的加速加载弯曲试验，发现在 90％极限荷载时，外层纤维拉应变为 $320×10^{-6}～440×10^{-6}$，而素喷混凝土只有 $192×10^{-6}$，喷射钢纤维混凝土在破坏时的应变值有较大增长。

7）粘结强度

瑞典 BESAB 报告，采用湿法施工的喷射钢纤维混凝土与花岗岩的粘结强度约为 1.0MPa。

8）收缩

我国冶金部建筑研究总院的试验表明，在每立方米喷射混凝土中掺入 90kg 的钢纤维后，各个龄期喷射混凝土的收缩量均明显减小，在不加速凝剂的情况下，一般减小20％～

80％，在掺加速凝剂的情况下，一般减小 30％～40％（图 4-8-7）。这一性能对于喷射混凝土用于防水工程和大面积薄壁结构工程是极为有利的。

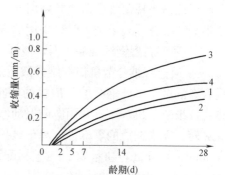

图 4-8-7　自然条件下，喷射
混凝土的收缩曲线

1—不加速凝剂的素喷混凝土；
2—不加速凝剂的喷射钢纤维混凝土；
3—加速凝剂的素喷混凝土；
4—加速凝剂的喷射钢纤维混凝土

4. 钢纤维喷射混凝土施工工艺

1）施工机具

现有的喷射混凝土机械，无论是干拌法喷射混凝土机械还是湿拌法喷射混凝土机械，均可用于或稍加改进就能用于钢纤维喷射混凝土施工。

为了减少堵管，应取消 90°弯头，在管路内径突变处，采用长的锥形变径器。输料管直径应为纤维直径的 2 倍。

目前，瑞典已研制出用于单独喂送钢纤维的专门设备（图 4-8-8～图 4-8-10）。新的钢纤维喂入器主要是一个能旋转的圆筒，其内壁上装有很多长钉，当钢纤维喂入后，旋转筒可使成团的纤维松散开来，圆筒是向下倾斜的，圆筒前端有一可调的开口，纤维经过开口，落入给料漏斗，再由喷吹器吹进软管，并送至喷嘴处，与混凝土混合料均匀混合后喷出。

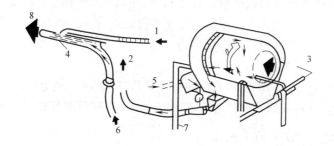

图 4-8-8　新式的钢纤维喂入器

1—水；2—纤维；3—钢纤维混凝土；4—剩余空气；5—空气；6—水泥＋砂石；7—排出器；8—纤维

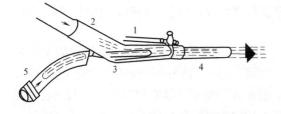

图 4-8-9　干拌法喷射混凝土用的新式喷头

1—水；2—纤维；3—剩余空气；
4—水环；5—水泥＋砂石

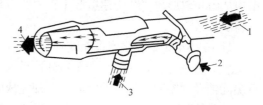

图 4-8-10　湿拌法喷射钢纤维混凝土用的新式喷头

1—纤维；2—空气；3—湿拌混凝土；
4—喷射钢纤维混凝土

2）施工工艺

在喷射钢纤维混凝土施工中，最重要的是能均匀地掺入混合料，尽可能地减少钢纤维的回弹。

纤维结团现象既会造成管路堵塞，又会影响钢纤维的增强效果。早期，国内外在干拌法钢纤维喷射混凝土施工时，采用的有利于防止钢纤维成团的措施是：

① 采用新型钢纤维喂入器，使纤维单独喂入喷嘴处与混凝土混合料均匀混合。

② 通过纤维分散机使纤维分散后加入皮带机或搅拌机内，与该处正在输送或搅拌的混合料混合。国外钢纤维分散机的种类较多。我国冶金部建筑研究总院也研制成 DB-81 型钢纤维分散机，该机利用电磁振动原理，具有分散和输送钢纤维两种功能，结构紧凑，无旋转，无需润滑的零部件，易于维护，分散能力为 8～10kg/min，外形尺寸为 643mm×408mm×454mm，质量 60kg（包括配重 30kg）。

③ 控制钢纤维的掺量。特别对于长径比大于 80 的钢纤维，其掺量一般不宜大于 1.5%（占混凝土体积比）。

近 10 多年来，国内外普遍采用由 30～50 根端头带弯钩的钢纤维粘结成片的片状钢纤维（国内由上海贝卡尔特—二钢公司等单位生产），放入湿拌合物中或骨料含水率 4%～6% 的干拌合物中，极易散开，并均匀地分布于拌合料中，解决了钢纤维结团与于分布不均的难题。

采用湿拌法喷射时，应避免过量加水来改变湿拌合料的稠度。由于加入钢纤维，使拌合料表现出干硬和低坍落度的特征是正常的，并不会影响正常喷射。而过度加水，则势必影响钢纤维喷射混凝土的强度。

钢纤维喷射混凝土拌合料搅拌时，宜先将砂、石、钢纤维等干料投入料筒稍加搅拌，再投入水泥（干拌）或水泥和水（湿拌）完全搅拌。

为了减少钢纤维回弹，可采取以下措施：

① 采用较低的喷射速度或空气压力。

② 控制纤维的长径比，采用短而粗的钢纤维和较大的喷层厚度。

③ 采用较小的骨料（最大粒径为 10mm 或 12mm）和预湿骨料（干拌法）。

5. 钢纤维喷射混凝土的工程应用

钢纤维喷射混凝土具有良好的力学特性，特别是韧性、抗冲击性和抗弯强度均大大高于普通喷射混凝土，已在国内外隧道、洞室支护、边坡稳定、矿山井巷支护与加固、建筑结构加固和球形薄壁结构建造等工程中获得日益广泛的应用（表 4-8-5），并收到明显的技术经济效果。

近 10 多年来，我国水电系统在大跨度高边墙洞室工程中采用钢纤维喷射混凝土作初期支护的越来越多，一般是在洞室开挖后，立即喷一层厚约 5cm 的钢纤维混凝土。这样，可免除铺设钢筋网所花费的时间，立即完成喷射作业。而钢纤维喷射混凝土早期强度及与岩石的粘结强度都远高于普通喷射混凝土，所有这些对控制围岩的早期变形、提高施工的安全性都是十分有利的。正在发展中的我国储油的地下水封洞库工程，一般由 10 余条长度近 1.0km、宽 20m、高 30m 的隧洞组成，虽然岩石条件较好，但对隧洞喷射混凝土衬砌的密封性要求很高，因而一般也采用钢纤维喷射混凝土与喷射混凝土的复合支护。

美国工程兵对蛇河的某高 4.5～13.5m、长 465m 的边坡工程，采用平均厚度 6.3cm 的钢纤维喷射混凝土代替钢丝网的喷射混凝土，节约工程造价约 20%。英国对某公路桥桥下的砖砌工程加固，采用了钢纤维喷射混凝土取代钢筋网喷射混凝土，其突出的优点是不需要脚手架，交通运输不受影响。

国内外钢纤维喷射混凝土工程部分实例

表 4-8-5

工程名称	用途	喷层厚度(cm)	施工方法
中国拉西瓦水电站	大跨度洞室支护	15	湿法
中国瀑布沟水电站	大跨度洞室支护	12～15	湿法
中国锦屏一级水电站	大跨度洞室支护	10～15	湿法
中国蟠龙抽水蓄能电站	大跨度洞室支护	20	湿法
中国青岛黄岛水封油库	洞室支护	5～8	湿法
中国湛江水封油库	洞室支护	5～8	湿法
美国蛇河	岸坡稳定	6.3	干法
瑞典勃洛夫乔顿	岸坡稳定	3.0	干法
美国某交通工程	桥梁与隧道维修	5～15	干法
瑞典波立登矿	矿山竖井加固	10～15	干法
日本宫下隧道	隧道衬砌	8	湿法
日本板谷隧道	隧道衬砌	10	湿法
日本东名高速公路日本坂隧道	隧道衬砌		干法
中国湖北金山店铁矿	采矿进路	10	干法
中国江苏梅山铁矿	溜井、采矿进路、贮矿仓	10～20	干法
中国河南舞阳钢铁公司	主电室烧伤梁板补强	5～7	干法
中国河北秦皇岛	钢构立交桥补强	5	干法
美国某掩体工程	半球形掩体	5	干法
美国某引水工程	引水隧道支护	7.5	干法
中国小浪底水利工程	边坡加固	6.0	干法
中国彭水水电站	主厂房支护	15	湿法
中国清江水布垭电站	主厂房支护	20	湿法

注：干法指干拌法；湿法指湿拌法。

瑞典波立登矿矿石溜井由于长期矿石冲击遭到严重磨损，使井壁逐渐开裂，影响生产正常进行。采用 10～15cm 厚喷射钢纤维混凝土加固井壁，显示了多方面的优点，如修补速度快，对生产影响较小，特别是可以延长使用寿命，更不用担心长期磨损后有类似钢筋头、金属网的脱落而影响下道工序的正常进行。美国陆军工程结构研究所，在伊利诺伊州平原建造了一系列半球形掩体，最大直径为 8.5m，他们把用作防火层的聚氨基甲酸乙酯泡沫塑料加到充气的薄膜外面，再在泡沫塑料表面喷射一层厚 50mm 的钢纤维混凝土。这种壳体在封闭状态下，可承受 750kN 的模拟荷载，抵抗手榴弹和轻型炮弹的袭击。

我国江苏梅山铁矿用钢纤维喷射混凝土加固贮矿仓和放矿溜槽也取得满意的效果，加固贮矿仓的费用仅为传统加固方法费用的 52%，且不会堵塞下部放矿口，加固施工需停产的时间也短。加固放矿闸门侧壁的费用可比传统锰钢板加固低 52.7%。

我国河南舞阳钢铁公司主电室于 1984 年发生火灾，致使钢筋混凝土梁板受到严重烧伤，烧伤面积超过 2000m²，烧伤影响深度达 5～7cm。采用喷射钢纤维混凝土修复，获得了良好的效果。由于钢纤维喷射混凝土工艺简单，施工方便，节省了大部分模板支撑系统，从而加快了修复进度，节约了修复费用。经质量检验，钢纤维喷射混凝土的抗压强度达 29.5MPa，抗拉强度达 2MPa，与旧混凝土的粘结强度为 1.0MPa，均满足了设计要求。特别是良好的粘结强度，保证了新旧混凝土的共同工作。而且，钢纤维喷射混凝土的高韧性能减少收缩，从而增加了结构的耐久性。

第九节 合成纤维喷射混凝土

1. 合成纤维材料

用于喷射混凝土的合成纤维主要有聚丙烯腈（腈纶）纤维、聚丙烯（丙纶）纤维、改性聚酯（涤纶）纤维和聚酰胺（尼龙）纤维。其主要性能见表 4-9-1。

单丝合成纤维的几何特征及主要性能 表 4-9-1

纤维品种 主要参数和性能	聚丙烯腈纤维	聚丙烯纤维	聚酰胺纤维	改性聚酯纤维
直径（μm）	13	18～65	23	2～15
长度（mm）	6～25	4～19	19	6～20
截面形状	肾形或圆形	圆形	圆形	三角形
密度（g/cm³）	1.18	0.91	1.16	0.9～1.35
抗拉强度（N/mm²）	500～910	276～650	600～970	400～1100
弹性模量（N/mm²）	$7.5 \times 10^3 \sim 21 \times 10^3$	3.79×10^3	$4 \times 10^3 \sim 6 \times 10^3$	$1.4 \times 10^3 \sim 1.8 \times 10^3$
极限伸长率（%）	11～20	15～18	15～20	16～35
安全性	无毒材料	无毒材料	无毒材料	无毒材料
熔点（℃）	240	176	220	250
吸水性（%）	<2	<0.1	<4	<0.4

在我国喷射混凝土工程中应用较多的路威 2002 聚丙烯腈纤维（由深圳海川工程科技公司引进生产）是一种具有良好性能的合成纤维。其主要材料特点有：

（1）在混凝土中具有更好的分散性，每千克路威 2002 聚丙烯腈纤维（长 6mm）约有 11 亿根单丝纤维，在混凝土中可构成更加致密的三维乱向分布体系，对于提高混凝土的抗裂、抗渗、抗冲击能力和韧性等具有更显著的作用。

（2）弹性模量约为 7～9GPa，高弹性模量的纤维不但对于早期抗裂有良好效果，而且有利于提高硬化混凝土的抗变形能力和能量吸收能力。

（3）抗拉强度为 500～600MPa，对提高混凝土的抗弯韧性、抗疲劳性和抗冲击性有更好的作用。

（4）纤维截面为花生果形，较圆形截面与水泥基材有更大的接触面积，且表面经特殊粗糙处理，因而纤维与水泥基材具有更强的握裹力。

（5）纤维在混凝土中的平均间距仅为 0.55mm，可构成更加致密的网络，有效提高混凝土的抗裂性。

（6）聚丙烯腈纤维是除含氟纤维外所有天然和人造纤维中耐光性和耐候性最好的纤维，可以保证纤维在混凝土中长期发挥作用。

2. 合成纤维喷射混凝土的性能

喷射合成纤维混凝土的性能与纤维掺量有关。用喷射法或浇筑物制得的合成纤维混凝土与同等强度的素混凝土性能比较见表 4-9-2。

合成纤维混凝土与素混凝土的性能比较　　　　　　　　　　　　表 4-9-2

项目	纤维掺量及性能变化	聚丙烯腈纤维混凝土	聚丙烯纤维混凝土	聚酰胺纤维混凝土
收缩裂缝	降低比例（%）	58～73	55	57
	纤维掺量（kg/m³）	0.5～1.0	0.9	0.9
28d 收缩率	降低比例（%）	11～14	10	12
	纤维掺量（kg/m³）	0.5～1.0	0.9	0.9
相同水压下渗透高度降低	提高比例（%）	44～56	29～43	30～41
	纤维掺量（kg/m³）	0.5～1.0	0.9	0.9
50 次冻融循环强度损失	损失比例（%）	0.2～0.4	0.6	0.5～0.7
	纤维掺量（kg/m³）	0.5～1.0	0.9	0.9
冲击耗能	提高比例（%）	42～62	70	80
	纤维掺量（kg/m³）	1.0～2.0	1.0～2.0	1.0～2.0
弯曲疲劳强度	提高比例（%）	9～12	6～8	—
	纤维掺量（kg/m³）	1.0	1.0	—

注：1. 表中收缩裂缝降低的试验基本采用砂浆，其余各项试验基本采用混凝土。

　　2. 表中性能适用于中等强度等级（CF20～CF40）的混凝土。

当路威 2002 聚丙烯腈的掺量为 $1\sim2kg/m^3$ 时，则喷射合成纤维混凝土的力学性能会得到进一步改善。即 28d 和 90d 聚丙烯腈纤维混凝土的劈裂抗拉强度比素混凝土分别提高 6%～19% 和 6.8%～18.9%；韧性指数 I5 提高 4.25～4.65 倍，I10 提高 6.45～7.63 倍，I20 提高 9.2～11.73 倍；抗疲劳强度提高 11.7%。此外，喷射合成纤维混凝土能提高一次喷射厚度，降低混凝土回弹 15% 左右。

3. 合成纤维喷射混凝土施工

合成纤维喷射混凝土中合成纤维的掺量一般为 $0.9\sim1.0kg/m^3$，直接加入湿拌混凝土或干拌混合料中均可，但应采用机械搅拌，搅拌时间可适当增长，不小于 1.0min。加入纤维后，混凝土的黏聚性增强，坍落度会稍有下降，但不影响混凝土的使用性能。如确需提高坍落度，建议稍增大减水剂用量，切不可临时加大用水量，否则会影响混凝土的品质。

4. 合成纤维喷射混凝土的工程应用

鉴于合成纤维喷射混凝土与普通喷射混凝土相比，在性能上有多方面的优点，因而合成纤维喷射混凝土的应用正在日益增长。

美国亚利桑那州的运河防洪工程加固所用的喷射混凝土，全部用合成纤维取代钢丝网，喷射厚度为100～150mm。1980年，美国新墨西哥州政府修建了两条泄洪渠道，一条用传统的钢筋混凝土结构加固，另一条用合成纤维混凝土加固。据分析，用合成纤维混凝土者节约了25％的投资。香港新隧道工程，出于环保、电力和商业服务要求，用合成纤维取代了钢纤维，喷射混凝土厚度75mm，效果很好。菲律宾的某些隧道，采用喷射合成纤维混凝土加固洞门边坡及作洞内的初期支护，成效显著。

在我国，由中南水电勘测设计院设计的龙滩水电站主变室、调压井及引水隧洞工程中，大量采用厚10～15cm的喷射聚丙烯混凝土，效果良好。长阳东流溪二级水电站的引水隧洞（长11888m，洞径2.2m）、三峡工程位于地下电站主厂房的Ⅲ层岩石处的交通洞和深圳东部沿海二通道的隧道工程均采用了聚丙烯腈纤维喷射混凝土，成效显著。厦门人防工程为提高衬砌结构的抗渗性，在喷射混凝土中添加了路威2002聚丙烯腈纤维（添加量为1.0kg/m³）和防水剂，也取得了良好的防水效果。

第十节　喷射混凝土力学性能试验与厚度检验

1. 抗压强度试验

由于喷射混凝土施工工艺与现浇混凝土不同，因而其力学强度的检验也有所区别，主要表现在试块的制取方法上。在铁模内直接喷射制取喷射混凝土试块的方法是不可取的，因为在这种条件下喷射，回弹物势必受到铁模壁面的约束，不能自由溅出，而聚集于试模边角，造成测得的强度值要比结构上真实强度低。检验喷射混凝土强度，可采用以下几种方法。

1）大板切割法

在原材料、配合比、喷筑方位、喷射条件与实际工程相同的条件下，向尺寸为45cm×35cm×12cm的敞开模型喷筑混凝土板件，切割成10cm×10cm×10cm的试件（板件边缘松散部分必须切除丢弃，不得作试块用），在标准条件下养护至28d，采用同普通混凝土同样的加荷方法，检验其抗压强度。

检查喷射混凝土抗压强度所需的试块应在施工中抽样制取。试块数量，每喷射50～100m³拌合料或小于50m³拌合料的独立工程，不得少于一组，每组试块不得少于三个。材料或配合比变更时，应另制作一组。

2）钻取芯样法

为了确定实际结构中喷射混凝土的强度值，可采取钻取芯样法。为避免取芯和芯样加工时破坏砂浆与石子之间的粘结，钻取混凝土芯样的设备宜使用带冷却装置的岩石或混凝土钻机，采用金刚石或人造金刚石钻头。取得的芯样应有工程质量代表性。取芯数量不宜少于三个。芯样直径应不小于混凝土中粗骨料最大粒径的三倍。一般做喷射混凝土抗压强度试验的芯样为直径 10cm，高度 10cm。

经加工后的芯样，端面不平整度为每 100mm 长度内不得超过 0.05mm。其两个端面与轴线间的垂直度总偏差应不超过 2°。芯样锯切后，其端面不能满足平整度要求时，应将试件端面放在平磨机上磨平，也可用高强度水泥配制的水灰比小于 0.3 的水泥净浆找平芯样端面，或用硫磺胶泥及其专用工具处理端头。用水泥浆或硫磺胶泥处理端面的芯样，需随即放入标准养护室养护 2～3d。

抗压试验前，芯样应在 20±5℃的清水中浸泡 40～48h。按下式计算喷射混凝土的抗压强度，精确到 0.1MPa。

$$f_c = \frac{4P}{\pi D^2 \cdot K} \tag{4-11}$$

式中　f_c——喷射混凝土的抗压强度；

　　　P——芯样破坏时的最大荷载；

　　　D——芯样直径；

　　　K——抗压强度换算系数。当芯样尺寸为高度 10cm、直径 10cm 时，$K=1.0$。

3）拉拔法

这种方法是为了对实际喷射混凝土进行早期强度的测定而制定的，在欧美及日本等国的工程检验中应用较早。我国冶金部建筑研究总院于 20 世纪 90 年代也研制了拉拔法测定混凝土强度的装置与方法，并用于实际工程的测试中。

拉拔法测定强度按图 4-10-1 所示。即将埋设在喷射混凝土内的销钉拔出来，根据荷载及破坏面的面积求出喷射混凝土抗剪强度，并按照事前用试件求出的抗压强度与抗剪强度的关系，推求混凝土的抗压强度。

抗拔法试验的顺序如下：

（1）把安装销钉用的固定板固定在测点处；

（2）安设销钉；

（3）施作喷射混凝土；

（4）抹平销钉周围的喷射混凝土；

（5）到达所定龄期时，把拉拔装置装到销钉上，用手动液压泵进行拉拔；

（6）从压力表上读取破坏荷载，然后用卡尺量测喷射混凝土厚度。

如果被拔出的锥体表面积为 A 时（图 4-10-1），则喷射混凝土的抗剪强度 f_{cc} 为：

$$f_{cc} = P/A \tag{4-12}$$

式中　P——锥体被拉出时的荷载；

　　　A——锥体表面积。

锥体表面积和角度可以从锥体的几何形状测得。图 4-10-2 说明了各参数之间的关系。锥台代表所拔出的锥体，D 为固定于活塞上的钢环内径，W 为销钉固定头直径，H 为所测喷射混凝土的厚度，α 为锥体顶角。

$$\tan\frac{\alpha}{2} = \left(\frac{D}{2} - \frac{W}{2}\right)/H \tag{4-13}$$

$$\frac{D}{2} - \frac{W}{2} = \tan\frac{\alpha}{2} \cdot H, D = 2\tan\frac{\alpha}{2} \cdot H + W \tag{4-14}$$

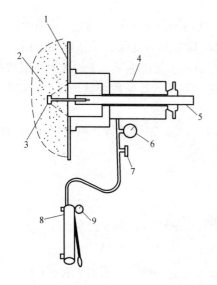

图 4-10-1　拉拔法测定喷射混凝土强度

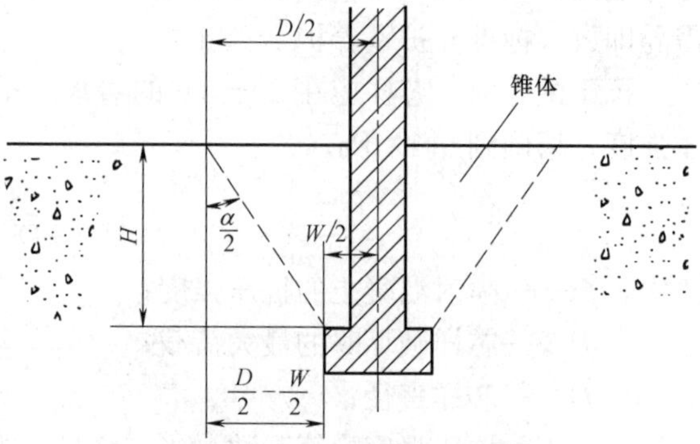

图 4-10-2　由拉拔产生的锥体

1—反力板；2—喷射混凝土；3—拉拔销钉；

4—千斤顶；5—拉拔导杆；6—压力表；

7—阀门；8—油泵；9—压力表

$$A = \pi \left(\frac{D}{2} + \frac{W}{2} \right) \sqrt{H^2 + \left(\frac{D}{2} - \frac{W}{2} \right)^2} \tag{4-15}$$

试验证明，拉拔法和常规的抗压强度试验法之间的相关系数为 0.878，相关程度很好。

喷射混凝土抗压强度与拔出力之间的关系为：

$$f_c = 4 \left(\frac{P}{A} + 0.65 \right) \tag{4-16}$$

2. 粘结强度试验

（1）喷射混凝土与岩石或硬化混凝土的粘结强度试验，可在现场采用对被钻芯隔离的混凝土试件进行拉拔试验完成，也可在试验室采用对钻取的芯样进行拉力试验完成。钻芯隔离试件拉拔法及芯样直接拉拔试验示意见图 4-10-3 及图 4-10-4。试件直径可取 50～60mm，加荷速率应为每分钟 1.3～3.0MPa；加荷时应确保试件轴向受拉。

（2）喷射混凝土粘结强度试验报告应包括以下内容：

① 试件编号；

② 试件尺寸；

③ 养护条件；

④ 试验龄期；

⑤ 加荷速率；

⑥ 最大荷载；

⑦ 测算的粘结强度；

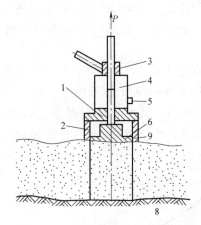

图 4-10-3　对钻芯隔离的喷射混凝
土试件的拉拔试验

1—基座；2—支撑装置；3—螺母；4—千斤顶；5—泵；
6—胶粘剂；7—喷射混凝土；8—基岩；9—托架

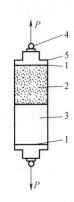

图 4-10-4　钻取试件的直接拉拔试验

1—胶粘剂；2—喷射混凝土；3—基岩；
4—接头；5—支架

⑧ 对试件破坏面和破坏模式的描述。

3. 抗弯强度及残余抗弯强度试验

（1）喷射混凝土的抗弯强度与残余抗弯强度试验的试件，应在喷射混凝土大板上切割为 75mm×125mm×600mm 的小梁试件（图 4-10-5），切割后的试件应立即置于水中养护不少于 3d。

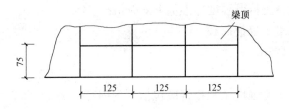

图 4-10-5　喷射混凝土小梁切割

（2）喷射混凝土抗弯强度和残余抗弯强度试验应在喷射混凝土试件养护 28d 后进行，小梁试验应在 450mm 跨度内采用三等分加荷方式（图 4-10-6）。

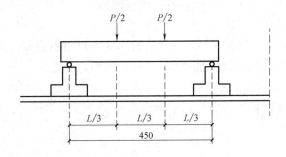

图 4-10-6　喷射混凝土小梁加荷方式

（3）试件及加荷装置的布设应能测得小梁的跨中挠度。加荷过程中，在梁的挠度达到 0.5mm 前，梁跨中变形速度应控制为 0.20～0.30mm/min。此后，梁跨中变形可增至 1.0mm/min。应连续记录梁跨中的荷载—挠度曲线。

（4）试验装置的刚度应能适应有效地控制梁中挠度的要求，试验装置的支座与加荷点处均应设置半径为 10～20mm 的圆棒，当跨中挠度达 4.0mm 时，试验即可结束。

（5）试验结果应绘制荷载—挠度曲线（图 4-10-7）。其中，喷射混凝土峰值荷载（$P_{0.1}$）即为曲线中的直线段平移 0.1mm 挠度值的那条斜线与荷载—挠度曲线相交的点。

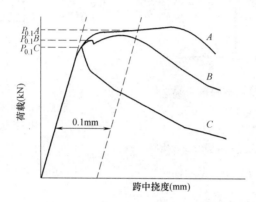

图 4-10-7　从荷载—挠度曲线图上确定 $P_{0.1}$ 值

（6）喷射混凝土抗弯强度可按下式计算：

$$f_c = \frac{P_{0.1} \times L}{b \times d^2} \tag{4-17}$$

式中　f_c——喷射混凝土抗弯强度标准值 kN·cm；

　　　$P_{0.1}$——喷射混凝土峰值荷载（kN）；

　　　b——梁宽，125mm；

　　　d——梁厚，75mm。

（7）喷射混凝土抗弯强度试验报告应包括下列内容：

① 试验装置类型；

② 试件编号；

③ 试件尺寸；

④ 养护条件和试验龄期；

⑤ 示有最初峰值荷载（$P_{0.1}$）的荷载—挠度曲线；

⑥ 计算所得的抗弯强度值。

（8）根据国家标准 GB 50086—2015 规范表 6.3.6 对喷射混凝土或喷射钢纤维混凝土支护变形等级要求，按荷载—挠度曲线图，确定当挠度分别为 0.5mm、1.0mm、3.0mm 和 4.0mm 时的残余抗弯强度。

（9）残余抗弯强度试验报告应包括下列内容：

① 试验装置类型；

② 试件编号；

③ 试件尺寸；

④ 养护条件和试验龄期；

⑤ 变形速率；

⑥ 包括示明规定变形等级（挠度）的小梁弯曲应力值的荷载变形曲线；

⑦ 变形等级和残余强度等级。

4. 能量吸收等级试验（板试验）

如果钢纤维喷射混凝土或钢筋网喷射混凝土设计中，能量吸收等级或能量吸收性能是被指定要求满足的，那么可采用《欧洲喷射混凝土规程》EFNARC 1996 中的混凝土板试验方法。

该方法的要点有：

（1）喷射混凝土试验板的尺寸为 600mm × 600mm × 100mm，被其周边 4 个肋条所支撑，板面中心点荷载与试验板的接触面积为 100mm×100mm（图 4-10-8）。试验时，试验板的粗糙面位于底部，也就是荷载作用方向与喷射方向是相反的。加荷时试验板中心点的变形速率应控制在每分钟 1.5mm。

（2）喷射后，立即从喷射混凝土板上找平，并制取厚度为 100mm（精度为－0/＋10mm）的试验板。该试验板，超出界限的边缘要锯掉，该板荷载试验前应在水中浸泡不少于 3d，试验中一直保持潮湿状态。

（3）荷载试验应连续进行，直至试验板中心点的变形达到 25mm 方可停止。应记录不同荷载时的挠度，并绘制荷载—变形曲线图（图 4-10-9）。

（4）从荷载—变形曲线中，也可得到荷载与作为试验板变形函数的吸收能的关系曲线（图 4-10-10）。

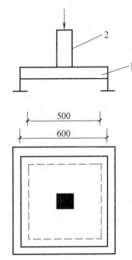

图 4-10-8　喷射混凝土板试验装置

1—喷射混凝土板（厚 100mm）；2—加荷装置（截面积 100mm×100mm）

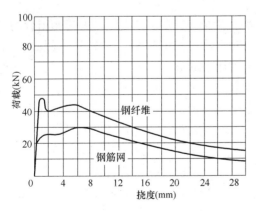

图 4-10-9　喷射混凝土板的荷载—变形曲线

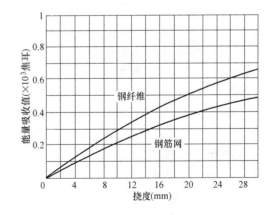

图 4-10-10　喷射混凝土板的能量（J）—挠度曲线

（5）喷射混凝土板的能量试验报告应包括以下内容：

① 试验机械的类型与刚度；

② 试件编号；

241

③ 试件尺寸；

④ 养护条件和试验龄期；

⑤ 测得的荷载—变形曲线；

⑥ 初裂荷载与最大荷载；

⑦ 计算得出的吸收能量—变形曲线；

⑧ 试验板挠度为 25mm 时的能量吸收值（J）。

5. 喷射混凝土厚度的控制检验

（1）控制喷层厚度应预留厚度控制钉、喷射线；喷射混凝土厚度应采用钻孔法检查。

（2）喷层厚度检查点密度：结构性喷层为 1 个/100m²，防护性喷层为 1 个/400m²，隧道、洞室拱部喷层为 1 个/80m²～1 个/50m²。

（3）喷层厚度合格条件：用钻孔法检查的所有点中应有 60% 的喷层厚度不小于设计厚度，喷层厚度最小值不应小于设计厚度的 60%，也不应小于 40mm（设计厚度不小于 100mm）或 30mm（设计厚度小于 100mm）。

6. 不合格喷射混凝土的处置

在喷射混凝土施工中或完成后，应尽可能快地对喷射混凝土缺陷作出修补，除去和取代存在的分层、蜂窝、纹理、孔隙或沙囊等缺陷。若现场喷射混凝土不能满足规定的强度要求，应立即启动修补办法。可能的修补办法包括加喷一层混凝土或去掉不满足规定的喷射混凝土重新喷射一层混凝土，费用应由承包商承担。

第十一节　喷射混凝土工程应用

1. 隧道洞室工程

在国内外的岩石隧道洞室工程中，喷射混凝土及其与岩石锚杆、钢拱架等相结合的支护体系被公认为是一种最经济、有效和安全的支护方法与稳定技术。在我国，近几十年来随着水利水电、交通和矿山建设的飞速发展，各种用途的隧道、洞室工程迅猛增多。喷射混凝土的用量早已位居世界第一。特别在大跨度高边墙洞室工程及困难复杂岩层中的隧道洞室喷射混凝土与岩石锚杆支护技术方面已积累了丰富经验，设计施工综合技术处于世界先进水平。《指南》第五章中对喷射混凝土支护的设计与应用技术作了较为详尽的阐述。

这里尚需对以下两点，作进一步强调说明：

1）水工遂洞中的喷射混凝土支护

（1）水工隧洞锚喷支护要严格遵守国家标准 GB 50086—2015 中 7.4.8～7.4.13 的规定。

（2）Ⅳ、Ⅴ级围岩中锚喷支护不能单独用作永久性支护。

（3）Ⅰ、Ⅱ、Ⅲ级围岩中水工隧洞的锚喷支护，在满足围岩稳定要求并且符合下列三个条件之一时，可作为最终永久支护。

① 围岩经过处理基本不透水或外水压力高于内水压力，不会发生内水外渗。

② 水工隧洞内长期外渗不会危及岩体和山坡稳定，也不会危及邻近建筑物或造成环境破坏。

③ 内水外渗的水量损失可忽略不计。

（4）采用锚喷支护作永久支护的过水隧洞，其水流流速不宜超过 8m/s；用作临时支护的过水隧洞，其水流流速不宜超过 12m/s。

（5）隧洞喷层平均起伏差不应超过 20cm，喷层综合糙率不宜大于 0.025（控制爆破）或 0.030（普通钻爆），以有效控制过水断面的水头损失。

2）喷射混凝土在含水地层中的应用

隧道中的水流常赋存于岩体的节理裂隙中，有时则在完整岩石（如砂岩）的孔隙中。地下水能使岩石潮解软化或岩块移动；如果遇到流量大、压力高的水流，则会延误隧道工程的正常开挖。易受水的影响而潮解或软化是页岩的特征；而流量大、压力高的水流则与断层带及砂岩、石灰岩、玄武岩等渗透性含水层有关联。如果遇到破碎严重、固结性极差的岩层，则水能使岩层流动。对于有水危及隧洞稳定并使工作条件恶化的情况，则必须采取排水、注浆或封闭隧洞表面等治水方法。

（1）喷射混凝土单独用作岩面的封闭

当地下水流及水压不大时，喷射混凝土单独封闭岩面能取得较好的防水效果。Mason 在 1972 年曾报道过成功地采用喷射混凝土控制住了水头低于 3m、流量达 50L/min 的低压水流。

为了止住水流，必须采用具有高速凝剂含量和低水灰比的喷射混凝土。采用高速凝剂含量可缩短凝结时间，使喷射混凝土很快地同岩石粘结；采用低含水量的喷射混凝土可以吸收岩石中一部分水。

封闭岩面会使水压增加，驱使岩块向洞内移动甚至引起大岩块的脱落（图 4-11-1）。喷射后不久的掘进工作面处，由于没有足够时间使喷射混凝土增长强度并抵抗岩块移动，因此，最可能出现由水压引起的岩块坠落。若喷射混凝土用于防止岩石被水软化，则封闭全部隧道周边是必需的。如果不安设排水管，则衬砌必须有足够厚度承受全部静水压力。

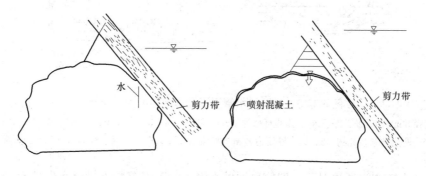

图 4-11-1　隧道表面采用喷射混凝土封闭后形成水压驱使岩块坠落

（2）含水地层施作喷射混凝土时渗漏水的处理

排水管可用以改善喷射混凝土同潮湿岩面的粘结，并降低作用于岩石或喷射混凝土后的水压。

当水从张开的节理裂隙中流出，导管可打入洞壁，以引导水流穿过喷射混凝土层（图4-11-2）。喷射混凝土围绕排水管施作，首先施作离排水管较远处。这样，假如排水管堵塞，喷射混凝土已有相当强度以抗抵水压。

另一种类型的排水管是用来排除局部水流的。这些排水管由石棉或穿孔的塑料管组成，并用塑料衬托物或波形金属薄片加以保护。在石棉排水管中的水由长塑料管传送至底板。塑料衬托物或金属薄片等保护装置及管子均埋入喷射混凝土中，排水管一端则在底板处外露。但如果在小断面隧道中安设许多排水管，会降低喷射混凝土衬砌的结构完整性，故应尽量避免。

钻孔排水管用作岩石的临时和永久排水（图4-11-3）。排水管由包含塑料管（筒）的钻孔组成。除管体外露端外均用喷射混凝土覆盖。当钻孔用作永久排水管时，塑料管的头部必须可以拆卸，以便能清理和维护排水管。钻孔排水是最有效的永久性排水方法，在有严重渗漏的隧道区域应采用它而不采用表面排水管。

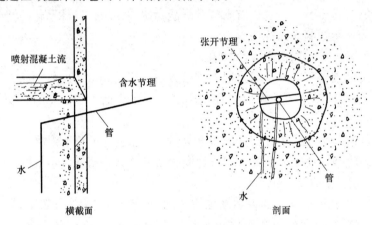

图 4-11-2　采用表面排水管和喷射混凝土封闭张开节理的水流

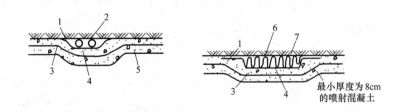

图 4-11-3　钻孔排水管用于潮湿地层喷射混凝土

1—直径 8mm 的钢筋；2—2 根带孔的直径为 40mm 的塑料筒；3—直径 3mm、间距为 50cm 的钢筋；4—两用塑料衬托物；5—最小厚度为 8cm 的喷射混凝土；6—电镀钢丝网；7—7cm 的石棉

在高的水流和水压情况下，即使采用排水设施，喷射混凝土封闭水也是无效的。遇到这种情况，必须事先对岩石排水或注浆，以降低水流与水压，然后才能采用喷射混凝土，以控制残留水并稳定地层。为了允许用喷射混凝土封闭岩面，所需的灌浆量或排水量应在施工时确定。为防止水压增长导致衬砌破裂，则要在喷射混凝土施作的前后安设排水管（图4-11-4）。

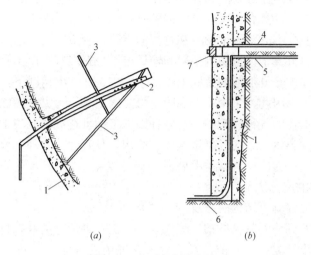

图 4-11-4　钻孔排水管

（*a*）临时排水；（*b*）永久排水

1—喷射混凝土；2—带孔的塑料管；3—承水节理；4—带孔的管子；

5—钻孔；6—塑料筒；7—清理管子时可拆卸的套帽

2. 边坡与基坑工程

无论是岩土边坡的护面，还是基坑土钉墙支护，喷射混凝土是不可缺失的。在这些领域，喷射混凝土已获得广泛的应用。虽然对边坡进行稳定性分析时，一般不考虑喷射混凝土支护对稳定性的贡献，但它在岩土体开挖后及时支护和封闭坡面，阻止岩土体的松动和变形，防止雨水的侵袭，保护岩土体的固有强度，从而有利于保持岩土边坡稳定等方面的作用是显而易见的，也是任何其他被动的护面方法所无法比拟的。

关于边坡与基坑工程中喷射混凝土支护的设计、施工与应用细节，在本《指南》第七、第八章将有较多的阐述。其中关键是掌握边坡、基坑工程喷射混凝土支护应用的基本原则，充分发挥喷射混凝土支护的结构作用与防护作用。这些基本原则包括：

（1）边坡喷射混凝土与锚杆支护的施工应遵循分级分区实施的原则，随开挖随喷锚，最大限度地缩小开挖面的裸露面积与裸露时间。

（2）永久性边坡的喷层厚度应不小于 10cm；Ⅲ、Ⅳ类岩体结构及土质边坡面层宜采用厚度不小于 15cm 的钢筋网喷射混凝土。

（3）喷射混凝土 28d 抗压强度不应小于 20MPa，1d 抗压强度不应小于 10MPa。

（4）喷射混凝土与岩石的粘结强度不应小于 0.8MPa（结构作用型）和 0.2MPa（防护作用型）。

（5）在喷射过程中，应对分层、蜂窝、疏松、空隙或砂囊等缺陷作出铲除和修复处理。

3. 建筑结构修复加固工程

采用喷射混凝土修复加固建筑结构具有多方面的优点，如：它与其他材料或建筑结构有较高的粘结强度；能向任意方向和部位施作；可灵活地调整自身厚度；能射入建筑结构表面较大的洞穴、裂缝；具有快凝、早强的特点，能在短期内满足生产使用要求。此外，喷射法施工工艺简便，不需要大型设备和宽阔的道路，管道输送可越过障碍物，通过狭小孔洞到达喷筑地点，节省了大量的脚手架和输送道。喷射混凝土用于修补工程一般也不需支设模板，可直接在被修复加固的基底上喷射。特别是在许多情况下，可不停顿生产而进行建筑结构加固施工。因此，采用喷射混凝土修复因地震、火灾、腐蚀、超载、冲刷、振动、爆炸和碰撞等损坏的各种建筑结构，修补因施工不良造成的混凝土与钢筋混凝土结构的严重缺陷，加固各类钢、钢筋混凝土及砖石结构，具有经济合理、快速高效、质量可靠等优点，在国内外已广为应用，日益发展。

1）混凝土结构的修复加固

（1）火灾烧伤的混凝土结构的修复

对于火灾烧伤的钢筋混凝土结构，喷射混凝土是一种理想的修补材料与方法。

采用喷射混凝土修复，设计前，必须对火灾现场进行详尽的调查、勘察和必要的试验，以便能对建筑结构的受损情况作出正确的评价。

调查混凝土表面颜色变化及其他物理现象，可以大致判断混凝土表面受热温度（图4-11-5）。此外，通过对现场残存物的调查和取样检验，可以进一步地验证混凝土表面受热温度。

火灾时构件混凝土的内部温度则可通过实地调查、试验或理论计算来确定。直径为30cm的圆柱形混凝土柱，四周暴露在火中2h，内部温度曲线见图4-11-6。

当掌握了火灾时混凝土结构表面及内部温度后，就可估计其力学强度损失。在没有条件进行针对性试验时，建议按表4-11-1～表4-11-3分别估计混凝土的抗压强度、弹性模量和握裹强度的损失。从表4-11-1及表4-11-2可以看出，当温度超过300℃时，混凝土抗压强度及弹性模量有明显下降。至于火灾温度对钢筋强度的影响，由于在600℃以内，钢筋冷却后仍能基本上恢复到原有强度，故重点应检查火灾时钢筋温度是否已超过600℃。

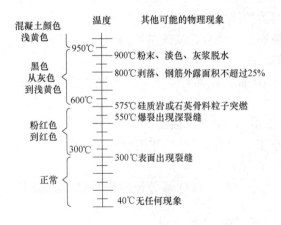

图 4-11-5　混凝土表面受热温度与
外观颜色变化的关系

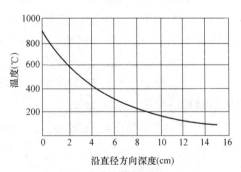

图 4-11-6　火灾对圆柱形混凝土
结构温升的影响

受热混凝土抗压强度残存率　　　表 4-11-1

温度(℃)	100	200	300	400	500	600	700
抗压强度残存率(%)	100	92	82	72	57	37	18
抗压强度残存率最小值(%)	92	80	69	50	23	—	—

受热混凝土弹性模量折减系数　　　表 4-11-2

温度(℃)	20～50	100	150	200	300	400	500
折减系数	1.0	0.85	0.78	0.63	0.45	0.22	—

不同温度下握裹强度降低系数　　　表 4-11-3

温度(℃)	20	60	100	150	200	250	350	400	450
对光圆钢筋	—	0.85	0.75	0.6	0.48	0.35	0.17	—	—
对带肋钢筋	—	—	—	—	—	—	0.99	0.75	0.5

对于仅在结构表面出现轻微烧损的情况，则通常先剔除烧伤的混凝土，再以喷射砂浆或喷射混凝土予以修补。当钢筋混凝土结构出现严重损坏，即混凝土大面积开裂剥落，钢筋外露，这时，对受损的混凝土应全部凿除，对受损的钢筋应根据实际有效截面积和材质折减进行计算。如果必须增加主筋和箍筋，则新增主筋应在靠近支座处与原来的钢筋焊接；新增的箍筋通常需在楼板上打孔使其通过，也可焊接在原来的箍筋上（图 4-11-7）。如要增加梁的高度，则新增主筋可利用折筋或浮筋与原有主筋焊接。对于烧伤严重的钢筋混凝土柱，也可按图 4-11-8 所示的方法处理，新增主筋可锚固在梁内或板上，并与原构件中有可靠锚固的钢筋焊接。计算主筋截面时，应考虑到由于焊接产生的过烧现象，可能使受力钢筋截面减少 25%。补强用喷射混凝土强度等级不得低于 C20，也不得低于原结构的强度等级。

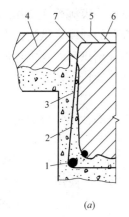
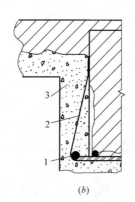

(a)　　　　　　　(b)

图 4-11-7　火灾烧伤梁在喷射混凝土
修复前放置钢筋的方法

1—新主筋；2—新箍筋；3—喷射混凝土；4—完好混凝土；
5—形成凹槽；6—搭接或焊接箍筋；7—钻孔

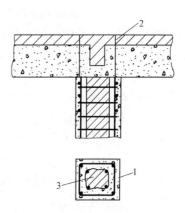

图 4-11-8　采用加筋喷射混凝
土方法修复柱子

1—喷射混凝土；2—带连系杆或钢丝网的
垂直钢筋；3—完好的原结构混凝土

在凿除损伤混凝土前，必须采取适宜的支撑方式保护损伤结构，以免在工作时出现结构物的过度变形或倒塌。

用喷射混凝土快速修复火灾引起的大面积烧伤结构，应用极为普遍。日本东名高速公路日本坂隧道衬砌损坏，致使交通中断，居民被困于一地。采用钢纤维喷射混凝土修复，仅用 10d 就完成了长 1122m 的隧道修复任务，从而迅速恢复运输任务。1981 年，我国舞阳钢铁公司主电室发生火灾，地下室钢筋混凝土梁板烧伤面积达 1300m²，混凝土酥裂，钢筋外露，采用喷射加筋混凝土与钢纤维喷射混凝土修复，免除了大量模板支撑，使工序大为简化，缩短修复工期 1/2，新旧混凝土界面上的抗拉粘结强度大于 1.0MPa，能保证修复结构的耐久性，平整度也符合设计要求。

（2）腐蚀损坏的混凝土结构的修复与加固

对于出现腐蚀破坏征兆的配筋混凝土结构，则在修复前必须首先彻底清除沿钢筋出现的开裂以及敲击混凝土发生空响的部分。

对外露钢筋则必须详细检查其腐蚀程度。如果腐蚀是轻微的，则用喷射混凝土补强即可；如果钢筋锈蚀是严重的，则必须在锈蚀部位的侧边附加钢筋后再覆以喷射混凝土。在凿除任何部位损坏的混凝土前，对由于清除混凝土而削弱结构断面所产生的不利影响，必须有足够的估计，如果混凝土损坏是相当严重的，则在清除前应设置适宜的支撑结构。

如果钢筋锈蚀十分严重或者恢复钢筋的粘结强度极为必要，则清除钢筋背后的锈斑是必不可少的。但也要注意不宜过量地清除，以免使钢筋进一步受到损伤。

当钢筋混凝土结构使用后短期内就出现严重腐蚀时，则必须在修复前查明腐蚀破坏的原因。在这种情况下，为了提高喷射混凝土修补层的耐久性，一般要加大外覆层厚度和采用抗硫酸盐水泥、高铝水泥等特种水泥。

（3）地震长期工作或施工不良造成的混凝土结构损坏及缺陷的修补

1971 年，美国圣费尔南发生 6.6 级地震，位于震中以南的潘诺拉玛凯塞医院的多层钢筋混凝土建筑遭到严重破坏，采用配筋喷射混凝土加固（图 4-11-9）。喷射混凝土采用无收缩水泥，取得了良好效果。

在英国，当 Ferrybridge 冷却塔倒塌以后，许多钢筋混凝土冷却塔外表施作了 50mm 厚的喷射混凝土，其中还加入了直径很小的高强度钢筋以增加竖直方向的强度，抵抗向上的拉力。英国的某混凝土坝，原来的坝体中产生较大拉应力，使坝体逐渐拱起。在大坝的下游面施作了足够厚度的配筋喷射混凝土，钢筋网由剪力连接件与坝体连成一体，从而减少了坝体中的工作应力。

用喷射混凝土修补有施工缺陷的混凝土结构，更是不乏其例。如深圳沙河华侨企业公司的生活蓄水池，蓄水量 1000m³，为一全封闭式钢筋混凝土结构。由于施工不良，拆模后出现大小孔洞 47 个，且大部分是贯通性孔洞，孔洞总面积约占池壁面积的 30%。用喷射混凝土填补孔洞后，再附加 5cm 厚喷射混凝土与 2cm 厚喷射砂浆修补，使用后未发生渗漏现象。它与现浇混凝土修补加固方案相比，节约混凝土量 50%、木材 90%，加快施工速度 2～4 倍，降低工程造价 50% 左右。

国内外大量的修复加固工程表明，喷射混凝土具有密实、坚固和耐久的特点，与被修复加固的建筑结构具有良好的粘结，能保证两者共同工作。只要设计合理，使用得当，用喷射混凝土修复加固的建筑结构的寿命能与未损坏的原建筑结构物的寿命一样长，并在长期内不需要维修。只要严格遵照规范要求施工，就能得到美观的外表和高质量的修复加固层。

处理不同损坏形态的不同类型建筑结构物，应选择不同的喷射混凝土修复加固方式，如配置钢筋、掺入钢纤维，或与环氧树脂灌缝、水泥灌浆、安设锚杆等修复加固方式结合使用。

喷射混凝土修复加固费用是重建费用的很小部分。同其他建筑结构修复方法相比，能节省人工和材料，特别是修复工期短，甚至有时可在不停止正常工作的情况下进行修复，因而具有很高的经济效益。

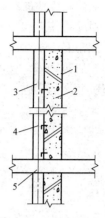

图 4-11-9　用配筋喷射混凝土加固钢筋混凝土抗震墙

1—用环氧树脂修复裂缝；2—抗震墙；3—新配筋喷射混凝土；4—以 120cm 间距预埋的连接件；5—在楼板上下部用环氧树脂固定连接件

2) 砖砌体的加固

在已有建筑物上，旧式无筋砖砌体结构会产生最为严重的地震灾害。目前，国内外广泛采用的砖砌体抗震加固技术就是在无筋砖砌墙的一面施加一层配筋的喷射混凝土。

国内外都进行过用喷射混凝土加固砖砌墙的荷载试验，证明加固后砖砌墙的抗剪强度能得到明显的提高，因而极大地增强了砖墙的抗震能力。

美国佐治亚州技术学院所进行的 $1.0m \times 1.0m$ 砖板试验表明，采用 0.19% 配筋率、层厚为 89mm 的喷射混凝土加固后，可提高砖板的抗剪强度 1700%；采用 0.25% 配筋率、层厚为 38mm 的喷射混凝土加固后，可提高砖板的抗剪强度 680%。Yokel 和 Fattal 等人将试验砖板的强度用下列关系式表达：

$$f_t = 0.7336 \frac{P_d}{\sqrt{2}t \cdot b} \tag{4-18}$$

式中　f_t——斜向（对角）受荷时的最大拉应力；

P_d——在开裂或极限状态时的斜向（对角）荷载；

t——板及喷射混凝土的厚度；

b——板的长度。

加固砖板的试验还表明，膨胀金属以及焊接钢丝网都具有足够的配筋率，加固砖板承受非弹性变形的能力较未加固砖板为大。

砖板表面处理方式（干燥的、潮湿的或用环氧涂层处理的）对砖板的极限强度没有产生明显的影响。在完成施荷之后，用锤子敲打每块试验板的砖面，使砖和喷射混凝土分开，观测到的砖—喷射混凝土界面上的实际粘结损失为：占干燥砖板的 40%，占潮湿砖板的 30%，占涂环氧砖板的 10%。在达到极限荷载以后，环氧涂层板随其非弹性变形的增大而具有最小强度损失，而干燥板时强度损失最大。用抗震性能来表示，潮湿和环氧涂层的试验板具有较大的能量逸散能力，因而比干燥板具有更大的抗震能力。

我国冶金部建筑研究总院曾进行过配筋喷射混凝土加固砖砌体的强度试验，所用砖砌体试件尺寸为 $200cm \times 63cm \times 24cm$。砖砌体试件有两种形式，一种是完整的，没有受到损坏；另一种则是模拟受到地震损坏，有一条宽 1.0cm 的贯通斜裂缝分布在试件对角线上。

这两种试件分别采用单面或双面配筋喷射混凝土加固，喷层厚度为 5cm。

加固砖砌体的荷载试验表明：加固砖砌体抵抗水平荷载的能力，主要取决于喷射混凝土的强度、厚度和钢筋截面积；即使对严重缺损的、几乎无法承受水平力的砖砌体，采用喷射配筋混凝土加固后，其承受水平荷载的能力并不低于用同等的喷射配筋混凝土加固的未损坏的砖砌体，这说明喷射混凝土可紧密地填充缝隙，其良好的镶嵌和咬合效应，可使被裂隙分离的砖砌体连接起来，如同整体一样。

对于修复地震损坏的建筑结构物，喷射混凝土显示了独特的效应和良好的效果。1976年，我国唐山丰南发生 7.8 级强烈地震后，曾用喷射混凝土修复了一大批遭到严重破坏的建筑结构物，其中包括砖墙、砖柱、砖烟囱等（图 4-11-10、图 4-11-11），不仅保证了当时迅速恢复生产的需要，而且经受了多次较强余震的考验，至今使用情况一直良好。

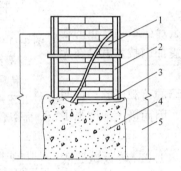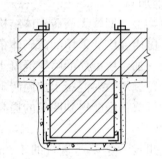

图 4-11-10　唐钢原料厂东碾房外墙砖壁柱加固

1—破损砖壁柱；2—90mm×90mm 角钢；3—间距为 1.0～1.5m、
ϕ18mm 的箍筋；4—厚 5cm 的喷射混凝土；5—砖墙

图 4-11-11　用配筋喷射混凝土加固唐钢砖烟囱

1966 年，苏联塔什干地震，位于震中（8 度区）某城市的大量住宅遭到严重破坏，砖砌体的典型破坏是墙体和上层窗间墙水平裂缝、大量斜裂缝和少量交叉裂缝。修复的方法主要是在损坏墙体的两面放钢筋网，再喷射混凝土。曾对 50 多栋用不同方法修复的建筑物进行了动力特性测量，从地震前后、修复后和强余震后的建筑物动力特性比较来看，配筋喷射混凝土的加固最为有效。

1971 年，美国圣费尔南发生 6.6 级地震，使洛杉矶市 2000 多栋无筋砖石建筑遭到极其严重的破坏。此后，美国土木工程师协会提出的关于修复无筋砖砌建筑的标准中规定：出现破裂而不必拆除的部分砖墙，可以拆除几皮砖后用 100mm 厚的喷射配筋混凝土加固。

3）钢结构的补强与加固

由于磨损和腐蚀使钢结构遭受损伤后，首先必须确定被腐蚀的钢结构有多大的部位需要清除，其次则要确定需加固的部位和程度。

（1）柱。对遭受腐蚀的钢柱，为了修复钢结构截面上的受压面积，通常用钢丝网喷射混凝土包裹钢柱。喷射混凝土的修复常用沿轮廓线包裹（图 4-11-12a）和完全包裹（图 4-11-12b）两种方式。

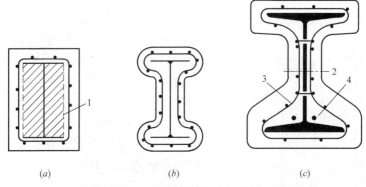

图 4-11-12　钢柱、钢梁用配筋喷射混凝土修复加固

(*a*) 沿轮廓线包裹；(*b*) 完全包裹；(*c*) 完全包裹的详图

1—固定钢筋网前喷射混凝土；2—中性轴；3—钢筋网；4—同增加顶部翼缘面积相平衡的附加钢筋

(2) 梁。梁受到腐蚀后，必须对上下翼缘和腹板分别测定其腐蚀程度；特别对支承区、严重腐蚀区及高应力区更要严格检测。加固设计不仅要补偿腐蚀引起的结构截面的损失，也要补偿喷射混凝土包裹层的质量。

如果梁被加固到原始承载力以上，则上翼缘的受压面积必须同横卧在下翼缘的受拉钢筋相平衡，以保持其中性轴的位置。尽管一般不大可能发生腹板的纵向弯曲，但在支承点处仍必须验算承压面积和受剪的翼缘。

图 4-11-12 (*c*) 为用配筋喷射混凝土加固的钢梁。下翼缘的覆盖层应呈倾斜状，以防止积水。为了取得规则状的隅角，应采用施工样板。不良的施工可能形成渗水缝，使外界水接触钢材，这是应当加以避免的。如果采用喷射混凝土包裹前，钢结构已严重腐蚀，则要事先用敲击或钢丝刷把腐蚀部分清除干净。

4) 海洋结构的修补加固

建造于海洋旁的结构物通常要承受空气或雨中的可溶性盐的侵蚀；而建造于海洋中的结构物则除了受氯盐腐蚀外，还要经受海浪的冲击、海浪夹带砂石的腐蚀和粘附于岩石上的海洋生物的腐蚀。

海洋钢结构的修补方式如同前面所述，但覆盖于钢结构表面的喷射混凝土层厚应当增大，特别是处于海洋中的钢结构修补尤应如此。

海洋环境的配筋混凝土结构可能遭到严重腐蚀和磨损，用喷射混凝土修补表现出特别良好的效果。

一般说来，海洋环境的配筋混凝土结构应设计成圆柱体，特别是打入海洋基底的桩。因为方形截面或其他带有直角边的结构易损失其棱角，会更快地引起钢筋的腐蚀。钢筋保护层一般为 50mm，至少应为 40mm。

为了获得有效的修补，所有损坏的混凝土都要凿除掉，直至露出坚硬的、干燥的材料。如果喷射混凝土施作在软弱的、易变形的和海水渗透的基底上，则喷射混凝土的修补是不可靠的。确保质量的做法应当是在白天凿除损伤的混凝土，然后在整个夜间用淡水喷洒凿除后的表面，在清晨即着手喷射混凝土。对处于高低水位变化区段的喷射混凝土施工，或者在已喷成的混凝土层上再继续喷射混凝土，则必须在接缝面上切除不小于 12mm

厚的混凝土，并应避免在接缝处出现孔眼，以阻止海水渗入。

喷射混凝土能很好地抵抗海水的侵蚀，主要是因为厚度超过 50mm 的喷射混凝土具有良好的不透水性。但海水周期性断续接触影响的新鲜喷射混凝土一般尚需喷敷沥青涂层，其功能是既作为混凝土的养护膜，又作为防止海水渗入的附加保护层。

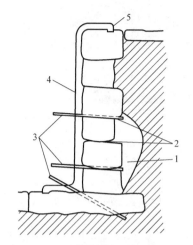

图 4-11-13　破裂的海洋护壁用水泥灌浆和喷射混凝土修补

1—空洞；2—裂缝；3—注浆管；4—喷射混凝土；5—嵌入槽内的喷射混凝土

大多数海岸护壁是由大体积混凝土或块石砌体构成的。大体积混凝土常常是低质量和多孔隙的，对抵抗海水渗透的能力很弱，在海岸旁经受海水冲刷后极易损坏。采用喷射混凝土并同绑扎在岩石锚杆上的钢丝网结合使用，可以较好地解决防护问题。但在严重破坏的情况下，作为防护面层的喷射混凝土，并不能一劳永逸，而要经常更换。

对于严重破裂的块石砌体护壁，还可用水泥灌浆充填裂隙和孔穴，并用钢筋网喷射混凝土护面（图 4-11-13），同样能成功地得到修补。潮汐区的结构损坏一般较为严重。这个区段损坏结构的修补应选择在热天进行，并采用加速硬化的高强度等级水泥，这样可使喷射混凝土在施作后 1～2h 内，达到一定的强度，足以抵抗潮水的侵袭。

4. 异形薄壁结构建造工程

1）概述

喷射混凝土是一种具有特殊性能的材料，它的施工与其他方法相比，有许多独特的优点。在异形薄壁结构等工程建造中，喷射混凝土技术的应用越来越广泛，显示了广阔的发展前景。

喷射混凝土用于这类新型结构的建造，其主要优点有：

（1）能制造出高强度的材料；

（2）具有较高的耐磨性和良好的不透水性；

（3）能建造复杂造型的薄壁结构；

（4）节省模板，在一定条件下，结构中的金属网可当作模板使用；

（5）可向上施作；

（6）通过输料管，可在狭窄作业区、高空或越过障碍物进行施工，可施作于结构物的任何部位；

（7）当加入钢纤维后，可极大地提高材料的韧性和抗冲击性，明显地改善材料的抗拉和抗弯强度。

但喷射混凝土也有某些缺点，如强度检验比较困难，混凝土中水泥用量高且有回弹损失，干拌法喷射混凝土的施工质量受操作者技术水平高低的影响较大等。

喷射混凝土主要适用于以下新建工程：

（1）主要由二维的平面构件组成的建筑结构物；

（2）薄壁且厚度有变化的建筑结构物；

（3）造型复杂或要求体现三维受力特征的结构物；

（4）需要同时满足多种功能（如承重、空间密闭、隔声、隔热、防水和防潮）要求的结构物；

（5）需要侧面或仰面施工的平面状结构构件；

（6）施工现场狭窄，使用较大的施工设备有困难且费用高的工程。

喷射混凝土用于上述结构工程，一般在经济上是合理的，在质量上是可靠的，能充分体现喷射法施工的优点，甚至有时它是唯一可以采用的施工工艺。

总的来说，喷射混凝土在新建筑结构工程中的应用日益发展，但从喷射混凝土的用量和所使用的施工方法来看，各国的差别较大。德国、英国、美国在新建筑结构中的应用量大，且有明显增长的趋势。德国有大约占全国总数 1/12 的（即 5000 个）建筑公司使用了喷射混凝土。英国在 1978 年对 60 个建筑企业进行抽样调查，其中有 32 个建筑企业（占 53%）使用喷射混凝土，且有 14 个建筑企业（占新调查建筑企业的 23%）把喷射混凝土作为主要业务，由此可见，喷射混凝土在英国土木建筑工程中的应用是相当广泛的。在德国和英国，主要使用干拌法喷射混凝土；在美国和苏联，湿拌法喷射混凝土的用量则有较多的增长。近年来，我国喷射混凝土在异形、薄形建筑结构工程中的应用也有所发展。

2）在薄壳和折板结构中的应用

薄壳和折板结构的发展，大大推进了喷射混凝土在新建筑结构物中的应用。美国的普利劳乌特—柯尔柏列依申公司在预应力钢筋混凝土穹顶施工中，广泛地应用了喷射混凝土。该公司的实践证明，喷射混凝土在经济上最适用于壁厚不超过 15cm 的结构。国外统计资料表明，对折板屋顶，喷层厚度小于 20cm 时，喷射混凝土的成本要低于浇筑混凝土；对墙体，当墙厚小于 10cm 时，喷射混凝土的造价要比浇筑混凝土低 1/4。

采用喷射混凝土薄壳屋顶的建筑物不仅包括一般商场、仓库，而且有天文馆、医院、飞机场集散站、展览厅等公共建筑物。美国印第安纳州的妇科医院就是一组喷射混凝土圆顶建筑物，该圆顶建筑采用聚苯乙烯隔热层作模板。我国北京天文馆的圆球形穹顶（直径 25m，厚 6cm）也都曾采用喷射混凝土建造。又如北京石化总厂的聚丙烯成品库为双曲连续球壳屋盖，屋盖由南北两跨、东西五跨共十个球壳组成，每壳为 24m×24m，壳体最大矢高 4.81m，壳体壁厚 4.5～9.5cm，采用水灰比为 0.4～0.45 的喷射混凝土施作，7d 强度为 26MPa，28d 强度达 41.6MPa。由于喷射混凝土早期强度高，不仅有利于模板周转，又可在喷射混凝土施作后立即进行后续工序，因而大大缩短了施工工期。

1971 年，德国（原联邦德国）在科隆建造的 Frechen 陶瓷展览厅也采用了喷射混凝土（图 4-11-14）。该厅由两个内部转向的旋转对称的壳体组成，壳壁厚 6～8cm，用双钢筋配筋，直径为 32m，壳体边缘用环状预应力受拉钢筋。在德国（原民主德国），用喷射混凝土施工的壳体和折板结构有 80 余项，小型屋面施工时，完全可以不用模板，而用直径大于 8mm 的钢筋，在交叉点处形成刚性加固筋，并用钢丝与壳体的支座连接，悬挂连接点不得有水平与竖向位移。钢筋架上铺有细网眼的钢丝网，然后从上往下再从下往上喷射混凝土，待混凝土硬化后切断悬挂钢丝。根据波兰的经验，采用喷射混凝土建造薄壳和折板，其费用可比传统施工法降低 20%。

如图 4-11-15 所示的新型小别墅，其外形与落花生相似，可用隔热的硬泡沫板作配筋

图 4-11-14　用喷射混凝土建造的科隆陶瓷展览厅

图 4-11-15　用喷射混凝土建造的住宅

喷射混凝土承重层的底板。这种住宅建造是首先按传统方式制作与安装骨架，再用预先弯好的钢丝网（大网眼的、直径 8～12mm 的钢筋组成与内壳形状一致的钢丝网）加强，然后固定隔热板，再装上控制混凝土保护层厚度的垫块及预埋件。喷射混凝土施工时从拱顶外侧开始，内外层混凝土都喷两层，表面找平，在其上抹涂层或施作覆面层。在瑞士和以色列建造了一些这样的单层和两层住宅。每立方米造价比采用传统施工法低 20％。

采用"W"形墙板（形状和尺寸可以变化）作为基本元件，将它们连接在一起，在其内外面均喷射混凝土，很快就能建成板式房屋。在沙特阿拉伯使用这种方法只用 200h 就能建成一栋房屋；在美国加利福尼亚利用喷射混凝土建造这样的板式房屋则更为广泛。

德国 1981～1982 年建成的沃尔夫斯堡天文馆，首次采用延伸至球体最大圆周线下部的钢筋混凝土薄壳结构。在自承重的空间网格结构上，配置钢筋和细网眼的钢筋网，采用湿式喷射混凝土分层绕壳体喷射，不另外使用模板。空间网所能承受的未凝混凝土负荷受到节点强度的限制。对空间网格结构进行应变测定以检验喷射混凝土时产生的应力和硬化后喷射混凝土与钢筋的共同工作。

沃尔夫斯堡天文馆由德国 Rinz/Rügen 特种混凝土公司承担设计、计算与施工工作。天文馆的放映室是一个 3/4 球形结构。喷射混凝土圆形屋顶的底部是 15cm 厚的壳体，中间是一个张紧的圆球，上部是一个 9cm 厚的壳体。空间网格结构（图 4-11-16）使用 8×22mm～12×22mm 的光圆钢筋，平均长度 650mm。钢筋端部用设置在两端的节点板连接。空间网格结构的质量约为 $12kg/m^2$。

在壳体内外侧各设置一层钢筋网，钢筋的最大间距为 20cm。在内侧安设细网眼钢筋网，环向钢筋和径向钢筋间的孔眼大小为 5mm，作为喷射混凝土的模板。

采用湿式喷射混凝土，其骨料最大粒径为 16mm，将薄壳分成 6 个环形区段施工（图

4-11-17），以保证轻型网格结构能承受钢筋和未凝混凝土的荷载。

空间网格结构的理论研究得出的临界延伸率为 0.25mm/m。用电阻片测得的网格结构最大延伸率为 0.1mm/m（图 4-11-18）。这说明，喷射混凝土的施工工期还可进一步缩短。

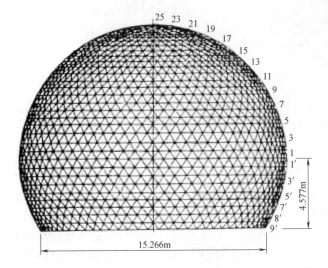

图 4-11-16 沃尔夫斯堡天文馆圆形屋顶的空间网格结构

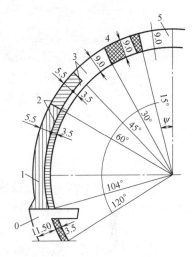

图 4-11-17 喷射混凝土球壳分段施工顺序图（厚度以厘米计）

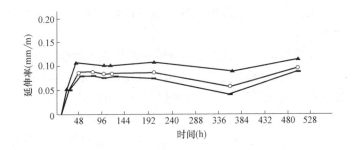

图 4-11-18 圆形屋顶喷射混凝土施工时测得的钢筋延伸率

3）在充气模板上建造圆顶建筑物

用喷射混凝土在充气模板上建造圆顶建筑物，在国外获得了迅速的发展。自 1976～1985 年，美国爱达荷福尔斯整体结构公司已经在美国和加拿大建造了大约 130 个喷射混凝土圆顶建筑物，最大直径达 61m。这些圆顶建筑可用于礼堂、多单元住宅建筑以及商业建筑；也可以作为谷物、土豆、食盐、肥料、砂、焦炭、膨胀页岩及水泥等粒状物质的贮仓（图 4-11-19）；还可以用来建造娱乐中心、冷库、饮用水池。目前，某些用圆顶结构建造的贮仓可容纳 40000t 肥料和 3500 万 t 小麦。圆顶建筑一般在充气模板内喷射保温层和混凝土，但也有在充气模板外部施作喷射混凝土的。

（1）在充气模板内部用喷射混凝土建造圆顶建筑

圆顶建筑施工，首先是浇筑圆环基础梁，环形基础梁中安放能与圆顶结构锚固在一起的钢筋，然后使充气模板同基础梁相接触（图 4-11-20）并对模板充气。

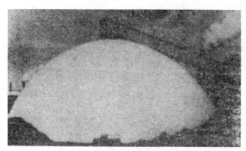

图 4-11-19　用喷射混凝土建造的直径
55m、高 25m 的肥料仓库

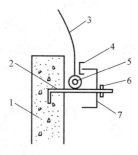

图 4-11-20　充气模板与基础梁的固定

1—基础梁；2—锚固螺栓；3—空气模板；

4—连续的轻型沟槽；5—钢丝绳；

6—螺母；7—沟槽的夹紧件

该充气模板的通道为一气锁式门，所有内部施工用的设备，如脚手架、叉式提升机或液压起重机，均是在模板充气以前事先安装在结构物内部的。此后，从内部在充过气的空气模板上喷上氨基甲酸乙酯泡沫，泡沫层的厚度一般为 100mm，它是竣工结构物外部的保温层，并能增加充气模板的稳定性。电气预埋件、安放钢筋的连接件、垂线及控制喷射混凝土厚度的标志设施应埋入保温泡沫层内，再在泡沫层上施作 5～6cm 厚的喷射钢纤维混凝土或 5～10cm 厚的喷射配筋混凝土。待喷射混凝土达到足够的强度之后，就降低空气压力，再从薄壳的外部取走空气模板。最后，在薄壳的外表面涂上一层涂料，以便保护氨基甲酸乙酯并获得美观的外表。这种空气模板可以使用数次，因此能进一步节省施工费用。

在充气模板内部用喷射混凝土建造的圆顶建筑具有多方面的优点：

① 显著节约能源。喷射的氨基甲酸乙酯泡沫层能提供良好的热抗，并构成整体的外层，减少了不必要的空气渗入。喷射混凝土内层与有良好隔热性能的外层相结合，利用了混凝土的抗热惯性，因而只要求少量的附加热能输入。这种隔热圆顶建筑所需的热能仅为相同尺寸的建筑所需热能的 25%～60%。此外，由于圆顶建筑的几何外形，其表面积至少比同容积的盒形建筑减少 35%，无疑，这也有利于能源的节约。

② 减少建筑材料用量。圆顶建筑的几何轮廓，能以最小的表面积包围最大的空间容积。在圆顶结构内几乎都是受压的，于是结构厚度可减少。由于表面积和厚度减少，故喷射混凝土圆顶建筑比同等容积的盒形结构要节省材料 30%～40%。

③ 便于施工，缩短工期。一般 30～45d 即可建成一栋圆顶建筑。传统方法建造时所需的支撑结构可用压缩空气代替，同时充气模板可重复使用。一旦模板充气已经完成，则70%～90%的施工工作可以在有控制的环境中进行。在负温天气充气模板内的温度容易控制，以致允许喷射混凝土工程正常进行。

④ 良好的防水性能。喷射混凝土的组成，水泥用量及砂率高，水灰比小，且由于在喷射过程中，水泥浆与骨料连续撞击压密，密实性好，因而喷射混凝土具有良好的防水性能。

在圆顶结构建造中，为了防止施工事故，应严格遵守以下要点：

① 要认真控制喷射混凝土的速度和厚度。喷射混凝土层过厚或施作速度太快，都会

造成混凝土剥落，因而造成浪费。在某些情况下，还会使模板结构破坏，因而造成充气模板和竣工结构物的局部塌陷。

② 在施工过程中，必须采用合理的结构设计和有效的质量控制，以防止施工后喷射混凝土的破坏。如施作的喷射混凝土过薄，则在模板的空气压力消除之后，就会使薄壳发生局部破裂。

③ 使用足够的连接件，并使支承这种连接件的泡沫塑料层具有适宜的厚度，以及尽量不要改变空气模板的尺寸和形状，就可最大限度地减少钢筋的塌陷。

④ 采用合适的配筋，并在薄壳结构与相邻结构构件间设置可伸缩点，以便允许薄壳有足够的位移，从而控制薄壳的裂缝。

⑤ 使用有足够支承力的充气模板结构，则一般就能控制住充气模板的破坏。为了使充气模板能保持适当的形状以及承受所施加的荷载，就必须有足够的空气压力。

⑥ 必须掌握适宜的模板充气压力，过量的空气压力会使充气模板受到过度的张拉，并且会使结构物的底脚离开地面。

（2）在充气模板外部施作的喷射混凝土圆顶建筑

1970 年以来，美国工程师们负责设计和承建了近百个从空气模板外部施作的喷射混凝土圆顶建筑，它们主要分布在美国中西部地区。在美国佛罗里达州、宾夕法尼亚州以及加拿大、英国也有这种圆顶建筑物。

建造这类圆顶建筑物，首先是安设一种乙烯涂层的织物气球，使其在充气后形成所要求的形状。然后，再从空气模板的顶部径向地设置钢索装置，以便控制最终的外形。由于空气模板完全被钢筋网所覆盖，空气模板的内压力可增加到 1.4kPa，因而提高了空气模板的刚度。这样，不但能在空气模板外部喷射混凝土，而且还能对这些径向钢索施加 22.2kN 的预加力。设置钢索网时，可用塑料托架使钢索网与空气模板间的距离保持为 38mm，并可作为喷射混凝土厚度的指示计。

在施作喷射混凝土前，围绕薄壳的周边设置非粘结的后张钢索，每根钢索以 180°围绕薄壳布置。当喷射混凝土完成并经养护之后，就对设置在薄壳边缘处或在圆顶外部的张拉壁柱上的钢索施加预应力。为了确保后张力的充分发展，应从钢索两端同时张拉，使每根钢索的最终拉力达 22.2kN。这种后张系统可以保持混凝土内的压应力，从而可以消除作用于圆顶壁面上的贮存物荷载所产生的应力裂缝。

喷射混凝土的最终厚度为 89mm，待对钢筋进行后张处理以后，再喷射两层氯丁橡胶和一层聚乙烯合成橡胶，以改善圆顶的防水性能。

显然，用这种方法施工的圆顶结构物的外表比较粗糙，但其结构性能可靠。这类建筑物已用于贮存煤、水泥、肥料。图 4-11-21 为某公司在加拿大的艾伯塔建造的直径为 57m、高为 24m 的贮煤建筑物。

4）充水构筑物中的应用

对于油库、水池、游泳池、沟渠、水库岸壁等防渗漏要求较高的薄壁充水构筑物，采用喷射混凝土具有多方面的优点，如混凝土密实性好和自防水性能高；施工缝质量容易保证；简化模板体系，施工速度快。因而在这类构筑物中，喷射混凝土的应用日益广泛。

在美国，许多完全采用喷射混凝土建造的预应力油罐和水箱，使用多年，至今完好无损。图 4-11-22 是美国一座用喷射混凝土建成的预应力钢筋混凝土油罐的外貌。

图 4-11-21 在充气模板外部建造的喷射混凝土贮煤库

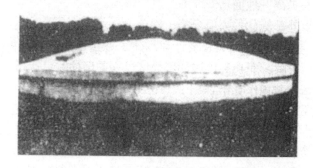

图 4-11-22 预应力喷射混凝土油罐

1980 年前，奥地利布尔根共约有 40 座贮水池（每座水池容量不超过 5000m³）用喷射混凝土作池壁，贮水池的结构形式有双环形和螺旋形两种。实践表明，一般采用喷射混凝土建造贮水池约比普通混凝土降低施工费用 50%。在德国，有两家专业公司自 1971 年以来采用喷射混凝土建造了 20 座贮水池，最大的为容量 8500m³ 螺旋形侧壁的水池。

人工湖、池塘以及各种废水处理池、沉淀池、集油池等，采用喷射混凝土施工是很经济合理的。其设计施工要点是，先将底表面找平夯实，再按先底板后斜面（侧壁）的顺序喷射混凝土，多数情况都配置构造钢筋网，每隔 5～7m 设一伸缩缝，缝间安设密封带。根据土层性状与使用要求，喷射混凝土壁厚一般为 6～12cm，并不得小于 6cm。国外的圆形或曲线形游泳池，大量采用喷射混凝土建造。一个游泳池挖土及安设钢筋用一天时间，喷射混凝土仅用几个小时，这样两天就完成了一个游泳池，而且可以少用或不用模板，因而比其他任何方法建造游泳池都要便宜。

对于游泳池这类宽广的薄壁混凝土结构物，温度变化和干缩可能产生裂缝。提供足够的配筋、采用谨慎的设计和设置间距适宜的温度缝则可以避免混凝土开裂；良好的潮湿养护和高质量的喷射混凝土也有利于减少开裂。

对于建造各种水池的防水混凝土，其强度等级应不低于 C25，当经常有冻融作用时，强度等级应不低于 C30，喷射混凝土的水灰比不应大于 0.45。

用喷射混凝土建造水池，常加减水剂或引气剂。它们会改善新鲜混凝土的可缩性能，并提高硬化混凝土的不透水性和抵抗冻融的能力。

喷射混凝土游泳池的典型断面形式如图 4-11-23 所示。喷射混凝土可用干拌法或湿拌法施工。施工时，为了严防回弹物窝积，一定要先喷射拐角处（图 4-11-24）。回弹物要及时清除，绝对不能残留在喷层内，以免出现蜂窝或夹砂层。此外，为了取得光滑的表面，可在喷射混凝土硬化前用镘刀抹平。

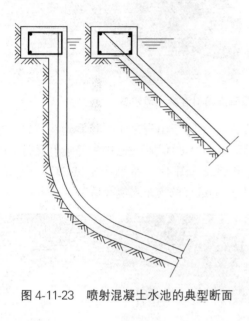

图 4-11-23　喷射混凝土水池的典型断面

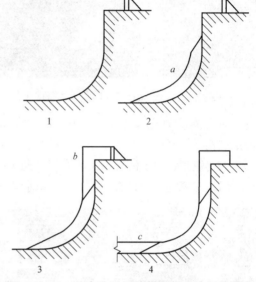

图 4-11-24　游泳池采用喷射混凝土施工的顺序
a—圆形壁面；b—梁；c—底板

航道、水力灌溉工程、水净化和废水处理装置的底部和斜面，以及整个大型管道均可采用喷射混凝土建造。特别是在转弯处、交叉处和出入口等部位，如果采用模板，常因一次性使用，费用很高，所以都采用喷射混凝土施工。德国于 1957 年建造的巴伐利亚州布格豪森尔茨上水渠道，用喷射混凝土衬砌面积约 50000m²。

美国 Texas 灌溉渠道长几百英里，全部采用配筋喷射混凝土。计算结果表明，用喷射混凝土制作渠道护壁比用装配式钢筋混凝土护壁便宜 60%，比用现浇混凝土便宜 50%。

近年来，中国用喷射混凝土作异形充水结构物衬砌的实例明显增多。

如上海迪士尼乐园探险岛雷鸣山漂流滑水道长 700 余米，是一条弯弯曲曲的槽形薄壁充水结构物，壁面为厚度不小于 10cm 的配筋喷射混凝土。该滑水道首尾相衔，像卧龙一样盘旋于假山山体之间。由于漂流过程采用自然水流作为驱动力，滑水道混凝土迎水面既要达到清水混凝土标准，也不容许浇筑后进行打磨修补，同时复杂空间曲面和 ±6mm 的高精准误差，都对传统土建施工带来了极大挑战。2015 年中国京冶工程技术有限公司采用湿拌喷射混凝土和压光抹平工艺，实现了水道表面光滑、无纹理、无裂纹、无污损、无色斑和褪色污渍，侧墙与底板接缝处密封效果良好，无任何渗漏。圆满地建成了用配筋喷射混凝土衬砌的复杂异形滑水道工程（图 4-11-25）。

又如北京 2022 年冬奥会延庆赛区国家雪车雪橇正式赛道全长 1957m，分 54 个制冷单元。是我国兴建的首条雪车雪橇赛道，也是世界上唯一一条具备 360°回旋弯的赛道，

图 4-11-25　上海迪士尼乐园雷鸣山喷射混凝土滑水道

赛道垂直落差 121m，设置 16 个弯道，宛如一条游龙飞腾于山脊之上。该赛道为"U"型薄壁结构，墙高最大处为 4.5m，赛道底板和侧墙均采用厚度大于 10cm 的配筋喷射混凝土衬砌。该赛道工程由上海宝冶集团有限公司于 2019 年建成（图 4-11-26 和图 4-11-27），经国际单项组织专家检查组检查，被外方专家们誉为"见过的最好的雪车雪橇赛道"。

图 4-11-26　正在赛道上喷射混凝土　　　图 4-11-27　用配筋喷射混凝土建造的雪车雪橇赛道

参 考 文 献

[1]　程良奎，王岳汉，苏自约. 喷射混凝土的研究与应用. 金属矿山，1966，(3).

[2]　李赤波. 喷射混凝土问答. 北京：煤炭工业出版社，1981.

[3]　井巷喷射混凝土支护编写组. 井巷喷射混凝土支护. 北京：冶金工业出版社，1973.

[4]　(苏) IO M 布然诺夫. 混凝土工艺学. 龚洛书，柳春圃译. 北京：中国建筑工业出版社，1985.

[5]　张家识，彭吉中. 锚喷支护施工. 北京：中国铁道出版社，1984.

[6]　程良奎，张弛，邹贵文. 影响喷射混凝土强度的若干因素. 地下工程，1981，(11).

[7]　程良奎. 喷射混凝土的材料组成与主要性能. 工业建筑，1986，(2).

[8]　程良奎. 喷射混凝土的最新发展与施工工艺. 工业建筑，1986，(1).

[9]　Ryan T F. Gunite-a hand book for engineers. 1973.

［10］　Mahar JW，Parker HW，Wueellner WW．Shotcrete practice in under-ground Construction．1975．

［11］　Charles H．Henager．Steel Fibrous Shotcrete．A Summary of the Stateof-the-Art．Concrete international design &- Construction．1981，(1)．

［12］　樊承谋，等．钢纤维混凝土应用技术．哈尔滨：黑龙江科学技术出版社，1986．

［13］　苏自约，张弛，邹贵文，等．钢纤维喷射混凝土的研究和应用．建井技术，1985，(3)．

［14］　程良奎．钢纤维喷射混凝土．工业建筑，1986，(3)．

［15］　石人俊．混凝土外加剂性能及应用．北京：中国铁道出版社，1985．

［16］　张家识．用数理统计方法评定喷射混凝土强度．铁道标准设计通讯，1981，(2)．

［17］　Jörg Schreya．Dust prevention measures during shotcrete operation．underground space，1984，(2)．

［18］　林韵梅，等．地压讲座．北京：煤炭工业出版社，1981．

［19］　长沙矿山研究院罗邦兆等译．地层支护中的喷射混凝土．北京：冶金工业出版社，1982．

［20］　徐桢祥．地下工程试验与测试技术．北京：中国铁道出版社，1984．

［21］　程良奎．喷射混凝土及其在地下工程中的应用．地下工程，1984，(8)．

［22］　程良奎．喷锚支护的工作特点与作用原理．地下工程，1981，(6)．

［23］　程良奎．挤压膨胀岩体中巷道的稳定性问题．地下工程，1981，(8)．

［24］　程良奎．喷锚支护监控设计及其在金川镍矿巷道工程中的应用．地下工程，1983，(1)．

［25］　新奥法设计施工指南（草案）．铁道标准设计通讯，1984 年专刊．

［26］　中华人民共和国国家标准．岩土锚杆与喷射混凝土支护工程技术规范 GB 50086—2015．

［27］　水利电力部东北勘测设计院锚喷组．地下洞室的锚喷支护．北京：水利电力出版社，1985．

［28］　程良奎，庄秉文．块状围岩喷锚支护的作用原理与设计∥第一届全国矿山岩体力学会议论文选集．北京：冶金工业出版社，1982．

［29］　程良奎．建筑结构维修加固工程中的喷射混凝土技术．工业建筑，1986，(6)．

［30］　Технологигские лравила лрименения набръыябемона лри ремонте иреконструксуий илженернах сооружений，MOCK Ba．1977．

［31］　Linder，R Ettlingen．Spritzbeton für Neukonstruktionen，beton，1976，(11)．

［32］　程良奎．新建筑结构中的喷射混凝土技术．工业建筑，1986，(7)．

［33］　Gunter Ruffert．Sanieren mit spritzbeton Beispiele aus der Baupraxis．beton，1977，(2)．

［34］　I Leon Glassgold．Refractory shotcrete Current state-of-the-Art．Concrete international design& Construction，1981，(1)．

［35］　程良奎．喷射混凝土和锚杆技术在地上建筑工程中的应用．冶金建筑，1979，(5)．

［36］　冶金部建筑研究院等．喷射混凝土在受地震破坏的唐钢厂房抢修加固工程中的应用．冶金建筑，1977，(2)．

［37］　Waller E．Sprayed Concrete in repair and strengthening work．Proceeding of the symposium on sprayed concrete．London，1980．

［38］　Long W B．Construction using sprayed concrete．P．roceeding of the symposium on sprayed concrete．London，1980．

［39］　Hahn T．Adhesion of shotcrete to various types of rock sufaces．Proceedings Fourth Conference of the International Society for Rock Mechanics，(1)．

［40］　龚宗允．喷射法施工．北京：中国建筑工业出版社，1979．

［41］　程良奎．喷射混凝土．北京：中国建筑工业出版社，1990．

［42］　Gert Humm ert，Troisdorf．Ausbesserung mit stahlfaserspritzbeton．beton，1982，(1)．

［43］　Alex sala，zürich．Spritzbeton Als Auskleidung des Furka-Basistunnels．beton，1982，(1)．

［44］ Gunther Ruffert，Essen． Neue Richtliruen fiir die Ausbesserung mitspritzbeton． beton 1984，
（6）．

［45］ ACI Committee 506． Specification for materials，proportioning and application of Shotcrete
（ACI 506-77）J． Amer． Concr． Inst，1977，（17）．

［46］ ACI Committee 506． Recommended practice for shotcreting（ACI 506-66，Reaffirmed 1972），
J． Amer． Concr． Inst，1972，（7）．

［47］ T Franzen． 关于在地下工程中采用喷射混凝土支护的技术发展动态的报告． 隧道译丛，
1994，（4）．

［48］ 田泽，雄二郎． 日本喷射混凝土技术现状与今后的课题． 隧道译丛，1993（11）．

［49］ Walter steiner． 硅灰在干拌喷射混凝土的应用． 隧道译丛，1992（2）．

［50］ Wood D E，等． 喷混凝土支护在隧道工程中的应用及发展． 隧道译丛，1991，（2）．

［51］ 王小鹤． 浅埋暗挖法修建三连拱排水隧道试验研究． 市政技术，1993，（z1）．

［52］ 高辅民． 盖挖逆作法修建北京人行地下通道试验技术总结． 市政技术，1993，（z1）．

［53］ 徐均． 前门3♯、6♯通道管棚法施工技术总结． 市政技术，1993，（z1）．

［54］ 谢量瀛． 北京地铁西单车站初期支护系统的综合技术．

［55］ 程良奎，杨志银． 喷射混凝土与土钉墙． 北京：中国建筑工业出版社，1998．

［56］ 美国交通部联邦公路总局． 土钉墙设计施工与监测手册． 佘诗刚译． 北京：中国科学技术出
版社，2000．

［57］ 赵国藩，等． 钢纤维混凝土结构． 北京：中国建筑工业出版社，1999．

［58］ 葛兆明． 混凝土外加剂． 北京：化学工业出版社，2005．

［59］ 罗朝廷． 我国喷射混凝土技术的发展． 世界隧道，2000增刊．

［60］ 夏仲存． 中国水利水电工程应用混凝土湿喷技术概况． 水利水电施工，2001，（3）．

［61］ 刘军． TK-961型混凝土湿喷机在水工隧洞施工中的应用． 水利水电施工，2001，（3）．

［62］ 陈晓东． 钢纤维喷射混凝土在隧洞加固处理中的应用． 建筑技术，2003，34（6）．

［63］ 王建宇． 隧道工程中的钢纤维喷射混凝土∥苏自约，闫莫明，徐祯祥． 岩土锚固技术与工程
应用． 北京：人民交通出版社，2004．

［64］ ACI． Guide to Shotcrete． 506R-90． American Goncrete Institute． Detroit，Michigan，1990．

［65］ ASTM． Test Method for Time of Setting of Shotcrete Mixtures by Penetration Resistance．
C1117-89（1994），Vol． 04． 02． American Society for Testing and Materials． Philadelphia，
Pennsylvania，1994．

［66］ ASTM． Specification for Admixtures for Shotcrete． C1141-94，Vol． 04，02． American Soci-
ety for Testing and Materials． Philadelphia，Pennsylvania，1994．

［67］ ACL Specification on Materials． Proportioning and Application of Shotcrete． 506． 2-90． A-
merican Concrete Institute． Detroit，Michigan，1990

［68］ ASTM． Specification for Fiber-Reinforced Concrete and Shotcrete． G 1116-91，Vol． 04． 02．
American Society for Testing and Materials． Philadelphia． Pennsylvania，1991．

［69］ ACL State-of-the-Art Report on Fiber Reinforced Shotcrete． 506． 1R-84（1989）． American
Concrete Institute． Detroit，Michigan，1989．

［70］ ASTM． Test Method for Time of Setting of Shotcrete Mixtures by Penetration Resistance．
C1117-89（1994），Vol 04． 02． American Society for Testing and Materials． Philadelphia，
Pennsylvania，1994 ．

［71］ ASTM． Specification for Admixtures for Shotcrete． G 1141-94，Vol． 04． 02． American Society for Testing and Materials. Philadelphia，Pennsylvania，1994.

［72］ 张孝松. 龙滩水电站地下洞室群布置及监控设计. 岩石力学与工程学报，2005，24（21）.

［73］ 中国工程建设标准化协会. 喷射混凝土加固技术规程 CECS 161：2004. 北京：中国建筑工业出版社，2004.

［74］ 挪威隧道协会，挪威岩石力学学会. 岩土支护中的喷射混凝土，1999.

［75］ European specification for sprayed concrete，EFNARC，1996.

第五章　隧道及大型洞室的锚喷支护

隧道及地下洞室是应用锚固技术最早及最为广泛的一个领域。据称，用钢筋加固岩层最早出现在 1890 年，是北威尔士煤矿的加固工程。1905 年，在美国也出现了这种加固工程。1918 年，波兰将锚杆首次用于 Mir 矿。在第二次世界大战期间，随着矿山钻探技术的进一步发展，岩石锚固技术在全世界得到普遍推广。

20 世纪 50 年代初，我国矿山巷道加固工程开始采用岩石锚杆技术。60 年代，伴随着国内喷射混凝土的研究与应用，岩石锚杆与喷射混凝土相结合的支护在我国矿山及铁路隧洞工程中得到迅速发展。随后，我国水利、水电系统的大型洞室群工程锚喷支护也得到日益广泛的应用。至今，我国各类隧道、洞室中锚喷支护覆盖面积已跃居世界之首，其综合技术水平已处于世界领先或先进地位，对加速我国各种用途的隧道和洞室工程建设发挥着重要作用。

第一节　地下洞室的稳定性及作用于岩石洞室上的压力

地下开挖扰动了岩体的应力平衡状态，导致岩石的松散，并向开挖的空间内挤压，从而使建立的支护系统承受一个附加应力所产生的荷载。一般来说，这些影响可以被视为岩石压力的表现形式。这些压力主要来自于重力，虽然地壳内造山活动的残余应力有时也起作用，但一般只考虑挖掘空间以上产生影响的那部分岩石重量。

在地面以下的一个给定深度处（图 5-1-1），有一个垂直应力作用于岩体内部：

$$\sigma_v = \gamma \cdot H \tag{5-1}$$

同样，也有一个水平应力作用于岩体：

$$\sigma_h = \frac{\nu}{1-\nu}\sigma_v = k_0\sigma_v \tag{5-2}$$

式中　H——地面以下的深度（m）；

　　　　γ——岩体重度（kN/m^3）；

　　　　ν——岩体泊松比。

假定岩体为均匀介质，按莫尔理论来分析挖掘期间岩石应力发生的缓慢变化，则图 5-1-2 中圆 2 表示挖掘前的岩石应力状态；与岩石破坏曲线相接触的圆 3 代表岩石挖掘开始时岩石承载力的极限状态；圆 4 表示在挖掘过程（径向应力为零）中明显增加的切向应力，岩层通常不能承受这种增大的切向应力，因而会发生松散与破坏。岩石不能承受量值与压缩应力相同的拉应力，最初在产生拉应力的洞顶发生破坏（图 5-1-2）。当覆盖层的重量大幅增加，方能使洞室侧边的应力发展到使岩面产生分解和松散的程度。如果想要防止侧边的崩塌，则必须在开挖面上提供径向应力（最小为 p，参阅图 5-1-2），促使表示不同应力界限的莫尔圆低于破坏曲线圆 3。这样的压力可能是相当大的。但是，在多数情况下

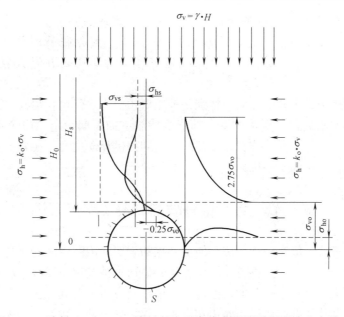

图 5-1-1　泊松比 $\nu = 0.21$ 的坚硬均质岩体中圆洞附近理论应力模式

σ—垂直应力；σ_{hs}—水平应力；σ_{vo}—在零平面的应力；

σ_{vs}—完成洞室破坏后在 S 平面的应力；H—地面以上的深度

没有这种必要，因为开挖面的岩石产生某种程度的松散后，岩石应力增高区即移向岩石深处（图 5-1-3）。

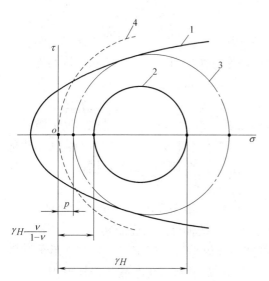

图 5-1-2　用莫尔图表示的洞室
破坏前后岩体应力值

1—岩石强度包络线；2—洞室破坏前岩体应力状态；3—岩石破坏时的应力状态；4—洞室完成后自然拱上的应力状态（径向应力等于零）；p—为保持开挖面不崩塌所需的径向应力；H—地面以下的深度

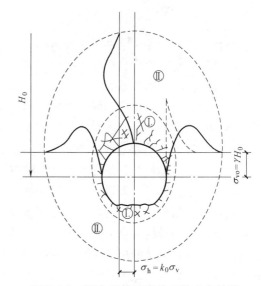

图 5-1-3　洞室开挖后岩体内的应力转移

Ⅰ—洞室周围的岩石应力降低区；

Ⅱ—岩石切向应力增大区；

σ_v、σ_h—开挖前岩体内的垂直和水平应力；

H_0—地面至洞室中心的距离

　　对于地下开挖工程，传统的支护方法是用木、钢或混凝土支护系统来支撑松散岩石，以阻止岩石向洞内挤压。这种被动的支护方式一般是很费时间的，而且与开挖面岩石间形成不规则的点接触，易产生高度的压应力集中，并导致岩石更加松散和压力增加。

　　锚杆的加固作用是十分明显的，特别是采用低预应力（张拉）锚杆、预应力锚索以及它们与喷射混凝土相结合的支护体系，都能维持洞室的长期稳定。锚喷支护有较大的柔性，能适应岩石适度的变形，能在岩石开挖后立即提供径向抗力，在岩石尚未松散以前快速发挥作用，能以较小的支护抗力保持洞室的稳定。

第二节　隧洞锚杆喷射混凝土支护理论

　　隧洞中的锚杆，一般有两种方法可使被开挖的岩层向周围岩体传递荷载作用。一种方法是在岩体内形成自然拱，这种自然拱的浅层岩体通过被节理裂隙所切割，而且受到开挖扰动，其稳定性常常是难以持久的，但可通过锚杆及覆盖喷射混凝土改善自然拱的自承能力，并将岩石荷载从拱部向隧洞的侧边和洞底转移。另一种方法就是用锚杆将数层水平状岩体结成一条坚固的梁，其两端则作用于周围的岩体上。

　　锚杆对围岩加固的不同方法形成了两种不同的锚杆加固理论，即自然拱（加固拱）理论和岩石梁理论。两种不同的理论与技术处理细节，取决于人们对开挖面上部覆盖层压力区的认识。

1. 加固拱理论

　　该理论适用于各种坚硬和裂隙岩体，以及各种软弱岩体，即使是层状岩体，隧洞上方岩石破坏时，也会形成一个自然拱，因而加固拱理论也是适用的。对于块状结构和碎裂状结构岩体，其共同的特点是：岩体被纵横交错的结构面所切割，但岩块却具有较高的强度。采用系统布置的锚杆加固，可提高结构面的抗剪强度，使一定范围内的岩体形成加筋拱，保持岩块间的镶嵌、咬合、连锁效应。这种加固拱既能保持自身的稳定，又能阻止加固体上部岩体的松动和变形。特别是采用预应力（张拉）锚杆，能使开挖后的岩体尽快进入三轴受力状态，保护岩体固有强度不致有过大的损伤，合理布置的张拉锚杆，还能形成连续的压应力拱带，从而进一步有利于隧洞的稳定。

　　冶金部建筑研究总院程良奎、庄秉文等人曾于1977年完成了一个很有意思的试验，尽管该试验是用结构力学的方法进行的，但它论证了系统锚杆加固后的破碎块体能形成高强度的承载拱。该试验用34块不规则混凝土块体构成模拟的不稳定岩石拱，它借助拱端的约束作用，具有较低的承载力（表5-2-1）。但当用10根 ϕ8mm 的灌浆锚杆加固后，块石拱的承载力提高了6倍，50kN荷载作用时，拱中挠度仅为未使用锚杆加固时的13.3％。锚杆加固拱的破坏，首先在拱的内表面两根锚杆间被裂隙切割的混凝土块由于裂隙面张开而出现掉落。随着荷载的增加，导致整体破坏。破坏时，没有发生锚杆被拔出或拉断、剪断的现象，而且锚杆仍与周围的混凝土块牢固地连接着。这些现象表明，锚杆把被它穿过的岩块锚固在一起，提高了岩石的抗剪强度和整体性，并保持了锚杆间岩块的镶嵌和咬合效应，从而限制了岩块的松动和掉落，维护了隧洞的稳定。

锚杆加固拱的加荷试验结果　　　　　　　　　　　　　　表 5-2-1

试件名称	试件形式与加荷方式	断面尺寸（mm）	净跨（mm）	矢高（mm）	破坏荷载(kN)	50kN 荷载时拱中挠度(mm)
块状岩石拱		250×300	2000	500	73	9
锚杆加固拱		250×300	2000	500	507	1.2

注：每组试件各三个，表内荷载及挠度均为平均值。

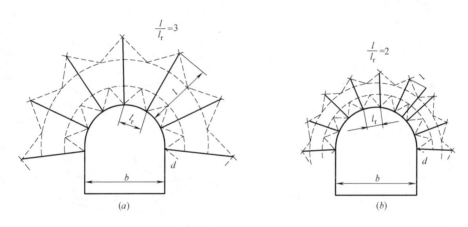

图 5-2-1　在洞室上方用预应力系统锚杆将松散岩石锁紧，形成的加固岩石拱

（a）当 $l/l_r=3$ 时的岩石拱厚度；（b）当 $l/l_r=2$ 时的岩石拱厚度

对开挖后受到损伤的岩石用锚杆加固并施加预应力，形成了一个厚度为 d 的承载拱（图 5-2-1）。如果锚杆的有效长度为 l，其两端形成的压力锥体顶角为 2α，并对锚杆预加一个拉力 P，则压缩区 d 所承受的由每根锚杆产生的径向应力可由下式求出：

$$\sigma_r = \frac{8P}{\pi l^2 \cdot \tan^2\alpha} \tag{5-3}$$

在岩体中由该径向应力引起一个环向应力；环向应力的作用方向垂直于锚杆轴，可以明显地增加受压区的岩石强度。从三轴试验中发现岩石在单轴受荷时强度很低，对其加一个 0.2MPa 侧向荷载，就能获得 2～8MPa 的强度。当对岩体形成的拱施加预应力时，可以在宽度为 100cm 的一个区段内获得一个 5MPa 的强度，从而使该拱能承受环向荷载达 50kN/cm，相当于 20cm 厚的混凝土拱的承载力。当锚杆的有效长度为 l、间距为 l_r、压力锥顶角 $2\alpha=90°$ 时，压力区的厚度 d 大致为：

$$d = l - l_r \tag{5-4}$$

这样，隧洞拱部岩层形成了具有足够厚度的连续的压力区，以承受覆盖其上的松散岩层的荷载。

喷射混凝土的加固拱作用同样是十分明显的，可详见本章第三节锚杆喷射混凝土支护的工作特性与作用原理。

2. 岩石梁理论

岩石梁理论适用于水平层状岩石中开挖的矩形隧洞。是用锚杆将数层岩层连锁在一起，使层理间的摩擦阻力增大形成组合岩石梁（图 5-2-2），用以支承其上部的岩石荷载。某些试验表明，在荷载作用下，几块板叠合在一起的梁，由于层间抗剪力不足，各层板有各自单独的弯曲，各层板的下缘和上缘分别处于受拉和受压状态（图 5-2-3）。层状岩体的层厚越薄，层间结合越差，在岩层压力作用下，可能破坏的范围就越大。试验还表明，当用锚杆、特别是张拉锚杆将这些薄层岩板紧固后，增大了岩层间的摩擦阻力，并使被锚固的岩板处于压应力状态，则如同一块完整的岩梁承受荷载作用，大大增加了梁系的抗剪刚度和抗弯强度，而锚杆本身也起到抗剪销钉作用，有效阻止岩层间的错动。与非锚固梁相比，在同等荷载作用下，锚固梁的变形会显著减少。

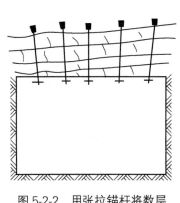

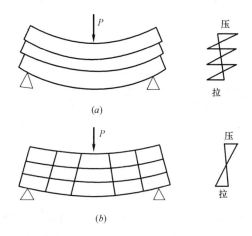

图 5-2-2　用张拉锚杆将数层
岩层锁定在一起形成岩石梁

图 5-2-3　荷载作用下多层板
系的弯曲和受力情况
（a）无锚杆加固；（b）有锚杆加固

第三节　锚杆喷射混凝土支护的工作特性与作用原理

在隧道与地下工程中，锚杆与喷射混凝土多数情况是相结合使用的，它们相辅相成，互为补充，形成安全可靠的共同工作的支护体系。

锚杆喷射混凝土支护（简称锚喷支护）加固围岩的作用来源于它独特的工作特性。概括地说，锚喷支护主要的工作特性有及时性、粘结性、深入性、柔性、灵活性和密封性。这些特性构成最大限度利用围岩强度和自支承能力的基本要素。能否根据不同类型的围岩，在设计施工中能动地运用这些特性，是围岩自支承力得失、围岩加固效应强弱的关键。

1. 及时性

及时性是指锚喷支护可在隧洞开挖后几小时内施作，受拉锚杆可在安设后 $0.5\sim6h$ 发挥全部支承抗力作用。

在岩石单轴加荷试验中，岩石应力—应变全曲线如图 5-3-1 所示，可以近似地简化为图中虚线所示的三段直线。它表示出岩石从变形到破坏有一个延续的发展过程，即岩石到达峰值强度后，并不完全丧失强度，而是一边降低强度，一边增加变形，出现强度劣化，最后进入保持最终残余强度、变形无约束地发展的松弛阶段。

在三轴压缩下，岩石应力—应变的关系如图 5-3-2 所示。

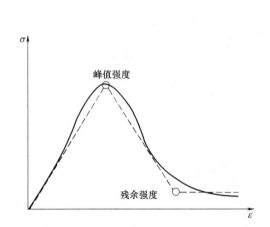

图 5-3-1 岩石单轴受压的应力—应变曲线

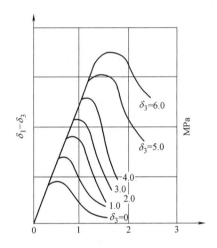

图 5-3-2 三轴受压的岩石应力—应变曲线

岩石峰值及残余强度均随侧限压力的增大而提高。

岩石强度下降的程度随侧限压力的增大而减小。因此，尽可能快地施作喷锚支护，提供径向抗力，尽量避免岩体处于单轴或二轴应力状态，对于保持围岩强度、维护隧洞稳定性是至关重要的。

锚喷支护的及时性，也表现于它能紧跟掌子面施作。这样就能充分利用空间效应（端部支承效应），以限制支护前变形的发展，阻止围岩进入松弛状态。用轴对称三维有限元法对掌子面约束进行的弹性分析表明：在掌子面处产生的弹性变形为总弹性变形的 1/4，离开掌子面 1/4 洞径处，则达到总弹性变形的 1/2，离开掌子面 2 倍洞径处达 9/10（图 5-3-3）。因此，紧跟掌子面施作锚喷支护，就能防止围岩过大变形的发展和岩体松散。

工程实践反复证明了及时进行锚喷支护的重要性和必要性。如金山店铁矿东风—60m 运输巷道，所穿过的岩体为节理裂隙发育、高岭土化、绿泥石化的

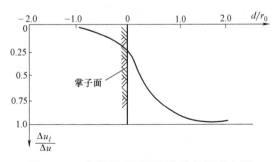

图 5-3-3 离掌子面不同距离处的围岩变形

d—离掌子面距离；r_0—洞径；

$\dfrac{\Delta u_l}{\Delta u}$ 有端部支承的围岩变形 无端部支承的围岩变形

闪长岩，并有渗滴水，松软破碎，用手可抠动。采用传统的临时木支护，由于无法提供既及时又连续的支承抗力，接连发生十九次塌方冒顶，最大一次冒顶高达 10.5m，严重影响正常掘进。采用紧跟工作面的锚喷支护后，能迅速控制岩体扰动，再没有发生一次冒顶事故。再如，梅山铁矿－200m 水平的 305 巷岔口及其邻近巷道，围岩为叶腊石化、绿泥石化、高岭土化安山岩，极为软弱破碎，采用紧跟掌子面的锚喷联合支护，支护后未见明显变形。而先用临时木支架支护，后用锚喷作永久支护，由于裸露蚀变较深的高岭土化、绿泥石化安山岩吸湿潮解，发生了明显的松弛，锚喷支护后三个月，喷层开裂剥落，不得不再次维修。由此可见，锚喷支护的及时性对于迅速控制围岩扰动，发挥围岩自支承作用具有明显的影响。

2. 粘结性

喷射混凝土同围岩能紧密粘结，一般其粘结强度在 1.0MPa 以上。通过喷射混凝土与岩石结合面上的粘结力和抗剪力，使隧道表面被裂隙分割的岩块连接起来（图 5-3-4a），保持岩块间的咬合镶嵌作用，并能将局部危石荷载传递给周围稳定岩石（图 5-3-4b），从而阻止岩石的移动。

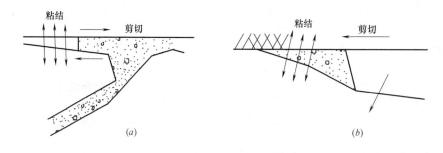

图 5-3-4　喷射混凝土与岩石的粘结作用
（a）喷射混凝土充填张开节理面加固岩体；（b）喷射混凝土使危石荷载传给稳定岩体

冶金部建筑研究总院所完成的"喷射混凝土—块状围岩"组合拱模拟试验表明，喷射混凝土的良好粘结对限制围岩变形和提高围岩结构强度有明显作用。由 34 块混凝土块组成的模拟不稳定块状围岩拱，当拱端水平与垂直方向受到约束，采用四点加荷，荷载加至 73kN 时，拱件即破坏。当拱件内缘施作 10cm 厚喷射混凝土，若边界条件和加荷方式不变，则破坏荷载为未支护的 9.6 倍，50kN 荷载时，拱中挠度为未支护的 4.4%（表 5-3-1）。拱件破坏时，被径向裂隙分割的混凝土块，仍牢固地同喷射混凝土粘结在一起。

喷射混凝土—块状围岩模拟试验参数与结果　　　　　表 5-3-1

试件名称	试件形式与加荷方式	断面尺寸（mm）	净跨（mm）	拱高（mm）	破坏荷载(kN)	50kN 荷载时拱中挠度（mm）
块状围岩拱		250×300	2000	500	73	9

试件名称	试件形式与加荷方式	断面尺寸（mm）	净跨（mm）	拱高（mm）	破坏荷载（kN）	50kN荷载时拱中挠度（mm）
喷射混凝土加固拱		250×400	2000	500	701	0.4

注：每组试件三个，表内荷载及挠度为三个试件的平均值。

喷射混凝土与围岩间的良好粘结，在其接触面上能承受和传递较大的切向力，这样就能改善荷载分布的不均匀性，并大大减少支护层内的弯矩值，而现浇混凝土衬砌是无法做到这一点的。从表 5-3-2 可以看出，虽然这些被量测的锚喷支护地下工程，埋深不同，跨度不同，地质条件也有不小的差异，但测得的径向应力能稳定在一定区间内，平均径向应力多数在 0.3～0.5MPa 内。而平均切向应力却大得多，一般在 1.5～3.2MPa 之间。这也说明，锚喷支护与围岩共同工作的实质，主要在于能更好地调节"围岩—支护"间的应力状态，充分发挥围岩的自稳能力。

锚喷支护与围岩接触应力实测结果   表 5-3-2

工程名称	岩性描述	覆盖层厚度（m）	跨度（m）	喷射混凝土（cm）	锚杆	最大径向应力（MPa）	平均径向应力（MPa）	最大切向应力（MPa）	平均切向应力（MPa）
加拿大温哥华隧洞60+21测站	软弱的潮湿的砂岩	80	6.0	15	有	0.77	0.48	2.70	0.96
德国（原联邦德国）Schwaikheim隧洞（断面Ⅰ）	塑性黏土质泥灰岩	20	10	20	有	0.26	0.10	0.5	0.25
墨西哥城排水隧道	砂质凝灰岩和砂	50	14	20	有	0.8	0.56	6.5	3.2
德国（原联邦德国）Frankfurt南部隧道	黏土、砂	10	6.7	20	有	0.27	0.15	2.5	1.5
奥地利Tarbela 3号测站	片麻岩、千枚岩、石灰岩	150	22	20	有	0.8	0.30	9.0	2.2
德国（原联邦德国）Regenberg 测站Ⅰ	塑性黏土质泥灰岩	60	6.0	20	—	0.25	0.15	6.0	3.0
奥地利陶恩隧道405测站	破碎千枚岩	140	11	10	有	0.25	0.15	2.2	1.0
奥地利陶恩隧道2139测站	破碎千枚岩	900	11	15	有	0.8	0.40	2.5	1.5
中国普济隧道	泥质页岩	40	7.0	15	无	0.63	0.30	9.2	4.1

3. 深入性

深入性是指锚杆深入岩体内部与围岩紧密粘结或连锁在一起，具有提高岩体结构强度、改善围岩应力状态的特性。

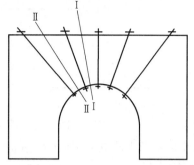

图 5-3-5　锚杆加固岩体模型图

从锚杆—块状围岩模拟拱试验结果可以看到：由 34 块混凝土块组成的不稳定岩石拱，借端部的约束作用，具有较低的承载力，但当用 10 根 ϕ8mm 的灌浆钢筋锚杆加固后，拱的承载力提高了 6 倍，50kN 荷载时的拱中挠度仅为未加锚杆时的 13.3%。

预应力锚杆则能明显地改善围岩的应力状态，冶金部建筑研究总院完成的锚杆光弹性试验表明，采用预应力锚杆加固的均质岩体模型（图 5-3-5），在垂直荷载作用下，拱顶Ⅰ-Ⅰ及Ⅱ-Ⅱ截面的切向应力 σ_x 在巷道边界处均为拉应力，但沿截面出现的拉应力高度很小，上部受压区较大；径向应力 σ_y 在巷道边界处为零，向上整个截面均为压应力，而且数值较大。与未被锚杆加固的模型应力图比较可以看出，由于锚杆预应力的作用，切向应力值在巷道边界上增大了约 2 倍，而沿截面的受拉区高度仅为未用预应力锚杆加固的模型的 1/5～1/6（图 5-3-6 和图 5-3-7），即缩小了受拉区，扩大了受压区，改善了围岩应力状态。当用锚杆群加固围岩，则在一定范围内形成压缩带，从而有利于维护围岩的稳定性。

冶金部建筑研究总院和长江科学院曾对三峡船闸高边坡 3000kN 级预应力锚固工程进行了研究。用多点位移计测定了该边坡在锚杆加固前后的岩体应变变化状况，同样揭示了锚杆预应力作用于边坡后，可以使锚固区范围内的岩体形成压应力区。

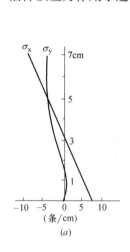
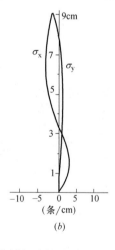

图 5-3-6　未用预应力锚杆支护的
模型拱部截面应力图
（a）Ⅰ—Ⅰ截面；（b）Ⅱ—Ⅱ截面

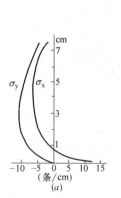
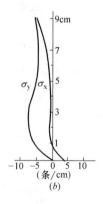

图 5-3-7　用预应力锚杆支护的
模型拱部截面应力图
（a）Ⅰ—Ⅰ截面；（b）Ⅱ—Ⅱ截面

4. 柔性

岩石弹塑性理论告诉我们，地下洞室开挖后，在围岩不致松散的前提下，维护洞室稳定所需的支承抗力随塑性区的增大而减小。

$$P_i = -c\cot\varphi + (P_0 + c\cot\varphi)(1 - \sin\varphi)\left(\frac{r_0}{R}\right)^{\frac{2\sin\varphi}{1-\sin\varphi}} \tag{5-5}$$

式中　P_i——围岩稳定时所需提供的支承抗力；

　　　P_0——初始应力；

　　c，φ——塑性区内岩石的黏聚力和内摩擦角；

　　　r_0——洞室半径；

　　　R——塑性区半径。

由于喷射混凝土可施作成薄层（5～10cm 厚），施作 1d 后即产生明显的结构作用；锚杆则在出现较大的受拉变形后仍保持相当大的支承抗力，其至能同被加固的岩体作整体移动，因而锚喷支护是一种既与围岩结成一体，具有良好的柔性，又有较高刚度的结构。这一特性对于控制塑性流变岩体的变形尤为重要，它可以容许围岩塑性区有一定发展，避开应力峰值，又不致出现围岩的有害松散，能有效地发挥围岩的自承能力。

从隧洞岩层抗力曲线原理图（图 5-3-8）可以得知：如果支护太"刚"，则因不能充分利用地层的抗力，而使支护结构承受相当大的

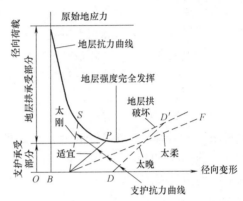

图 5-3-8　岩层抗力曲线原理图

径向荷载；反之，如果支护太"柔"，则会导致围岩松散，形成松散压力，也会使支护结构所受的荷载明显增大。而薄层喷射混凝土或它与锚杆相结合的支护形式，由于具有相当的柔性，又有足够的支承抗力，可以有控制地使塑性区半径有适度的发展，只需提供较小的支护抗力即可满足隧洞稳定的要求。

工程实践表明，锚喷支护的柔性卸压作用对于改善围岩应力状态和支护结构的受力性能十分有利。如奥地利宽 11m 的陶恩隧道，穿过石墨质千枚岩和砂、卵石、黏土质碎屑等，岩石抗剪强度小于 0.1MPa，内摩擦角小于 20°。一度用 50cm 厚配筋喷射混凝土与锚杆、钢拱架联合作初始支护，支护三周后，在拱部产生长 20m 的纵向裂缝，裂缝处喷层错位达 3cm。当时测得的喷层径向应力为 0.7MPa，切向应力为 5.8MPa。破坏处随即用其他附加支护修补，使径向和切向应力分别上升到 1.8MPa 及 10MPa。显然，喷层破坏是由于拱部太厚和刚度太大。当初始支护改用厚 25cm 的喷射混凝土后，几乎没有发生严重开裂，特别是后期采用设有纵向变形缝（即沿隧道周边每隔 2～3m 留一条宽 15～20cm 并贯通喷层的开缝）的厚 15cm 的配筋喷射混凝土同可缩性钢架、锚杆相结合的支护形式，在隧道净空收敛量达 80cm 时，变形缝闭合，但未引起喷层的破坏。我国金川镍矿一条埋深 600m、宽 6～7m 的水平运输巷道，位于 F16 断层及断层影响带中，穿过的岩石主要为黑云母片麻岩（碎裂结构）和石墨片岩（散体结构）。附近测得的最大水平主应力达 32MPa。巷道开挖后，围岩呈现明显的高挤压变形现象。采用传统的混凝土砌块衬砌，巷道收敛量常高达 80～100cm，经多次返修，仍不能满足巷道稳定要求。后采用厚 15cm 配筋喷射混凝土与长 2.5m、间距 1.0m 的系统锚杆相结合的初始支护，并在巷道底部施作

仰拱（由混凝土块筑成的拱形封底结构），以控制围岩变形的急速发展。70d 后，巷道收敛达 15cm，围岩凸鼓处喷层出现开裂，裂缝宽达 2～3cm，局部地段出现喷层脱落现象，此时，立刻用长 2.5m、间距 1.0m 的锚杆对巷道顶拱及侧壁进行系统加固，由于巷道周边被系统锚固的围岩刚度显著增加，巷道的变形速率由 0.7～1.0mm/d 减至 0.2mm/d，随即再施作厚 10～15cm 喷射混凝土作为二次（最终）支护，使巷道保持稳定。

5. 灵活性

灵活性，主要指对于复杂多变的围岩条件和工程条件，锚喷支护的类型、参数、加固方式和施作时机的可调整性。

岩体是千变万化、错综复杂的，岩体原始应力（包括自重应力和构造应力）、岩体结构、岩石强度、地下水等无不影响着地下工程围岩的稳定性。同一条巷道，可能穿过地质条件差异很大的岩体，因此根据地层条件的变化，适时灵活地调整支护参数，乃是充分利用围岩自承能力和有效地发挥锚喷支护性能的关键所在。传统支护面对复杂多变的岩体，难于随机应变。

锚喷支护有很大的灵活性和可调整性，根据围岩地质既可局部加固，也可整体加固；既可单锚、单喷，也可喷锚联合或与钢拱架结合使用。特别是，可根据软弱结构面的产状，在洞体的不同部位布设不同长度、不同方位的锚杆，有针对性地加固薄弱环节，阻止软弱结构面所引起的岩石滑移、松动和塌落（图 5-3-9）。

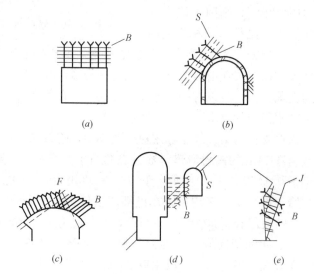

(a)　　　　　(b)

(c)　　　　(d)　　　　(e)

图 5-3-9　用锚杆加固隧道或洞室的不同方式

（a）、（b）矿山中常见的锚杆加固方式；（c）雪山电站拱顶岩体结构
与锚固；（d）薄岩柱锚固；（e）某水库泄洪洞锚固
B—锚杆；F—断层；S—夹层；J—节理

锚喷支护的灵活性，也表现在它的可分性上，即既可一次完成，也可分次完成，以满足对支护柔性的要求。特别对于塑性流变围岩，可根据围岩的时间—变形曲线，能动地调节支护柔性和支护抗力间的关系，以适应围岩应力应变的变化，使支护特性曲线与围岩特性曲线取得动态平衡。

例如，塑性流变岩体有明显的时间效应，如图 5-3-10 所示，在不同的时间阶段，岩体的应力—变形曲线是不同的。在 t_1、t_2 时，比较柔性的支护特性曲线与围岩特性曲线相交，说明这时两者能取得平衡。支护本身的柔性虽导致相对低的压力作用于支护体上，但却引起相当大的位移，随时可能使围岩松散，必须及时提供较刚性的支护，以求得在 t_3 时实现稳定的平衡。对于锚喷支护，做到先"柔"后"刚"，就比较容易。如仍以金川镍矿某巷道为例，该巷道穿过高水平构造应力的岩体，采用 15cm 厚配筋喷射混凝土和长 2.0m 的系统锚杆支护后，2 个月后巷道水平收敛值达 15cm，变形速率不见减缓，及时增设顶部和侧帮锚杆，增加支护刚度，随即使变形速率明显下降，以后又施作厚 15cm 的配筋喷射混凝土的二次支护，终于控制住巷道的变形（图 5-3-11）。

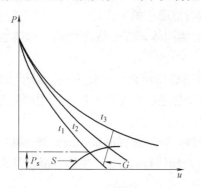

图 5-3-10　围岩—支护相互作用的特性曲线

S—柔性支护特性曲线；G—刚性支护特性曲线

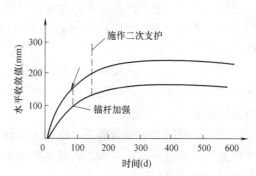

图 5-3-11　金川镍矿某锚喷支护

巷道水平收敛—时间曲线

锚喷支护的灵活性，还表现在它的易补性，即对于巷道衬砌的开裂剥落或巷道局部坍塌，可以用锚喷支护快速修复，很少影响生产。

6. 密封性

与普通浇筑混凝土相比，喷射混凝土具有高水泥含量、低水灰比和大量封闭的毛细孔，抗渗性高。特别是喷层间良好的粘结性，几乎无施工缝，使得它有高度的密封性。喷射混凝土支护良好的不透水性，阻止或限制了水流从地层中流出，反之亦然。这样，就大大降低了潮湿空气或地下水对岩体的侵蚀和由此伴生的潮解、膨胀和矿物变质，有利于保持岩体的固有强度，也改善了岩体的抗冻性，并能阻止节理间充填物和断层泥的流失，保持岩块间的摩擦力，有助于岩层的稳定。

喷射混凝土支护良好的气密性，也有利于阻止化学腐蚀气体的侵入，实际上它起到了保护壳的作用。

第四节　隧道洞室锚喷支护设计

1. 现代支护设计理论与原则

隧洞与地下工程支护设计理论的发展，与支护体系的变革与岩体力学的发展有着密切的联系。地下工程支护设计理论的一个重要课题是如何确定作用在支护结构上的荷载。

20世纪60年代以前，一直把围岩视作荷载，支护看作承载结构，二者之间形成"荷载—结构"体系，把围岩视作松散结构按塌落拱理论计算岩体的重量，普遍采用各种支架或混凝土衬砌作支护结构。60年代以后，随着锚喷支护的崛起，开始把围岩由荷载转向为承载结构的重要组成部分，二者组成"围岩—支护"不可分割的统一体，共同参与工作。这种理念上的转变，形成了支护与围岩共同工作的现代锚喷支护理论。这一理论的发展，体现了能动地利用锚喷支护的及时性、粘结性、深入性、柔性、灵活性和密封性等工作特性对维系围岩稳定的重要作用，不仅充分发挥了围岩自身的承载能力，也为地下洞室围岩的支护设计提供了广阔的空间。

隧道洞室锚喷支护的设计原则主要有以下六点：

（1）锚喷支护设计要最大限度地调动锚杆与喷射混凝土的工作特性，最大限度地发挥围岩自承能力，使锚喷支护与围岩形成有机结合的共同体，以经济有效地确保隧洞围岩稳定。

（2）锚喷支护设计应采用工程类比法与监控量测法相结合的设计方法。对于大跨度、高边墙的隧道洞室，还应辅以理论验算法复核。对于复杂的大型洞室群，可用地质力学模型试验验证。

（3）根据隧洞的围岩地质、断面大小和工作条件，合理选择洞址、洞轴线，确定锚喷支护类型、参数及支护时机，正确有效地加固围岩，使锚杆（索）、喷射混凝土与围岩的承载潜能得以充分调动。

锚杆类型对调动围岩自承能力有重要影响，Ⅳ、Ⅴ级岩体中的交通、矿山隧洞及大跨度（≥20m）、高边墙洞室应采用低预应力（张拉）的系统性锚杆；跨度≥20m、高跨比＞1.2的大型洞室边墙宜采用设计承载力不小于1.5MN的系统性预应力锚杆（索）；受采动影响或地质条件复杂的矿山隧洞宜采用摩擦型锚杆；永久性的隧道洞室均应采用锚杆与喷射混凝土相结合的支护形式；处于高应力、低强度的塑性流变特征明显岩体或承受动载、撞击等不良工作条件的隧洞应采用钢纤维喷射混凝土支护。

支护时机：隧洞开挖后，周边裸露围岩失去了平衡，会由原先的三轴受力状态转变为两轴或单轴受力状态，强度明显降低。对于钻爆法施工的隧道洞室，开挖引起对围岩的扰动也是不可避免的，只是扰动程度大小有所不同。因此，非Ⅰ级围岩条件下的锚喷支护均应及时快速施作，尽可能紧跟开挖工作面施作，以充分利用时空效应，有效遏制开挖引起围岩变形的极速发展，迅速形成"围岩—锚喷支护"承载体系。

（4）支护设计应贯彻"以柔性支护为主、刚性支护为辅；系统支护为主、局部加强为辅"的原则。系统支护是对隧洞周边围岩的整体按一定间距规律均匀布置的锚杆和施作的喷射混凝土支护，促使被锚喷的围岩形成有效的承载拱或承载环；局部加强支护是针对洞室局部围岩可能失稳的情况所做出的支护、加强措施。

（5）正确设计隧洞开挖与支护的施工程序及施工方法，以有利于最大限度地减少围岩的扰动和遏制围岩变形的发展。

（6）勘察、设计、施工及监测必须紧密结合，在设计与施工过程中要加强其间的相互联系。贯彻动态设计的原则，认真进行监控量测数据的整理分析和信息反馈，调整设计参数和施工程序，以确保洞室开挖施工和长期运行的安全性。

2. 工程类比法设计

隧道与地下工程支护设计方法有工程类比法、现场监控法和理论计算法这三种方法。这三种方法互相渗透、补充，其基本思想是根据现代支护的基本原理，要求地质勘测、设计、施工及监测密切配合，融为一体，进行"动态设计"。

以围岩稳定性分级为基础的工程类比法是目前国内外隧道与地下工程锚喷设计的主要方法。但在施工前的设计阶段，对围岩性态的认识往往是不全面或不透彻的，很难对围岩稳定性级别作出准确的判断，只有在隧道开挖后围岩特性被充分揭示，特别是在锚喷支护施作后，围岩—锚喷支护相互作用、共同工作的性能被监控量测的信息所揭露后，才能对锚喷支护的适应性、安全性以及是否要对设计参数进行调整作出正确的判断，因此，隧道与地下工程锚喷支护设计必须采用工程类比与监控量测相结合的方法。

锚喷支护的工程类比设计应根据围岩级别和隧洞开挖跨度确定锚喷支护类型和参数。我国国家标准《岩土锚杆与喷射混凝土支护工程技术规范》GB 50086—2015 中的表7.2.1、表 7.3.1-1、表 7.3.1-2 对隧洞洞室围岩分级、隧洞与斜井、竖井的锚喷支护类型和设计参数作出了明确规定（表 5-4-1～表 5-4-3）。当洞室开挖跨度大于 20m、高跨比（H/B）大于 1.2 时，边墙支护参数应根据工程具体情况予以加强；当洞室高跨比（H/B）大于 2.0 时，边墙支护应采用长度不小于边墙高度 0.3 倍的预应力锚杆群支护予以加强；洞室之间的岩柱视其厚度予以加强，并采用对穿型预应力锚杆支护。

国家标准 GB 50086—2015 关于隧洞洞室锚喷支护工程类比法设计的规定适用于我国水利水电、公路、铁路、矿山、军工、物资储备和城市交通等各类用途的岩石隧洞洞室工程。

隧洞洞室围岩分级表　　　　　　　　　　　　　　　　　表 5-4-1

围岩级别	主要工程地质特征							毛洞稳定情况
	岩体结构	构造影响程度,结构面发育情况和组合状态	岩石强度指标		岩体声波指标		岩体强度应力比	
			单轴饱和抗压强度（MPa）	点荷载强度（MPa）	岩体纵波速度（km/s）	岩体完整性指标		
I	整体状及层间结合良好的厚层状结构	构造影响轻微,偶有小断层。结构面不发育,仅有2～3组,平均间距大于0.8m,以原生和构造节理为主多数闭合,无泥质充填,不贯通。层间结合良好,一般不出现不稳定块体	>60	>2.5	>5	>0.75	>4	毛洞跨度5～10m时,长期稳定,无碎块掉落
II	同 I 级围岩结构	同 I 级围岩特征	30～60	1.25～2.5	3.7～5.2	>0.75	>2	毛洞跨度5～10m时,围岩能较长时间（数月至数年）维持稳定,仅出现局部小块掉落
	块状结构和层间结合较好的中厚层或厚层状结构	构造影响较重,有少量断层。结构面较发育,一般为3组。平均间距0.4～0.8m,以原生和构造节理为主,多数闭合,偶有泥质充填,贯通性较差,有少量软弱结构面。层间结合较好,偶有层间错动和层面张开现象	>60	>2.5	3.7～5.2	>0.5	>2	

续表

围岩级别	主要工程地质特征							毛洞稳定情况
	岩体结构	构造影响程度,结构面发育情况和组合状态	岩石强度指标		岩体声波指标		岩体强度应力比	
			单轴饱和抗压强度（MPa）	点荷载强度（MPa）	岩体纵波速度（km/s）	岩体完整性指标		
Ⅲ	同Ⅰ级围岩结构	同Ⅰ级围岩特征	20～30	0.85～1.25	3.0～4.5	>0.75	>2	毛洞跨度5～10m时,围岩能维持一个月以上的稳定,主要出现局部掉块,塌落
	同Ⅱ级围岩块状结构和层间结合较好的中厚层或厚层状结构	同Ⅱ级围岩块状结构和层间结合较好的中厚层或厚层状结构特征	30～60	1.25～2.50	3.0～4.5	0.50～0.75	>2	
	层间结合良好的薄层和软硬岩互层结构	构造影响较重。结构面发育,一般为3组,平均间距0.2～0.4m,以构造理理为主,节理面多数闭合,少带泥质充填。岩层为薄层或以硬岩为主的软硬岩互层,层间结合良好,少见软弱夹层、层间错动和层面张开现象	>60（软岩,>20）	>2.50	3.0～4.5	0.30～0.50	>2	
	碎裂镶嵌结构	构造影响较重。结构面发育,一般为3组以上,平均间距0.2～0.4m,以构造节理为主,节理面多数闭合,少数有泥质充填,块体间牢固咬合	>60	>2.50	3.0～4.5	0.30～0.50	>2	
Ⅳ	同Ⅱ级围岩块状结构和层间结合较好的中厚层或厚层状结构	同Ⅱ级围岩块状结构和层间结合较好的中厚层或厚层状结构特征	10～30	0.42～1.25	2.0～3.5	0.50～0.75	>1	毛洞跨度5m时,围岩能维持数日到一个月的稳定,主要失稳形式为冒落或片帮
	散块状结构	构造影响严重,一般为风化卸荷带。结构面发育,一般为3组,平均间距0.4～0.8m,以构造节理、卸荷、风化裂隙为主,贯通性好,多数张开,夹泥,夹泥厚度一般大于结构面的起伏高度,咬合力弱,构成较多不稳定块体	>30	>1.25	>2	>0.15	>1	

围岩级别	主要工程地质特征							毛洞稳定情况
	岩体结构	构造影响程度,结构面发育情况和组合状态	岩石强度指标		岩体声波指标		岩体强度应力比	
			单轴饱和抗压强度(MPa)	点荷载强度(MPa)	岩体纵波速度(km/s)	岩体完整性指标		
Ⅳ	层间结合不良的薄层、中厚层和软硬岩互层结构	构造影响较重。结构面发育,一般为3组以上,平均间距0.2～0.4m,以构造、风化节理为主,大部分微张(0.5～1.0mm),部分张开(>1.0mm),有泥质充填,层间结合不良,多数夹泥,层间错动明显	>30(软岩,>10)	>1.25	2.0～3.5	0.20～0.40	>1	毛洞跨度5m时,围岩能维持数日到一个月的稳定,主要失稳形式为冒落或片帮
	碎裂状结构	构造影响严重,多数为断层影响带或强风化带。结构面发育,一般为3组以上,平均间距0.2～0.4m,大部分微张(0.5～1.0mm),部分张开(>1.0mm),有泥质充填,形成许多碎块体	>30	>1.25	2.0～3.5	020～0.40	>1	
Ⅴ	散体状结构	构造影响严重,多数为破碎带、全强风化带、破碎带交汇部位。构造及风化节理密集,节理面及其组合杂乱,形成大量碎块体。块体间多数为泥质充填,甚至呈石夹土或土夹石状	—	—	<2.0	—	—	毛洞跨度5m时,围岩稳定时间很短,约数小时至数日

注: 1. 围岩按定性分级与定量指标分级有差别时,应以低者为准。

2. 本表声波指标以孔测法测试值为准。当用其他方法测试时,可通过对比试验,进行换算。

3. 层状岩体按单层厚度可划分为:

厚层大于0.5m;

中厚层0.1～0.5m;

薄层小于0.1m。

4. 一般条件下,确定围岩级别时,应以岩石单轴湿饱和抗压强度为准;当洞跨小于5m,服务年限小于10年的工程,确定围岩级别时,可采用点荷载强度指标代替岩块单轴饱和抗压强度指标,可不做岩体声波指标测试。

5. 测定岩石强度,做单轴抗压强度测定后,可不做点荷载强度测定。

隧洞与斜井的锚喷支护类型和设计参数

表5-4-2

围岩级别	开挖跨度 B(m)						
	B≤5	5<B≤10	10<B≤15	15<B≤20	20<B≤25	25<B≤30	30<B≤35
Ⅰ级围岩	不支护	喷混凝土 $\delta=50$	(1)喷混凝土 $\delta=50\sim80$ (2)布置锚杆 $L=2.0\sim2.5$,@$1.0\sim1.5$	喷混凝土 $\delta=100\sim120$,布置锚杆 $L=2.5\sim3.5$,@$1.25\sim1.50$,必要时,设置钢筋网	钢筋网喷混凝土$=120\sim150$,布置锚杆 $L=3.0\sim4.0$,@$1.5\sim2.0$	钢筋网喷混凝土$=150$,布置锚杆和锚杆 $L=5.0$ 低预应力锚杆,@$1.5\sim2.0$	钢筋网喷混凝土 $\delta=150\sim200$,相间布置和锚杆 $L=5.0$ 低预应力锚杆 $L=6.0$,@$1.5\sim2.0$
Ⅱ级围岩	喷混凝土 $\delta=80\sim100$	(1)喷混凝土 $\delta=120$,局部锚杆 (2)钢筋网喷混凝土 $\delta=80\sim100$,布置锚杆 $L=2.5\sim3.5$,@$1.0\sim1.5$	(1)钢筋网喷混凝土 $\delta=100\sim120$,局部锚杆 (2)喷混凝土 $\delta=80\sim100$,布置锚杆 $L=2.5\sim3.5$,@$1.0\sim1.5$,必要时,设置钢筋网	钢筋网喷混凝土 $\delta=120\sim150$,布置锚杆 $L=3.5\sim4.5$,@$1.5\sim2.0$	钢筋网喷混凝土$=150\sim200$,相间布置锚杆和锚杆 $L=3.0\sim4.5$ 低预应力锚杆,@$1.5\sim2.0$	钢筋网或钢纤维喷混凝土$=150\sim200$,相间布置锚杆和锚杆 $L=5.0$ 低预应力锚杆,@$1.5\sim2.0$,必要时布置 $L\geqslant10.0$ 的预应力锚杆	钢筋网或钢纤维喷混凝土 $\delta=180\sim200$,相间布置锚杆 $L=6.0$ 低预应力锚杆 $L=8.0$,@$1.5\sim2.0$,必要时布置 $L\geqslant10.0$ 的预应力锚杆
Ⅲ级围岩	喷混凝土 $\delta=1.5\sim2.0$,布置锚杆 $L=1.5\sim2.0$,@$0.75\sim1.0$	钢筋网喷混凝土 $\delta=80\sim100$,布置锚杆 $L=3.5\sim4.5$,@$1.0\sim1.5$,局部加强	钢筋网喷混凝土 $\delta=100\sim150$,布置锚杆 $L=3.5\sim4.5$,@$1.5\sim2.0$,局部加强	钢筋网或钢纤维喷混凝土 $\delta=150\sim200$,布置锚杆 $L=3.5\sim5.0$,@$1.5\sim2.0$,局部加强	钢筋网或钢纤维喷混凝土 $\delta=150\sim200$,相间布置锚杆 $L=6.0$ 低预应力锚杆,@$1.5\sim2.0$,局部加强时布置 $L\geqslant10.0$ 的预应力锚杆	钢筋网或钢纤维喷混凝土 $\delta=180\sim250$,相间布置锚杆 $L=6.0$ 低预应力锚杆 $L=8.0$,@1.5,必要时布置 $L\geqslant15.0$ 的预应力锚杆	钢筋网或钢纤维喷混凝土 $\delta=200\sim250$,相间布置锚杆 $L=6.0$ 低预应力锚杆 $L=9.0$,@$1.2\sim1.5$,必要时布置 $L\geqslant15.0$ 的预应力锚杆

续表

围岩级别	开挖跨度 B(m)						
	B≤5	5<B≤10	10<B≤15	15<B≤20	20<B≤25	25<B≤30	30<B≤35
IV级围岩	钢筋网喷混凝土δ=80~100,布置锚杆 L=1.5~2.5,@ 1.0~1.25	钢筋网喷混凝土δ=120~150 布置低预应力锚杆 L=2.0~3.0,@ 1.0~1.25,必要时设置仰拱和实施二次支护	钢筋网或钢纤维喷混凝土 δ=200,布置低预应力锚杆 L=4.0~5.0,@ 1.0~1.25,局部钢拱架或格栅拱架,必要时设置仰拱和实施二次支护	—	—	—	—
V级围岩	钢筋网或钢纤维喷混凝土 δ=150,布置锚杆 L=0.75~2.5,@ 1.5~2.5,设置仰拱和实施二次支护	钢筋网或钢纤维喷混凝土 δ=200,布置低预应力锚杆 L=2.5~3.5,@ 0.75~1.0,局部钢拱架或格栅拱架,设置仰拱和实施二次支护	—	—	—	—	—

注:
1. 表中的支护类型和参数,是指隧洞衬砌和倾角小于30°的斜井的永久支护,包括初期支护和后期支护的类型和参数。
2. 复合衬砌的隧洞和斜井,初期支护采用表中的参数时,应根据工程的具体情况,予以减小。
3. 表中凡标明有(1)和(2)两款支护参数时,可根据围岩特性选择其中一种作为设计支护参数。
4. 表中表示范围的支护参数,洞室开挖跨度小时取小值,洞室开挖跨度大时取大值。
5. 二次支护可以是喷支护或是现浇钢筋混凝土支护。
6. 开挖跨度大于20m的顶部锚杆宜采用张拉型(低)预应力锚杆。
7. 本表仅适用于洞室高跨比 $H/B≤1.2$ 情况的锚喷支护设计。
8. 表中符号:L—锚杆(锚索)长度(m),其直径应与其长度配套协调(m);@—锚杆(锚索)或钢拱架或格栅拱架间距(m);δ—钢筋网喷混凝土或喷混凝土厚度(mm)。

竖井锚喷支护类型和设计参数 表 5-4-3

围岩级别	竖井毛径 D(m)		
	$D<5$	$5 \leqslant D<10$	$10 \leqslant D<15$
Ⅰ	喷混凝土 $\delta=10$；必要时，局部设置 $L=1.5\sim2.0$ 锚杆	喷混凝土 $\delta=10\sim15$；必要时，设置 $L=2.0\sim3.0$ 锚杆	钢筋网喷混凝土 $\delta=15\sim20$；必要时，设置 $L=3.0\sim5.0@1.5\sim2.0$ 锚杆
Ⅱ	喷混凝土 $\delta=10\sim15$；设置 $L=1.5\sim2.0$ 锚杆	钢筋网喷混凝土 $\delta=10\sim15$；设置 $L=2.0\sim4.0@1.5$ 锚杆；必要时，加钢筋混凝土圈梁	钢筋网喷混凝土 $\delta=15\sim20$；设置 $L=3.0\sim5.0@1.2\sim1.5$ 锚杆；必要时，加钢筋混凝土圈梁
Ⅲ	喷混凝土 $\delta=15\sim20$；设置 $L=2.0\sim2.5@1.2\sim1.5$ 锚杆；必要时，加钢筋混凝土圈梁	钢筋网喷混凝土 $\delta=15\sim20$；设置 $L=3.0\sim4.0@1.2\sim1.5$ 锚杆；必要时，加钢筋混凝土圈梁	钢筋网喷混凝土 $\delta=20\sim25$；设置 $L=4.0\sim6.0@1.2\sim1.5$ 锚杆；必要时，加钢筋混凝土圈梁
Ⅳ	钢筋网或钢纤维喷混凝土 $\delta=15\sim20$；设置 $L=2.0\sim3.0@1.0\sim1.2$ 锚杆；加钢筋混凝土圈梁或混凝土二次支护	钢筋网或钢纤维喷混凝土 $\delta=20\sim25$；设置 $L=3.0\sim5.0@1.0\sim1.2$ 锚杆或局部预应力锚杆；加 $@1.0\sim1.5$ 钢筋混凝土圈梁或混凝土二次支护	

注：1. L—锚杆长度（m）；@—锚杆间排距或圈梁间距（m）；ϕ—锚杆直径（mm）；δ—喷混凝土厚度（cm）。

2. 井壁采用锚喷做初期支护时，支护设计参数可适当减小。

3. Ⅲ级围岩中井筒深度超过 500m 时，支护设计参数应予以增大。

4. 钢筋格栅拱架或圈梁部位，加固围岩的锚杆应与钢筋格栅拱架或圈梁连成一体。

5. 超过本表范围的竖井采用锚喷支护应作专门研究。

与国家标准 GB 50086—2001 相比，国家标准 GB 50086—2015 关于隧洞洞室锚喷支护工程类比设计的规定中，对适用的隧洞洞室跨度及锚杆与喷射混凝土类型取值作了重大的调整与修改，即：

1）扩大了适用工程类比法设计的隧洞洞室跨度

根据我国二滩、三峡、龙滩、拉西瓦、瀑布沟、小湾等水电站的地下厂房（洞室跨度大于 30m，高跨比大于 2.0），采用锚喷支护的成功经验（表 5-4-4），将Ⅰ、Ⅱ、Ⅲ级围岩按工程类比法设计的洞室跨度范围由原规范的 25m（Ⅰ、Ⅱ级围岩）、20m（Ⅲ级围岩）均扩大至 35m。

$H/B>2.0$ 大型洞室边墙锚杆（锚索）长度与边墙高度统计表 表 5-4-4

工程名称	围岩类型	洞室高度 H(m)	洞室跨度 B(m)	高跨比 H/B	锚杆（索）深度 L(m)	L/H	预应力(kN)
二滩	Ⅰ、Ⅱ	65.38	30.7/25.5	2.13	15/20	0.306	1500～1750
瀑布沟	Ⅱ、Ⅲ	70.10	30.7/26.8	2.28	15/20	0.285	1500～1750

续表

工程名称	围岩类型	洞室高度 H(m)	洞室跨度 B(m)	高跨比 H/B	锚杆(索)深度 L(m)	L/H	预应力(kN)
龙滩	Ⅱ、Ⅲ局部Ⅳ	74.60	30.3/28.5	2.46	20	0.268	2000
拉西瓦	Ⅰ、Ⅱ局部Ⅲ	75.40	31.5/30.0	2.39	20	0.265	1500～2000
三峡	Ⅱ、Ⅲ	87.30	32.6/31.0	2.67	25/30	0.344	2500
溪洛渡	Ⅱ、Ⅲ₁	75.10	31.9/28.4	2.35	15/20	0.266	1500～1750
锦屏一级	Ⅱ、Ⅲ₁	68.63	28.9/25.2	2.37	25/30	0.437	2000～2500
向家坝	Ⅱ、Ⅲ	87.66	33.0/31.0	2.65	30/40	0.456	1750～2000
小湾	Ⅲ、Ⅳ	78.00	30.6/29.5	2.54	25/30	0.385	1000～2500
小浪底	Ⅱ、Ⅲ	61.44	26.20	2.35	25	0.407	1500

2）明确了低预应力（张拉）锚杆和钢纤维喷射混凝土在工程类比法设计中的重要作用和应有地位

国家标准 GB 50086—2015 规定，对跨度 $B>25$m（Ⅰ级围岩）、$B>20$m（Ⅱ、Ⅲ级围岩）和 $B>5$m（Ⅳ、Ⅴ级围岩）的隧道洞室（尤其是拱顶）支护应采用低预应力（张拉型）锚杆和喷射钢纤维混凝土。这是因为低预应力锚杆是主动型锚杆，能在开挖后立即提供支护抗力，并改善围岩应力状态；钢纤维喷射混凝土则能在岩石开挖后立即施作（免除敷设钢筋网工序），且早期强度高，有利于阻止围岩的松动，还有很高的韧性，适用于可能产生大变形的隧洞工程。

对于隧洞、洞室系统锚杆的布置设计，国家标准 GB 50086—2015 作了下列规定：

（1）在岩石面上，锚杆宜呈菱形或矩形布置。锚杆的安设角度宜与洞室开挖壁面垂直，当岩体主结构面产状对洞室稳定不利时，应将锚杆与结构面呈较大角度设置。

（2）锚杆间距不宜大于锚杆长度的 1/2。当围岩条件较差、地应力较高或洞室开挖尺寸较大时，锚杆布置间距应适当加密。Ⅳ、Ⅴ级围岩中的锚杆间距宜为 0.50～1.00m，并不得大于 1.25m。

3. 监控量测法

隧洞"围岩—锚喷支护"体系力学性态的监控量测是隧洞与地下工程锚喷支护设计和施工满足工程安全可靠、经济合理要求所必须遵循的重要原则，是进行隧洞洞室锚喷支护动态优化设计的基础。我国国家标准 GB 50086—2015 规定，隧道与地下工程锚喷支护的设计，应采用工程类比与监控量测相结合的设计方法。

1）隧道监控量测的目的

（1）保障施工的安全。

（2）及时掌握围岩性态变化与支护结构的工作状态，根据量测结果，评判隧道开挖方式和锚喷支护设计的合理性及隧洞的稳定性，若量测结果显现隧洞有稳定性不足的情况则可及时调整隧道施工方法与程序，优化支护结构设计，实现安全与经济的最佳结合。

（3）与工程维护阶段的永久性监测相结合，保障隧洞的长期稳定与安全工作。

2) 隧洞监控量测法的主要内容

(1) 监控量测设计内容应包括：确定监控量测项目；选择监测仪器的类型、数量和布置；监控量测数据整理分析、监控信息反馈和支护参数与施工方法的修正。监控量测应贯穿隧洞支护设计与施工的全过程，监控量测的流程见图5-4-1。

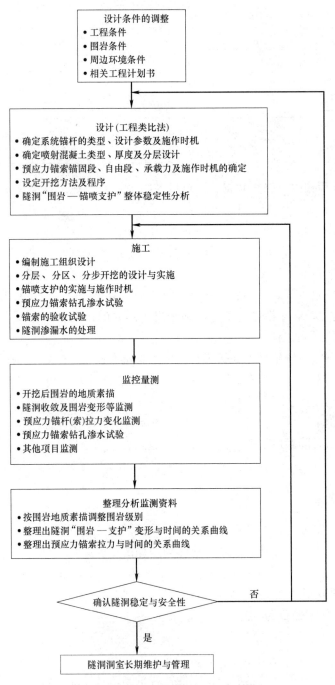

图 5-4-1　隧洞监控量测法设计流程图

(2) 现场监控量测宜由业主委托有安全监测资质的单位负责组织实施，并及时进行监测资料整理分析与信息反馈。设计单位依据监测结果调整支护类型与参数；需要二次支护的，还应确定二次支护类型、支护参数和支护时间。

（3）实施现场监控量测的隧洞与洞室工程应进行岩体地质和支护状况观察、周边位移、顶拱下沉和预应力锚杆初始预应力变化等项量测。工程有要求时，尚应进行围岩内部位移、围岩与喷层间的径向与切向应力、围岩压力和支护结构的受力等项目量测。

（4）现场监控量测的隧洞、洞室，若位于城市道路之下或邻近建（构）筑物基础或开挖对地表有较大影响时，应进行地表下沉量测和爆破振动影响监测。

（5）需采用分期支护的隧洞洞室工程，后期支护可参考在隧洞位移同时达到下列三项标准时实施：

① 连续 5d 内隧洞周边水平收敛速度小于 0.2mm/d，拱顶或底板垂直位移速度小于 0.1mm/d；

② 隧洞周边水平收敛速度及拱顶或底板垂直位移速度明显下降；

③ 隧洞位移相对收敛值已达到允许相对收敛值的 90% 以上。

（6）施工期间的监测项目宜与永久监测项目相结合，按永久监测的要求开展监测工作。

（7）有条件时，应利用导洞等开挖过程的位移监测值进行围岩弹性模量和地应力的位移反分析。

3）监控量测信息的反馈与处置

监控量测信息经监测单位整理分析后，应及时反馈给业主、设计和施工单位，最后由设计单位根据监测结果提出包括修改支护类型、参数和调整施工方法等处理意见。

当经现场地质观察评定，认为开挖后在较大范围内围岩稳定性较设计前好，同时实测位移值远小于预计值而且稳定速度快，此时可适当减小支护参数。

支护实施后位移速度趋近于零，支护结构的外力和内力的变化速度也趋近于零，则可判定隧洞洞室稳定。

当监测表明顶拱下沉或周边位移已接近预设值，且位移仍按等速率增加，喷层出现开裂或压碎现象，则应立即采取锚杆加强措施（包括变非张拉锚杆为张拉锚杆，增加锚杆长度和密度等）。

当实测的预应力锚杆（索）初始预应力变化值已接近 10% 的预应力锚杆承载力设计值，且变化值仍在等速率发展，而此时洞室大范围周边位移仍明显增长，则应立即停止开挖，并采取系统增补预应力锚杆（索）等措施。

对需采用分期支护（初期支护与后期支护）的隧洞，当实施锚喷初期支护后，隧洞周边位移仍处于等速率增大时，则应采取加强锚喷支护（包括调整锚喷支护类型和参数）措施，在显示隧洞周边位移速率明显下降或基本稳定条件下，方可实施后期支护。

当实测喷层与围岩间的径向应力较大，切向应力较小或很小，则喷层与围岩间的粘结条件与共同工作性能差，应分析查找喷层围岩粘结强度低或已脱开的原因，改善两者的粘结条件，以提高围岩—支护整体工作性能。

4. 理论分析法

1）概述

近十年来理论分析的方法、手段和模型均取得了长足进展。理论验算法已成为地下工程设计的一种重要的定量分析方法。定量分析方法又以数值分析法最为广泛采用，包括适用于连续介质的有限单元法（FEM）、拉格朗日单元法（FLAC）、边界单元法（BEM）、无单元法（EFM）等；用于非连续介质的有关键块体理论（KBT）、离散单元法（DEM）、不连续变形分析法（DDA）、界面元法（ISEM）以及块体赤平解析法；可同时用于连续介质和非连续介质的有数值流形法（NMM）等。此外，上述各种方法之间的耦合方法（Coupling），基于逆向思维而提出的上述各种方法的反演分析（Inverse Analysis）方法和以数学优化理论、人工智能、遗传算法相结合的反馈分析（Feedback Analysis）方法，目前也在地下洞室稳定性分析中得到广泛应用。

在各种整体稳定分析中技术最成熟、应用最广、结果最稳定的当属有限元法和拉格朗日单元法。不连续介质计算方法中的离散元法和不连续变形分析法也有较大的适用范围。局部稳定分析则广泛采用块体极限平衡法。

近年来，数值模拟计算分析有向大规模、高仿真、精细化数值建模方向发展的趋势，几十万、上百万自由度的计算已属常规，出现了多CPU的工程站或基于网络传输技术的多机平行计算技术。但是，由于用于计算分析的岩体力学参数、初始地应力场不易获得，且具有一定的不确定性，其取值对计算结果的影响更为显著。因此，设计工程师更倾向于计算模型简练、清晰、实用和高效，而不是过分追求计算方法和模型本身的精度。

由于面对复杂的隧道地质环境，各类理论分析计算方法自身的局限性均无法真实全面地反映隧道地质环境状态，所以应根据隧道洞室的具体情况分析选用理想的分析方法，并与实际施工情况进行追踪、对比、验证。在进行理论分析、计算、验算时应注意：

（1）理论计算时，应全面收集工程的地形、地质、布置设计、施工方法等基础资料。所需要的岩体物理力学参数，应根据现场和室内试验成果经综合分析确定。

① 计算用的岩体弹性模量应根据实测所得的峰值乘以 $0.6 \sim 0.8$ 的折减系数后确定；

② 计算用的岩体物理力学指标、地应力场等参数，也可通过位移反分析确定；

③ 当无实测数据时，各级围岩物理力学参数和岩体结构面的黏聚力及内摩擦角的峰值指标可参考相关规范采用。

（2）当采用数值分析法对围岩进行稳定性分析时，宜采用有限单元法和有限差分法。

（3）地下工程的理论计算模型可采用考虑不连续面的弹塑性力学模型，对流变性明显的土体与岩石可采用黏弹塑性力学模型。

（4）洞室整体稳定性验算宜采用三维整体数值模型，下列情况也可根据计算对象和目的采用二维或局部三维数值模型：

① 地质结构单一，没有明显三维特征的洞段；

② 进行洞室群布置格局、间距或支护效应比较时；

③ 控制性断面的快速计算与反馈分析。

（5）由于岩体情况复杂，施工状况又受诸多条件影响，理论计算岩体力学模型和岩体力学参数选择有很强的综合性，因此，很多情况下还不能作出准确的定量计算，还需要与其他方法结合使用。

2）案例

（1）三维断裂损伤模型用于某地下厂房围岩稳定性分析

中国科学院武汉岩土力学研究所李术才、朱维申等人建立的断续节理岩体断裂损伤模型，能较好地反映裂隙岩体的力学特性及锚杆的加固作用。其要点是采用损伤力学方法得到了节理裂隙岩体的本构关系及其损伤演化方程和损伤岩锚柱单元来评价节理裂隙岩体的变形行为和稳定性，该方法已用于某地下厂房的稳定性分析。

① 工程概况

某电站主厂房岩锚梁，上部跨度为31.6m，下部跨度为30m。厂房边墙开挖最大高度为88.62m，其中，尾水锥管上部边墙高度为58.12m。电站全长为352.6m，其中，地下厂房部分长度280.6m。

地下电站主厂房地面高程一般为190~200m。基岩以闪云斜长花岗岩和闪长岩包裹体为主。厂房区主要发育有NNW、NE和NEE~EW三组断层，除NNW组断层与厂房洞轴线夹角大于50°、构造岩胶结较好外，其余两组断层与洞轴线交角小、构造岩胶结差，并含软弱物质，局部有泥。厂房区裂隙较发育，以陡倾角裂隙为主，占61.5%，中等倾角占24.7%，缓倾角占13.7%。厂房洞室围岩均为微新岩体，以块状结构的Ⅰ、Ⅱ类围岩为主。

② 计算范围和参数

主厂房计算范围包括2、3、4、5、6号机组，坐标原点选在4号机组中心线上，因机窝底边界标高为22.0m，则机窝线以下22.0m选为坐标O点。其中：$-136.0 \leqslant x \leqslant 112.0$、$-76.6 \leqslant y \leqslant 76.6$、$-150.0 \leqslant z$。

有限元网格共剖分为10561个节点，9936个单元，单元为8节点等参单元。x方向为垂直厂房轴向的水平方向，-136.0为坝轴线坐标，112.0为4-4′横剖面坐标；y方向为沿厂房轴线方向，-76.0为6号机组与相应尾水洞相交最大剖面处，76.0为2号机组与相应尾水洞相交最大剖面处。

初始应力场为

$$\left.\begin{array}{ll} \sigma_x = -7.6574 - 0.002H & \tau_{xy} = 0 \\ \sigma_y = -5.6846 - 0.0032H & \tau_{yz} = 0 \\ \sigma_z = -0.4575 - 0.0316H & \tau_{zx} = 0 \end{array}\right\} \tag{5-6}$$

式中　H——埋深（m）。

应力单位是MPa。

该地区的岩石为前震旦系闪云斜长花岗岩，从地表向下依次为全风化层，强风化层，微新层，其强度、变形指标及岩体结构面强度指标见有关文献。

本地区裂隙以陡倾角为主，占61.5%；中等倾角占24.7%；缓倾角占13.7%。陡倾角裂隙长度取3m，连通率取30%；缓倾角裂隙以NNE、NNW向为主，长度取为6m，连通率取20%；中等倾角以NNW向为主，长度取3m，连通率取30%。

地下厂房采用挂网喷射混凝土20cm，ϕ28高强度螺纹钢筋系统锚杆支护，锚杆长度8m，间距3m×3m。并在拱座部位布置2排20m长预应力锚索，预应力值3000kN，下游墙处布置2排15m长预应力锚索，预应力值3000kN。

③ 模拟过程与计算结果

应用断续节理岩体本构关系及损伤演化方程编制计算程序，对主厂房开挖进行了三维有限元数值仿真计算。厂房洞室分11步开挖，主厂房计算结果主要输出4号机组剖面计算结果。将4号机组与尾水洞最大剖面处（$y=0$）定为剖面3。

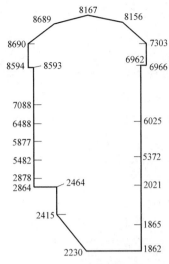

图 5-4-2 剖面 3 关键点的
位移矢量图

A. 开挖时围岩的变形规律

无锚杆时该剖面周边边界关键点及相应位移矢量如图 5-4-2 所示，关键点平面内位移值见表 5-4-5。毛洞开挖时，剖面 3 内有 F23、F84、F24 断层穿过，其中 F84 和 F24 对主厂房围岩稳定有较大影响。该剖面内，左边墙最大位移发生在边墙中部 5877 号节点处，合位移为 24.50mm，由于受到 F84 断层的影响，此处合位移较其他剖面要大。右边墙最大位移发生在 2021 处，合位移为 20.39mm。

加锚杆后围岩位移显著下降，但洞室不同部位位移下降幅度不同。

剖面 3 左边墙最大位移发生在 2878 号节点处，其合位移为 18.76mm，与加固前比下降了 12.68%；右边墙最大位移发生在 6025 处，其合位移为 15.03mm，与加固前比下降了 33.26%。

B. 损伤演化区分析

图 5-4-3 和图 5-4-4 分别给出了两种工况下围岩内的损伤区。从图 5-4-3 可知，无锚杆加固时损伤大都发生在左右边墙中部、底部、拱顶及断层所夹区域。由图 5-4-4 可知，锚杆加固后围岩损伤区明显减小，整个计算范围内损伤减小 67.32%。

剖面 3 厂房周边位移不同工况对比　　　　　　　　　　表 5-4-5

节 点		8167	8689	8690	8594	8593	7088	6488	5877
合位移（mm）	无锚	0.088	0.738	1.458	1.932	2.007	2.731	2.408	2.450
	有锚	0.327	0.731	1.234	1.516	1.478	1.676	1.889	1.902
	下降率（%）	−271.591	0.949	15.364	21.532	26.358	29.313	21.553	22.367
节 点		5482	2878	2864	2464	2415	2230	1862	1865
合位移（mm）	无锚	2.340	2.201	2.103	2.255	1.915	0.786	0.380	1.751
	有锚	1.876	1.922	1.842	1.716	1.908	0.918	0.257	0.679
	下降率（%）	19.829	12.676	12.411	23.902	0.366	−16.794	32.368	61.222
节 点		2021	5372	6025	6966	6962	7303	8156	8167
合位移（mm）	无锚	2.039	2.270	2.252	1.870	1.812	1.333	0.780	0.088
	有锚	1.350	1.346	1.503	1.193	1.226	0.940	0.504	0.327
	下降率（%）	33.791	40.705	33.259	36.203	32.340	29.482	35.385	−271.591

C. 应力场分析

各剖面在拱顶、底座和机窝拐角处出现应力集中现象，最大压应力值为 19.62MPa，各剖面在两侧边墙与断层所夹区域内出现拉应力现象，最大拉应力为 2.18MPa，加固后拉应力区有所减小，拉应力最大值为 0.92MPa。因此，锚固后围岩应力状态明显改善。

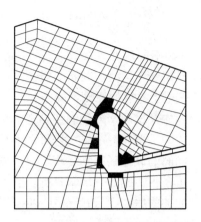
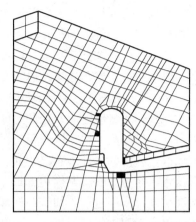

图 5-4-3　剖面 3 无锚杆支护时的损伤区　　　图 5-4-4　剖面 3 有锚杆支护时的损伤区

从损伤演化区和加锚后位移量值可见，锚固效果是明显的，加锚后围岩裂隙损伤演化区及位移显著减小，而裂隙演化区未造成裂隙桥连、贯通，因此，围岩是基本稳定的。但个别部位还应重点加强支护，如拱顶与断层交汇处及右边墙与顶拱交汇处。

（2）某电站地下厂房洞室开挖、支护方案非线性有限元分析

① 概况

我国西南某大型水电站，地下厂房群包括主厂房、主变室和尾水调压室，三个大洞室都采用锚喷支护。洞群围岩主要为正长岩。厂房区水平向初始地应力较高，一般达到 25MPa 左右，埋深约在 200m 左右。对该厂房群用平面应变分析了多种不同施工顺序的围岩应力场，采用二维非线性程序做有限元计算。

② 不同开挖方案的计算实施及结果

为了比较不同开挖顺序对围岩稳定的影响，进行了 11 种以上计算方案的分析比较。其中，有一次全面开挖完成方案（假设如此、仅作比较），还有分五步六步开挖的各种不同方案。这里仅把少部分典型方案的计算结果进行讨论对比。

A. 非线性一次完成开挖计算。为了说明问题，曾对洞群的开挖模拟先用一次开挖完的方案做了计算。该方案最后形成三个洞周连成一片的相当大的塑性区，如图 5-4-5 所示。

B. 非线性分五步开挖计算（图 5-4-6）。其计算结果说明，五步开挖后，三个洞的围

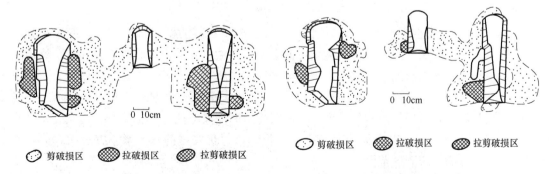

图 5-4-5　非线性无锚固一次　　　　　图 5-4-6　非线性带锚杆分步
　　开挖破损区及位移图　　　　　　　　开挖（方案 5-Ⅱ）（第五步）

岩破损区已比一次开挖完成方案的减少了许多。加了常规锚杆后，其左部二洞外的破损区已不再相连，但右邻的二洞仍然连通。

C. 非线性六步开挖分析。六步开挖计算又分了三种不同的开挖顺序，即 6-Ⅰ、6-Ⅱ 及 6-Ⅲ。其中，6-Ⅰ方案总的破损区面积固然比一次开挖要小，但三洞间的损伤区仍然连成片。6-Ⅲ方案则是吸取了以上诸开挖方案的经验，采用了这样的原则：除了每次开挖量不要过大之外，尽量使三洞开挖的时间、距离拉开。即先开挖两个外侧洞室，把中间洞室开挖的时间安排的晚一些，以避免三洞间相互的强烈影响。图 5-4-7（c）为第六步开挖后的破损区及位移图。由此可看出，效果是显著的：三洞间的破损区已不再相连通，最大的损伤深度也未超过 20m，洞周边的最大位移量也降低了一半。图 5-4-7（d）则表明了，当此方案在实施过程中进行了加密锚杆和预应力长锚索的加固后，围岩状况进一步改善的结果。可以看出，洞周的破损区进一步减小，且许多部位只形成孤立的区域。

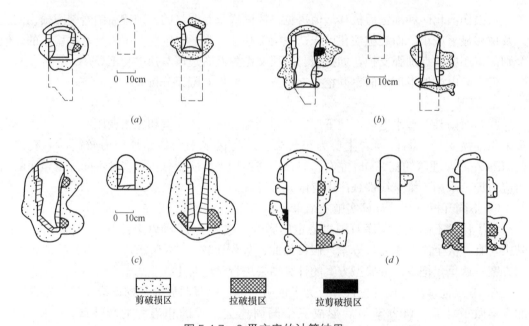

（a）　（b）　（c）　（d）

剪破损区　　　拉破损区　　　拉剪破损区

图 5-4-7　6-Ⅲ方案的计算结果

（a）、（b）、（c）第二、四、六步开挖的结果；（d）加密锚固的最终结果

③ 讨论

A. 在进行洞室群围岩稳定性非线性分析计算时，不同的模拟开挖顺序会产生十分不同的结果。采用一次性完成开挖的计算可能会明显扩大围岩破损区和洞周位移量。这说明应力路径对其有重要影响，因此进行施工顺序优化分析十分必要。

B. 在本工程实例的情况下，为使围岩损伤区尽量小，应注意减少同一开挖步序中各洞间的相互影响，最好将诸洞各分段开挖的安排从时间及空间上尽量错开、远离。

C. 在这种条件下进行群洞分段开挖方案设计，每步安排的开挖量不宜过大，以减少每次开挖形成的超应力区范围。

D. 从分析结果对比可看出，锚杆支护能显著改善围岩受力状态，有效减少破损区范围。因此，要及时进行锚喷加固，这样对围岩保护会有更好的效果。

第五节　新奥地利隧道设计施工法

新奥地利隧道设计施工法（简称新奥法）是一种设计、施工与监测相结合的科学的隧道建造方法。锚固、喷射混凝土和现场监控量测被认为是新奥法的三大支柱。至今，新奥法在世界各国的隧洞和地下工程建设中获得了极为广泛的应用与发展，特别是在困难地层条件下修建隧洞以及控制围岩的高挤压变形方面，显示了很大的优越性。

1. 新奥法的发展与基本原则

新奥法是由奥地利 Rabcewicz 在总结隧洞建造实践经验基础上创立的。它的理论基础是最大限度地发挥岩石的自承作用。新奥法发展的主要标志有：

奥地利的陶恩隧道，高初始应力使破碎的抗剪强度只有 0.1MPa 的千枚岩产生强烈的挤压变形，采用带纵向变形缝的喷射混凝土和较长的灌浆锚杆，获得明显的稳定效果。

巴基斯坦塔贝拉闸门水道工程，宽 21m，高 24m，岩土条件很不均匀，采用新奥法获得成功，证明新奥法对穿过各种不良岩层的、断面很大的地下洞室的适应性。

欧洲一些国家在软土层和无内聚力的砾石地带，修建城市地下铁道，埋深仅 3～4m，采用新奥法也很成功，使下沉量控制在 10mm 以下。

我国下坑铁路隧洞，穿越层理陡倾的千枚岩，岩石强度大部分在 10MPa 以下，隧洞埋深小于 20m。金川镍矿部分埋深大于 500m 的巷道，穿过石墨片岩、黑云母片麻岩等软弱破碎岩层，有高的水平构造应力，巷道开挖后有明显的流变特征。这两个隧洞都遵循新奥法关于"设计—施工—监测"一体化的基本思想，采用岩石锚杆与喷射混凝土支护，成功地控制了围岩变形，保持了隧洞的长期稳定。

新奥法的基本原则有：

（1）围岩是隧洞承载体系的重要组成部分；

（2）尽可能用锚杆与喷射混凝土等方式保护岩体的原有强度；

（3）力求防止岩体松散，避免岩石出现单轴和双轴应力状态；

（4）通过现场量测，控制围岩变形，一方面要容许围岩变形，另一方面又不容许围岩出现有害的松散；

（5）支护要适时，最终支护既不要太早，也不要太晚；

（6）喷射混凝土层要薄，要有"柔"性，宁愿出现剪切破坏，而不要出现弯曲破坏；

（7）当要求增加支护抗力时，一般不加厚喷层，而是采用加设锚杆和拱肋等方法；

（8）一般分两次支护，即初期支护和后期支护；

（9）设置仰拱，形成封闭结构。

总之，新奥法是与其必须遵循的原则紧密地联系在一起的。新奥法的特征就在于充分发挥围岩的自承作用。喷射混凝土、锚杆起加固围岩的作用，把围岩看作是支护的重要组成部分，并通过监控量测，实现信息化动态设计与施工，有控制地调节围岩的变形，以最大限度地利用围岩的自承作用。

2. 新奥法的围岩分类及锚喷支护系统标准图

20 世纪六七十年代，新奥法的锚喷系统及其辅助性加固的设计一般都是根据标准图实施的，结合岩土的具体性质，有一系列标准图。在欧洲，由奥地利专家 Rabcewicz、Lauffer 和 Pacher 编制的一套分类标准图则是按相应的施工程序和加固方法分成六种类型（图 5-5-1）。

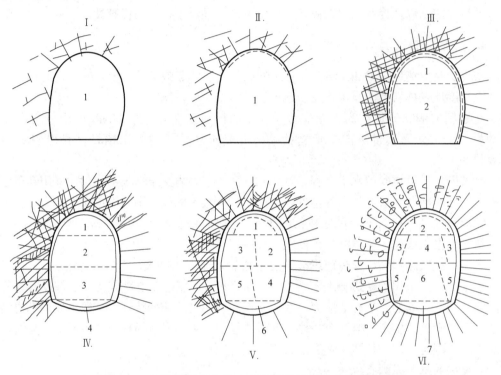

图 5-5-1　按施工程序和锚喷方法形成的隧道六类标准设计

第一类：大块状无裂隙或有轻微裂隙的干燥岩石，其抗压强度足以承受开挖线的切向应力，整个开挖面无需加固或对个别岩块以及爆破敏感区稍作局部加固就能长久地保持稳定。所谓稍作局部加固就是用单根或一批短锚杆进行锚固。

第二类：裂隙交叉成网状的不连续面（成层节理、垂直节理的岩石），水的渗透性不大；岩石应力未超过开挖线岩石的强度。此时，全断面开挖，顶面用标准锚杆系统同钢丝网一起保持永久性的稳定，侧壁和底面应根据需要用锚杆进行局部加固。

第三类：岩石被稠密或很稠密的不同方向的不连续面（层理、片理和节理）所分割，存在破碎带和黏土质填充层，有很明显的渗漏水，开挖线的岩石应力大于岩石强度，此时沿开挖面必须予以系统地加固以形成一个承载拱。顶拱上面的松散岩石带首先有塌落的危险。开挖分为两个阶段进行，首先是顶部断面的开挖，然后进行底部断面的开挖。开挖面立即用喷射混凝土进行初步加固，然后设置锚杆或钢梁，其后再喷射一层混凝土。在这类岩层中也可以设置预应力锚杆，但施加预应力后，钻孔的全长应用灰浆灌实。

第四类：破裂严重到构造压碎的岩石，包括破坏岩层和坚实黏土区域；有塑性变形的岩石或土体自发地从顶面和侧壁侵入开挖面，从而使底面隆起；有发育的地下水流集等。

此时，开挖作业分几个连续阶段进行，一般都是在开挖后立即用锚杆、钢架和喷射混凝土进行加固。必须在加固的岩区底部形成混凝土反拱，以完成整个周边的加固。奥地利 Taurus 公路隧道的四类岩层的标准锚喷方法如图 5-5-2 所示。

第五类：破碎的糜棱化的岩石和不密实的黏性土在压力作用下有严重挤出现象，隧洞周边的物料全面挤入洞内，流集的水量也相当多。这种情况下的加固方法与上面第四类的相同，只是要用较长的锚杆。

第六类：大厚度的松土、碎屑和破碎岩石，在这种地层条件下的掘进一般是最困难的。开挖顺序与第五类的相似，但应缩短各个阶段的时间，或使用掩护支架。锚杆的长度和密度都要加大，但钢梁的间距要缩小。即使是开挖区的掌子面上，也必须用喷射混凝土或锚杆加固。对开挖的底部也要进行锚固，以形成一个相连的承载拱，但该拱应有足够的柔性（可让性）。如果在加固区段可能产生小的变形，岩石压力就可以显著降低。如果在隧洞围岩上观测到了极度的变形，就要再用锚杆增强加固区。

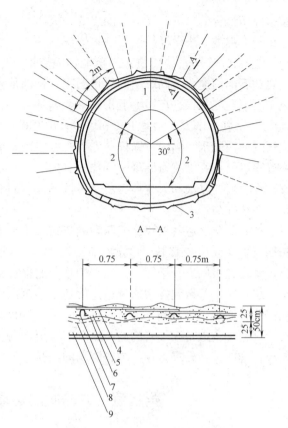

图 5-5-2　按新奥法修建的阿尔卑斯山陶恩隧道四类岩石中的标准支护系统（侧压力大的断面上所设置的锚杆如虚线所示）

1—顶部导坑；2—台阶；3—混凝土底拱；
4—钢背板；5—钢丝网；6—喷射混凝土（C28）；
7—钢架；8—隔离层；9—混凝土衬砌

3. 新奥法在我国的实践与发展

（1）我国国家标准《岩土锚杆与喷射混凝土支护工程技术规范》GB 50086—2015 中关于隧道与地下工程锚杆喷射混凝土支护的设计，应采用工程类比与监控量测相结合的设计，方法及隧洞洞室围岩级别表、隧洞锚喷支护类型和设计参数表等一系列规定，是新奥法与当今我国隧洞锚喷支护工程实践相结合的产物，是新奥法在我国得到进一步深化和发展的具体体现。

（2）新奥法创立至今，已有半个多世纪，与 20 世纪 60 年代初始阶段的新奥法相比，国内外在岩石隧洞建造技术方面有许多新的进步或突破。在我国，这方面技术进步与突破的主要标志有：

① 国家标准《岩土锚杆与喷射混凝土支护工程技术规范》GB 50086—2015 及《工程岩体分级标准》GB/T 50218—2014，按隧道洞室围岩的岩体结构、构造影响程度、岩石强度指标、岩体完整性指标、岩体强度应力比、地下水及毛洞稳定情况等方面的定性与定

量指标相结合的原则，规范了围岩的分级标准，建立了我国隧道洞室围岩分级体系，为锚喷支护工程类比法设计提供了基本依据。

② GB 50086—2015 提出了隧洞锚喷支护类型和设计参数表，适用于各种不同级别的围岩和不同用途、不同跨度的隧道洞室，特别是涵盖高跨比大于 2.0、洞室跨度达 35m 的大型洞室群工程，这在国际上也是一个创举。

③ 水利水电大型洞室工程和煤炭、冶金矿山巷道采掘工程广泛采用低预应力（张拉）锚杆（如快硬水泥锚固型锚杆、涨壳机械锚固型锚杆、缝管锚杆、水胀型锚杆等）和预应力锚索以及钢纤维喷射混凝土等锚喷支护，进一步调动了围岩的自承能力，并提高了锚喷支护在岩爆、采动和大变形等复杂条件下工作的隧洞的适应性，明显地提高了隧洞洞室工程的安全性与经济性。

（3）部分交通（铁路、公路）隧道在应用新奥法方面似有不足之处。主要表现在隧道初期支护的设计施工中，对如何能动地发挥锚杆的作用以调动围岩的自支承能力认识不足，对待各级围岩，千篇一律地采用被动的全长粘结型锚杆，在施工中对锚杆质量管控也不严格；Ⅳ、Ⅴ级围岩中的隧道过度地依赖钢拱架，Ⅲ级围岩的大跨度公路隧洞也采用钢拱架作初期支护（不利于加强对锚杆质量的管控）；后期的混凝土衬砌太厚，如公路隧道设计规程规定，Ⅲ级围岩的两车道公路隧道混凝土衬砌厚度一般应为 35～40cm，而按新奥法标准图设计要求，Ⅳ级围岩隧洞的二衬厚度仅为 25cm。

第六节　大跨度高边墙洞室锚喷支护

1. 大跨度高边墙洞室特征

改革开放以来，随着我国国民经济的不断发展，为适应环境保护及可持续发展要求，地下空间的开发和利用出现了前所未有的新浪潮。21 世纪是人类开发利用地下空间的时代，这为我国隧道和地下工程的飞速发展提供了广阔的前景。大跨度高边墙地下洞室（群）在我国的水电、国防等领域得到快速发展。以水电行业为例，近几十年来，在我国已建的一大批水电站地下厂房，其洞室的跨度、高度和规模位居世界前列，见表 5-6-1。

已建大型水电工程地下厂房统计　　　　　　　　　　表 5-6-1

序号	水电站名称	所在河流	装机台数×单机容量（MW）	洞室跨度（岩壁吊车梁以上/以下）B(m)	洞室高度 H(m)	洞室长度 L(m)	工程建成年份
一、常规水电站地下厂房							
1	东风	乌江	3×170	21.7/20.85	48.0	107.0	1995
2	二滩	雅砻江	6×550	30.70/25.50	65.38	280.30	1999
3	小浪底	黄河	4×300	26.20/25.00	61.44	251.50	2001
4	棉花滩	汀江干流	4×150	21.90/20.90	52.18	129.50	2002
5	大朝山	澜沧江	6×225	26.40/24.9	62.93	233.9	2003
6	三板溪	清水江	4×250	23.50/21.00	60.01	132.0	2006

序号	水电站名称	所在河流	装机台数×单机容量（MW）	洞室跨度（岩壁吊车梁以上/以下）B(m)	洞室高度H(m)	洞室长度L(m)	工程建成年份
一、常规水电站地下厂房							
7	龙滩	红水河	9×700	30.30/28.40	76.40	388.50	2007
8	水布垭	清江干流	4×400	23.00/21.50	51.47	165.50	2008
9	思林	乌江	4×262.5	28.4/27	73.5	177.8	2009
10	拉西瓦	黄河	6×700	30.00/27.80	76.84	309.75	2010
11	小湾	澜沧江	6×700	30.60/28.30	79.38	298.40	2010
12	瀑布沟	大渡河	6×600	30.70/26.80	70.10	294.10	2010
13	糯扎渡	澜沧江	9×650	31.00/29.00	81.6	418.00	2012
14	三峡右岸	长江	6×700	32.60/31.00	87.30	311.3	2012
15	官地	雅砻江	4×600	31.10/29.00	78.00	243.44	2013
16	向家坝	金沙江	4×800	33.00/31.00	85.50	245.00	2014
17	溪洛渡	金沙江	9×700	31.90/28.40	77.60	439.7/443.3	2014
18	鲁地拉	金沙江	6×360	29.20/27.00	75.6	269	2014
19	锦屏一级	雅砻江	6×600	28.90/25.60	68.80	276.99	2014
20	锦屏二级	雅砻江	8×600	28.30/25.80	72.20	352.40	2014
21	大岗山	大渡河	4×650	30.80/27.30	73.78	226.58	2015
22	长河坝	大渡河	4×650	30.80/27.30	73.35	228.8	2017
23	黄登	澜沧江	4×475	32.00/29.00	80.5	247.3	2015 洞室完建
24	乌东德	金沙江	2×6×850	32.50/30.50	89.80	333.00	2016 洞室完建
25	白鹤滩	金沙江	2×8×1000	34.00/31.00	86.7	438.00	2017 洞室完建
二、抽水蓄能电站地下厂房							
26	广蓄一期	抽水蓄能	4×300	22.00/21.00	44.54	146.50	1994
27	广蓄二期	抽水蓄能	4×300	22.00/21.00	48.05	152	2000
28	天荒坪	抽水蓄能	6×300	22.40/21.00	47.73	198.70	2000
29	桐柏	抽水蓄能	4×300	25.90/24.50	60.25	182.70	2006
30	泰安	抽水蓄能	4×250	25.90/24.50	55.28	180.00	2006
31	宜兴	抽水蓄能	4×250	23.40/22.00	52.40	155.30	2008
32	黑麋峰	抽水蓄能	4×300	27.00/25.50	52.70	136.00	2010

序号	水电站名称	所在河流	装机台数×单机容量（MW）	洞室跨度（岩壁吊车梁以上/以下）B(m)	洞室高度H(m)	洞室长度L(m)	工程建成年份
二、抽水蓄能电站地下厂房							
33	宝泉	抽水蓄能	4×300	22.90/21.50	47.52	152.00	2010
34	西龙池	抽水蓄能	4×300	23.50/21.75	49.00	149.30	2011
35	响水洞	抽水蓄能	4×300	26.40/25.00	55.70	175.00	2012
36	仙居	抽水蓄能	4×375	26.50/25.00	55.00	176.00	2016
三、常规水电站调压井(圆筒式)							
37	小湾	澜沧江		内径36，高度89.5				
38	白鹤滩	金沙江	3个	内径44.5~48，最大高度124，直墙高度79.3~94				

从表 5-6-1 看出，随着常规水电站单机容量增长到 700MW、800MW，最大的白鹤滩电站单机达到 1000MW，抽水蓄能电站单机容量从 300MW 增加到 375MW，地下洞室的跨度和高度不断增长。岩壁吊车梁以上跨度超过 30m 的地下厂房达到 14 个，其中三峡右岸地下厂房等 4 个工程地下厂房中部跨度（岩壁吊车梁以下跨度）超过 30m，洞室跨度从 25m级发展到 30m 级，最大洞室开挖高度从 60m 级提升到 80m 级。大跨度的单个主厂房长度超过 400m 的巨型厂房洞室有 3 个。洞室的高跨比均不小于 2.0。圆筒式尾水调压井的内径超过了 40m，高度超过了 100m。而在建水电站地下厂房和调压井洞室规模更加巨大。

水电站地下输水发电系统不仅主厂房洞室跨度大和边墙高，而且主厂房洞室附近还布置有主变洞、母线洞、引水洞、尾水洞、交通洞、通风洞、电缆洞（井）和排水廊道，有的电站还有［引水或（和）尾水］调压井、尾闸洞、导流洞以及施工支洞，形成了规模巨大、纵横交错的地下输水发电系统洞室群。水电站地下厂房朝着机组单机大容量、主洞室大跨度与高边墙、部分洞室间小间距和洞室群开挖大规模的巨型化方向发展。

大跨度高边墙地下洞室（或称大型洞室）具有如下特征：

（1）大跨度高边墙洞室一般指跨度大于 20m 或者 25m，高度大于 50m 的洞室；

（2）洞室较多采用城门洞形；

（3）由于洞室服务功能要求，大跨度高边墙洞室周边往往还有其他辅助功能洞室，且洞室纵横交错，组成复杂的地下洞室群，洞室交叉口的开挖和支护是一个重点；

（4）工程重要，使用年限长，洞室永久稳定性要求高；

（5）主要洞室一般均经过周密的前期地质勘察，开展厂址位置和纵轴线选择，岩体较坚硬完整，围岩稳定性较好；但因洞室规模巨大，洞群及主要洞室围岩穿越地质条件也复杂多变。

2. 大跨度高边墙洞室布置与开挖

1）布置设计原则

大跨度高边墙洞室往往与其功能要求的辅助洞室构成地下洞室群，大跨度高边墙洞室就是洞室群的主体洞室。为有利于洞室群围岩稳定，主体洞室布置设计宜满足：

（1）主体洞室宜布置在地质构造简单、岩体较完整、上覆岩体厚度适宜、地下水不发育以及岸坡稳定的地段，宜避开较大断层、高地应力区和节理裂隙发育区；一般主体洞室宜布置在以Ⅲ级及Ⅲ级以上围岩为主的岩体内。

（2）水电站地下厂房宜采用岩壁吊车梁，有利于减少主洞室高边墙中部跨度，有利于洞室稳定；厂房下部后期安装尾水管锥管段及肘管段所在位置的基坑，宜局部掏槽形成机窝，保留下部横向支撑岩石，有利于开挖期厂房上下游高边墙稳定；机窝内尾水管安装完成后浇筑混凝土，与洞室下部围岩形成整体，减少厂房洞室边墙临空高度，一般减少约1/4高度，对厂房高边墙稳定有利。

（3）主体洞室纵轴线方位选择时，宜与岩体主要结构面走向呈较大夹角，在以构造应力为主的高地应力区宜与最大主应力方位呈较小夹角。

① 主体洞室纵轴线方位选择，当岩石强度应力比大于7.0时，宜主要考虑结构面因素；当岩石强度应力比小于4.0时，宜主要考虑地应力因素并兼顾结构面因素。

② 主体洞室纵轴线与岩体主要结构面走向夹角不宜小于50°。岩石强度应力比小于4.0时，主体洞室纵轴线与岩体最大主应力方位的夹角不宜大于30°。

（4）主体洞室洞形宜采用圆拱直墙形，顶拱拱座部位宜修圆处理。地质条件复杂、围岩完整性差、岩石强度应力比较低时，洞型可采用马蹄形或者卵圆形。

（5）在高地应力区，地下厂房主洞室群宜避开河谷地应力集中区，洞室群的上覆厚度宜大于洞室跨度2.0倍。

2）开挖设计施工原则

（1）开挖基本原则是要把对围岩的松弛降低到最小限度。地下主体洞室开挖施工应遵循自上而下、分层开挖及及时支护原则。

（2）开挖施工应与支护施工步序协调，便于开挖后适时或及时支护，充分发挥支护功效。

（3）地下水电站常有洞室交错，高边墙上交叉洞口开挖，宜遵守"先洞后墙"开挖原则，及时做好交叉口隧洞段支护和锁口，待高边墙洞室应力释放大部分完成之后再做好交叉洞口段的复合支护。

3. 大型洞室围岩稳定分析

目前，地下工程设计中围岩稳定性分析方法较多，包括：工程地质分析法、解析分析法、数值模拟分析法、监控量测分析法等。大跨度高边墙主体洞室围岩稳定分析，在不同设计阶段采用的方法有所不同，一是由于分析方法本身的适用性，二是分析方法在不断创新，三是对于大型洞室这种复杂工程问题需要采用多种方法进行对比综合分析。围岩稳定分析是围岩支护设计的基础，围岩支护设计也往往包含围岩稳定分析，两者相辅相成，紧密联系。围岩稳定分析与围岩支护设计方法原理是相通的，详细内容可参见本章第四节。

4. 锚喷支护设计

1）设计原则

大跨度高边墙地下洞室支护设计原则：

（1）以工程类比和监控量测法相结合为主，岩体力学数值分析为辅；

（2）充分利用围岩的自承能力，优先选用柔性锚喷支护；

（3）系统锚杆以张拉（低预应力）锚杆为主，全长粘结型锚杆为辅；

（4）局部部位单独使用锚喷支护难以满足围岩稳定要求时，应采用锚喷支护与钢筋肋拱等相结合的加强支护方式；

（5）特殊部位特殊支护；

（6）坚持信息化动态设计；

（7）支护锚杆深度应大于相应部位围岩开挖卸荷松弛深度，预应力锚索锚固段应穿过潜在的相应部位围岩塑性区计算深度。支护强度应保障围岩不致因开挖导致大变形或者失稳。

2）设计方法

《岩土锚杆与喷射混凝土支护工程技术规范》GB 50086—2015 规定：隧道与地下工程锚喷支护设计，应采用工程类比与监控量测相结合的设计方法。对于大跨度高边墙隧道洞室的锚喷支护设计，除了此要求外，还应辅以理论验算法复核。对于复杂的大型地下洞室群，可用地质力学模型试验验证。这是大跨度高边墙洞室锚喷支护设计必须严格执行的。

（1）工程类比设计，初步设定锚喷支护类型与参数

《岩土锚杆与喷射混凝土支护工程技术规范》GB 50086—2015 在上版规范基础上，通过总结近 20 年大量的大跨度高边墙洞室工程实践经验，对大型洞室支护工程类比设计，包括增加Ⅰ、Ⅱ级围岩中开挖跨度 25～35m，Ⅲ级围岩中开挖跨度 20～35m 下的洞室锚喷支护的设计，并对高跨比大于 1.2 以及大于 2.0 的大型洞室提出了加强支护的要求。

大跨度高边墙洞室在初步设计阶段，可以依据规范 GB 50086—2015 表 7.3.1-1，按照洞室围岩分级和其跨度，查表选择锚喷支护类型与参数；也可参考已建成的工程条件与地质条件相近似的洞室的设计经验，对锚喷支护参数作适当的调整。

（2）监控量测信息化动态设计，及时调整优化开挖和支护参数与方法

大跨度高边墙洞室、复杂洞室和洞群的开挖支护是一个动态的过程，需要监控量测信息化动态锚喷支护设计。因为它与前期勘探、后期施工揭露洞室地质条件、岩体结构、地应力特征和地下水状况等程度密切相关。工程设计包括前期设计阶段和施工详图设计阶段。前期阶段设计有预可行性研究阶段、可行性研究阶段和招标设计阶段的地下工程支护设计。预可研阶段根据工程类比提出支护方案，初选各主要洞室支护参数；可研阶段应论述地下洞室围岩的稳定性，提出支护参数；招标阶段应对地下厂房洞室群进行围岩稳定性分析和支护计算，提出地下洞室群开挖顺序及支护类型与参数、施工期监测反馈的设计技术要求。尽管每个阶段设计深度均逐渐在增加，但仍然是地下工程施工前预设计阶段。支护设计采用工程类比，初步确定支护类型和参数，并辅以数值计算进行初步复核验算。施工详图阶段，开展监控量测和地下工程围岩稳定性与支护系统数值计算相结合的地下工程信息化动态设计。随着地下工程数值计算技术迅猛发展，计算技术、监测技术和岩石力学研究分析的相互渗透与补充，建立一套快速监控量测和快速反馈分析系统，在此基础上，评价围岩稳定和支护作用，依据分层开挖支护过程，及时调整优化开挖和支护方法与参数，进行地下工程围岩开挖支护的动态设计，形成"地下工程信息化动态支护设计方法"。这种与工程实际密切结合，较为安全可靠的信息化设计方法，近些年得到了普遍应用。

（3）地质力学模型试验验证

对于复杂的大型地下主体洞室，前期还可进行地质力学模型试验，验证超载能力和支护效果，如二滩、小浪底、龙滩、溪洛渡、锦屏一级水电站，均进行了地质力学模型试验来验证其超载能力和破坏形态。地质力学模型试验因其试验费用较高，仅适用于特别复杂的大型主体洞室。

3）大型洞室锚喷支护主要类型

支护主要形式有：①张拉锚杆为主的锚喷支护；②预应力锚索支护；③钢筋肋拱喷射混凝土与预应力锚索的复合支护；④各种锚喷类型的联合支护。

（1）张拉锚杆为主的锚杆喷射混凝土支护（简称锚喷支护）

锚喷支护是一种经济有效的支护手段，施工方便，能够及时提供支护抗力，广泛应用于国内外大型洞室工程。喷射混凝土在洞室开挖后及时进行施作，与围岩紧密粘贴，柔性好，有良好的工作性能。它能侵入围岩裂隙，封闭节理，加固结构面。张拉锚杆在安设后的几小时内就能提供 $100\sim200$kN 支护抗力，有效遏止围岩早期变形的发展，并能改善围岩应力状态。两者紧密结合的锚喷支护对提高围岩的整体性和自承能力、抑制变形的发展十分有利。在支护与围岩的共同工作中，有效地控制和调整围岩应力的重分布，避免围岩松动和坍塌，加强围岩的稳定性。

目前，我国大跨度高边墙洞室系统锚杆中，常常采用在两根张拉锚杆间加一根较短的全长粘结非预应力锚杆的做法，其作用是为了防止张拉锚杆间的压应力锥体外局部岩块的松动或坠落。全长粘结型锚杆虽然简单经济，但它是一种被动的支护方法，要等待围岩变形后才发挥作用，又不能提供明确的支护抗力，质量检验与控制也颇为困难。因此，加固围岩的作用主要依靠低预应力（张拉）锚杆。

钢纤维喷射混凝土在当今的大型洞室工程中，得到越来越多的应用，这是必然的发展趋势。因为钢纤维喷射混凝土可以省略钢筋网铺设所花费的时间，在开挖后立即施作。它有较高的早期强度，特别是钢纤维喷射混凝土的高韧性，很适宜用于塑性流变特征明显的高挤压变形地层和断层破碎带等不良地层。

（2）预应力锚索支护

大跨度高边墙洞室，根据围岩稳定计算，当施加一般的锚喷系统支护结构难以满足围岩稳定要求，或者围岩松动区或塑性区深度超过 10m 或相邻洞室间岩柱松弛贯通需要抑制，或者特殊的地层地质构造或断层破碎带等部位，宜考虑设置预应力锚索结构。锚索支护属于深层支护。

近十年来，我国西部较多的大型洞室工程在高边墙上设置有系统的边墙锚索。对于缓倾层状岩体，顶拱上还存在层间软弱夹层时，顶拱部位也往往设有系统锚索。此外，通过顶拱上的锚固观测洞与洞顶间也可设置系统的对穿锚索。对于特定的不稳定块体，当块体深度较大时，可局部设置预应力锚索进行深层稳定锚固。

预应力锚索有端头锚索和对穿锚索。锚索的锚固段应穿过围岩的松动区至稳定岩体中。锚索长度一般为 $15\sim30$m，锚索设计承载力一般为 $1000\sim2000$kN。一般情况下锚索的间距：Ⅱ级围岩 $5\sim7$m，Ⅲ级围岩 $4\sim6$m，Ⅳ、Ⅴ级围岩 $3\sim5$m。当围岩条件较差、地应力较高、洞室尺寸较大时，锚索间距宜适当减小。图 5-6-1 为白鹤滩水电站地下主厂房洞室机窝以上边墙系统锚索设置的锚喷效果图。

（3）钢筋肋拱喷射混凝土与锚索的复合支护

有的洞室，考虑地质条件，根据初期支护（或称一次支护）后洞室变形情况和工程使用要求，还进行后期（加强）支护（或称二次支护），这称为复合支护。复合支护主要使用在地质条件较差的部位，如自稳能力较差的软弱围岩、塑性流变特征较明显的地层以及断层破碎带等区段。

图 5-6-1　白鹤滩水电站主厂房洞室锚喷支护

钢筋肋拱喷射混凝土支护一般用在顶拱部位，是以顶拱系统锚杆为依托，由喷射混凝土、钢筋拱架以及连接锚杆等组成的。肋拱可以根据开挖断面采用单层或者双层结构，见图 5-6-2 和图 5-6-3。图 5-6-4 为某工程Ⅳ级围岩段钢筋肋拱布置及结构图。其施工流程为：初喷混凝土（厚度 5cm）→顶拱锚杆安装→现场制作的钢筋肋拱安装→锁脚处理→分序施作喷射混凝土至设计厚度。

钢筋肋拱喷射混凝土是一种较新型的大型洞室支护方式，与钢筋混凝土衬砌、工字钢支撑等传统常规支护相比，具有与围岩变形相适应、结构简单、便于安装、施工快速、节省投资等优越性。当洞室顶拱围岩遇到断层破碎带、节理裂隙发育区等Ⅳ级围岩时，采用钢筋肋拱喷射混凝土轻型结构取代混凝土衬砌拱梁结构已经成为一种加固顶拱围岩的新趋势。钢筋肋拱喷射混凝土支护加固大跨度围岩破碎带的工程越来越多。如大朝山水电站、漫湾水电站二期、宜兴抽蓄电站、白莲河抽蓄电站、小湾水电站、黄登水电站等地下厂房顶拱均有单层钢筋肋拱喷射混凝土的应用，锦屏一级水电站则采用双层钢筋肋拱喷射混凝土加固断层带围岩。

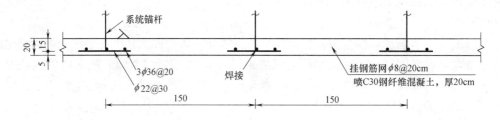

图 5-6-2　单层钢筋肋拱结构图

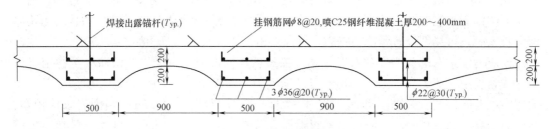

图 5-6-3　双层钢筋肋拱结构图

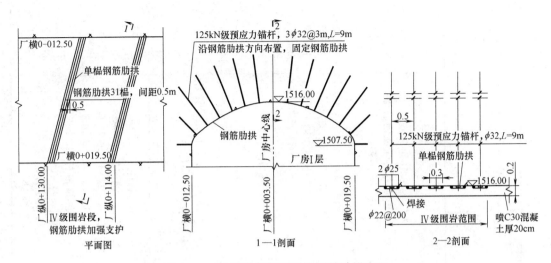

图 5-6-4　某工程Ⅳ级围岩段钢筋肋拱布置

工程实践证明，对于地应力较高、岩石条件差的Ⅳ级围岩或断层，需要适当提高支护强度。当采用钢筋肋拱喷射混凝土支护时，一方面要提高喷射混凝土强度等级，或采用钢纤维喷射混凝土；另一方面要提高肋拱钢筋强度。

（4）各种锚喷类型联合支护

对高地应力低强度的围岩，各种类型锚喷支护手段往往要联合使用。按照既有利于围岩的适度变形，又能充分发挥围岩自承能力的原则，各类锚喷支护形式支护宜按照"由浅入深、先柔后刚"渐进式逐步推进，联合实施，以实现共同工作的目标。

采用张拉（低预应力）锚杆、钢筋肋拱与喷射钢纤维混凝土相结合作为初期支护体系，与预应力锚索结合，形成浅层与深层锚固的综合支护体系，已在大朝山顶拱T_4凝灰岩夹层下盘岩体加固和锦屏一级电站顶拱断层带加固工程中得到了很好的应用。

此外，大洞室边墙上常有其他通道交错，如水电站主厂房洞室边墙上游有多条引水道，下游有多条母线洞和多条尾水隧洞。为了有利于边墙稳定，宜"先洞后墙"施工，即先挖部分管道，及时对管道洞室施作锚喷柔性支护，并伸入主洞室，回头进行通道洞口的锁口锚杆（一般采用长锚杆密间距）支护，待主洞室挖至底部，大部分应力释放已经完成后，再在通道洞口段施作刚度较大的钢筋混凝土衬砌。

5. 锚喷支护应用工程概况

近半个世纪以来，在国内外大跨度高边墙洞室工程中，张拉（低预应力）锚杆、普通砂浆锚杆、预应力锚杆（索）与喷射混凝土相结合的支护体系获得普遍应用，并均显示出良好的长期稳定效果。国内外部分大型洞室工程根据其自身的洞室跨度、高度及围岩地质，所选取的锚喷支护类型及参数可参见表 5-6-2。

6. 几个全面采用锚喷支护的大型洞室工程实例

1）黄河小浪底水电站主厂房洞室锚固

（1）工程简介

国内外大型洞室的锚喷支护类型与参数　　表 5-6-2

序号	工程名称	厂房尺寸(m)(宽指中部跨度)	地质条件	锚喷支护 类型	锚喷支护 顶拱	锚喷支护 边墙	喷混凝土厚度(cm)
1	我国小浪底水电站地下厂房	长:251.5 宽:26.20 高:61.44	围岩以厚层硅质细砂岩、钙质细砂岩为主，局部现泥化夹层、岩体单斜构造。岩石饱和抗压强度在392MPa以上。岩级别为Ⅱ下~Ⅲ类。侧压力系数0.8左右，基本为均匀应力场，最大应力值不超过5MPa	张拉锚杆、预应力锚索	张拉锚杆:φ32,L=6/8; @1.5×1.5; 预应力锚索:1500,L=25@ 4.5×6	150kN快硬砂浆张拉锚杆, φ32,L=6/10@1.5×1.5; 预应力高强度钢筋锚杆: 500kN,L=15φ32@0.5	挂网喷混凝土, 顶拱20; 边墙20
2	我国龙滩水电站地下厂房	长:388.5 宽:30.3 高:76.4	围岩由中厚~中厚层钙质砂岩、粉砂岩和泥板岩互层夹少量层凝灰岩、硅泥质灰岩组成，岩体单斜构造。围岩新鲜或微风化，围岩Ⅱ、Ⅲ类为主。局部断层层状结构Ⅳ类。为质量中等或较好的层状结构岩体。中等地应力	张拉锚杆、锚杆、预应力锚索	锚杆:Ⅱ、Ⅲ类 φ28/φ32,L=6/8@1.5×1.5;其中Ⅰ类 φ28 100kN预应力锚杆,L=8为φ32,L=6/9 锚杆	锚杆:φ28/φ32,L=6/9.5@1.5×1.5(Ⅳ类@1.52)交错布置，长锚杆预应力100kN,高程221.7以下,φ28/φ32,L=5.5/8@1.5×1.5 预应力锚索:L=20@4.5×6/4.5	挂网喷钢纤维混凝土, 顶拱20; 边墙20
3	印度Baglihar水电站一期工程主厂房	长:121.0 宽:24 高:50	层状石英岩夹板岩，岩层陡倾，倾角接近垂70°,厂房轴线与岩层层理走向接近垂直。其方向接近平行厂房纵轴线，垂直应力7.72MPa,地应力侧压系数1.29	张拉锚杆	系统预应力胀壳式锚φ26.5@1.5,L=8/10; 后增φ26.5,L=16预应力锚杆	系统预应力胀壳式锚杆φ26.5@1.5,L=8/10;	顶拱挂网喷混凝土厚20;边墙喷混凝土厚15
4	加拿大丘吉尔瀑布水电站地下洞室		由辉长岩、闪绿岩和正长岩侵入的片麻岩组合体。岩体坚硬	张拉锚杆	A型锚杆: 设计荷载225kN,安装荷载340kN,L=4.5/6/7.5@1.5	B型锚杆: 设计荷载225kN,安装荷载225kN,L=4.5/6/7.5@2.1	质量差的岩石采用喷射混凝土
5	德国Waldeck Ⅱ电站洞室	长:106.0 宽:33 高:54	岩层倾角20°并有明显的厚层节理的黏土页岩和硬砂岩系，岩石的抗压强度介于50~80MPa,岩石的剪切强度参数为φ=20°,C=0.15MPa	张拉锚杆、预应力锚索	张拉锚杆:120kN,L=6@1.33 预应力锚索:L=23.5@4,1700kN	张拉锚杆:120kN,L=4@1.33 预应力锚索:L=23.5@4,1700kN	挂网喷混凝土厚20

续表

序号	工程名称	厂房尺寸(m)(宽指中部跨度)	地质条件	锚喷支护			喷混凝土厚度(cm)
				类型	顶拱	边墙	
6	拉西瓦水电站地下厂房	长:309.7 宽:27.8 高:76.84 顶拱高程EL.2270,机窝顶高程EL.2213.7	厂房区岩性为坚硬致密花岗岩,顶拱以Ⅱ、Ⅲ类围岩为主,厂房区最大主应力20~30MPa	张拉锚杆、锚杆、预应力锚索	锚杆:ϕ28/ϕ32,L=4.5/9@1.5×1.5,9m 的为 100kN 预应力锚杆。预应力锚索:1~3号机组段顶拱设锚索,1500kN,L=20~40,每排3~5根,@6.0	锚杆:机窝顶以上ϕ28/ϕ32,L=4.5/9@1.5×1.5;以下ϕ28,L=6@2×2。9m 的为 100kN 预应力锚杆。预应力锚索:上游1500kN,L=20@4.5×6。下游EL.2240以上,2000kN,L=50@4.5×6,对穿锚索EL.2240以下,T=2000kN,L=20@4.5×6	钢纤维喷混凝土15
7	溪洛渡右岸电站地下厂房	长:443.3 宽:28.4 高:77.6 顶拱高程EL.407.6,机窝顶高程EL.348.5	厂区围岩较新鲜完整,由玄武岩块集块岩组成。地下厂区地层产状平缓。主要结构面为层间、层内错动带和节理裂隙。右岸厂房第一主应力最大值20MPa,与厂房轴线夹角0~10°	张拉锚杆、锚杆、预应力锚索	锚杆:砂浆锚杆ϕ32,L=6,9,@1.5,交错布置 ϕ32,L=6,预应力锚索120kN,@1.5,交错布置	锚杆:ϕ32,L=6/9,@1.5×1.5;锚索:上下游边墙EL.392~383.8,1750kN,L=20,@3.0;EL.380.8~367.3,上游3排,下游4排,1500kN,L=15@4.5	挂网喷混凝土顶拱20,边墙15
8	大岗山水电站地下厂房	长:226.6 宽:27.3 高:73.8	围岩以Ⅲ、Ⅱ类为主,部分为Ⅳ类;受β_4、β_5等辉绿岩脉的影响,桩号0+66.5m到0+306m洞段内辉绿岩脉断层相对较为发育。地下厂房区σ_1=11.37~19.28MPa,围岩强度应力比略小于4	张拉锚杆、锚杆、预应力锚索	Ⅲ类围岩,ϕ32/ϕ28,L=9预应力锚杆,@1.2×1.2;Ⅱ类围岩,ϕ28,L=6砂浆锚杆,交错,@1.2×1.2;Ⅱ类围岩,2种锚杆交错,@1.5×1.5	锚杆:Ⅲ类围岩,ϕ32/ϕ28,L=8/6@1.2×1.2;Ⅱ类围岩,@1.5×1.5;锚索:上游边墙,7排锚索,1800kN,L=20@4~4.5;下游边墙,3排对穿锚索,1800kN,L=47;4排端头锚索,1800kN,L=20;1500kN,L=15@4~4.5	顶拱:先钢纤维混凝土5,后素喷混凝土15;边墙:素喷混凝土15

续表

序号	工程名称	厂房尺寸(m)(宽指中部跨度)	地质条件	锚喷支护			喷混凝土厚度(cm)
				类型	顶拱	边墙	
9	乌东德水电站左右岸左右岸地下厂房	长:333 宽:30.5 高:89.8	围岩以Ⅱ类为主,Ⅲ类次之。左、右岸厂房纵轴线方向分别为 NE60°、NE65°。左、右岸地层主要为中厚层夹厚层及 B 类互层岩。大理岩层灰岩,局部见 B 类角砾岩,岩层走向 270°~280°,倾角 75°~85°。低~中等地应力。右岸厂房:地层主要为中厚层~厚层白云岩,岩层走向 85°~95°,倾角 75°~85°	张拉锚杆、锚杆、预应力锚索	锚杆:φ32 @ 1.5×1.5,L = 6/9,9m 为张拉锚杆,50kN	锚杆:φ32,L=6/9 @ 1.5×1.5,9m 长为张拉锚杆;预应力锚索:2000kN,L= 25/30 @(4.5×4.5)	钢纤维混凝土,顶拱15,边墙15(机窝以下 10)
10	白鹤滩水电站左岸地下厂房	长:438 宽:31 高:86.7	厂房围岩主要为单斜岩层,缓倾15°~20°,主要由 P2β3、P2β4、P2β5 和 P2β2 和 P2β1 层组成,斜斑状玄武岩、斜斑玄武岩、新鲜状隐晶质玄武岩、角砾熔岩等组成,岩质坚硬。层内错动带斜切厂房顶拱。围岩主要以Ⅲ₁、Ⅱ类为主。第一主应力量值 22~26MPa,基本水平	张拉锚杆、锚杆、预应力锚索	砂浆锚杆:φ32,L=6 与预应力锚杆φ32,L=9,T=100kN 交错布置。@(1.2×1.2);预应力锚索:10排,2000kN,L=25~30@3.6,其中 4 排锚索与厂房锚固顶观测洞对穿	锚杆:机墩混凝土以上,φ32,L=12/9 @(1.2×1.2)机窝以上,φ32,L=9/6 @1.2×1.2,较长者均为张拉锚杆;机窝以下,φ28,L=6@1.5×1.5,预应力锚索:2000/2500kN,L=25/36 @(3.6×3.6,下游与主变洞同 5 排对穿	顶拱和边墙:初喷纳米钢纤维混凝土5,挂网喷混凝土15,另外,顶拱加钢肋拱:3φ32 @1.2
11	加拿大拉格朗德二级水电站地下厂房	长:483 宽:26 高:47	花岗片麻岩	张拉锚杆	锚杆:φ34.9/25 @ 2.1×2.1,L=6.1,张拉力 204/91kN	锚杆:φ34.9/25@ 2.1×2.1,L=6.1,张拉力 204/91kN	顶拱挂网喷混凝土
12	西龙池抽水蓄能地下厂房	长:149.3 宽:22.25 高:49.0	厂区地层灰岩岩层,岩体结构以互层状薄层状为主。厂房洞室群位于 F112 和 F118 断层之相对较完整岩体内,上覆岩层厚度 170~330m,围岩以类Ⅲ₁~Ⅲ₂ 为主,最大水平主应力 12MPa	张拉锚杆、预应力锚索	张拉树脂锚杆:φ32,L= 4.8/7.2 @1.5×1.5;预应力锚索:每排7根,4根 1600kN,L=20,3根 2000kN 对穿锚索,L=28@4.5	锚杆:预应力树脂锚杆:φ32,L = 4.8/7.2 @ 1.5×1.5;预应力锚索:每排7根,4根 1600kN 内锚锚索,L=20 @4.5×6	喷钢纤维混凝土厚20,局部不良地段设钢筋拱肋

注:φ—张拉锚杆或锚杆的直径(mm);L—锚杆(索)长度(m);@—锚杆(索)间距(m)。

小浪底水电站装机 6 台，单机 300MW 机组，地下主厂房长宽高最大尺寸 251.5m×26.2m×61.44m，主厂房纵轴线 350°，主厂房布置在左岸山体灌浆帷幕下游侧，泄水建筑物洞群北侧，位于左岸 T 形山梁交汇处的腹部，上覆岩体厚度 70～100m。厂区无大断层通过，构造简单，单斜岩层，岩层走向 NE8°，倾向 ES，倾角 9.5°。主厂房开挖洞室最低高程 103.60m，顶拱高程 165.04m。厂房位于 T_1^{3-2}、T_1^4 岩层，厂房顶拱及边墙 2/3 位于 60m 厚 T_1^4 岩层，以厚层硅质砂岩为主；边墙位于 T_1^{3-2}、T_1^4 岩层，T_1^{3-2} 岩层以钙质细砂岩为主。T_1^4 岩层内出现有 7 层泥化夹层，有 3 层位于厂房顶拱以上 9.45m、19.6m、26.95m，有 4 层则位于拱座及岩壁吊车梁部位。厂区有 4 组陡倾角节理。岩体层面与错裂式节理面组成砖墙式围岩结构体。岩石饱和抗压强度在 392MPa 以上。厂房围岩级别为 Ⅱ 下～Ⅲ 类。厂区地应力以自重应力场为主，构造作用为次，侧压力系数 0.8 左右，基本为均匀应力场，最大应力值不超过 5MPa。

地下厂房在 1995 年 2 月开始开挖，1998 年 1 月结束。2000 年首台机发电，2001 年工程竣工。

（2）围岩稳定分析

用水利水电工程围岩分类、RMR 分类和挪威 Q 系统法综合评判，小浪底水电站主厂房围岩大部分是基本稳定的Ⅱ类围岩，少部分是稳定性较差的Ⅲ类围岩，局部是不稳定的Ⅳ类围岩。

通过围岩结构宏观评价、块体极限平衡分析、多裂隙介质力学模型试验，对围岩稳定性及预加固支护措施效果进行理论、模拟分析，为支护参数设计与确定提供了理论依据。

多裂隙介质力学模型试验表明：毛洞情况下，围岩整体安全系数大于 2.0。与毛洞相比，采用预应力锚索支护，顶拱下沉量减少 49.5%，边墙相对位移减少 65%，顶拱松动范围由 3.15m 减少为 1.75m。试验表明，用设计推荐支护参数模拟，加固作用效果明显。

（3）支护设计

支护设计原则：根据地质条件，主厂房采用锚喷支护作为永久支护；锚喷支护以工程类比法为主，初选围岩支护参数；采用极限平衡法进行围岩局部稳定验算；采用有限元法及多裂隙介质力学模型试验评价整体加固效果。主厂房支护设计参数见表 5-6-3。

主厂房支护设计参数

表 5-6-3

部位	支护设计参数
顶拱	挂网 $\phi8@20cm×20cm$ 喷 C25 混凝土厚 20cm；张拉树脂锚杆 $\phi32@1.5m$，$T=150kN$，$L=6/8m$；预应力锚索：$T=1500kN$，$L=25m$，$@4.5m×6m$
边墙	挂网 $\phi8@20cm×20cm$ 喷混凝土厚 20cm；张拉快硬砂浆锚杆 $\phi32@1.5m$，$T=150kN$，$L=6/10m$；岩壁梁预应力高强度钢锚杆：$\phi32@0.5m$，$T=500kN$，$L=15m$；泥化夹层部位也布置 2 排预应力高强度钢锚杆

（4）工程施工

工程施工包括开挖施工、支护施工。

开挖施工：整个主厂房开挖施工采用钻爆法，开挖分 10 层，自上而下逐层开挖与锚喷支护。按照施工特点和程序，又分顶拱层、岩壁梁层、台阶和基坑 4 个部分开挖，见图 5-6-5。

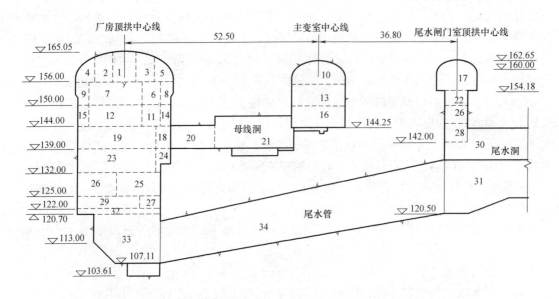

图 5-6-5　小浪底水电站厂房分层开挖图

顶拱层开挖分 5 断面平行掘进，即 1 号断面在前、2 号 3 号断面跟进、4 号 5 号断面随后的总体开挖布局，各断面渐次推进，周边光面控制爆破，这些措施有利于岩体稳定和支护跟进。

岩壁梁层开挖，潜孔钻垂直造孔台阶爆破，先中间形成沟槽，后两侧岩壁梁保护层扩挖，用台车水平钻孔，周边轮廓进行光面爆破。

第三层至第七层，采用台阶开挖，第三层开挖与岩壁梁层类似。第四层到第七层开挖，先两侧边墙沿厂房周边深孔预裂，中间垂直造孔台阶深孔挤压爆破。

第八层至第十层为基坑开挖，开挖方法与前述基本相同，主要沿下游边墙增加斜坡道出渣。

支护施工：支护施工包括张拉锚杆、喷射混凝土、挂网和锚索施工，见图 5-6-6。顶拱喷射混凝土 20cm 厚，分 3 层喷射。第一层厚 5cm，开挖后具备条件即行喷射，封闭围岩。之后进行系统锚杆施工，顶拱采用张拉树脂锚杆，用多臂钻钻孔后，将锚杆送入孔内，旋转搅拌静置待速凝树脂凝固后，用扭力扳手张拉。边墙采用张拉快硬砂浆锚杆。之后第二层喷射混凝土厚度 10cm，加强支护强度。对于一般围岩条件，第二层喷射时机可以落后开挖面一定距离，但对于节理发育、岩石破碎的区段，第二层喷射混凝土和第一层喷射混凝土连续进行。在第一层和第二层喷射混凝土间挂钢筋网，锚杆、挂网和喷射混凝土形成整体，联合受力，提高支护结构强度，配合形成对顶拱 6～8m 深围岩浅层支护。为了确保厂房顶拱长期安全稳定，在以上浅层锚喷支护基础上，又安装了 325 根 1500kN 预应力锚索，长度 25m，解决顶拱泥化夹层不利影响，形成深层锚固支护。锚索采用 DSI 系统双层保护锚索。锚索包括内锚固段、自由端和外锚头。锚索施工包括混凝土垫块安装、钻孔、锚索安装、灌浆和张拉等。加载期间，要对位移进行精确测量，以判断锚索变形是否在弹性范围内。第三层喷射混凝土在锚索和排水管安装完毕后进行，主要覆盖排水管和锚索，保护这些设施免于腐蚀和破坏。

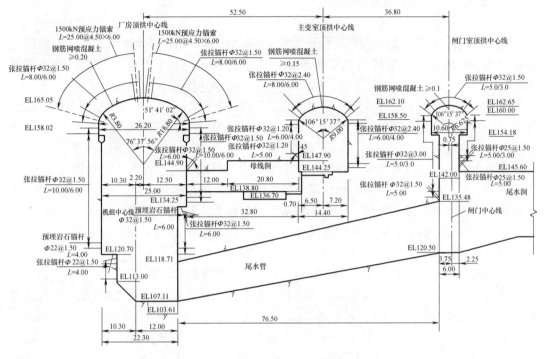

图 5-6-6　小浪底水电站厂房锚喷支护图

（5）施工监测信息反馈与支护调整

施工中加强现场监测和观察，调整支护参数，实现了动态信息化设计与施工。

施工监测：该地下厂房进行了系统安全监测，厂房横向布置了 3 个观测断面，共埋设 30 支多点位移计、9 支预应力锚索测力计和相应收敛监测。另外，还埋设了 4 个测斜管进行厂房侧墙变形监测。

监测信息反馈与支护参数调整：

① 顶拱开挖中，顶拱收敛值达 17mm，边墙 30mm，增加顶拱锚索后，顶拱有向上反弹的趋势，顶拱围岩变形趋于稳定。

② 上游边墙和南端墙，在开挖过程中发现高程 143～146m 有一层 30cm 厚软岩，设计增加了 2 排 500kN 随机预应力锚杆。

③ 下游边墙尾水管开挖时，支护未及时到位，1 号、2 号尾水管洞及边墙交叉部位出现多道环向裂缝，最大收敛值 18.38mm，按设计要求补打 12 根 $\phi 32/L=5m$ 张拉锚杆后，一直处于稳定状态。

（6）工程稳定性

地下厂房开挖完成后监测结果如下：

① 所有测点的位移速率近于零或等于零，位移增量逐年减小。

② 主厂房顶拱最大下沉 4.76mm，小于覆盖层厚度的 0.1%。

③ 主厂房边墙最大位移 5.97mm。

④ 主厂房顶拱预应力锚索拉力变化值为 0.3%～1.5%。

以上监测数据表明，小浪底主厂房围岩是稳定的，厂房洞室是安全的。

2) 龙滩水电站地下洞室群锚固

(1) 工程简介

龙滩水电站位于红水河上游，下距广西天峨县城约 15km，以发电为主，兼有防洪和航运效益。龙滩水电站枢纽由挡水建筑物、泄水建筑物、引水发电系统及通航建筑物组成。

龙滩水电站主体工程 2001 年 7 月 1 日开工，2007 年 7 月 1 日第一台机组发电，2009 年 12 月一期 7 台机组全部投产。地下厂房于 2001 年 11 月 23 日开挖，2004 年 7 月 20 日开挖支护全部完成。

龙滩水电站引水发电系统全布置在左岸山体内。引水发电建筑物主要包括：进水口、引水隧洞、主厂房洞、主变洞、母线洞、尾水调压井、尾水隧洞、交通洞、电缆竖井、排水廊道、送风廊道、尾水出口、GIS 开关站、中控楼和出线场等。引水隧洞、厂房洞室、尾水隧洞以及辅助洞室和施工支洞组成规模庞大、结构复杂的地下洞室群工程。据统计，大小洞室共计约 119 条，总长约 30.0km，总开挖量约 $3.8 \times 10^6 m^3$。

龙滩水电站地下洞群中三大主洞室为：主厂房、主变洞和尾水调压井。主厂房洞室开挖尺寸最大长度 388.5m，岩壁吊车梁以上宽度 30.3m、以下宽度 28.4m，最大高度 76.4m；主变洞开挖尺寸 405.5m×19.5m×（22.4~24.2）m；尾水调压井采用长廊式，3 机 1 井，共 3 个，1 号调压井 67.0m×18.5m×88.7m，2 号调压井 75.4m×21.93m×65.7m，3 号调压井 94.7m×21.93m×65.7m。主厂房洞与主变洞间岩墙厚度为 43.0m，主变洞与尾水调压井岩墙厚度为 29.4m。

龙滩水电站地下洞室群厂房区地层为三叠系中统板纳组（T_2b），由厚~中厚层钙质砂岩、粉砂岩和泥板岩互层夹少量层凝灰岩、硅泥质灰岩组成，其中砂岩、粉砂岩占 68.2%，泥板岩占 30.8%，灰岩占 1%。岩层为单斜构造，产状 345°~355°/NE∠57°~60°，与主洞室轴线方向（310°）交角 35°~45°。地下厂房区发育有 4 组主要断层和 8 组陡倾角节理，其中，以层间错动为代表的顺层断层，为厂区最为发育的一组断层；对地下洞室围岩稳定影响较大的有两组节理，分别为层间节理和平面 X 节理。厂区岩体地应力场属于以水平应力为主、方向为 NWW~NW 向的构造应力场，地下厂房区最大主应力方位角为 280°~330°，平均量值 12MPa，近水平分布，属中等量级。在地下洞室群布置区，围岩新鲜或微风化，透水性小，单位吸水量一般都小于 0.01L/（MPa·m·min），地下水活动微弱。平行岩层走向的地震波速为 5600m/s，垂直岩层走向的为 5000m/s，均一性较好。围岩 RQD 值大于 75，RMR 值 45~65，Q 值为 7~45，属于质量中等或较好的层状结构岩体。

(2) 围岩稳定分析

为选择合理的洞室群围岩支护方案及参数，洞室围岩稳定分析先后开展了大量工程地质分析、试验和计算工作。

① 地质围岩分类

围岩支护设计是在围岩分类基础上进行的。表 5-6-4 为龙滩水电站地下厂房三大主洞室围岩分类统计表，围岩地质分类结果表明，三大主洞室绝大部分洞段处于 Ⅱ、Ⅲ 类围岩内，局部断层或断层交汇带属于 Ⅳ 类围岩。围岩的地质条件能满足大型地下洞室群成洞支护后围岩整体稳定要求。

地下厂房三大主洞室围岩分类统计　　　　　　　　　　　表 5-6-4

建筑物名称			围岩分类（所占该洞室总面积百分比）						
			V（%）	IV_2（%）	IV_1（%）	III_2（%）	III_1（%）	II_2（%）	II_1（%）
主厂房		顶拱	—		8.6		63.0	28.4	
		上边墙	—		7.7		54.6	37.7	
		下边墙	—	—	6.6		59.8	33.6	
		端墙			10.8	17.3	47.4	24.5	
主变室		顶拱			1.9		64.1	34.0	
		上边墙			2.2		57.6	40.2	
		下边墙			1.1		67.9	31.0	
		端墙	—	—	10.22	—	16.81	72.97	—
尾水调压井	1号尾调	顶拱	—	—	—	—	40.6	59.4	—
		墙面	—	—	—	—	56.4	43.6	—
		拱、墙总和	—	—	—	—	54.3	45.7	—
	2号尾调	顶拱	—	—	—	—	52.0	48.0	—
		墙面	—	—	—	—	87.6	12.4	—
		拱、墙总和	—	—	—	—	82.8	17.2	—
	3号尾调	顶拱	—	—	—	—	83.4	16.6	—
		墙面	—	—	—	—	70.0	30.0	—
		拱、墙总和	—	—	—	—	71.8	28.2	—

注：地下厂房区的Ⅳ类围岩为 F_1 与层间错动、缓倾角节理构成的楔体区和 F_1 断层破碎带及影响带。

② 围岩稳定性模拟分析与评价

龙滩洞室群围岩稳定分析采用了地质力学模型试验方法、块体稳定计算、数值模拟有限元计算分析等方法。针对洞室布置、结构块体稳定、开挖后位移及塑性区、破坏区分布等进行了分析与评价，为洞室开挖、支护设计提供指导。

例如，对龙滩洞室群三大主洞室围岩稳定数值模拟进行了大量有限元计算分析，在平面计算时，根据地下洞室群的展布形态及地质条件变化的特点，沿地下厂房的纵轴线选取了 5 个代表性地质横剖面作为计算剖面，其桩号分别为：HR0＋035.750、HL0＋000.250、HL0＋051.250、HL0＋150.250、HL0＋258.250。计算模型岩层材料的屈服准则选用 Drucker-Prager 准则，结构面单元的屈服准则选为 Mohr-Coulomb 准则。HL0＋000.250 剖面塑性区和损伤区分布见图 5-6-7 和图 5-6-8。

以 HL0＋000.250 剖面为例，弹塑性有限元计算成果表明，开挖引起的地应力场的重分布有两个显著特点：① 顶拱、侧墙与底板的交接处出现应力集中；② 侧墙应力释放严重，产生受结构面控制的拉应力区。整个计算区域的拉应力值在 1.0MPa 以内，在主厂房顶拱上部最大拉应力值为 0.6MPa，调压井边界最大拉应力值为 0.54MPa，发生在顶拱与 F_{18} 相交处。岩体作为一种抗拉强度较低的材料，出现大范围的拉应力区无疑对洞室围岩的稳定存在不利影响，特别是在这些部位存在不利的结构面组合时，更是如此。

塑性区主要分布于上、下游侧墙的中下部和顶拱受断层切割部位，其中尾水调压井下游墙下部区域的塑性区面积相对较大。

图 5-6-7　HL0＋000.250 剖面塑性区分布图（弹塑性有限元法）

按照岩体允许拉伸应变值判别给出的洞周拉损破坏区，明显受断层分布影响，洞室侧墙岩体受断层切割位置破坏区较大，如图 5-6-8 所示，必须做好必要的支护。主厂房顶拱受 F_{56} 断层影响有较深的破坏区，对稳定不利。尾水调压井断层附近楔形岩块内有成片的破坏区，应采取加固措施。

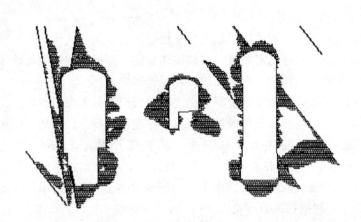

图 5-6-8　HL0＋000.250 断面拉损破坏区示意图（弹塑性有限元法）

围岩稳定的数值模拟有限元计算分析，主要从洞室周边围岩变形、围岩的应力状态、塑性区与损伤区等分布来分析围岩的稳定性，为洞室开挖施工时控制变形稳定的标准、围岩支护设计重点加强部位等提供了依据。

（3）支护设计

根据洞室围岩稳定分析成果，结合工程经验和专家咨询意见，确定龙滩水电站地下洞室群围岩支护采用"利用围岩为承载主体、充分发挥围岩的自承能力"的设计原则，主洞室以锚喷支护为主，遵循新奥法理论，采用监控量测、信息化动态支护设计。

支护设计先后采用工程类比法、弹塑性理论计算、块体理论分析、平面地质力学模型试验、平面有限元、三维弹塑性有限元、三维断裂损伤有限元、有限差分法（FLAC3D）计算方法，并综合考虑专家咨询建议。围岩支护设计以工程类比法为主，初步选择支护参数；采用极限平衡理论进行局部稳定和支护承载力验算，调整支护参数；采用数值计算方法评价支护整体加固效果，提出加强支护重点部位；采用现场监控量测，及时修改完善支护方案并调整支护参数。

通过工程类比及理论计算综合分析，提出龙滩水电站三大洞室施工详图支护参数。主厂房支护类型与参数见表 5-6-5。

主厂房洞室锚喷支护类型与参数　　　　　　　　　　表 5-6-5

支护部位			围岩分类	支护参数 ϕ(mm)
顶拱			Ⅱ	锚杆 $\phi28/\phi32@1.5m$，$L=6m/8m$，交错布置；喷钢纤维混凝土厚 200mm
			Ⅲ	锚杆 $\phi28/\phi32@1.5m$，$L=6m/8m$，交错布置，其中长锚杆为预应力锚杆；喷钢纤维混凝土厚 200mm
			Ⅳ	锚杆 $\phi28/\phi32@1.5m\times1.2m$，$L=6m/9.35m$，交错布置，其中长锚杆为预应力锚杆；喷钢纤维混凝土厚 200mm
边墙	高程 221.70m 以上	上游边墙	Ⅱ、Ⅲ、Ⅳ	锚杆 $\phi28/\phi32@1.5m$（@1.2m，Ⅳ类围岩），$L=6m/9.5m$，交错布置，其中长锚杆为预应力锚杆，另设 5 排 $L=20m$ 间排距 4.5m×6m/4.5m 的预应力锚索与锚杆交错布置；喷钢纤维混凝土厚 200mm
		下游边墙	Ⅱ、Ⅲ	锚杆 $\phi28/\phi32@1.5m\times1.5m$，$L=6m/9.5m$，交错布置，其中Ⅲ类围岩长锚杆为预应力锚杆，另下游边墙中上部设 3 排 $L=20m$ 间排距 4.5m/6m×6m/4.5m 的预应力锚索与锚杆交错布置；喷钢纤维混凝土厚 200mm
	高程 221.70m 以下		Ⅱ、Ⅲ	上游边墙：锚杆 $\phi28/\phi32@1.5m$，$L=5.5m/8m$，交错布置；喷聚丙烯微纤维混凝土厚 200mm。下游边墙：锚杆 $\phi28@1.5m$，$L=5.5m$，方形布置；喷聚丙烯微纤维混凝土厚 200mm

（4）信息化动态支护

根据动态设计的需要，开发了龙滩水电站地下洞室群地质信息系统，实现了洞室群地质信息快速动态管理和地质模型的动态更新。研发了地下洞室群围岩监测信息反馈系统，建立了综合监测信息数据库，实现了对安全监测信息与工程设计施工信息统一管理，为监测动态反馈设计提供完善的数据支持。信息化动态支护贯穿于开挖、支护全过程。厂房开挖及支护见图 5-6-9、图 5-6-10。

311

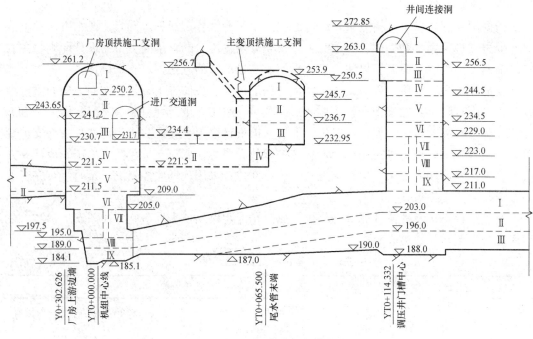

图 5-6-9　厂房分层开挖图

① 主洞室顶拱及拱脚附近围岩动态支护

主厂房、主变室、尾水调压井三大洞室Ⅰ、Ⅱ层开挖完成后，面临的最大问题是顶拱层的围岩支护强度和稳定性是否满足洞室继续往下开挖的要求。洞室高边墙形成后，会削弱顶拱层的稳定性，而一旦出现问题，处理难度很大。为此，针对三大洞室Ⅰ、Ⅱ层支护强度进行了专门论证。通过工程地质分析、监测资料反馈分析和数值仿真模拟分析，对主要洞室顶拱层围岩稳定及支护强度得出如下结论和建议：

岩体初始应力场侧压力系数较大，洞室顶拱层开挖后，围岩变形较小，爆破松动区与潜在拉损破坏区深度不大，洞室下部开挖不会导致顶拱围岩产生过大变形。洞室顶拱部位的系统锚杆支护深度和强度可以满足围岩整体稳定要求。

洞室群围岩整体稳定可以维持，但断层、层间错动等软弱结构面对围岩变形、屈服区、锚杆应力分布影响较大，主要表现为软弱结构面与洞室相交的部位。除系统锚杆加固外，建议增加随机锚杆进行补强加固。

主厂房 HR0＋036 附近上游拱腰、HL0＋000 附近上游拱脚、HL0＋000～HL0＋051下游边墙、下游拱脚，主变室 HR0＋013 下游边墙、HL0＋150～HL0＋258 上游拱脚及附近，尾水调压井 TH0＋014 上游拱脚附近等部位，岩体质量相对较差，实测变形相对较大。这些部位应在原支护设计基础上适当加强，并列为下一步重点监测对象。

主厂房下拱脚和边墙部分范围内的系统锚杆应力局部超过了材料屈服强度，应补充加固，减小上部边墙和拱脚变形发展深度。

主变室拱脚和边墙的系统锚杆整体上具有足够的支护强度，但对局部不稳定块体应随机补充加固；主变室与主厂房、调压井之间的岩柱稳定性较差，应进行重点加固。

调压井应在上下游拱脚和边墙上，特别是下游边墙，其支护深度应增大。

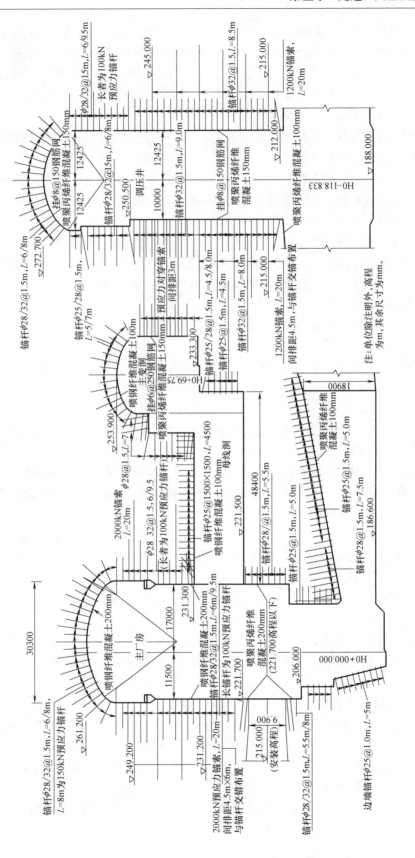

图 5-6-10　厂房锚喷支护图

　　根据研究成果，对三大洞室顶拱层的支护强度进行了复核，对某些部位的加固措施和支护参数进行调整，增加了部分随机锚杆，加密了系统锚杆；主厂房预应力锚杆设计张拉力从 150kN 下调至 100kN。同时，主厂房、尾水调压井上游边墙中下部与下游边墙中上部的锚索加长；对主厂房高程 221.70m 以下锚杆支护较招标设计进行了加强。

　　② 主洞室高边墙围岩动态支护

　　随着主洞室逐层下挖，主洞室边墙也逐步加高。数值分析和现场监测结果表明，高边墙形成后，如下部位围岩稳定性较差：

　　断层在高边墙出露点附近区域，在 HL0＋000～HL0＋120，主厂房上游墙受断层切割，破坏区深度较大，特别是断层带与边墙之间的岩体稳定性很差；

　　主厂房下游墙与母线洞交叉口附近；

　　主厂房和尾水调压井边墙中部，特别是在 HR0＋000 到 HL0＋100 洞段；

　　主变室和调压井之间岩柱，主厂房和主变室之间岩柱及主厂房机窝底部岩柱。

　　基于上述部位的围岩稳定性评价意见，结合现场监测数据分析，设计对三大主洞室边墙围岩支护措施进行了调整，具体调整内容如下：

　　主厂房上、下游墙的预应力锚索进行调整，上游墙最终布置 5 排锚索，下游整体布置 3 排锚索；

　　主厂房 HR0＋070.00～HL0＋070.00 间下游边墙高程 250.00～254.00m、及 HR0＋015.00～HL0＋070.00 间下游拱座部位（小圆弧段）增加 5 排 ϕ32mm、L＝8.0m 锚杆加强支护；

　　主厂房 HR0＋015.00～HL0＋020.00 间下游边墙高程 248.30m、增加 1 排长 12.0m、ϕ32mm 的预应力锚杆进行加强支护；

　　主厂房岩壁吊车梁以下所有预应力锚杆设计张拉力由原设计 150kN 下调至 100kN；

　　主厂房 HR0＋015.00～HL0＋070.00 间下游边墙岩壁吊车梁至 235.00m 高程，原设计长 6.0m 的 ϕ28mm 锚杆改为 ϕ32mm 锚杆；

　　主厂房 HR0＋026.00～HL0＋070.00 间下游边墙、高程 221.70m 的 2000kN 端头锚预应力锚索，调整为长 43.5m 与主变洞对穿的锚索；

　　主厂房上游边墙 F_1 断层附近局部块体加固，增加至 9 排锚索；

　　主厂房下游边墙 1 号与 2 号母线洞间、2 号与 3 号母线洞间均增加了 4 根 2000kN、L＝30.0m 的锚索；

　　调压井与主变室之间的 4 排对穿锚索进行了修改。

　　本项目锚固实践可供中陡倾角层状岩体大跨度高边墙地下洞室群稳定分析支护设计施工参考。

3）印度 Baglihar 水电站一期工程主厂房洞室锚固

　　印度 Baglihar 水电站地下主厂房洞室宽 24m、高 50m、长 121m，德国 Lahamyer 国际公司代表业主负责设计和监理。主厂房洞室位于夹有板岩的层状石英岩内，岩层陡倾，倾角 70°。根据前期勘探发现的 7 组主要地质不连续面，确定厂房纵轴线方位，厂房纵轴线与岩层层理走向接近垂直。厂房区最大水平主应力 9.93MPa，其方向接近平行厂房纵轴线，垂直应力 7.72MPa，地应力侧压系数 1.29。2002 年 10 月，厂房洞室开挖全部完成。

洞室围岩稳定和支护设计方面：

（1）根据地质测绘，考虑所遇到的主要层面和交错节理构造，采用均质和各向同性剪切参数，基于赤平极射投影方法的分析计算程序，进行块体稳定性计算分析。

（2）利用试验测得的物理力学参数，考虑洞室实际开挖程序，进行围岩稳定有限元计算分析，计算开挖过程围岩产生变形、应力状态和塑性区发展情况，依据计算成果，形成厂房洞室支护设计初期成果。厂房洞室围岩支护锚杆布置见图 5-6-11，支护锚杆为预应力涨壳式高强度锚杆，锚杆钢筋屈服强度 900MPa，并充分灌浆防止锚杆锈蚀。顶拱支护参数：喷射混凝土厚 20cm；系统预应力涨壳式锚杆 ϕ26.5@1.5m，L=8m/10m。侧壁支护参数：喷射混凝土厚 15cm；系统预应力涨壳式锚杆 ϕ26.5@1.5m，L=8m/10m。

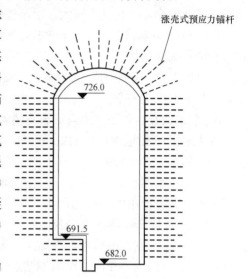

图 5-6-11　厂房洞室锚喷支护

开挖施工过程中，进行了支护的信息化动态设计。实测开挖洞室内壁最大收敛变形发生在厂房桩号 45m 断面，收敛变形发展过程观测成果见图 5-6-12。围岩内部多点位移计观测成果表明，厂房下游侧壁变形占总变形量的 60%，上游侧壁占 40%。

主要支护信息化动态设计如下：

（1）顶拱在开挖过程中，地质测绘发现了一些不稳定区，对此顶拱喷射混凝土支护调整为挂网喷射混凝土，并在块体范围区域增加随机支护锚杆。

（2）2002 年 4 月，监测结果表明，洞室侧壁变形超过了早期稳定分析计算值，当时厂房开挖高程 708m。分析研究讨论后，决定从当时开挖高程直到钻孔设备所能及范围内，增加锚杆加强支护，即从 716.8m 以下，在已安装的 8m 和 10m 锚杆间，增加 ϕ26.5、L=16m 预应力锚杆进行加强。在剩余厂房开挖支护中，也采用此类修正的支护方案。

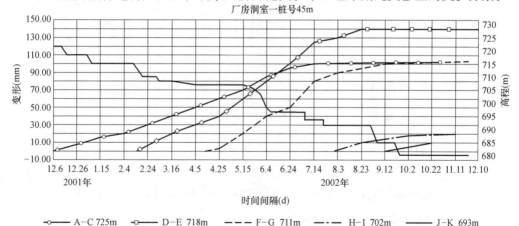

图 5-6-12　厂房洞室最大收敛变形断面测量成果

（3）2002年5月，厂房洞室开挖重新开始，收敛观测表明，侧壁高程725m内缩变形持续到2002年6月才开始稳定，超过了预测值。通过实测变形分析可知，高程717m以上侧壁原来未增加加强锚杆的部位，锚杆拉伸超过了屈服点。尽管变形速率明显下降，但考虑运行期安全，防止受力过大，引起锚杆周围砂浆产生裂缝遇水锈蚀，充分讨论后，决定在厂房高程717m以上，通过施工后期架设的桥式起重机形成平台，增设 $\phi 26.5$、$L=16m$ 预应力加强锚杆。

通过以上动态化支护设计和施工，监测成果表明，最终各高程的内缩变形均收敛稳定，厂房洞室稳定安全。

4）加拿大丘吉尔瀑布水电站岩石锚固

丘吉尔瀑布水电站工程（Benson等，1977），岩层是坚硬的，由辉长岩、闪绿岩和正长岩侵入的片麻岩组合体。

地下洞室采用了如图5-6-13所示的典型的岩石锚杆，当遇到质量差的岩石时采用喷射混凝土，并且给出了各种加固形式采用的准则。对于三个主拱，锚杆钢筋中到中间距1.5m。每一锚杆设计荷载225kN，可在岩拱上提供100kN/m² 的平均压力。设计要求形式Ⅰ锚杆，在爆破后8h以内，在离工作面不超过3m距离内安装并张拉。形式Ⅱ锚杆必须在爆破后3d以内，在离工作面不超过18m距离内安装、张拉。墙部张拉锚杆按2.1m间距方格布置，因为褶曲倾向下游且垂直节理与墙成70°走向，锚杆的倾角应使加固系数最有效。一个实际的界限是20°。为此，可在锚杆头装设一楔形垫块。进行了广泛的试验，以检查岩石中锚杆张力（预应力）在洞室挖深后以及附近爆破所引起的改变。

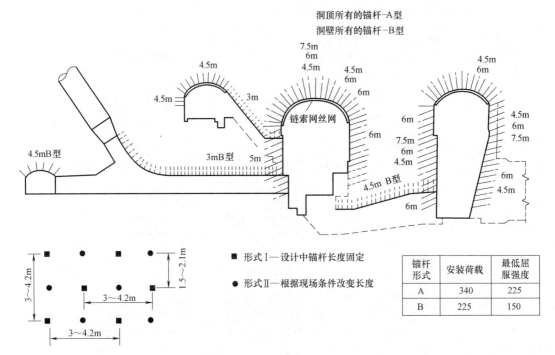

图5-6-13　拉布拉多丘吉尔瀑布水电站地下洞室岩石锚杆布置（引自Benson等，1977）

5）德国Waldeck Ⅱ电站的洞室锚固

德国的Waldeck Ⅱ地下电站是世界上最大的洞室之一。该洞室长106m，高54m，宽

33m；位于倾角 20°并有明显厚层节理的黏土页岩和硬砂岩系的地段，这些岩石的抗压强度介于 50～80MPa，层理的剪切参数为 $\varphi=20°$，$C=0.15MPa$。从洞室的尺寸来看，稳定岩体唯一可用的方法，就是用预应力锚杆建立自承拱，因为使用混凝土衬砌的造价太高。根据光弹分析计算出了洞室周围的应力状态，并相应地确定了所需的锚固力和锚杆长度。

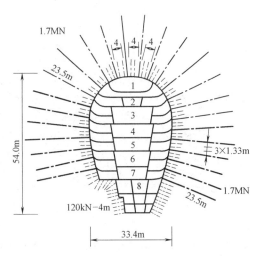

图 5-6-14　德国 Waldeck Ⅱ地下电站的开挖方法与锚固系统

面积为 1390m² 的椭圆形截面的开挖，是从顶部向下分阶段进行的，挖后对每一段及时进行锚固（图 5-6-14）。挖掘表面用两层厚度为 20cm 的喷射混凝土加固，每层都用钢丝网加固。沿整个周边的岩石面用张拉钢筋锚杆（顶面用的长 6m，侧壁用的长 4m）

加固，用树脂固定，20min 后，对锚杆施加预应力达到 120kN。此外，洞室的主要锚固系统一为预应力锚索，其承载力为 1.7MN，每根锚索杆身由 33 根直径 8mm、长 23.5m 的钢丝组成，设置间距为 4m。在侧壁钻孔中安装锚索前，进行过不透水性能试验。如有必要，应用灰浆予以密封并重新钻孔，然后使锚索和预制混凝土传力块体安装就位，用灰浆固定锚索（固定长度 4.5m）几天后，用 1.5 倍的工作拉力（1.35MN）对其进行试验，这种试验一星期后重复进行。将总数 716 根中的 90 根锚索作为长期观测的试验性锚索，在锚索上设置的荷载传感器与中心监控设施相连。德国 Waldeck Ⅱ地下电站建成后的外貌见图 5-6-15。

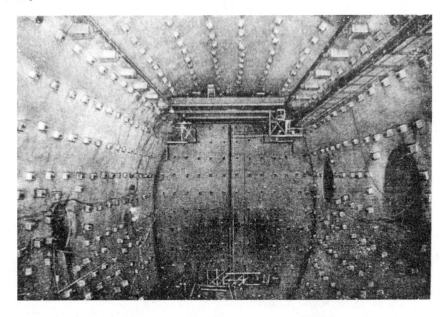

图 5-6-15　德国 WaldeckⅡ地下电站外貌

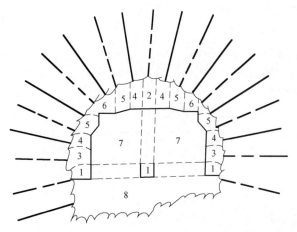

6）瑞士 Veytanx 地下电站的洞室锚固

瑞士 Veytanx 地下电站的洞室宽 30.5m，高 26.5m，长 137.5m，是在水平层状和多节理的石灰岩和泥灰岩中分阶段开挖的，首先开挖洞室周边，然后开挖洞室芯部。整个开挖面用规律性布置的钢筋锚杆、钢丝网和厚度至少为 15cm 的喷射混凝土进行初期加固。锚杆长 4m，用树脂固定，几小时后就可以对这些锚杆施加预应力，其量值为 160kN。开挖完毕，顶面和侧壁用预应力锚索进行永久性支

图 5-6-16　瑞士 Veytanx 地下电站支护布置与开挖方法

护，锚索的长度为 11～18m，其设计承载力为 1.35MN 和 1.15MN。在顶面上平均每 14m² 设置 1 根锚索（图 5-6-16）。原计划用的混凝土拱予以取消。

7）巴西 Paolo Alfonso-Ⅳ 电站的洞室锚固

巴西 Paolo Alfonso-Ⅳ 电站所用洞室是在复杂的坚硬结晶岩石中开挖而成的。洞室加固使用了直径为 32mm、长 9m 的机械型张拉锚杆（楔形锚头，带节钢筋）。锚杆间距为 1.5m，布置成格栅形，用扭力扳手施加拉力至 225kN，这样作用于岩石表面的平均压力为 0.1MPa（图 5-6-17）。在张拉之后，对所有锚杆进行灌浆，然后施作厚度约为 4cm 的

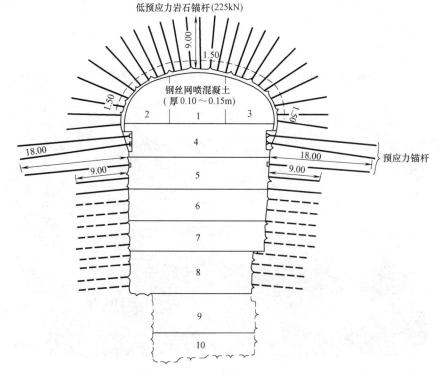

图 5-6-17　巴西 Paolo Alfonso-Ⅳ 电站洞室的锚固系统和开挖方法

第一层喷射混凝土衬砌，网格为10cm、直径为4.2mm的钢丝网，用钢销固定在喷射混凝土层上，也与锚固头紧固在一起。最后为顶部喷第二层混凝土，使衬砌的总厚度达到10～15cm。在洞室的侧壁上，张拉锚杆和插筋（非预应力锚杆）按标准间距布置，在以后的阶段，对洞室与隧道相交部位的不稳定区域，用钢丝网和喷射混凝土加固。在墙面使用预应力锚杆的目的是有助于岩体的稳定，从而使岩石表面施加的压力，在吊车梁下面区域为0.35MPa，并且逐渐变化，直至标高140.00m处的压力为零。在这一标高以下只安装非预应力锚杆。吊车梁用18m长的预应力锚杆固定，使施加的预应力达到1.32MN。

第七节 交通隧洞锚喷支护

1. 公路隧道锚喷支护

1）公路隧道围岩支护设计现状

根据公路隧道设计、施工规程与规范规定，公路隧道一般均作衬砌。根据隧道围岩地质条件、施工条件和使用要求选择采用锚喷衬砌、整体式衬砌、复合式衬砌。高速公路、一级公路、二级公路的隧道应采用复合式衬砌；三级及三级以下公路隧道洞口段、Ⅳ～Ⅵ级围岩洞身段应采用复合式衬砌或整体式衬砌，Ⅰ、Ⅱ、Ⅲ级围岩洞身段可采用锚喷衬砌。

锚喷衬砌、复合式衬砌中的初期支护采用锚喷支护，即由喷射混凝土、锚杆和钢架等支护形式单独或组合使用来进行隧道支护。Ⅰ～Ⅴ级围岩中的锚喷衬砌、复合式衬砌中的锚喷初期支护主要按工程类比法设计。其中Ⅳ、Ⅴ级围岩的支护参数通过计算确定，计算方法为地层结构法（参见《公路隧道设计规范 第一册 土建工程》JTG 3370.1—2018）。一般Ⅰ、Ⅱ、Ⅲ级围岩中的二次衬砌作为安全储备，其初期支护设计一般按承担全部荷载结构设计。Ⅳ、Ⅴ级围岩初期支护与二次衬砌共同承载，考虑其荷载分担来进行设计。

公路隧道围岩支护结构类型和尺寸，是根据使用要求、围岩级别、工程地质和水文地质条件、隧道埋置深度、结构受力特点，并结合工程施工条件、环境条件，通过工程类比法和结构计算综合分析确定的。在施工阶段，通过监控量测调整支护参数。

现代公路隧道围岩锚喷支护设计基本采用工程类比法，以围岩分级为基础，选取支护参数，并结合施工过程中围岩地质跟踪、监控量测数据信息反馈，最终采取合理的支护参数。

（1）隧道围岩分级

《公路隧道设计规范 第一册 土建工程》JTG 3370.1—2018在隧道地质调查基础上，根据岩石的坚硬程度和岩体完整程度两个基本因素的定性特征和定量的岩体基本质量指标BQ，综合进行围岩初步分级。详细定级时，是在岩体基本质量分级基础上考虑修正因素的影响，修正岩体基本质量指标值，按修正后的基本质量指标［BQ］，结合岩体的定性特征综合评判、确定围岩的详细分级。根据调查、勘探、试验等资料，以及隧道围岩定性特征、围岩基本质量指标BQ或修正的围岩基本质量指标［BQ］值等，将隧道围岩分为六级。

（2）隧道围岩支护参数

《公路隧道设计规范 第一册 土建工程》JTG 3370.1—2018对各级围岩的公路隧道

复合式衬砌的锚喷支护参数均提出了推荐性规定。其中，对两车道、三车道公路隧道围岩支护的推荐参数见表 5-7-1 和表 5-7-2。

两车道隧道复合式衬砌的设计参数　　表 5-7-1

围岩级别	初期支护							二次衬砌厚度（cm）	
	喷射混凝土厚度（cm）		锚杆（m）			钢筋网	钢架	拱、墙混凝土	仰拱混凝土
	拱部、边墙	仰拱	位置	长度	间距				
I	5	—	局部	2.0～3.0	—	—	—	30～35	—
II	5～8	—	局部	2.0～3.0	—	—	—	30～35	—
III	8～12	—	拱、墙	2.0～3.0	1.0～1.2	局部@25×25	—	30～35	—
IV	12～20	—	拱、墙	2.5～3.0	0.8～1.2	拱、墙@25×25	拱、墙	35～40	0 或 35～40
V	18～28	—	拱、墙	3.0～3.5	0.6～1.0	拱、墙@20×20	拱、墙、仰拱	35～50 钢筋混凝土	0 或 35～50 钢筋混凝土
VI	通过试验或计算确定								

三车道隧道复合式衬砌的设计参数　　表 5-7-2

围岩级别	初期支护							二次衬砌厚度（cm）	
	喷射混凝土厚度（cm）		锚杆（m）			钢筋网	钢架	拱、墙混凝土	仰拱混凝土
	拱部、边墙	仰拱	位置	长度	间距				
I	5～8	—	局部	2.5～3.5	—	—	—	35～40	—
II	8～12	—	局部	2.5～3.5	—	—	—	35～40	—
III	12～20	—	拱、墙	2.5～3.5	1.0～1.2	拱、墙@25×25	拱、墙	35～45	—
IV	16～24	—	拱、墙	3.0～3.5	0.8～1.2	拱、墙@20×20	拱、墙	40～50 可采用钢筋混凝土	0 或 40～50
V	20～30	—	拱、墙	3.5～4.0	0.5～1.0	拱、墙@20×20	拱、墙、仰拱	50～60，钢筋混凝土	0 或 50～60 钢筋混凝土
VI	通过试验或计算确定								

部分公路隧道工程采用支护参数见表 5-7-3。

（3）公路系统相关隧道规程对隧道围岩锚喷支护设计的一般要求

锚喷支护是由喷射混凝土、锚杆、钢筋网和钢架等支护形式单独或组合使用来进行隧道支护的，其材料及一般设计要求如下：

① 喷射混凝土

喷射混凝土应优先采用硅酸盐水泥或普通硅酸盐水泥，也可采用矿渣硅酸盐水泥。粗集料应采用坚硬耐久的碎石或卵石，不得使用碱活性集料。石子粒径不宜大于16mm，喷射钢纤维混凝土中石子粒径不宜大于10mm。集料级配宜采用连续级配，细集料应采用坚硬耐久的中砂或粗砂，细度模数宜大于2.5，砂的含水率宜控制在5%～7%。喷射混凝土中的外加剂应对混凝土强度及其与围岩的粘结力基本无影响，对混凝土和钢材无腐蚀作用，不污染环境，对人体无害，除速凝剂和缓凝剂外对混凝土凝结时间影响不大。

公路隧道初期支护参数（实例） 表 5-7-3

工程或隧道名称	隧道概况、地质条件	围岩级别	初期支护						
			喷射混凝土厚度（cm）		锚杆（m）			钢筋网	钢架间距（cm）
			拱部、边墙	仰拱	位置	长度	间距		
广西MW高速CZJ隧道	两车道、分离式隧道，长3300m。大部分埋深100～150m，围岩主要为寒武系微风化砂岩夹页岩，质硬、中、薄层状，较完整，III级围岩为主。喷混凝土C25	III	8	—	拱、墙	3.0	1.2×1.2	局部φ8@25×25	—
		IV	18	3	拱、墙	3.0	1.0×1.0	拱墙φ8@25×25	拱墙/100
		V	25	25	拱、墙	4.0	1.0×1.0	拱墙φ8@20×20	拱墙仰拱/80
		V加强（进出口）	25	25	拱、墙	4.5	1.0×1.0	拱墙φ8@20×20	拱墙仰拱/50
		III紧急停车带	18	—	拱、墙	3.5	1.0×1.0	拱墙双层φ12@20×20	—
广西BJ高速LYWT隧道	四车道、连拱，长412m。中风化泥质粉砂岩为主，中薄层状，岩体较完整，岩质较软弱，IV级为主。喷混凝土C20	IV	24	—	拱、墙	3.5	1.2×1.0（环向×纵向）	拱墙φ8@20×20	—
		V	24	—	拱、墙	3.5	1.2×0.6（环向×纵向）	拱墙φ8@15×15	拱墙/60
		V浅埋偏压	26	26	拱、墙	4.0	1.2×0.6（环向×纵向）	拱墙φ8@15×15	拱墙仰拱/60
广西BJ高速NY隧道	两车道、分离式，长880m。白云质灰岩，中厚层状，岩溶裂隙较发育，中、浅埋，IV、V级为主。喷混凝土C20	III	12	—	拱、墙	3.0	1.2×1.2	局部φ8@25×25	—
		IV	20	10	拱、墙	3.0	1.2×1.2	拱墙φ8@25×25	拱墙/100
		IV加强	22	10	拱、墙	3.0	1.0×1.2	拱墙φ8@25×25	拱墙/100
		V	24	16	拱、墙	3.5	0.6×1.0	拱墙双层φ8@20×20	拱墙/60
		V加强	26	26	拱、墙	3.5	0.6×1.0	拱墙双层φ8@20×20	拱墙仰拱/60

续表

工程或隧道名称	隧道概况、地质条件	围岩级别	初期支护						钢筋网	钢架间距（cm）
			喷射混凝土厚度（cm）		锚杆（m）					
			拱部、边墙	仰拱	位置	长度	间距			
沪蓉西高速BDY隧道	两车道、分离式，长3300m。厚层灰岩、白云岩，局部夹页岩、泥灰岩，最大埋深640m，岩溶、断层发育，Ⅲ级为主。喷混凝土C25	Ⅲ	10	—	拱、墙	2.5	1.2×1.2	局部 $\phi6$ @25×25	—
		Ⅳ	15	—	拱、墙	3.0	1.0×1.0	拱墙 $\phi6$ @25×25	
		Ⅳ浅埋	20	—	拱、墙	3.0	1.0×1.0	拱墙 $\phi6$ @20×20	拱墙/100
		Ⅳ停车带	22	—	拱、墙	3.5	1.0×1.0	拱墙 $\phi6$ @20×20	拱墙/75
		Ⅴ	25	25	拱、墙	3.5	1.0×0.75	拱墙双层 $\phi8$ @20×20	拱墙仰拱/75
沪蓉西高速ZJY隧道	两车道、分离式，长1280m。厚层灰岩、白云岩，埋深200～300m，岩溶较发育，Ⅲ级为主。喷混凝土C25	Ⅱ	7	—	局部	2.5		—	—
		Ⅲ	10	—	拱、墙	2.5	1.2×1.2	局部 $\phi6$ @25×25	—
		Ⅳ	15	—	拱、墙	3.0	1.0×1.0	拱墙 $\phi6$ @25×25	—
		Ⅳ喇叭口段	25	—	拱、墙	3.5	1.0×0.8	拱墙双层 $\phi6$ @20×20	拱墙/80
		岩溶抗水压段	25	25	拱、墙	3.5	0.8×0.6	拱墙 $\phi6$ @20×20	拱墙仰拱/60
湖北五峰SZY隧道	两车道、二级公路，长940m。页岩夹粉砂岩条带，节理较发育，呈大块状，Ⅲ级为主。喷混凝土C20	Ⅲ	10	—	拱部	2.5	1.2×1.2	局部 $\phi8$ @20×20	
		Ⅳ	15	—	拱、墙	3.0	1.0×1.2	拱墙 $\phi8$ @20×20	拱墙/80
		Ⅳ加强	20	—	拱、墙	3.0	0.8×1.0	拱墙 $\phi8$ @20×20	拱墙/80
		Ⅴ	25	—	拱、墙	3.5	0.5×0.8	拱墙 $\phi8$ @20×20	拱墙/50

② 锚杆

公路隧道初期支护中通常采用水泥砂浆锚杆，锚杆钢筋杆体直径20～32mm，通常采用 HRB400、HRB500 热轧带肋钢筋，垫板材料多采用 Q235 垫轧钢板。锚杆用的各种水泥砂浆强度不低于 M20。

③ 钢架

隧道中用于初期支护的钢架根据材质分钢拱架、格栅拱架。钢拱架一般采用 H 形、工字形、U 形型钢制成，也可用钢管或钢轨制成。格栅拱架一般采用钢筋焊接加工而成，易与喷射混凝土粘结紧密，具有受力好、质量轻、刚度可调节、省钢材、易制造、易安装等优点，应优先采用。

2）隧道开挖与支护

公路隧道的相关标准对隧道开挖方法及其与支护的协调实施作出了规定，如隧道的开挖应有利于充分保护围岩的完整性，减小对围岩的扰动与破坏；分期开挖应减少洞室之间相互干扰和扰动；开挖方案应与锚喷支护方式协调配套，锚喷支护施工，应采用有利于缩小岩体裸露面积和缩短岩体裸露时间的施工程序和方法；岩石隧道设计轮廓面的开挖应采用光面爆破或预裂爆破技术，主要钻爆参数通过试验确定，并按施工中的爆破效果及时优化调整。

隧道开挖方式主要有全断面法、台阶法、导坑法。其中，全断面法适用于Ⅰ～Ⅲ级围岩（TBM、盾构法例外）；台阶法适用于Ⅲ～Ⅴ级较软或节理发育的围岩；导坑法（含分部法、CRD 法等）适用于Ⅳ～Ⅴ级围岩。开挖方法应考虑围岩条件，并与支护衬砌施工相协调。

确定开挖方法、支护顺序，应考虑隧道长度和断面、工期要求、地质条件和当地自然条件等因素，应在综合考虑上述因素基础上，通过分析比较各类开挖方式、支护顺序适宜性后，最终选取最佳的开挖与支护实施方案。

3）监测

公路隧道相关标准对隧道施工过程的监控量测作出了下述主要规定与要求：

（1）爆破开挖后，应立即进行工程地质与水文地质状况的观察和记录，并进行地质描述。地质变化处和重要地段，应有照片实录。

（2）初期支护完成后，应进行喷层表面的观察和记录，并进行裂缝描述。

（3）隧道开挖后，应及时进行围岩、初期支护的周边位移量测、拱顶下沉量测；当围岩差、断面大或地表沉降控制严时，宜进行围岩体内位移量测和其他量测。位于Ⅳ～Ⅵ级围岩、进出口浅埋段隧道，应进行地表沉降量测。

（4）量测部位和测点布置，应根据地质条件、量测项目和施工方法等确定。

（5）测点的测试频率应根据围岩和支护的位移速度及离开挖面的距离确定。

（6）现场量测手段，应根据量测项目及国内量测仪器的现状来选用。一般应尽量选择简单可靠、耐久、稳定性能好，被测的物理概念明确，有足够大的量程，便于进行分析和反馈的测试仪器。

采用复合式衬砌的隧道，施工、设计单位应紧密配合，共同研究，分析各项量测信息，确认或修正设计参数。

2. 铁路隧道锚喷支护

1）铁路隧道围岩支护设计现状

铁路矿山法施工隧道、敞开式掘进机施工隧道多采用复合式衬砌结构。根据围岩条件，复合衬砌初期支护采用喷射混凝土、锚杆支护或与钢架相结合的支护。并通过监控量测手段，确定围岩已基本趋于稳定，再进行二次衬砌。

铁路隧道锚喷衬砌和复合式衬砌的初期支护，按工程类比法确定设计参数。施工期间通过监控量测进行修正，对地质复杂、大跨度、多线和有特殊要求的隧道，除采用工程类比法外，还结合数值解法或近似解法进行分析确定。

初期支护的组成根据围岩条件、地下水情况、隧道断面尺寸及其埋置深度等条件确定，并应符合下列规定：

（1）喷射混凝土应优先采用湿喷工艺，厚度不应小于5cm，强度不低于C25。

（2）钢筋网应以直径6～8mm的钢筋焊接而成，网格间距宜为15～25cm；应在初喷混凝土后铺挂。

（3）系统锚杆采用非预应力的普通水泥砂浆锚杆，宜沿隧道周边按梅花形均匀布置，其方向应接近于径向或垂直岩层。系统锚杆应设垫板，垫板应与喷层面密贴。

（4）钢架可设于隧道拱部、拱墙或全环；钢架应在开挖后或初喷混凝土后及时架设，钢架背后的间隙应设置垫块并充填密实。

计算复合式衬砌时，初期支护应按主要承载结构计算；二次衬砌在Ⅰ～Ⅲ级围岩可作为安全储备，Ⅳ～Ⅵ级围岩及下列情况宜按承载结构设计：

（1）浅埋、偏压地段。

（2）抗震设防及国防设防地段。

（3）严寒及寒冷地区衬砌可能承受冻胀力地段。

（4）可能承受水头压力地段。

（5）流塑性或挤压性围岩、膨胀岩（土）、软土、人工填土、松散堆积体等特殊地质地段。

（6）施工中出现大量塌方地段。

（7）为确保围岩稳定或周边环境安全，需提前施作二次衬砌地段等。

2）铁路隧道围岩分级及复合式衬砌设计参数

铁路隧道初期支护及二次衬砌的设计参数，应根据隧道围岩分级、围岩构造特征、地应力条件等采用工程类比、理论分析确定。围岩分级可参见《铁路隧道设计规范》TB 10003—2016围岩分级。围岩支护设计参数见表5-7-4。支护参数表是根据近年来铁路隧道衬砌通用参考图及国内公路、铁路隧道支护参数统计、类比确定的。其中，Ⅳ、Ⅴ级围岩当初期支护设置钢架时，要求喷射混凝土覆盖钢架。

铁路隧道支护参数表　　　　　　　　　　　　　表 5-7-4

围岩级别	隧道开挖跨度	初期支护						二次衬砌厚度（cm）	
		喷射混凝土厚度（cm）		锚杆			钢筋网（cm）	钢架	拱墙	仰拱
		拱墙	仰拱	位置	长度（m）	间距（m）				
Ⅱ	小跨	5		局部	2.0				30	
	中跨	5		局部	2.0				30	
	大跨	5～8		局部	2.5				30～35	

续表

围岩级别	隧道开挖跨度	初期支护							二次衬砌厚度(cm)	
		喷射混凝土厚度(cm)		锚杆			钢筋网(cm)	钢架	拱墙	仰拱
		拱墙	仰拱	位置	长度(m)	间距(m)				
Ⅲ硬质岩	小跨	5~8		拱墙	2.0	1.2~1.5	拱部@25×25		30~35	
	中跨	8~10		拱墙	2.0~2.5				30~35	
	大跨	10~12		拱墙	2.5~3.0				35~40	35~40
Ⅲ软质岩	小跨	8		拱墙	2.0~2.5	1.2~1.5	拱部@25×25		30~35	30~35
	中跨	8~10		拱墙	2.0~2.5				30~35	30~35
	大跨	10~12		拱墙	2.5~3.0				35~40	35~40
Ⅳ深埋	小跨	10~12		拱墙	2.5~3.0	1.0~1.2	拱墙@25×25		35~40	40~45
	中跨	12~15		拱墙	2.5~3.0				40~45	45~50
	大跨	20~23	10~15	拱墙	3.0~3.5		拱墙@20×20	拱墙	40~45*	45~50*
Ⅳ浅埋	小跨	20~23		拱墙	2.5~3.0	1.0~1.2	拱墙@25×25	拱墙	35~40	40~45
	中跨	20~23		拱墙	2.5~3.0		拱墙@20×20	拱墙	40~45	45~50
	大跨	20~23	10~15	拱墙	3.0~3.5			拱墙	40~45*	45~50*
Ⅴ深埋	小跨	20~23		拱墙	3.0~3.5	0.8~1.0	拱墙@20×20	拱墙	40~45	45~50
	中跨	20~23	20~23	拱墙	3.0~3.5			全环	40~45*	45~50*
	大跨	23~25	23~25	拱墙	3.5~4.0			全环	50~55*	55~60*
Ⅴ浅埋	小跨	23~25	23~25	拱墙	3.0~3.5	0.8~1.0	拱墙@20×20	全环	40~45*	45~50*
	中跨	23~25	23~25	拱墙	3.0~3.5			全环	40~45*	45~50*
	大跨	25~27	25~27	拱墙	3.5~4.0			全环	50~55*	55~60*

注：1. 表中喷射混凝土厚度为平均值；带＊号者为钢筋混凝土。

2. Ⅵ级围岩和特殊围岩应进行单独设计。

3. Ⅲ级缓倾软质岩地段，隧道拱部180°范围初期支护可架设格栅钢架，相应调整拱部喷射混凝土厚度。

考虑到铁路隧道与公路隧道均为交通隧道，其支护设计、开挖、监测等与公路隧道大同小异，在此不再就开挖、监测等内容进行赘述，可参见前述相关章节。

3. 关于交通隧道支护体系的讨论

1）初期支护

岩石隧道开挖初期，是围岩变形发展最为迅速的时期，因此初期锚喷支护的力学作用和施作时机，对于能否有效遏制围岩变形，发挥围岩的自支承能力尤为关键。当下我国铁路公路隧道锚喷支护中的锚杆形式仍然沿用50年前的普通水泥砂浆锚杆（非预应力锚杆），这类锚杆经济、安装简便，但却有一些明显的弱点。第一，它是一种被动的锚杆支护，只有当围岩发生变形，它才开始发挥作用；第二，锚杆受荷时，剪应力的分布长度是十分有限的，它不可能把数米厚的围岩锁定在一起，也不可能改善围岩的应力状态；第三，不能提供明确的支护抗力；第四，锚杆安装后质量检验也较困难。这种非预应力锚杆是不能承担初期支护迅速控制和遏制围岩变形并形成加固岩石承载拱（环）的重任的。而且，不少交通隧道工程锚杆的施工质量也是不好或很差的。长度不足，锚杆与洞周开挖面夹角很小，导致锚杆有效锚固深度远远偏离设计要求的现象相当严重。面对这种情况，显然设计人员对隧道的施工安全与长期稳定是不放心的，于是在铁路、公路的隧道设计规范（程）中，都规定Ⅳ、Ⅴ级围岩中的初期支护应采用钢拱架或格栅拱架，此外，Ⅱ、Ⅲ、Ⅳ、Ⅴ级围岩中还要用厚度为 30～55cm 的混凝土作二次衬砌。很显然，目前交通隧道的支护体系是一种不依靠发挥系统锚杆主动加固围岩作用，积极调用岩体自承能力，而是强调在Ⅳ、Ⅴ级围岩采用密排钢支撑和全面采用厚层刚性混凝土作二次衬砌的"荷载—支撑（衬砌）"的支护理论体系。

2）锚杆形式及施锚时机

理论分析和工程实践清楚地表明，低预应力（张拉）锚杆与普通砂浆（非预应力）锚杆相比，具有许多独特优异的工作特性。如在锚杆安设数十分钟至数小时内即可施加预应力，提供恒定的抗力；可将锚固范围内的岩石紧紧地连锁在一起，形成有效的岩石承载拱（环）；改善围岩的应力状态，变拉应力区为压应力区。因而各种形式（机械锚固型、粘结锚固型、全长摩擦型等）的低预应力锚杆在国内外各类洞室、隧洞及矿山巷道、采场支护工程中获得了广泛应用，成效显著，大有逐步全面取代普通砂浆锚杆之势。在这种情况下，国家标准《岩土锚杆与喷射混凝土支护工程技术规范》GB 50086—2015 在隧洞与斜井的锚喷支护类型和设计参数表中，规定了跨度大于 20～25m 的隧洞洞室或跨度大于 5m 的Ⅳ、Ⅴ级围岩中的隧洞均应采用低预应力锚杆。毋庸置疑，一旦交通隧道将低预应力锚杆放在初期锚喷支护的主要位置，那么，交通隧道中的型钢或格栅拱架的用量将可大幅度降低。

应当指出，低预应力锚杆的力学作用效果是与它能在设置后的最短时间内即发挥作用紧密地联系在一起的。因此，岩石开挖后，能否立即安设并施加预应力就显得特别重要。英国丘吉尔瀑布水电站三个主要洞室最大宽度约 21m，全面采用低预应力（张拉）锚杆，锚杆长度为 4.5m 和 6.0m，设计荷载为 225kN，分别采用Ⅰ型（长度固定）和Ⅱ型（长度改变）两种张拉锚杆，对锚杆施作时机作了规定。Ⅰ型锚杆应在 8h 以内，在离工作面不超过 3m 的距离内安装并张拉；Ⅱ型锚杆必须在岩石爆破 3d 以内，在离工作面不超过 18m 的距离内安装与张拉。因而地下洞室取得了良好的稳定效果。这些经验是值得我们参考学习的。

3）钢支架

根据国家标准《岩土锚杆与喷射混凝土支护工程技术规范》GB 50086—2015 表 7.3.1-1 的规定，对处于Ⅳ级围岩中开挖跨度 5～10m 的隧洞是不要布设钢支架的，但应采用厚度为 120～150mm 的钢筋网喷射混凝土与长度为 2.0～3.0m、间距为 1.0～1.25m 的低预应力（张拉）锚杆，必要时应设置二次支护。对处于Ⅴ级围岩中开挖跨度 5～10m 的隧洞，国家标准《岩土锚杆与喷射混凝土支护工程技术规范》GB 50086—2015 规定，应采用厚度为 20cm 的钢筋网或钢纤维喷射混凝土，并布设长度为 2.5～3.5m、间距为 0.75～1.0m 的低预应力（张拉）锚杆，局部设置钢支架。

铁路和公路隧道设计规程（行标）则明确规定，凡Ⅳ级、Ⅴ级围岩中的隧道，除采用普通水泥砂浆锚杆与喷射混凝土外，应在喷层中设置密排钢支架。

到底应该怎样认识初期支护中设置的钢支架的力学作用呢？当处于散体状结构的Ⅴ级围岩，开挖跨度为5.0～10.0m的部分隧道，围岩自稳时间小于24～48h，喷射混凝土与张拉锚杆又不能在开挖后立即施作的情况下，钢支架是需要安设的，用以防止碎块岩石的掉落。但应当明白，钢支架与岩石是分离的，与岩石呈点状接触，即便在钢架背后填塞小块岩石或喷射混凝土，它仍然是不密贴的，它被动支撑的本质是不能改变的。因此，从控制不良岩体的早期剧烈变形，调动围岩的自承能力层面来说，钢支架的力学作用远不如与围岩紧密结合的张拉锚杆和喷射混凝土的力学作用。

对Ⅳ、Ⅴ级围岩中两种不同的隧洞初期支护形式的理论基础、锚杆形式、钢材用量、开挖断面及经济性加以比较（表5-7-5），从中可得出下列几点建议：

（1）Ⅳ、Ⅴ级围岩的铁路、公路隧洞初期支护应全面采用低预应力（张拉）锚杆与配筋喷射混凝土或钢纤维喷射混凝土相结合的支护，而且应在岩石开挖后立即施作；

（2）Ⅳ级围岩中开挖跨度为5～10m的隧洞，可取消钢支架或格栅支架；

（3）Ⅴ级围岩中开挖跨度为5～10m的隧洞，可有选择地采用钢支架、格栅支架或用由锚杆悬吊的钢筋肋拱式喷射混凝土支护。

Ⅳ、Ⅴ级围岩中隧洞不同初期支护形式的比较　　　　表 5-7-5

比较项目　　方案	《岩土锚杆与喷射混凝土支护工程技术规范》GB 50086—2015 规定的支护形式（方案 1）	铁路、公路隧洞设计规程（行标）规定的隧洞初期支护形式（方案 2）
基础理论	采用主动的低预应力（张拉）锚杆和钢纤维喷射混凝土等支护形式，充分发挥围岩的自承性能和承载能力。该设计立足于锚固围岩形成岩石承载拱（环）的现代支护理论	采用被动的普通砂浆锚杆和厚层（≥250～300mm）喷射混凝土、密集钢支架作初期支护，后期还要设置厚度为40～55cm的刚性混凝土内衬，该设计基本上未摆脱"围岩（荷载）—支撑"的传统支护理论
锚杆型式	采用系统的低预应力（张拉）锚杆，与喷射混凝土相结合，控制围岩变形能力强，能建立有效的岩石承载拱（环）。在锚固范围的围岩内能形成压应力区，显著改善围岩应力状态	采用被动的普通砂浆锚杆，控制围岩变形能力差，不能主动地提供明确的支护抗力，不能改善围岩应力状态，在Ⅳ、Ⅴ级围岩中，也很难形成加固岩石拱
钢材用量	用钢量小，符合国家节能环保经济政策	采用密集的钢支架，型钢截面高度常达30cm，支架间距为0.5m，用钢量大，不符合国家节能环保政策的要求
开挖断面	在不采用二衬条件下，开挖断面仅需考虑隧洞周边约20cm左右的喷层厚度	由于喷射混凝土覆盖钢支架以及实施二次衬砌，使隧洞周边开挖尺寸比方案1增大50cm以上
经济性	建设成本较低，也较合理	由于材料（特别是钢材）用量大，二衬厚度大，隧洞开挖断面也增大，综合建设成本高，不经济

4）二次混凝土内衬

目前，按铁路、公路隧道设计规程规定：Ⅱ、Ⅲ、Ⅳ、Ⅴ级围岩中的隧道在初期支护后，均应实施30～50cm厚的二次混凝土衬砌。从满足隧道长期稳定的需要来说，根据国家标准GB 50086—2015规范的相关规定及国内外大量工程实践，Ⅱ、Ⅲ级围岩中的交通隧洞，建议在全面采用张拉锚杆作初期支护的同时，可取消二次混凝土衬砌；Ⅳ、Ⅴ级围岩的交通隧洞，暂可保留二次混凝土衬砌，但厚度可降至25～35cm。

第八节　水工隧洞锚喷衬砌

1. 概述

水工隧洞是水利水电工程中以输水、发电、灌溉、泄洪、导流、放空、排沙等为目的，在岩（土）体中开挖建成的具有封闭断面的过水通道，其主要特点是承受内水压力并有一定流速水流通过。洞内充满水流、洞壁周边均承受水压力作用的隧洞称为有压隧洞。洞内内水压力水头大于 100m 的隧洞，称为高压隧洞。

按衬砌结构形式的不同，水工隧洞分为锚喷支护与混凝土复合衬砌隧洞、锚喷支护与钢筋混凝土复合衬砌隧洞、锚喷支护与预应力混凝土复合衬砌隧洞、锚喷支护与钢板复合衬砌隧洞和不要二次衬砌的单一锚喷衬砌隧洞。

水工隧洞衬砌的作用主要有：

（1）加固围岩，阻止围岩发生超限变形，保证围岩稳定，并共同承载，提高围岩承受山岩压力、内水压力及其他荷载的能力。

（2）平整围岩表面，减小表面糙率，改进水流条件，降低水头损失。

（3）提高围岩防渗能力。

（4）保护围岩，防止水流冲刷围岩，防止大气、温度、湿度等因素对围岩的不利影响，提高工程的耐久性。

从水力学角度减少水头损失，以及减少渗漏对地下发电洞室不利影响，一般水工隧洞较多采用钢筋混凝土衬砌，厂房洞室前一定长度段引水道采用钢板衬砌。

大量的工程实践表明，围岩地质条件较好的低压水工隧洞采用不用二衬的单一锚喷支护，也能取得良好的工作效果，并能显著降低工程成本，加快工程建设速度。

目前，在Ⅰ级、Ⅱ级、Ⅲ级围岩低压水工隧洞中，不用二次衬砌的单一锚喷支护隧洞有较多的应用，且这些隧洞运行情况良好。

这里的锚喷支护作为永久支护，隧洞不再二次衬砌，锚喷支护是衬砌的全部，这种锚喷支护也称为锚喷衬砌，以下称锚喷衬砌。

水工隧洞锚喷支护设计宜按照工程类比法选择支护参数，可按照《岩土锚杆与喷射混凝土支护工程技术规范》GB 50086—2015 选取。复合衬砌的水工隧洞初期锚喷支护参数，可根据围岩类别和隧洞大小，从 GB 50086—2015 表 7.3.1-1 初步选取，并根据工程具体情况予以减少。对于Ⅰ级水工隧洞或者直径（跨度）大于 10m 的水工隧洞，还应运用数值法、近似解析法验算隧洞围岩整体稳定性，采用块体极限平衡法，对可能局部失稳的围岩进行验算，调整加强支护。施工中，通过监控量测反馈，完善锚喷支护参数。

2. 锚喷衬砌水工隧洞选线

锚喷衬砌水工隧洞，除了要考虑维持围岩稳定外，还要考虑承受内水压力和过流能力的大小。也就是说，采用锚喷衬砌的水工隧洞，围岩要具备自稳能力、承载能力和防渗能力。最基本的条件是围岩能够保持稳定，具备承担内水压力的能力，还应保证基本不透水，不发生内水外渗。即使发生少量渗水，也不会影响隧洞运行要求和使用功能，不会危及岩体和山坡稳定，也不会危及邻近建筑物安全或造成环境破坏。

锚喷衬砌水工压力隧洞洞线选择遵循的主要原则是，选择岩石条件较好地段，隧洞布置应满足挪威准则、渗透稳定准则和最小地应力准则。

有压隧洞洞身的岩体最小上覆厚度满足挪威准则——即压力隧道沿管线各点的最大静水压力小于洞顶以上岩体重力的要求。

挪威准则的一般表达式为：

$$C_{RM} = \frac{h_s \gamma_w F}{\gamma_R \cos\alpha} \tag{5-7}$$

式中　F——经验系数，一般可取 $1.3 \sim 1.5$；

　　C_{RM}——计算点至地表的最短距离（算至弱风化岩石上限）（m）；

　　h_s——计算点的静水压力水头（m）；

　　γ_w——水的重度（N/m^3）；

　　γ_R——岩石重度（N/m^3）；

　　α——河谷岸边边坡倾角（°）。

有压隧洞岩体最小覆盖厚度应保证围岩不产生渗透失稳和水力劈裂，围岩渗透水力梯度应满足渗透稳定要求。

高压隧洞沿线任一点的围岩最小主应力 σ_3 应大于该点洞内静水压力，并有一定的安全系数，防止发生围岩水力劈裂破坏。对于压力水道线路上不可完全避开的断层破碎带、节理密集带，应做好防渗灌浆处理。

$$K_f \gamma h_i \leqslant \sigma_{min} \tag{5-8}$$

式中　σ_{min}——隧洞周边围岩最小初始应力场最小主应力（MPa）；

　　γ——水的重度（N/m^3）；

　　h_i——最大静水头（m）；

　　K_f——安全系数。

3. 锚喷衬砌隧洞减糙、防冲和防渗

锚喷衬砌水工隧洞，因为要过流，提高过流能力，也需要提高防冲刷性能，还要内水不外渗，所以水工隧洞锚喷衬砌的减糙、防冲和防渗是需要关注的重要方面。

1）锚喷衬砌的减糙

混凝土衬砌水工隧洞断面大小由动能经济比较确定。在同样地质条件和过水流量一定的情况下，断面小而流速大，则水头损失就大，电站出力减少；反之，断面大而流速小，则水头损失少，电站出力相应较大。锚喷衬砌水工隧洞过水断面尺寸一般按照与混凝土衬砌水工隧洞过水断面"等水头损失"的设计原则确定。

水头损失包括沿程水头损失和局部水头损失。沿程水头损失与洞室糙率有关。

沿程水头损失按下式计算：

$$h_f = \frac{L v^2}{C^2 R} \tag{5-9}$$

$$C = \frac{1}{n} R^{1/6} \tag{5-10}$$

式中　L——洞室长度（m）；

v——断面平均流速（m/s）；

C——谢才系数（$m^{1/2}/s$）；

R——水力半径（m）；

n——糙率系数。

洞壁的光滑程度，影响隧洞的过流能力，用糙率系数表示。糙率系数大小影响洞径、电能、泄量和经济效益。锚喷衬砌隧洞的摩阻特性属于大糙度非均匀糙率问题，影响糙率的因素有洞壁起伏差、洞径等，但主要是起伏差，即洞壁那些较大的凹凸度。

隧洞糙率系数按下式计算：

$$n = \frac{R^{1/6}}{17.72\lg\dfrac{14.8R}{\Delta}} \tag{5-11}$$

式中　n——糙率系数；

R——隧洞半径（mm）；

Δ——壁面平均起伏差（mm）。

洞壁起伏差受控于开挖施工方法和锚喷衬砌。隧洞开挖有钻爆法和掘进机开挖法，钻爆法又有普通钻爆法和光面爆破法。光面爆破开挖，严格根据围岩情况合理布孔，严格控制钻孔方向，合理使用药量和装药，按照合理程序起爆，起伏差能够控制在要求范围内。光面爆破和掘进机开挖有利于减少隧洞糙率，减少水头损失。锚喷衬砌喷射 $10\sim20$cm 的混凝土到起伏不平的岩石开挖表面，能够填补一些小的凹度，圆滑开挖面上某些棱角，对减少糙率能发挥一定作用。

锚喷衬砌隧洞、不衬砌隧洞以及钢模现浇混凝土衬砌隧洞等压力水道糙率系数见表5-8-1。

压力水道糙率系数　　　　　　　　　　　　　　　　表 5-8-1

序号	水道表面情况	糙率 n		
		平均	最大	最小
1	岩面不衬砌			
	(1)采用光面爆破	0.030	0.033	0.025
	(2)普通钻爆法	0.038	0.045	0.030
	(3)全断面掘进机开挖	0.017	—	—
2	锚喷衬砌			
	(1)采用光面爆破	0.022	0.025	0.020
	(2)普通钻爆法	0.028	0.030	0.025
	(3)全断面掘进机开挖	0.014	—	—
3	钢模现浇混凝土衬砌			
	(1)技术一般	0.014	0.016	0.012
	(2)技术良好	0.013	0.014	0.012
4	钢管	0.012	0.013	0.011

在锚喷衬砌或者不衬砌的隧洞中，当仅在底板采用混凝土衬砌或其他局部衬砌时，其糙率为综合糙率，由下式计算：

$$n_0 = n_1 \left[\frac{S_1 + S_2 \left(\dfrac{n_2}{n_1} \right)^{2/3}}{S_1 + S_2} \right]^{2/3}$$ (5-12)

式中 n_0——综合糙率系数；

$\quad\quad$ n_1——锚喷衬砌或者不衬砌糙率系数；

$\quad\quad$ n_2——混凝土衬砌糙率系数；

$\quad\quad$ S_1——对应 n_1 糙率系数的湿周；

$\quad\quad$ S_2——对应 n_2 糙率系数的湿周。

为了减少较大的洞壁起伏差、凹凸度，宜采用光面爆破法或者 TBM 掘进机进行洞室开挖。结合锚喷衬砌，达到隧洞喷层后起伏差不超过 20cm，并且对隧洞底板采用不小于 20cm 现浇混凝土找平，《岩土锚杆与喷射混凝土支护工程技术规范》GB 50086—2015 推荐光面爆破法下此类情况水工隧洞综合糙率经验值可选用 0.025。

2）锚喷衬砌防冲刷

《岩土锚杆与喷射混凝土支护工程技术规范》GB 50086—2015 规定，锚喷衬砌水工隧洞，允许水流流速不超过 8m/s，临时过水隧洞水流流速不宜超过 12m/s。过水流速限制要求是基于锚喷支护防止发生冲刷破坏和空蚀破坏。

对于锚喷衬砌水工隧洞，锚喷支护抗冲刷性能，包括喷射混凝土本身和锚喷支护整体两个部分。

（1）喷射混凝土抗冲刷性能

试验表明，提高喷射混凝土强度，可以明显改善其抗冲刷能力。当喷射混凝土抗压强度为 20MPa 时，即达到 C20 混凝土强度等级，就具有抵抗 8～12m/s 流速的能力。试验也表明，采用干拌喷射混凝土施工时，拌合料一定要搅拌均匀，严格控制水灰比，不得有干水泥砂等分层现象，否则会影响喷射混凝土的抗冲刷和抗空蚀能力。在水工隧洞断面允许的条件下，宜采用湿拌混凝土。

（2）锚喷衬砌整体抗冲刷性能

工程实践表明，锚喷支护冲刷破坏，一般发生在较差地质段，原因是喷层难以与岩体形成整体，使单薄的喷层处于不利工程条件，所以，对局部断层、软弱破碎地段，采用结构措施以提高支护与围岩的整体性。相应结构措施包括：①当围岩整体性较差时，以采用张拉锚杆为好，其长度可短一些，但间距要适当加密，必要时，对围岩进行补强灌浆；②增强喷射混凝土与围岩的粘结强度，以采用掺入硅粉的喷射混凝土为好，并要认真做好喷射面清洗；③铺设钢筋网，形成喷、锚、网联合支护，提高锚喷支护整体性。

锚喷衬砌水工隧洞过流流速不宜超过 12m/s，这时一般不会产生空蚀破坏，防空蚀破坏是高速水流关注的问题。

3）锚喷衬砌防渗

水工锚喷衬砌隧洞防渗包括围岩防渗和锚喷衬砌本身防渗。压力隧道围岩方面，洞线一般选择岩石条件较好地段，隧洞布置满足渗透稳定准则。锚喷支护本身防渗方面，喷射混凝土水灰比小，水泥用量大，砂率高，粗骨料粒径不大，还有高速喷射工艺，混凝土本身致密度较高，一般具有较高抗渗强度。但在实际工程中，喷射混凝土中砂眼、夹层或混入的空气和回弹物等将会降低抗渗性，特别是喷射混凝土水泥用量高，又往往掺入速凝剂，易出现收缩裂缝。对于一般地层，由于渗漏，混凝土溶出性侵蚀要加快，工程寿命要缩短。为了提高锚喷衬砌抗渗性，应采取以下措施：

（1）提高喷射混凝土抗渗强度，喷射混凝土强度等级不应低于C25，抗渗等级不应低于P6。

（2）当围岩整体性较差时，主要通过系统锚杆对围岩进行加固，短锚杆、密间距，必要时，对围岩进行固结灌浆。

（3）加强喷射混凝土硬化过程的养护，采用铺设钢筋网的挂网喷射混凝土或纤维混凝土，避免喷层收缩开裂。

（4）工程竣工时，对可能渗漏部位进行环氧灌浆和填缝，进行防渗处理。

4. 锚喷衬砌水工隧洞应用实例

锚喷衬砌水工隧洞部分工程实例见表5-8-2。

不用二衬的单一衬锚喷支护水工隧洞工程实例 表 5-8-2

序号	项目名称	引水洞特征参数	锚喷支护参数	建成时间
1	我国云南冲江河(扩容)水电站引水隧洞	从进水口到调压井长 2287m，低压隧洞段，隧洞埋深多在 52～468m，最大静水压力水头 52.74m。低压隧洞中间有一段长 400m，为Ⅲ类1～Ⅱ类岩段，采用不衬砌锚喷支护，占低压段全长 17.4%。不衬砌锚喷段采用圆形隧洞，净空 D4.3m，钢筋混凝土衬砌段采用圆形隧洞，净空 D3.3m	不衬砌锚喷段支护:轴线中心角 270°以上顶拱设置长度为 4.0m 的 $\phi22$ 系统锚杆，间排距 1.5m，挂网 $\phi8$ @ 200mm × 200mm，喷 C30 混凝土 100mm。锚喷支护段末端设置 1 个 12m 长集渣坑	2005 年底电站发电，隧洞运行良好
2	越南小中河水电站引水隧洞	引水隧洞总长 3724.9m，最大静水压力水头 27.5m，隧洞埋深多在 100m 以上，分布在Ⅰ、Ⅱ、Ⅲ、Ⅳ1 和Ⅳ2 类围岩段内。支护方面:Ⅰ、Ⅱ、Ⅲ、Ⅳ1 类围岩段隧洞采用不衬砌的锚喷支护，占比 84.1%；Ⅳ2 类围岩段、各施工支洞洞口段、引水隧洞进出口段采用锚喷及钢筋混凝土二次衬砌，占比 15.9%。隧洞采用城门洞形，不衬砌段净空断面 2.4m×2.1m(宽×高，以下同)，衬砌段净空断面 1.8m×1.8m	引水隧洞Ⅰ、Ⅱ、Ⅲ、Ⅳ1 类围岩采用不衬砌锚喷支护，随机锚喷支护段占 46.4%，系统锚喷支护段占 37.7%。Ⅰ、Ⅱ类围岩洞段随机支护，锚杆 $\phi16$ 长 2m，按需设置；Ⅲ类围岩段顶拱系统锚杆 $\phi16$ 长 2m，间排距 1.0m，顶拱和边墙喷 C20 混凝土厚 50mm；Ⅳ类围岩段顶拱系统锚杆 $\phi16$ 长 2m，间排距 1.0m，顶拱和边墙喷 C20 混凝土厚 100mm，挂钢筋网 $\phi4$@50mm×50mm。锚喷支护段设置 2 个 16m 长集渣坑	2012 年电站已发电，隧洞运行良好
3	我国四川青龙水电站引水隧洞	从进水口至调压井长 13.924km，最大静水压力水头 105.6m。Ⅲ1 类边顶拱采用不衬砌锚喷支护，底板混凝土衬砌厚 0.2m；Ⅲ2 类围岩根据开挖情况采用边顶拱不衬砌锚喷支护加底板衬砌和全断面钢筋混凝土衬砌两种形式；Ⅳ类围岩和Ⅴ类围岩全断面混凝土衬砌	Ⅲ1、Ⅲ2 类围岩段开挖断面 6.8m×8.8m 的马蹄形，边顶拱采用挂网锚喷支护，喷微纤维混凝土厚 15cm，钢筋网 $\phi8$ @ 200mm×200mm，锚杆 $L=3m$，$\phi25$mm@1.5m，底板素混凝土衬砌厚 0.2m	2012 年 6 月电站已发电，隧洞运行良好

序号	项目名称	引水洞特征参数	锚喷支护参数	建成时间
4	我国云南铁川桥水电站引水隧洞	引水隧洞总长 6105.3m,最大静水压力水头 72m,隧洞埋深多在 100m 以上,分布在Ⅱ、Ⅲ、Ⅳ 和Ⅴ类围岩段内。引水隧洞Ⅱ、Ⅲ类围岩洞段采用不衬砌锚喷隧洞,Ⅳ、Ⅴ类围岩段、各施工支洞洞口段、过冲沟段及与调压井连接段采用含锚喷的全断面衬砌。引水隧洞锚喷支护段长 4972.6m,钢筋混凝土衬砌段长 1132.7m。隧洞采用平底马蹄形断面,不衬砌段净空断面 5.5m×5.4m,衬砌段净空断面 4.7m×4.7m	引水隧洞Ⅱ类围岩段:喷混凝土厚度为 80mm,随机锚杆,锚杆 φ22 长 3m,按需设置;Ⅲ1 类岩段:喷混凝土厚 100mm,锚杆 φ22 长 3m,间排距 1.5m;Ⅲ2 类喷混凝土厚 100mm,挂钢筋网 φ6@150mm,锚杆 φ22 长 3m,间排距 1.5m。锚喷支护段设置 2 个 16m 长的集渣坑	2013 年已发电,隧洞运行良好
5	我国四川多诺水电站引水隧洞	引水隧洞总长 15.161km,最大静水压力 90.8m。引水隧洞Ⅲ1 类围岩段边顶拱采用不衬砌锚喷支护,底板混凝土衬砌厚 0.2m;Ⅲ2 类围岩根据开挖的实际情况采用边顶拱不衬砌锚喷支护加底板混凝土衬砌和全断面钢筋混凝土衬砌两种形式,前者开挖断面 4.9m×5.55m,城门洞形,底板衬砌厚 0.2m,后者开挖断面 4.2m×4.8m,城门洞形,衬砌厚 0.3m;Ⅳ类、Ⅴ类围岩段全断面钢筋混凝土衬砌	Ⅲ1/Ⅲ2 类围岩段边顶拱采用不衬砌挂网锚喷支护,喷射混凝土厚 150mm,钢筋网 φ6.5@200mm×200mm/φ8@200mm×200mm,锚杆 L=3mφ25@1.5m支护,底板素混凝土衬砌厚 0.2m	2013 年 4 月电站已发电,隧洞运行良好
6	埃塞俄比亚 GD3 水电站低压隧洞	低压隧洞总长 12.4km,最大静水压力水头 90m,隧洞埋深 100～500m,上游 11.7km 长洞段围岩以Ⅰ、Ⅱ类为主,下游 0.7km 长洞段围岩以Ⅲ、Ⅳ、Ⅴ类为主。上游 3.2km 钻爆开挖,采用不衬砌随机锚喷隧洞,开挖断面 7.68m×8.57m,城门洞形;下游 0.25km 钻爆开挖,采用钢筋混凝土衬砌,断面圆形,衬后直径为 6.1～7.0m;其余 8.95km 为 TBM 掘进洞段,根据围岩类别分别采用随机锚喷、系统锚喷挂网、喷 30cm 厚混凝土、55cm 厚钢筋混凝土等支护衬砌形式,断面圆形,开挖直径 8.1m。不衬砌锚喷段占比 96.5%	低压隧洞Ⅰ、Ⅱ类围岩段随机锚喷;Ⅲ类围岩洞段喷混凝土厚 100mm,钢筋网 φ6@150mm×150mm,锚杆 φ25 3m@1.2m;Ⅳ类围岩洞段 300mm 厚喷射混凝土,配单层钢筋。Ⅳ、Ⅴ类围岩洞段 550mm 厚钢筋混凝土。在低压隧洞末端设置 2 个长 21m 的集渣坑	隧洞工程已完建

几个典型实例如下:

1) 广西天湖水电站锚喷衬砌或不衬砌井洞应用

广西天湖水电站位于桂林地区全州县境内,属引水式发电站,设计水头 1074m,水道全长 4500m,由上段长 2153m 压力水道和下段长 2347m 压力钢管组成。压力水道在 830m 高程以上由锚喷衬砌平洞、不衬砌竖井和斜洞(合称锚喷衬砌或不衬砌井洞)组成,竖井开挖断面洞径 4m,深 450m,斜井长 385m,水平夹角 35°,斜井下端为 180m³ 集渣坑。紧接着为高程 827m 的平洞,平洞长 767m,断面为 2.35m×4m。集渣坑后面为压力水道堵头,堵头后面平洞内安装明钢管。见图 5-8-1。压力井洞末端和高程 827m 平洞洞内压力钢管用堵头连接。堵头为 40m 长的钢衬混凝土段，周圈进行固结灌浆、帷幕灌浆和接触灌浆；堵头承受最大静水头 614m；堵头距离水平洞口 765m，埋深 500m，距地表最短距离 405m。该电站工程于 1992 年投产。

电站压力井洞均处于黑云母花岗岩地层中，地层单一，构造简单，岩石坚硬新鲜完整，节理不发育，透水性很弱，不存在永久性渗漏及塌岸滑坡。电站压力引水道，由于有了坚硬完整的巨大岩石体，为选择开挖经济合理的洞线方案，提供了优良的地质条件。

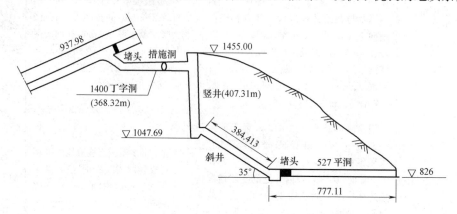

图 5-8-1　压力井洞纵剖面示意图（单位：m）

该水道洞线布置要有足够的埋深，以承受高压内水压力，主要原则是洞内岩壁不产生水力劈裂，即在洞线上某点的地应力必须大于该点承受的水压力。

依据挪威上抬理论公式进行计算，根据计算结果绘制出一条安全包络线，井洞及堵头只能在包络线的下方，才能避免岩石被水力劈裂。实际设计中布置井洞及堵头管线满足上述上覆岩石厚度的要求。

施工中，该工程在高程 827m 洞内 2 处（距离洞口 561m 和 685m）进行了 2 组（共 6 孔）水压致裂法地应力测试，测试结果工程区岩体破裂应力一般在 20～22MPa，最小主应力一般在 10～13MPa，有原生裂隙胶结较好的岩体偏低一些，一般 8～9MPa，最小主应力不低于 7.5MPa，高于井洞及堵头最大静水压力，不会发生水力劈裂；岩体渗透性很低或者基本不渗透。说明井洞布置是合理的。

实际开挖核定，地下井洞围岩类 97％为Ⅰ类围岩，仅竖井井口 25m 段为强风化带，井口下 40m 用混凝土衬护处理。竖井段 2 处局部 10m 以内范围段进行了灌浆处理。由于地质条件好，竖井、斜井的Ⅰ类围岩过流段不支护。

天湖水电站锚喷衬砌或不衬砌的竖井、斜井经过充水试验，实测其总漏水量仅 3.22L/s，说明建设该锚喷衬砌或不衬砌井洞是成功的。

2）柬埔寨基里隆三号水电站隧洞锚喷衬砌应用

基里隆三号水电站位于柬埔寨西南部戈公省，为引水式地面水电站。2012 年 4 月，机组全部投产。

引水隧洞轴线长度 2812m。上平段长 2114m，因为内、外水头较低，在满足挪威准则的Ⅱ类、Ⅲ类围岩洞段采用锚喷衬砌，每约 200m 设置 1 个集渣坑，集渣坑长度为 12m，深度为 1m；其余围岩较差洞段，及时喷射混凝土保护层，视岩体构造发育情况，采用随机锚杆、挂网或采用钢支撑等联合支护形式进行初期支护，然后进行钢筋混凝土衬砌。

隧洞横断面为圆形，根据技术经济比较和"等水头损失"原则，钢筋混凝土衬砌隧洞段洞径为 2m，锚喷衬砌段洞径为 2.6m。

锚喷衬砌段支护参数：Ⅱ类围岩洞段采用喷射厚度为 100mm 的 C25 混凝土，并打随机锚杆，锚杆采用 ϕ20 钢筋，长度为 2.2m。Ⅲ类围岩洞段采用喷射厚度为 100mm 的 C25 混凝土，并打系统锚杆，锚杆采用 ϕ20 钢筋，长度为 2.2m，间排距 1.0m×1.0m。

钢筋混凝土衬砌段支护参数：一期支护采用喷射厚度 100mm 的 C25 混凝土，并打系统锚杆，锚杆采用 ϕ20 钢筋，长度为 2.2m，间排距 1.0m×1.0m。二期支护采用钢筋混凝土衬砌，混凝土强度等级为 C25W10F50，Ⅳ类围岩中衬砌厚度 300mm，Ⅴ类围岩中衬砌厚度 500mm。隧洞周围进行固结灌浆，顶拱 120°进行回填灌浆，每排 6 个灌浆孔，排距 3m，梅花形布置，灌浆孔入岩深度 1.5m。

参 考 文 献

[1] 党林才，侯靖，吴世勇，等. 中国水电地下工程建设与关键技术 [C]. 北京：中国水利水电出版社，2012.

[2] 程良奎，李象范. 岩石锚固·土钉·喷射混凝土—原理、设计与应用 [M]. 北京：中国建筑工业出版社，2008.

[3] 程良奎. 喷锚支护监控设计及其在金川镍矿巷道中的应用 [J]. 地下工程，1983，(1).

[4] 程良奎. 挤压膨胀性岩体中巷道的稳定性问题 [J]. 地下工程，1981，(9).

[5] 林秀山，刘宗仁，郑谅臣. 黄河小浪底水利枢纽岩石力学研究与工程实践 [C]. //中国岩石力学与工程世纪成就. 南京：河海大学出版社，2004：829-860.

[6] 朱维申，李术才. 岩体动态施工过程力学和开完方案优化 [C] //中国岩石力学与工程世纪成就. 南京：河海大学出版社，2004：738-740.

[7] 黄鹏辉，许延波，蔡彬. 钢筋肋拱结构在地下厂房破碎岩体中的应用 [J]. 云南水力发电，2017，33 (2)：51-58.

[8] 王建宇. 铁路隧道工程和地铁隧道工程 [C]. //中国岩石力学与工程世纪成就. 南京：河海大学出版社，2004：698-709.

[9] 程良奎. 喷锚支护的工作特性与作用原理 [C] //地下工程经验交流会论文选集. 1982.

[10] 柴志阳，熊卫，王因. 小浪底地下厂房开挖支护与围岩变形稳定分析 [J]. 红水河，2002，21 (2)：36-38.

[11] 杨法玉，王积军. 小浪底工程地下厂房喷锚支护设计 [J]. 人民黄河，1995，(6)：60-64.

[12] 张孝松. 龙滩水电站地下洞室群布置及监控设计 [J]. 岩石力学与工程学报，2005，24 (21)：3983-3989.

[13] L Hobst，J Zajic. Anchoring in Rock and Soil [M]. New York：Elseier scientific publishing company，1983.

[14] 冯树荣，赵海斌. 龙滩地下洞室群设计施工关键技术 [M]. 北京：中国水利水电出版社，2017.

[15] (英) T. H. 汉纳. 锚固技术在岩土工程中的应用 [M]. 胡定，邱作中，刘浩吾译. 北京：中国建筑工业出版社，1987.

[16] 《岩土锚固与喷射混凝土支护工程技术规范》修编组. 大跨度高边墙地下洞室锚喷支护设计与应用. 2012.

[17] 程良奎. 岩石锚固·喷射混凝土·岩土工程稳定性//程良奎. 程良奎科技论文集 [C]. 北京：人民交通出版社股份有限公司，2015.

[18] （德）达米尔·多莫维克，徐德辉等. 印度巴格利哈尔地下水电站的施工与监测 [J]. 水利水电快报，2004，25（4）：13-17.

[19] 蒋厚章. 天湖水电站压力水道设计 [J]. 广西水利水电，1993，A10：44-48.

[20] 莫家荣. 天湖水电站高水头不衬砌井道工程地质探讨 [J]. 广西水利水电，1993，A10：40-43.

[21] 雷文军，等. 柬埔寨王国基里隆Ⅲ号水电站枢纽工程竣工验收设计报告 [R]. 中国电建集团中南勘测设计研究院有限公司. 2013.

[22] 中华人民共和国住房和城乡建设部. 工程岩体分级标准. GB/T 50218—2014 [S]. 北京：中国计划出版社，2014.

[23] 中华人民共和国住房和城乡建设部等. 岩土锚杆与喷射混凝土支护工程技术规范 GB 50086—2015 [S]. 北京：中国计划出版社，2015.

[24] 公路隧道设计规范第一册 土建工程 JTG 3370.1—2018 [S]. 人民交通出版社，2018.

[25] 中华人民共和国交通运输部公路隧道施工技术规范. JTG F60—2009 [S]. 北京：人民交通出版社，2009.

[26] 中华人民共和国国家铁路局. 铁路隧道设计规范. TB 10003—2016 [S]. 北京：中国铁道出版社，2017.

[27] 中华人民共和国铁道部. 高速铁路隧道工程施工技术指南. 铁建设 [2010] 241 号 [S]. 北京：中国铁道出版社，2011.

[28] British Standards Institution（BS8081）. British standard code of practice for ground anchorages. 1989.

第六章　煤矿巷道锚杆支护

第一节　概　述

巷道是矿山资源开采的必要通道，畅通、稳定的巷道是矿山安全、高效开采的保障。根据巷道地质与生产条件，我国开发出多种巷道围岩支护控制技术，包括：支护力作用在巷道围岩表面的支护法，如型钢支架、喷射混凝土、碹砌等支护结构；深入围岩内部保持围岩自承能力的加固法，如锚杆、锚索支护，注浆加固等支护结构；两种或多种巷道围岩控制方法联合使用的联合支护法，如锚喷与注浆、锚杆与支架等支护结构。通过多年的研究与实践，已形成了以锚杆与锚索支护为主体支护结构、多种支护形式并存的巷道支护技术，解决了大量巷道支护难题，支撑起了矿山的安全、高效生产。

第二节　煤矿巷道锚杆支护理论

1. 锚杆支护作用模式

国内外提出的锚杆支护理论很多，根据作用原理可归纳为3个模式：模式Ⅰ，被动地悬吊破坏或潜在破坏范围的煤岩体；模式Ⅱ，在锚固区内形成某种结构（梁、层、拱、壳等）；模式Ⅲ，改善锚固区围岩力学性能与应力状态，特别是围岩屈服后的力学性能。

模式Ⅰ是最早的锚杆支护理论，它将锚杆支护与围岩分割开来，破坏的围岩只是一种荷载，锚杆被动地悬吊这种荷载，支护原理与传统支架没有区别，只不过支架的支撑点在巷道底板，而锚杆的支撑点在上部稳定的岩层。悬吊理论只考虑锚杆的抗拉作用，不考虑抗剪作用。

模式Ⅱ将锚杆与围岩有机结合起来，不再将围岩仅仅看作荷载，而是当作一种承载体，通过锚杆的作用，在锚固区形成承载结构，发挥围岩的自承能力。该模式中，不仅考虑锚杆的抗拉作用，更要重视锚杆的抗剪作用；不仅要考虑锚固体的强度，还需研究锚固体的刚度和稳定性。

模式Ⅲ将加固体看作类似钢筋混凝土的复合材料，围岩中安装锚杆后可不同程度地提高其力学性能指标，同时，锚杆可给巷道表面岩体提供一定的约束力，改善了围岩应力状态。

2. 锚杆支护机理

国内外学者对锚杆支护机理及相关理论问题进行了大量的研究，形成了悬吊、组合梁和组合拱（压缩拱）等较为典型的锚杆支护理论，逐步发展到最大水平应力理论及围岩松动圈理论和考虑支护与围岩共同作用的现代支护理论，包括锚杆支护巷道围岩强化强度理

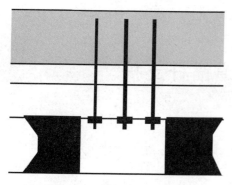

图 6-2-1　锚杆悬吊直接顶

论、预应力支护理论等。

1）悬吊理论

悬吊理论认为：锚杆支护的作用就是将巷道顶板较弱岩层悬吊在上部稳定的岩层上，以增强较软弱岩层的稳定性。以煤矿为例，对于回采巷道经常遇到的层状岩体，当巷道开挖后，直接顶因弯曲、变形与老顶分离，如果锚杆及时将直接顶挤压并悬吊在老顶上，就能减少和限制直接顶的下沉和分离，以达到支护的目的，如图 6-2-1 所示。

巷道浅部围岩松软破碎，或者巷道开挖后应力重新分布，顶板出现松动破裂区，这时锚杆的悬吊作用就是将这部分易冒落岩体悬吊在深部未松动的岩体上，这是悬吊理论的进一步发展。

悬吊理论最直观地揭示了锚杆的支护作用，在分析过程中不考虑围岩的自承能力，而且将被锚固体与原岩体分开，悬吊理论只适用于巷道顶板，不适用于两帮和底板。如果顶板中没有坚硬稳定岩石或顶板软弱岩层较厚，围岩破碎区范围较大，受锚杆长度所限，无法将锚杆锚固到上面坚硬岩层上，悬吊理论就不适用。

2）组合梁理论

组合梁理论认为：在层状岩体中开挖巷道，当顶板在一定范围内不存在坚硬稳定岩层时，锚杆的悬吊作用居于次要的地位。

如果顶板岩层中存在若干分层，顶板锚杆的作用，一方面依靠锚杆的锚固力增加各岩层间的摩擦力，防止岩石沿层面滑动，避免各岩层出现离层现象；另一方面，锚杆杆体可增加岩层间的抗剪强度，阻止岩层间的水平错动，从而将巷道顶板锚固范围内的几个薄岩层锁成一个较厚的岩层（组合梁）。这种组合厚岩层在上覆岩层荷载的作用下，其最大弯曲应变和应力都将大大减少，如图 6-2-2 所示。

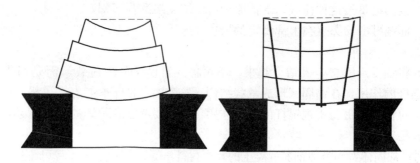

图 6-2-2　锚杆组合梁作用

组合梁理论充分考虑了锚杆对离层及滑动的约束作用，原理上对锚杆作用分析得比较全面，但它存在以下缺陷：

（1）组合梁有效厚度很难确定。它涉及影响锚杆支护的众多因素，目前还没有办法能比较可靠地估计有效组合的厚度。

（2）没有考虑水平应力对组合梁强度、稳定性及锚杆荷载的作用。在水平应力较大的巷道中，水平应力是顶板破坏失稳的主要原因。

组合梁理论只适于层状顶板锚杆支护的设计，对于巷道的两帮和底板不适用。

3）组合拱理论

组合拱理论认为：在拱形巷道围岩的破碎区中安装预应力锚杆时，在杆体两端将形成圆锥形分布的压应力，如果沿巷道周边布置锚杆群，只要锚杆间距足够小，各个锚杆形成的压应力圆锥体将相互交错，就能在岩体中形成一个均匀的压应力带，即承压拱，可以承受其上部岩石形成的径向荷载。在承压拱内的岩石径向及切向均受力，处于三向压应力状态，其围岩强度得到提高，支撑能力也相应增大，因此锚杆支护的关键在于获取较大的承压拱和较高的强度，其厚度越大，越有利于围岩的稳定和支撑能力的提高（图 6-2-3）。

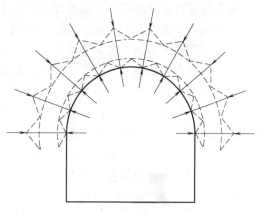

图 6-2-3 锚杆成拱作用

组合拱理论在一定程度上揭示了锚杆支护的作用机理，但在分析过程中没有深入考虑围岩—支护的相互作用，只是将支护结构的最大支护力简单相加，从而得到复合结构总的最大支护阻力，缺乏对被加固体本身力学行为的进一步分析探讨，计算也与实际情况存在一定差距，一般不能作为准确的定量设计，但可作为锚杆加固设计和施工的参考。

4）最大水平应力理论

最大水平应力理论由澳大利亚学者盖尔（W J Gale）提出。该理论认为，矿井岩层的水平应力通常大于垂直应力，水平应力具有明显的方向性，最大水平应力一般为最小水平应力的 1.5～2.5 倍。巷道顶底板的稳定性主要受水平应力的影响，且有三个特点：①与最大水平应力平行的巷道受水平应力影响最小，顶底板稳定性最好；②与最大水平应力呈锐角相交的巷道，其顶底板变形破坏偏向某一帮；③与最大水平应力垂直的巷道，顶底板稳定性最差。

在最大水平应力作用下，顶底板岩层易于发生剪切破坏，出现错动而膨胀造成围岩变形，锚杆的作用即是约束其沿轴向岩层膨胀和垂直于轴向的岩层剪切错动，因此必须要求锚杆强度大、刚度大、抗剪阻力大，才能起到约束围岩变形的作用。

5）围岩强度强化理论

侯朝炯等对锚杆锚固后围岩岩体力学性能的改善进行了系统研究，提出围岩强度强化理论：

（1）系统布置锚杆可以提高岩体的弹性模量 E 和黏聚力 c，并认为锚固体的 E、c 提高较大，而内摩擦角 φ 提高的幅度不大；

（2）锚杆锚固区域围岩具有正交异性，锚杆沿着试件的轴向，其围岩的弹性模量 E 随着锚杆密度的增加而增大，围岩强度的提高主要是内摩擦角 φ 增加，而 c 几乎没有变化；

（3）合理的锚杆支护可以有效地改变围岩的应力状态和应力—应变特性，而不同弹性模量的带锚岩体所表现出来的锚固效果是不同的；

（4）锚杆的锚固效果与锚杆密度、长度、形式、锚杆材料的抗剪强度和刚度有关，并从不同角度提出了最佳的锚杆布置方案；

（5）锚固岩体的变形破坏符合摩尔—库仑准则；

（6）锚杆支护在力学上等价于对孔洞周围岩体施加一定量的径向约束力。

6）巷道围岩松动圈理论

董方庭等提出巷道围岩松动圈理论，其主要内容包括：

（1）松动圈因围岩不同其形状也不相同。若围岩是各向同性，且垂直应力和水平应力相等，则为圆形松动圈；若垂直应力和水平应力不相等，则为椭圆形松动圈，且其长轴与主应力方向垂直。若围岩不是各向同性，则在岩石强度低的部位将产生较大松动圈。

（2）松动圈的形成有一个时间过程，松动圈发展时间与巷道收敛变形在实践上一致。

（3）支护对象为松动圈内围岩的碎胀变形和岩石的吸水膨胀变形（仅限于膨胀地层）。另外，深部围岩的部分弹塑性变形、扩容变形和松动圈自重也可能对支护产生压力。

（4）支护的作用是限制围岩松动圈形成过程的碎胀力造成的有害变形。根据松动圈的厚度，还提出了围岩分类表，认为当松动圈厚度 $L \geqslant 150cm$ 时，为大松动圈，属于软岩，其支护机理为组合拱理论。该理论有很大的先进性，并在重要方面未作假设。

7）"刚性梁"理论

该理论是基于岩体中存在的水平应力，由美国学者的郭颂提出。其主要内容有：

（1）锚杆预应力的大小对顶板的稳定性具有决定作用。当预应力达到一定的程度时，锚杆长度范围内的顶板离层得以控制，建立了刚性梁顶板，它本身形成一个压力自撑结构。

（2）刚性梁顶板可充分利用水平应力来维护顶板的稳定性。水平力的存在，在一定程度上保护着顶板，使其代表顶板岩层处于横向压缩状态。

（3）在刚性梁顶板的条件下，顶板的垂直应力被转移到巷道两侧煤体纵深，巷道两侧的压力减少。与无预应力锚杆支护的"先护帮，后护顶"的原则相反，该理论主张"先护顶，后护帮"。在一定的极限范围内，顶板的稳定性与巷道宽度关系不大。以此理论为指导，进行锚杆支护设计，可以极大地增加锚杆排距，从而降低巷道支护成本，提高巷道掘进速度。而要使巷道顶板"刚性"化的关键，是大力提高锚杆安装时的预应力。

8）预应力支护理论

在以往支护理论分析、数值模拟及井下实践成果的基础上，康红普提出了预应力支护理论，如图 6-2-4 所示。其要点为：

（1）巷道围岩变形主要包括两部分，一是结构面离层、滑动、裂隙张开及新裂纹产生等扩容变形，属于不连续变形；二是围岩的弹性变形、峰值强度之前的塑性变形、锚固区整体变形，属于连续变形。由于结构面的强度一般比较低，因此开巷以后，不连续变形先于连续变形。合理的巷道支护形式是，大幅度提高支护系统的初期支护刚度与强度，有效控制围岩不连续变形，保持围岩的完整性，同时支护系统应具有足够的延伸率，允许巷道围岩有较大的连续变形，使高应力得以释放。

（2）预应力锚杆支护主要作用在于控制锚固区围岩的离层、滑动、裂隙张开、新裂纹产生等扩容变形，使围岩处于受压状态，抑制围岩弯曲变形、拉伸与剪切破坏的出现，使围岩成为承载的主体。在锚固区内形成刚度较大的预应力承载结构，阻止锚固区外岩层产生离层，同时改善围岩深部的应力分布状态。

（3）锚杆预应力及其扩散对支护效果起着决定性作用。根据巷道条件确定合理的预应力，并使预应力实现有效扩散是支护设计的关键。单根锚杆预应力的作用范围是很有限的，必须通过托板、钢带和金属网等构件将锚杆预应力扩散到离锚杆更远的围岩中。特别是对于巷道表面，即使施加很小的支护力，也会明显抑制围岩的变形与破坏，保持顶板的完整。锚杆托板、钢带与金属网等护表构件在预应力支护系统中发挥着极其重要的作用。

（4）预应力锚杆支护系统存在临界支护刚度，即使锚固区不产生明显离层和拉应力区所需要支护系统提供的刚度。以往，对锚杆支护强度比较重视，如对于复杂困难巷道，往往采用加粗、加密、加长、加高杆体强度的方法进行支护，但在有些条件下达不到预期效果，其主要原因是忽略了支护刚度的重要性。支护系统刚度小于临界支护刚度，围岩将长期处于变形与不稳定状态；相反，支护系统的刚度达到或超过临界支护刚度，围岩变形得到有效抑制，巷道处于长期稳定状态。锚杆刚度与杆体截面积、弹性模量成正比，与锚杆长度成反比。锚固体的刚度还与锚杆安装时间、预应力及锚固方式有关，锚杆安装越及时，预应力越高，锚固体刚度越大。此外，与端部锚固相比，全长锚固刚度大。在锚杆形式一定的情况下，支护刚度的关键影响因素是及时支护及锚杆预应力。因此，存在锚杆临界预应力值。当锚杆预应力达到一定数值后，可以有效控制围岩变形与离层，而且锚杆受力变化不大。

（5）锚杆支护对巷道围岩的弹性变形、峰值强度之前的塑性变形、锚固区整体变形等连续变形控制作用不明显，要求支护系统应具有足够的延伸率，使围岩的连续变形得以释放。

（6）对于复杂困难巷道，应采用高预应力、强力锚杆组合支护，应尽量一次支护就能有效控制围岩变形与破坏，避免二次支护和巷道维修。

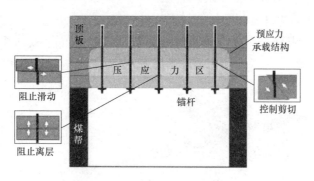

图 6-2-4　预应力锚杆支护原理

第三节　煤矿用锚杆材料及部件

锚杆支护材料在锚杆支护技术中起着至关重要的作用。性能优越的支护材料是充分发挥锚杆支护效果与保证巷道安全的必要前提。

常用的锚杆材料可分为金属、非金属及复合型材料三大类。近年来，随着锚杆支护材料的发展，矿山支护用锚杆类型主要有螺纹钢锚杆、玻璃钢锚杆、注浆锚杆、预应力钢棒锚杆等。其中，螺纹钢锚杆又分为无纵肋螺纹钢杆体和等强度螺纹钢杆体两种。

1. 锚杆、材料

1）左旋无纵肋螺纹钢锚杆

左旋无纵肋螺纹钢锚杆由无纵肋左旋螺纹钢制成，尾部加工成可上螺母的螺纹，配套托板、螺母等部件组成的锚杆。主要由杆体、托板、球垫、垫片、螺母五部分组成，如图6-3-1所示。

2）等强度螺纹钢锚杆

等强度螺纹钢锚杆是由右（或左）旋精轧螺纹钢制成，螺纹连续，全长可上螺母，配套托板、螺母等部件组成的锚杆。主要由杆体、托板、球垫、螺母等组成，如图6-3-2所示。

图6-3-1 左旋无纵肋螺纹钢锚杆　　　　图6-3-2 等强度螺纹钢锚杆

3）玻璃纤维增强塑料锚杆

玻璃纤维增强塑料锚杆是由玻璃纤维增强塑料杆体、托板、螺母组成的粘结锚固型锚杆，如图6-3-3所示。

图6-3-3 玻璃纤维增强塑料锚杆

4）注浆锚杆

针对破碎围岩巷道，将锚固与注浆有机结合，满足锚注一体化联合支护的要求，国内外开发出多种形式的可注浆锚杆，一般由中空杆体、止浆塞、锚头、连接套、螺母、托板组成。

（1）普通注浆锚杆

如图 6-3-4 所示，普通注浆锚杆由杆体、螺母、托板、锚头、止浆塞、连接器等六部分部件组成。

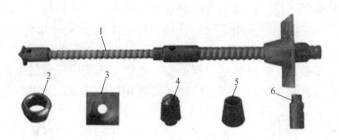

图 6-3-4　普通注浆锚杆

1—杆体；2—螺母；3—托板；4—锚头；5—止浆塞；6—连接器

（2）可控压注浆锚杆

这种锚杆由杆体（无缝钢管或焊接管）、注浆压力控制机构、端部倒楔、止浆塞、托板及螺母等组成。这种锚杆最大的特点是可控制注浆压力，从而提高注浆效果。同时，端部倒楔可提供一定的锚固力，可施加一定的预应力。

（3）外锚内注式注浆锚杆

外锚内注式注浆锚杆杆体为高强度带孔无缝钢管，端头加工小孔用于注浆。托板、螺母同普通注浆锚杆，锚杆封孔采用空心快硬水泥药卷，密封长度可根据围岩裂隙发育程度调节，锚固剂将密封与锚固融为一体，实现了密封与锚固一体化。

（4）组合中空注浆锚杆

组合中空注浆锚杆是由中空锚杆体、钢筋、连接套、托板、螺母、止浆塞、锚头、排气管等组成的锚杆。

（5）涨壳式注浆锚杆

自钻式注浆涨壳式锚杆由杆体、托板、螺母、涨壳式锚固件、止浆塞组成。自钻式注浆涨壳式锚杆的中空钻杆、钻头、连接套、间隔器、托板、螺母、止浆塞与自钻式中空注浆锚杆相同，涨壳式锚固件规格与涨壳锚杆相同。

2. 锚索材料

1）钢绞线

预应力锚索是巷道围岩控制的重要手段，它的广泛应用不仅显著扩大了锚杆的使用范围，而且大幅度减少了顶板冒落事故，提高了巷道的安全程度。自 1996 年以来，预应力锚索在煤矿得到大面积推广应用，对大断面巷道、煤顶和全煤巷道、破碎围岩巷道、高应力巷道及沿空巷道等复杂困难条件起到了良好的支护加固作用。煤矿用预应力锚索可分为树脂锚固型、注浆锚固型及复合锚固型锚索。

早期的预应力锚索主要采用 1860MPa 级的 1×7 结构、直径 15.2mm 钢绞线，为了满足煤矿所需单根钢绞线强度较高的要求，在保持 1860MPa 级不变的条件下，一方面，开发出 1×7 结构，直径达 17.8mm、18.9mm、21.6mm 的钢绞线；另一方面，改变钢绞线结构，开发出 1×19 结构高伸长率的钢绞线并形成系列，直径分别为 18mm、20mm、

22mm 及 28.6mm，直径 28.6mm 的钢绞线破断荷载达到 900kN 以上，而且伸长率达到 7％左右，为 1×7 结构钢绞线伸长率的 2 倍。

2）预应力钢棒

预应力钢棒具有如下特点：高强度、高韧性、低松弛、省材料。因此，预应力钢棒技术发展迅速。矿用预应力钢棒采用螺旋肋外形，杆尾不进行变径处理，无变径应力集中，不进行螺纹加工，杆尾与杆体强度一致；使用锚杆钻机快速安装，锚固剂锚固后，采用张拉方式对钢棒施加预紧力，使钢棒尾部仅受拉，避免了传统锚杆通过预紧扭矩施加预紧力时杆尾受扭、受剪极易发生破断的现象；同时，采用张拉方式又可以大幅度提高预紧力，提高支护效果。

矿用预应力钢棒在外形方面，选用了与矿用锚杆外形类似的螺旋肋，杆体公称直径为 16mm、18mm、20mm，肋高 2mm；在力学性能方面，要求其屈服强度不低于 1140MPa，抗拉强度不低于 1270MPa，冲击吸收功不低于 30J，延伸率不低于 15％。国内的矿用预应力钢棒如图 6-3-5 所示。试验表明，直径 20mm 的钢棒其屈服荷载为 396kN 以上，破断荷载不低于 430kN。

图 6-3-5　矿用预应力钢棒结构

3）镀锌钢绞线

矿山物理化学环境复杂，普通钢绞线容易发生应力腐蚀损伤。应力腐蚀（SCC）是钢材在拉应力与腐蚀介质共同作用下发生的金属断裂现象。镀锌是一种成熟的、传统的防止钢材腐蚀的方法，锌对预应力钢材的腐蚀保护依靠的是锌层的消耗速度和留下的锌层厚度，良好的锌层在疲劳负荷状态下减少了腐蚀侵蚀的危害。

国家标准《预应力热镀锌钢绞线》GB/T 33363—2016 中镀锌钢绞线是由 7 根热镀锌圆钢丝绞合在一起构成的低松弛预应力钢绞线。常用强度等级为 1770MPa、1860MPa、1960MPa。钢绞线公称直径包括 12.5mm、15.2mm、15.7mm、17.8mm。最大力总延伸率不小于 3.5％，1000h 应力松弛损失应不大于 2.5％。镀锌钢绞线具有抗腐蚀性强、柔软性好、稳定性好、抗拉强度高等特点。

3. 锚杆支护部件

煤矿锚杆支护作用主要通过支护部件来发挥，主要包括托板、调心球垫、减摩垫片、螺母、钢带、钢筋托梁和网等，性能良好的支护部件对锚杆锚索支护作用的发挥产生重要影响。

1）托板

锚杆托板是锚杆支护中不可缺少的部件，其具有以下作用：①托板通过挤压围岩表面提供预紧力，使围岩处于三向受力状态，明显改善巷道围岩受力状态；②托板受载后将力传递给锚杆杆体，增大锚杆工作阻力，限制围岩节理面的离层与相对错动，充分发挥锚杆对围岩节理面的加固作用，提高围岩的稳定性。故对托板有以下要求：①应有与锚杆杆体相匹配的承载能力；②应有一定的变形量来适应巷道变形；③具有一定的调心功能，调节偏心作用；④具有一定的护表面积，将预应力扩散至围岩。

锚杆托板一般采用可变形的正方形或圆形金属托板，锚索托板一般采用钢梁或厚度较大的钢板制成。

2）调心球垫

调心球垫的作用就是当锚杆孔与巷道表面夹角小于 90°时，用于调节锚杆的安装角度，从而避免由于锚杆尾部受到较大的弯矩而处于复杂应力状态，影响锚杆支护的整体质量。锚杆调心球垫的强度、刚度及形状和尺寸应与锚杆杆体及其他构件相互匹配，使锚杆在巷道表面不平整的情况下，球垫能够顺利实现调心作用，避免锚杆尾部承受较大的弯曲应力，影响锚杆杆体强度的发挥。

调心球垫通常与调心托板同时使用，目前多数煤矿使用的调心球垫与调心托板如图6-3-6 所示。

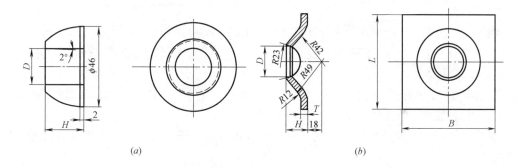

(a)   *(b)*

图 6-3-6　可调心托板与调心球垫结构

（a）调心球垫；（b）调心托板

D—中心孔直径；H—托板高度；T—托板厚度；L—托板长度；B—托板宽度

3）减摩垫片

减摩垫片的主要作用是减小锚杆部件中螺母与调心球垫之间的摩擦系数，增大锚杆预紧扭矩和锚杆预紧力之间的转换系数。因此，在高预应力、强力支护系统中，减摩垫片起着十分重要的作用。

通过对不同材料在不同规格锚杆条件下的减摩性能试验，聚四氟乙烯、尼龙 1010、高密度聚乙烯垫片都有很好的减摩作用，其效果相差不大。在预紧力矩相同的情况下，螺栓预紧力比不加垫片提高 33%～50%。根据试验过程分析，尼龙 1010 延展性能良好，在螺母挤压过程中被挤压得很薄但不断裂，形成碗状，始终起到减摩作用。试验照片见图6-3-7。

4）螺母

锚杆螺母具有施加和传递预应力两方面的作用：一是通过给螺母施加一定的扭矩为锚杆提供预紧力；二是巷道表面变形通过托板、螺母传递到杆体，使锚杆工作阻力增大。

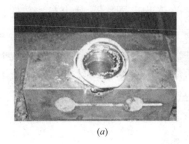 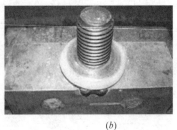

(*a*)　　　　　　　　　　　　　　(*b*)

图 6-3-7　减摩垫片的试验效果照片

(*a*) 高密度聚乙烯垫片；(*b*) 1010 尼龙垫片

由于煤矿井下锚杆受力复杂，标准螺母一般很难满足要求，为此研制出多种锚杆专用螺母。一方面加大螺母的厚度和外径，将螺母与减摩垫圈接触的一面制成法兰式，使得螺母承载能力与杆体匹配，螺母与减摩垫圈、调心球垫接触良好；另一方面，为了实现杆体搅拌树脂锚固剂、安装托板与螺母一体化，提高锚杆安装速度，研制出多种快速安装扭矩螺母，这种螺母一侧设置钢片、销钉或树脂，当螺母扭矩达到一定值时，杆体尾部顶出，实现一体化安装。

5）钢带

钢带一般由钢板轧制而成，常用的有 M 形钢带和 W 形钢带，其抗拉强度大，抗弯刚度大，钢材利用率高，控制锚杆间围岩变形能力强，适用于复杂困难巷道的锚杆组合部件。

6）钢筋托梁

钢筋托梁由钢筋焊接而成，一般有 2 条纵筋，直径为 $10 \sim 16$mm，宽度为 $60 \sim 100$mm，长度根据需要确定。

钢筋托梁最大的优点是加工方便、重量小、成本低、施工方便，适合地质条件相对比较简单的巷道。

7）网

包括金属网和塑料网两种。金属网是重要的护表部件，防止锚杆间破碎岩块掉落，并提供一定的支护力，改善表面及深部围岩应力状态。煤矿金属网按材料可分为铁丝网和钢筋网，按连接方式可分为经纬编织或菱形编织网和钢筋焊接网。

4. 锚杆支护部件的力学性能匹配性

锚杆支护部件之间的相互匹配性对发挥各部件及支护系统的整体支护效果具有十分重要的作用。以煤矿广泛应用的螺纹钢锚杆为例，其锚杆支护部件匹配性研究包括：锚杆杆体、杆尾螺纹、托板、减摩垫片、螺母、钢筋托梁、钢带及金属网等的结构形式、几何参数及力学性能的匹配关系。

1）杆体尾部螺纹与螺母匹配性

在实验室进行的锚杆尾部部件（杆体尾部螺纹与螺母，托板与调心球垫，杆体尾部螺纹、托板与调心球垫）匹配性试验结果如图 6-3-8 所示。试验表明，6 级、8 级螺母均能满足要求，而 6 级是与杆体螺纹匹配的最低螺母强度等级。

不同齿高连接件的拉伸试验结果如图 6-3-9 所示。试验结果表明，齿高 $0.875H$ 为紧密配合，齿高 $0.6H$ 时易出现脱扣现象，建议合理齿高取值为 $0.7H \sim 0.8H$。

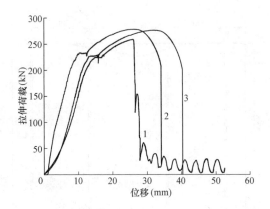

图 6-3-8 锚杆尾部螺纹与螺母连接件拉伸荷载—位移曲线

1—5 级；2—6 级；3—8 级

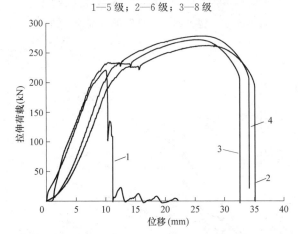

图 6-3-9 不同齿高螺纹与螺母连接件拉伸荷载—位移曲线

1—0.6H；2—0.7H；3—0.8H；4—0.875H

对强度等级为 6 级，高度为 20mm、30mm 的两种 M24 型螺母组成的螺纹连接件进行的拉伸试验表明，两种试件螺纹均没有发生明显的相对位移，承载能力能够达到杆尾螺纹的破断荷载。

2）托板与调心球垫匹配性

试验表明，调心球垫的强度与刚度应大于托板 20%～30%，可保证调心球垫出现明显的压痕，起到较好作用。

3）杆体尾部螺纹、托板及调心球垫匹配性

由于井下巷道表面大都不平整，而且锚杆安装角度也有一定误差，因此，绝大部分锚杆杆体不与巷道表面垂直，在安装过程中锚杆尾部会出现一定程度的弯曲变形。此时，杆体尾部螺纹、托板及调心球垫的匹配性对锚杆受力状态影响十分明显。室内模拟试验（图 6-3-10）锚杆采用直径 22mm、HRB500 型螺纹钢锚杆，长度为 1000mm，树脂锚固长度为 500mm。拱形托板尺寸为 150mm×150mm×8mm，配套调心球垫、减摩垫圈及螺母。W 钢带宽度 275mm，厚度 5mm，长度 1200mm。

试验结果如图 6-3-11 所示。试验结果表明，当扭矩比较小时，调心球垫的调心作用比较明显。而当扭矩达到一定值后，调心球垫基本失去调心作用。扭矩继续增加，将导致锚杆进一步

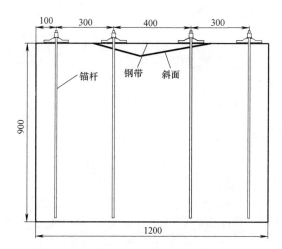

图 6-3-10 锚杆尾部部件匹配性试验台结构

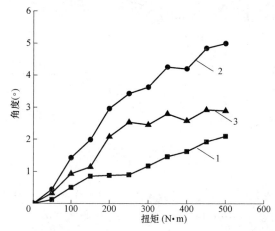

图 6-3-11 锚杆尾部部件弯曲（转动）角度与螺母扭矩的关系

1—锚杆弯曲角度；2—托板旋转角度；3—调心球垫调心角度

弯曲，受力状态恶化。调心球垫可减少锚杆一定量的弯曲，但不能完全消除锚杆弯曲。

4）钢带、金属网等与锚杆的匹配性

钢带、钢筋托梁等组合部件应具有一定的抗拉、抗剪能力，抗弯刚度及护表面积。组合部件几何参数、力学性能应与锚杆匹配，从而保证锚杆支护系统整体支护作用。

（1）组合部件形式与锚杆匹配。对于钢筋托梁，由于其强度小、刚度低、宽度窄，钢筋与围岩表面为线接触，锚杆不能施加较大的预紧力（预紧力矩一般不超过 300N·m），因此，只能与低预应力、低强度锚杆配套使用；对于高预应力、高强度锚杆，应配用力学性能优越的 W 形钢带、M 形钢带。

（2）组合部件几何参数与锚杆杆体、托板匹配。钢筋托梁宽度、W 形钢带槽宽、M 形钢带顶宽等参数应与托板匹配。锚杆直径、长度越大，配用的钢筋托梁直径、宽度，钢带厚度与宽度应随之增大。

（3）组合部件力学性能与锚杆匹配。组合部件应具有足够的抗拉、抗剪及抗弯能力，将锚杆预紧力和工作阻力有效扩散到围岩中，控制锚杆间围岩的变形。

（4）金属网应具有足够的抗拉强度、抗剪强度、抗弯刚度及良好的加工性能，金属网本身与连网方式相匹配，与锚杆及组合部件的力学性能匹配。

基于上述试验研究成果，对锚杆各部件进行了材质、几何形状与尺寸优化，提高了锚杆支护部件力学性能及匹配性，改善了锚杆受力状态，降低了支护部件破坏率，提高了支护系统的整体支护能力。

第四节　煤矿巷道锚杆支护动态信息设计法

锚杆支护设计的任务是根据巷道地质与生产条件，提出合理的支护形式与参数。我国煤矿巷道锚杆支护的主要形式包括单体锚杆，锚网支护，锚喷支护，锚网喷支护，锚梁（带）支护，锚梁（带）网支护，锚梁（带）网锚索支护，锚杆（索）桁架支护，全锚索支护等。

国内外现有的锚杆支护设计方法很多，如基于以往经验和围岩分类的经验设计法，基于某种假说和解析计算的理论设计法，以现场监测数据为基础的监控设计法。

根据煤矿巷道的特点，借鉴国外先进技术经验，提出锚杆支护动态信息设计法。动态信息法具有两大特点：其一，设计不是一次完成的，而是一个动态过程；其二，设计充分利用每个过程中提供的信息，实时进行信息收集、分析与反馈。该设计方法包括五部分：巷道围岩地质力学评估、初始设计、井下监测、信息反馈与修正设计。围岩地质力学评估包括围岩强度、围岩结构、地应力、井下环境评价及锚固性能测试等内容，为初始设计提供可靠的基础参数；初始设计以数值计算方法为主，结合已有经验和实测数据确定出比较合理的初始设计；将初始设计实施于井下，进行详细的围岩位移和锚杆受力监测；根据监测结果判断初始设计的合理性，必要时修正初始设计。正常施工后应进行日常监测，保证巷道安全。

1. 巷道围岩地质力学评估

巷道围岩地质力学评估是在地质力学测试基础上进行的。包括以下几方面：

（1）巷道围岩岩性和强度。包括煤层厚度、倾角、抗压强度；顶底板岩层分布、强度。

（2）地质构造和围岩结构。巷道周围比较大的地质构造，如断层、褶曲等的分布，对巷道的影响程度。巷道围岩中不连续面的分布状况，如分层厚度和节理裂隙间距的大小、不连续面的力学特性等。

（3）地应力。包括垂直主应力和两个水平主应力，其中最大水平主应力的方向和大小对锚杆支护设计尤为重要。

（4）环境影响。水文地质条件，涌水量，水对围岩强度的影响，瓦斯涌出量，岩石风化性质等。

（5）采动影响。巷道与采掘工作面、采空区的空间位置关系，层间距大小及煤柱尺寸；巷道掘进与采动影响的时间关系（采前掘进、采动过程中掘进、采动稳定后掘进）；采动次数，一次采动影响、二次或多次采动影响等。

（6）粘结强度测试。采用锚杆拉拔计确定树脂锚固剂的粘结强度。该测试工作必须在井下施工之前进行完毕。测试应采用施工中所用的锚杆和树脂药卷，分别在巷道顶板和两帮设计锚固深度上进行三组拉拔试验。粘结强度满足设计要求后方可在井下施工中采用。

初始设计前所需的原始数据如表 6-4-1 所列。

地质力学评估内容　　　　　　　　　　　　表 6-4-1

序号	原始资料	说明与测取
1	煤层厚度	指被巷道切割的煤层厚度
2	煤层倾角	由工作面地质说明书给出，或在井下直接量取
3	煤层物理力学参数	在井下直接测取，或在实验室内利用煤样测定
4	2 倍巷道宽度范围内顶板岩层层数与厚度	由地质柱状图或钻孔资料确定
5	1 倍巷道宽度范围内底板岩层层数与厚度	由地质柱状图或钻孔资料确定
6	各层节理裂隙间距	指沿结构面法线方向的平均间距，在巷道内（或类似条件巷道内）测取
7	岩层的分层厚度	指分层厚度的平均值
8	岩层的物理力学参数	在井下直接测取，或在实验室内利用岩样测定
9	地质构造	巷道周围地质构造分布情况，地质说明书
10	水文地质条件	巷道涌水量，水对围岩力学性质的影响，工作面地质说明书
11	巷道埋深	地表到巷道的垂直距离
12	原岩应力的大小和方向	井下实测
13	巷道轴线方向	由工作面巷道布置图给出
14	煤柱宽度	煤柱的实际宽度
15	采动影响	巷道受到周围采动影响情况
16	巷道几何形状和尺寸	宜选用的几何形状为矩形和梯形
17	锚杆在岩层中的锚固力	井下锚杆锚固力拉拔试验
18	锚杆在煤层中的锚固力	井下锚杆锚固力拉拔试验

2. 初始设计方法

锚杆支护初始设计采用数值模拟计算结合其他方法确定。通过数值模拟计算，可分析巷道围岩位移、应力及破坏范围分布，支护体受力状况；不同因素对巷道围岩变形与破坏的影响，不同支护参数对支护效果的影响；通过方案比较，确定合理的支护参数（如锚杆长度、直径、间排距等）。对于数值模拟不太好反映的参数，如钻孔直径、组合构件参数等，采用其他方法确定。

1）数值模拟计算方法

随着计算技术的迅速发展，有限元、离散元及有限差分等数值方法已广泛应用于巷道支护设计。它们在解决非圆形、非均质、复杂边界条件的巷道支护设计方面显示出较大的优越性，而且可以同时进行众多方案的比较，从中选出合理方案。目前，用于巷道支护设计的数值模拟方法主要有三种：

（1）有限元法

在各种有限元计算机软件中，把连续介质或物体表示为一些单元的集合。这些单元可认为是在一些称之为节点的指定结合点处彼此连接。这些节点通常是置于单元的边界上，并认为相邻单元就是在这些节点上与它相连的。由于不知道连续介质内部场变量（如位移、应力、温度、压力或速度）的真实变化，所以先假设有限元内场变量的变化可用一种简单的函数来近似描述。这些近似函数可以由场变量在节点处的值来确定。当对整个连续介质写出场方程组（如平衡方程组）时，新的未知量就是场变量的节点值。求解方程组即得场变量的节点值，继而求出整个单元集合体的场变量，最终求得位移和应力的近似解。

目前，有多种有限元软件，如 NASTRAN、ABAQUS、ADINA、ALGOR、ANSYS 等，国内外岩土工程方面 ANSYS 软件应用比较多。ANSYS 软件有自己的语言（APDL），具备一般计算机的所有功能，用户可用变量的形式建立模型，可在其他环境下编程。有限元法主要适用于模拟连续介质。

（2）离散元方法

离散元法是 Cundall 于 1971 年提出的，该法适用于研究在准静力或动力条件下的节理系统或块体集合的力学问题。近年来，离散元法有了长足的发展，已成为解决岩土力学问题的一种重要数值方法。

有限元法、有限差分法、边界元法等数值方法是建立在连续性假设基础上的。然而，当煤岩体形态和结构呈强烈的非连续性，煤岩块体的运动和受力为几何或材料非线性时，用连续介质力学进行求解显然是不适合的，需要用别的方法解决。离散元法充分考虑结构的不连续性，适用于解决节理化岩石力学问题。离散元法能够分析变形连续和不连续的多个物体相互作用问题、物体断裂问题以及大位移和大转动问题，能够处理范围广泛的材料本构关系、相互作用准则和任意几何形状。离散元法的这些特点非常适用于类似煤岩体的非连续体。

离散元法也像有限元法那样，将区域划分为单元。但是，单元因受节理等不连续面的控制，在以后的运动过程中，单元节点可以分离，即一个单元与相邻单元可以接触，也可以分开，单元之间相互作用的力可以根据力和位移的关系求出，而个别单元的运动则完全根据该单元所受的不平衡力和不平衡力矩的大小按牛顿运动定律确定。离散元法是一种显式求解的数值方法，显式法不需要形成矩阵，因此可以考虑大的位移和非线性，而不必花费额外的计算时间。

UDEC、3DEC 等二维、三维离散元软件已经在我国得到应用，在分析顶板垮落、顶煤冒落、节理化巷道围岩稳定性与支护设计等方面取得了良好效果。

（3）有限差分法

差分法是一种最古老的数值计算方法，但是随着现代数值计算手段的飞速发展，赋予了差分法更多的功能和更广的应用范围。

目前应用比较广泛的 FLAC 软件（二维、三维），可模拟土、岩石等材料的力学行为。它采用显式拉格朗日算法及混合离散划分单元技术，使该程序能够精确地模拟材料的塑性流动和破坏。FLAC 采用显式解法，可模拟任意非线性力学问题，而所用机时与解线性问题相差无几。FLAC 不需要存储矩阵，在不增加很大内存要求的情况下可计算含大量单元的模型。因为没有刚度矩阵不断更新，所以大变形与小变形计算的机时消耗无明显区别。FLAC 内部含有多个力学模型，如摩尔—库仑模型、应变硬化/软化模型、节理模型及双屈服模型等，用以模拟高度非线性、不可逆等地质材料的变形特征。除此之外，FLAC 还有多种特殊功能：FLAC 中含有界面单元，可以模拟岩层中不连续面，如断层、节理及层理等滑动和离层；FLAC 中含有四种结构单元，分别为梁、锚杆、桩及支柱单元，可以模拟各种支护构件。锚杆单元是一种一维轴向单元，在一定拉力下屈服。锚固方式可以是端锚、全长锚固或任意长度锚固，这种单元还可以施加预紧力。FLAC 内部还有一种编程语言 FISH。运用 FISH 语言，用户可编制自己的函数、变量，甚至引入自定义力学模型，显著扩大了 FLAC 的应用范围和灵活性。有限差分法适用于模拟连续介质非线性、大变形问题。

2）数值模拟步骤

采用数值模拟方法进行锚杆支护设计一般按以下步骤进行：

（1）确定巷道的位置与布置方向。巷道位置与布置方向一般根据煤层条件、井田和采区划分、回采工作面布置及采煤方法等因素确定。在近水平煤层条件下，如果能考虑地应力对巷道稳定性的影响，将十分有利于巷道维护。一方面，尽量将巷道布置在比较稳定的煤岩体中和应力降低区；另一方面，应将巷道布置在受力状态有利的方向。如当巷道轴线与最大水平主应力平行，巷道受水平应力的影响最小，有利于顶底板稳定；当巷道轴线与最大水平主应力垂直，巷道受水平应力的影响最大，顶底板稳定性最差。

（2）确定巷道断面形状与尺寸。根据运输设备尺寸、通风、行人要求和巷道围岩变形预留量，设计合理的巷道断面形状与尺寸。对于回采巷道，断面形状应优先选择矩形，以满足回采工作面快速推进的要求。

（3）建立数值模型。根据巷道地质与生产条件，确定模型模拟范围、模型网格及边界条件，选择合理的模拟围岩和支护体的力学模型。

（4）确定模拟方案。根据模拟对象确定模拟方案。一般包括无支护巷道，不同巷道轴向与最大水平主应力方向夹角、不同煤柱尺寸护巷，不同锚杆直径、长度、强度和支护密度，及有无锚索，锚索密度、长度、强度等支护方案。

（5）模拟结果分析。分析巷道围岩变形与破坏的特征，地应力大小与方向、煤柱尺寸对围岩稳定性的影响，锚杆、锚索支护密度、直径、长度和强度等参数对支护效果的影响。通过多方案比较，最后选择有效、经济、便于施工的支护方案。

3. 锚杆支护设计原则与锚杆支护参数确定

1）锚杆支护设计原则

针对我国煤矿巷道地质与生产条件，特别是复杂困难条件巷道，为了充分发挥锚杆支护的作用，提出以下设计原则：

（1）一次支护原则。锚杆支护应尽量一次支护就能有效控制围岩变形，避免二次或多次支护以及巷道维修。一方面，这是矿井实现高效、安全生产的要求，就回采巷道而言，要实现采煤工作面的快速推进，服务于回采的顺槽应在使用期限内保持稳定，基本不需要维修；对于大巷和洞室等永久工程，更需要保持长期稳定，不能经常维修。另一方面，这是锚杆支护本身的作用原理决定的。巷道围岩一旦揭露，立即进行锚杆支护，效果最佳，而在已发生离层、破坏的围岩中安装锚杆，支护效果会受到显著影响。

（2）高预应力和预应力扩散原则。预应力是锚杆支护中的关键因素，是区别锚杆支护是被动支护还是主动支护的参数，只有高预应力的锚杆支护才是真正的主动支护，才能充分发挥锚杆支护的作用。一方面，要采取有效措施给锚杆施加较大的预应力；另一方面，通过托板、钢带等构件实现锚杆预应力的扩散，扩大预应力的作用范围，提高锚固体的整体刚度，保持其完整性。

（3）"三高一低"原则。即高强度、高刚度、高可靠性与低支护密度原则。在提高锚杆强度（如加大锚杆直径或提高杆体材料的强度）、刚度（提高锚杆预应力、加长或全长锚固），保证支护系统可靠性的条件下，降低支护密度，减少单位面积上锚杆数量，提高掘进速度。

（4）临界支护强度与刚度原则。锚杆支护系统存在临界支护强度与刚度，如果支护强度与刚度低于临界值，巷道将长期处于不稳定状态，围岩变形与破坏得不到有效控制。因此，设计锚杆支护系统的强度与刚度应大于临界值。

（5）相互匹配原则。锚杆各构件，包括托板、螺母、钢带等的参数与力学性能应相互匹配，锚杆与锚索的参数与力学性能应相互匹配，以最大限度地发挥锚杆支护的整体支护作用。

（6）可操作性原则。提供的锚杆支护设计应具有可操作性，有利于井下施工管理和掘进速度的提高。

（7）在保证巷道支护效果和安全程度，技术上可行、施工上可操作的条件下，做到经济合理，有利于降低巷道支护综合成本。

2）锚杆支护形式与参数的确定

锚杆支护形式与参数确定包括以下主要内容：

（1）锚杆种类（螺纹钢锚杆，圆钢锚杆，其他锚杆）；

（2）锚杆几何参数（直径、长度）；

（3）锚杆力学参数（屈服强度、抗拉强度、延伸率）；

（4）锚杆密度，即锚杆间、排距；

（5）锚杆安装角度；

（6）钻孔直径；

（7）锚固方式（端部锚固，加长锚固，全长锚固）和锚固长度；

（8）锚杆预紧力矩或预应力；

（9）钢带形式、规格和强度；

（10）金属网形式、规格和强度；

（11）锚索种类；

（12）锚索几何参数（直径、长度）；

（13）锚索力学参数（抗拉强度、延伸率）；

（14）锚索密度，即锚索间、排距；

（15）锚索安装角度；

（16）锚索孔直径，锚固方式和锚固长度；

（17）锚索预紧力；

（18）锚索组合构件形式、规格和强度。

4. 井下监测与信息反馈及修正设计

初始设计实施于井下后，必须进行全面、系统的监测，这也是动态信息法中的一项主要内容。监测的目的是获取巷道围岩和锚杆的各种变形和受力信息，以便分析巷道的安全程度和修正初始设计。井下监测主要包括围岩位移、围岩应力、锚杆（索）受力监测。

获得监测数据以后，应从众多数据中选取修改、调整初始设计的信息反馈指标。指标应能比较全面地反映巷道支护状况，同时具有可操作性。将实测数据与信息反馈指标比较，就可判断初始设计的合理性，必要时修正初始设计。

第五节　煤矿巷道锚杆支护施工与检测监测

锚杆支护属于隐蔽性工程，支护设计不合理或施工质量不满足设计要求都有可能导致顶板垮落、两帮片落，出现安全事故。因此，在锚杆支护施工过程中，必须严格按照设计或掘进作业规程的要求完成各个作业工序。锚杆支护施工后，还必须进行工程质量检测，确保施工质量满足设计要求。同时，应对巷道围岩变形与破坏状况，锚杆（索）受力分布和大小进行全面、系统的监测，以获得支护体和围岩的位移和应力信息，从而验证锚杆支护初始设计的合理性和可靠性，判断巷道围岩的稳定程度和安全性。根据矿压监测数据修改初始设计，使其逐步趋于合理。为此，开发了多种形式的仪器仪表、监测集成系统，有些已在井下得到大面积推广应用，成为锚杆支护必不可少的配套技术。

1. 锚杆支护施工

目前，我国煤巷支护施工大致可分为以下三类：

（1）悬臂式掘进机配单体锚杆钻机工艺。这是我国煤矿大量采用的传统综合机械化掘进工艺，由掘进机割煤、装煤，单体锚杆钻机钻装锚杆。成巷速度一般为 $100\sim300\text{m/月}$，较好的月进度在 $300\sim500\text{m}$，个别条件可达到 800m 以上。

（2）连续采煤机与锚杆台车交叉换位掘进工艺。该工艺适用于巷道顶板稳定的多巷布置方式。连续采煤机割煤、装煤，运煤车运煤，锚杆台车钻装锚杆，交叉换位作业，月进可达 $1000\sim3000\text{m}$。

（3）掘锚一体化工艺。采用掘锚联合机组完成掘锚作业，适用于单巷掘进、顶板需要及时支护的巷道。在适宜的条件下，成巷速度可达到 600m/月以上。

岩巷支护施工主要有钻孔爆破配单体锚杆钻机或凿岩台车、悬臂式硬岩掘进机配单体锚杆钻机及 TBM 硬岩掘进机配锚杆钻机平台工艺。

2. 锚杆支护施工机具

锚杆支护施工机具包括锚杆钻机、钻头与钻杆，锚杆预紧设备及锚索安装设备等，其中，锚杆钻机是核心设备。气动顶板单体锚杆钻机和系列单体顶板液压锚杆钻机及配套机具成为煤矿锚杆施工的主力机型，基本满足井下锚杆支护施工的需要。除单体锚杆钻机外，我国在掘进机机载锚杆钻机方面也进行了研究与试验，取得了良好效果。如神东矿区采用与连续采煤机配套的锚杆台车，创造了煤巷掘进进尺的纪录；神煤炭集团东公司、山西鲁能河曲电煤开发有限责任公司采用引进的掘锚机组，煤巷掘进速度达到 1200m/月以上。兖州矿区在引进掘锚联合机组的基础上，进行了自主开发、集成和创新，煤巷月进尺突破了千米大关。煤炭科学研究总院太原研究院开发出四臂、八臂式锚杆钻车；与神东公司合作开发出全断面煤巷快速掘进系统，采用一次截割全断面掘进机掘进，带式连续运输系统运煤，跨骑式八臂锚杆钻机，并配合两臂锚杆钻车钻装锚杆，显著提高了锚杆机的同时开机率。该系统煤巷最高单日进尺达 158m，月进尺突破 3000m。

为了满足高预应力锚杆施工的要求，开发出多种形式的气动、液压大扭矩扳手；研制出与单体锚杆钻机配套使用的扭矩倍增器，可以成倍增加锚杆螺母拧紧力矩。此外，还开发出锚杆液压张拉器，采用张拉方式给锚杆施加预应力，可达 100kN 以上。对于树脂锚固预应力锚索，研制出多种型号、规格的张拉设备，满足了不同直径、吨位锚索的预应力施加要求。

1）锚杆钻机

锚杆钻机按动力驱动方式分为：气动式、液压式及电动式；按钻机结构分为：单体式、分体式、钻车式及履带式；按动力头的回转方式分为：单动力头及双动力头；按破岩方式可分为旋转式以及冲击—旋转式，旋转式锚杆钻机还可作为锚杆搅拌和安装设备（尤其适用于药卷类锚杆），不再需要其他辅助设备，实现螺母一次性拧紧，达到一次性初锚预紧力的要求；冲击—旋转式钻机也可进行摩擦式、水泥浆等无需搅拌的锚杆的安装作业。

图 6-5-1　手持式气动钻机

手持式气动钻机见图 6-5-1，支腿式气动钻机见图 6-5-2，架柱式气动钻机见图 6-5-3。

图 6-5-2　支腿式气动锚杆钻机

图 6-5-3　架柱式气动锚杆钻机

手持旋转式液压锚杆钻机见图 6-5-4，支腿式液压锚杆钻机见图 6-5-5，架柱式液压回转钻机见图 6-5-6。

图 6-5-4　手持式液压钻机

图 6-5-5　支腿式液压钻机

手持式液压凿岩机见图 6-5-7，支腿式液压凿岩机见图 6-5-8，全液压锚杆组合台车见图 6-5-9。

图 6-5-6　架柱式液压回转钻机

图 6-5-7　手持式液压凿岩机

图 6-5-8　支腿式液压凿岩机

图 6-5-9　全液压锚杆组合台车

2）预紧及张拉机具

锚固型锚杆安装后，锚杆需要施加预紧力，通常使用锚杆施工预紧机具拧紧螺母来实现（适用于螺母安装型锚杆），也可通过张拉设备张拉锚杆实现。

（1）预紧机具

锚杆施工预紧机具可采用大扭矩锚杆钻机、扭矩倍增器以及扭矩扳手等，通过对螺母施加扭矩来施加预紧力。大扭矩锚杆钻机不仅可以提高锚杆预紧力矩，而且可实现锚杆安装一体化，提高施工速度。锚杆钻车的扭矩可达到 280N·m，而国内单体锚杆钻机的额定扭矩一般不超过 160N·m，无法满足锚杆高预紧力的需求。通常采用扭矩倍增器（图 6-5-10）和扭矩扳手（图 6-5-11 手动扭矩扳手，图 6-5-12 液压扭矩扳手，图 6-5-13 风动扭矩扳手）进行人工预紧。

（2）张拉机具

① 千斤顶

对锚杆张拉就是通过张拉设备使锚杆预应力筋的自由段产生弹性变形，从而在锚固结构上产生预应力，以达到加固锚固结构的目的。煤矿系统针对小孔径树脂锚固预应力锚索的特点，开发研制出了各种形式与规格的锚索张拉设备，主要包括油泵、张拉千斤顶和液压切断器。锚索张拉千斤顶为穿心结构，主要由外缸、内缸、顶锚管、顶压器、工具锚、退锚环、碟簧等部件组成，如图 6-5-14 所示。部分国产锚索张拉千斤顶的主要技术性能参数见表 6-5-1。

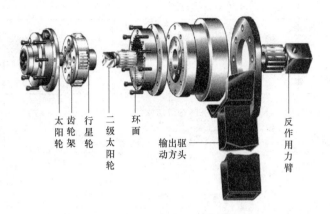

太阳轮　齿轮架　行星轮　二级太阳轮　环面　输出驱动方头　反作用力臂

图 6-5-10　扭矩倍增器结构

图 6-5-11　手动扭矩扳手

中空式液压扭矩扳手　　　方头式液压扭矩扳手　　　液压冲击扳手

图 6-5-12　液压扭矩扳手

图 6-5-13　气动扭矩扳手

图 6-5-14　锚索张拉千斤顶

部分国产锚索张拉千斤顶主要技术性能参数 表 6-5-1

	型号	MSY-180	MSY-230	YDC			YCD				YCD
	规格	180	230	120	180	250	180	200	200	350	180
张拉千斤顶	额定张拉力（kN）	180	230	120	180	250	180	200	200	350	180
	张拉行程（mm）	120	150	150	150	150	150	150	150	150	150
	适用钢绞线直径(mm)	12.7/15.24	12.7/15.24	15.24	15.24	15.24/17.8	15.24	17.8	19.0	19.0	15.24
	质量(kg)	12	18	8.4	18	21	14	20	20	35	17.5
配套油泵	手动	额定压力 63MPa		SYB-80			SDB1.8/7.8×70/10				SDB-63
							SDB2.7/12.7×70/15				
	电动	电机功率 0.75kW，流量 0.75L/min		KDB0.63×63			KZDB0.63×63				
							KZDB1.25×63				
	气动	额定压力 63MPa，气压 0.5MPa		QYB-0.45/70			FDB0.5×63				QB-63
生产厂家		北京中煤矿山工程有限公司		石家庄中煤装备制造有限公司			北京市巧力神液压机具厂				江阴市矿山器材厂

② 油泵

可采用手动油泵、电动油泵、气动油泵。

3）附属机具

锚杆锚索施工附属机具主要有锚杆切断器。锚杆切断器是煤矿巷道用于修整锚杆长度的工具。如图 6-5-15 所示。

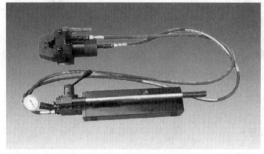

锚杆切断器是在煤矿巷道掘进支护、修巷时，用于修整锚杆长度的一种支护工具，它可安全快速地切断高强度锚杆。此外，它还解决了进风区、老塘、采空区、回风区、落山角的顶板快速放顶问题，使瓦斯、煤尘积存量缩小，预防了瓦斯、煤尘积存的隐患。

图 6-5-15　锚杆切断器

3. 锚杆支护质量检测技术

锚杆支护施工质量检测内容包括锚杆（索）拉拔力和预应力，锚杆（索）几何参数，托板、钢带及金属网安装质量，锚固长度及锚固剂密实程度等。

1）锚杆拉拔力检测技术

锚杆拉拔力是锚杆在拉拔试验中能承受的最大拉力。拉拔力是评价煤岩体可锚性、锚固剂粘结强度、杆体力学性能的重要参数。井下进行锚杆支护之前，必须做拉拔试验。拉拔试验不仅要检测锚杆拉拔力，还应记录拉拔过程中锚杆尾部的位移量，进而绘制拉力与位移曲线，综合分析锚杆的锚固效果。

（1）锚杆拉拔力检测仪器

锚杆拉拔计是最常用的锚杆拉拔力检测仪器。国内外开发研制了多种形式、规格和量程的锚杆拉拔计，以满足不同巷道支护的需求。数显式锚杆拉拔计见图 6-5-16。

（2）锚杆拉拔力检测方法

锚杆拉拔试验分两种情况：一是井下实施锚杆支护之前的拉拔试验；二是锚杆支护之后对拉拔力的检测。

锚杆拉拔试验：井下实施锚杆支护

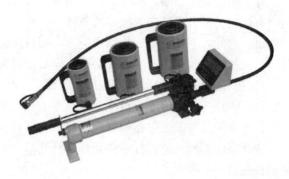

图 6-5-16　数显式锚杆拉拔计

之前进行拉拔试验，主要是测试煤岩体的可锚性、锚固剂的粘结强度和锚固效果，评价应用锚杆支护的可行性，而锚杆杆体的力学性能不是该试验的主要检测内容。为此，对锚杆拉拔试验有以下要求：

① 锚杆拉拔试验采用锚杆拉拔计在井下巷道中完成。

② 试验地点应选在井下巷道施工现场或类似的围岩中进行。

③ 试验所需的锚杆、锚固剂等材料应与正式施工时所用的材料相同。

④ 试验所需的机具、钻孔参数应与正式施工时相同。

⑤ 试验应采用短锚固（如 150～200mm 长的锚固剂）形式，以便测试锚固剂粘结强度。

⑥ 试验为破坏性试验，拉拔至锚杆失效，试验过程中记录荷载与锚杆尾端位移。

⑦ 根据最大荷载、荷载与位移曲线，分析围岩的可锚性、锚固效果，对应用锚杆支护的可行性作出判定。

锚杆拉拔力检测：锚杆拉拔力检测是对正常施工锚杆的质量进行检测，判断锚杆是否达到设计锚固力。这种检测一般为非破坏性的，对其有以下要求：

① 锚杆拉拔力检测采用锚杆拉拔计在井下施工的巷道中完成。

② 锚杆拉拔力检测抽样率为 3％。每 300 根锚杆抽样 1 组（9 根）进行检查；不足 300 根时，按 300 根考虑。拉拔加载至锚杆设计锚固力的 80％，并作详细记录。

③ 被检测的 9 根锚杆都应符合设计要求。只要有 1 根不合格，再抽样 1 组（9 根）进行试验。再不合要求，必须组织有关人员研究锚杆施工质量不合格的原因，并采取相应的处理措施。

2）锚杆预应力检测

锚杆预应力是高强度、高刚度锚杆支护系统的决定性因素，对支护效果与围岩稳定性起关键作用。对锚杆预应力的检测是非常重要的工程质量检测内容。

锚杆预应力的检测一般采用扭矩扳手。锚杆预应力检测应符合以下要求：

（1）每小班顶帮各抽样 1 组（3 根）进行锚杆螺母扭矩检测。每根锚杆螺母拧紧力矩应符合设计要求。

（2）每组中有 1 个螺母扭矩不合格，就要再抽查 1 组（3 根）。若仍发现有不合格的，应将本班安装的所有螺母重新拧紧和检测一遍。

井下实测数据表明，预应力会随锚杆安装后时间的加长而发生变化。特别是初始施加预应力较高、围岩比较松软破碎的条件下，预应力会随时间延长而明显降低，显著影响支护效果。因此，不仅应检测初始预应力，而且应监测锚杆预应力的变化，根据预应力变化曲线，调整初始预应力的大小，必要时应对锚杆实施二次拧紧。

3）锚杆支护几何参数与安装质量检测

（1）锚杆支护几何参数检测

锚杆支护几何参数包括锚杆间、排距，锚杆安装角度，锚杆外露长度等。

锚杆间距指同一排锚杆中两相邻锚杆孔口中心距离；锚杆排距是指沿巷道轴向相邻两排锚杆孔口中心距离。

锚杆安装角度：一般情况下，锚杆安装方向与巷道轴线垂直，可用锚杆轴线与水平线（或垂线）的夹角表示锚杆安装角度；当锚杆安装方向与巷道轴线不垂直时，属于空间问题，需要三个角度描述锚杆安装方向。

锚杆外露长度是指锚杆露出托板的长度。

锚杆几何参数检测应符合以下要求：

① 锚杆安装几何参数检测验收由班组完成。检测间距不大于 20m，每次检测点数不应少于 3 个。

② 锚杆间、排距检测：采用钢卷尺测量测点处呈四边形布置的 4 根锚杆之间距离。锚杆间、排距允许有一定的误差，如《煤矿井巷工程质量检验评定标准》MT 5009—94 规定，锚杆间、排距的允许误差为±100mm；很多矿区根据本矿区的具体条件，规定锚杆间、排距的允许误差为±50mm。

③ 锚杆安装角度误差控制在±5°。

④ 锚杆外露长度检测：采用钢板尺测量测点处 1 排锚杆外露长度最大值。在《锚喷支护工程质量检测规程》MT/T 5015—96 中规定，锚杆外露长度应不大于 50mm，很多矿区以此作为检测锚杆外露长度的标准。但是，在井下实际操作时，特别是锚杆预应力较高、围岩松软破碎时，为了达到设计的预应力，有可能导致锚杆外露过长。在这种条件下，应以发挥锚杆支护作用为主，不能过分强调外露长度。

（2）锚杆托板安装质量检测

锚杆托板安装质量检测应符合以下要求：

① 锚杆托板应安装牢固，与组合构件一同紧贴围岩表面，不松动。对难以接触部位应楔紧、背实。

② 锚杆托板安装质量检测方法采用实地观察和现场搬动。

③ 检测频度同锚杆几何参数，每个测点应以 1 排锚杆托板为 1 组检测。

（3）组合构件与铺网安装质量检测

组合构件与铺网安装质量检测应符合以下要求：

采用现场观察方法检测。组合构件与金属网应紧贴巷道表面。尺量网片搭接长度及连网点距离，应符合设计要求。网间按设计要求连接牢固。

4）锚索安装质量检测

锚索安装工程质量检测内容与锚杆类似，包括锚索拉拔力和预应力，锚索几何参数，托板与组合构件的安装质量等。

（1）锚索拉拔试验采用锚索张拉设备在井下巷道中完成，其他要求与锚杆类似。

（2）锚索预应力检测采用锚索张拉设备对已安装锚索的预应力进行检测，锚索预紧力的最低值应不小于设计值的 90%。对于不合格的锚索要进行重新张拉。

（3）锚索安装几何参数包括间距、排距，安装角度及锚索外露长度等，由班组每班进行检测。

（4）锚索托板与组合构件的安装质量要求与锚杆类似。

（5）锚索安装工程质量检测间距和每次检测点数可参考锚杆检测确定。

4. 巷道支护体系监测

锚杆支护巷道矿压监测内容与方法如表 6-5-2 所示。煤炭科学研究总院开发的多种类型的顶板离层指示仪、多点位移计，用于监测锚固区内、外及深部围岩位移；开发的测力锚杆、锚杆（索）测力计，用于监测锚杆（索）受力变化；开发的锚杆无损受力检测仪器，实现了锚杆受力无损、大面积测量。此外，还研制出先进的巷道矿压综合在线监测系统，井下采集数据，传输至井上，实现了实时矿压监测与数据分析。

锚杆支护巷道矿压监测内容与仪器　　　　　　　　　表 6-5-2

监测类别	监测内容	具体监测指标	监测仪器
围岩位移	巷道表面位移	顶板下沉量,顶底板移近量;帮部位移,两帮移近量等	测尺、测杆、测枪、收敛计、激光测距仪等
	顶板离层	锚固区内顶板离层量,锚固区外顶板离层量,总离层量	各种类型的顶板离层指示仪
	围岩深部位移	巷道围岩不同深度的位移量	机械、电测、声波多点位移计
采动应力	煤柱应力	煤柱不同部位垂直应力与水平应力变化	液压钻孔应力计、扁千斤顶、空心包体应变计、各种刚性包体应力计
	支承应力	采煤工作面影响范围内煤岩体垂直应力变化	
支护体受力与变形	锚杆受力与变形	锚杆不同部位受力及变形、破坏状况	锚杆测力计(安设在孔口),测力锚杆,锚杆无损监测仪等
	锚索受力与变形	锚索受力及变形、破坏状况	锚索测力计(安设在孔口),测力锚索等
	其他构件受力与变形	托板、钢带、金属网等构件受力及变形、破坏状况	在托板、钢带、金属网等构件表面粘贴应变片,监测不同部位应变

1）围岩位移

（1）巷道表面位移

巷道表面位移是最基本的巷道矿压监测内容，包括顶底板移近量、两帮移近量、顶板下沉量、底鼓量及帮位移量等。根据监测结果，可计算巷道表面位移速度，巷道断面收敛率，绘制位移量、位移速度与采掘工作面位置与时间的关系曲线，分析巷道围岩变形规律，评价围岩的稳定性和巷道支护效果。

巷道表面位移常采用十字布点法安设监测断面。测量频度根据巷道围岩变形大小确定，一般距采掘工作面 50m 内，每天观测 1 次；距采掘工作面 50m 以后，每周观测 1～2 次。

测量巷道表面位移的仪器有多种形式，如钢卷尺、测杆、测枪、收敛计、激光测距仪等。选择测量仪器时，应根据巷道断面尺寸、预测的围岩位移量及要求的测量精度等因素确定。上述几种仪器结构简单、测量方便，能够满足一般测量精度的要求。下面，对收敛计和激光测距仪的结构与使用方法作简要介绍。

① 收敛计

煤炭科学研究总院北京建井研究分院研制的 JSS30/10 型伸缩式数显收敛计，如图 6-5-17 所示，用于测量巷道周边两点间的距离变化，主要由挂钩、尺架、调节螺母、滑套、紧固螺钉、外壳、数显装置、弹簧、前轴螺母、前轴、联尺、尺卡、尺孔销、带孔钢尺等零部件组成。JSS30/10 型伸缩式数显收敛计采用机械传递位移的方法，将两个基准点 A、B 间的相对位移转变为数显位移计的两个读数差。

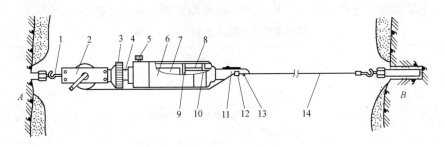

图 6-5-17　JSS30/10 型伸缩式数显收敛计

1—挂钩；2—尺架；3—调节螺母；4—滑套；5—紧固螺钉；6—外壳；7—数显装置；
8—弹簧；9—前轴螺母；10—前轴；11—联尺；12—尺卡；13—尺孔销；14—带孔钢尺

② 激光测距仪

新一代智能型光机电一体化激光测距仪，采用超低功耗智能设计，具有工作时间长、反应速度快、测值准确等特点，同时还具有内置望远镜瞄准器，背光显示屏，菜单导航，数据储存、激光自动关闭、仪器自动关闭等功能。如 YHJ-200J 型矿用激光测距仪，测量距离（使用标配盘）：200m；30m 内测量精度：±2mm；分辨率：1mm；激光类型：635nm。

（2）顶板离层

顶板离层监测是巷道稳定性的重要监测指标，在受掘进与回采工作面采动影响范围内，应观测顶板离层值，而且观测频度要密。在采动影响范围外，除非顶板离层值仍有明显增长的趋势，否则一般可间隔一定时间或停止测读具体刻度值。

常用的顶板离层仪有 LBY-3 型、GWL150 型数显式（图 6-5-18）、LBY-1 型报警式离层指示仪（图 6-5-19）。此外，国内开发了比较先进的顶板离层在线监测系统。在线系统由井下部分与井上部分组成。井下部分包括位移传感器、主机和通信分站。主机采集传感器数据，通过井下通信分站传输至井上。地面连接计算机采集与处理系统，可实时、在线监控顶板离层状况，及时进行信息反馈，确保巷道安全。顶板离层在线监测系统是今后离层监测的发展方向。

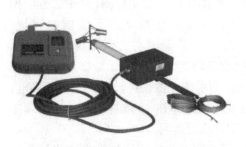

图 6-5-18　数显式顶板离层指示仪

图 6-5-19　LBY-1 型顶板离层指示仪

2）采动应力

监测巷道煤柱中采动应力的仪器有液压式钻孔应力计、空心包体应力计及各种刚性包体应力计等。钻孔应力计结构示意图见图 6-5-20。

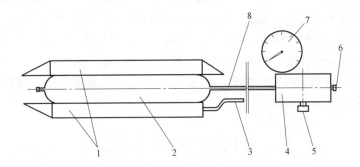

图 6-5-20　钻孔应力计结构示意图

1—包裹体；2—钻孔应力枕；3—安装插头；4—四通；5—注油嘴；6—密封栓；7—压力表；8—油管

钻孔应力计安装后，按照监测设计要求的频次，记录应力计读数，同时记录测量时间、应力计钻孔距工作面的距离等。绘制煤岩体应力随时间、采煤工作面距离的变化曲线，分析采煤工作面支承压力影响范围以及应力集中系数、煤柱应力变化分布特征等。

3）锚杆锚索测力计

常用的仪器有液压式测力计、钢弦式测力计、电阻应变式测力计及测力锚杆。MC-500 型锚杆（索）测力计如图 6-5-21所示。

4）在线实时监测系统

煤炭科学研究总院基于 CAN 总线技术开发了能够秒级采样的智能型顶板监测系统——KJ21 顶板动态监测系统，实现了支架工阻力、围岩变形量等矿压显现参数的实时、稳定监测；基于钢弦式传感器

图 6-5-21　MC-500 型锚杆（索）测力计

开发了 KS 系列直读式钢弦采集仪，能够在线传输的 KSE-Ⅱ-1 型钻孔应力计、KSE-Ⅱ-2型压力计和 KSE-Ⅱ-4 型锚索测力计；基于电位器及强力回缩转轮开发了 GUW300 型围岩移动传感器和 YHS1000 型矿用本安型液压支架活柱缩量检测仪，实现了煤体应力、采

空区矸石或者充填体受力、锚杆工作阻力及围岩变形量的实时、稳定监测。"十二五"期间，研制开发了基于 460MHz 无线射频技术的 KJ21（B）顶板动态无线监测系统，GPD60W 型矿用本安型无线支架压力传感器，KJ21（B）-F 矿用本安型无线监测分站，GUW300W 型矿用本安型无线围岩移动传感器以及 GMY300W 型矿用本安型无线锚杆（索）应力传感器。其中，KJ21（B）顶板动态无线监测系统，微功耗设计，纯电池供电，井下回采工作面稳定传输距离达 30m，回采巷道直线传输距离达 100m，单块电池持续工作时间达半年，实现了采掘工作面顶板安全状态的实时稳定监测。

煤科总院开采研究分院融合互联网技术、软件开发技术及矿压理论等先进成果于一体，成功开发了顶板灾害预警平台，实现了采掘工作面顶板灾害综合监测与预警，通过 IE 浏览器能够实时查看采掘工作面顶板安全状态，自动生成矿压日报表及报告，实现了煤矿井下、地面调试室以及移动客户端的顶板动态预警。

煤科总院开采研究分院开发的 KJ21 顶板监测系统实现了井下支架工作阻力、立柱下缩量、巷道变形量和离层量、锚杆工作阻力等参数的实时稳定监测，各传感器和分站之间采用 CAN 总线传输方式，分站至地面采用电话线、矿用电缆、矿用光缆和环网等多种传输方式。为解决采煤工作面和顺槽线路维护难度大的问题，基于 460MHz 无线传输技术开发了 KJ21（B）顶板无线监测系统，实现了井下各传感器和分站之间均采用纯电池供电、分站至地面采用有线传输。

第六节　工程应用

1. 新汶矿区超千米深井巷道支护

新汶矿区是我国开采深度最大的矿区之一，平均开采深度已超过 1000m，最深达 1501m。它集中了采深大、地质构造复杂、矿井灾害性现象频发等多重条件，使得巷道支护极为困难。目前，深部岩石巷道围岩变形大、底鼓严重；煤巷维护困难，需要多次维修与翻修；冲击矿压煤层巷道支护问题没有得到解决。以往研究形成的锚喷网二次支护理论受到了挑战，在深部动压影响区、构造压力带、软岩破碎带等地点，采用二次支护后仍出现大变形与破坏等问题，需要三次甚至更多次的支护，巷道维护费用极高，而且围岩变形长期不能稳定。为此，开展了千米深井巷道高预应力、强力支护系统井下试验。

1）巷道地质与生产条件

试验地点为新汶协庄矿 1202E 运输巷。该巷沿二煤顶板掘进，煤层平均厚度 2.4m，倾角 20°～26°。直接顶为厚 6.5m 的砂质页岩，水平层理发育，破碎易冒落；直接底为黏土岩，遇水膨胀变软，厚度 0～0.5m；其下为厚 2.2m 的砂质页岩。巷道埋深 1150～1200m。

在新汶协庄矿 1202E 运输巷进行了地应力测量。测量结果表明：最大水平主应力为 34.60MPa，方向为 N12.5°E；最小水平主应力为 17.89MPa；垂直主应力为 30.48MPa。可见，新汶协庄矿千米深井巷道地应力很高，而且水平应力占明显优势。

围岩强度测量结果表明：砂质页岩的单轴抗压强度在 35～40MPa，煤层强度在 12MPa 左右，煤岩体强度比较低。

巷道断面为倒梯形，掘进断面积 11.1m²，全宽 3.7m，全高 3.0m。

2）锚杆支护设计

采用数值模拟进行多方案比较，确定巷道支护形式为：高预应力、强力锚杆支护，如图 6-6-1 所示。

锚杆为直径 25mm 的左旋无纵筋锚杆，长度 2.4m，杆尾螺纹为 M27，极限破断力超过 400kN。树脂加长锚固，预紧力设计为 80kN。

组合构件为 W 钢带，钢带厚度 5mm，宽 280mm。采用金属经纬网护顶、护帮。

锚杆排距 1.0m，每排 12 根锚杆，顶板锚杆间距 900mm，上帮锚杆间距 1100mm，下帮间距 800mm。

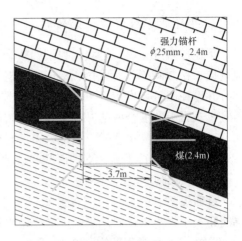

图 6-6-1　新汶协庄矿千米深井巷道锚杆支护布置图

3）井下监测数据分析及支护效果

锚杆支护实施于井下后，进行了矿压监测。如表 6-6-1 所示，强力锚杆支护巷道顶底板移近量为 281mm，两帮移近量为 173mm，顶板下沉量为 40mm，底鼓量为 241mm，顶板离层为 4mm，分别比原锚杆支护巷道降低 69.8％、77.8％、79.5％、67.2％、95％，巷道围岩变形降低幅度非常显著。巷道支护实况如图 6-6-2 所示，强力锚杆支护巷道围岩完整、稳定，支护状况发生了本质的改变。可见，高预应力、强力锚杆支护有效控制了深部巷道围岩强烈变形，为深部巷道提供了有效的支护方式。

不同支护形式巷道围岩变形量对比　　　　　表 6-6-1

锚杆支护类别	顶底板移近量	两帮移近量	顶板下沉量	底鼓量	顶板离层
原有锚杆支护(mm)	930	779	195	735	80
强力锚杆支护(mm)	281	173	40	241	4
降低值(％)	69.8	77.8	79.5	67.2	95

图 6-6-2　新汶协庄矿千米深井巷道锚杆支护状况

2. 平庄矿区红庙煤矿破碎软岩巷道支护

平庄矿区红庙煤矿是我国典型的软岩矿井。煤层及顶底板岩层胶结差，表现出煤岩体强度低、松散破碎、易风化、易崩解、遇水膨胀等特性，致使矿井采准巷道支护困难，大部分巷道在服务期内不得不多次翻修，严重影响回采工作的正常推进，不仅支护费用高，而且带来很大的安全威胁。红庙煤矿为解决软岩巷道支护难题，进行了许多有益的探索工作，试验了多种支护形式，虽然取得一定效果，但没有彻底解决这一问题。为此，在五区5-2S一片顺槽进行了锚杆支护研究和试验，以解决松软破碎围岩巷道支护难题。

1）巷道地质与生产条件

红庙煤矿五区5-2S一片工作面开采5-2号煤层，该煤层上覆5-1号煤层已回采。两煤层间距很小，本工作面范围内5-2号煤层顶板距5-1号煤层底板最近仅6m，最大也只有9m左右。5-2号煤层平均厚度为5.99m，含数层夹矸。煤层倾角为15°~16°。煤层单轴抗压强度仅为4.8MPa，层理、节理发育。顶板砂质泥岩强度为15~25MPa；直接底也为砂质泥岩，单轴抗压强度为23.5MPa，具有膨胀性。

在180石门部位采用水压致裂法进行过地应力测量。最大水平主应力为14.62MPa，方向为N72°E，最小水平主应力为7.35MPa，垂直主应力为9.68MPa。

在五区5-2S一片工作面运输巷与回风巷都进行了试验，以回风巷为例进行介绍。回风巷掘进断面呈直墙半圆拱形，宽3.8m，墙高1.2m，掘进断面积为10.2m²。巷道埋深350~400m。

2）锚杆支护设计

采用数值模拟进行多方案比较，结合已有经验确定巷道采用树脂全长预应力锚固锚杆、锚索组合支护。

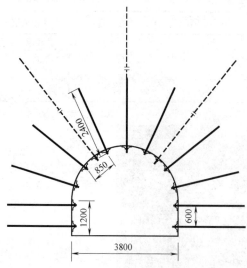

图6-6-3 平庄红庙矿软岩巷道锚杆支护布置图

锚杆为φ22左旋无纵筋螺纹钢，长度2.4m，树脂全长锚固，端部采用快速固化锚固剂，后部采用慢速固化锚固剂。采用W钢护板与钢筋网（顶板）、菱形金属网（帮）护表。锚杆全部垂直于巷道表面打设。锚杆排距900mm，顶板每排7根，间距850mm；每排每帮2根锚杆，间距600mm。锚杆预紧力矩为400N·m。

锚索为φ22，1×19结构钢绞线，长度4.3m，树脂端部锚固。每1.8m打3根锚索，锚索间距1.28m。锚索预紧力为200~250kN。回风巷锚杆支护布置如图6-6-3所示。

3）井下监测数据分析及支护效果

在掘进期间，软岩回采巷道表面位移曲线如图6-6-4所示。表面位移在距掘进工作面53m以后趋于稳定。两帮移近量为79mm，其中上帮移近量为46mm，下帮移近量为33mm。顶底移近量为281mm，其中顶板下沉量为43mm，底鼓量238mm，底鼓量占巷道顶底移近量的 84.7%。底鼓量大的原因主要是底板没有进行支护。顶板浅部离层为 14mm，深部离层为 23mm，总离层值为 37mm。

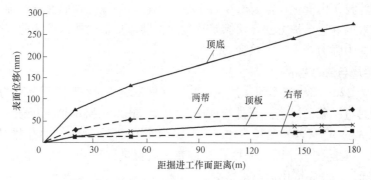

图 6-6-4　平庄红庙矿软岩巷道表面位移曲线

锚杆在安装并施加预应力后的一段时间内，受力均有变小的趋势。随着巷道掘进工作面推进，在距工作面 19m 以后，锚杆受力逐渐增大；在距工作面 119m 后，受力逐步稳定。在锚杆安装直至受力稳定的过程中，全长预应力锚固锚杆受力变化幅度较小，部分锚杆受力变化幅度在 8～9kN，多数锚杆受力变化幅度在 5kN 以内。锚索安装并张拉后，受力变化也不大，在距掘进工作面 21m 以后，锚索受力基本保持稳定。

整个掘进期间，巷道变形量小，围岩保持了较好的完整性，锚杆与锚索受力变化不大。回风巷井下支护状况如图 6-6-5 所示。

图 6-6-5　平庄红庙矿软岩巷道井下支护状况

在采煤工作面回采期间，对巷道表面位移测站进行了重新设定，对锚索受力进行了详细观测。巷道在距采煤工作面 40～50m 范围内开始受到明显的采动影响，位移量明显增加，特别是 30m 以后影响强烈。在距采煤工作面 3m 的位置，两帮移近量达到 256mm；顶板下沉量达到 110mm。锚索受力在距回采工作面 100m 处开始缓慢增长，在距工作面 56m 处增长速度明显增加，并逐步达到最大值。到与采煤工作面平行位置，锚索受力均达到 200kN 以上。

总体来看，巷道围岩完整、稳定，总变形量不大，完全能够满足安全生产的需要。

3. 潞安集团漳村矿强烈动压井巷支护

潞安集团漳村矿由于生产需要，出现了一种掘进与采煤工作面对穿的强烈动压影响巷道。目前，一般的巷道支护方式无法满足这种对穿巷道支护的要求。为此，开展了对穿巷道全断面高预应力强力锚索支护试验。

1）巷道地质与生产条件

试验巷道为 2203 综放工作面瓦排巷，与正在回采的 2202 工作面之间的距离为 23m，而且中间还要掘进一条回风巷。瓦排巷埋深 325～396m。煤层单轴抗压强度为 8MPa，直接顶为厚度 3.62m 的泥岩。邻近的 2202 工作面正在回采，2203 的瓦排巷大部分要在 2202 工作面未回采前掘进，而且先掘进瓦排巷，后掘进回风巷，瓦排巷要经受回风巷掘进、2202 工作面及 2203 工作面回采影响。

2）锚索支护设计

根据理论分析与数值模拟研究成果，确定瓦排巷采用高预应力、全长预应力锚固、短强力锚索，并全断面垂直岩面布置的支护方式。

锚索支护参数为：索体为 1×19 结构的 φ22 钢绞线，长度 4.3m。树脂端部锚固后施加预应力，然后其余部分采用水泥浆全长锚固。锚索托板为 300mm×300mm×16mm 的高强度可调心托板，采用钢筋网护帮、护顶。锚索排距 1200mm，顶板每排 5 根锚索，间距 900mm，每帮每排 3 根锚索，间距 1200mm，全部垂直于岩面安设。设计锚索预紧力 200～250kN。全断面锚索支护布置如图 6-6-6 所示。

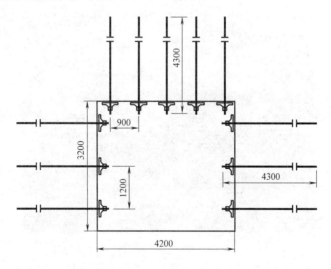

图 6-6-6　潞安漳村矿强烈动压巷道全断面锚索支护布置图

3）井下监测数据分析及支护效果

在巷道掘进及经历强烈动压影响前后，进行了矿压监测。全断面锚索支护巷道表面位移曲线如图 6-6-7 所示。两帮最大移近量为 280mm；顶底板移近量最大为 210mm。顶板离层仪显示，顶板基本无离层现象。巷道掘进初期变形不大，掘进影响阶段约 10d 时间。巷道在 2202 工作面后方矿压显现强烈，两帮移近量增幅较大。全断面锚索支护状况如图 6-6-8 所示。总的来说，巷道位移较小，两帮移近量与原支护相比降低 90%，而且主要是整体位移，顶板几乎无离层。巷道围岩完整、稳定，没有出现明显破坏，支护效果良好。

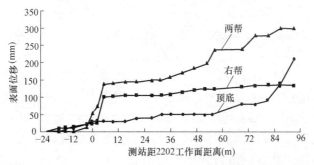

图 6-6-7　潞安漳村矿全断面锚索支护巷道表面位移曲线

锚索受力曲线如图 6-6-9 所示。锚索施加较高的预应力后，锚索受力受掘进及邻近 2202 工作面回采后的影响不大（只有 1 根锚索初期受力增加明显），锚索受力变化不大，基本趋于稳定。这说明高预应力、强力锚索有效控制了锚固区内围岩离层、滑动、裂隙张开及新裂纹的产生等扩容变形，保证了锚固区的强度和完整性。锚固区围岩的位移差很小，产生的只是少量的整体位移。反过来，锚固区围岩几乎不发生离层、完整性好及整体位

图 6-6-8　潞安漳村矿巷道
全断面锚索支护状况

移又保证了锚索锚固力不降低，锚索受力变化不大。否则，如果锚索预应力低、强度小，不能有效控制围岩初期的离层、滑动等扩容变形，将会使锚索安装后受力急剧增加，但增加的支护阻力由于受离层、滑动等不连续面的阻隔，不能有效扩散到围岩中，对围岩的继续离层、破坏控制作用不大，导致锚索成为受力的主体，到一定程度，锚索就会破坏，失去支护能力。因此，锚索预应力有一临界值，支护系统存在临界刚度，达到临界值后，围岩才能保持长期稳定。本次试验中，锚索预应力设计为 200～250kN 是比较合理的。

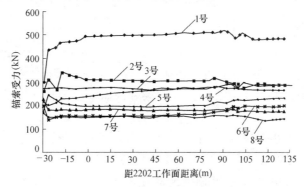

图 6-6-9　潞安漳村矿巷道锚索受力曲线

4. 义马矿区常村矿冲击地压矿井煤巷支护

1）工程地质概况

义马矿区为我国典型的冲击地压发生矿区，义马常村矿为冲击地压矿井，试验巷道为

21220 工作面，最大采深 815m，冲击能量事件发生频率较高。

21220 工作面巷道布置如图 6-6-10 所示。上邻已采毕的 21200 工作面，下部为未开掘的 21240 工作面。试验巷道为 21220 下巷，属实体煤巷道，处于强冲击地压区域。巷道沿 2～3 煤顶板掘进，留底煤 1～2m。2～3 煤厚度为 5.4～11.6m，平均 7.9m，煤层厚度变化大且夹矸 3～8 层，结构复杂。直接顶为厚 32m 泥岩，基本顶为砂岩，上覆巨厚坚硬砾岩；直接底为煤矸互叠层或炭质泥岩，厚 6.2m，遇水易膨胀，基本底为泥岩，细、中砂岩和砾岩。地质力学参数测试结果显示，该处最大水平应力为 25.25MPa，2～3 煤层煤样冲击倾向性鉴定结果：动态破坏时间 79.9 ms，冲击能量指数 3.25，弹性能指数 9.88，煤层为弱冲击倾向性。基本顶砂岩岩样的弯曲能指数为 1.983kJ，砂岩岩样为无冲击倾向。采用综合指数法对 21220 工作面冲击危险性进行了评价。综合指数法是在分析各种工程地质和开采技术条件影响冲击地压发生因素的基础上，确定各种因素的影响权重，然后将其综合起来，评价冲击地压冲击危险性。评价结果为：21220 工作面冲击危险程度为中等冲击。

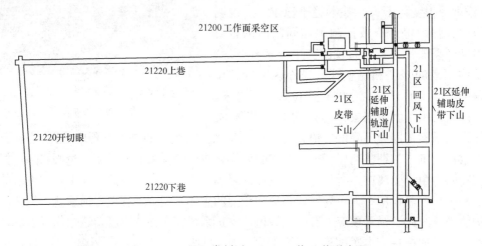

图 6-6-10　义马常村矿 21220 工作面巷道布置

2）巷道支护方案

试验地点为 21220 下巷，位于冲击地压危险区域。在地质力学测试、冲击地压巷道围岩变形破坏特征及锚杆支护作用分析的基础上，提出以全长预应力锚固、高强度、高冲击韧性锚杆与锚索支护为主，以 36U 型金属支架和液压抬棚为辅（主要起防护作用）的复合支护方式。

常村煤矿 21220 下巷支护布置如图 6-6-11 所示，锚杆杆体采用热处理 MGR5 型螺纹钢，直径为 22mm，屈服荷载为 250kN，拉断荷载为 297kN，锚杆长度 2.4m。采用全长预应力锚固。锚杆间排距为 0.9m，锚杆预紧力矩为 400N·m。锚索索体为 1×19 结构高强度低松弛预应力钢绞线，直径为 22mm。顶板、高帮顶角锚索长度 6.3m，其余锚索长度 4.3m。高帮锚索五花布置，低帮锚索三花布置，间距 1.8m，排距 0.9m。锚索预应力为 260kN。36U 型金属支架为三心拱形，金属支架间距为 1.2m（原支护方案间距为 0.8m）。

液压抬棚由两根立柱、顶梁和底座组成，立柱中心距为 1500mm，工作阻力 2200kN。

液压抬棚顺巷道中心连续安设 1 排，相邻抬棚顶梁相邻端头距离 500mm。巷道服务期间采用了两帮钻孔和底板爆破卸压方式，煤帮钻孔直径 120mm，距离底板 1～1.5m。断底爆破钻孔间距 0.7～1.2m，孔深以见底板岩层为准，孔径 75mm，间隔装药爆破，一次装药一次起爆，未装药的钻孔内灌水湿润煤体。

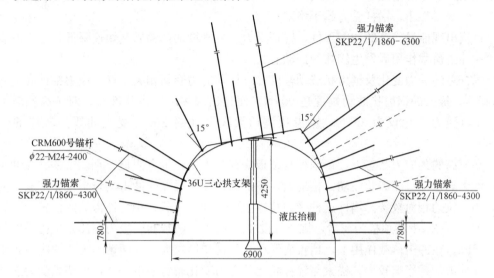

图 6-6-11　常村矿 21220 下巷支护布置

3）支护效果评价

（1）变形监测分析

巷道围岩表面位移监测结果如图 6-6-12 所示。随着远离掘进工作面，巷道位移不断增加。顶板下沉在 1 个月后基本稳定，两帮位移的稳定时间需 2 个月，而底板位移一直在增大。巷道变形以两帮移近和底鼓为主，受冲击能量事件影响，围岩—支护系统受到一定程度的损伤，引起巷道变形增大。底板由于受到爆破的影响，底鼓量大，持续时间长。顶板最大下沉量为 110mm，两帮最大移近量为 550mm，最大底鼓量约 700mm。21220 下巷支护效果如图 6-6-13 所示。本工程提出的支护方案明显改善了巷道支护状况，围岩变形得到有效控制。回采之前不需要返修，只需简单地卧底就能够满足生产需要。现场统计单次最高能量事件不高于 107J，未出现巷道顶板突然坠包、片帮或鼓包及锚杆、锚索破断现象，支护系统整体抗冲性能较强。

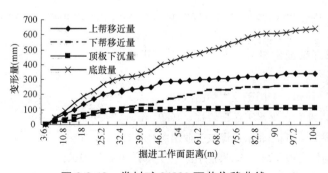

图 6-6-12　常村矿 21220 下巷位移曲线

图 6-6-13　常村矿 21220 下巷支护状况

（2）冲击地压能量事件对支护结构受力分析

冲击地压巷道锚杆受力变化与普通巷道存在明显差别，其最大的特点是受冲击能量事件影响，锚杆受力呈锯齿状波动。锚杆安装后 5～9d 内受力增长最快。冲击能量事件主要集中在掘进工作面附近 20～30m 范围内。当距掘进工作面 50m 后，冲击能量事件对锚杆受力影响变得很小，锚杆受力趋于稳定。

每当出现能量较高的冲击事件，锚杆受力会急剧增加，随后又快速降低。这与围岩受到较大冲击荷载作用后发生较强的振动有关。

锚杆总的受力变化及锯齿状波动幅度与锚杆预应力密切相关。低预应力锚杆受力变化达 80kN，最大的锯齿状波动幅度达 20kN，而且出现多个锯齿状波动；对于高预应力锚杆，锚杆受力变化仅为 35kN，锯齿状波动频次少且幅度小，受力曲线呈较缓的大波浪状。

在较高的预应力状态下，帮锚杆与顶板锚杆受力变化也有明显差别。帮锚杆受冲击能量事件影响强，呈锯齿状波动，幅度大，频次高；顶板锚杆受冲击能量事件影响弱，受力变化小，波动相对较缓。锚杆这种受力特征主要与冲击荷载大小、冲击振源位置和围岩岩性有关。21220 下巷顶板为泥岩，抗压强度 40.6MPa，两帮和底板为煤体，抗压强度仅为 12.9MPa。在冲击荷载作用下，顶板变形小，两帮变形较大，且两帮为主要的应力集中区域，受冲击荷载影响较大。锚索与锚杆相比，受力变化态势基本一致，但锚索受力波动幅度和频次明显小于锚杆，主要原因是锚索能够施加较高的预应力，作用范围大，抗冲击性能高。

无论是顶板锚索还是帮锚索，预应力均没有达到设计要求，预应力损失较大，这在一定程度上影响了锚索支护效果。

与锚杆类似，顶板锚索与帮锚索受力变化有明显差别。顶板锚索受力变化曲线呈大波浪状，波动幅度小；帮锚索受力变化曲线呈台阶状或大锯齿状，变化幅度明显大于顶锚索。而且，帮锚索受力呈现逐渐下降趋势，最终受力为零，锚索失效。主要原因是两帮围岩受卸压孔的影响，加上冲击荷载的循环振动破坏效应，造成卸压孔附近围岩破碎，锚索托板松动而失效。可见，合理布置卸压孔位置，使得既能有效卸压，又不影响锚杆、锚索支护效果是非常重要的。

参 考 文 献

[1] Kang H. Support technologies for deep and complex roadways in underground coal mines: a review [J]. International Journal of Coal Science & Technology, 2014, 1 (3): 261-277.

[2] 谢和平，高峰，鞠杨，等. 深部开采的定量界定与分析 [J]. 煤炭学报，2015，40 (1)：1-10.

[3] 侯朝炯团队. 巷道围岩控制 [M]. 徐州：中国矿业大学出版社，2013.

[4] 王焕文，王继良. 锚喷支护 [M]. 北京：煤炭工业出版社，1989.

[5] 郑重远，黄乃炯. 树脂锚杆及锚固剂 [M]. 北京：煤炭工业出版社，1983.

[6] 侯朝炯，郭励生，勾攀峰. 煤巷锚杆支护 [M]. 徐州：中国矿业大学出版社，1999.

[7] 何满潮，袁和生，靖洪文，等. 中国煤矿锚杆支护理论与实践 [M]. 北京：科学出版

社，2004.

[8]　康红普，王金华. 煤巷锚杆支护理论与成套技术 [M]. 北京：煤炭工业出版社，2007.

[9]　陆士良，汤雷，杨新安. 锚杆锚固力与锚固技术 [M]. 北京：煤炭工业出版社，1998.

[10]　康红普，王金华，林健. 煤矿巷道支护技术的研究与应用 [J]. 煤炭学报，2010，35（11）：1809-1814.

[11]　Kang H，Li J，Yang J，et al. Investigation on the influence of abutment pressure on the stability of rock bolt reinforced roof strata through physical and numerical modeling. Rock Mechanics and Rock Engineering，2017，50：387-401.

[12]　Kang H，Zhang X，Si L，et al. In-situ stress measurements and stress distribution characteristics in underground coal mines in China. Engineering Geology，2010，116：333-345.

[13]　Kang H，Wu Y，Gao F，et al. Fracture characteristics in rock bolts in underground coal mine roadways. International Journal of Rock Mechanics & Mining Sciences，2013，62：105-112.

[14]　Kang H，Lin L，Fan M. Investigation on support pattern of a coal mine roadway within soft rocks-a case study. International Journal of Coal Geology，2015，140：31-40.

[15]　Kang H，Lv H，Zhang X，et al. Evaluation of the ground response of a pre-driven longwall recovery room supported by concrete cribs. Rock Mechanics and Rock Engineering，2016，49：1025-1040.

[16]　Kang H，Wu Y，Gao F，et al. Mechanical performances and stress states of rock bolts under varying loading conditions. Tunnelling and Underground Space Technology，2016，52：138-146.

[17]　康红普，王金华，林健. 煤矿巷道锚杆支护应用实例分析 [J]. 岩石力学与工程学报，2010，29（04）：649-664.

[18]　王连国，陆银龙，黄耀光，等. 深部软岩巷道深-浅耦合全断面锚注支护研究 [J]. 中国矿业大学学报，2016，45（1）：11-18.

[19]　柏建彪，侯朝炯. 深部巷道围岩控制原理与应用研究 [J]. 中国矿业大学学报，2006，（02）：145-148.

[20]　王卫军，彭刚，黄俊. 高应力极软破碎岩层巷道高强度耦合支护技术研究 [J]. 煤炭学报，2011，36（2）：223-228.

[21]　康红普，范明建，高富强，等. 超千米深井巷道围岩变形特征与支护技术 [J]. 岩石力学与工程学报，2015，34（11）：2227-2241.

[22]　高富强，康红普，林健. 深部巷道围岩分区破裂化数值模拟 [J]. 煤炭学报，2010，35（1）：21-25.

[23]　赵长海. 预应力锚固技术 [M]. 北京：中国水利水电出版社，2001.

[24]　程良奎，范景伦，韩军，等. 岩土锚固 [M]. 北京：中国建筑工业出版社，2003.

第七章　边坡锚固

第一节　概　述

边坡加固和稳定处理的方法有很多种，如抗滑桩、挡墙等，其中最为经济有效的方法是以预应力锚杆为主体的预应力锚固方法。采用预应力锚杆加固和稳定边坡，所施加的预应力可主动改变边坡岩土体的受力状态和滑动面上力的不平衡条件，既能提高岩体的整体性，充分发挥岩土体的自承能力，同时又可增加滑动面上的抗滑力，从而达到加固边坡、提高稳定性的目的。由于锚杆的作用部位、方向、布置和施作时机可根据工程地质条件的变化和工程设计需要及时调整，因此，特别适用于边坡这类需按动态设计原则进行加固设计的工程。

目前，预应力锚固技术已成为边坡加固和支护工程中应用最为广泛的一种方法。根据边坡工程要求、地质条件、特点、规模、形状、变形破坏特征及施工条件，采用预应力锚杆或预应力锚杆与非预应力锚杆、支护桩、挡墙、喷射混凝土等相结合，可形成不同的锚固边坡结构形式和支护体系，以满足维护边坡工程稳定的需要。

第二节　边坡破坏形式与边坡锚固设计的基本原则

1. 边坡破坏的形式

进行边坡锚固应首先确定边坡破坏形式，分析潜在滑体的位置、规模、形态、大小以及判断边坡的稳定状态，确定边坡锚固方案。按照失稳模式划分，边坡破坏的类型主要有以下形式：

（1）崩塌破坏。边坡局部岩体松动、脱落，形成拉裂破坏，岩体内存在临空面，在结合力小于重力时发生崩塌，自由落体或滚动是其表现形式。

（2）滑动破坏。主要表现为三种形式，一是平面滑动破坏，边坡岩体沿某一结构面整体向下滑动，坡脚岩层被切断，或坡脚岩层挤压剪切，形成剪切—滑移破坏，破坏面形态表现为层面或贯通性结构面的折线滑动面；二是曲面形滑动破坏，散体结构、破裂结构的岩质边坡或土坡由于内摩擦角偏低或坡高、坡角偏大，沿曲面滑动面滑动，坡脚隆起，形成剪切—滑移破坏，常见的破坏面形态表现为圆弧滑动面；三是楔形体滑动破坏，结构面组合形成楔形体，沿结构面交线方向滑动，形成剪切—滑移破坏，破坏面形态表现为两个以上滑动面组合。

（3）弯曲倾倒破坏。层状反向结构的边坡，由于层面密度大，强度低，表面岩层在重力及风化作用下产生弯矩，导致表部岩层出现逐渐向外弯曲等现象，少数层状同向边坡也可出现弯曲倾倒，形成弯曲—拉裂破坏，破坏面形态表现为沿软弱层面与反倾向节理面逐步扩展而成。

（4）溃屈破坏。层状结构顺层边坡，岩层倾角与坡角大致相近，顺坡向剪力过大，层面间结合力偏小，上部坡体沿软弱面蠕滑，由于下部受阻而发生岩层鼓起、拉裂现象，形成滑移—弯曲破坏，破坏面形态表现为层面拉裂及局部滑移。

（5）拉裂破坏。在重力作用下，软岩边坡岩体沿平缓面向临空方向产生蠕变滑移，局部拉应力集中而发生拉裂、扩展、移动等现象，形成塑流—拉裂破坏，破坏面形态表现为软岩中出现变形带。

（6）流动破坏。在重力作用下，崩塌碎屑类堆积向坡脚或峡谷内流动，形成碎屑流滑坡，多发生在具有较大自然坡降的峡谷地区，无明显滑动面。

2. 边坡锚固工程设计的基本原则

1）动态设计原则

国家标准 GB 50086—2015 强调："边坡锚固工程应采用动态设计，应掌握分析边坡开挖全过程中所揭示的岩土地质状况及边坡监测反馈的信息资料，当发现有与原设计不符的不良地质或变形异常情况，应对原设计进行复核、修改和补充。"

边坡锚固需根据边坡工程要求、地质条件、边坡特点、规模、形状、变形破坏特征及施工条件确定。由于边坡岩土体是十分复杂的地质体，边坡开挖前的勘探不可能完全揭示其地质特征，且在边坡开挖过程中，人为因素及自然因素对边坡的扰动也是不可避免的。因此，边坡锚固工程应采用动态设计，应掌握分析边坡开挖全过程中所揭示的岩土地质情况及边坡监测反馈的信息资料，当发现现有资料与原设计不符的不良地质或变形异常情况，应对原设计进行复核、修改和补充。当地质勘察参数难以确定、设计理论和方法带有经验性和类比性时，需要根据施工中反馈的信息和监测数据完善设计，以避免工程勘察结论偏差造成的失误，确保工程安全和设计合理。

2）地表与地下水综合防排原则

理论和实践表明，水对边坡的稳定性会产生显著的影响。边坡失稳大多是由于未及时施作或缺乏完善的防排水系统导致雨水侵蚀引起的。因此，治"坡"先治水，完善的防排水措施，对提高边坡的稳定性是非常重要的。

边坡的防排水措施包括排泄地表水、减少地表水的渗入和疏导地下水三个方面。通过地表排水措施使水尽快排走，可减少地表水渗入边坡体的时间，通过地表水防渗措施可减少地表水的渗入量，有利于保持滑面的固有力学强度，防止坡体及锚固结构外露部分遭受冲刷破坏，并可提高岩土锚固体系的耐久性。通过对地下水的疏导，排出和疏干边坡体内已有水，可降低地下水位，减小滑面的孔隙水压力，增大滑面的有效应力，可有效地提高边坡的抗滑能力，达到边坡治理的目的。

边坡的地表水和地下水往往是相关联的，因此防排水措施的设置应首先通过对边坡所处位置的地形和水文地质条件进行分析，找出影响边坡水的主要因素，通过分析比较，制定两者相互结合并有所侧重的方案。总之，边坡自身排水系统的设计，不是独立的，应全面统筹考虑，形成一个地表拦截、地下及坡面疏排的完善体系。对锚固边坡而言，有腐蚀作用的物质一般以离子形式存在于地下水中，采用完善的截、防水系统，降低边坡地下水位，可提高锚固系统的耐久性，减少边坡积水对锚头的冲刷破坏。

对于地下水位较高的边坡，若在锚杆施工前采取预降水措施，可保证锚杆灌浆的密实度，同样可增加锚杆的耐久性。

3）分级分区随开挖随锚固原则

边坡开挖过程是一个应力释放过程，随着内力重分布和变形的发展，会导致开挖影响范围内边坡岩土体的裂隙扩展和软弱结构面的滑动，也即导致坡体岩土体强度的降低。同时，开挖裸露面暴露过久，极易受到冲刷破坏和风化剥蚀，随开挖、随锚固、随防护，有利于保护坡体岩土体的固有强度，充分利用坡体岩土体的自稳能力。因此，国家标准 GB 50086—2015 第 8.1.5 条规定："边坡锚固支护设计应对支护施作时机及施作程序作出规定，支护施工应遵循分级分区实施的原则，随开挖随锚喷，最大限度地缩小开挖面的裸露面积和裸露时间。"

第三节　边坡锚固设计计算与方法

1. 边坡锚固设计的内容与步骤

一般是首先根据工程地质勘察报告与分析研究，确定潜在滑坡体的位置、规模、形态、大小以及稳定状态，然后根据边坡的工程地质和边坡的重要程度，选择合适的稳定性计算方法和安全系数，在此基础上，决定锚杆布置、安设角度以及预应力值，确定锚杆的类型和尺寸。边坡锚固设计步骤通常如下：

（1）设计前需进行详细的地质勘察和必要的岩石力学试验，切实掌握边坡岩土体的性状、构造及地下水的分布；鉴别边坡的破坏模式，确定边坡不稳定程度及范围，判定边坡潜在滑移面的位置、滑移面处岩土介质的抗剪强度指标 c、φ 值及其受地下水影响的程度，必要时可通过反演等手段综合确定潜在滑移面处的抗剪强度指标。

（2）当需要对不稳定边坡加固时，应论证锚固加固方案和可行性，并选择适宜的边坡稳定性计算分析方法，对锚固前及锚固后的边坡进行稳定性计算。

（3）抗震设防的边坡工程，其地震作用计算应按国家现行有关标准执行。

（4）边坡锚固应以采用预应力锚杆为主，也可根据情况与非预应力锚杆、挡墙或抗滑桩等相结合使用。对于岩石边坡，应根据其岩体强度和岩体质量，尽量采用间距较大的高预应力锚杆。对于土层或强风化岩质边坡，宜采用间距较小的低预应力锚杆。

（5）锚杆布置原则上应遵循固"脚"强"腰"的原则，将锚杆主要布置在边坡下部或中部，但对于有崩塌或倾倒破坏可能的边坡，锚杆宜重点布置在不稳定体质点中心位置以上的区域。

（6）应确保预应力锚杆的自由段长度超出不稳定体滑移面 1.5m。

（7）采用动态设计，根据边坡开挖所揭示的岩土地质条件和所测得的边坡变形变化趋势，适时地调整锚杆支护参数，以经济有效地保持边坡的稳定性。

（8）设置有效的排水和疏水系统。治坡先治水，在任何条件下，首先应做好边坡的截、防、排水设计，以降低地下水的渗透压力，抑制地表水的入渗。

（9）锚杆周围的岩土体宜采用混凝土或喷射混凝土进行封闭。岩石边坡的裂隙应采用固结灌浆，但不得影响滑移面内积水的排泄能力。

（10）坚持分级分区实施的原则，随开挖、随锚固、随防护。

2. 边坡工程安全等级

在进行边坡稳定性分析计算时，需要根据边坡工程安全等级确定边坡稳定安全系数。国家标准 GB 50086—2015 第 8.1.2 条给出了表 7-3-1 所示的边坡工程安全等级划分方法。根据该划分方法，边坡工程的安全等级需根据"岩土类别及岩质边坡结构类别""边坡开挖高度"以及边坡"破坏后果"综合考虑确定。

边坡工程安全等级　　　　　　　　表 7-3-1

安全等级	岩土类别及岩质边坡结构类别	边坡开挖高度 H(m)	破坏后果
一级	岩体结构为Ⅰ类或Ⅱ类	$H>30$	很严重
	岩体结构为Ⅲ类	$H>20$	
	岩体结构为Ⅳ类	$H>15$	
	土质	$H>15$	
二级	岩体结构为Ⅰ类或Ⅱ类	$20<H\leqslant30$	严重
	岩体结构为Ⅲ类或Ⅳ类	$10<H\leqslant20$	
	土质	$10<H\leqslant15$	
三级	岩体结构为Ⅰ类或Ⅱ类	$H\leqslant20$	不严重
	岩体结构为Ⅲ类或Ⅳ类	$H\leqslant10$	
	土质	$H\leqslant10$	

注：1. 一个边坡的各段，可根据实际情况采用不同的安全等级。
　　2. 复杂重要边坡，可通过专门研究论证确定安全等级。

破坏后果很严重是指若边坡失稳破坏可能会造成重大人员伤亡或财产损失；严重是指若边坡发生失稳破坏可能会造成人员伤亡或财产损失；不严重是指若边坡发生失稳破坏可能会造成财产损失。

对于工程中常遇到的滑动破坏型岩质边坡，国家标准 GB 50086—2015 中边坡岩体结构的分类方法见表 7-3-2。

滑动破坏型岩质边坡岩体结构分类　　　　　　　　表 7-3-2

边坡结构类别	亚类	岩体结构及结构面结合情况	滑动控制性结构面与边坡面关系	岩体完整性指标	岩石单轴饱和抗压强度(MPa)	直立边坡自稳能力
Ⅰ		整体状结构及层间结合良好的厚层状结构	无滑动控制性结构面，层面产状为陡倾角或近水平，层面不显	>0.75	>60	30m 高的边坡可长期稳定，但偶有掉块
Ⅱ	Ⅱ₁	块状结构及层间结合较好的厚层状结构	滑动控制性结构面不很发育，层面产状为陡倾角或接近水平	>0.75	>60	20m 高的边坡可基本稳定，但有掉块
	Ⅱ₂	块状结构或结合较好的中厚层结构	滑动控制性结构面不很发育，局部交切出潜在不稳定块体。层面以不同倾角倾向坡内，或以小于 25° 倾角倾向坡外	>0.6	$30\sim60$	15m 高的边坡基本稳定，但 15~20m 的边坡欠稳定；有较大的掉块

边坡结构类别	亚类	岩体结构及结构面结合情况	滑动控制性结构面与边坡面关系	岩体完整性指标	岩石单轴饱和抗压强度(MPa)	直立边坡自稳能力
Ⅲ	Ⅲ₁	薄层状结构,层间结合一般,局部有软弱夹层或夹泥	岩层以不同倾角倾向坡内,或以小于25°倾角倾向坡外	0.5~0.3	硬岩>60;软岩>20	8m高的边坡基本稳定,但15m高的边坡欠稳定,有较多掉块
Ⅲ	Ⅲ₂	碎裂镶嵌结构,节理面多数闭合,少数有充填	存在节理组合滑动块体	0.4~0.3	>60	5m高的边坡基本稳定,但8m高的边坡欠稳定,有较多掉块
Ⅳ	Ⅳ₁	碎裂结构或中厚至薄层状结构,层间结合差	存在贯穿性顺坡向中等倾角软弱结构面;层面大于其摩擦角的倾角,倾向坡外	—	—	—
Ⅳ	Ⅳ₂	散体结构,多为构造破碎带、全强风化带	存在潜在滑动面或可能形成弧状滑动面	—	—	—

注: 1. 本分类按定性与定量指标分级有差别时,一般应以低者为准。
　　2. 层状岩体可按单层厚度划分:
　　　　厚层:大于1.5m;
　　　　中厚层:1.5~0.1m;
　　　　薄层:小于0.1m。
　　3. 当地下水丰富时,Ⅲ₁或Ⅲ₂类山体结构可视具体情况降低一档,为Ⅲ₂或Ⅳ₁类。
　　4. 主体为强风化岩的边坡可划为Ⅳ₂类岩体。

在采用国家标准 GB 50086—2015 进行边坡锚固工程安全等级划分时,也可同时按国家标准《建筑边坡工程技术规范》GB 50330—2013 和《工程岩体分级标准》GB/T 50218—2014 等相应规范的规定作出综合分析判断,并按照保守原则最终确定边坡工程的安全等级。

3. 边坡锚固工程稳定性计算方法

边坡的稳定性计算分析有很多种方法。对于锚固边坡的稳定性计算分析,国家标准 GB 50086—2015 第 8.2.1 条规定:"可采用极限平衡法,对重要或复杂边坡的锚固设计则宜同时采用极限平衡法与数值极限分析法。"

1) 极限平衡法

极限平衡法是当前工程实践中最为广泛使用的一类锚固边坡稳定性计算方法。该方法是在已知滑动面上对边坡进行静力平衡计算,从而得出边坡的稳定安全系数。当滑动面为一简单平面时,静力平衡计算可直接采用解析法获得解析解。但当滑动面为一圆弧、折线或任意曲线时,则无法获得解析解,通常需要采用条分法进行求解,基本原理是假设将材料的抗剪强度指标 c 和 $\tan\varphi$ 除以安全系数 K 后滑动体处于极限平衡状态,将该滑动体划分成 n 个垂直条块,如图 7-3-1 所示。

作用在条块 i 上的力有:

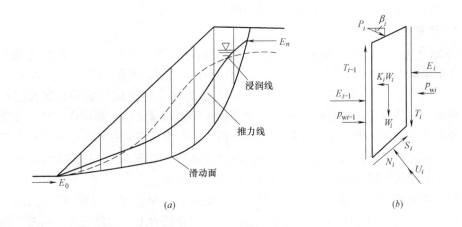

图 7-3-1　条分法计算示意图

W_i——体力，可由材料的重度和几何参数求得，作用点为条块重心；

K_iW_i——地震作用，K_i 为地震影响系数，作用点为条块重心；

P_i——作用于坡面的外力；

E_i、T_i——条块侧面上条间力的法向及切向分量；

P_{wi}——孔隙水压力；

N_i——条块底面上的法向力；

S_i——条块底面上的剪力；

U_i——条块底面上的水压力。

对于划分成 n 个条块的滑动体，可建立 $4n$ 个独立方程，而需要求解的未知量共计 $6n-2$ 个，如果条块宽度划分得足够小，条块底面上剪力 S_i 与法向力 N_i 的合力作用点可近似认为作用于底边的中点上，可将未知量减少至 $5n-2$ 个，但此时滑坡体仍为一个超静定问题，仍需要继续在条块侧面上的条间力 E_i、T_i 以及合力作用点这 3 个未知量中作出一定假设，才能使其成为静定问题。

目前常用的计算方法，如瑞典条分法、简化毕肖普法、简布法、摩根斯坦—普瑞斯法、余推力法等，均是由不同假设而派生出的算法。这些计算方法尽管假设不同，但都是以库仑—摩尔抗剪强度理论为基础，根据边坡滑体或滑体分块的静力平衡原理，分析边坡各种破坏模式下的受力状态以及滑体上的抗滑力和下滑力之间的关系，来评价边坡的稳定性。工程实践及理论研究表明，只要选择恰当，这些计算方法均可在其适用的范围使用，同时具有原理简单、计算方便、能给出工程易于接受的稳定性指标、易于确定所需的锚固力等优点，因此，国家标准 GB 50086—2015 将极限平衡法规定为边坡稳定性分析的基本计算方法。

采用极限平衡法进行边坡的稳定性计算，需要给定一个具体的滑动面，而最危险滑动面事先是未知的。为找出最危险潜在滑动面，需要根据工程地质条件、边坡形态、工程经验等对潜在的最危险滑动面的形状以及滑坡体坡脚、坡顶的出露范围进行判断分析，进而通过对不同假定滑动面的计算分析，当求得的稳定安全系数 K 为最小值时，此 K 值对应的滑动面即为边坡潜在的最危险滑动面。这一求解过程极为烦琐，一般需借助计算机完成，目前已有大量成熟的专用计算软件供选用。

2）数值极限分析法

20世纪下半叶，随着数值分析方法的不断完善，在极限分析中一类做法是基于塑性理论引入了离散方法，如有限差分滑移线场法，有限元上、下限法等；另一类做法就是Zienkiewicz基于理想弹塑性理论提出的用数值方法直接求解极值问题的有限元超载法与强度折减法，并且对于这种方法，我国学者郑颖人等将其含义进一步推广后增加了寻找破裂面功能。虽然这两类做法统称为数值极限分析法，但由于前者在构筑位移进行求解时有一定困难，同时该类方法假设岩土体为理想刚塑性体而不能考虑岩土体的非线性应力应变关系，其实际使用范围有限且计算结果与实际有一定出入。

有限元强度折减法采用严格的理想弹塑性数值解法，但其求解过程与传统方法不同，计算过程中，通过不断地降低材料强度（按同一比例较低岩土体的黏聚力 c 和内摩擦因数 $\tan\varphi$）使其在数值计算中最终达到破坏状态，此时破坏面自动形成，并发出破坏信息。这种方法不需要事先假定破坏面，达到破坏时的强度折减系数即为稳定系数，而传统的极限平衡分析法需要事先知道破坏面，但不要求计算达到破坏状态，这两种极限分析方法在计算方法上虽然不同，但其原理和计算结果是相同的。

有限元强度折减法既具有数值方法适应性广的优点，又具有传统极限平衡分析法贴近岩土工程设计、实用性强的优点。主要体现在：①求解边坡安全系数时不需要假定滑动面的形状和位置，无需进行条分，而是由程序自动求出滑动面与安全储备系数；②能够对复杂地貌、地质条件的岩土工程进行计算，不受工程的几何形状、边界条件以及材料非均质等的限制；③能考虑应力—应变关系，提供应力、应变、位移和塑性区等力和变形全部信息；④可考虑岩土体与结构的共同作用，模拟施工开挖步序和渐进破坏过程。

使用有限元强度折减法的一个关键问题是如何根据数值计算结果来判别岩土体是否达到极限破坏状态。目前，静力状态下主要采用以下3个判据：

（1）以塑性应变在岩土体内是否贯通作为判据，即以塑性区从内部贯通至地面或临空面作为破坏判据。但塑性区贯通只意味着达到屈服状态，不一定是岩土体的整体破坏形态，所以塑性区贯通只是破坏的必要条件，而不是充分条件。

（2）在数值计算过程中，岩土工程失稳与数值计算不收敛同时发生。这一判据被广泛采用，但不包括有限元计算失误而引起的计算不收敛。

（3）岩土体破坏标志着滑移面上应变和位移发生突变，同时安全系数与位移的关系曲线也会发生突变，因此也可用来作为破坏判据。

有限元强度折减法的计算可采用 ANSYS、ADINA 等大型通用程序，具有计算方便、程序可靠、功能强大、计算精度高、表述清晰、便于工程应用等优点，并已在工程实践中得到了应用。因此，国家标准 GB 50086—2015 规定：对重要或复杂边坡的锚固设计则宜同时采用极限平衡法与数值极限分析法。

3）稳定性计算分析方法的选择

（1）圆弧滑动

国家标准 GB 50086—2015 中规定，对可能产生圆弧滑动的土质边坡以及呈碎裂结构、散体结构的岩质边坡，可采用瑞典条分法，按式（7-1）计算锚固边坡的稳定性（图7-3-2）。

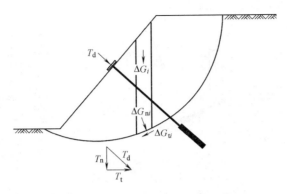

图 7-3-2　边坡稳定性分析简图

$$K = \frac{f\left(\sum_{i=1}^{n}\Delta G_{ni} + \sum_{j=1}^{m}T_{dnj}\right) + \sum_{i=1}^{n}c \cdot \Delta L_i}{\sum_{i=1}^{n}\Delta G_{ti} - \sum_{j=1}^{m}T_{dtj}} \qquad (7\text{-}1)$$

式中　K——边坡稳定安全系数；

ΔG_{ni}——作用于第 i 条滑动面上的岩土体的竖向分力（kN）；

ΔG_{ti}——作用于第 i 条滑动面上的岩土体的切向分力（kN）；

f、c——岩土体的摩擦系数标准值与黏聚力标准值（kPa）；

ΔL_i——第 i 条滑动面圆弧段长度（m）；

T_{dnj}——第 j 根预应力锚杆拉力设计值作用于滑动面上的竖向分量（kN）；

T_{dtj}——第 j 根预应力锚杆拉力设计值作用于滑动面上的切向分量（kN）。

瑞典条分法虽然是一种非严格的条分法，但其方法简单，实用性强，且计算结果偏于安全，因此，英国及欧洲其他国家的岩土锚杆规范也均将其作为可能产生圆弧滑动的锚固边坡稳定性计算的基本方法。

关于各种不同破坏方式的岩土边坡的稳定性分析计算方法，陈祖煜等人曾进行了卓有成效的研究工作，发表了许多论著（详见参考文献 [5]、[6]）。这里仅对适用于圆弧滑动的锚固边坡稳定性计算方法作粗略的介绍。

① 瑞典法

瑞典法是条分法中最古老而又简单的方法，其基本假设是整个滑动面上的抗滑稳定安全系数相同，材料的抗剪强度指标 c 和 $\tan\varphi$ 除以安全系数 K 后滑动体处于极限平衡状态，滑动面为圆弧，且不考虑土条两侧的作用力，安全系数定义为每一土条在滑裂面上所能提供的抗滑力矩之和与外荷载及滑动土体在滑裂面上所产生的滑动力矩和之比。由于不考虑条间力的作用，严格地说，对每一土条，力的平衡条件以及力矩平衡是不满足的，仅能满足滑动土体的整体力矩平衡，是一种非严格的条分法，由此产生的误差一般使求出的安全系数偏低 10%～20%，并且这种误差随着滑动面圆心角和孔隙压力的增大而增大。

按图 7-3-3 的计算简图，给定滑动面的抗滑稳定安全系数计算见式（7-2）。若按水土分算，式（7-2）中不包含与 u_i 有关项，同时抗剪强度指标 c_i、φ_i 采用有效黏聚力和有效内摩擦角，下同。

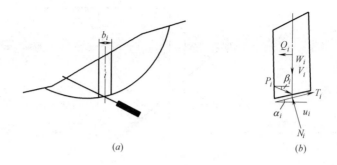

图 7-3-3 计算简图

$$K=\frac{\sum\{[(W_i+V_i)\cos\alpha_i+P_i\sin(\alpha_i+\beta_i)-Q_i\sin\alpha_i-u_ib_i\sec\alpha_i]\tan\varphi_i+c_ib_i\sec\alpha_i\}+K\sum P_i\cos(\alpha_i+\beta_i)}{\sum[(W_i+V_i)\sin\alpha_i+M_{Qi}/R]}$$

（7-2）

式中 $\sum$——$i=1$，2，…，n 求和；

W_i——第 i 条块重量；

V_i——第 i 条块垂直向地震惯性力，向下为正；

Q_i——第 i 条块水平向地震惯性力，向左为正；

P_i、β_i——作用于第 i 条块底面处的预应力锚杆的锚固力及其与水平面的夹角；

u_i——第 i 条块底面的孔隙水压力；

b_i——第 i 条块宽度；

α_i——第 i 条块底面与水平面的夹角；

c_i、φ_i——第 i 条块底面的凝聚力和内摩擦角；

M_{Qi}——第 i 条块水平向地震惯性力 Q_i 对圆弧滑动面圆心的力矩；

R——滑动面圆弧半径；

K——抗滑稳定安全系数。

式（7-2）右边含有 K，所以在求解 K 时需要迭代计算。计算时，一般可先假定 $K=$ 1，直至假定的 K 和算出的 K 非常接近为止。

② 简化毕肖普法

简化毕肖普（Bishop）法也是一种非严格条分法，其基本假设是整个滑动面上的抗滑稳定安全系数相同，材料的抗剪强度指标 c 和 $\tan\varphi$ 除以安全系数 K 后滑动体处于极限平衡状态，滑动面为圆弧，条块间作用力的方向为水平向，即假定只有水平推力作用，而不考虑条块间的竖向剪力。其计算原理是，根据每个土条垂直向的力平衡条件以及按照安全系数的定义和摩尔—库仑破坏准则，求得土条底面切向力，进而通过滑动体对圆心的力矩平衡确定安全系数。具体计算公式见式（7-3），计算简图按图 7-3-3。

$$K=\frac{\sum\{[(W_i+V_i+P_i\sin\beta_i-u_ib_i)\sec\alpha_i\tan\varphi_i+c_ib_i\sec\alpha_i]/(1+\tan\alpha_i\tan\varphi_i/K)\}+K\sum P_i\cos(\alpha_i+\beta_i)}{\sum[(W_i+V_i)\sin\alpha_i+M_{Qi}/R]}$$

（7-3）

式（7-3）右边含有 K，所以在求解 K 时需要迭代计算。计算时，一般可先假定 $K=$

1，直至假定的 K 和算出的 K 非常接近为止。

与瑞典法相比，简化毕肖普法考虑了条块间水平力的作用，得到的安全系数较瑞典条分法精度要高。大量实际边坡稳定分析计算表明，对于圆弧滑面，简化毕晓普法计算结果与满足所有平衡条件的严格极限平衡法的计算结果相当一致，但其计算过程要比严格极限平衡法简单得多，是目前工程中最常用的方法之一。

③ 简布法

简布（Janbu）法又称为普遍条分法，是一种严格条分法，适用于坡面是任意形状、坡面作用着各种荷载、滑动面可以是任意形状的边坡。其基本假设是：a. 假定整个滑动面上的抗滑稳定安全系数相同，材料的抗剪强度指标 c 和 $\tan\varphi$ 除以安全系数 K 后滑动体处于极限平衡状态；b. 土条两侧法向应力 E 的作用点为已知，一般假定作用于土条底面以上 1/3 高度处（土条侧面静止土压力合力作用点，分析表明，条间力作用点的位置变化主要影响着土条侧向力的分布，对安全系数的影响不大）。

按照图 7-3-4 所示简图，对每一个土条建立竖向、水平向力的平衡方程以及对土条底面中点的力矩平衡方程，并利用 $E_1=0$、$E_n=0$、$\sum\Delta E=0$、$X_0=0$ 已知条件可建立以下求解方程。

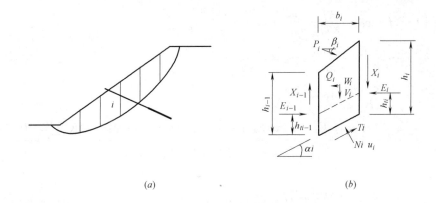

(a)　　　　　　　(b)

图 7-3-4　简布法计算简图

$$K=\frac{\sum\left[(A+\Delta X_i)\tan\varphi_i+c_ib_i\right]/m_{ai}/\cos\alpha_i+K\sum P_i\cos\beta_i}{\sum\left[(A+\Delta X_i)\tan\alpha_i+Q_i\right]} \qquad (7\text{-}4)$$

式中：

$A=W_i+V_i+P_i\sin\beta_i-u_ib_i$

$m_{ai}=\left(1+\dfrac{\tan\alpha_i\tan\varphi_i}{K}\right)\cos\alpha_i$

$\Delta X_i=X_i-X_{i-1}$

$$E_i=E_{i-1}+P_i\cos\beta_i-Q_i-(A+\Delta X_i)\tan\alpha_i+\frac{(A+\Delta X_i)\tan\varphi_i+c_ib_i}{Km_{ai}\cos\alpha_i} \qquad (7\text{-}5)$$

$$X_i=-X_{i-1}+2\left[E_i\Delta h_{ti}+\Delta E_i\left(\frac{h_{i-1}}{3}-\frac{b_i\tan\alpha_i}{2}\right)-P_i\cos\beta_i\frac{h_i+h_{i-1}}{2}+Q_i\frac{h_i+h_{i-1}}{4}\right]/b_i$$

$$(7\text{-}6)$$

利用迭代法可求得给定滑动面的抗滑稳定安全系数。计算步骤为：先假定 $K=1$，利

用 $E_0=0$、$X_0=0$ 已知条件，对每一个土条依次算出 m_{ai} 及 E_i、X_i 联立求解式 (7-5)、式 (7-6)，得到第一次计算 K 值。若计算 K 值与假定值相差较大，则由新的 K 值再求 m_{ai}、E_i、X_i 和 K，反复逼近至满足精度要求为止。

④ 摩根斯坦-普瑞斯法

摩根斯坦-普瑞斯（Morgenstern- Prince）法是一种严格条分法（图 7-3-4），适用于任意滑动面，能满足所有平衡条件，该方法的基本假设是假定土条侧面的法向力 E 与切向力 X 之间存在比例关系，即：

$$X=\lambda f(x)E \tag{7-7}$$

式中：λ——待定比例系数；

$f(x)$——条间力函数，事先设定的已知函数。

按照图 7-3-3 所示简图，对每一个土条建立竖向、水平向力平衡方程以及对土条底面中点的力矩平衡方程，并利用 $E_0=0$、$E_n=0$、$\sum\Delta E=0$ 已知条件可建立以下求解方程。

$$E_i=[E_{i-1}+B-(A-\lambda f_{i-1}E_{i-1})\tan\alpha_i+F_i]/D_i \tag{7-8}$$

式中：

$A=W_i+V_i+P_i\sin\beta_i-u_ib_i$

$B=P_i\cos\beta_i-Q_i$

$D_i=\left(1+\lambda f_i\tan\alpha_i-\dfrac{\lambda f_i\tan\varphi_i}{Km_{ai}\cos\alpha_i}\right)$

$F_i=\dfrac{(A-\lambda f_{i-1}E_{i-1})\tan\varphi_i+c_ib_i}{Km_{ai}\cos\alpha_i}$

$m_{ai}=\left(1+\dfrac{\tan\alpha_i\tan\varphi_i}{K}\right)\cos\alpha_i$

$$K=\dfrac{\sum_{i=1}^{n}\left[(A+\lambda f_iE_i-\lambda f_{i-1}E_{i-1})\tan\varphi_i+c_ib_i\right]/m_{ai}/\cos\alpha_i+K\sum_{i=1}^{n}P_i\cos\beta_i}{\sum_{i=1}^{n}\left[(A+\lambda f_iE_i-\lambda f_{i-1}E_{i-1})\tan\alpha_i+Q_i\right]} \tag{7-9}$$

$$\lambda=\dfrac{\sum_{i=1}^{n-1}E_i(b_i\tan\alpha_i+b_{i+1}\tan\alpha_{i+1})-2\sum_{i=1}^{n}M_{PQi}}{\sum_{i=1}^{n-1}f_iE_i(b_i+b_{i+1})} \tag{7-10}$$

式中：

$M_{PQi}=P_i\cos\beta_i\dfrac{h_i+h_{i-1}}{2}-Q_i\dfrac{h_i+h_{i-1}}{4}$

利用迭代法可求得给定滑动面的抗滑稳定安全系数，计算步骤如下：

A. 事先设定一个 $f(x)$ 函数。如设定 $f(x)=\sin\left[\dfrac{X-X_0}{X_n-X_0}\pi\right]$；

B. 第一次计算先假定 $\lambda=1$、$K=1$，利用 $E_0=0$、$X_0=0$ 已知条件，对每一个土条由式 (7-8) 依次算出 E_i，然后由式 (7-9) 得到第一次计算 K 值。若计算 K 值与假定值相差较大，则由新的 K 值再求 E_i 和 K，反复逼近至精度要求为止；

C. 利用计算出的 K 值，由式 (7-10) 计算出新的 λ，若新的 λ 值与假定值相差较大，则用新的 λ 值代替假定值按 (B) 步骤重新计算 K 值；

D. 重复第 (B)、(C) 步骤，直至 K 值及 λ 值逼近至精度要求为止。

⑤ 不同计算方法对边坡安全系数计算结果的影响

采用极限平衡法进行锚固边坡计算时，将锚固力作用在锚杆与潜在滑动面的交点上。分别采用瑞典法、简化毕肖普法、简布法以及摩根斯坦-普瑞斯法对图 7-3-5 所示的边坡进行抗滑稳定安全系数计算，计算参数见表 7-3-3，计算结果见表 7-3-4。

边坡安全系数对比计算参数　　　　　　　　　　　　表 7-3-3

	边坡体尺寸（m）					边坡体参数			预应力锚杆参数		
	H_1	H_2	L_1	L_2	R	重度（kN）	c（kPa）	φ	H_a（m）	安设角度	锚固力（kN）
算例一	4	1	5	5	11.17	20	5	20°	1	15°	50
算例二	8	2	5	5	17.42	20	10	30°	3	15°	150

安全系数 K 计算结果的影响　　　　　　　　　　　　表 7-3-4

	计算方法	抗滑稳定安全系数 K	
		未锚固边坡	锚固边坡
算例一	瑞典法	1.194	1.753
	简化毕肖普法	1.237	1.844
	简布法	1.236	1.833
	摩根斯坦—普瑞斯法	1.231	1.821
算例二	瑞典法	1.022	1.577
	简化毕肖普法	1.041	1.642
	简布法	1.042	1.622
	摩根斯坦—普瑞斯法	1.039	1.612

从计算结果可以看出：不同计算方法对抗滑稳定安全系数虽有差别，但差别不大。

（2）直线滑动

国家标准 GB 50086—2015 第 8.2.2 条中的第 2 点规定："对可能产生直线滑动的锚固边坡，宜采用平面滑动面解析法计算。"该条规定主要适用于受节理、裂隙和软弱结构面控制的岩石边坡稳定性计算，使用该方法的条件是：滑动面的走向与坡面平行或接近平行，约在±20°的范围之内；边坡倾角大于破坏面倾角（图 7-3-6）。

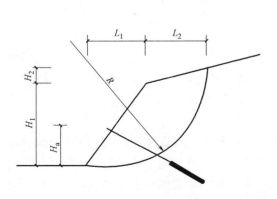

图 7-3-5　对比计算示意图

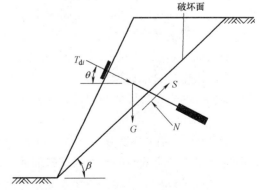

图 7-3-6　平面滑动面计算简图

$$K = \frac{\sum\limits_{i=1}^{n} T_{di} \cdot \sin(\theta + \beta) \cdot \tan\varphi + G \cdot \cos\beta \cdot \tan\varphi + c \cdot A}{G \cdot \sin\beta - \sum\limits_{i=1}^{n} T_{di} \cdot \cos(\theta + \beta)} \quad (7\text{-}11a)$$

式中　T_{di}——第 i 根预应力锚杆拉力设计值（kN）；

　　　G——边坡岩体自重（kN）；

　　　S——滑动结构面上的摩擦力（kN）；

　　　c——边坡岩体结构面的黏聚力标准值（kPa）；

　　　φ——边坡岩体结构面的内摩擦角标准值（°）；

　　　A——边坡岩体结构面面积（m²）；

　　　β——岩体结构面与水平面的夹角（°）；

　　　θ——预应力锚杆的倾角（°）；

　　　n——预应力锚杆的根数。

当考虑地震作用时，式（7-11）变为如下计算式：

$$K = \frac{\sum_{i=1}^{n} T_{di} \sin(\theta + \beta) \tan\varphi + [(G + V)\cos\beta - Q\sin\beta]\tan\varphi + cl}{(G + V)\sin\beta + Q\cos\beta - \sum_{i=1}^{n} T_{di} \cos(\theta + \beta)} \quad (7\text{-}11b)$$

式中　Q——水平地震惯性力，向左为正；

　　　V——垂直地震惯性力，向下为正；

其他符号同前。

确定锚固边坡安全系数的计算公式中，预应力锚杆作用于边坡的切向分力 $\sum\limits_{i=1}^{n} T_{di} \cdot \cos(\theta + \beta)$，国家标准 GB 50086—2015 是将其放入分母项内的，即作为减小的下滑力处理。在国外，岩土工程界的许多著名学者及有关岩土锚杆规范是主张将锚杆预应力的切向分量作为减小的下滑力考虑的。如英国著名岩土锚固工程专家 T H 汉纳教授、《岩土边坡工程》一书作者 E. hoke&J. W Bray 以及国际岩土工程丛书之一《Anchoring in Rock and Soil》的作者 L. Hobst 和 J. zajie 均认为，应将预应力锚杆作用于边坡上的锚固力的切向分量放在计算边坡的稳定安全系数公式的分母项内。1989 年颁发的英国岩土锚固规范（BS8081）中，对采用极限平衡法计算锚固边坡的安全系数时，也将预应力锚杆作用于滑面上的锚固力的切向分量置于分母项上。

（3）折线滑动

国家标准 GB 50086—2015 第 8.2.2 条中的第 3 款规定："对可能产生折线滑动的锚固边坡，宜采用传递系数隐式解法、摩根斯坦—普瑞斯法或萨尔玛法计算。"主要适用于滑动面为折线的岩质边坡的稳定性计算。

① 萨尔玛法

萨尔玛（Sarma）法是一种基于斜条分的极限平衡法，其基本概念是：边坡上的滑动体除非是沿着一个理想的平面或圆弧面才可以作为一个完整的刚性体移动，否则滑动体须首先破裂成可以相对滑动的条块才能发生滑坡，此时破裂形成的每个条块不仅要克服底面（滑动面）的抗剪强度，而且必须克服相邻条块界面的抗剪强度，亦即条块底面强度与条块界面强度同时达到极限。为此，萨尔玛引入地震加速度的概念，假定每个滑动条块承受一个相当于地震水平力的水平推力 K_cW_i（W_i 为条块重量）使滑体处于滑动临界状态，则可根据每个条块的力的平衡条件和库伦-摩尔破坏准则求出一个具体的 K_c，此时安全系数 $K=1$；若取 K 为一系列不同的值，按照 $\tan\varphi''=\tan\varphi'/K$、$c''=c'/K$ 对条块底面及条块界面强度指标进行折减，可对应求出不同 K_c，当 $K_c=0$ 时，此时对应的 K 即为边坡的抗滑稳定安全系数，概念上是与 Zienkiewicz 提出的强度折减法是一致的。

②　传递系数法

传递系数法又称为"不平衡推力传递法""余推力法"等，它是我国工程技术人员创造的一种实用滑坡稳定分析方法。传递系数法能够计及土条间剪力的影响，要求每个条块和可能滑体整体力的平衡得到充分满足，但不要求满足力矩平衡。虽然传递系数法在一定的条件下满足力矩平衡条件，但不是严格极限平衡条分法。它的基本原理和方法是假定条间力的合力与上一条底面相平行，根据力的平衡条件，先假定一安全系数，然后逐条向下推求，直至最后一条土条的推力为零时的安全系数即为边坡安全系数值。该法计算简单，并且能够为滑坡治理提供设计推力，因此在水利部门、铁路部门得到了广泛应用，在国家和行业规范中都将其列为推荐方法使用。

该方法的计算公式有显式解法和隐式解法两种形式。显式解法将隐于抗剪强度指标和不平衡推力中的安全系数取消，只将下滑力乘以一个安全系数，从而得到一个显式计算公式，其安全系数的定义与其他极限平衡法不同，采用了超载系数的概念，但为了得到显式解，它又进行了简化。而隐式解法的安全系数采用传统抗剪强度指标折减的含义，将安全系数隐于抗剪强度指标和不平衡力中，通过迭代求解。与简化毕肖普法、摩根斯坦—普瑞斯法相比，隐式方法的计算结果与其十分接近，但显式方法的计算结果并不总是与其接近，而且两种方法的计算结果一般都大于简化毕肖普法和摩根斯坦—普瑞斯法，偏于不安全，且显式结果误差更大。

（4）楔形滑动

国家标准 GB 50086—2015 第 8.2.2 条中的第 4 款规定："对岩体结构复杂的锚固边坡，可配合采用赤平极射投影法和实体比例投影法进行分析。"该条款中的岩体结构复杂系指岩体结构面的复杂，坡体往往受两组或两组以上的结构面切割形成空间楔形体，当结构面交线与水平面成合适的夹角时，在一定条件下就会发生楔形破坏，对于这类边坡可采用赤平极射投影法和实体比例投影法进行分析。

①　赤平投影方法

赤平投影是表示物体的几何要素或点、直线、平面的空间方向和它们之间的角距关系的一种平面投影。它以一个球体作为投影工具（称投影球），以球体中心（简称球心）作为比较物体的几何要素（点、线、面）的方向和角距的原点，以通过球心并垂直于投影平面的直线与投影球面的交点，称为球极。依人们描述地球的习惯用语，称投影平面为赤道平面，相应的两个球极，上部为北极、下部为南极。

作赤平投影图时，将物体的几何要素置于球心，由球心发射射线将所有点、线、面自球心开始投影于球面上，得到了点、直线、平面的球面投影；再以投影球的南极或北极为发射点，将点、直线、平面的球面投影（点或线）再投影于赤道平面上。这种投影就称为赤平投影，由此得到的点、直线、平面在赤道平面上的投影图就称为赤平投影图。

在岩体工程地质力学研究和实践中，主要应用的是通过投影球心的平面和直线的赤平投影，用于表示岩体中的结构面、工程开挖面、工程作用力、岩体的滑移方向、滑动力和抗滑力等。作图时，不考虑直线和平面的空间位置，只表示它们的空间方向而将直线和平面一并平移至投影球中心，作为它们的赤平投影。

② 实体比例投影方法

实体比例投影是我国科技工作者孙玉科提出的一种图解方法，它主要用来研究直线、平面以及块体在一定比例尺的平面图上构成影像的规律。它应用正投影的原理和方法，并与赤平极射投影相配合，通过作图求出结构面的组合交线，以及结构体的几何形状和规模、分布位置和方向等，并且完全变空间实体为平面表示。

实体比例投影主要是根据结构面在水平投影面上的投影求出结构体的投影。投影图除了反映结构体面和线的尺寸外，还要求反映其空间方向，包括面的走向、倾向、倾角和线的倾向、倾角。也就是说，实体比例投影既有尺寸的概念，又有方向的概念。

将赤平投影和实体比例投影相结合，利用了两种投影方法各自的优点：首先利用赤平投影初步判断岩质边坡的稳定性，找出潜在的不稳定岩体，再利用实体比例投影得出潜在不稳定岩体的体积、结构面的面积等要素，并进一步计算出潜在不稳定岩体的稳定安全系数。在实际作业中，利用实体比例投影结合赤平投影，能较快地估算出边坡潜在滑动体的规模和安全系数。

③ 计算方法

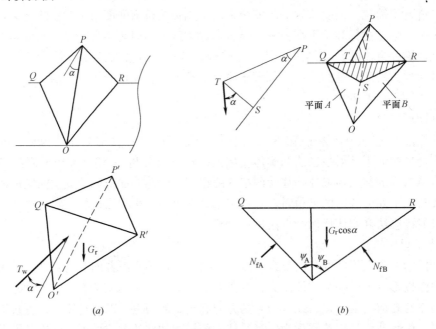

(a)　　　　　　　　　　　　　　　　　(b)

图 7-3-7　楔形滑动边坡稳定计算简图

(a) 楔形不稳定体；(b) 几何形状和力系

对于楔形滑动破坏的边坡，当楔形体为四面体时（见图 7-3-7a），按以下步骤计算锚固力：

A. 用赤平投影法求出 ψ_A、ψ_B 和 α；

B. 分别计算平面 A、B 的面积 A_{gA}、A_{gB} 和楔形体的重量 G_r；

C. 分别计算未加固时作用在平面 A、B 上的法向力 N_{fA}、N_{fB}。

$$N_{fA} = \frac{G_r \cos\alpha \cos\psi_A}{\sin(\psi_A + \psi_B)} \tag{7-12}$$

$$N_{fB} = \frac{G_r \cos\alpha \cos\psi_B}{\sin(\psi_A + \psi_B)} \tag{7-13}$$

D. 按下式计算未加固时的安全系数 K'：

$$K' = \frac{1}{G_r \sin\alpha}(N_{fA}\tan\varphi_A + c_A A_{gA} + N_{fB}\tan\varphi_B + c_B A_{gB}) \tag{7-14}$$

E. 将锚固力 T_W 分解为 T_{WA} 和 T_{WB}：

$$T_{WO} = T_W \cos\alpha \tag{7-15}$$

$$T_{WA} = \frac{T_W \sin\alpha \cos\psi_B}{\sin(\psi_A + \psi_B)} \tag{7-16}$$

$$T_{WB} = \frac{T_W \sin\alpha \cos\psi_A}{\sin(\psi_A + \psi_B)} \tag{7-17}$$

F. 按下式计算加固后的安全系数 K：

$$K = \frac{1}{G_r \sin\alpha}\left[(N_{fA} + T_{WA})\tan\varphi_A + c_A A_{gA} + (N_{fB} + T_{WB})\tan\varphi_B + c_B A_{gB} + T_{WO}\right] \tag{7-18}$$

式中　ψ_A、ψ_B——平面 QRS 分别与平面 A、B 的夹角；

$\quad\quad\quad\alpha$——OP 线的倾角；

A_{gA}、A_{gB}——平面 A、B 的面积；

$\quad\quad\quad G_r$——滑动体的重量；

N_{fA}、N_{fB}——分别作用于平面 A 和平面 B 上的法向力；

$\quad\varphi_A$、φ_B——分别为滑动面 A、B 的内摩擦角；

$\quad\quad c_A$、c_B——分别为滑动面 A、B 的内聚力；

$\quad\quad\quad T_W$——预应力锚杆的锚固力；

$\quad\quad\quad T_{WO}$——平行于 OP 线的锚固分力；

T_{WA}、T_{WB}——分别垂直于平面 A 和平面 B 的锚固分力；

$\quad\quad K'$、K——分别为加固前、后的安全系数。

4. 锚固边坡的稳定安全系数

国家标准 GB 50086—2015 第 8.2.5 条规定："采用预应力锚杆锚固的边坡的稳定安全系数应按边坡安全等级及边坡工作状况确定。"锚固边坡稳定安全系数可按表 7-3-5 取值。

锚固边坡稳定安全系数

表 7-3-5

边坡工况 边坡安全等级	持久状况 （天然状态）	短暂状况 （暴雨、连续降雨状态）	偶然状况 （地震作用状态）
一级	1.35~1.25	1.20~1.15	1.15~1.05
二级	1.25~1.20	1.15~1.10	1.10~1.05
三级	1.15~1.10	1.10~1.05	1.05

锚固边坡的稳定安全系数是边坡锚固设计中最重要、要求最严格的定量控制指标之一。国家标准 GB 50086—2015 制定的边坡安全系数标准基本包含了国内相关标准规定的边坡稳定安全系数，并充分考虑了主要采用预应力锚杆锚固的边坡，其支护体系能提供主动抗力，改善边坡岩土体的应力状态，提高边坡岩土体结构面和潜在滑动面的抗剪强度，最大限度地缩短开挖面的裸露时间和缩小开挖面的裸露面积，有利于抑制边坡岩土体的松动变形发展。

1）关于锚固边坡稳定安全系数使用的几点说明

（1）表 7-3-5 规定的锚固边坡稳定安全系数适用于主要采用预应力锚杆加固处理的边坡工程，当边坡支护体系的主要受力结构为其他结构形式时，应根据相关标准确定稳定安全系数。

（2）表 7-3-5 规定的锚固边坡稳定安全系数的使用是与国家标准 GB 50086—2015 中 8.2 节规定的稳定计算方法相配套的，若采用规定以外的方法进行稳定性计算，其安全系数的取值需设计者自行确定。

（3）表 7-3-5 中边坡安全等级为一级的锚固边坡，边坡工况为持久状况时，安全系数的上限规定为 1.35。但并不排斥特大型高边坡或工作环境特别恶劣或有特殊要求等的锚固边坡可适当提高安全系数的上限值。

（4）表 7-3-5 同一等级同一状况给出的安全系数是一个范围段。选用时，若边坡仅发生变形而未失稳破坏就可能导致边坡或影响范围内建构筑物的功能丧失，采用的最小稳定安全系数应取规定范围内的大值；若采取的加固措施对稳定安全系数的增加不敏感，使得增加加固措施不经济时，采用的最小稳定安全系数可取规定范围内的小值；若边坡的破坏风险或其他不确定的因素难以确定和查明，采用的最小稳定安全系数应取规定范围内的大值。

2）稳定性计算所需岩土体力学参数的取值

采用极限平衡法进行边坡的稳定性计算，所需的岩土体力学参数主要是岩土体的抗剪强度指标 c、φ 值；采用数值极限分析法进行稳定性计算时还涉及岩土体的变形模量等力学参数，但其最终计算结果还是主要与 c、φ 值有关。国家标准 GB 50086—2015 第 8.2.6 条规定，这些力学参数应由地质勘察报告给出。

（1）岩体抗剪强度指标的取值

在工程实践中，确定岩体抗剪强度指标的方法很多，主要有现场试验、室内试验、反演分析、工程类比、经验折减以及采用岩体力学分类法进行折算等。但由于岩体结构的复杂性和获取岩体抗剪强度指标手段的局限性，要靠单一的手段准确地确定岩体的力学参数是非常困难的。一般来说，现场试验方法取得岩体抗剪强度指标是直观的，也是比较可靠的，但现场试验费用高、周期长、难度也较大，并非所有的工程都有条件进行；岩块的试验相对简单易行，费用较低，但是其试验结果不一定能代表岩体的实际情况；反演分析、工程类比等手段则需要有丰富的工程经验和技术资料积累。因此，在工程实践中宜采用多种方法，通过综合分析确定岩体抗剪强度指标，边坡的安全等级越高、规模越大，越应通过综合分析确定岩体的抗剪强度指标。国家标准 GB 50086—2015 第 8.2.6 条规定：边坡岩体力学参数与结构面抗剪强度参数宜采用直接试验、工程类比以及反算分析等方法综合确定。

对于岩体结构面，当通过试验获取数据时，结构面的抗剪强度取值标准为：硬质结构面应取峰值强度的小值平均值；软弱夹层及软弱结构面应取屈服强度；泥化夹层应取残余强度。当试验资料不足时，岩体结构面抗剪峰值强度参数按表 7-3-6 取值。

岩体结构面抗剪峰值强度参数　　　　　　　　表 7-3-6

岩体结构面类型		摩擦系数 f'	摩擦角(°)	黏聚力 c' (MPa)
硬性结构面	胶结的结构面	0.90～0.70	42～35	0.30～0.20
	无充填的结构面	0.70～0.55	35～29	0.10～0.20
软弱结构面	岩块岩屑型	0.55～0.45	29～24	0.10～0.08
	岩屑夹泥型	0.45～0.35	24～19	0.08～0.05
	泥夹岩屑型	0.35～0.25	19～14	0.05～0.02
	泥	0.25～0.18	14～10	0.010～0.005

注：1. 表中胶结结构面、无充填结构面的抗剪峰值强度参数限于坚硬岩，半坚硬岩、软质岩中的结构面应进行折减。

2. 胶结结构面、无充填结构面抗剪峰值强度参数应根据结构面的胶结程度、粗糙程度选取大值或小值。

（2）土体抗剪强度指标的取值

土体抗剪强度指标的取值遵循以下原则：

① 土质边坡进行稳定性计算时，应根据工况选择相应的抗剪强度指标。

② 土质边坡按水土合算原则计算时，地下水位以下宜采用土的饱和自重固结不排水抗剪强度指标；按水土分算原则计算时，地下水位以下宜采用土的有效抗剪强度指标。

③ 对黏土、粉质黏土，宜选择直剪固结快剪或三轴固结不排水剪确定的强度指标；对粉土、砂土和碎石土，宜选择有效应力强度指标。

④ 已滑移的边坡，其滑动面的抗剪强度指标宜采用残余强度值，或取反分析强度值。

5. 削坡减载

锚固边坡设计包括确定边坡几何参数和预应力锚固参数两个方面。通过坡顶开挖、削坡等措施，不但可以改变边坡的几何形态，减缓边坡的总坡比，减缓潜在滑坡体的下滑力，从而提高边坡的稳定性，而且可以清除易于松动变形和可能发生滑动、倾倒、崩塌等的不良地质体，不但有利于坡面的处理，也为预应力锚杆可靠工作创造了条件。因此，当场地条件允许时，在边坡锚固设计中应予采用。

削坡减载应根据潜在滑动面的形状、位置、范围确定开挖方式，并避免因开挖引起新的边坡失稳。对开挖较大并具有一定放坡条件的边坡锚固工程，国家标准 GB 50086—2015 第 8.2.8 条规定：宜采用多级台阶放坡开挖设计，各台阶高度宜为 6～15m。设计的开挖坡率可根据经验或按表 7-3-7 的要求初步确定，然后按对各级边坡及整体边坡的稳定性验算结果最终确定。

开挖边坡的坡率 表 7-3-7

边坡类型		岩体风化程度	边坡坡率	
			12m≤H<20m	20m≤H<30m
岩质边坡	Ⅰ类	未风化、微风化	1:0.1~1:0.3	1:0.1~1:0.3
		弱风化	1:0.1~1:0.3	1:0.3~1:0.5
	Ⅱ类	未风化、微风化	1:0.1~1:0.3	1:0.3~1:0.5
		弱风化	1:0.3~1:0.5	1:0.5~1:0.75
	Ⅲ类	微风化	1:0.3~1:0.5	—
		弱风化	1:0.5~1:0.75	—
	Ⅳ类	弱风化	1:0.75~1:1	—
		强风化	1:1~1:1.25	—
土质边坡			1:1~1:1.5	—

6. 预应力锚杆传力结构

国家标准 GB 50086—2015 中第 8.2.9 条对边坡预应力锚杆传力结构设计规定如下：

（1）表层为土层或软弱破碎岩体的边坡，宜采用框架格构型钢筋混凝土传力结构；

（2）Ⅰ、Ⅱ类及完整性好的Ⅲ类岩体，宜采用墩座或地梁型钢筋混凝土传力结构；

（3）钢筋混凝土传力结构应有足够的强度、刚度、韧性和耐久性，其结构尺寸与配筋设计可按现行国家标准《混凝土结构设计规范》GB 50010—2010 有关规定执行；

（4）有条件时，应优先采用预制的传力结构，传力结构的设计尚应满足与坡面接触紧密、传力均匀以及构件预留孔与坡体钻孔轴线一致等要求；

（5）传力结构与坡面的结合部位，应有完善的防、排水构造设计。

对不同性状的地层选择适宜的传力结构形式与尺寸，其目的是能将锚固力均匀地作用于边坡坡体，并能满足在持续的恒定的锚固力作用下，不致出现传力结构的破损及地层的明显变形。传力结构应与坡面结合紧密，在传力结构上方与坡面结合处，应设置顺畅的防、排水设施，严防雨水积聚导致传力结构底部出现掏空现象。

设置预制式传力结构可最大限度地缩小开挖面的裸露面积与裸露时间，有利于保护开挖后岩土体的固有强度和自稳能力，增强边坡的整体稳定性，并可显著缩短边坡的建设周期。

传力结构涉及连续支撑结构物和独立支撑结构物两种类型（图 7-3-8）。连续支撑结构物（框架格构、地梁）是直接设置于岩土体上或厚度较小的喷射混凝土护坡面层上的，在锚杆预应力的作用下，其将与岩土体一起发生变形，因此，可按连续梁或弹性地基梁进行设计；独立支撑结构物（墩座）则应按中心受压的独立基础进行截面设计。

预应力锚杆传力结构形式的选择原则上，块状、层状结构的岩质边坡可采用四棱台形混凝土台座，或其他材料的台座；碎裂状、散体结构的岩质边坡可采用混凝土台座间加连系梁结构；对于下部分布有软岩层的边坡，软岩层处的传力结构可采用混凝土塞或混凝土格构；土质边坡、土石混合边坡可采用混凝土格构；当同时采用支挡结构和预应力锚杆加

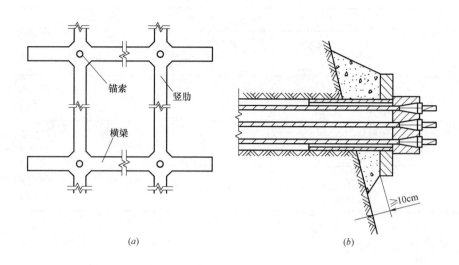

图 7-3-8　预应力锚杆传力结构形式

(a) 井字梁传力结构；(b) 混凝土墩座

固边坡时，预应力锚杆的传力结构宜与支挡结构相结合。

框架式钢筋混凝土传力结构虽具有传力面大、整体性好等优点，但一般要在数十根锚杆的钻孔、插筋和注浆作业完成后才能开始进行框架施工作业，而框架钢筋混凝土施工又需经历支模、安设钢筋和浇筑混凝土等多道工序，锚杆的张拉作业往往需要在边坡开挖一个多月后才能实施，既影响工期也导致开挖面裸露时间过长，不利于坡体的稳定。因此，当坡面为土层或软弱破碎岩层时，如具备条件应优先考虑使用预制钢筋混凝土传力结构。

日本的锚固边坡工程中，广泛采用预制的预应力钢筋混凝土传力结构。图 7-3-9 为在日本边坡工程中广泛采用的十字形、菱形和矩形等三种类型的预应力锚杆传力结构。这些单体式传力结构均在工厂预制，单体结构为预应力钢筋混凝土，平面尺寸有 300cm、250cm 和 200cm 三种规格，每种规格中又根据锚杆的设计抗拔力有 35cm、40cm、45cm、50cm 和 55cm 五种厚度，最大可承受的锚杆拉力设计值为 980kN。

我国水利水电工程的锚固边坡也常采用预制的配筋混凝土块件作传力结构（表 7-3-8）。

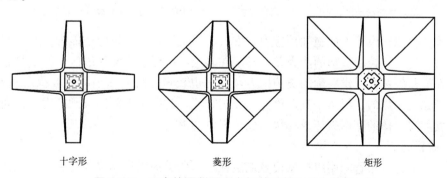

十字形　　　　　菱形　　　　　矩形

图 7-3-9　日本的预制预应力钢筋混凝土传力结构

配筋混凝土块件传力结构				表 7-3-8
锚杆设计锚固力 （kN）	外锚头传力结构			配筋 （mm）
	底面积 （m²）	顶面积 （m²）	高 （m）	
1000	0.8×0.8	0.4×0.4	0.4	两层钢筋网 φ8@50
2000	1.0×1.0	0.5×0.5	0.5	三层钢筋网 φ8@50
3000	1.2×1.2	0.6×0.6	0.6	四层钢筋网 φ8@50

7. 预应力锚杆的布置

1）安设位置

针对潜在破坏或失稳的地质体结构，可采用不同的布置方式。

（1）当边坡失稳模式为滑动破坏或拉裂破坏时，应将预应力锚杆布置在潜在滑动体的中、下部，如图 7-3-10（a）、（b）所示；

（2）当边坡失稳破坏模式为倾倒破坏或溃屈破坏时，应将预应力锚杆布置在潜在倾倒体的中、上部，如图 7-3-10（c）所示；

（3）当存在软岩层或风化带，可能导致边坡变形破坏时，预应力锚杆应穿过软岩层或风化带安设，如图 7-3-10（d）所示。

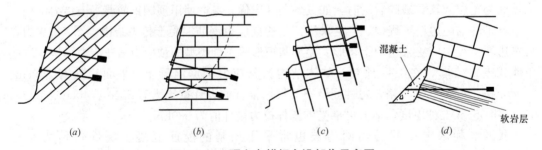

（a）　　　　　　（b）　　　　　　（c）　　　　　　（d）

图 7-3-10　预应力锚杆安设部位示意图

（a）平面滑动模式；（b）圆弧滑动模式；（c）倾倒破坏模式；（d）软弱破碎带加固

非预应力锚杆由于不能施加预应力，安装后岩土体发生变形时才能受力发挥作用，其特点为被动受力，控制变形的能力差，难于在岩土体中形成主动压缩区，特别是它不能对边坡潜在滑移破坏面提供明确的支护抗力，锚杆也较短，因而在锚固边坡稳定性计算中，是不应考虑其作用的。但由于其造价低、施工方便，常用于抑制边坡预应力锚杆间压应力锥外部松动岩土体的变形破坏或小块不稳定岩体的滑落。

2）布置间距

预应力锚杆的布置间距应根据边坡地层性态、所需提供的总锚固力及单锚承载力设计值确定。国家标准 GB 50086—2015 第 8.2.10 条规定：一般条件下，Ⅰ、Ⅱ、Ⅲ类岩体边坡预应力锚杆间距宜为 3.0～6.0m，Ⅳ 类岩体及土质边坡预应力锚杆间距宜为 2.5～4.0m。上述规定推荐的锚固间距是根据工程经验确定的，在此情况下基本可忽略群锚效应的影响。当因边坡安全需要布置较密的预应力锚杆时，应考虑群锚效应，以确保总的锚固力满足边坡稳定要求。

群锚效应的影响与锚固体的间距、锚固体直径、锚杆长度、锚固力的大小以及地层性状等因素有关。为避免群锚效应影响，最小间距通常按式（7-19）计算，即：

$$D = \ln \frac{T}{L} \tag{7-19}$$

式中　D——预应力锚杆最小间距（m）；

　　　T——设计锚固力（kN）；

　　　L——锚杆长度（m）。

日本《VSL 锚固设计与施工规范》采用的计算公式为：

$$D = 1.5 \sqrt{L \frac{d}{2}} \tag{7-20}$$

式中　d——锚杆钻孔直径（m）。

3）安设角度

国家标准 GB 50086—2015 第 8.2.10 条规定：对倾倒破坏的边坡，预应力锚杆的设计安设角度宜与岩体层理面垂直。对滑动破坏的边坡，预应力锚杆的安设角度应发挥锚杆的抗滑作用，在施工可行条件下，锚杆倾角宜按下式计算：

$$\theta = \beta - \left(45° + \frac{\varphi}{2}\right) \tag{7-21}$$

式中　θ——锚杆倾角（°）；

　　　β——滑动面（软弱结构面）倾角（°）；

　　　φ——软弱结构面的内摩擦角（°）。

对于滑动破坏的边坡，本条建议的锚杆安设角度是一个最优锚固角度，采用该角度安设锚杆，锚杆可提供最大的抗滑力，同时锚杆长度最短。但在实际工程中，受施工条件的限制，往往难以完全满足这一要求。因此，在计算锚固边坡的稳定性时，应按实际的锚杆安设角度计算。

8. 垂直开挖边坡的锚固

边坡必须垂直开挖是工程中经常遇到的一种情况，对于这类边坡的加固支护，国家标准 GB 50086—2015 第 8.2.11 条规定：对必须垂直开挖的边坡，可采用预应力锚杆或预应力锚杆背拉排桩支护结构，边坡稳定安全系数与预应力锚杆拉力设计值可按国家标准 GB 50086—2015 第 8 章有关条款规定设计计算。

预应力锚杆背拉排桩支护结构是锚杆挡墙的一种结构形式，需采用逆作法施工，主要用于以下几种情况的边坡支护：

（1）位于滑坡区或切坡后可能引起滑坡的边坡；

（2）切坡后可能沿外倾软弱结构面滑动，破坏后果严重的边坡；

（3）高度较大，稳定性较差的土质边坡；

（4）边坡塌滑区内有重要建筑物基础的Ⅳ类岩质边坡和土质边坡。

预应力锚杆背拉排桩支护结构的设计包括以下内容：

（1）边坡变形控制设计；

（2）边坡的整体稳定性计算；

（3）作用于排桩上的侧向岩土压力计算；

（4）排桩结构内力计算；

（5）桩的嵌固深度计算；

（6）构件计算，包括：预应力锚杆计算、混凝土结构局部承压强度以及抗裂计算；

（7）构件设计，包括：预应力锚杆设计、排桩结构设计以及构造设计；

（8）施工方案建议和检测要求。

坡顶无建（构）筑物且不需要对边坡变形进行控制的预应力锚杆背拉排桩支护结构，其侧向岩土压力合力可按式（7-22）计算：

$$E'_{ah}=E_{ah}\beta \tag{7-22}$$

式中 E'_{ah}——每延米侧向岩土压力合力水平分力修正值（kN）；

E_{ah}——每延米侧向岩土压力合力水平分力（kN）；

β——预应力锚杆挡墙侧向岩土压力修正系数。当锚杆自由段为土层时，取 1.2～1.3；当自由段为岩层时，取 1.1 。

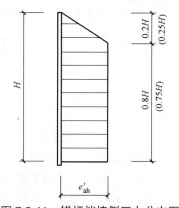

图 7-3-11　锚杆挡墙侧压力分布图

（括号内数值适用于土质边坡）

岩土自重产生的作用在排桩支护结构上的侧向压力分布与预应力锚杆层数、排桩支护结构位移大小、结构刚度以及施工方法等因素有关。对采用单排锚杆的预应力锚杆背拉排桩支护结构，可近似按库仑理论取为三角形分布；对岩质边坡以及坚硬、硬塑黏土和密实、中密砂土类边坡，当采用多排锚杆且排桩结构可视为柔性结构时，侧向岩土压力的分布可近似按图 7-3-11 确定，图中的 e'_{ah} 按下列公式计算：

岩质边坡：
$$e'_{ah}=\frac{E'_{ah}}{0.9H} \tag{7-23}$$

土质边坡：
$$e'_{ah}=\frac{E'_{ah}}{0.875H} \tag{7-24}$$

式中 E'_{ah}——侧向岩土压力水平分力修正值（kN）；

H——挡墙高度（m）。

对用于岩质边坡以及坚硬、硬塑黏土和密实、中密砂土类的边坡，锚杆背拉排桩支护结构的排桩可按支承于刚性锚杆上的连续梁计算内力；当锚固点水平位移较大时，宜按支承于弹性锚杆上的连续梁计算。根据排桩下端的嵌岩程度，可按铰接端或固定端考虑；当排桩嵌入的地层为强风化层以及坚硬、硬塑黏土和密实、中密砂土时，其嵌入深度可用等值梁法计算。

对于用于除坚硬、硬塑黏土和密实、中密砂土类之外的土质边坡，锚杆背拉排桩支护结构的排桩结构内力宜按弹性支点法计算；当锚固点水平位移较小时，结构内力可按静力平衡法或等值梁法计算。

第四节　边坡浅层加固与面层防护

在地质结构面切割、开挖卸荷、施工爆破、风化剥蚀以及雨水冲刷等因素的作用下，边坡浅层极易形成松动破坏区，导致裸露的边坡表面发生剥落、掉块、浅层崩塌等破坏，这不但容易使地表水渗入影响到边坡的稳定性，而且也会影响到边坡支护结构的有效性、耐久性以及边坡的日常使用安全。因此，对于边坡浅层节理裂隙发育，较普遍存在不稳定块体、楔形体的岩质边坡和易风化剥落、局部坍塌的土质边坡，应进行浅层加固处理和面层防护。

1. 边坡的浅层加固

边坡的浅层加固，国家标准 GB 50086—2015 推荐使用非预应力或低预应力锚杆。当边坡浅层稳定性较好，可采用系统锚杆或随机锚杆进行加固。系统锚杆系指按照一定规律布置的非预应力锚杆；随机锚杆系指随机布设、数量较少的非预应力锚杆或低预应力锚杆，用于系统锚杆未能加固的局部不稳定区或不稳定块，为保证危岩的有效锚固，随机锚杆应锚入稳定岩体。系统锚杆的直径和间距一般应通过对边坡岩土体浅层滑动的受力分析，并根据岩土体滑动深度和节理裂隙的间距等条件确定。用于边坡浅层加固的非预应力锚杆在进行边坡的整体稳定性计算时，一般不予考虑。

关于非预应力锚杆和低预应力锚杆的选用、材料、设计计算及施工，参见本《指南》的第五章。

作为系统锚杆的非预应力锚杆在边坡浅层加固中的设置，第 8.3.2 条中规定应符合如下要求：

(1) 锚杆安设倾角宜为 10°～20°，倾倒型边坡锚杆则应与主结构面垂直；

(2) 锚杆布置宜采用菱形排列，也可采用行列式排列；

(3) 锚杆间距宜为 1.25～3.0m，且不应大于 1/2 锚杆长度。

2. 面层防护

边坡面层防护的方法有很多种，如：干砌石；浆砌石；预制、现浇混凝土和钢筋混凝土板（块）；浆砌石和钢筋混凝土格构；喷砂浆、喷混凝土、挂网喷混凝土、喷钢纤维混凝土、喷合成纤维混凝土、主动柔性防护网；草皮以及其他植物护坡；其他新型材料，包括生态、环保型柔性材料等。本《指南》仅就国家标准 GB 50086—2015 涉及的非预应力锚杆及喷射混凝土技术，对边坡的面层防护推荐使用钢筋网喷射混凝土或骨架植被，并对边坡喷射混凝土层防护设计作出了以下规定：

(1) 坡面喷射混凝土的设计强度等级不应低于 C20，1d 龄期的抗压强度不应低于 8MPa；

(2) 永久性边坡喷射混凝土面层厚度不应小于 100mm，Ⅲ、Ⅳ类岩体结构及土质边坡面层宜采用钢筋网喷射混凝土，层厚不宜小于 150mm；

(3) 钢筋网的钢筋直径宜为 6～12mm，钢筋间距宜为 150～300mm，也可采用机编的镀锌铁丝网，铁（钢）丝网直径宜不小于 3.2mm，网目不大于 60mm；

（4）钢筋网喷射混凝土面层与锚杆应有可靠的连接；

（5）喷射混凝土面层竖向伸缩缝宜按每隔 30m 一道设置。

第五节　边坡锚固工程施工

鉴于工程施工涉及人员、材料、设备、施工场地的组织，各个分部、分项、工序的工艺流程安排，技术管理、质量管理、安全管理、成本控制、进度控制、开工准备、过程管理、竣工验收等各个方面，为突出重点，国家标准 GB 50086—2015 针对边坡锚固施工特点，仅就应注意的问题从边坡锚固工程施工基本要求、爆破施工和锚杆施工三个方面作出了如下规定。

1. 基本要求

（1）边坡锚固工程施工应根据相关设计图纸、文件、总体规划、施工环境、工程地质和水文地质条件，编制合理、可行、有效和确保施工安全的施工组织设计。

（2）边坡工程的临时性排水设施，应满足暴雨、地下水的排泄要求，有条件时宜结合边坡工程的永久性排水设施施工。排水设施应先行施工，避免雨水对边坡工程可能产生的不利影响。

（3）边坡开挖施工，应做好坡顶锁口、坡底固脚工作。

2. 边坡爆破施工

（1）岩石边坡开挖采用爆破法施工时，应采取有效措施避免对边坡和坡顶建（构）筑物的震害，传到建（构）筑物的爆破质点振动速度应满足现行国家标准《爆破安全规程》GB 6722—2014 的有关规定。

（2）岩质边坡开挖应采用控制爆破。

（3）边坡开挖爆破施工前，应做好爆破设计，并应事先做好对爆破影响区域内的建（构）筑物安全状态的调查检测和埋设监测爆破影响的测点。

（4）对爆破危险区内的建（构）筑物应采取安全防护措施。

岩石边坡开挖采用预裂爆破、光面爆破等控制爆破方法，可显著减小爆破振动对岩体的扰动与破坏，有利于保持岩体的自稳能力，并可大大改善坡面的平整度，有利于坡面喷射混凝土防护。

3. 边坡锚杆施工

（1）边坡锚杆钻孔应采用干作业钻孔。当边坡的岩土体稳定性较好时，经充分论证许可，方可采用带水钻进。

（2）对严重破碎、易塌孔或存在空腔、洞穴的地层中钻孔，可先进行预灌浆处理，或采用跟管钻进成孔。

（3）钻孔作业，宜采用加强钻机固定、确保开孔精度、增加钻杆冲击器刚度和增设扶正器等方式，控制钻孔偏斜。

（4）锚杆的杆体制备、钻孔、注浆和张拉锁定应遵守国家标准 GB 50086—2015 第 4

章的有关规定。

（5）锚杆的质量检验与验收标准应符合国家标准 GB 50086—2015 表 14.2.3 的规定。

（6）搭设承载型脚手架时，应按照脚手架搭设有关规范进行搭设，必要时增设短锚杆固定脚手架。高空作业时，应做好安全防护和防止高空坠落的措施。

第六节　边坡锚固工程的试验与监测

关于边坡工程的试验与监测，国家标准 GB 50086—2015 作出了以下 3 条规定，详细要求见本《指南》有关章节。

（1）边坡预应力锚杆的基本试验、蠕变试验和验收试验应符合 GB 50086—2015 第 12.1 节的有关规定。

（2）边坡喷射混凝土面层的抗压强度及喷射混凝土与坡面的粘结强度试验应符合 GB 50086—2015 第 12.2 节的有关规定。

（3）边坡锚固工程的监测与维护应符合 GB 50086—2015 第 13 章的有关规定。

第七节　工 程 实 例

1. 三峡水利枢纽永久船闸高边坡锚固

1）工程概况

长江三峡水利枢纽永久船闸位于长江左岸，总长 6442m，其中，上游引航道长 2113m，主体段长 1617m，下游引航道长 2722m，设计年单向通航能力 500 万 t。船闸主体段位于坛子岭以北 200m 的山体中，轴线方向 110.96°，为双线连续五级船闸，单级闸室有效尺寸为 280m×34m×5m，闸室墙采用锚固于边坡上的薄衬砌式结构。船闸系在花岗岩山体中深切开挖修建，两侧形成人工开挖岩质高陡边坡，边坡开挖坡高度一般为 100～160m，最大坡高 170m，闸室边墙部位为 50～70m 的直立坡，两线闸室间保留高 50～70m、宽 55～57m 的岩体中间隔墩，闸室采用混凝土薄衬砌墙与边坡岩体联合受力的闸室结构。

三峡船闸高边坡不仅具有边坡高度大、线路长、边坡轮廓复杂、人工深切开挖后边坡岩体产生地应力释放变形等特点，而且边坡下部岩体为闸室墙体结构的组成部分，其运行工况复杂，不但要求边坡达到足够的稳定性，还要严格控制边坡的变形量以满足船闸钢结构人字门的挡水、止水要求。因此，船闸高边坡工程不仅成为三峡工程建筑物设计的关键课题之一，而且为国内外岩石工程界所关注。

2）地质条件

（1）岩性

岩性以前震旦系闪云斜长花岗岩为主，穿插少量后期侵入的岩脉，并含少量捕虏体。

（2）构造

断层规模较小，长度多小于 100m，平均间距 10m，走向 NE-NEE、NNW 为主，NNW、NW-NWW 次之，陡倾角占 88%。节理裂隙以陡倾角为主，占 74%，中倾角占

19％，走向可分为 NEE、NNE-NE、NNW-NW、NWW 四组，长度为 5～10m。长、大裂隙较少。但当其与垂直边坡夹角较小时，相互组合成典型不稳定块体，产生局部不稳定体。裂隙面以平直粗面为主。

（3）风化程度

岩体自上而下划分为全、强、弱、微四个风化带。全、强、弱三个风化带统称风化壳，厚度为 20～40m。微风化带岩体坚硬、完整，裂隙面风化厚度小于 10mm。

（4）岩体结构及结构面

船闸区域以整体、块状结构体为主；次块状位于较大断层旁侧，属较完整岩体；镶嵌结构含裂隙密集带、断层影响带及胶结不良的结构岩体；碎裂结构属完整性差的软弱岩体，包括构造岩，强、弱风化岩体；散体结构主要为强风化及未胶结构造岩体，其完整性极差。

岩体结构面可分为Ⅱ、Ⅲ、Ⅳ、Ⅴ类，主体段以Ⅲ、Ⅳ类结构面为主，走向多呈 NEE、NNW 向，与边坡夹角较大。Ⅴ类结构面长度小于 5m，分布于Ⅱ、Ⅲ、Ⅳ类结构面之间，其走向为 NEE，倾角 75°左右。

（5）地下水

船闸区在施工开挖前，地下水主要靠大气降水入渗为主，通过风化岩体和一些透水性较好的结构面渗入地下，地下水分水岭与地表分水岭基本一致，大岭山脊地下水位最高，向船闸上、下游引航道逐渐降低。地下水多位于弱风化带内，其埋藏深度：山脊 24～33m，山坡 10～25m，沟谷 7～14m。

3）边坡加固设计原则

（1）在满足船闸结构布置与安全运行要求的前提下，充分利用边坡岩体强度高的特点，以节约工程量。闸墙段边坡应尽可能挖成直立坡，以减少开挖量和结构混凝土。闸墙顶以上的边坡应达到梯段边坡基本自稳，以减少边坡处理工程量。

（2）边坡总体稳定通过选择合适的边坡坡度，并采取以截、防、排水系统措施为主，岩锚加固措施为辅的方案进行改善和满足。

（3）边坡上的局部不稳定体，采取岩锚加固和锚喷支护措施进行处理。

（4）设计方案应方便施工，同时为工程运行、管理、维修及监测创造条件。

（5）施工应充分注意保护岩体，应特别注意采取有效的控制爆破技术，尽量减少对岩体的破坏。

（6）全过程贯彻动态设计思想，加强安全监测和施工地质工作，建立迅速、准确的信息采集和分析反馈系统，及时调整和优化设计。

（7）兼顾环境美化和旅游要求。

4）边坡稳定性分析

（1）分析模型与方法

船闸边坡的稳定性分析包括：边坡整体稳定分析、局部块体稳定分析。分析方法有极限平衡方法、岩体应力应变过程仿真分析方法（简称应力应变方法）和地质力学模型法。其中，块体稳定以极限平衡方法为主，应力应变方法为辅；整体稳定则以应力应变方法为主，极限平衡法及地质力学模型法为辅。极限平衡方法有毕肖普法、分块极限平衡法、萨尔玛（Sarma）法、能量法（EMU）等；应力应变方法采用了弹性有限元、弹塑性有限元、差分法、离散元、DDA 及断裂力学等多种数值研究方法。由于目前采用的上述稳定分析方法还不能全面反映岩质边坡的特性，因此，三峡船闸高边坡采用了多种分析方法，以便相互印证。

（2）边坡稳定安全系数

由于当时国内对边坡（包括自然滑坡）的设计和施工尚无统一的规范和标准可循，经综合分析船闸高边坡工程的具体情况，并参考有关规程规范及国内外大量边坡工程的实践经验，确定了高边坡稳定安全系数采用值，见表 7-7-1 和表 7-7-2。

边坡整体稳定安全系数　　　　　　　　　　　　　　　　表 7-7-1

工况	荷载组合	抗滑安全系数 K_c		
		施工期	运行期	检修期
设计（一）	自重＋地下水（一）＋闸室内水		1.5	
校核（一）	自重＋地下水（二）	1.3		
校核（二）	自重＋地下水（一）＋闸室无水			1.3
校核（三）	自重＋地下水（一）＋闸室内水＋地震			1.1
校核（四）	自重＋地下水（二）＋地震	1.1		

注：1. 地下水（一）——边坡设计地下水（闸墙后设计水头 18m）。

2. 地下水（二）——施工期山体排水系统滞后一个设计要求时段的地下水。

块体抗滑稳定安全系数　　　　　　　　　　　　　　　　表 7-7-2

工况	荷载组合	抗滑安全系数	
		施工期	运行期
设计（一）	自重＋地下水（一）		1.5
校核（一）	自重＋地下水（二）	1.3	
校核（二）	自重＋地下水（一）＋地震		1.1

注：1. 地下水（一）——水压力为半水头。

2. 地下水（二）——水压力为全水头。

3. 边坡整体稳定分析地下水分布示意见图 7-7-1。

（3）稳定性分析结论

经过对船闸高边坡的重要部位采用的弹性、弹塑性、弹脆塑性、黏弹性等力学模型，以及模拟施工程序进行的二维、三维数值模型的分析和极限平衡法进行的边坡整体稳定、局部稳定的计算，成果互为印证、互为补充，结合边坡岩体的工程地质条件，对三峡船闸高边坡的稳定性得到下述结论：

① 边坡整体稳定性好，不具备产生大规模整体破坏的条件，边坡破坏模式主要为受结构面控制的局部楔形体失稳破坏，但块体经过加固处理，可以满足运行稳定要求。

② 边坡位移和应力量级及其分布形态，主要取决于边坡岩体的初始应力状态和坡面形态。拉应力区分布深度一般在 20m 以内，闸墙顶的水平位移量值在 40mm 左右；不同的力学模型的数值计算结果，合理地显现了差异性；应力以弹性模型最大，位移以弹塑性模型最大；但宏观而论，差异只表现在次一量级上，反映出三峡船闸高强岩体边坡，开挖卸荷在不同力学模型中的响应，只体现在边坡浅层局部，而非边坡岩体的全部。船闸高边

坡开挖引起变形的典型规律见图 7-7-2 （a）。

③ 塑性（剪损）区主要出现在中隔墩的中上部、南北直立坡中上部和边坡各级马道部位，是加固处理应予重视的部位。经采用残余强度对塑性区的稳定状态进行复核，成果表明其具有足够的安全度。船闸高边坡典型断面塑性区分布见图 7-7-2 （b）。

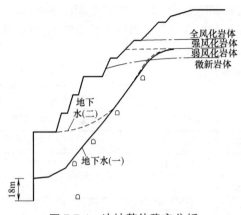

图 7-7-1　边坡整体稳定分析
地下水分布示意图

④ 边坡岩体的流变特性不明显，属稳定型流变。采用广义开尔文模型计算结果表明，边坡运行 50 年时，直立墙顶部流变产生的累计水平向位移为 4.16mm，其中大部分变形发生在运行的前 10 年。

5）边坡锚固设计

三峡永久船闸边坡锚固指梯段边坡基本自稳，通过总体边坡轮廓设计和充分的排水措施，在边坡整体稳定的前提下，为维护边坡设计轮廓、解决边坡局部稳定问题、改善边坡应力变形条件、提高边坡稳定性而进行的加固支护主要包括：系统预应力锚杆、系统高强锚杆和加固不稳定岩块的随机性预应

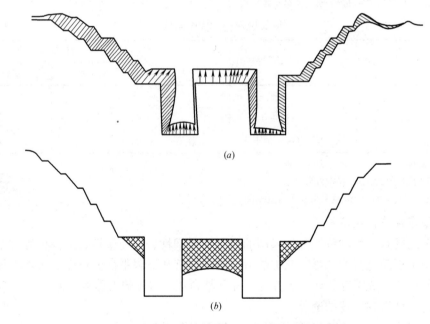

图 7-7-2　船闸高边坡变形及塑性屈服区示意图
（a）船闸高边坡变形典型剖面图；（b）船闸高边坡塑性屈服区示意图

力锚杆。

（1）系统预应力锚杆

用于限制受损区进一步发展和恶化，改善直立坡段及中隔墩岩体的应力变形和稳定性的预应力锚杆，根据边坡稳定分析、计算的成果，系统布置实施。直立坡段有条件的部位

和中隔墩布置的此类预应力锚杆为对穿锚固。锚杆一般为有粘结锚，用于长期观测的锚杆采取无粘结锚。

直立墙及中隔墩共布置 3000kN 级系统预应力锚杆 1684 根。边坡高度最大的二、三闸室段的两侧边坡共系统布置 1000kN 级锚杆 226 根，3000kN 级锚杆 203 根。锚杆长一般为 40～60m，要求锚杆钻孔偏斜率不大于 1‰，锚杆水平间距一般为 3.0～4.0m，锚杆安设与坡面垂直。

系统的预应力锚杆布置见图 7-7-3（a）。3000kN 级双层防护无粘结端头锚杆结构见图7-7-3（b）。闸室开挖及预应力锚杆施工现场实况见图 7-7-4。

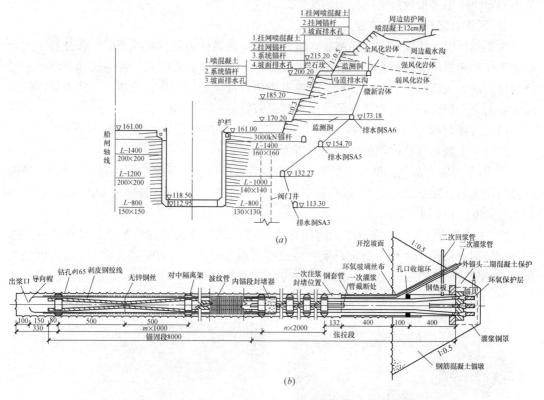

图 7-7-3　船闸高边坡锚杆布置与结构图

（a）船闸高边坡锚杆布置图；（b）3000kN 级双层防护无粘结端头锚杆结构图

（2）系统高强锚杆

直立墙坡段为微新岩体，由于要求该坡段岩体与混凝土衬砌墙联合受力，而该坡段有4 个直立坡面受爆破和开挖卸荷影响较大，存在一定范围的松动带和塑性区，均采用高强结构锚杆系统支护，混凝土衬砌墙背设排水管网以降低墙背水压力。高强锚杆垂直坡面，倾角为 0°，上部长 12～14m，下部长 8～10m，上部孔排距 2m×2m，下部孔排距 1.3m×2m，上疏下密布置。锚杆极限强度 960MPa，单根设计承载力 400kN，孔径 φ91mm，采用孔底进浆、孔口回浆的有压循环灌浆。锚杆在岩面处设置 50～70cm 长无粘结段。无粘结段进行了两层防腐处理，第一层喷锌，第二层喷环氧树脂，最后套橡皮管形成无粘结。直立坡段系统高强锚杆共布置约 10 万根。

（3）不稳定块体加固

三峡永久船闸两线闸槽直立坡面上，由于岩体中结构面的切割形成潜在不稳定块体784块，其中大于100m³块体329块，大于1000m³块体49块。现场处理时，小于100m³块体由监理工程师在现场按设计提供的典型模式采用锚杆支护；大于100m³块体由现场块体设计小组提出设计方案，绝大多数采用3000kN预应力锚杆或普通砂浆锚杆支护，并辅以排水孔措施；对于大于1000m³的特大块体还布置了内、外位移和测力计等安全监测仪器，对块体稳定性实施长期监测。

不稳定块体加固锚杆的长度根据滑动面埋深确定，一般为25～50m不等。图7-7-5为某不稳定块体用多根预应力锚杆加固的实况。

6）预应力锚杆的锚固效应

为揭示预应力锚固对改善船闸直立坡开挖损伤区岩体力学性状的规律，长江科学院与冶金工业部建筑研究总院合作，利用多点位移计、声波及钻孔弹模三种方法综合测试了锚杆施加预应力前后周边岩体的变形、波速及岩体弹性模量的变化，获得了一些有规律性的成果，对进一步认识预应力锚杆的作用机理是有益的。

（1）岩体变形

综合7个变形测孔的测试成果，分析表明：

① 随着预应力荷载的增加，越靠近锚索预应力作用点，压缩变形值越大。如55号锚杆张拉结束后，距其最近的D_1测孔表层变形值为0.15mm，距其最远的D_3测孔表层变形值仅为0.03mm（图7-7-6）。

② 锚墩周边岩体的压缩范围随时间逐步向墩头周边及坡体内部扩散，且在预应力施加3～7d后变形范围才趋于稳定，呈明显的滞后现象。3～7d后距锚孔70cm处边坡最大压缩变形值稳定为0.21～0.34mm，滞后的变形值则为0.1～0.2mm。这种变形的滞后现象主要由锚固力逐步压密岩体内的节理与裂隙所引起。

图7-7-4 船闸直立墙边坡开挖与锚固现场　　　　图7-7-5 不稳定块体加固

③ 变形值自孔口向内呈现明显衰减的特征，自孔口向里8m以后的深部岩体变形量普遍不大。

通过分析沿坡面及沿孔轴线方向的压缩变形测试结果，并结合在其他工程所进行的类似测试，认为：锚索张拉3～7d后，在锚墩周边形成一个半径2m左右、深8m左右的锥形变形压缩区，该区内岩体受压，岩体从近似零应力状态变为压应力状态。当多根锚索作

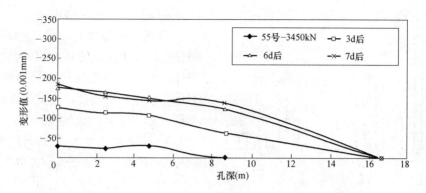

图 7-7-6　D_3 孔张拉前后纵向变形图

用下形成的压应力区重叠连接成片时，就组成所谓的"岩石承载墙"，使边坡的稳定性得到明显的改善。

（2）岩体波速

采用单孔声波测试，测孔波速提高率大于 10％的测点以及测点在锚杆预应力施加前后的波速见表 7-7-3。

波速提高率大于 10％的测点统计　　　　表 7-7-3

孔号	波速提高率（％）	测点位置（m）	初始波速（m·s⁻¹）	张拉后波速（m·s⁻¹）	孔号	波速提高率（％）	测点位置（m）	初始波速（m·s⁻¹）	张拉后波速（m·s⁻¹）
T_0	10	3.8	4545	4600	S_{20}	31	0.4	4120	5397
S_5	11	1.8	4762	5283	S_{20}	21	0.8	2760	3340
S_2	48	2.0	3571	5285	S_{20}	13	0.6	3960	4475
S_1	37	5.2	4167	5709	S_{20}	10	1.8	4880	5368
S_1	11	3.8	4762	5286	S_{16}	19	0.4	3390	4034
S_6	24	4.8	4255	5276	S_{16}	11	3.6	5380	5972
S_6	11	0.8	4878	5415	S_{18}	31	0.6	3560	4664
S_6	11	4.4	4762	5286	S_{18}	17	4.8	4380	5125
S_{18}	18	0.8	4470	5275	S_{18}	15	3.8	5380	6187
S_{19}	16	2.2	4880	5661	S_{18}	11	4.0	5000	5500
S_{19}	13	0.4	4880	5514	S_{17}	24	0.8	3390	4204
S_{19}	11	1.6	5380	5972	S_{17}	23	1.0	3890	4785
S_{21}	23	1.4	4880	6002	S_{17}	13	4.2	4770	5390
S_{21}	12	2.2	5530	6194	S_{17}	13	0.6	4670	5277
S_{21}	11	2.4	5380	5972	S_{22}	18	3.2	4570	5393

据统计，岩体波速提高率大于 10％的共 30 个测点，其中 S_2 测孔测点波速提高率最大，为 48.3％，按照测点在测孔内的不同位置以间距 0.5m 为间隔进行统计，结果见图 7-7-7。

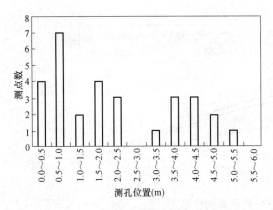

图 7-7-7　波速提高率大于 10% 的测点在钻孔内分布直方图

表 7-7-3 和图 7-7-7 说明：

① 锚杆施加预应力后，在周边岩石内明显地减少了波的传播时间，提高了周边岩体的波速，侧面反映出岩体受到压缩，岩体完整性有所提高。测试到的波速提高率最大为 48%，波速约提高 1700m/s。

② 波速提高率大于 10% 的测点大部分分布在孔口段，靠近锚墩的测孔前 3.0m 的测点数有 20 个，占总数的 2/3。表明锚杆张拉后明显地提高了锚墩附近的岩石波速。

③ 一些测孔存在多点波速提高率大于 10% 的情况，对同一测孔波速提高较大的测点，其初始波速一般都比较低。如 S_{19} 测孔：0.8m 测点，其初始波速为 4470m/s，波速提高率为 18%；2.2m 测点，其初始波速为 4880m/s，波速提高率为 16%；0.4m 测点，其初始波速为 4880m/s，波速提高率为 13%；1.6m 测点，其初始波速为 5380m/s，波速提高率为 11%。

（3）弹性模量

测试成果表明：锚杆预应力施加后，由锚索墩头向内深 4m 范围的岩体弹性模量有所提高，平均上升 4GPa 左右，4m 以后的岩体弹性模量变化不明显；灌浆以后，岩体弹性模量有所提高，且大部分测点的岩体弹性模量值在 27GPa 左右。这表明：施加预应力可使边坡表层岩体内的结构面压实，力学性状有所改善，表层岩体完整性提高。同样，灌浆后由于水泥浆液固结了地质弱面，使岩体的完整性进一步得到提高。

7）高边坡安全监测及稳定性评价

永久船闸一期工程开挖于 1994 年 4 月动工，1995 年 10 月一期工程开挖结束。1996 年初进入二期工程开挖，1999 年 10 月二期开挖结束。通过对永久船闸高边坡施工期表层位移、深部位移、锚索测力计、加固块体及地下渗流等监测资料，以及临时船闸及升船机边坡长期变形资料的综合分析，得到如下几点认识：

（1）永久船闸南、北高边坡及中隔墩变形均以向闸室槽（Y 方向）水平位移为主，水平位移值在 20～60mm 之间，虽然监测点埋设滞后开挖，但根据监测位移反分析的结果，南、北坡最大累计总位移约在 100mm 以内；边坡 X 方向位移普遍较小，在 -5～5mm 之间，少数全强风化带或有下游临空开挖面部位的测点位移量大于 10mm，最大值为 16.14mm；边坡垂直方向位移在 -5～10mm 之间。实测位移除个别开挖坡拐角处或爆破影响较大部位略大外，其他均与设计阶段的研究成果一致。

（2）边坡开挖结束 1～2 个月后，边坡变形进入到长期变形阶段。边坡位移显示为波动式缓慢增长变形特点，且南北坡长期变形略大于中隔墩。结合临时船闸及升船机边坡开挖结束后近 4 年的变形监测成果，其波峰与波谷的位移差 2～4mm，平均时效变形随着时间的增长而逐年减小，第一年为 2.73mm、第二年为 0.62mm、第三年为 0.32mm，即长期变形较小，对船闸的运行无影响。典型测点位移曲线见图 7-7-8。

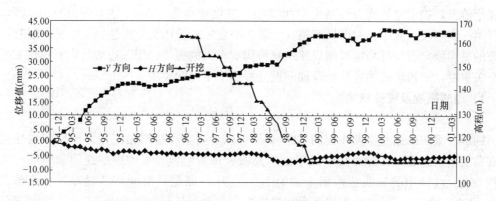

图 7-7-8　15-15 南坡 230m 马道 TP/BM22 GP02 位移曲线

　　（3）边坡预应力锚杆安装后均呈现一定的预应力损失。锁定 1 年后，大多数锚杆的预应力损失小于 10%，而且预应力损失主要出现在锁定后的 15d 以内，这主要是钢绞线松弛和岩体徐变所引起的。锁定荷载与钢绞线极限拉力（标准值）之比较高（约为 0.67），可能是导致预应力损失值较大的主要原因。图 7-7-9 和图 7-7-10 为锚杆预应力变化的实测曲线。

　　（4）边坡地下水渗压监测数据显示：船闸边坡岩体中饱和地下水水面位置，南、北边坡均比原设计确定的水位低。

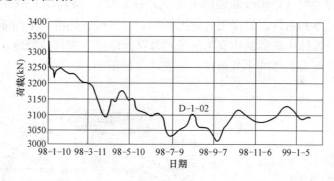

图 7-7-9　D-1-02 锚杆荷载—时间变化曲线

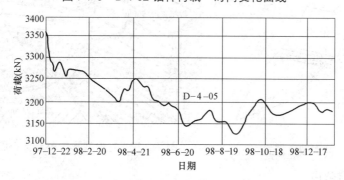

图 7-7-10　D-4-05 锚杆荷载—时间变化曲线

2. 锦屏一级水电站左岸坝肩边坡锚固

　　锦屏一级水电站位于青藏高原东侧的四川省凉山彝族自治州盐源县和木里县境内的雅

雅江干流上，挡水建筑物为混凝土双曲拱坝，拱坝坝高为 305m，拱坝厚高比 0.207，为世界第一高拱坝。其中，左岸拱肩槽（含缆机平台）开挖边坡高度达到 530m，规模巨大，边坡的整体稳定及局部稳定对坝肩建筑物将构成重大的破坏作用，边坡稳定对拱坝安全运行至关重要，对边坡的稳定分析及加固设计提出了更高的要求。

1）地质概况及坡体结构

（1）地质概况

锦屏一级水电站左岸坡体在约 1800m 高程以上由杂谷脑组第三段厚～巨厚层变质砂岩夹薄层板岩组成，1800m 高程以下由第二段大理岩组成，以中厚层结构和厚层～块状结构为主。坡体中的软弱结构面主要为 f_5、f_8、f_{42-9} 断层及层间挤压错动带、煌斑岩脉（X）。开挖边坡在 1800m 高程以下大理岩段多由微新无卸荷岩体组成，仅在靠江侧部位有少量风化卸荷岩体；1800m 高程以上砂板岩多为弱卸荷岩体及变形拉裂岩体、倾倒变形岩体。

（2）坡体结构

锦屏一级水电站左岸坝肩边坡由特殊的地质、地形条件及由砂板岩、大理岩构成的复杂区域岩性共同确定了其坡体结构的复杂性和多样性。其中较为特殊的坡体结构如下：

① 倾倒顺向坡结构

左岸缆机平台边坡（1960m 高程以上边坡）在 2000m 高程以上的砂板岩中普遍出现倾倒拉裂，受微地形和岩性、岩层组合情况影响，在山梁、冲沟等不同部位倾倒变形强烈程度有一定差异，坡体中软弱结构面为后缘顺坡陡倾断层、卸荷拉裂缝，可能变形失稳模式为倾倒—滑移破坏及局部的小规模楔形体破坏，如图 7-7-11 所示。

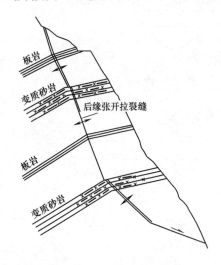

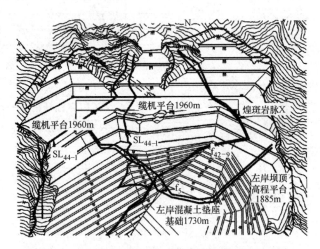

图 7-7-11　倾倒破坏模式　　　　图 7-7-12　左岸变形拉裂岩体范围及边界条件

② 块体双滑结构

左岸坝肩边坡在 1800m 高程以上由 f_{42-9} 断层、SL_{44-1} 拉裂带、煌斑岩脉组成的左岸坝头变形拉裂岩体的楔体双滑结构，坡体中软弱结构面为 f_{42-9} 断层、SL_{44-1} 拉裂带、煌斑岩脉以及 f_{42-9} 断层上下盘、与 f_{42-9} 断层同向的一系列小断层，可能变形失稳模式为大楔形块体双滑破坏，左岸变形拉裂岩体范围及边界条件如图 7-7-12 所示。

③ 块状边坡结构

1800m 高程以上左岸坝头变形拉裂岩体以外的砂板岩段、卸荷裂隙，可能变形失稳模式为顺倾坡外结构面的滑塌破坏和局部的小规模楔形体破坏；1800m 高程以下大理岩段边坡，坡体中结构面为顺坡向小断层、节理裂隙，可能变形失稳模式为顺倾坡外结构面的滑塌破坏和局部的小规模楔形体破坏。

上述 3 种坡体结构（破坏模式）尤其以左岸的倾倒顺向坡结构、左岸楔体双滑结构为控制性模式。另外，在 f_{42-9} 断层、煌斑岩脉以里，深部裂缝相对发育且多为张开空缝，众多结构面和深部裂缝的切割，该区岩体完整性差，岩体破碎，为变形提供了空间，形成了深部变形的破坏模式。

2）开挖边坡稳定性研究

（1）边坡稳定性评价

根据开挖边坡地层岩性、岩体结构、变形破裂现象，并结合自然岸坡坡体结构，对开挖边坡稳定性进行宏观地质分区，按 A，B，C，D 分别对应稳定性好、稳定性较好、基本稳定、稳定性较差，来对开挖边坡稳定性进行评价，见表 7-7-4。

开挖边坡宏观地质稳定分区

表 7-7-4

岸别	分区	开挖边坡名称及分区位置	基本地质特征	坡体结构（破坏模式）	稳定性评价
左岸	A	左岸拱肩槽边坡约 1800m 高程以下大理岩段	反向坡，由大理岩组成，岩体较完整，中厚～厚层状结构，顺坡向倾坡外裂隙发育	(1)顺倾坡外裂隙滑塌破坏；(2)局部小规模楔形体破坏	开挖边坡稳定性好
	C	左岸拱肩槽边坡约 1800m 高程以上变形拉裂岩体大块体以外砂板岩段	反向坡，由砂板岩组成，弱～强卸荷，岩体较破碎，小断层及层间挤压带发育	(1)顺倾坡外裂隙滑塌破坏；(2)局部小规模楔形体破坏	开挖边坡整体基本稳定，浅表局部潜在不稳定
		左岸缆机平台边坡约 2000m 高程以上倾倒变形体	反向坡，由砂板岩组成，岩体较破碎，小断层及层间挤压带发育	(1)倾倒—滑移破坏；(2)滑移—拉裂破坏；(3)局部楔形体破坏	开挖边坡整体基本稳定，浅表局部潜在不稳定
	D	左坝头变形拉裂岩体 1800～2000m 高程	反向坡，由砂板岩组成，主要软弱面有 f_5，f_8，X，层间挤压带及 f_5 内侧近 EW 向中倾小断层（f_{42-9} 等）	(1)楔形体破坏；(2)局部倾倒—滑移破坏	岩体松弛拉裂严重，开挖边坡整体稳定条件较差

（2）边坡稳定性安全系数的确定

边坡工程安全控制定量指标与工程的等级、使用年限以及边坡本身的重要性、规模等密切相关，涉及因素与边界条件十分复杂。在复杂地质条件下设计、施工超高边坡，主要应考虑如下要素及边界条件：①重要性；②阶段性；③整体和局部；④规模和潜在失稳体积；⑤环境条件；⑥ 变形失稳模式与破坏机制；⑦ 分析方法；⑧岩土力学参数取值；

⑨坡面形态；⑩对边坡边界条件的认识程度；⑪ 地下水条件。

根据以上要素，对锦屏一级水电站坝肩边坡控制标准进行了深入分析：边坡作用主体挡水建筑物（Ⅰ级建筑物）工程范围内的超高边坡具有相对特殊的重要性，应按照Ⅰ级边坡制定控制标准。对边坡规模、破坏机制、环境条件、变形失稳模式等要素均进行了深入分析。综合参数取值也考虑了边坡规模及风险等不利因素的影响。因此，控制标准可以在Ⅰ级边坡控制标准范围内适当地结合工程投资及治理难度综合采用。锦屏一级水电站坝肩边坡的安全系数控制标准见表7-7-5。

锦屏一级水电站工程边坡控制安全系数标准表   表 7-7-5

边坡类别	边坡级别	永久运行	施工过程	降雨工况	地震工况
拱肩槽边坡	Ⅰ	1.30	1.25	1.20	1.10
缆机平台边坡	Ⅰ	1.25	1.15	1.15	1.05

3) 开挖边坡加固设计

（1）加固设计原则

根据我国水电工程边坡设计相关规范要求，表7-7-5中采用的安全系数标准对应于极限平衡方法。但考虑锦屏一级水电站边坡的规模巨大及复杂性、重要性，进一步采用数值分析法对边坡进行应力、变形分析。同时规范认为，采用数值分析的降强分析，当变形开始不收敛时的安全系数即为边坡的安全系数。锦屏一级水电站高边坡降强稳定分析采用了一种全新的分析理论——余能范数的方法，作了进一步的研究探讨。

针对锦屏一级水电站特殊的地质、地形条件及工程建设形成的巨型人工边坡开挖模式，对边坡的开挖、加固设计应以少开挖、弱爆破、强支护，分区分层支护，控制整体、以面覆点的原则进行。

（2）边坡开挖设计

左岸坝肩边坡开挖高度约530m（1580～2110m高程），设计中以"少开挖、强支护"为原则进行了大量设计优化，减少开挖量约 $1.50 \times 10^6 \text{m}^3$。施工实施总开挖量约 $5.50 \times 10^6 \text{m}^3$。1885m高程以上边坡开挖区边坡高度约225m，开挖方量约 $1.91 \times 10^6 \text{m}^3$，其中缆机平台960m高程以上开挖量约 $0.75 \times 10^6 \text{m}^3$，1885～1960m高程之间开挖量约 $1.16 \times 10^6 \text{m}^3$；1885m高程以下边坡开挖区边坡高度约305m，开挖量约 $3.59 \times 10^6 \text{m}^3$。开挖边坡1885m高程以上采用每30m布置一级马道，1885m高程以下每15m布置一级马道，马道宽度2～3m。左岸工程边坡设计开挖坡比见表7-7-6。左岸边坡整体施工面貌如图7-7-13所示。左岸边坡开挖设计平面图如图7-7-14 所示。

左岸工程边坡设计开挖坡比表   表 7-7-6

坡体岩类	Ⅱ级	Ⅲ级	Ⅳ级以上	覆盖层
设计开挖坡比	1：（0.20～0.15）	1：（0.35～0.20）	1：（0.50～0.40）	1：（1.00～0.75）

（3）边坡防渗及排水设计

锦屏坝肩左岸地下水位与河床水位接近，考虑到对暴雨等入渗水流的有利排导，采用深层纵、横向排水洞，坡面排水浅孔、深孔，截排水系统及坡面的防渗喷射混凝土等措施，形成系统的综合排水网络，最大限度地降低地下水及地表渗水对边坡稳定的影响。

图 7-7-13　左岸边坡整体施工面貌图

（4）左岸边坡支护设计

根据左岸边坡的基本地形地质条件分析，参考多种稳定性分析研究成果，类比同类工程经验，拟定左岸边坡技施图设计加固方案为：采取以预应力锚索加固、抗剪洞为主的工程措施作为主要控制手段，保证边坡的整体稳定；对于边坡次级潜在不稳定块体、局部潜在不稳定块体、表层松动岩体、岩体卸荷松弛变形等问题，采取以坡面混凝土框格梁、喷射混凝土、锚杆、锚杆束及预应力锚索为主的支护措施。另外，为保证边坡开挖形态，在开挖前对边坡进行预灌浆处理。

① 表层预固结

左岸边坡岩体破碎，开挖爆破后，松弛岩体容易塌滑，对边坡开挖成型及边坡稳定不利。进行边坡预固结灌浆，即对开挖爆破钻孔一定范围内的边坡在爆破前进行预灌浆，可以提高坡面岩体的完整性，控制爆破后的坡面岩体松弛条件，确保施工安全和施工质量。因此，采用马道锚杆束孔及 2 层马道间布置的预灌浆孔进行边坡预固结灌浆处理，保证边坡开挖成型。灌浆孔间距 2.5m，孔径 90mm，孔深 12m、18m，如图 7-7-15 所示。

② 坡面浅表及深层加固

坡面浅表加固由挂网喷射混凝土、锚杆、锚杆束、混凝土框格梁、预应力锚索组成，主要对边坡次级块体、局部块体、浅表层潜在不稳定岩体进行加固，限制边坡卸荷裂隙的扩展，改善边坡岩体应力状态、变形条件及稳定性。其中，利用 60～80m 长度的锚索穿过整体稳定的控制边界对整体稳定进行加固；坡面挂网喷混凝土的强度等级为 C25，厚 20cm，挂网钢筋为 ϕ10mm，间、排距 15cm×15cm；锚杆为全长粘结砂浆锚杆，全坡面布置，分 ϕ28mm、$L=6$m 和 ϕ32mm、$L=9$m 两种，交替布置；在每一级马道布置锚杆束，锚杆束由 3 根 ϕ32mm 钢筋组成，长 12m，间距 2.5m；混凝土框格梁和混凝土纵梁断面尺寸为 60cm×80cm，框格梁水平排距 4m×4m，纵梁间距 4.5m；预应力锚索采用 2000kN、3000kN 级单孔多锚头无黏结锚索，长 40m、60m 和 80m。浅（深）层加固剖面示意见图 7-7-15。

③ 环境边坡危岩体加固

对开口线外 8～15m 边坡清除覆盖层后挂网喷混凝土锚杆支护，喷 C25 混凝土，厚 10cm，挂 ϕ6mm 钢筋网，间、排距 20cm×20cm；在此支护范围以外，设置柔性被动防护

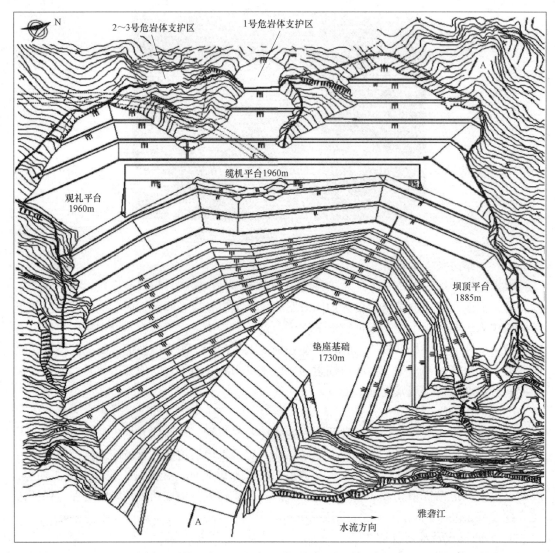

图 7-7-14　左岸边坡开挖设计平面图

网，高 4.0m。对开口线外 1 号、2 号、3 号危岩体，视现场具体地形、地质条件，采用部分清除、锚杆、锚索及主动防护网支护等措施进行处理。

4）边坡稳定性分析成果

锦屏一级坝肩边坡的稳定分析工程实例中确定了以规范为标准，以极限平衡法为主要分析手段并结合多种不同方法进行对比分析印证的方法，具体分析方法见表 7-7-7。

左岸坝肩边坡整体安全度评价。边坡开挖对左岸边坡整体稳定性有一定影响，运用变形加固理论分析，边坡完全开挖的扰动与天然边坡整体降强 $K=1.05$ 的扰动大体相当。边坡开挖的扰动集中在拱肩槽及开挖边坡附近区域内。就整体稳定性而言，加固措施应使左岸整体安全度提高到 $K=1.30$，目前的设计锚固措施可满足此要求。降强 $K=1.30$ 工况时的不平衡力分布规律表明，单位面积的不平衡力在 2030～1990m 高程附近较大，表明该区是加固重点区；开挖边坡内侧坡重点应加固煌斑岩脉出露点及其上游部位。拱肩槽

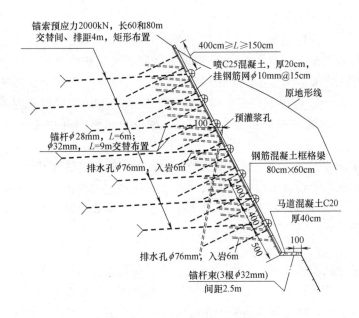

图 7-7-15 浅 (深) 层加固剖面示意图

锚固主要应针对坝顶 1885～1810m 高程区段（上、下游）和坝底 1650～1600m 高程区段（上游）。基于不平衡力的加固方案适用于长、大锚索及深层抗剪洞，对裂隙面不利组合构成局部滑块可采用系统锚杆加以解决。

计算方法及计算程序采用情况表　　　　　　　　表 7-7-7

方法	计算程序	说明
二维极限平衡法	EMU	上限解，倾倒变形区计算
三维极限平衡法	Spencer	下限解，楔体破坏区计算
有限元法	PHASE2，FLAC3D	非线性，应力、变形计算
有限元强度折减法	TFINE	余能范数及不平衡力理论
块体理论法	SRM	关键块体搜寻，楔体破坏计算

5）工程施工控制技术

（1）施工时序控制

大量分析计算表明，施工时序对坡体稳定的影响与支护措施设计同样重要。开挖卸荷松动回弹对坡体的影响范围一般为 30～60m。左岸坝肩抗力体受力条件较差，在开挖坡体内 30m 深度范围以内 829～1670m 高程之间布置 4 层基础处理置换平洞及斜井，由于与边坡位置近、工期重合，对边坡存在巨大影响。因此，合理的开挖、支护施工时序控制对边坡的施工期稳定及变形控制均至关重要。

采用边开挖边支护、分层开挖支护的施工程序。边坡上部砂板岩层风化、卸荷严重，岩体以 V 类破碎岩体为主，节理裂隙发育，爆破岩体受约束力小，容易抬起，对坡体损伤加剧。因此，边坡梯段高度在左坝肩 1730m 高程以上区间一般不超过 7.5m 为宜，1730m 高程以下及右坝肩一般以 10～15m 为宜。同一区段内的开挖宜平行下降，若不能平行下挖时，相邻区段间的高差左坝肩 1730m 高程以上区间不宜大于 7.5m，1730m 高程以下及右坝肩不宜大于 10～15m。

控制浅层锚喷、深层锚索支护与开挖工作面的高差，边坡下挖前必须按施工图完成上部台阶锁口锚杆施工，左坝肩 1730m 高程以上区间系统支护中挂网喷混凝土、锚杆、锚杆束支护与开挖工作面的高差不应大于 7.5m，预应力锚索与开挖工作面的高差不应大于 15m。左坝肩 1730m 高程以下和右坝肩随机支护和系统支护中挂网喷混凝土、锚杆、锚杆束支护与开挖工作面的高差不应大于 15m，预应力锚索与开挖工作面的高差不应大于 30m。

洞挖工程采用"先洞后坡"的开挖步骤。明挖与洞挖各自独立进行，施工干扰小，地下工程抗震能力远高于边坡工程，失稳规模及影响远小于边坡工程，"先洞"对坡体开挖地质条件能进一步的查明，并提前完成地下排水系统，降低边坡内水压力，为边坡的预加固提供观测资料。

（2）爆破控制

锦屏一级水电站坝肩为深山峡谷地区，地质条件复杂，坡体主要为大理岩及砂板岩。浅表岩体受风化卸荷的影响岩体破碎，上部为Ⅴ类岩，下部多为Ⅳ类岩。工程开挖边坡高陡，施工进度要求快，施工场地狭窄产生较大的施工干扰。总结以上原因，对锦屏一级坝肩边坡的爆破控制提出了超高难度的要求，必须进行细致的爆破方法设计及精细化的爆破施工，才能满足对工程质量及工程安全的要求。

为保持开挖后基岩完整性和开挖面平整度，爆破采用预裂爆破技术，对于不适合采用预裂爆破的部位，应预留保护层。爆破方案应在施工前进行爆破试验取得合理的爆破参数，分析整理后对爆破孔孔距、孔深、孔方位角及倾角、装药方式、总药量、引爆网络及最大起爆药量进行针对设计。

采用单排炮孔钻孔爆破方法，梯段爆破钻孔孔径不得大于 110mm，临近保护层爆破钻孔孔径不得大于 90mm，保护层爆破钻孔孔径不得大于 50mm，钻孔不得钻入保护层或建基面岩体。

（3）安全控制

锦屏一级水电站坝肩边坡施工条件恶劣，边坡开挖存在巨大的安全控制风险，施工中对生命、财产的安全保障意义重大，必须充分考虑、细致落实、全面执行，才能确保万无一失。

6）监测成果分析及工程治理效果评价

左坝肩边坡根据地形、地质条件及边坡建筑物设计特性，建立了完善的包括外观、内观、应力、变形并结合特殊结构边界及支护措施的监测系统。设立了 80 个外部观测墩（图 7-7-16），并根据边坡开挖过程及坡体结构特征分为 3 个监测区域，有针对性地布置监测仪器：

（1）1885m 高程以上边坡设置 27 套多点位移计、126 台锚索测力计、22 套三点锚杆应力计和 3 个地下水监测点。

（2）1885m 高程以下边坡设 27 套多点位移计、18 套单点锚杆应力计、43 套锚索计和 4 个测斜孔。

（3）左岸坝肩上游坡体的 1834m、1860m、1883m 高程三层抗剪洞共布设三点式位移计 24 套，单点式锚杆应力计 8 套，三点式锚杆应力计 16 套，位错计 28 套，测缝计 18

支，钢筋计 16 支，渗压计 12 支，五向应变计组 10 组，无应力计 10 套。

另外，针对深部裂缝的地质特征，利用勘探平洞及排水洞共有 10 个，在其中布置石墨杆计等变形监测仪进行深部变形监测。

边坡主要变形监测仪器布置见图 7-7-16。施工期监测成果如下：

（1）边坡地表变形监测数据表明，各测点累计垂直河流方向水平位移在 -28.8～79.5mm。垂直位移累计在 -32.3～52.5mm，多数测点垂直位移表现为沉降值，部分测点有较明显抬升，目前位移均趋于收敛。地表变形最大测点及数值见表 7-7-8。变形曲线见图 7-7-17。从区域分析，变形较大点均位于边坡开口线附近或缆机平台下方，与应力变形分析成果一致。

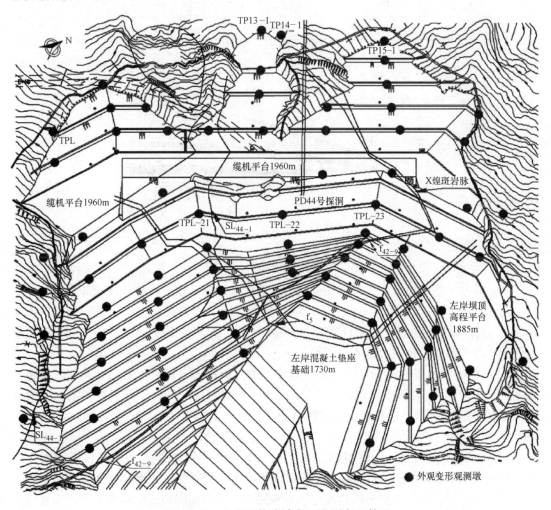

图 7-7-16　左岸开挖边坡变形监测布置简图

（2）边坡深层变形监测数据表明，左岸边坡施工期变形控制与分析成果一致，坝顶以上边坡开挖属于卸载，整体稳定安全度增加，在做好施工阶段、爆破控制的前提下，边坡未发生大的变形破坏情况；坝顶以下开挖降低了坡体安全系数，位于左岸 1930m 高程的 PD44 号探洞布置的石墨杆计监测成果表明，一定深度范围内伴随施工进度存在一定的坡体变形，且变形以深部变形为主；变形速率大致一致，最大速率为 0.1mm/d，无急剧加速迹象；最大变形量为 50～60 mm，随边坡下挖及支护措施的跟进，变形趋于收敛。

| 地表变形最大测点及数值 | | 表 7-7-8 |

测点编号	垂直水流方向位移（mm）	垂直位移（mm）
TP1	69.8	43.2
TP13-1	75.1	52.5
TP14-1	79.5	50.6
TP15-1	71.6	49.2
TPL-21	−19.0	−29.9
TPL-22	−25.0	−32.3
TPL-24	−28.8	27.7

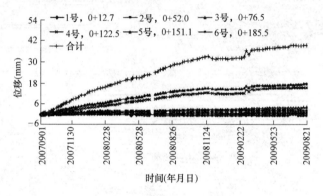

图 7-7-17　左岸坡体变形监测曲线

（3）对左岸坝肩边坡的锚杆及锚索测力计监测成果分 3 段进行统计比较如下：

① 1960m 高程以上缆机平台边坡，锚索测力计以锚固力损失为主，锚固力平均损失小于 5.8％；锚杆应力计实测锚杆应力在 −15.7～63.7MPa 范围内，锚杆应力和月变化量均较小，边坡浅层岩体应力无明显调整。

② 1885m 坝顶高程至 1960m 之间，锚索测力计以锚固力损失为主，除局部区域锚固力平均损失为 9.6％，其余区域锚固力平均损失均不大于 5.8％；锚杆应力计实测应力值除局部测点最大到 278.2MPa 外，主要应力集中在 −50.7～107.7MPa 范围内，月变化量小。

③ 1885m 坝顶高程以下拱肩槽边坡，在 1720m 高程以上锚索仍然以预应力损失为主，最大锚固力平均损失为 5.7％，仅在 1710m 高程出现了锚固力增加，其累计增加小于 20.8％，主要原因为前期受下部边坡施工影响明显，目前锚固力变化趋向平缓；锚杆应力计实测应力值除局部测点最大到 290.3MPa 外，主要应力集中在 −20.5～98.6MPa 范围内，变化量小。锚杆及锚索应力计监测成果表明，边坡的浅、表层变形控制较好，区域差距不大，变形量及应力调整不大，这也与边坡的变形主要是深部变形有关。边坡稳定，治理控制效果明显。

④ 对特殊结构面的监测成果表明，拉裂变形体底滑面 f_{42-9} 断层有微小的错动变形，监测得到 f_{42-9} 断层的错动变形为 5.72mm。2008 年 11 月后，f_{42-9} 断层错动变形速率明显

减小并趋于收敛，且 f_{42-9} 断层并没有发生整体塑性屈服，所以开挖完成后左岸拉裂变形体在整体上是稳定的。

各种不同仪器的监测成果及施工情况综合说明：锦屏一级水电站坝肩左岸边坡地质调查与现状吻合，设计方案合理、可行。治理措施确保收敛且边坡整体是稳定的。

在左岸边坡开挖施工结束后，采用工程类比方法，以现场边坡外观监测数据为基础，通过对边坡变形监测数据的智能反演分析，初步获得了左岸高边坡岩体力学模型对应的参数，对边坡岩体的长期变形趋势和量值进行预测分析：

① 边坡开挖结束后大约 2 年期间（740d），边坡的塑性区主要分布在边坡表面和坡脚处，F_{42-9} 断层及高程 1990m 以上部分倾倒变形体出现局部小范围的塑性区，但这些位置的塑性区均未贯通，表明边坡岩体处于相对稳定状态。

② 边坡的时效变形指向河床方向，但总体量级较小，相对开挖阶段产生的卸荷变形显著减少。二维分析成果初步表明，边坡岩体在开挖结束 23 个月后变形基本趋于收敛，最大位移约为 6mm；三维分析成果初步表明，边坡岩体在开挖结束 16 个月后变形趋于收敛且边坡整体是稳定的，最大位移约为 4.5mm。

3. 浙江某高速公路 K57＋070～K57＋212 右侧边坡

浙江某高速公路 K57＋070～K57＋212 右侧边坡挖方防护工程，边坡开挖高度为67.20m，边坡岩层依次为强风化凝灰岩（软岩）、中风化凝灰岩（次坚岩）和微风化凝灰岩（坚岩）。采用见图 7-7-18 的开挖坡率和锚固支护体系，经极限平衡法稳定性计算，边坡稳定安全系数大于 1.25。

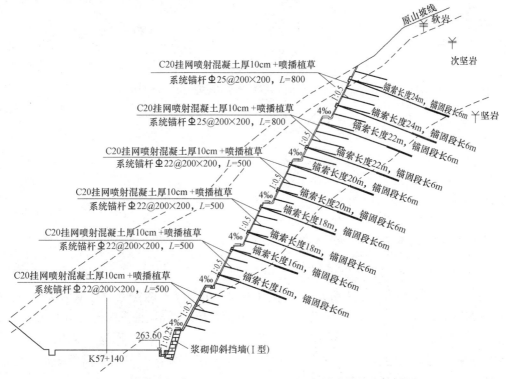

图 7-7-18　某高速公路 K57＋070～K57＋212 右侧边坡挖方防护剖面图

图 7-7-18 中的锚索为压力分散型锚索，设计拉力值为 700kN，倾角 20°；8m 和 5m 长的系统锚杆的拉力设计值分别为 120kN 和 80kN，倾角 15°。锚索的传力结构为钢筋混凝土墩台。

4. 浙江某高速公路 K57＋440～K57＋635 分离左线左侧边坡

浙江某高速公路 K57＋440～K57＋635 分离左线左侧边坡挖方防护工程，自然边坡陡倾，所处地层依次为土、全风化凝灰岩（硬土）、强风化凝灰岩和弱风化凝灰岩，无法放坡开挖后锚固。经分析研究，并通过稳定性计算，采用图 7-7-19 的预应力锚杆背拉排桩支护结构。

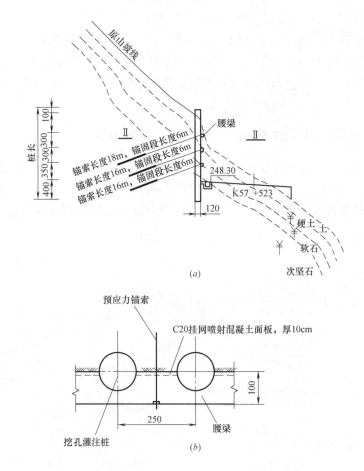

图 7-7-19　某高速公路 K57＋440～K57＋635 分离左线左侧边坡挖方防护剖面图

(a) Ⅰ—Ⅰ剖面图；(b) Ⅱ—Ⅱ剖面图

图 7-7-19 中的锚索为压力分散型预应力锚索，单根锚索的拉力设计值为 700kN。桩为挖孔灌注桩，桩径 1.2m，桩间距 2.5m，桩嵌固深度 4.0m，桩头高出坡面 1.0m。腰梁为高 0.6m、宽 1.0m 的钢筋混凝土梁。桩间采用厚 10cm 的 C20 挂网喷射混凝土护面。桩间设泄水孔，竖向间距 3.0m。预应力锚索施工应分层实施，即在上层锚索张拉锁定后，才能开挖下一层岩土并施作锚索。

5. 京福国道主干线福建段高边坡锚固

京福国道主干线福建段高边坡锚固工程大量采用压力分散型锚杆加固防护，均获得良好的加固效果。其中，三明际口至福州蓝圃高速公路 K268＋280～＋735 段左边坡高约40m，上伏为残坡积黏性土层，厚约 30～35m，其下为强风化凝灰岩，厚约 5～10m，下部为弱风化凝灰岩，坡体风化深度大，裂隙较发育，稳定性差。图 7-7-20 为该段边坡采用预应力锚杆加固剖面图。从图上可知，在第二级边坡上设 2 排锚杆，上排长 26m，下排长 23m，锚固段长均为 12m，设计拉力为 700kN。第四级边坡上也安设 2 排锚杆，上排锚杆长 30m，下排锚杆长 30m，锚固段长均为 14m，设计拉力为 700kN。

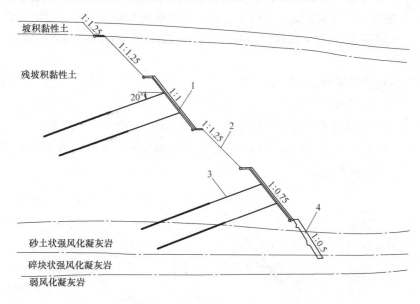

图 7-7-20　三明际口至福州蓝圃高速路 K268＋280～K268＋735 段边坡挖方边坡加固剖面图
1—格构式钢筋混凝土框架；2—护面；3—700kN 压力分散型锚杆；4—挡土墙

为了确保锚杆的防护效果，提高锚杆的耐久性，所有预应力锚杆均采用压力分散型。每根锚杆有 3 个单元锚杆，每个单元锚杆由 2 根 1860MPa、直径为 15.24mm的无粘结钢绞线与承载体相连接，各单元锚杆的固定长度为锚杆总锚固长度的 1/3。锚杆钻孔直径为 130mm。

锚杆水平方向间距为 4.0m，垂直方向间距为 5.0m，传力结构为安设在坡面上的钢筋混凝土框架。钢筋混凝土框架梁高 600mm、宽 500mm。图 7-7-21 为京福国道主干线在福建南平境内某边坡采用现浇钢筋混凝土格构与压力分散型锚杆加固防护的外貌。

图 7-7-21　施工中的京福国道主干线福建南平境内某高边坡锚杆防护加固外貌

6. 捷克斯洛伐克 Decin 镇 Labe 峡谷高边坡锚固

捷克斯洛伐克 Decin 附近的边坡高 90m，长 250m，大规模使用了预应力锚固。该边坡由白垩厚层砂岩经高岭土固结而成，大部分高岭土沿着节理裂隙被冲刷到岩石表面。层理风化深入岩面达 1m，从而形成影响边坡稳定的悬垂突出部分，纵横交错的构造裂隙因构造作用而逐渐加宽，裂隙内的碎岩产生了局部位移，分离的岩块和台墩有使边坡全面崩塌的危险。

对坡度较陡或悬挑较大部位的典型截面进行了静力分析，假定在倾度 65°（$\beta=\varphi$）的理论剪切面以上部分为不稳定岩体的重量。完全根据单位宽度、规律块体的当量面积和给定的表观密度来确定。当取安全系数为 1.2 时，该剪切面上的平衡力可以用下式表示：

$$1.2G \cdot \sin65° = G \cdot \cos65° \cdot \tan65° + N \cdot \sin65° \cdot \tan65° + N \cdot \cos65° \qquad (7\text{-}25)$$
$$N = 0.768G$$

式中　G——不稳定岩体重量（kN）；

　　　N——锚杆锚固力（kN）。

根据静力分析，设计了几排水平的预应力锚杆（图 7-7-22），长度为 10～30m，工作荷载为 0.2～0.6MN，整个边坡面需用 436 根预应力锚杆和 157 根短钢筋锚杆。

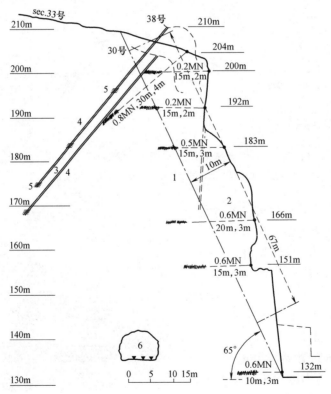

图 7-7-22　在 Decin 附近边坡的典型截面采用锚杆稳定的布置方法

1—理论剪切面；2—锚杆的设计参数（预应力、长度、间距）；

3—位于 30 号和 38 号横截面边缘后面的勘探钻孔；

4—张开节理；5—风化严重的砂岩；6—铁路隧洞

7. 英国 Pen-Y-Clip 隧道口边坡锚固

该隧道工程是 A55 高速公路的一部分，将主干道延伸通过位于北威尔士地区康威市西面的 Pen-Y-Clip 岩石陡峭区。包括两道大型锚固墙，也称"巴西墙"，高达 30m，支撑陡峭倾斜基岩面堆积的处于或接近其休止角、又陡又松散的岩屑和采石场的剩渣屑，挡墙的典型剖面图见图 7-7-23，在隧道进出口外，还需修 3 道锚固挡墙，共需永久双层防护锚杆约 1600 根。

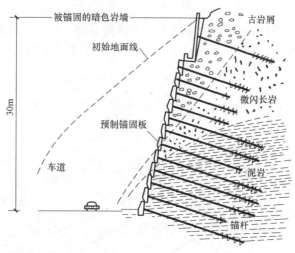

图 7-7-23　Pen-Y-CLip 隧道进出口处锚固墙的典型剖面

该工程锚杆荷载最大达 600kN，锚固段长度因工作荷载与锚固地层的不同而变化，范围为 3.0～12.5m。锚杆采用双层防护。为分析安装双层防护锚杆的施工情况及性状，研究了浆体与不同地层间的粘结应力，其结果见表 7-7-9。

地层—浆体界面的粘结应力值　　　　　　　　　　　　表 7-7-9

地基类型	钻孔直径（mm）	极限粘结应力（测量值）（kN/m²）	最大粘结应力（非破坏时）（kN/m²）	极限粘结应力（设计值）（kN/m²）	工作粘结应力（设计值）（kN/m²）
冰砾泥	160～220	113～417		140	46.7
泥岩	115～160	416		400	133
微闪长岩	160～220	—	371～547	540	180
古岩屑	160	477		450	150

注：在钻孔放置时间较长时，受材料软化影响，表中数值可能会受影响。

锚杆孔用一个采用气体冲洗的超级钻进系统（ODS）钻成，钻孔直径为 220mm。所有锚杆均在现场外的工厂装配好，然后在特制的运输架上分批运到现场，这样可以使运输简单，损坏最小。

每面墙上部分锚杆的荷载—时间特性，用永久压力盒监测，并按规定的时间间隔读数。此外，对高板墙而言，墙的整体位移及变形都用固定在板上的测点监测。不论是合同施工期，还是工程竣工后，这些测点位移的监测都在遥测站进行。事实上，随着施工的进行，悬臂锚固墙的压力盒已监测到了明显的荷载波动值。

8. 英国 A$_{4061}$ Rhigos 道路滑坡区边坡锚固

A$_{4061}$ Rhigos 道路把 Rhondda Fawr 峡谷和 Midglamorga 地区南威尔士煤田区的 Hirwaun 连接起来，它位于 Treherbert 镇北面，Rhondda Fawr 峡谷的东坡。在此地区，该道路穿过一古滑坡区。该古滑坡一直在缓慢滑移，从道路开始投入运营起就一直影响该道路。

设计此项工程的目的是加固这个穿过古滑坡区的道路。加固工程包括：两排混凝土挡墙，该挡墙对滑移面提供主要的加固约束力；此外，在锚固挡墙的上部和趾部安装了土钉。该工程如图 7-7-24 所示。

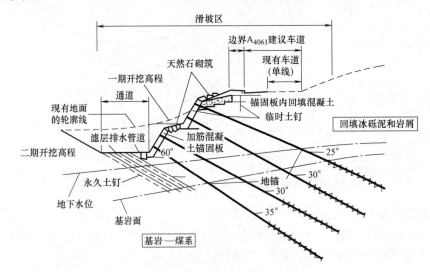

图 7-7-24　A$_{4061}$ Rhigos 道路滑坡区用地锚与土钉加固

加固结构为 4 排预应力锚杆背拉的预制混凝土墙板。锚杆的倾角为 25°～35°，被固定在基岩中，大约需 150 根岩锚，每一根锚杆的设计工作荷载为 1100kN，锚杆杆体由 8 根直径为 15.24mm 的钢绞线组成，从而形成了一个双层防护的岩锚。其结构见图 7-7-25。

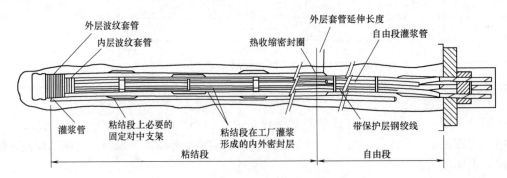

图 7-7-25　由多根钢绞线组成的双层防护锚杆

约 200 个临时土钉安装在坡顶，以确保临时开挖面的稳定。该开挖面的形状容许安装上坡锚板及其相关的地锚。同时还安装了 500 个临时土钉，以便给下锚板趾以下部位提供支撑。这些土钉安装角与水平面成 30°，用于土和风化基岩区的加固，因为该区域如果不断下滑就会失去对加锚墙的支撑作用。该工程也包括大量的排水工程，以消除过高的水压力。

基岩由煤系时代的粉砂岩和砂岩组成，同时带有一些泥岩和少量的煤。基岩上面覆盖一层由道路施工和冰砾泥沉积造成的表土。表土材料一般由坚硬密实的砂质黏土组成，带有砾石和碎石。

为了证实设计参数，锚杆施工前，在现场进行了三组验证试验。从这些试验中得到的地层与浆体间的粘结应力值见表 7-7-10。

Rhigos 道路边坡地锚浆体与地层界面的粘结应力值　　　　　表 7-7-10

地层类型	TCR（%）	RQD（%）	钻孔直径（mm）	极限粘结应力（测量值）（kN/m²）	最大粘结应力（无破坏）（kN/m²）	工作粘结应力（设计值）（kN/m²）
强风化至微风化的泥岩，一般是弱风化的，有黏土夹层（近 20% 为粉砂岩）	100	0～7	220	552		183
薄至中等层厚的、新鲜至微风化粉砂岩，夹有泥岩，偶尔还有黏土夹层	100	40～50	220	无破坏	868	267
薄至中等层厚的微风化粉砂岩，中等坚固至坚固	100	70～80	220	无破坏	868	267

锚杆孔径为 160～220mm，锚固灌浆采用纯水泥浆和水泥砂浆，采用 3500kN 千斤顶装置整体施加预应力。一般情况下，每个板上的锚杆都被同时施加预应力，以限制板上的偏心荷载。所有锚杆都被设计成允许对其检查和调整荷载。

9. 日本的边坡锚固

在日本的公路建设中，广泛采用预应力锚杆维护边坡稳定，特别是采用预应力混凝土格构（PC 格构）与压力分散型锚杆相结合的边坡稳定工法，获得了良好的效果。日本用于稳定边坡的锚固工法有以下特点：

1）预应力混凝土格构

采用工厂预制的预应力钢筋混凝土板块，组成格构。这种预应力混凝土板块强韧、无裂缝、耐久性好，能有效地将预应力传递给地层，且能大大缩短锚杆施加预应力的周期。预应力混凝土板块可制成十字形、菱形或正方形（图 7-7-26）。

2）逆作法施工

预应力混凝土格构是工厂的预制品，可从边坡上部依次安放并随即施作预应力锚杆。这种逆作法施工能避免地层长期处于不稳定的开挖状态，使无锚固的开挖区暴露面积最

图 7-7-26　预制的预应力钢筋混凝土板块格构

小，暴露时间最短，有利于边坡的稳定。

3）采用压力分散型锚杆

压力分散型锚杆的杆体系由无粘结钢绞线组成，且固定段灌浆体受压，不易开裂，具有良好的耐久性，它由预应力混凝土预制板块作传力系统，形成可靠的永久锚固体系。

4）具有美丽的景观

不同形态尺寸的板块，通过灵活多变的布置，在其空格内种草，与自然环境相协调，能得到美丽的景观（图 7-7-27）。

图 7-7-27　日本高速公路边坡格构锚固形成的美丽景观

10. 瑞士阿尔普纳斯达德公路路堑边坡锚固

在瑞士阿尔普纳斯达德（Alpnachstaad）附近，对高达 20m 的铁路和公路路堑边坡进行稳定处理的情况如图 7-7-28 所示，250000m^2 粉质黏土质的土体有沿着下卧坚硬岩层斜坡表面滑移的危险，用 289 根预应力锚杆予以加固，每根锚杆的承载力为 1400kN，长度为 12～38m；锚杆的头部固定在分布荷载的混凝土板上，沿斜坡设置的每块混凝土板的面积为 5m×5m。该路堑边坡用预应力锚杆加固后，一直处于稳定状态。

(a)

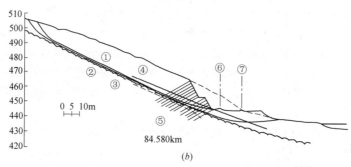

(b)

图 7-7-28 用固定在混凝土板上的预应力锚杆来稳定有滑移危险的高斜坡

（a）锚固后的斜坡情况；（b）斜坡加固典型剖面图

①②—可能的滑面；③—下卧岩层；④—粉质黏土斜坡；⑤—预应力锚杆；⑥—铁路；⑦—公路

参 考 文 献

［1］ 中华人民共和国住房和城乡建设部. 岩土锚杆与喷射混凝土支护工程技术规范 GB 50086—2015. 北京：中国计划出版社，2016.

［2］ 中华人民共和国住房和城乡建设部. 工程岩体分级标准 GB/T 50218—2014. 北京：中国计划出版社，2015.

［3］ 中华人民共和国住房和城乡建设部. 建筑边坡工程技术规范 GB 50330—2013. 北京：中国建筑工业出版社，2014.

［4］ 中华人民共和国水利部. 水利水电工程边坡设计规范 SL 386—2007. 北京：中国水利水电出版社，2007.

［5］ 陈祖煜. 土质边坡稳定分析——原理·方法·程序. 北京：中国水利水电出版社，2003.

［6］ 陈祖煜，汪小刚，杨健，等. 岩质边坡稳定分析——原理·方法·程序. 北京：中国水利水电出版社，2005.

［7］ 水利部水利水电规划设计总院，黄河勘测规划设计有限公司.《水利水电工程边坡设计规范》SL 386—2007 实施指南. 北京：中国水利水电出版社，2009.

[8] 中国岩石力学与工程学会岩石锚固与注浆技术专业委员会. 锚固与注浆技术手册. 北京：中国电力出版社，1999.

[9] 闫莫明，徐祯祥，苏自约. 岩土锚固技术手册. 北京：人民交通出版社，2004.

[10] 程良奎，范景伦，韩军，等. 岩土锚固. 北京：中国建筑工业出版社，2003.

[11] 程良奎，李象范. 岩土锚固·土钉·喷射混凝土—原理、设计与应用. 北京：中国建筑工业出版社，2008.

[12] 程良奎. 岩土锚固研究与新进展. 岩石力学与工程学报，2005，24（21）.

[13] 郑颖人，赵尚毅，邓楚键，等. 有限元极限分析法发展及其在岩土工程中的应用. 中国工程科学，2006，8（12）.

[14] 郑颖人. 岩土材料屈服与破坏及边（滑）坡稳定分析方法研讨——"三峡库区地质灾害专题研讨会"交流讨论综述. 岩石力学与工程学报，2007，26（4）.

[15] 郑颖人. 岩土数值极限分析方法的发展与应用. 岩石力学与工程学报，2012，31（7）.

[16] 刘文平，郑颖人，刘元雪. 边坡稳定性理论及其局限性. 后勤工程学院学报，2005，（1）.

[17] 沈良峰，廖继原，张月龙. 边坡稳定性分析评价方法综述. 矿业研究与开发，2005，5（1）.

[18] 梁庆国，李德武. 对岩土工程有限元强度折减法的几点思考. 岩土力学，2008，29（11）.

[19] 李荣伟，侯恩科. 边坡稳定性评价方法研究现状与发展趋势. 西部探矿工程，2007，（3）.

[20] 李宁，郭双枫，姚显春. 再论岩质高边坡稳定性分析方法. 岩土力学，2018，39（2）.

[21] 贾苍琴，黄齐武，王贵和. 考虑土体—结构相互作用的数值极限分析上限法. 岩土工程学报，2018，40（3）.

[22] 种记鑫. 基于有限元极限平衡法的锚固边坡稳定性分析. 防灾减灾学报，2017，33（4）.

[23] 郑颖人，时卫民，杨明成. 不平衡推力法与 Sarma 法的讨论. 岩石力学与工程学报，2004，23（17）.

[24] 高明，孟庆洲，董猛荣. 实体比例投影结合赤平极射投影在岩质边坡稳定性分析中的应用. 工程勘察，2014，（5）.

[25] 宋胜武，向柏宇，杨静熙，等. 锦屏一级水电站复杂地质条件下坝肩高陡边坡稳定性分析及其加固设计. 岩石力学与工程学报，2010，29（3）.

[26] British Standards Institution（BS8081）. British standard code of practice for ground anchorages. 1989.

[27] L Hobst，Zajic. Anchoring in rock and soil［M］. New York：Elsevier scientific publishing company. 1983.

[28] （英）T. H. 汉纳. 锚固技术在岩土工程中的应用［M］. 胡定，邱作中，刘浩吾译. 北京：中国建筑工业出版社. 1987.

[29] 加拿大矿物和能源技术中心. 边坡工程手册（上册）. 祝玉学，刑修祥译. 北京：冶金工业出版社，1984.

[30] 刘宁，高大水，戴润泉，等. 岩土预应力锚固技术应用与研究. 武汉：湖北科学技术出版社，2002.

[31] 程良奎，范景伦，胡建林，等. 三峡永久船闸高边坡预应力锚固技术的研究与应用. 冶金工业部建筑研究总院科学技术成果报告. 2001.

第八章　深基坑锚固

Ⅰ　锚拉桩（墙）结构

第一节　概　述

在宽度较大的深基坑工程中，挡土结构采用锚杆锚固与内支撑相比，具有多方面的优点，如锚杆施工能与土方开挖平行进行，能为土方机械化施工及地下室建造提供宽敞无阻的工作面，大大加快了工程建设速度。锚固技术可与多种挡土结构联合使用，形成有效的支护体系（结构）。例如：地连墙加锚杆支护结构、钢板桩加锚杆支护结构、混凝土排桩加锚杆支护结构、梁柱网格加锚杆支护结构以及一些轻型复合锚拉结构（如复合土钉墙）等。随着城镇建设的发展，高层建筑的大量兴建，从而产生了许多又深又大的深基坑工程，使得近 30 年锚固技术在我国出现了空前的发展。

随着基坑的变深、变大，深基坑支护工程的设计施工难度亦在加大。岩土工程师应根据特定工程的场地环境、地质条件和基坑开挖条件设计最适合的锚拉结构。锚杆是按照锚固设计所确定的高度，从上而下分阶段开挖并进行施工。锚固结构计算时，首先确定作用于挡土结构上的土压力，然后进行支护结构的内力计算、锚杆拉力计算以及结构变形计算，最后再进行锚杆的设计。

第二节　深基坑锚拉桩（墙）结构的种类

深基坑工程锚固结构按不同的方式划分有不同的种类。

1. 按结构形式划分

按结构形式有锚拉桩形式和锚拉墙形式。桩又可分为钢筋混凝土灌注桩、钢板桩、钢管桩和混凝土预制桩；墙也分为钢筋混凝土地下连续墙、水泥土搅拌桩墙以及一些其他形式的连续墙。

2. 按锚杆层数划分

按锚杆层数分有单层锚固结构和多层锚固结构。

3. 按受力特征划分

按受力特征分有浅埋式锚固结构和深埋式锚固结构。

第三节　深基坑锚固结构的设计与计算

1. 设计内容与设计步骤

1）设计内容

深基坑支护工程的设计内容包括：支护结构、止水（降水）措施、锚杆锚拉结构、挖土方案等。这几方面的内容是互相关联的，在深基坑支护工程的设计时应综合考虑。因基坑支护结构多为临时性结构，设计中除应确保基坑安全外，造价经济、施工便捷亦是设计者需要着重考虑的问题。

2）设计步骤

进行深基坑支护工程的设计一般要经历以下步骤：

（1）了解本工程的场地环境。邻近建（构）筑物及地下管线的现状及其对变位的敏感程度，测量其至基坑开挖线的距离。

（2）阅读本工程地下室及基础结构图。确定基坑开挖深度及开挖范围，确定电梯井、承台部位加深尺寸，了解桩基础施工方案是否会对支护结构产生影响。

（3）仔细阅读本工程的岩土工程勘察报告书。了解各分层土的物理力学性能及地下水情况，并对其进行认真分析。

（4）选取支护方案。经过（1）、（2）、（3）步骤后，通过分析比较，确定本工程的最佳支护方案，包括地下水的处理方案。这一过程还应综合考虑土（石）方开挖的影响。

（5）确定作用在支护结构上的荷载。即计算作用在支护结构上的水、土压力。主动土压力一般是采用经典土压力理论（Coulomb 理论或 Rankine 理论）计算，被动抗力依据不同的分析方法有不同的计算方法。

（6）设计计算。求嵌固深度，计算内力，计算锚固力，计算结构变形量。

（7）稳定验算与变形复核。验算嵌固深度是否满足相关要求，如整体稳定、抗隆起、抗管涌等。复核变形是否小于允许值。

（8）调整。经步骤（6）、（7）的计算与验算，若发现有些要求不能满足，则应对支护结构进行调整，调整内容包括嵌固深度、结构尺寸、强度等级、锚固力与锚杆间距等。

（9）结构设计。桩（墙）截面配筋设计，锚杆结构参数设计。

（10）基坑监测项目的确定及控制标准。

（11）编制设计施工说明，编制设计施工图概算或预算。

2. 荷载计算

支护结构的荷载计算，就是计算作用于支护结构上的土压力。作用于挡土结构的土压力取决于基坑的开挖深度、地层的物理力学性能、场地的外部环境以及挡土结构的变形（角变位和水平位移）等因素。借鉴挡土墙"理论"，根据挡土结构的位移情况，作用在挡土结构上的土压力可分为静止土压力、主动土压力和被动土压力三种。其中，主动土压力最小，被动土压力最大，而静止土压力则介于两者之间，它们与挡土结构位移的关系如图8-3-1所示。

如果墙体不产生任何移动和转动，这时土体对墙体产生的压力称为静止土压力。如果刚性墙体受其后土体的作用，绕墙背底部（即墙踵）向外转动（图 8-3-2a）或平行移动，试验表明：作用在墙体上的土压力从静止土压力逐渐减少，直到土体挤压墙体即将迫使其偏离土体时，作用到墙体上的土压力减少到最小值，称为主动土压力，土体内相应的应力状态称为主动极限平衡状态；相反，如墙体受外力作用（图 8-3-2b）而挤压墙后土体，则土压力从静止土压力逐渐增大，直到即将迫使土体产生破坏时，在这一瞬间作用在墙背上的土压力增加到最大值，称为被动土压力，而土体内相应的应力状态称为被动极限平衡状态。所以，主动土压力和被动土压力是墙后土体处于两种不同极限平衡状态时作用在墙背上并且可以计算的两个土压力。至于介于这两种极限平衡状态间的情况，除静止土压力这一特殊情况外，其他状态，目前还无法计算其相应的土压力。

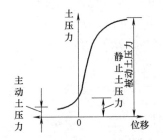

图 8-3-1 墙身位移与土压力的关系

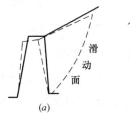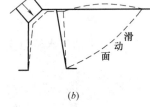

图 8-3-2 产生主动或被动土压力的情况
(a) 主动土压力；(b) 被动土压力

由 Terzaghi 开始，以及其他研究者随后进行的模型试验表明，如果土压力降到主动土压力的数值，挡土结构顶部的水平位移需达到该结构挡土高度的 1‰～5‰；而另一方面，为得到被动土压力，需要一个方向相反的较大的变形，约为挡土高度的 2%～5%。达到被动土压力所需的变形值远大于主动土压力，两者相差 15～50 倍。在实际工程中，主动土压力一般较容易达到，而被动土压力往往不一定能达到。表 8-3-1 列出了国外有关规范规定达到主动极限状态和被动极限状态所需的变形值。

国外规范中发挥主动和被动土压力所需的变形值　　　　　表 8-3-1

规　　范		主动土压力		被动土压力	
		水平位移	转动 y/h_o	水平位移	转动 y/h_o
欧洲地基基础规范		$0.001H$	0.002（绕墙底转动）	$0.5D$	0.100（绕墙底转动）
			0.005（绕墙顶转动）		0.020（绕墙顶转动）
加拿大岩土工程手册	密实砂土		0.001		0.02
	松散砂土		0.004		0.06
	坚硬黏性土		0.01		0.02
	松软黏性土		0.02		

1）主动土压力计算

主动土压力计算一般是采用经典土压力理论——库仑（Coulomb）理论和朗肯（Rankine）理论。作用在支护结构上的主动土压力（即水平荷载标准值）e_{ajk} 应按当地可靠经验确定，当无经验时可按下列规定计算（图8-3-3）。

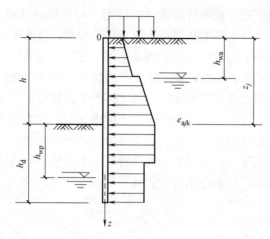

图8-3-3　主动土压力计算简图

（1）对于地下水位以上或水土合算土层

$$e_{ajk} = \sigma_{ajk} K_{aj} - 2c_{ik} K_{ai}^{1/2}$$ （8-1）

式中　K_{ai}——第 i 层土的主动土压力系数，可按式（8-9）计算；

σ_{ajk}——作用于深度 z_j 处的竖向土应力，可按式（8-3）计算；

c_{ik}——三轴试验确定的第 i 层土固结不排水（快）剪黏聚力。

（2）对于水土分算土层

$$e_{ajk} = \sigma_{ajk} K_{ai} - 2c_{ik} K^{1/2} + [(z_j - h_{wa}) - (m_j - h_{wa}) \eta_{wa} K_{ai}] \gamma_w$$ （8-2）

式中　z_j——计算点深度；

m_j——计算参数，当 $z_j < h$ 时，取 z_j，当 $z_j \geqslant h$ 时，取 h；

h_{wa}——基坑外侧水位深度；

η_{wa}——计算系数，当 $h_{wa} \leqslant h$ 时，取1，当 $h_{wa} > h$ 时，取零；

γ_w——水的重度。

其他含义同前。

当按以上公式计算的土压力小于零时，应取零。

（3）竖向土应力标准值 σ_{ajk} 的计算

$$\sigma_{ajk} = \sigma_{rk} + \sigma_{0k} + \sigma_{lk}$$ （8-3）

① 计算点深度 z_j 处自重竖向应力：

当计算点位于基坑开挖面以上时

$$\sigma_{rk} = \gamma_{mj} z_j$$ （8-4）

式中　γ_{mj}——深度 z_j 以上土的加权平均天然重度。

当计算点位于基坑开挖面以下时

$$\sigma_{rk} = \gamma_{mh} h$$ （8-5）

式中　γ_{mh}——开挖面以上土的加权平均天然重度。

② 当支护结构外侧地面作用均布附加荷载 q_0 时（图8-3-4），基坑外侧任意深度附加竖向应力标准值 σ_{0k} 可按下式确定：

$$\sigma_{0k}=q_0 \tag{8-6}$$

③ 当距支护结构 b_1 外侧，地面作用有宽度为 b_0 的条形附加荷载 q_1 时（图 8-3-5），基坑外侧深度 CD 范围内的附加竖向应力标准值 σ_{1k} 可按下式确定：

$$\sigma_{1k}=\frac{q_1 b_0}{b_0+2b_1} \tag{8-7}$$

④ 上述基坑外侧附加荷载作用于地表以下一定深度时，将计算点深度相应下移，其竖向应力也可按上述规定确定。

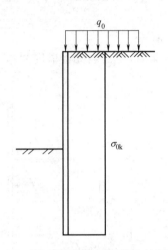

图 8-3-4 均布荷载作用时基坑外侧附加
竖向应力计算简图

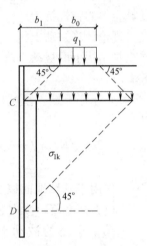

图 8-3-5 局部荷载作用时基坑外侧附加
竖向应力计算简图

（4）第 i 层土的主动土压力系数 k_{ai} 的计算

① 按朗肯理论：

$$K_{ai}=\tan^2\left(45°-\frac{\varphi_{ik}}{2}\right) \tag{8-8}$$

式中 φ_{ik}——三轴试验确定的第 i 层土固结不排水（快）剪内摩擦角标准值（°）。

② 按库仑理论（图 8-3-6）：

$$K_{ai}=\frac{\sin(\alpha+\beta)}{\sin(\alpha+\beta-\varphi-\delta)}\{K_q[\sin(\alpha+\delta)\sin(\alpha-\delta)+\sin(\varphi+\delta)\sin(\varphi-\beta)]$$
$$+2\eta\sin\alpha\cos\varphi\cos(\alpha+\beta-\varphi-\delta)-2\sqrt{K_q\sin(\alpha+\beta)\sin(\varphi-\beta)+\eta\sin\alpha\cos\varphi}$$
$$\times\sqrt{K_q\sin(\alpha-\delta)\sin(\varphi+\delta)+\eta\sin\alpha\cos\varphi}\} \tag{8-9}$$

其中：

$$K_q=1+\frac{2q\sin\alpha\cos\beta}{\gamma H\sin(\alpha+\beta)}$$

$$\eta=\frac{2c}{\gamma H}$$

式中 K_{ai}——土层的主动土压力系数；

H——挡土墙高度（m）；

γ——土层天然重度（kN/m^3）；

c——土的黏聚力（kPa）；

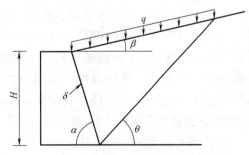

图 8-3-6 库仑土压力计算简图

φ——土层内摩擦角（°）；

q——地表均布荷载标准值（kN/m^2）；

δ——土对挡土墙背的摩擦角（°）；

β——填土表面与水平面的夹角（°）；

α——墙背与水平面的夹角（°）。

2) 土体水平抗力的计算

计算土体水平抗力有两种方法，即用经典理论计算土体的被动土压力和用竖向弹性地基梁理论计算土体的弹性抗力。

（1）经典理论计算被动土压力（即水平抗力标准值）

作用在支护结构上的被动土压力（即水平荷载标准值）e_{pjk} 当无经验时可按下列规定计算（图 8-3-7）。

① 对于水土分算土层，基坑内侧抗力标准值按下列规定计算：

$$e_{pjk}=\sigma_{pjk}K_{pi}+2c_{ik}\sqrt{K_{pi}}+(z_j-h_{wp})(1-K_{pi})\gamma_w$$

(8-10)

式中　σ_{pjk}——作用于基坑地面以下深度 z_j 处的竖向应力标准值，按式（8-12）计算；

　　　K_{pi}——第 i 层土的被动土压力系数，按式（8-13）计算。

② 对于水土合算或地下水位以上土层，基坑内侧水平抗力标准值宜按下式计算：

$$e_{pjk}=\sigma_{pjk}K_{pi}+2c_{ik}\sqrt{K_{pi}}$$

(8-11)

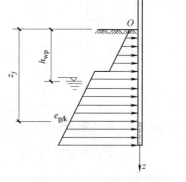

图 8-3-7　被动土压力计算简图

③ 作用于基坑底面以下深度 z_j 处的竖向应力标准值 σ_{pjk} 可按下式计算：

$$\sigma_{pjk}=\gamma_{mj}z_j$$

(8-12)

式中　γ_{mj}——深度 z_j 以上土的加权平均天然重度。

④ 第 i 层土的被动土压力系数按下式计算：

$$K_{pi}=\tan^2(45°+\varphi_{ik}/2)$$

(8-13)

（2）竖向弹性地基梁理论计算土体的弹性抗力（即水平抗力标准值）

由于用经典理论计算土体的被动土压力无法计算土体变形，而且在一些不可能或不允许产生土体极限平衡状态的情况下，经典理论无法计算相应的土压力，因此，需要引进一种根据土体的变形情况确定土体抗力的计算方法，竖向弹性地基梁杆系有限元法（以下简称杆系有限元法）即是目前较常采用的一种。图 8-3-8 即为杆系有限元法常用的计算简图。

① 杆系有限元法的荷载图式

图 8-3-8 中支护结构外侧为主动土压力，一般可

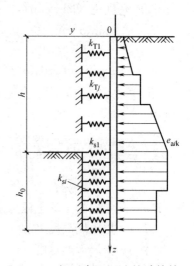

图 8-3-8　杆系有限元法的计算简图

用朗肯理论计算。支护结构里侧开挖面以下的土体抗力是由设置的土体弹簧来模拟的，墙体位移而引起的土抗力由土体弹簧提供。显然，土抗力的大小取决于墙体变位的大小，墙体那一点的侧向位移越大，该点处弹簧支座压强越大，相应的土体对墙体的弹性抗力值也就越大。弹性抗力与墙体位移值之间的关系可参照弹性地基梁的局部变形理论即文克尔假定确定。

$$p = k\delta \tag{8-14}$$

式中 p——弹性抗力强度值（kN/m^2）；

k——弹性抗力系数（kN/m^3）；

δ——墙体计算点的位移值（m）。

② 弹性抗力系数的确定

按照弹性地基梁的变形理论（即文克尔假定），弹性抗力系数（又称为基床系数）是一个常数，它仅与土层的软硬有关。但支护结构是一竖向弹性地基梁，其侧向弹性抗力系数不仅与土层的软硬有关，还与埋设深度有关，土层越坚硬，埋设深度越深，支护结构的侧向弹性抗力系数就越大，反之则越小。支护结构的侧向弹性抗力系数，最早是按横向荷载作用下桩基设计理论确定的。受横向荷载的桩基也是采用竖向放置的弹性地基梁的计算图式，其横向弹性抗力系数通常采用 m 法。按照 m 法的原先假定，地面初始点的弹性抗力系数为零，这是因为砂性土按朗肯理论计算，当地面这一点土的竖向应力为零时，无法提供侧向被动抗力。但是考虑到黏性土的黏聚力影响和超固结对土被动抗力提高的因素，则基坑底面处的弹性力不为零，相应弹性力系数也不为零。因此式（8-15）中引进初始计算深度 z_0 就是考虑上述因素的结果，z_0 值可由经验确定。

$$K_H = m(z + z_0) \tag{8-15}$$

式中 K_H——侧向弹性抗力系数；

m——土体的弹性比例系数；

z——从基坑地面算起的深度；

z_0——初始计算深度。

侧向弹性抗力系数和弹性抗力比例系数 m 的数值应由工程现场试验确定，但实际上大多数工程通常无条件进行现场试验，这时可参照类似工程的经验确定。表 8-3-2 和表 8-3-3分别给出了一些地层的弹性抗力系数 K_H 和弹性抗力比例系数 m 的数值，可供读者参考。

侧向弹性抗力系数 K_H 表 8-3-2

地基土分类	K_H(kN/m^3)	地基土分类		K_H(kN/m^3)
流塑的黏性土	3000～15000	稍密的砂土		15000～30000
软塑的黏性土和松散的粉质土	15000～30000	中密的砂土		30000～100000
可塑的黏性土和稍密～中密的粉质土	30000～150000	密实的砂土		100000 以上
硬塑的黏性土和密实的粉质土	150000 以上	水泥土搅拌桩加固置换率25%	水泥掺量<8%	10000～15000
松散的砂土	3000～15000		水泥掺量>12%	20000～25000

地基土分类		$m(kN/m^4)$
流塑的黏性土		1000～2000
软塑的黏性土和松散的粉质土		2000～4000
可塑的黏性土和稍密～中密的粉质土		4000～6000
硬塑的黏性土和密实的粉质土		6000～10000
水泥土搅拌桩加固置换率>25%	水泥掺量<8%	2000～4000
	水泥掺量>12%	4000～6000

弹性抗力比例系数 m　　　　　　　　　　　　　　表 8-3-3

侧向抗力系数 K_H 还可以根据地基勘察的成果来确定。有些资料给出了由标准贯入击数 N 值和土的无侧限抗压强度 q_u 值来确定弹性抗力系数的经验公式：

$$K_H = 2 \times 10^3 N \tag{8-16}$$

$$K_H = (5 \sim 8) \times 10^2 q_u \tag{8-17}$$

式中　N——标准贯入试验的击数；

　　　q_u——土的无侧限抗压强度。

3）土压力的经验修正

（1）提高的主动土压力系数

实际工程中，当不可能或不允许产生达到土体的主动极限平衡状态的位移时，则作用于挡土结构主动侧的土压力介于主动土压力值和静止土压力值之间，可根据经验和工程的实际情况，将原来的主动土压力系数给予适当提高。例如，上海地区根据基坑工程对周围环境保护要求宽严程度，提出如下处理办法（图 8-3-9）。

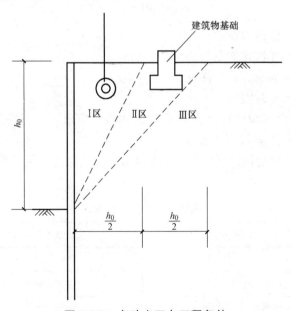

图 8-3-9　主动土压力工程条件

设基坑开挖深度为 h_0，在离基坑边缘 $1/2h_0$ 的（Ⅰ区）范围内，有重要的地下管线或地面房屋基础时（图 8-3-9），取修正后的主动土压力系数为：

$$K_a' = K_0 \tag{8-18}$$

当离基坑边缘 $1/2h_0 \sim h_0$（Ⅱ区）范围内，有重要的地下管线或房屋基础时，取修正后的主动土压力系数为：

$$K_a' = \frac{1}{2}(K_0 + K_a) \tag{8-19}$$

式中　K_a'——修正后的主动土压力系数；

　　　K_a——主动土压力系数，按朗肯理论计算公式（8-8）计算；

　　　K_0——静止土压力系数。

当重要的地下管线或地面房屋基础在 1 倍基坑深度的范围以外（Ⅲ区）时，主动土压力系数可不修正。

（2）被动土压力系数

同样，被动土压力区域，当挡土结构机构不可能或不允许产生足够的变位，使得土体能进入被动极限平衡状态时，应降低被动土压力系数，以求得符合实际的被动土抗力。修正后的被动土压力系数为：

$$K_p' = C_p \cdot K_p \tag{8-20}$$

其中：$C_p = \dfrac{K_0 + (K_p - K_0)X_p}{K_p}$

$X_p = \left[2\dfrac{D_a}{D_p} - \left(\dfrac{D_a}{D_p}\right)^2 \right]^{0.5}$

式中　K_p'——修正后的被动土压力系数；

　　　C_p——被动土压力折减系数；

　　　D_a——被动区土体的容许位移值，根据实际工程的要求确定；

　　　D_p——被动极限状态所需的位移值，取 $D_p = (0.02 \sim 0.04)h_0$；

　　　h_0——基坑开挖深度；

　　　K_0——静止土压力系数；

　　　K_p——被动土压力系数，可按式（8-13）计算。

（3）板式支护结构被动土压力增大系数

对于如板桩、密排钻孔灌注桩、地下连续墙等板式支护结构，基坑被动区土体一旦进入被动土抗力的极限状态，滑动土楔与围护墙之间将发生上下相对滑移。相对滑移所产生的摩阻力客观上提高了被动土压力值。当采用朗肯土压力理论计算时并没有反映这一有利因素，于是可采用提高被动土压力系数的方法来弥补朗肯理论的不足。

修正后的被动土压力系数为：

$$K_p'' = C_p' \cdot K_p \tag{8-21}$$

其中：$C_p' = \dfrac{\cos^2\varphi}{\cos\delta\left[1 - \sqrt{\dfrac{\sin(\varphi+\delta)\sin\varphi}{\cos\delta}}\right]^2} \cdot \dfrac{1-\sin\varphi}{1+\sin\varphi}$

式中　K_p''——修正后的被动土压力系数；

　　　C_p'——考虑墙与土层之间摩阻力后的被动土压力增大系数；

　　　δ——墙与土层之间的内摩擦角，通常可取 $\delta = \dfrac{1}{3}\varphi$；

φ——土体的等效内摩擦角，对砂性土即为内摩擦角，对黏性土可按式（8-22）计算，其中下角标 e 为等效的意思。

$$\varphi_e = 2\left[\tan^{-1}\left(\frac{4C}{\gamma D}\sqrt{K_p} + K_p\right)^{0.5} - 45°\right] \tag{8-22}$$

式中　D——基坑底面以下支护墙体的插入深度；

其他符号同前。

为简化计算，将 C'_p 计算的结果列于表 8-3-4 中。

被动土压力增大系数 C'_P　　　　　　　　　　　　　　　　表 8-3-4

φ	10°	15°	20°	25°	30°	35°	40°	45°
C'_P	1.06	1.11	1.18	1.27	1.39	1.54	1.77	2.09

4）有关水、土压力的讨论

在进行基坑支护结机构设计计算时，水压力的计算根据基坑支护有关规范有两种处理办法：即水土分算法和水土合算法。粉土及黏性土用水土合算法处理。碎石土及砂土用水土分算法处理。

（1）水土合算法

所谓水土合算，其实质就是不考虑水压力的作用，认为土孔隙中的水都是结合水，没有自由水，因此不形成水压力。土颗粒与其孔隙中的结合水是一个整体，直接用土的饱和重度计算土体的侧压力即可。显然，这一方法在理论上仅适用于渗透系数为零的不透水层。然而，完全不透水的土层是不存在的，因此水土合算法仍然是岩土工程界的一个争论问题。持赞同观点者认为：在一些渗透性很差的黏性土层中，水压力几乎为零，再按水土分算法计算水压力会使支护结构的造价大大增加，显然是不合适的；而持反对观点者认为：黏性土虽然渗透性差，但当支护结构本身具有较好的防水性能时（如地连墙结构、有止水帷幕的排桩结构及复合土钉墙结构），只要时间足够，水压力应该能达到静水压力，完全忽视水压力的作用，可能会造成结构上的隐患。

笔者认为并经工程实践检验，大量的基坑工程支护设计在黏性土及粉土中采用水土合算法计算土压力是可行的，即使是在地下水位很高的沿海地区亦是如此。

（2）水土分算法

所谓水土分算，其实质就是分别计算水、土压力，以两者之和为总侧压力。计算土压力时用土的浮重度，计算水压力时按全水头的水压力考虑。这一方法适用于土孔隙中存在自由水的情况或土的渗透性较好的情况，如碎石土及砂土。

很显然，土体中的水压力与其孔隙中的自由水及其渗透性是密切相关的，而碎石土及砂土的渗透性相差非常大，粉、细砂的渗透系数 k_s 一般为 1.0m/d 左右，卵石层则可高达 500m/d，两者相差达数百倍，如此大的差别都统一按全水头的水压力考虑显然是不合适的。工程实践也表明：按水土分算方法计算水压力，对于大多数土层来说，其作用都偏大。

根据以上的分析和大量的工程实践，并经过对水压力与土层渗透系数、土层天然含水量之间关系的研究，笔者认为可对水土分算中水压力提出一个修正系数 k_x 对其进行修正，k_x 的计算公式如下：

$$k_{\mathrm{x}}=0.1\frac{W}{W_{\mathrm{sr}}}\ln\left(\frac{k_{\mathrm{s}}}{2\times10^{-4}}\right)\tag{8-23}$$

式中 k_{x}——水压力修正系数;

W_{sr}——土层饱和含水量;

W——土层天然含水量;

k_{s}——土层渗透系数(cm/s)。

式(8-23)中,$\ln\left(\dfrac{k_{\mathrm{s}}}{2\times10^{-4}}\right)$表示渗透性与水压力之间的关系,渗透系数 $k_{\mathrm{s}}\leqslant2\times10^{-4}\mathrm{cm/s}$ 的土层被认为是相对不透水层,水压力修正系数 $k_{\mathrm{x}}=0$(若 $k_{\mathrm{x}}<0$,取 $k_{\mathrm{x}}=0$);$\dfrac{W}{W_{\mathrm{sr}}}$表示天然含水量与水压力之间的关系,天然含水量越大,水压力修正系数 k_{x} 也越大。

3. 支护结构的设计计算

1)支护结构的受力特征

要进行支护结构的内力、变形以及锚杆拉力的计算,首先要弄清其受力特征,通常支护结构有如下三种典型的特征形式(图 8-3-10)。

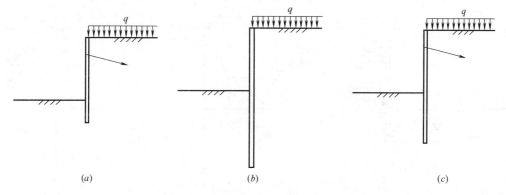

图 8-3-10 支护结构的三种特征形式
(a)浅埋结构;(b)悬臂结构;(c)深埋结构

(1)浅埋结构的受力特征

浅埋结构是指在某一特定条件下［地层条件、荷载条件、锚杆(或支撑)设置情况一定］,锚杆(或支撑)提供的拉力(或支撑力)足够大,使得支护结构满足力学稳定所需的嵌固深度值最小,在这种情况下,支护结构主要的变形有:弯曲,绕 A 点向基坑内方向的转动。其中,转动是因为土的抗力是随其位移的增大而增加,在发展平衡的过程中产生的,采用力学的极限平衡法计算不能求得这部分变形。支护结构的变形和受力特征如图 8-3-11 所示。

(2)深埋结构的受力特征

深埋结构可以认为是介于浅埋结构与悬臂结构之间的一种结构形式。在一特定条件下［地层条件、荷载条件、锚杆(或支撑)设置情况一定］,深埋形式的锚杆(或支撑)没有提供足够大的拉力(或支撑力),支护结构满足力学稳定所需的嵌固深度值亦介于浅埋形式与悬臂形式之间,在这种情况下,支护结构主要的变形有:弯曲,绕 A 与 C 之间的某

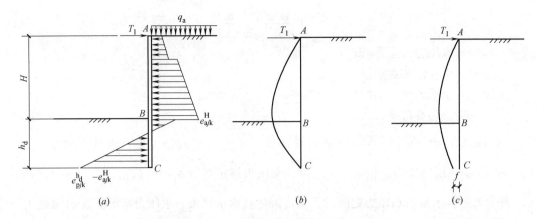

图 8-3-11　浅埋结构的变形与力学特征图
（*a*）受力特征图；（*b*）支护结构弯矩图；（*c*）支护结构变形图

点 O 的转动，AO 段向基坑内方向转动，OC 段向基坑外方向转动。转动也是因为土的抗力是随其位移的增大而增加，在发展平衡的过程中产生的，采用力学的极限平衡法计算不能求得这部分变形。支护结构的变形和受力特征如图 8-3-12 所示。

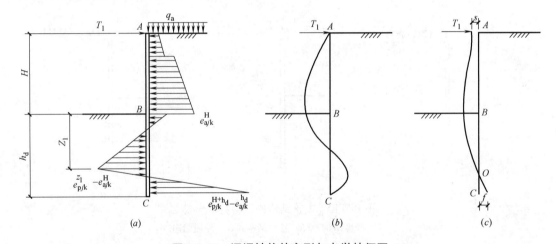

图 8-3-12　深埋结构的变形与力学特征图
（*a*）受力特征图；（*b*）支护结构弯矩图；（*c*）支护结构变形图

2）支护结构的计算方法

支护结构设计常采用的一些计算方法，其基坑外侧的主动土压力（即荷载标准值）大多取值相同，都是按朗肯主动土压力公式取值，但基坑内侧的抗力却有不同的取值方法。依据基坑内侧抗力不同的取值方法归类的支护结构计算方法有许多种，如：经典法、弹性法、弹塑性法、山肩邦南法等。常用的是前两种方法。

（1）经典法：抗力按朗肯或库仑被动土压力公式取值，不考虑墙（桩）体变形和锚杆（支撑）变形。

（2）弹性法：抗力等于该点的地层反力系数 k_H 与该点的水平位移 y 的乘积。

（3）弹塑性法、山肩邦南法等其他一些方法虽然有书刊文章介绍，但实际工程中较少采用，在此不作叙述。

（4）三维数值分析方法：为了充分考虑支护体系与坑内外土体相互作用的三维空间效应，则需采用三维数值分析方法进行计算，将支护结构体系、土、邻近地上和地下建（构）筑物、管线等建立整体模型进行计算。三维数值分析方法涉及大量的程序计算，本章也不展开讨论。读者若需要进行这方面的计算，需借助专业程序，如：midas、GTS、NX等。

3）深基坑锚固结构的计算

（1）单层锚拉浅埋结构的经典法设计计算

浅埋结构基坑内侧的土抗力一般是按经典理论取值，其力学计算如图 8-3-13 所示。根据上面的受力特征分析可知，浅埋结构实际上是一种静定结构，有两个未知数：锚杆水平拉力 T_1 和支护结构的嵌固深度 h_d。计算也比较简单，用静力平衡法即可求得锚杆拉力 T_1 和嵌固深度 h_d。

随后即可确定支护结构的内力分布。每一工程只有一组解。由图 8-3-13 可知，为使支护结构保持稳定，在锚杆设置点 A 的力矩应为零，即 $\sum M_A = 0$，亦即：

$$\sum E_{pj}h_{pj} - \sum E_{ai}h_{ai} = 0 \qquad (8\text{-}24)$$

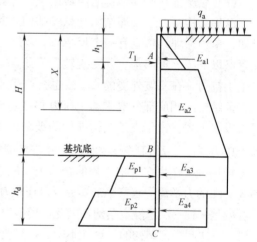

图 8-3-13　单锚浅埋结构力学计算简图

式中　E_{ai}、h_{ai}——第 i 层地层的主动土压力合力及合力作用点至锚杆设置点的距离；

E_{pj}、h_{pj}——第 j 层地层的被动土压力合力及合力作用点至锚杆设置点的距离。

展开式（8-24）是一个关于嵌固深度计算值 h_d 的一元三次方程，解析解无法求得，一般可用试数法求出 h_d 的数值，再根据静力平衡条件，即可求出作用在 A 点的锚杆水平拉力计算值 T_1：

$$T_1 = \sum E_{ai} - \sum E_{pi} = 0 \qquad (8\text{-}25)$$

锚杆水平拉力 T_1 也可由 C 点的力矩平衡条件，即由 $\sum M_c = 0$ 求得。

求出嵌固深度 h_d 和锚杆拉力 T_1 后，就可以作出支护结构的内力（弯矩和剪力）图。根据材料力学，我们知道，弯矩最大点即是剪力为零点，因此，弯矩最大点至锚杆设置点的距离 h_0 可由（8-26）和（8-27）式求得：

$$T_1 - \sum E_{a0} = 0_i \qquad (8\text{-}26)$$

最大弯矩计算值 $M_{\max}$ 可由下式计算：

$$M_{\max} = T_1 h_0 - \sum E_{a0}(h_0 - h_{a0}) \qquad (8\text{-}27)$$

式中　E_{a0}、h_{a0}——剪力为零点以上地层的主动土压力合力及合力作用点至锚杆设置点的距离；

h_0——剪力为零点（弯矩最大点）至锚杆设置点的距离。

嵌固深度、锚杆水平拉力及结构内力的设计值分别按式（8-28）～式（8-31）计算。

嵌固深度设计值：$\qquad\qquad h_{dj} = 1.2\gamma_0 h_d \qquad (8\text{-}28)$

锚杆水平拉力设计值：	$T_{1j}=1.25\gamma_0 T_1$	(8-29)
截面弯矩设计值：	$M_j=1.25\gamma_0 M_{max}$	(8-30)
截面剪力设计值：	$V_j=1.25\gamma_0 V$	(8-31)

式中　V_j——截面剪力计算值；

　　　γ_0——基坑侧壁安全等级重要性系数，按表8-3-5选用。

基坑侧壁安全等级及重要性系数　　　　　　表 8-3-5

安全等级	破 坏 后 果	γ_0
一级	支护结构破坏、土体失稳或过大变形对基坑周围环境及地下结构施工影响很严重	1.1
二级	支护结构破坏、土体失稳或过大变形对基坑周围环境及地下结构施工影响一般	1.0
三级	支护结构破坏、土体失稳或过大变形对基坑周围环境及地下结构施工影响不严重	0.9

（2）单层锚拉深埋结构的经典法设计计算

深埋结构是介于浅埋结构与悬臂结构之间的一种结构形式。根据上面的受力特征分析可知，单锚深埋结构也有一个反弯点 O，结构在反弯点以上绕该点向基坑内侧旋转，而在反弯点以下绕该点向基坑外侧旋转。因此，与悬臂结构相同，不仅在基坑内侧的 BO 段会产生土抗力，在基坑外侧的 OC 段也会产生土抗力，根据支护结构可能出现的位移条件，在支护结构的相应部分取主动土压力和被动土压力，形成如力学简图 8-3-12（a）所示的静力极限平衡。由于支护结构外侧的被动土压力强度值 $e_{pjk}^{h+h_d}$ 很大（与支护结构内侧的被动土压力强度值 $e_{pjk}^{z_1}$ 比较），而且其分布范围很小（即 EC 段很小），因此，这部分被动土压力可用一个作用在其重心处的合力 P_p 来代替，这样即形成了图 8-3-14 的力学计算简图。图 8-3-14 的力学简图有三个未知数（锚杆拉力 T_1、嵌固深度 h_d 及其底端的简化集中力 P_p），可看做是一种一次超静定结构，因此，用静力平衡法不能求解深埋结构。从结构力学的意义上讲，一次超静定结构的计算并不困难，只要知道锚杆的刚度，用锚杆设置点的变形协调条件即可求解。但在计算深埋结构时，情况是大不相同的。因为未知数 h_d 带来的高次方程，即使是前面讨论到的极为简单的静定结构（浅埋和悬臂结构），也都无法直接求解，超静定结构就更难求解了，因此，必须寻找既能满足工程需要又比较简单的计算方法。

① 等值梁法

一种称之为等值梁法的设计计算方法常被采用，其基本原理如图 8-3-15 所示。

图 8-3-15（a）中，ab 为一端简支、另一端固定的一次超静定梁，正负弯矩在 c 点转折。如果在 c 点切断 ab 梁，并于 c 点设一简支座形成 ac 梁，则 ac 梁上的内力保持不变，此 ac 梁即为 ab 梁上 ac 段的等值梁。显然，ac 梁是一等值梁，其支座反力和弯矩都能由静力平衡条件求得。

与此类似，单锚深埋结构也有正负弯矩转折点，在此点切开形成的简支梁，即可求得上端的锚杆水平拉力计算值 T_1：

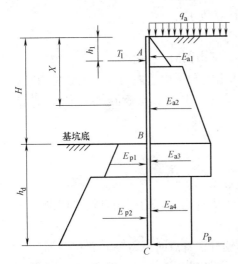

图 8-3-14　单锚深埋结构力学计算简图

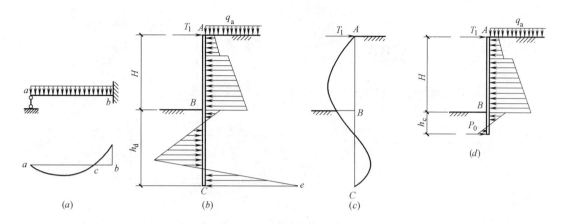

图 8-3-15　单锚深埋支护结构等值梁原理图

（a）等值梁原理图；（b）单锚深埋支护结构力学简图；

（c）单锚深埋支护结构弯矩图；（d）单锚深埋支护结构等值梁图

$$T_1 = (E_{ai}h_{aic} - E_{pj}h_{pjc})/(h_T + h_c) \tag{8-32}$$

式中　E_{ai}、h_{aic}——弯矩零点以上第 i 层地层的主动土压力合力及合力作用点至弯矩零点的距离；

　　　　E_{pj}、h_{pjc}——第 j 层地层的被动土压力合力及合力作用点至弯矩零点的距离；

　　　　h_T——锚杆设置点至基坑底面的距离；

　　　　h_c——基坑底面至弯矩为零点的距离。

　　求出水平拉力 T_1 后，图 8-3-15 的力学简图就只有两个未知数（嵌固深度 h_d 和底端的简化集中力 P_p）了，这种情形就与上面讨论过的悬臂桩一样，用力矩平衡条件 $\sum M_C = 0$，即可求得嵌固深度 h_d。

$$\sum E_{pj}h_{pj} + T_1(h_T + h_d) - \sum E_{ai}h_{ai} \geqslant 0 \tag{8-33}$$

　　上述的计算方法（即等值梁法）建立在弯矩零点位置已知的条件，但实际上深埋结构弯矩零点位置是未知的，也很难预先求得。为了简化计算，就用土压力为零点来代替弯矩零点，即用主动土压力强度值与被动土压力强度值相等的某点来代替弯矩零点，这样计算就简单多了，基坑地面至弯矩零点的距离 h_c 就可近似地用下式求得：

$$e_{aik} = e_{pik} \tag{8-34}$$

　　当用朗肯理论计算土压力时，有时土压力零点并不存在，基坑底面以下各点的被动土压力强度值都大于另一侧的主动土压力强度值，这时不妨就取基坑底面为弯矩零点。

　　单锚深埋结构剪力零点（弯矩最大点）的计算简图如图 8-3-16 所示。

　　深埋支护结构的剪力为零点（弯矩最大点）的位置有两个，一个是在基坑底面以上，另一个在基坑底面以下。相应的最大弯矩一个在基坑内侧，一个在基坑外侧。设基坑内侧的最大弯矩为正弯矩，记作 M_{max}^+，基坑外侧的最大弯矩为负弯矩，记作 M_{max}^-；基坑底面以上的剪力零点位置至锚杆设置点的距离为 h_{01}，基坑底面以下的剪力零点位置至基坑地面的距离为 h_{02}，则 h_{01} 和 h_{02} 以及相应点的最大弯矩和可分别由式（8-35）～式（8-38）求得。

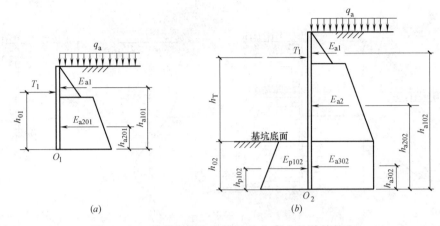

图 8-3-16　单锚深埋支护结构剪力零点的计算简图

(a) 上零点计算简图；(b) 下零点计算简图

求 h_{01}：

$$T_1 - \sum E_{ai01} = 0 \tag{8-35}$$

相应的最大正弯矩计算值 $M_{\max}^+$ 可由下式计算：

$$M_{\max}^+ = T_1 h_{01} - \sum E_{ai01} h_{ai01} \tag{8-36}$$

式中　E_{ai01}、h_{ai01}——上剪力零点以上第 i 层地层的主动土压力合力及合力作用点至上剪力零点位置的距离；

　　　　h_{01}——上剪力为零点（弯矩最大点）至锚杆设置点的距离。

求 h_{02}：

$$\sum E_{pj02} + T_1 - \sum E_{ai02} = 0 \tag{8-37}$$

相应的最大负弯矩计算值 $M_{\max}^-$ 可由下式计算：

$$M_{\max}^- = \sum E_{ai02} h_{ai02} - \sum E_{pj02} h_{pj02} - T_1(h_T + h_{02}) \tag{8-38}$$

式中　E_{ai02}、h_{ai02}——下剪力零点以上第 i 层地层的主动土压力合力及合力作用点至下剪力零点位置的距离；

　　　　E_{pj02}、h_{pj02}——下剪力零点以上第 j 层地层的被动土压力合力及合力作用点至下剪力零点位置的距离。

其他符号同前。

嵌固深度、锚杆水平拉力及结构内力的设计值分别按式（8-39）～式（8-43）计算。

嵌固深度设计值：　　　　　　$h_{dj} = 1.3\gamma_0 h_d \tag{8-39}$

锚杆水平拉力设计值：　　　　$T_{1j} = 1.25\gamma_0 T_1 \tag{8-40}$

截面正弯矩设计值：　　　　　$M_j^+ = 1.25\gamma_0 M_{\max}^+ \tag{8-41}$

截面负弯矩设计值：　　　　　$M_j^- = 1.25\gamma_0 M_{\max}^- \tag{8-42}$

截面剪力设计值：　　　　　　$V_j = 1.25\gamma_0 V \tag{8-43}$

上述"等值梁"法，在设计计算时，因为弯矩为零点求解较为困难，常常简化为土压力为零点来计算，虽然计算得到了简化，却也使"等值梁"理论严重失真。从理论上讲，深埋结构有无穷多组解，试想，对于任何一个特定的支护工程，挡土结构上施加一个最大的锚拉力（该力由浅埋结构计算法确定）可以保持稳定，不施加任何力亦可以保持稳定（按悬臂结构计算法确定嵌固深度），当然，挡土结构上施加任何一个大于零小于最大锚拉力的力都可以保持稳定，而不同的锚拉力又对应有不同的嵌固深度和挡土结构内力（弯矩剪力等），所以，深埋结构的设计解有无数个。显然，用笔算的方法进行多解优化设计是非常困难的，但是采用计算机的数值解可以帮助我们解决计算难题，完全可以根据具体的工程条件和要求进行优化设计，选取一组最优解。

②　数值解法

若设支护结构外侧（挡土面一侧）的弯矩为负值弯矩 M_x^-，支护桩内侧的弯矩为正弯矩 M_x^+，则桩身的弯矩为 $M_x = M_x^+ - M_x^-$。

当 x 小于基坑开挖深度 H 时（图 8-3-16）：

$$M_x = T_1(x - h_1) - h_{xa} \sum E_{ax} + h_{xwa} \sum E_{wax} \tag{8-44}$$

式中　T_1——支点提供的水平力标准值；

h_1——支点作用位置至地面的距离；

$\sum E_{ax}$——基坑开挖至 x 深度时，主动侧土压力的合力；

h_{xa}——合力 $\sum E_a$ 作用点至计算截面的距离；

$\sum E_{wax}$——基坑开挖至 x 深度时，主动侧水压力的合力；

h_{xwa}——合力 $\sum E_{wax}$ 作用点至计算截面的距离。

当 x 不小于基坑开挖深度 H 时：

$$M_x = T_1(x - h_1) + h_{xp} \sum E_{px} + h_{xwp} \sum E_{wpx} - h_{xa} \sum E_{ax} + h_{xwa} \sum E_{wax} \tag{8-45}$$

式中　$\sum E_{px}$——基坑开挖至 x 深度时，被动的侧土压力的合力；

h_{xp}——合力 $\sum E_{px}$ 作用点至计算截面的距离；

$\sum E_{wpx}$——基坑开挖至 x 深度时，被动侧水压力的合力；

h_{xwp}——合力 $\sum E_{wpx}$ 作用点至计算截面的距离；

其他符号同前。

任意给定一个 T_1（$0 \leqslant T_1 \leqslant$ 按浅埋桩计算的水平力标准值）就能计算出一系列的 M_x。分析图 8-3-15（c）发现，深埋挡土结构在嵌固段有 2 个弯矩为零点，上一个弯矩为零点即是等值梁法寻求的弯矩零点，其实该弯矩零点只是一个求解嵌固深度的中间解，下一个零点才是求解嵌固深度的最终解，用数值解法的计算程序可以直接求出最下一个弯矩零点，即满足支护结构稳定条件的最小值 x_d，嵌固深度 h_d 即为：$h_d = x_d - H$。下面将直接求 x_d 的计算方法叙述如下：

分析图 8-3-15（c）还可以发现，最下一个弯矩零点是由负弯矩趋近于零的，因此，对于任意一个 T_1，每计算一 Δh 深度，判断计算位置是否在基坑底面以下，即判断是否 $x > H$，若否，则继续往下计算，若是，则再判断是否 $M_x < 0$ 并且 $M_x + \Delta h \geqslant 0$，若否，也继续往下计算，若是，即用插值法在 x 与 $x + \Delta h$ 之间求出弯矩为零点的 $x + \Delta h'$，即是所要求的 x_d。图 8-3-17 是用程序计算求出的对应于不同 T_1 值的一系列解答，具有普遍意义。分析图 8-3-17 的单锚深埋结构弯矩特征曲线，可以发现：

A. 曲线 1 为 $T_1 = 0$ 时的弯矩曲线，此时支护结构即为悬臂结构，负弯矩最大且只有负弯矩，嵌固深度也最大。

B. 曲线 N 为 $T_1 = T_{max}$ 时的弯矩曲线，所需要的锚拉力（或支撑力）为最大，此时支护结构即为浅埋结构，正弯矩最大且只有正弯矩，嵌固深度最小。

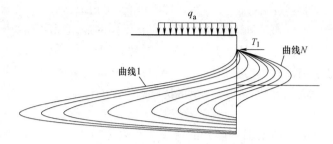

图 8-3-17　单锚深埋结构弯矩特征曲线

C. 曲线 1 与曲线 N 之间的都是深埋结构弯矩曲线，有无数条，且连续变化，说明深埋结构有无穷多组解，悬臂结构和浅埋结构是深埋结构的二个特解。将"等值梁"理论的弯矩为零点简化为土压力为零点计算，实质上就是将深埋结构支护设计的无穷多组解简化为一组解，而这一组解往往并不是特定工程的最佳设计方案，因此，其缺陷是不言而喻的。

D. 进一步分析特征曲线可知，随着锚拉力（或支持力）T_1 的增大，桩身内的最大负弯矩逐渐减小，最大正弯矩逐渐增大；嵌固深度也随着锚拉力（或支持力）T_1 的增大而逐渐变短，桩身弯矩和嵌固深度都是锚拉力（或支持力）T_1 的函数。

③ 单锚深埋支护结构的优化设计

因为深埋结构有无穷多组解，因此，根据具体工程的要求，选取一组最佳的设计值（支撑力 T_1、嵌固深度 h_d 和桩身最大的正负弯矩 $M_{max}{}^+$ 及 $M_{max}{}^-$ 等）是完全可能的。

几种典型的优化设计计算方法如下：

① 要求 $M_{max}{}^+ = |M_{max}{}^-|$

按上述式（8-44）、式（8-45）计算，随意设定一锚拉力（或支撑力）初始值 T_{10}（不妨设 $T_{10}=1$），可计算出一系列对应的支护结构弯矩，判断是否 $M_{max}{}^+ \geqslant |M_{max}{}^-|$，若否，再令 $T_{11}=T_{10}+\Delta T$，重复上述计算，再判断是否 $M_{max}{}^+ \geqslant |M_{max}{}^-|$，若再否，则依次令 $T_{1x}=T_{1(x-1)}+\Delta T$，依次重复上述计算，直至满足判断式时为止，最后，在 $T_{1(x-1)}$ 与 T_{1x} 之间用插值法计算出 $M_{max}{}^+ = |M_{max}{}^-|$ 时的 T_1，所对应锚拉力（或支撑力）T_1 和嵌固深度 h_d 即是满足 $M_{max}{}^+ = |M_{max}{}^-|$ 条件的最优解。

② 要求 $|M_{max}{}^-| = 2M_{max}{}^+$

方法同①，只需将判断式改为：$2M_{max}{}^+ \geqslant |M_{max}{}^-|$，满足判断式所对应的锚拉力（或支撑力）$T_1$ 和嵌固深度 h_d 即是满足 $|M_{max}{}^-| = 2M_{max}{}^+$ 条件的最优解。

③ 要求最小嵌固深度

按浅埋结构的静力平衡条件可一次求出答案。

④ 要求按给定锚拉力（或支撑力）T_1

输入给定的锚杆拉力值 T_1，即可一次求出答案。

（3）多层锚拉结构的设计计算

深度大的基坑，有时需要设置多层锚杆或支撑，因此需要考虑多层锚拉（或支撑）结构的设计计算问题（图 8-3-18）。

① 经典法

多层锚拉（或支撑）结构一般是分层开挖、分层设置锚杆（或支撑）的，因此采用分层计算较能反映分层开挖的动态过程。若基坑的支护结构设置 N 层锚杆（或支撑），则基坑一般需要分 N 次或（$N+1$）次开挖。当首层锚杆（或支撑）设置在地表以下一定深度时，在设置首层锚杆（或支撑）前就需要进行一次大开挖，其开挖深度为 H_1（至第一层锚杆的位置），一般来说，第一次大开挖不需要计算，若 H_1 深度较大时，可按上面悬臂结构的计算方法计算一下桩、墙身的最大弯矩，记作 M_{max0}；第二次开挖的设计计算可看作是开挖深度为 H_2（至第二层锚杆的位置）的单锚深埋结构，设计计算按上面的单锚深埋结构的计算方法进行，记下计算结果 T_1、M_{max1}^+ 和 M_{max1}^-；第三次开挖的设计计算可看作是开挖深度为 H_3（至第三层锚杆的位置）并作用有一个已知力 T_1 的单锚深埋结构，设计计算亦可按上面的单锚深埋结构

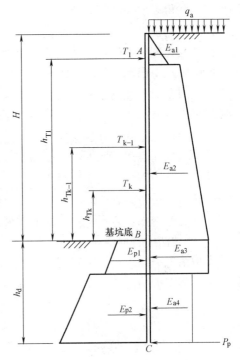

图 8-3-18　分层深埋桩法计算简图

的计算方法进行，并亦记下计算结果 T_2、M_{max2}^+ 和 M_{max2}^-；以此类推，当第 N 次开挖时，设计计算按开挖深度为 H_N（至第 N 层锚杆的位置）并作用有（$N-2$）个已知力 T_1，T_2，…，$T_{(N-2)}$ 的单锚深埋结构进行，计算结果记作 $T_{(N-1)}$、$M_{max(N-1)}^+$ 和 $M_{max(N-1)}^-$；最后一次，即第（$N+1$）次，挖至坑底，则可根据具体情况看作是开挖深度为 H 并作用有（$N-1$）个已知力 T_1，T_2，…，$T_{(N-1)}$ 的单锚浅（或深）埋结构，相应地可分别按单锚浅（或深）埋结构的计算方法进行计算，其计算结果记作 T_N、M_{maxN}^+（浅埋）或 T_N、M_{maxN}^+、M_{maxN}^-（深埋）。计算完成后，再将各次的计算结果进行分析比较，看看计算结果是否合理满意，若觉得不合理、不满意，则可通过增减支锚层数、调整支锚间距的办法重新进行计算，直到满意为止。应当说，多锚支护结构的设计计算，分析调整这一步是不可或缺的。

以上的计算方法称为分层深埋桩法。其计算方法参见上节单锚深埋结构的设计计算。第 $k+1$ 次开挖时，开挖深度为 H_k（至第 $k+1$ 层锚杆的位置），上面作用有（$k-1$）个已知力 T_1，T_2，…，$T_{(k-1)}$，按深埋结构计算，可以求出第 k 层锚杆的水平拉力 T_k。

② 弹性法

基坑支护结构设计理论是随着基坑支护工程实践的深入而提高的，前面叙述的经典法设计理论主要源于挡土墙设计理论。由于基坑支护结构与一般挡土墙受力机理有所不同，按经典法设计计算其结果与支护结构内力实测结果相比，在大部分情况下都不尽相符（结果偏大，这已被大量的工程实测实例所证实）；再者，由于用经典法难以计算出支护结构的变形，而且在一些不可能或不允许产生土体极限平衡状态的情况下，经典理论无法计算其相应的土压力，因此，需要引进一种根据土体的变形情况确定土体抗力的计算方法，这

就是弹性法得以发展的客观要求。随着计算机的普及、发展，弹性理论越来越多地用于基坑支护工程的设计计算。如前所述，杆系有限元法是目前比较常采用的一种方法。

弹性法在理论上较经典法更为成熟。但由于作用在支护结构上荷载的确定以及土体参数取值的困难，限制了用弹性理论设计计算支护结构的发展速度。目前，应用弹性法计算一般还仅限于对平面问题的分析。作用于支护结构上的荷载，对于基坑开挖面以上还是采用经典理论分析的主动土压力，而对于作用于基坑开挖面以下的荷载，目前尚无统一认识。对于弹性地基梁的弹性抗力比例系数一般认为以 m 法较为符合实际，而 m 值的确定对于支护结构而言还需取得进一步的实测统计数据。另外，用弹性法设计计算支护结构还不能计算出嵌固深度，只能凭经验选取或用经典理论的计算值。这些在另一方面反映了弹性法存在的不足。尽管如此，目前这种方法已基本上得到了设计人员的认可，随着经验的积累和研究的深入，必将得到更大的发展。

A. 弹性法的基本挠曲方程

支护结构可看作是一竖向的弹性地基梁。图 8-3-19 为竖向的弹性地基梁弹性法的计算简图，其支护结构的弹性曲线微分方程式可写成以下形式：

$$EI\frac{\mathrm{d}^4 y}{\mathrm{d}z^4} - e_{aik}b_s = 0 \quad (0 \leqslant z \leqslant h_n) \quad (8-46)$$

$$EI\frac{\mathrm{d}^4 y}{\mathrm{d}z^4} - mb_0(z-h_n)y - e_{aik}b_s = 0 \quad (z \geqslant h_n)$$

$$(8-47)$$

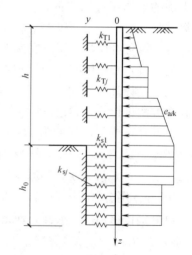

图 8-3-19 弹性支点法计算简图

式中 EI——支护结构计算宽度的抗弯刚度；

m——地基土水平抗力系数的比例系数；

b_0——抗力计算宽度，地连墙和水泥土墙取单位宽度，排桩结构按式（8-48）、式（8-49）计算；

z——支护结构顶部至计算点的距离；

h_n——第 n 工况基坑开挖深度；

y——计算点水平变形；

b_s——荷载计算宽度，地连墙和水泥土取单位宽度，排桩结构取桩中心距。

排桩结构抗力计算宽度可按下列规定计算：

圆形桩

$$b_0 = 0.9 \times (1.5d + 0.5) \quad (8-48)$$

式中 d——桩身直径。

方桩

$$b_0 = 1.5b + 0.5 \quad (8-49)$$

式中 d——方桩边长。

式（8-46）的弹性曲线微分方程的解析解无法求得，只能用数值法计算，随着计算机的普及及应用，数值解方法已成为深基坑支护结构的设计计算有效方法。其中，弹性地基梁的数值解法是此类方法中相当实用且使用广泛的一种计算方法。

B. 弹性地基梁的数值解法

弹性地基梁的数值解法又称为杆系有限元法。该方法实际上是矩阵位移法与弹性地基梁法的结合。该计算方法沿纵向取单位宽度（对于地下连续墙结构）或取桩中心距（对于排桩结构），将其视为一个竖放的弹性地基梁。

连续墙墙体或排桩桩身根据要求剖分为若干段梁单元，支撑可用二力杆桁架单元模拟，锚杆用弹性支座模拟，地层对支护结构的约束作用可用一系列弹簧来模拟。弹簧的作用可按通常的弹性地基梁方法假定，既可采用弹性地基梁的局部变形理论即文克尔假定，也可考虑土体弹簧之间的相互影响，即采用所谓的整体变形理论。图 8-3-20 为设置了三层锚杆（或支撑）的支护结构几个工况的计算简图。荷载作用于基坑支护结构的主动土压力的大小和图形分布是随开挖面位置变化而变化的，随着开挖面下移，主动土压力也将增大。图 8-3-20 中，(a)、(b)、(c)(d) 分别表示了四种不同开挖深度时，作用于基坑支护结构的主动土压力值的变化过程。

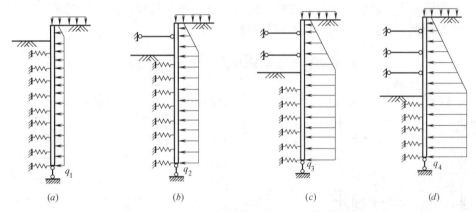

图 8-3-20　设置三层锚杆的基坑支护结构的计算简图（全量法）

水压力的确定，涉及采用水土分算法和水土合算法中哪一种模式。当地层为砂性土时，通常将水压力和土压力分别计算，这时计算土压力时地下水位以下土的重度应取浮重度；作用于基坑支护结构上的水压力分布图形可参考经典方法确定。当地层为黏性土时，可采用水土合算法模式，只计算主动土压力，而不再另外计算水压力。

设置多道锚杆（支撑）的基坑支护结构，其受力与基坑土方开挖过程和锚杆（支撑）设置的时间、顺序有非常密切的关系。实际上，施工过程中各层锚杆（支撑）受力先后是不同的，锚杆（支撑）是在基坑开挖到一定深度后才加上的，在这以前墙体已产生一定数量的内力和位移。另外，先加上去的上道锚杆（支撑）较早参与了工作，而后设置的下道锚杆（支撑）则较迟才能起作用。如果像前述的经典方法那样，把基坑支护结构看作一次受荷载的多跨连续梁计算，显然是不能反映基坑支护结构真实受力情况的。弹性地基梁的数值法可采用多种工况的计算简图，于是能反映基坑支护结构荷载和内力随施工不同阶段的变化过程。图 8-3-20 表示设有三道锚杆的基坑支护结构四个阶段的受力状态。从图中可以看出，作用于支护结构上的主动土压力，是随着基坑开挖深度的增加而逐渐增加的。在具体应用弹性地基梁的数值法计算时，还有"全量法"和"增量法"两种方法的选择。图 8-3-20 实际上是设有三道锚杆的基坑支护结构的"全量法"计算图式。

　　"全量法"是指对每一个施工工况，相应的主动土压力全部作用于支护结构上，求得的内力和位移即为该工况的实际内力和实际位移值。以图 8-3-20（c）为例，这时处于地下连续墙的第二道支撑设置完成，且继续开挖下一层土方的施工阶段。墙上作用的荷载 q_3 为该施工工况对应的全部主动土压力强度值。需要注意的是，先于第二道支撑设置，墙体已经发生了初始位移（初始位移可由前一工况计算结果得到），安装新支撑杆时，杆端位置已经偏离了地下连续墙变形前的初始位置，但是这偏移值并不引起新支撑轴力。计算时应该考虑这个因素，即应该对杆端的初始位移进行修正。这种修正，当采用"全量法"时，电算程序处理较为困难，而改用"增量法"时要方便得多。所以，工程中较多采用"增量法"。下面，主要介绍增量法。

　　"增量法"是将整个施工过程分成若干个工况，而将前后两个工况的荷载改变值作为荷载增量。由荷载增量引起的位移和内力称为位移增量和内力增量。累计从开始到当前施工阶段各工况的位移增量和内力增量，则可得到当前工况的实际位移和实际内力。图 8-3-21 为设置了三道锚杆的基坑支护结构的"增量法"计算简图。以图 8-3-21（d）的第四个工况为例，支护结构上作用的增量荷载：

$$q_4 = \Delta q_1 + \Delta q_2 + \Delta q_3 + \Delta q_4 = \sum_{i=1}^{4} \Delta q_i \qquad (8\text{-}50)$$

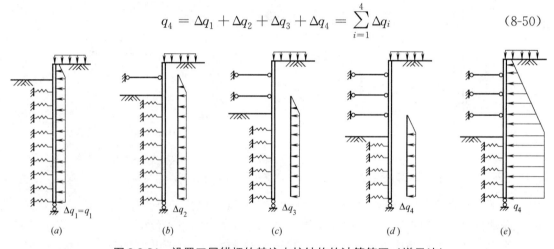

图 8-3-21　设置三层锚杆的基坑支护结构的计算简图（增量法）

　　Δq_4 即为第三工况到第四工况之间的主动土压力增量，由此计算得到的位移和内力是加设第三道锚杆后再挖土到基坑底面设计标高这个过程中新增加的位移和内力。如果需要知道作用在支护结构上的全部主动土压力，则可以累加之前所有工况的荷载增量。例如，图 8-3-21（e）表示第四受力工况的全部主动土压力分布情况，q_4 累计了前 3 个受力工况和当前第四个工况的荷载增量，其值与全量法计算简图 8-3-20（d）中的 q_4 相同。

　　从力学观点出发，弹性地基梁数值法，实际上即为矩阵位移法，又称为杆系有限元法。与通常的有限单元法类似，首先要对基坑支护结构进行离散化，如图 8-3-21（c）所示。竖向地基梁部分的单元数量可根据要求的计算精度来选择。一般沿地基梁竖向取 $0.5 \sim 1.0\text{m}$ 为一个单元，每个单元均采用具有三个自由度（u，v，θ）的梁单元。此外，在各个阶段的开挖面处和设置锚杆（支撑）处均应布置节点。锚杆一般可采用弹性支座模拟（图 8-3-22），支撑一般可采用二力杆桁架单元；地层抗力作用，采用一系列弹簧来模拟，而弹簧应布置在节点上（图 8-3-23）。地层抗力弹簧刚度可取该弹簧附近的地层抗力系数（又称基床系数）乘以相邻两弹簧之间距离的平均值，即：

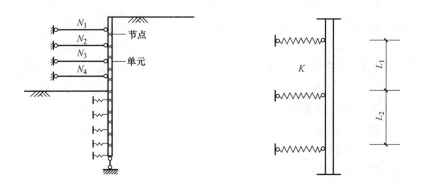

图 8-3-22 地下连续墙有限元离散　图 8-3-23 弹性支座刚度的确定

$$K' = \frac{1}{2}(L_1 - L_2)K \tag{8-51}$$

式中 K——地层弹簧抗力系数（kN/m^3），按式（8-15）计算；

K'——地层抗力弹簧刚度（kN/m^3）；

L_1、L_2——当前弹簧与上、下弹簧之间的距离。

锚杆水平刚度系数 K_T 可由锚杆基本试验确定，当无经验资料时，可按下式计算：

$$K_T = \frac{3AE_sE_cA_c}{(3L_fE_cA_c + E_sAL_a)\cos\theta} \tag{8-52}$$

式中 L_f——锚杆自由段长度；

L_a——锚杆锚固段长度；

E_s——杆体弹性模量；

A——杆体截面面积；

A_c——锚固体截面面积；

E_c——锚固体组合弹性模量；

θ——锚杆水平倾角（°）。

$$E_c = \frac{AE_s + (A_c - A)E_m}{A_c} \tag{8-53}$$

式中 E_m——注浆体弹性模量。

采用增量形式的弹性地基梁数值解法，其基本平衡方程为：

$$[K]\{\Delta\delta\} = \{\Delta R\} \tag{8-54}$$

式中 $[K]$——整个支护结构的总体刚度矩阵；

$\{\Delta\delta\}$——由当前工况的增量荷载引起的位移增量矩阵；

$\{\Delta R\}$——当前工况的增量荷载。

求解式（8-54）得到的是当前工况由增量荷载引起的位移增量。由位移增量可得到相应的应力增量（如弯矩增量和剪力增量）。欲求当前工况实际的位移和内力（称全量位移和全量内力），则可累加先前各受力工况的位移增量和内力增量，写成一般式：

$$\delta_k = \sum_{i=1}^{k} \Delta\delta_i \tag{8-55}$$

$$M_k = \sum_{i=1}^{k} \Delta M_i \tag{8-56}$$

$$V_k = \sum_{i=1}^{k} \Delta V_i \tag{8-57}$$

式中　k——当前工况和序号；

δ_k——第 k 个工况的全量位移；

M_k——第 k 个工况的全量弯矩；

V_k——第 k 个工况的全量剪力；

$\Delta\delta_i$——第 i 个工况的位移增量；

ΔM_i——第 i 个工况的弯矩增量；

ΔV_i——第 i 个工况的剪力增量。

总体刚度矩阵是由各单元刚度矩阵集合而成的。其中，包括连续墙的梁单元、当前工况中所有参与工作的桁架单元和弹簧单元的单元刚度矩阵。形成各单元刚度、单元刚度矩阵组合为总刚度矩阵、引入位移边界条件和荷载边界条件以及求解线性代数方程组等，均属杆系有限元的基本方法。读者可以参考有关书籍，此处不再罗列计算公式和计算方法。

4）深基坑锚固结构设计的几点讨论与建议

（1）深埋结构多解设计的讨论

通过分析，可以发现：对于任何一个特定的基坑支护工程，从理论上讲，可用三种方法设计出三种能满足稳定要求的支护方案，这三种方法分别是浅埋结构计算法、悬臂结构计算法及深埋结构计算法。浅埋结构计算法设计方案的特点是：锚杆拉力最大、挡土结构正弯矩（基坑内侧弯矩）最大，挡土结构的嵌固深度最小，只有唯一解；悬臂结构计算法设计方案的特点是：不需设置锚杆，挡土结构负弯矩（基坑外侧弯矩）最大，且都是负弯矩，挡土结构的嵌固深度最大，也只有唯一解；深埋结构计算法设计方案的特点是：其计算结果介于浅埋结构和悬臂结构计算结果之间，有无数个解，对于某一特定工程，完全可以根据其要求和特性进行优化设计。深埋桩多解设计对弹性法也是同样适用的，只是土压力分布规律有所差异而已。

迄今为止，深埋结构的多解设计尚未得到应有的重视，《建筑基坑支护技术规程》JGJ 120—1999 只有悬臂结构与简化的"等值梁"计算方法，没有涉及深埋结构多解设计的内容；而《建筑基坑支护技术规程》JGJ 120—2012 更是只有悬臂结构与浅埋结构的计算方法，连深埋结构都没有了，仍没有涉及深埋结构多解设计的内容。

（2）设计值分项系数的讨论

设计值分项系数包括：嵌固深度设计值分项系数、锚杆拉力设计值分项系数以及结构内力（弯矩和剪力）设计值分项系数。现分别讨论如下：

① 嵌固深度设计值分项系数

嵌固深度设计值分项系数包括以下两方面的含义：一是给计算值一定的安全系数，二是恢复简化的计算简图原本的嵌固长度。在前述经典法的分析计算中，为了简化计算，把深埋结构和悬臂结构底部基坑外侧的分布被动土压力简化成一个集中力，实际上也缩短了部分嵌固长度，选取设计值时应考虑予以恢复。嵌固深度设计值可用下列公式表示：

$$h_{dj} = K_f \gamma_0 h_d \tag{8-58}$$

$$K_f = 1.0 + K_A + K_Z \tag{8-59}$$

式中　K_A——安全系数，取 0.2；

　　　K_Z——桩长恢复系数，浅埋结构为 0，深埋结构为 0.1，悬臂结构为 0.2；

　　　K_f——嵌固深度分项系数，浅埋结构为 1.2，深埋结构为 1.3，悬臂结构为 1.4。

　　　其他符号同前。

② 锚杆拉力设计值分项系数

锚杆拉力设计值分项系数取 1.25，与《建筑基坑支护技术规程》JGJ 120—2012 取值相同。因在土层中影响锚拉力的因素较多，施工技术水平要求较高，设计值分项系数取 1.25 是必要的。

③ 结构内力设计值分项系数

结构内力设计值分项系数包括弯矩和剪力分项系数，本《指南》取 1.25，与《建筑基坑支护技术规程》JGJ 120—2012 取值相同。但根据实际工程的监测数据，结构内力实测值往往比设计值要小，因此，有经验者，结构内力设计值分项系数可取 1.0。

第四节　锚拉桩（墙）结构中锚杆的设计

1. 锚杆参数的确定

按照本章第三节的计算结果，确定锚杆的设计参数。按照本《指南》第二章第五节的要求，进行锚杆参数的设计，主要包括锚杆标高、间距、倾角、轴向拉力设计值、自由段长度、锚固段长度、锚固体直径、预应力筋体材料和截面积、注浆材料和浆体强度、锚杆锁定值等。预应力锚杆设置标高应控制在地下水水位以上，以确认锚杆可顺利进行施工并确保其施工质量。

本《指南》第二章第五节指出了锚杆承载力随锚固段长度变化的规律：随着锚固段长度的增加，锚固段全长范围内土体强度的利用率就会相应降低，一般锚固段超过 12m，锚杆抗拔承载力的增加是非常有限的，当需要提高单位长度锚固段的抗拔承载力时，单纯增加锚固段长度是不可取的，可考虑采用对锚固段实施后高压注浆或高压注浆，或采用荷载分散型锚固体系，或采用增大锚固体直径，或采用囊式扩体锚杆等措施。

基坑锚固工程常常会出现锚杆间距小于 1.5m 的情况，为避免锚杆的群锚效应，通常采取相邻锚杆错开角度或长短锚固段的措施（图 2-5-4）。此外，为避免锚杆施工即锚杆应力对邻近建（构）筑物基础的不利影响，锚杆锚固段区域的布置要离开其基础至少 2.0m 以上。

对于基坑阳角部位的支护结构应采取圆弧或折线过渡，避免阳角处相邻锚杆锚固段落入基坑滑移区内，锚杆无法起到支护拉力的作用。对于此部位的支护，通常采取以下措施：

（1）阳角部位相邻两侧的护坡桩应有连续的冠梁连接；

（2）相邻两侧边锚杆锚固段需位于基坑滑移区以外（图 2-6-4），并应采取不同的锚杆倾角，保持相邻锚杆锚固段有足够的空间距离；

（3）改变相邻两侧边一定范围内锚杆方位，使锚杆锚固段远离滑移区；

（4）阳角处相邻锚杆宜同时进行张拉锁定作业，以保证相邻锚杆施加预应力时互不影响。

锚杆注浆材料和浆体强度的要求已在第二章第十一节论述，基坑支护锚杆应尽量选择强度等级较高的硅酸盐水泥或普通硅酸盐水泥，当要求缩短养护时间时可加入早强剂，压力型或压力分散型锚杆张拉时要求浆体强度达到 M25 以上。

2. 锚杆传力结构的设计

锚拉桩（墙）支护结构中锚杆的传力结构通常采用腰梁形式，将锚杆的轴向力传到支护结构的桩（墙）上。腰梁的设计要充分考虑支护结构的特点、材料、锚杆倾角、锚杆的垂直分力及结构形式。国家标准 GB 50086—2015 给出了两种腰梁结构形式，一种是钢筋混凝土腰梁，另一种是钢腰梁。分别如图 2-12-26 和图 2-12-27 所示。

锚杆腰梁的内力通常按受弯构件设计，当锚杆锚固在钢筋混凝土冠梁或腰梁时，冠梁和腰梁按受弯构件设计。其内力应根据实际约束条件按连续梁或简支梁计算，内力设计值按本章第三节确定，腰梁正截面、斜截面承载力按《钢结构设计标准》GB 50017—2017和《混凝土结构设计规范》GB 50010—2010 计算。北京市地方标准《建筑基坑支护技术规程》DB 11/489—2016 给出了简支梁条件下钢腰梁型号的选择表，如表 8-4-1 所示。

锚杆钢腰梁选型表   表 8-4-1

支护桩间距	锚杆轴向力设计值(kN)	Q235 热轧普通工字钢	Q235 热轧普通槽钢
1.2	300	2×Ⅰ18	2×[20a
	400	2×Ⅰ20b	2×[22b
	500	2×Ⅰ22a	2×[25b
	600	2×Ⅰ25a	2×[28b
	700	2×Ⅰ25b	2×[28c
1.4	300	2×Ⅰ20a	2×[22a
	400	2×Ⅰ22a	2×[25b
	500	2×Ⅰ25a	2×[28b
	600	2×Ⅰ25b	2×[32a
	700	2×Ⅰ28a	2×[32b
1.5	300	2×Ⅰ20a	2×[22a
	400	2×Ⅰ22a	2×[25c
	500	2×Ⅰ25a	2×[28c
	600	2×Ⅰ28a	2×[32a
	700	2×Ⅰ28b	2×[32c
1.6	300	2×Ⅰ20b	2×[25a
	400	2×Ⅰ22b	2×[28a
	500	2×Ⅰ25b	2×[32a
	600	2×Ⅰ28a	2×[32b
	700	2×Ⅰ28b	2×[32c

3. 桩（墙）参数的确定

按照本章第三节的和第五节结构和稳定性计算结果进行桩（墙）参数的设计，按照《混凝土结构设计规范》GB 50010—2010 确定桩（墙）的配筋和桩（墙）长度、桩径（墙厚）、混凝土等级等参数。

第五节　锚拉桩（墙）支护体系整体稳定性

基坑锚拉桩（墙）支护结构按本章第三节经典法或数值法确定的嵌固深度，只满足了抗倾覆的要求，除此之外，尚应进行以下几个方面的稳定性验算：

（1）基坑底隆起稳定性验算。

（2）基坑底管涌稳定性验算。

（3）基坑底渗流稳定性验算。

（4）基坑底边坡整体稳定性验算。

1. 基坑底隆起稳定性验算

基坑开挖后，会不会产生隆起失稳，取决于地质条件、入土深度以及基坑尺寸和形状等。

1）计及墙体极限弯矩的抗隆起验算

此法认为开挖面以下的墙体能起到帮助抵抗土体隆起的作用，并假定沿墙体底面滑动，认为墙体底面以下的滑动面为圆弧，如图 8-5-1 所示。产生滑动的力为土体重量 γH 及地面荷载 q。抵抗滑动力则为滑动面上的土体抗剪强度，对于非理想黏性土来说，其内摩擦角 $\varphi \neq 0$。因此，在计算滑动面上的抗剪强度时，应采用 $\tau = \sigma \tan\varphi + c$ 的公式，不能只单纯考虑 $\tau = c$（c 为黏聚力）。

图 8-5-1（a）中滑动面上土体抗剪强度 τ 中 σ 值如何选用，作如下处理：在 AB 面上的 σ 应该是水平侧压力，实际上此面上的水平侧压力值介于主动土压力与静止侧压力之

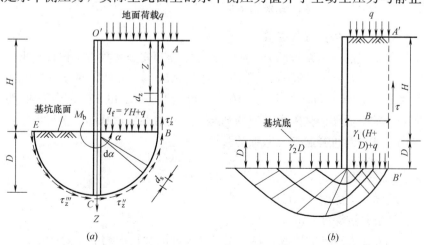

(a)　　　　　　　　　　(b)

图 8-5-1　基坑底隆起稳定性验算

间，因此近似地取为 $\sigma=\gamma z\tan^2\left(45°-\dfrac{\varphi}{2}\right)$，而没有减去 $2c\tan\left(45°-\dfrac{\varphi}{2}\right)$，这是为了近似地反映实际土压力。况且，在开挖深度较大的情况下，后者比前者要小得多。BC 滑动面上的法向力 σ_n 则由两部分组成，即为土体自重在滑动面法向上的分力加上该处水平侧压力在滑动面法向上的分力，水平侧压力的计算公式与 AB 相同。对于 CE 面亦如此。图 8-5-1 (a) 中滑动面上 AB、BC、CE 各段的抗剪强度分别为：

$$\tau'_z=(\gamma z+q)K_a\tan\varphi+c \tag{8-60}$$

$$\tau''_z=(q_f+\gamma D\sin\alpha)\sin^2\alpha\tan\varphi+(q_f+\gamma D\sin\alpha)\sin\alpha\cos\alpha K_a\tan\varphi+c \tag{8-61}$$

$$\tau'''_z=\gamma D\sin^3\alpha\tan\varphi+\gamma D\sin^2\alpha\cos\alpha K_a\tan\varphi+c \tag{8-62}$$

将滑动力与抗滑动力分别对圆心 O 取力矩，

得滑动力矩：

$$M_s=\frac{1}{2}(\gamma H+q)D^2 \tag{8-63}$$

抗滑动力矩：

$$m_r=\int_0^H\tau'_z\mathrm{d}zD+\int_0^{S_1}\tau''_z\mathrm{d}sD+\int_0^{S_2}\tau'''_z\mathrm{d}sD+M_h \tag{8-64}$$

式中　M_h——基坑底面处墙体的极限抵抗弯矩，可采用该处的墙体设计弯矩（kN·m/m）。

$$q_f=\gamma H+q；\quad K_a=\tan^2\left(45°-\frac{\varphi}{2}\right)；$$

$$S_1=BC；\quad S_2=EC；$$

因此，抗隆起安全系数公式为：

$$K_s=\frac{M_r}{M_s} \tag{8-65}$$

计算时，可采用试算法选定入土深度 D。即取数个 D 值，按式（8-63）、式（8-65）验算抗隆起安全系数，为达到稳定要求，必须满足 $K_s\geq1.4$。

实践证明，上法较适用于中等强度和较软弱的黏性土层中的地下墙工程。但由于假定滑动面通过墙底，故在 D 过小时，这样的假定显然是不合理的，与实际情况不符。因此，当 $\dfrac{D}{H}<0.3\sim0.4$ 及 $H<5\mathrm{m}$ 时，宜采用下面的方法。

2）同时考虑 c、φ 的抗隆起验算

在许多验算抗隆起安全系数的公式中，验算抗隆起安全系数时，仅仅给出了纯黏性土（$\varphi\neq0$）或纯砂性土（$c=0$）的公式，很少同时考虑 c、φ。显然，对于一般的黏性土，在土体抗剪强度中应包括 c 和 φ 的因素。因此，参照 Prandtl 和 Terzaghi 的地基承载力公式，并将墙底面的平面作为极限承载力的基准面，其滑动线形状如图 8-5-1 (b) 所示。

建议采用下式进行抗隆起安全系数的验算。

$$K_s=\frac{\gamma_2DN_q+cN_c}{\gamma_1(H+D)+q} \tag{8-66}$$

式中　D——墙体入土深度（m）；

　　　H——基坑开挖深度（m）；

　　　γ_1——坑外地表至围护墙底，各土层天然重度的加权平均值（kN/m³）；

　　　γ_2——坑底以下至围护墙底，各土层天然重度的加权平均值（kN/m³）；

c——坑底土体的黏聚力（kN/m^2）；

q——地面荷载（kN/m^2）；

N_q、N_c——地基承载力的系数。

用 Prandtl 公式，N_q、N_c 分别为：

$$N_{qp} = \tan^2\left(45° + \frac{\varphi}{2}\right)e^{\pi g\varphi}$$

$$N_{cp} = (N_{qp} - 1)\frac{1}{\tan\varphi}$$

用 Terzaghi 公式为：

$$N_{qT} = \frac{1}{2}\left[\frac{e^{\left(\frac{3}{4}\pi - \frac{\varphi}{2}\right)\tan\varphi}}{\cos\left(45° + \frac{\varphi}{2}\right)}\right]^2$$

$$N_{cT} = (N_{qT} - 1)\frac{1}{\tan\varphi}$$

要求 $K_s \geqslant 1.40$。

实践证明，本法基本上适用于各类土质条件。

虽然本验算方法将墙底面作为求极限承载力的基准面带有一定近似性，但对于地下连续墙在基坑开挖时作为临时挡土结构来说是安全可靠的，当地下结构物的底板、顶板等结构建成后，就不必考虑隆起的问题了。

2. 基坑底管涌的稳定性验算

当基坑面以下的土为疏松砂土层，而且又作用着向上的渗透水压，如果由此产生的动水坡度大于砂土层的极限动水坡度时，砂土颗粒就会处于冒出状态，基坑底面丧失稳定。这种现象称作管涌，如图 8-5-2 所示。如果增加入土深度，就能增加流线长度，从而降低了动水坡度，因而增加入土深度对防止管涌是有利的。这里介绍一种较简便可行的计算方法。

当符合下列条件时，基坑是稳定的，不会发生管涌现象：

$$K_s i < i_c, \quad K_s = 1.5 \sim 2.0$$

其中，i 为动水坡度，可近似按下式求得：

$$i = \frac{h_w}{L} \tag{8-67}$$

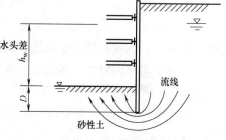

图 8-5-2　基坑底管涌稳定性验算

式中　h_w——墙体内外面的水头差（m）；

　　　L——产生水头损失的最短流线长度（m），$L \approx h_w + 2D$。

i_c 为极限动水坡度：

$$i_c = \frac{G_s - 1}{1 + e} \tag{8-68}$$

式中　G_s——土颗粒密度；

　　　e——土的孔隙比。

3. 基坑底抗渗流稳定性验算

1) 当上部为不透水层，坑底下某深度处有承压水层时，按式（8-69）、图 8-5-3（a）验算渗流稳定。

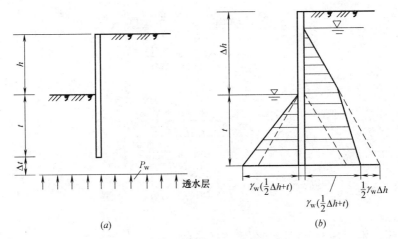

图 8-5-3　基坑底抗渗流稳定性验算

$$\gamma_{Rw} = \frac{\gamma_m(t+\Delta t)}{P_w} \tag{8-69}$$

式中　γ_m——透水层以上土的饱和重度（kN/m³）；

　　　$t+\Delta t$——透水层顶面距基坑底面的深度（m）；

　　　P_w——含水层水压力（kPa）；

　　　γ_{Rw}——基坑底土层渗流稳定抗力分项系数，$\gamma_{Rw} \geqslant 1.2$。

当式（8-69）验算不满足要求时，应采取降水等措施。

2) 坑底下某深度范围内，无承压水层时，可用式（8-70）、图 8-5-3（b）验算渗流稳定。

$$\gamma_{Rw} = \frac{\gamma_m t}{\gamma_w\left(\frac{1}{2}h'+t\right)} \tag{8-70}$$

式中　γ_m——D 深度范围内土的饱和重度（kN/m³）；

　　　h'——基坑内外地下水位的水头差（m）；

　　　γ_{Rw}——基坑底土层渗流稳定抗力分项系数，$\gamma_{Rw} \geqslant 1.1$；

　　　γ_w——水的重度（kN/m³）。

4. 基坑整体稳定性验算

基坑整体稳定性验算方法采用条分法，按式（8-71）验算（图 8-5-4）。当无地下水时：

$$K = \frac{\sum(q_ib_i+\Delta G_i)\cos\theta_i\tan\varphi_i + \sum c_il_i + \sum T_{d,j}\sin(\theta_i+\alpha_j)\tan\varphi_i/s_j}{\sum(q_ib_i+\Delta G_i)\sin\alpha_j - \sum T_{d,j}\cos(\theta_i+\alpha_j)/s_j} \tag{8-71}$$

式中　K——整体稳定性安全系数，Ⅰ级基坑为 1.3，Ⅱ级基坑为 1.25，Ⅲ级基坑为 1.2；

c_i——第 i 土条弧面上土层的黏聚力（kPa）；

φ_i——第 i 土条弧面上土层的内摩擦角（°）；

l_i——第 i 土条弧面上的弧长（m）；

q_i——第 i 土条上的地面荷载（kPa）；

b_i——第 i 土条宽度（m）；

ΔG_i——第 i 土条上的重力，地下水位以下应采用浮重度（kN）；

θ_i——第 i 土条的弧面中点处的切线与水平面的夹角（°）；

$T_{d,j}$——第 j 个支点的锚杆承载力设计值（kN）；

α_j——第 j 个支点的锚杆与水平面的夹角（°）；

s_j——第 j 个支点的锚杆的水平间距（m）。

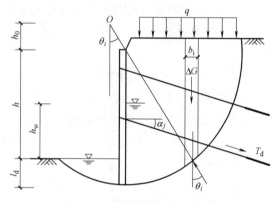

图 8-5-4　基坑整体稳定性验算

第六节　锚拉桩（墙）支护体系的施工

1. 基坑锚拉桩（墙）工程的施工流程

基坑锚拉桩（墙）工程的施工流程如下：

①场地平整→②场地临时施工便道铺设→③支护桩（墙）结构施工→④止水帷幕施工→⑤降水井及地面排水系统施工→⑥抽排地下水→⑦分层开挖土方、分层施工锚杆至基坑底面→⑧修建基坑底排水沟、排水井→⑨检测验收。

2. 基坑锚拉桩（墙）工程的施工

按照上述基坑锚拉桩（墙）工程的施工流程，先施工支护桩（墙）和地下水控制措施，然后进行土方开挖和锚杆施工，土方开挖高度应与锚杆设计标高相配合，不得超挖。护坡桩可采取钻孔灌注桩、长螺旋钻孔压灌混凝土后插钢筋笼成桩或旋挖成孔水下灌注混凝土成桩等工艺；地下连续墙可采用液压抓斗成槽或拉槽机成槽水下灌注混凝土工艺；锚杆施工工艺及流程详见本《指南》第二章第十二节。锚杆腰梁的施工及验收应满足《钢结构工程施工规范》GB 50755—2012、《钢结构工程施工质量验收规范》GB 50205—2017 和《混凝土结构工程施工质量验收规范》GB 50204—2015，桩（墙）及锚杆的施工应满足《建筑地基基础工程施工质量验收标准》GB 50202—2018 的要求。

1）锚杆张拉时的注意事项

（1）锚头台座的承压面应平整，并与锚杆轴线方向垂直；

（2）锚杆张拉应有序进行，张拉顺序应防止邻近锚杆的相互影响；

（3）张拉用的设备、仪表应事先进行标定；

（4）锚杆进行正式张拉前，应取 0.1～0.2 的拉力设计值，对锚杆预张拉 1～2 次，使杆体完全平直，各部位的接触应紧密；

（5）分散型锚杆的张拉锁定及验收试验详见本《指南》第二章第十二节。

2）锚杆的验收

基坑锚拉桩（墙）工程中的锚杆应按国家标准 GB 50086—2015 第 12.1 节Ⅳ验收试验要求，通过多循环或单循环验收试验后，应以 50～100kN/min 的速率加荷至锁定荷载值锁定。锁定时张拉荷载应考虑锚杆张拉作业时预应力筋内缩变形、自由段预应力筋摩擦引起的预应力损失的影响。

锚杆施工全过程中，应认真做好锚杆的质量控制检验和试验工作，锚杆的位置、孔径、倾斜度、自由段长度和预加力，应符合国家标准 GB 50086—2015 表 14.2.3 的规定。

深基坑锚拉桩（墙）支护工程中的锚杆必须进行验收试验，国家标准 GB 50086—2015 第 12.1.19 条规定工程锚杆必须进行验收试验。其中，占锚杆总量 5% 且不少于 3 根的锚杆应进行多循环张拉验收试验，占锚杆总量 95% 的锚杆应进行单循环张拉验收试验。

锚杆多循环张拉验收试验通常由业主委托第三方负责实施，锚杆单循环张拉验收试验可由锚杆施工单位在锚杆张拉过程中实施。基坑锚杆多循环和单循环验收试验要求和合格标准详见本《指南》第二章第十三节。

3）不合格锚杆的处治

对不合格的锚杆，若具有能后二次高压灌浆的条件，应进行二次灌浆处理，待灌浆体达到 75% 设计强度时再按验收试验标准进行试验。否则应按实际达到的试验荷载最大值的 50%（永久性锚杆）或 70%（临时性锚杆）进行锁定，该锁定荷载可按实际提供的锚杆承载力设计值予以确认。按不合格锚杆所在位置或区段，核定实际达到的抗力与设计抗力的差值，并应采用增补锚杆的方法予以补足至该区段原设计要求的锚杆抗力值。

3. 对土方开挖的要求

深基坑支护工程的设计和施工与土方开挖工序密切相连，土方开挖应按照锚杆设计标高和锚杆施工要求及周边环境条件、地下水控制方法分步进行，上排锚杆未张拉完成时，不应开挖下步土方，每步土方开挖均不得超挖，锚杆施工钻机作业面高度通常为 500mm 左右。

4. 地下水的控制

基坑工程地下水控制方法有集水明排、降水、截水和回灌等，可单独或组合使用。为了保护地下水资源，基坑帷幕截水已广泛应用。地下水降深通常控制在槽底以下 0.5m。截水帷幕可采用地下连续墙、搅拌桩、旋喷桩、旋喷搅拌桩、冲击旋喷桩、咬合桩、注浆法等形成，其设计计算和技术要求参见相关规范。

5. 基坑锚固工程常见问题及处理方法

1）锚杆在高涌水地层中的施工措施

在无法避开潮水及承压水影响的高涌水地层中施工锚杆时，锚杆钻孔孔口涌水，极易造成注浆浆液流失，导致锚杆注浆无法完成。可采取以下措施：

（1）锚杆钻孔孔口位于地下水位以下时，优选套管护壁成孔工艺；

（2）注浆浆液宜掺入速凝剂（如水玻璃等）控制凝固时间约 60min 左右；

（3）一次注浆完成，立即拔出套管，孔口埋入泄水管，并用快硬水泥封堵孔口，再进行补浆直至泄水管流出浆液为止，最后扎紧泄水管止流；

（4）适当加大二次高压注浆量。

采取这些措施后，基本可以保证注浆质量。

2）桩间渗水、流砂的处理方法

排桩与止水帷幕搭接时，可能会因桩与帷幕之间未完全搭接而出现桩间渗水、流砂的情况。可采取以下措施：

（1）设计时增加桩与帷幕的搭接宽度；

（2）严格控制桩止水帷幕的定位和垂直度误差；

（3）高压喷射注浆帷幕，施工时采用较小的提升速度、较大喷射压力，增加水泥用量；

（4）及时进行帷幕堵漏，防止流砂使土体内产生空洞。

3）桩间土塌落、桩间护壁破损处理方法

出现桩间土塌落，桩间护壁破损时，可采取以下措施：

（1）设计时，针对具体土层条件采用效果好的桩间护壁方式，应在冠梁上预埋竖向拉结钢筋，并与水平压筋焊接牢固；

（2）开挖后桩间土不稳固时，可在桩间护壁面层施工前，先及时用喷射混凝土防护；

（3）桩间土塌落并形成空洞时，可采用砂袋等充填、钢筋网喷射混凝土护壁，对未充填密实的小孔洞，可采用打入钢花管注入水泥浆等方式及时修补。

4）建筑物基础下地基受扰动

锚杆穿过周边建筑物基础下方，锚杆施工工艺不合理时可使其地基受到扰动、变形，造成建筑物基础下沉，应注意采取以下措施防范：

（1）锚杆钻孔采用套管护壁工艺施工；

（2）调整锚杆设置标高或倾角，尽量远离建筑物基础不少于 2.0m；

（3）锚杆跳打，成孔后立即插入锚杆杆体并注浆，或采用囊式锚杆。

5）地下连续墙渗漏问题及处理方法

地连墙的渗漏主要是墙身局部渗漏和接缝渗漏，分别采取以下处理方法：

（1）墙身局部渗漏处理方法

① 根据渗漏现象查找渗水源头，将渗水点周围的夹泥和杂质清除，并用清水冲洗干净；

② 在局部渗漏点（面）周围一定范围内凿毛，在凿毛后的沟槽处埋入塑料管进行引流，并用快硬水泥进行封堵；

③ 在快硬水泥达到一定强度后，选用水溶性聚氨酯堵漏剂，用注浆泵进行化学压力注浆，待注浆凝固后，拆除注浆管。

（2）接缝渗漏处理方法

① 采用砂袋等进行临时封堵，严重时可采用砂袋围成围堰，在围堰内浇筑混凝土进行封堵，并对渗漏水进行引流，以免影响施工；

② 当渗漏是由于锁口管被拔断引起时，可将先行幅钢筋笼的水平钢筋和拔断的锁口管凿出，并在水平向焊接 $\phi16$ 的钢筋以封闭接缝，钢筋间距可根据受力需要适当加密；

③ 当渗漏是因为导管拔空导致接缝夹泥引起时，应对夹泥进行清除后修补接缝；

④ 在严重渗漏处的坑外相应位置，进行双液注浆充填，浆液配合比按要求的速凝时间确定，注浆压力以能注入浆液为准，一般要求注浆泵压力要在 5MPa 以上，注浆深度比渗漏处深度不小于 3m。

第七节 锚拉桩（墙）支护结构的监测

国家标准 GB 50086—2015 规定，对支护结构和锚杆预应力的监测与维护应贯穿工程施工阶段和工程使用阶段全过程，应定期对安全等级为Ⅰ级的临时性工程的锚杆预加力值、锚头及被锚固结构物的变形进行监测。

按照设计要求应做好支护结构变形和锚杆预加力的监测，当监测值超过设计确定的预警值时，应启动相应的应急预案。国家标准 GB 50086—2015 给出了岩土锚固与喷射混凝土支护工程安全控制的预警值表，深基坑锚拉桩（墙）支护工程可参考此表进行锚杆预加力的控制。当所监测的锚杆预加力变化大于表 8-7-1 的规定时，应对锚杆采取重复张拉或适当卸荷。当锚头或被锚固的结构物变形明显增大并已达到设计的变形预警值时，应采用增补锚杆或其他措施予以加强。

工程安全控制的预警值　　　　　　　　　　　　　表 8-7-1

项目		预警值
1. 锚杆预加力变化幅度	预加力等于锚杆拉力设计值	≥±10%锚杆拉力设计值
	预加力小于锚杆拉力设计值	≥+10%锚杆拉力设计值
		≥-10%锚杆锁定荷载
2. 锚头及锚固地层或结构物的变形量与变形速率		设计单位根据地层性状、工程条件及当地经验确定
3. 持有的锚杆受拉极限承载力与设计要求的锚杆受拉极限承载力之比		≤0.9
4. 锚杆腐蚀引起的锚杆杆体截面减小率		≤10%

支护设计时应明确深基坑锚拉桩（墙）工程监测项目、布点设置、控制标准、仪器设备、监测频率和监测数据的整理与分析等内容，施工方案中应有相对应的监测方案和应急预案。Ⅰ、Ⅱ级基坑工程桩（墙）应进行顶部水平位移和竖向位移量测及桩（墙）身水平位移的量测；锚杆应进行预加力的监测，监测锚杆的数量应符合表 8-7-2 的规定，每排不

应少于 3 根，多排锚杆监测点宜布置在同一剖面上。锚杆预加力的监测，在安装测力计的最初 10d 宜每天测定 1 次，第 11～30d 宜每 3d 测定 1 次，以后则每月测定 1 次。但当遇有暴雨及持续降雨、邻近地层开挖、相邻锚杆张拉、爆破振动以及预加力测定结果发生突变等情况时，应加密监测频率。锚杆预加力监测期限应根据工程对象、锚杆初始预加力的稳定情况及锚杆使用期限等情况确定，深基坑锚拉桩（墙）支护工程的锚杆预加力监测应在其服务期内持续进行。

预应力锚杆拉力的监测数量

表 8-7-2

工程锚杆总量	监测预加力的锚杆数量（%）	
	永久性锚杆	临时性锚杆
<100 根	8～10	5～8
100～300 根	5～7	3～5
>300 根	3～5	1～3

锚杆预加力的监测通常采用钢弦式、液压式测力计，监测仪器应具有良好的稳定性和长期工作性能。使用前应进行标定，合格后方可使用。

不同地区深基坑锚拉桩（墙）支护工程的监测项目、标准和要求还可按照本地区基坑支护规范和国家标准《建筑基坑工程监测技术规范》GB 50497—2009 进行设计与监测，以满足当地基坑支护工程的需求。

第八节 工 程 应 用

1. 北京中银大厦基坑压力分散型（可拆芯式）锚杆支护工程

1）工程概况

中银大厦是北京银行在北京的主办公楼，位于复兴门内大街与西单北大街交汇处，地下 4 层，基坑面积为 13100m²，基坑深度为 20.5～24.5m。

2）地质条件及周围环境

该基坑开挖范围内自上而下主要地层有：杂填土、粉质黏土、细中砂、卵石夹细中粗砂、残积黏土层等。

基坑南侧为复兴门内大街，东侧为西单北大街，南侧、西侧和北侧采用普通拉力型锚杆；基坑东侧因预留地铁 4 号线，不允许锚杆预应力筋滞留在红线以外，所以选用压力分散型（可拆芯）锚杆。

3）支护方案

根据地质和周边工程条件，基坑支护方案采用 80cm 厚地下连续墙加 4 排预应力锚杆，东侧可拆芯锚杆第一、二、三排锚杆设计承载力为 698kN，第四排为 722kN，杆体采用 $8\phi12.7$、1860MPa 强度等级的无粘结钢绞线。锚杆结构采用"U"形可拆芯锚杆结构，基坑东侧支护典型剖面如图 8-8-1 所示，可拆芯锚杆的结构设计参数见表 8-8-1，完成后的基坑全貌见图 8-8-2。

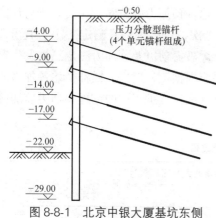

图 8-8-1　北京中银大厦基坑东侧
锚杆背拉地连墙剖面图

4）施工与监测情况

（1）基坑东侧共采用 337 根可拆芯式（压力分散型）锚杆，实际抽芯率达 96％，基本消除了基坑东侧日后修建地铁 4 号线的障碍。

（2）单根可拆芯式（压力分散型）锚杆的极限承载力为 1475kN，在同等锚固长度条件下，其承载力约比拉力型锚杆提高 30％以上。

（3）基坑东侧地下连续墙顶最大位移仅为 13mm（图 2-3-11），西侧类似地层中采用拉力型锚杆背拉地连墙顶的最大位移近 30mm，说明压力分散型（可拆芯）锚杆控制基坑变形的能力较强。

可拆芯锚杆的结构设计参数 　　　　　　　　表 8-8-1

排数	锚杆长度 (m)	自由段长度 (m)	锚固段长度 (m)	承载体个数	承载体间距 (m)	锚杆倾角 (°)	钢绞线
第一排	32	12.5	19.5	4	5.0,5.0,5.0,4.5	20,25	8 根 12.7mm，1860MPa
第二排	27	10	17	4	均为 4.5	20,25	
第三排	29	8	21	4	均为 4.5	20,25	
第四排	24	6	18	4	均为 4.5	20,25	

图 8-8-2　北京中银大厦基坑全貌图

2. 上海太平洋饭店基坑支护工程

1）工程概况

上海太平洋饭店位于海洪桥开发区，基坑开挖面积约 9600m²。基坑开挖轮廓：长×宽＝90m×120m，开挖深度 12.55～13.66m。

2）地质条件及周围环境

该基坑所处主要地层为饱和流塑状淤泥质砂质黏土，c 值为 16kPa，φ 为 0°～1.5°。基坑东侧和南侧有较密的管网和重要交通道路，特别是南侧，道路下有燃气管、排洪沟、给水排水管等七种管线，离基坑最近处只有 2m。北侧相邻建筑为沉管灌注桩基础，西侧为待建小区道路。

3）支护方案

为了本基坑支护的成功实施，在宝钢长江边类似淤泥质土地层中进行了 4 根后高压注浆锚杆的基本试验，其抗拔力拉至 800～1000kN 未破坏，最终的残余变形为 4cm。锚杆在 600kN 时的蠕变量达 6.2mm，其中前 4h 的蠕变量达 4.3mm，占前 18h 总蠕变量的 72.1%，其蠕变曲线收敛很慢，18h 后蠕变仍在增加，只是蠕变的增长速度明显小于加荷初期的增长速度，实际应用时应严格控制锚杆的使用荷载、二次张拉等措施，充分考虑锚杆的蠕变特性。通过试验掌握了在淤泥质土地层中后高压注浆锚杆的承载能力和蠕变特性，为上海太平洋饭店基坑采用锚杆奠定了基础。

上海太平洋饭店基坑支护采用 45cm 厚的钢筋混凝土板桩加 4 道锚杆，第一道锚杆水平间距为 5m，其余三道锚杆水平间距均为 1.86m。为增加抗滑动能力，又在混凝土板桩内侧加设 356mm×368mm×20mm 的 H 形钢板桩 1 道，其间距为 1.2～1.5m，基坑支护结构及锚杆设置见图 8-8-3。

4）施工与监测情况

锚杆施工采用标准型后高压注浆工艺，设置密封袋与注浆套管（图 2-3-15～图 2-3-17），钻孔采用套管护壁工艺，套管外径 168mm，锚杆预应力筋由 4 或 5 根直径 15.2mm 的 1720MPa 钢绞线组成。锚杆锚固段为 25m。现场试验表明，采用一次注浆，锚杆最大破坏荷载为 420kN，而采用后高压注浆的锚杆，最大破坏荷载可达 800～1000kN，说明二次高压注浆的效果是非常明显的。现场监测表明，钢筋混凝土板桩的最大位移约为 15cm，锚杆拉力随时间的变化见图 8-8-4，开挖后的基坑如图 8-8-5 所示。

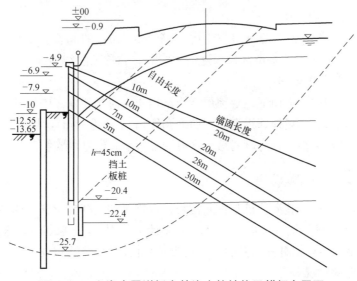

图 8-8-3　上海太平洋饭店基坑支护结构及锚杆布置图

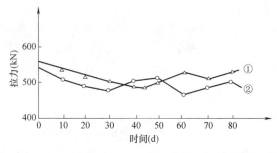

图 8-8-4　上海太平洋饭店基坑支护锚杆拉力随时间的变化

图 8-8-5　上海太平洋饭店基坑支护工程

3. 厦门邮电大厦基坑支护工程

1）工程概况

厦门邮电大厦塔楼为一栋地上 66 层（高 248.8m）的超高层建筑，总建筑面积 157600m²，设 3 层地下室，基坑开挖深度约 18.3m，开挖面积约 15000m²。

2）地质条件及周围环境

该基坑开挖范围内自上而下主要地层有：杂填土、海积淤泥、中粗砂层、花岗岩残积土、强～微风化花岗岩。场地邻近海边（西北角距海边不到 30m），场地内中粗砂层承压水与海水相通，涌水量很大，海潮对地下水有明显影响，给基坑支护工程的锚杆施工带来极为不利的影响。

3）支护方案

基坑支护方案采用钻孔灌注桩与桩间摆喷止水帷幕加锚杆锚拉支护体系。支护桩直径 1.0m，锚杆设 3～4 排，锚杆长度 18～24m，设计承载力 350～560kN，未进入基坑底的支护桩桩底用 2φ25 钢筋锚杆锚入基岩。基坑支护结构剖面图见图 8-8-6。

4）施工与监测情况

该工程施工的最大难点是高涌水地层中的锚杆注浆问题。在施工第二层锚杆时，钻孔遇中粗砂层承压水，因孔口标高已经低于海平面，无法避开海水从钻孔中涌入，采用常规的注浆方法难以保证注浆质量。此时，采用一种称之为"孔口堵水注浆法"的注浆工艺取得成功。现将该法简述如下：带水钻孔，锚杆杆体入孔后，先将事先准备好的软管（根数根据需要定）埋入钻孔内 1m 左右，用作引水，再用快硬水泥迅速封堵孔口，孔口封堵好并待水泥有一定强度后，按常规方法注一次浆，孔口引水软管流出纯水泥浆液后再将引水软管口扎紧止流。二次高压注浆适当加大注浆量，以弥补一次浆液可能被水稀释而留下的质量隐患。验收试验结果表明，采用该方法施工的水下锚杆，其质量可以达到设计要求。锚杆拉力随时间变化的监测曲线见图 8-8-7。

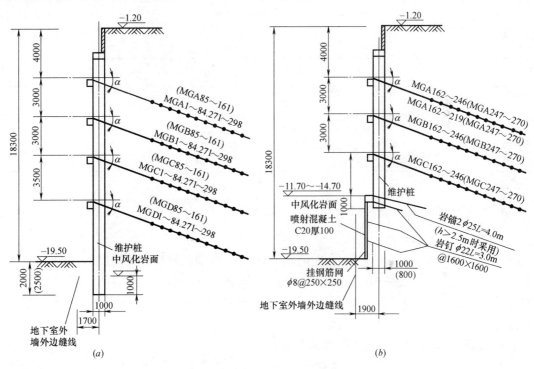

图 8-8-6　厦门邮电大厦基坑支护结构剖面图

（a）1-1 剖面；（b）3-3 剖面

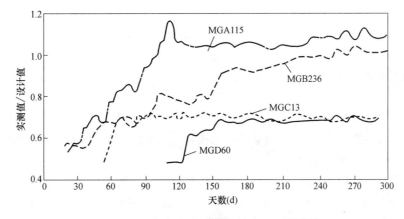

图 8-8-7　厦门邮电大厦锚杆拉力—时间曲线

4. 温州市瓯北镇浦一村安置房基坑工程

1）工程概况及地层条件

本工程位于温州市郊区，104 国道（瓯江大道）以南，罗蒲西路（规划路）以西。本工程总用地面积 23733.81m²，总建筑面积 84725.65m²，拟建建筑物为 5 幢住宅楼，主楼 29 层，裙房 2 层，全场设 1 层地下室，基坑开挖深度 4.70～5.75m。基坑开挖影响范围内的土层分布及力学参数见表 8-8-2。

土层物理力学性质指标

表 8-8-2

层号	岩土名称	含水量（%）	天然重度（kN/m³）	黏聚力（kN/m²）	内摩擦角（°）	孔隙比
①₀	素填土	—	（19.0）	（12.0）	（8.0）	—
①	黏土	40.8	17.6	24.3	10.0	1.165
②₁	淤泥	61.0	15.9	8.0	4.1	1.740
②₂	淤泥	52.1	16.5	14.8（10.4）	6.7	1.501
③₁	淤泥质黏土	49.6	16.5	17.8（12.5）	6.8	1.453

注：c、φ 值为固结快剪指标，括号内为计算值（经验值）。

2）基坑支护设计

综合考虑工期、造价、地质水文条件、主体结构建筑设计特点及周边环境等因素，采取钻孔灌注桩加高压旋喷预应力锚索进行支护，在围护桩外侧挂钢筋网片，并在被动区采用水泥搅拌桩加固以控制坑外土体位移，典型剖面见图 8-8-8。经计算，基坑整体稳定性、桩变形、抗倾覆稳定性、抗管涌稳定性等满足规范要求。

3）高压旋喷扩大头预应力锚索施工工艺

（1）高压旋喷扩大头预应力锚索采用 42.5 级复合硅酸盐水泥，水泥掺量 20%，水灰比 0.7（可视现场土层情况适当调整），旋喷注浆压力为 20～25MPa，扩大头旋喷的进退次数比桩身增加 2 次，以保证扩大头的直径，水泥浆应搅拌均匀，随拌随用，一次拌合的水泥浆应在初凝前用完。

（2）高压旋喷扩大头预应力锚索内插钢绞线，应进入旋喷扩大头头底，待旋喷桩养护 7d 后施加张拉力锁定。

（3）高压旋喷扩大头预应力锚索施工必须按照分段分层开挖，分层厚度必须与施工工况相结合且不得大于 2000mm，下层土开挖时，上层的斜锚桩必须有 7d 以上的养护时间并已张拉锁定。

（4）高压旋喷扩大头预应力锚索钻孔前按施工图放线确定位置，做上标记；钻孔定位误差小于 50mm，孔斜误差小于 3°。

（5）锚杆孔径偏差不超过 2cm，并严格按照设计桩长施工。

（6）腰梁采用双拼 16 号工字钢和钢板焊接而成，垫板采用楔形铸铁砌块，锚具采用 QVM15-N 锚具。

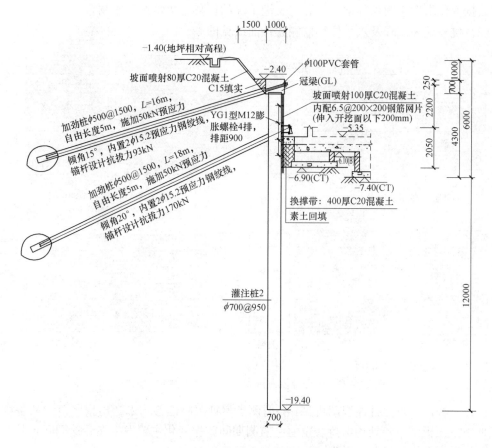

图 8-8-8　桩锚支护典型剖面图

（7）采用高压油泵和 60 吨穿心千斤顶进行张拉锁定。正式张拉前先用锁定荷载的 20％预张拉一次，再以 50％、100％的锁定荷载分级张拉，然后超张拉至 110％锁定荷载，在超张拉荷载下保持 5min，观测锚头无位移现象后再按锁定荷载锁定。若达不到要求，应在旁边补锚杆。

4）基坑监测及应用效果

（1）土体深层水平位移监测累计曲线见图 8-8-9。

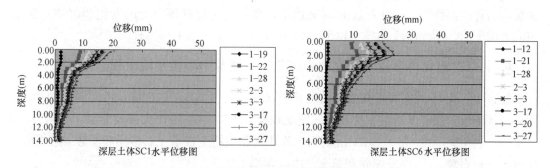

图 8-8-9　土体深层水平位移监测累计曲线

由以上深层土体水平位移累计曲线图可见：各监测点累计位移均未超出报警值。监测期间数据变化未发生明显异常，与开挖关键工况的位移变化情况基本吻合。

（2）坑外地表沉降及水平位移监测累计曲线见图8-8-10。

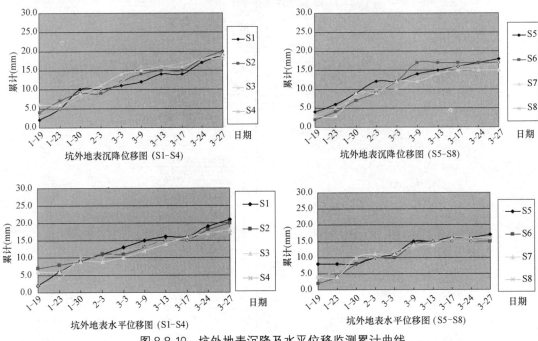

图 8-8-10　坑外地表沉降及水平位移监测累计曲线

由以上各监测点累计曲线图可见：各监测点累计沉降位移均未超出报警值，从基坑开挖至地下室顶板结束各处均保持稳定值。监测期间数据变化主要发生在开挖期间，基坑整体位移情况均在报警值范围以内。

5. 日本东京郊区某污水处理设施基坑工程

日本东京郊区某污水处理设施基坑，深30m，地层条件为粉细砂层，采用10排预应力锚杆背拉钢管混凝土桩作支挡结构。锚杆钻孔共采用7台履带式顶驱套管钻机，套管的接长与拆卸及运送均由机械手完成。这一方面提高了施工效率，另一方面大大减轻了工人的劳动强度。预应力锚杆杆体由6根直径15.2mm的钢绞线组成，杆体的制作在专门的工厂内完成，运往工地的是加工好的成品。该锚固工程特别重视锚杆工作性能的监测工作，安装测力计的锚杆约占锚杆总数的10％以上，主要测定锚杆预应力的变化和群锚对初始预应力的影响。图8-8-11为该工程于1994年11月施工至第七排锚杆的情景。

6. 北京中石化科学技术研究中心（北区）能源中心楼基坑工程

北京中石化科学技术研究中心（北区）能源中心楼深度（75.00m）范围内的地层，划分为人工堆积层、新近沉积层及第四纪沉积层三大类，有13个大层及亚层，分别为：

（1）表层为厚度0.50～4.50m的人工堆积之黏质粉土素填土、砂质粉土素填土①层，房渣土、碎石填土①$_1$层及细砂素填土、中砂素填土①$_2$层。

（2）人工堆积层以下为新近沉积之细砂、中砂②层，中砂、粗砂②$_1$层及黏质粉土、砂质粉土②$_2$层。

图8-8-11　日本东京郊区某污水处理设施基坑锚杆施工实况

（3）新近沉积层或局部人工堆积层以下为第四纪沉积之重粉质黏土、粉质黏土③层，黏质粉土、砂质粉土③₁层，黏土、重粉质黏土③₂层及细砂、中砂③₃层；粉质黏土、黏质粉土④层，黏土、重粉质黏土④₁层及细砂、中砂④₂层；粉质黏土、重粉质黏土⑤层，黏质粉土、粉质粉土⑤₁层及粉砂、细砂⑤₂层；粉质黏土、重粉质黏土⑥层，黏质粉土、砂质粉土⑥₁层及中砂、细砂⑥₂层；中砂、细砂⑦层及粉质黏土、黏质粉土⑦₁层；粉质黏土、重粉质黏土⑧层，中砂、细砂⑧₁层，黏土、重粉质黏土⑧₂层及黏质粉土⑧₃层；粉质黏土、重粉质黏土⑨层；粉质黏土、重粉质黏土⑩层及中砂、细砂⑩₁层；粉质黏土、黏质粉土⑪层及中砂、细砂⑪₁层；黏土、重粉质黏土⑫层，黏质粉土⑫₁层及中砂⑫₂层；粉质黏土、重粉质黏土⑬层。

本工程勘察期间（2013年11月上旬～中旬）于勘探钻孔深度45.00m范围内实测到4层地下水，具体水位情况参见表8-8-3。

地下水位一览表　　　　　　　　　　　　表8-8-3

层号	地下水稳定水位（承压水测压水头）		地下水类型
	埋深（m）	标高（m）	
第1层	1.40～3.80	37.76～39.35	潜水
第2层	10.20～12.20	29.46～30.96	层间水
第3层	18.70～20.20	20.33～22.49	层间水（具承压性，测承压水头）
第4层	28.30～31.60	10.79～12.72	承压水

北京中石化科学技术研究中心（北区）能源中心楼基坑工程，深度达31.6m，上部8.39m采用1：0.3放坡复合土钉墙支护；下部23.21m采用桩锚支护体系，护坡桩桩长39.0m。护坡桩直径为1200mm，设计桩长39.00m，嵌固段长15.99m，预应力锚杆布置8排，锚杆长度自上而下分别为26.0～28.0m，自由段长度分别为7.0～12.0m，锚杆轴向力设计值为320～550kN，锚杆锁定拉力值240～400kN。下部4排预应力锚杆采用了分散拉力型锚杆，典型设计剖面图见图8-8-12，施工完成后的基坑见图8-8-13。该基坑监测数据正常，基坑稳定，满足设计要求。

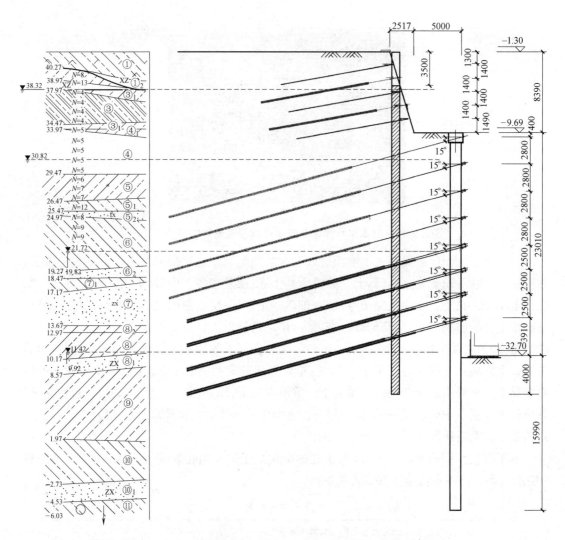

图 8-8-12　北京中石化科学技术研究中心（北区）能源中心楼典型剖面图

图 8-8-13　北京中石化科学技术研究中心（北区）能源中心楼基坑支护

Ⅱ　土钉墙及复合土钉墙

第九节　概　　述

　　土钉墙及复合土钉墙是基于新奥法原理产生的一种土体原位加固技术，可以用作基坑支护，公路和铁路边坡支护，桥梁、桥台边坡支护等；可以用于基坑的临时性支护也可作为服务年限大于2年的永久性边坡支护。该支护形式因施工简便快捷、工程成本较低、作用原理合理，在工程中得到广泛应用。我国1980年首次在山西柳湾煤矿的边坡加固工程中应用，取得良好效果。自1990年开始，随着我国城市建设工程和市政工程建设的需要，用土钉墙及复合土钉墙进行基坑支护的工程得到大量推广和应用。

　　开挖边坡是一个逐步卸荷的过程，开挖卸荷打破了原来土体的平衡状态，使之转化为不稳定状态，借助土钉的加固作用和面层保护作用，使不平衡、不稳定状态建立起新的受力条件下的平衡、稳定状态。通常，土钉墙及复合土钉墙的加固过程与土方开挖应同步进行。这样做的目的，是在土体强度尚未发挥到极限而丧失稳定之前，用土钉、面层将其加固。因此，土钉墙及复合土钉墙的施工与土方开挖都必须分层分步进行。

　　随着技术的完善和进步，大量的工程实践表明，土钉墙支护技术可与其他土体加固手段相结合，进而发展出了满足各种特殊要求的复合土钉墙支护技术，大大拓展了土钉墙技术的应用服务范围。

第十节　土钉墙及复合土钉墙的设计与计算

1. 土钉墙及复合土钉墙的设计内容

　　（1）确定土钉墙的平面和剖面尺寸及分段施工高度；

　　（2）确定土钉的布置方式和间距；

　　（3）确定土钉墙结构各组成部分的尺寸和材料参数；

　　（4）注浆体强度和注浆方式设计；

　　（5）喷射混凝土面层设计及土钉与面层连接的构造设计；

　　（6）土钉长度计算；

　　（7）土钉墙支护体系整体稳定性分析；

　　（8）变形预测分析；

　　（9）现场监测和质量控制设计；

　　（10）施工图设计及其说明。

　　除了满足上述要求外，复合土钉墙的设计还应包括下列内容：

　　（1）根据地质条件和环境条件选择合理的复合土钉墙类型；

　　（2）确定锚杆类型并进行锚固体设计（长度、直径、形状等）；

　　（3）确定锚杆布置形式和安设角度及锚杆结构；

（4）确定锚杆设计轴向拉力及锁定拉力值；

（5）确定锚杆自由段长度和锚固段长度；

（6）确定止水帷幕采用的形式（搅拌桩或旋喷桩等）；

（7）确定止水帷幕的平面布置形式、剖面尺寸及施工参数；

（8）确定微型桩平面布置形式、剖面尺寸、直径及骨架（钢筋笼、型钢、钢管等）的结构尺寸；

（9）预应力锚杆抗拔力验算；

（10）锚杆注浆体强度设计和施工技术要求；

（11）冠梁和腰梁的设计；

（12）锚杆检验和监测要求。

2. 设计参数选用及构造设计一般原则

1）土钉墙的几何形状和尺寸

初步设计时，先根据基坑周边条件、工程地质资料及使用要求等，确定土钉墙的适用性，然后再确定土钉墙的结构尺寸。承台较大较密及坑底土层为淤泥质土等软弱土层时，开挖深度应计算到承台底面。条件许可时，应尽可能采用较缓的坡率以提高安全性及节约工程造价。基坑较深、允许有较大的放坡空间时，还可以考虑分级放坡。在平面布置上，应尽量避免阳角及减少拐点，转角过多会造成土方开挖困难，很难形成设计形状。

2）土钉的几何参数

（1）孔径越大，越有助于提高土钉的抗拔力，在成本增加不多的情况下孔径应尽量大。

（2）土钉越长，抗拔力越高，基坑位移越小，稳定性越好。但在同类土质条件下，当土钉达到临界长度 l_{cr}（非软土中一般为 1.0～1.2 倍的基坑开挖深度）后，再加长对承载力的提高并不明显。但是，很短的注浆土钉也不便施工，注浆时浆液难以控制，容易造成浪费，故不宜短于 3m。国内目前工程实践中土钉的长度一般为 3～12m，软弱土层中适当加长。当坡面倾斜时，侧向土压力降低，可以减短土钉的长度。

（3）土钉密度越大，基坑稳定性越好。在土钉密度不变时，排距加大、水平间距减少便于施工，可加快施工进度。但是，一方面排距因受到开挖面临界自稳高度的限制不能过大，且横向间距变小、排距加大会使边坡的安全性略有降低，另一方面土钉间距过小可能会因群钉效应降低单根土钉的功效，故纵横间距要合适，一般取 0.8～1.8m，即约每 0.6～3m² 设置 1 根。

土钉的安设倾角一般为 10°～15°。

（4）土钉空间布置要注意：①为防止压力过大导致墙顶破坏，第一排土钉距地表要近一些，但太近时注浆易造成浆液从地表冒出。一般第一排土钉距地表的垂直距离为 0.5～2m。②最下一排土钉实际受力较小，长度可短一些。但坑底沿坡脚局部超挖，大面积的浅量超挖，坡脚被水浸泡，土体徐变，地面大量超载，雨水作用等，可能会导致下部土钉，尤其是最下一排，内力加大，故其也不能太短。③同一排土钉一般在同一标高上布置。上下排土钉在立面上可错开布置，俗称梅花状布置，也可垂直布置，即上下对齐。没有资料表明哪种布置方式更有利于边坡稳定。④在深度方向上，土钉的布置形式一般中部长上下短。实际工程中，靠近地表的土钉，尤其是第一、二排土钉，往往因受到基坑外建筑物基础及地下管线、窨井、涵洞、沟渠等市政设施的限制而长度较短，另外通过增加较上排土钉的长度以增加稳定性，在经济上往往不如将中部土钉加长合算，所以就形成了这种形式。这种形式目前工程应用最多。

3）土钉的抗拔力

土钉单体工作中理论上的破坏模式有 4 种：①土钉整条从土层中拔出；②筋体在破裂面附近拉剪断裂；③筋体从注浆体中拔出；④面层与土钉脱落。第 1 种称为土钉抗拔强度破坏，第 2 种称为土钉抗拉强度破坏，第 3 种称为筋体抗拔强度破坏，第 4 种称为钉头强度破坏。4 种破坏模式中，第 3 种基本不会发生，第 4 种一般在整体失稳破坏前发生，重点要考虑前两种。

（1）土钉抗拔机理

土钉抵抗荷载将其从土中拔出的极限能力即为土钉的极限抗拔力，简称抗拔力。土钉单位长度上的极限抗拔力取决于注浆体与土层在相对滑动之前的界面剪应力及土钉的直径。钢管注浆土钉不需成孔，直接将钢花管打入后注浆。浆液改善了土体，但并没有直接形成注浆体，故打入式钢管注浆土钉抗拔力本质上是钢花管与周边土体的摩阻力。对于钻孔注浆钉，钉—土界面剪应力即为土层与注浆体的摩阻力，对于打入钉及打入注浆钉，钉—土界面剪应力为钉土摩阻力，统称为粘结应力。

（2）粘结应力

粘结应力沿土钉全长的分布很不均匀，存在着明显的应力集中现象。随着基坑的开挖，粘结应力以双峰形式、拉力以单峰形式向尾部传递且不断增大，如图 8-10-1 所示。土钉较长时，初始受力阶段，粘结应力及拉力峰值均出现在离土钉头部较近处，尾部较长范围内没有应力；随着土方开挖、荷载加大，峰值增大且向土钉的中后部传递，靠近头部的粘结应力降低；荷载进一步加大后，靠近头部的粘结应力继续下降甚至可能接近零（因为要承担面层的拉力，故钉头拉力并不为零），即土钉与土层脱开只留有残余强度。从粘结应力及拉力传递过程可知，能有效发挥粘结作用（或称抗拔作用）的长度是有一定限度的，该长度称之为有效粘结长度。国内外研究成果认为，不同土层中预应力锚杆的有效粘结长度通常为 3～10m，土钉也大体如此。土钉较长时，平均粘结应力显然会随着总长度的增加而减少。

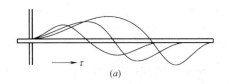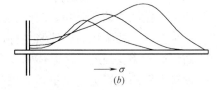

图 8-10-1　土钉内力沿土钉全长的分布

（a）粘结应力；（b）拉力

土钉与土体的刚度相差越悬殊，界面粘结应力沿全长的分布越均匀，应力的有效分布长度越大，意味着土钉在硬土中较在软土中的应力集中现象更明显，软土内界面粘结应力的均匀程度要比硬土中或密实的砂土中好得多，有效长度也更长一些。

（3）粘结强度

通常用粘结强度（或称极限粘结强度）作为指标，评价某种条件下的土体能够为土钉提供的粘结应力极值的能力。显然，钉—土的界面粘结强度越高，土钉的抗拔力越高。钉—土界面粘结强度具有如下特性：

① 随着黏性土强度（或刚度）的增加及塑性的减少而提高；

② 随着砂性土密实度的提高而提高，变化范围通常大于黏性土；

③ 在砂性土及黏性土中均随着注浆压力及注浆量的提高而提高，但当注浆压力达到一定值（砂性土中约 4MPa）后，再增加则无明显影响；

④ 两次及多次注浆后，土体的抗剪强度及粘结强度有明显提高；

⑤ 在龄期内随着水泥浆液强度的增加而提高；

⑥ 成孔方式对粘结强度影响明显，泥浆护壁成孔比机械干成孔、套管护壁成孔及人工洛阳铲掏成孔获得的粘结强度明显偏低。

使用国家标准 GB 50086—2015 推荐的极限粘结强度标准值时需注意以下几点：

① 目前工程界尚没有直接测量粘结应力的方法，只能间接得到，常用方法是测量土钉拉力，然后计算出粘结应力。拉力在土钉有效粘结长度范围内以峰值形式存在，按目前的测试手段，峰值很难准确测量得到。有效粘结长度上的极限拉力是容易测量到的，折算出土钉单位粘结表面积上的粘结应力，即粘结强度。目前，国内外均主要通过现场抗拔试验得到极限抗拔力，然后计算出粘结强度，这种方法得到的粘结强度只能是平均值。

② 粘结强度标准值与土钉长度有关。设计土钉长度较短时取大值，较长时取小值。由于土钉实际工作时剪应力在主动区与稳定区呈反向分布，在破裂面处分界，稳定区内的粘结应力提供工作抗拔力，所以在考虑土钉有效粘结长度时，只考虑稳定区内的长度即可，不应把主动区内的长度算在内。

（4）抗拔力

通常可采用经验法、公式法及现场拉拔试验等 3 种方法来估算单根土钉的极限抗拔力。土钉实际抗拔力可能会受以下各种因素影响，造成彼此之间或与设计预估值有较大差异：

① 土的种类的不同及变异性；

② 成孔的质量，如钻孔的最终直径，孔壁的粗糙程度（取决于成孔工艺），孔内残留的土屑等松散物的量，孔壁是否有泥皮、泥浆残存，塌孔程度等；

③ 注浆前钻孔的放置时间，时间越长越不利；

④ 注浆方式，注浆压力，注浆量等；

⑤ 固化剂种类及强度，注浆体强度及养护时间等；

⑥ 钢管土钉的花管加工质量，如倒刺的刚度、倒刺与筋体的焊牢程度等；

⑦ 地下水位的变化、地表水的浸泡、地面荷载的增加等其他因素。

4）杆体

钻孔注浆土钉一般采用 HRB400 带肋钢筋。筋体直径不宜过小，粘结应力的峰值远大于平均值，要防止峰值作用下筋体断裂，一般采用 16～32mm。打入式钢管土钉筋体一般采用公称外径 42～48mm、厚度 2.5～4.0mm 的热轧或热处理焊接钢管。土越硬，钢管壁应越厚，直径应越大，以防击入过程中发生屈服、弯曲、劈裂、折断等破坏。

钢筋与注浆体的粘结强度要远高于注浆体与土层的粘结强度，只要保证钢筋置于水泥浆体中间，钢筋就不会从注浆体中被拔出而破坏，为此需沿全长每隔 1～2m 设置对中定位支架。钢管土钉不需对中。钢花管距孔口 2～3m 范围内不设注浆孔，以防因外覆土层过薄浆液从孔口周边蹿浆导致灌浆失败。其余段每隔 0.5～1.0m 设置一组。出浆孔直径一般 4～15mm。出浆孔外要设置倒刺。倒刺除了保护出浆口在土钉打入过程中免遭堵塞外，还可增加土钉的抗拔力。钢管土钉尾端头宜制成锥形以利于击入土中。

5）注浆

土钉设计抗拔力较低不高，对水泥结石强度要求不高，一般按构造要求，达到 15～20MPa 即可。水泥结石体与土钉筋体的握裹力远大于孔壁对注浆体的摩擦力，土钉只可能发生整条拔出破坏，即发生注浆体接触面外围的土体剪切破坏，不可能发生水泥结石被剪切破坏，也不会在与面层接触面上发生压屈破坏。

土钉注浆必须饱满。钢管土钉注浆不足会造成抗拔力的明显降低，且降低了对土体的改良作用，造成支护结构的稳定性下降。土钉工程中通常采用水泥净浆，水灰比对水泥浆体的质量影响很大，最适宜的水灰比为 0.4～0.45。采用这种水灰比的灰浆具有泵送所要求的流动度，易于渗透，硬化后具有足够的强度和防水性，收缩也小。土钉一般采用一次注浆。

6）面层

面层所受的荷载并不大，目前国内外还没有发现面层出现破坏的工程事故，在欧美国家所做的有限数量的大型足尺试验中，也仅发现只有故意不做钢筋网片搭接的喷射混凝土面层出现了问题。面层通常按构造设计：面层厚度应能覆盖住钢筋网片及连接件，一般 50～150mm；混凝土的设计强度一般 C15～C25；钢筋网片一般采用 1 层钢筋网，钢筋通常为 HPB300（光圆钢筋），$\phi6～\phi10$；网格为正方形，间距 150～300mm；要求不高时可采用不细于 12 号的粗目钢丝网替代钢筋网。面层柔度较大，很少会产生温度裂缝，故临时性工程中一般无需设置伸缩缝。

7）连接件

因土钉端头所受力一般不大，目前尚未见到过因压力过大造成钉头破坏的实例，钉头连接件按构造设置就能够满足工程需要，可省去复杂但效用不大的计算分析。土钉靠群体作用，构造中通常在土钉之间设置连接筋，通称加强筋。加强钢筋一般采用 HRB400 $\phi16～\phi25$ 的钢筋，通常设置 12 根，重要部位设置 24 根，与钉头焊接。

8）防排水系统

土钉墙宜在排除地下水的条件下进行施工，以免影响开挖面稳定及导致喷射混凝土面层与土体粘结不牢甚至脱落。排水措施包括土体内设置降水井降水、土钉墙内部设置泄水孔泄水、地表及时硬化防止地表水向下渗透、坡顶修建挡水墙截水及排水、坡脚设置排水沟及时排水防止浸泡等。泄水管一般采用 PVC 管，直径 50～100mm，长度 300～600mm，埋置在土中的部分钻有透水孔，透水孔直径 10～15mm，开孔率 5%～20%，尾端略向上倾斜，外包两层土工布，管尾端封堵防止水土从管内直接流失。纵横间距 1.5～3m，砂层等水量较大的区域局部加密。喷射混凝土时应将泄水管孔口临时封堵，防止喷射混凝土进入。

9）止水帷幕

帷幕桩应相互搭接。实际上，土钉的施工过程中必然会造成坑外地下水的流失及水位的下降，复合土钉墙中不应也不必过分强调止水帷幕的止水效果。通常情况下，桩端穿过坑底无需太长。选择止水帷幕形式时，要注意对不同地质条件的适应性。深层搅拌法质量可靠，造价低，施工速度快，可适用于大多数地质条件，软土中尤为适合，缺点是穿透能力较弱，在较厚的砂层、填土中有夹石、土层中有硬夹层等情况下成桩困难；高压喷射法能够克服搅拌桩在上述地层中成桩困难的缺点，但是在有大量填石情况下施工也很困难且成桩质量难以保证；在大量填石地层中，可尝试冲孔咬合水泥土桩施工工艺。

10）锚杆

土钉的极限承载力一般为 100～200kN，锚杆的承载力较土钉大，土钉达到极限承载能力时锚杆尚未达到极限，土钉墙往往表现为土钉的破坏，锚杆的承载力再大也很难发挥功效。此外，锚杆通过承压板（梁）坐落在土基上，预应力如果过大，承压板（梁）下土体会产生较大的塑性变形，其变形较为滞后，导致锁定的预应力值降低很快，并不能维持在较高的水平上。锚杆设计承载力不宜超过 2～3 倍土钉极限承载力，一般为 200～300kN。锁定预应力一般为设计值的 50%～100%，并且不小于 100kN。

11）微型桩

为了使微型桩能够发挥整体作用，通常在桩顶设置冠梁，这对刚度较大的桩比较重要。一般来说，桩的刚度越大，与土钉墙的复合作用效果越差。微型桩与土钉墙复合作用时，通常情况下都不是被剪切破坏的，而是被冲弯或者土体从桩之间滑出。微型桩的做法很多，刚度相差悬殊，对土钉墙的影响尚需要进行更多的研究。

12）土方开挖

基坑土方可分为中央的自由开挖区及四周的分层开挖区。周边土方因配合土钉墙作业，必须分层分段开挖，宽度一般距坑边 6～10m，以作为土钉墙施工工作面及临时支挡。土方每层开挖的最大高度取决于该层土体可以站立而不破坏的能力，主要由土体特性决定，同时与地下水、地面附加荷载、已施工土钉等因素相关。不同土层的最大开挖高度以地区的经验数据为主，目前尚没有值得信赖的经验公式进行估算。

施工时应该开挖一层土方、施工一层土钉墙，综合考虑安全性及施工作业面，通常要求每层的开挖面标高位于该层土钉下面 0.3～0.5m。沿坑边走向的分段长度一般 10～20m。设置较小的分段长度，目的一是形成较小的工作面，使土钉墙作业尽快完成，二是充分利用土体的空间效应，先后利用未开挖土体及已施工土钉墙的支挡作用减少基坑变形。开挖后应尽量缩短土坡的裸露时间，尽快封闭及修建土钉墙，这对于施工阶段的土坡稳定及控制变形是非常重要的，对于自稳能力差的土体尤其如此。

通常沿基坑侧壁走向中段的变形较大，两端的变形较小，故基坑开挖周边土方时，一般应沿端角向中间开挖，尽量减少中段的暴露时间以减少中段的变形。也可采用跳仓开挖，即间隔开挖顺序。基坑中央的自由开挖区基本上不受限制，但是要保证周边分层开挖区土体的整体稳定。

3. 土钉墙与复合土钉墙设计计算一般要求

（1）设计计算时可取单位长度按平面应变问题分析计算。

（2）土体抗剪强度指标宜按三轴固结不排水剪切试验或直剪固结快剪试验确定的指标选用。当有成熟的地区经验时，也可选用其他试验方法确定的抗剪强度指标。有地下水作用时，应考虑水位变化对抗剪强度指标的影响。

（3）设计应考虑的荷载除水土荷载外，还应考虑附加荷载，如邻近建筑物、材料、机具、车辆荷载等。地面附加荷载应按实际作用值计取，实际值如小于 20kPa，宜按 20kPa 的均布荷载计取。

（4）基坑设计深度应考虑承台、地梁、集水坑、电梯井等坑中坑的开挖深度。

（5）对缺乏类似工程经验的地层及安全等级为一级的基坑，土钉及预应力锚杆均应先进行基本试验，并根据试验结果对初步设计参数及施工工艺进行调整。

（6）土钉与土体界面粘结强度 q_{sk} 宜按照国家标准 GB 50086—2015 通过抗拔基本试验确定；无试验资料或无类似经验时，也可按国家标准 GB 50086—2015 表 4.6.10 初步取值。

4. 土钉长度计算

（1）土钉长度及间距可按表 8-10-1 初步选择，也可通过计算初步确定，再根据整体稳定验算结果最终确定。

土钉长度与间距经验值 表 8-10-1

土的名称	土的状态	水平间距(m)	排距(m)	土钉长度与基坑深度比
素填土		1.0～1.2	1.0～1.2	1.2～2.0
淤泥及淤泥质土		0.8～1.2	0.8～1.2	1.5～3.0
黏性土	软塑	1.0～1.2	1.0～1.2	1.5～2.5
	可塑	1.2～1.5	1.2～1.5	1.0～1.5
	硬塑	1.4～1.8	1.4～1.8	0.8～1.2
	坚硬	1.8～2.0	1.8～2.0	0.5～0.8
粉土	稍密、中密	1.0～1.5	1.0～1.4	1.2～2.0
	密实	1.2～1.8	1.2～1.5	0.6～1.2
砂土	稍密、中密	1.2～1.6	1.0～1.5	1.0～2.0
	密实	1.4～1.8	1.4～1.8	0.6～1.0

（2）单根土钉承受的轴向荷载标准值可按图 8-10-2 和式（8-72）计算。

$$T_{kj} = \frac{1}{\cos\alpha_j} \zeta p S_{xj} S_{zj} \tag{8-72}$$

$$p = p_m + p_q \tag{8-73}$$

式中　T_{kj}——第 j 根土钉承受的轴向荷载标准值；

α_j——第 j 根土钉与水平面之间的夹角；

S_{xj}——第 j 根土钉与相邻土钉的平均水平间距；

S_{zj}——第 j 根土钉与相邻土钉的平均竖向间距；

ζ——荷载折减系数，可根据式（8-78）计算；

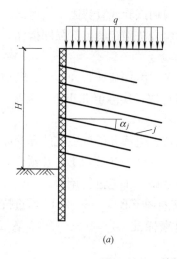
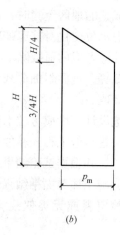

图 8-10-2　单根土钉承受的轴向荷载

（a）复合土钉墙简图；（b）土体自重引起的侧压力分布简图

p——土钉长度中点所处深度位置的土体侧压力；

p_m——土钉长度中点所处深度位置由土体自重引起的侧压力，可按图 8-10-2 求出；

p_q——地面及土体中附加荷载引起的侧压力，计算方法按国家标准 GB 50086—2015 有关规定执行。

土体自重引起的侧压力峰值 $p_{m,max}$ 可按式（8-74）计算，且不宜小于 $0.2\gamma_{m1}H$：

$$p_{m,max}=\frac{8E_a}{7H} \tag{8-74}$$

式中　H——基坑开挖深度；

E_a——朗肯主动土压力，可按式（8-75）计算。

$$E_a=\frac{k_a}{2}\gamma_{m1}H^2 \tag{8-75}$$

式中　γ_{m1}——基坑底面以上各土层重度的加权平均值，有地下水作用时应考虑地下水位变化造成的重度变化；

k_a——主动土压力系数，按式（8-76）计算。

$$k_a=\tan^2\left(45°-\frac{\varphi_{ak}}{2}\right) \tag{8-76}$$

式中　φ_{ak}——基坑底面以上各层土的内摩擦角标准值，可按不同土层厚度取加权平均值。

地面荷载引起的侧压力值 p_q 可按式（8-77）计算：

$$p_q=k_a q \tag{8-77}$$

（3）坡面倾斜时的荷载折减系数 ζ 可按式（8-78）计算：

$$\zeta=\tan\frac{\beta-\varphi_{ak}}{2}\left(\frac{1}{\tan\dfrac{\beta+\varphi_{ak}}{2}}-\frac{1}{\tan\beta}\right)\Big/\tan^2\left(45°-\frac{\varphi_{ak}}{2}\right) \tag{8-78}$$

式中　ζ——坡面倾斜荷载折减系数；

β——土钉墙坡面与水平面的夹角（°）。

（4）单根土钉长度可按式（8-79）及（图8-10-3）初步确定：

$$l_j = l_{zj} + l_{mj} \tag{8-79}$$

$$l_{zj} = \frac{h_j \sin\dfrac{\beta - \varphi_{ak}}{2}}{\sin\beta\sin(\alpha_j + \dfrac{\beta + \varphi_{ak}}{2})} \tag{8-80}$$

$$l_{mj} = \sum l_{mi,j} \tag{8-81}$$

$$\pi d_j \sum q_{sik} l_{mi,j} \geqslant 1.4 T_{kj} \tag{8-82}$$

式中 l_j——第 j 根土钉长度；

       l_{zj}——第 j 根土钉在假定破裂面内长度；

       l_{mj}——第 j 根土钉在假定破裂面外长度；

       h_j——第 j 根土钉与基坑底面的距离；

       $l_{mi,j}$——第 j 根土钉在假定破裂面外第 i 层土体中的长度；

       q_{sik}——第 i 层土体与土钉的极限粘结强度标准值；

       d_j——第 j 根土钉直径。

5. 土钉墙构造设计

1）土钉墙的设计及构造应符合下列要求：

（1）土钉墙墙面坡度应经技术经济比较后确定，宜适当放坡。

（2）土钉长度竖向宜采用中部长上下短、上长下短及上下等长三种布置形式。

（3）平面布置时应减少转角，转角处土钉在相邻两个侧面宜上下错开或角度错开布置。

（4）面层应沿坡顶向外延伸形成不少于 0.5m 的护肩，在不设置止水帷幕或微型桩时，面层宜在坡脚处向坑内延伸 0.3～0.5m 形成护脚。

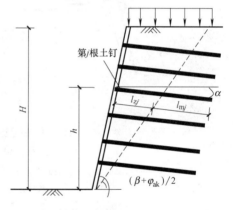

图 8-10-3 土钉长度计算简图

（5）土钉排数不宜少于 2 排。

2）土钉构造应符合下列要求：

（1）应优先选用成孔注浆土钉。填土、软弱土及砂土等孔壁不易稳定的土层中可选用打入式钢花管注浆土钉。

（2）土钉与水平面夹角宜为 5°～20°。

（3）成孔注浆土钉的孔径宜为 70～130mm；杆体宜选用 HRB400 钢筋，钢筋直径宜为 16～32mm；全长每隔 1～2m 应设置定位支架。

（4）钢管土钉杆体宜采用外径不大小于 48mm、壁厚不小于 2.5mm 的热轧钢管制作。钢管上应沿杆长每隔 0.25～1.0m 设置倒刺和出浆孔，孔径宜为 5～8mm，管口 2～3m 范围内不宜设出浆孔。杆体底端头宜制成锥形，杆体接长宜采用帮条焊接，接头强度不应低于杆体材料强度。

（5）注浆材料宜选用早强水泥或在水泥浆中掺入早强剂，注浆体强度等级不宜低于 20MPa。

3）面层的构造应符合下列要求：

（1）应采用钢筋网喷射混凝土面层。

（2）面层混凝土强度等级不应低于 C20，厚度宜为 80～120mm。

（3）面层中应配置钢筋网。钢筋网可采用 HPB300 钢筋，直径宜为 6～10mm，间距宜为 150～250mm，搭接长度不宜小于 30 倍钢筋直径。

4）连接件的构造（图 8-10-4）应符合下列要求：

（1）土钉之间应设置通长水平加强筋，加强筋宜采用 2 根直径不小于 12mm 的 HRB335 钢筋。

（2）喷射混凝土面层与土钉应连接牢固。可在土钉杆端两侧焊接钉头筋，并与面层内连接相邻土钉的加强筋焊接。

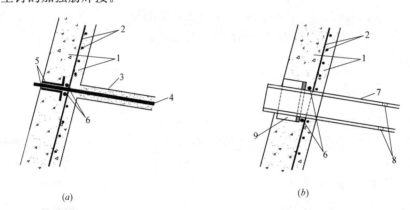

(a) (b)

图 8-10-4　土钉与面层连接构造示意

（a）钻孔注浆钉；（b）打入式钢花管注浆钉

1—喷射混凝土；2—钢筋网；3—钻孔；4—土钉钢筋；5—钉头筋；6—加强筋；

7—钢管；8—出浆孔；9—角钢或钢筋

5）预应力锚杆的设计及构造应符合下列要求：

（1）锚杆杆体材料可采用钢绞线、HRB335 或 HRB400 钢筋、精轧螺纹钢及无缝钢管。

（2）锚杆杆体及锚固体承载力计算或验算可采用现行行业标准。

（3）预应力锚杆位置宜布设在基坑的中上部，锚杆间距不宜小于 1.5m。

（4）钻孔直径宜为 110～150mm，与水平面夹角宜为 10°～25°。

（5）锚杆自由段长度宜为 4～6m，并应设置隔离套管；钻孔注浆预应力锚杆沿长度方向每隔 1～2m 设一组定位支架。

（6）锚杆杆体外露长度应满足锚杆张拉锁定的需要；锚具型号及尺寸、垫板截面刚度应能满足预应力值稳定的要求。

（7）锚孔注浆宜采用二次高压注浆工艺，注浆体强度等级不宜低于 20MPa。

（8）锚杆检测最大张拉荷载不宜大于锚杆拉力设计值的 1.2 倍，且不应大于杆体抗拉强度标准值的 80%。锁定值宜为锚杆拉力设计值的 0.6～0.9。

6）围檩的设计及构造应符合下列要求：

（1）围檩应通长设置。不便于设置围檩时，也可采用钢筋混凝土承压板。

（2）围檩宜采用混凝土结构，也可采用型钢结构。混凝土围檩的截面和配筋应通过设计计算确定，宽度不宜小于 400mm，高度不宜小于 250mm，混凝土强度等级不宜低于 C25。

（3）承压板宜采用预制钢筋混凝土构件，尺寸和配筋应通过设计计算确定，长度、宽度不宜小于 800mm，厚度不宜小于 250mm。

（4）围檩应与面层可靠连接，连接构造可按图 8-10-5 设置，承压板安装前宜用水泥砂浆找平。

（5）围檩采用混凝土承压板时，面层内应配置 4～6 根直径 16～20mm 的 HRB335 或 HRB400 钢筋作为加强筋。

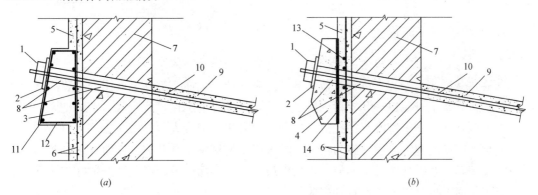

图 8-10-5　预应力锚杆与面层及围檩连接构造示意

（*a*）预应力锚杆、围檩与面层；（*b*）预应力锚杆、承压板与面层

1—锚具；2—钢垫板；3—围檩；4—承压板；5—喷射混凝土；6—钢筋网；7—土体、止水帷幕或微型桩；8—预留孔；9—钻孔；10—杆体；11—围檩主筋；12—围檩箍筋；13—加强筋；14—水泥砂浆

7）止水帷幕的设计及构造应符合下列要求：

（1）水泥土桩止水帷幕宜选用早强水泥或在水泥浆中掺入早强剂，单位水泥用量不宜少于原状土重量的 13%。水泥土龄期 28d 的无侧限抗压强度应大于 0.5MPa。

（2）止水帷幕应满足自防渗要求，渗透系数应不小于 10^{-6} cm/s。坑底以下插入深度应符合抗渗流稳定性要求且不应小于 1.5～2m。止水帷幕穿过透水层深度不宜小于 1～2m。

（3）相邻两根桩的地面搭接宽度不宜小于 150mm，且应保证相邻两根桩在桩底面处能交接上。

8）微型桩的设计及构造应符合下列要求：

（1）微型桩宜采用小直径混凝土桩、型钢、钢管等。

（2）小直径混凝土桩、型钢、钢管等微型桩直径或等效直径不宜小于 100mm，且不宜大于 300mm。

（3）小直径混凝土桩、型钢、钢管等微型桩间距宜为 0.5～2.0m，嵌固深度不宜小于 2m。桩顶上宜设置通长冠梁。

（4）微型桩填充胶结物抗压强度等级不宜低于 20MPa。

9）防排水构造应符合下列要求：

（1）基坑应设置由排水沟、集水井等组成的排水系统，防止地表水下渗。

（2）未设置止水帷幕的土钉墙应在坡面上设置泄水管，泄水管间距宜为 1.5～2.5m，坡面渗水处应适当加密。

（3）泄水管可采用直径 40～100mm、壁厚 5～10mm 的塑料管制作，插入土体内长度不宜小于 300mm；管身应设置透水孔，孔径宜为 10～20mm，开孔率宜为 10%～20%；宜外裹 1～2 层土工布并扎牢。

第十一节　土钉墙及复合土钉墙的施工

1. 土钉墙施工流程

土钉墙的施工流程一般为：开挖工作面→修整坡面→喷射第一层混凝土→土钉定位→钻孔→清孔→制作、安装土钉→浆液制备、注浆→加工钢筋、绑扎钢筋网→安装泄水管→喷射第二层混凝土→养护→开挖下一层工作面，重复以上工作直到完成。

打入钢管注浆型土钉没有钻孔清孔过程，直接用机械或人工打入。

复合土钉墙的施工流程一般为：止水帷幕或微型桩施工→开挖工作面→土钉及锚杆施工→安装钢筋网及绑扎腰梁钢筋笼→喷射面层及腰梁→面层及腰梁养护→锚杆张拉→开挖下一层工作面，重复以上工作直到完成。

2. 施工工艺及质量控制

1）土钉成孔

钻孔注浆土钉成孔方式可分为人工洛阳铲掏孔及机械成孔，机械成孔有回转钻进、螺旋钻进、冲击钻进等方式，打入式土钉可分为人工打入及机械打入。洛阳铲及滑锤为土钉施工专用工具，锚杆钻机及潜孔锤等多用于锚杆成孔，地质钻机及多功能钻探机等除用于锚杆成孔外，更多用于地质勘察。

成孔方式分干法及湿法两类，需靠水力成孔或泥浆护壁的成孔方式为湿法，不需要时则为干法。孔壁"抹光"会降低浆土的粘结作用。经验表明，泥浆护壁土钉达到一定长度后，在各种土层中能提供的抗拔承载力最大约 200kN。故湿法成孔或地下水丰富采用回转或冲击回转方式成孔时，不宜采用膨润土或其他悬浮泥浆作钻进护壁，宜采用套管跟进方式成孔。

湿法成孔或干法在水下成孔后孔壁上会附有泥浆、泥渣等，干法成孔后孔内会残留碎屑、土渣等，这些残留物会降低土钉的抗拔力，需分别采用水洗及气洗方式清除。水洗时仍需使用原成孔机械冲清水洗孔，但清水洗孔不能将孔壁泥皮洗净，如果洗孔时间长容易塌孔，且水洗会降低土层的力学性能及与土钉的粘结强度，应尽量少用；气洗孔也称扫孔，使用压缩空气，压力一般为 0.2～0.6MPa，压力不宜太大以防塌孔。水洗或气洗时，需将水管或风管通至孔底后开始清孔，边清边拔管。

2）浆液制备及注浆

应避免人工拌浆，机械搅拌浆液时间一般不应小于 2min，要拌合均匀。水泥浆应随拌随用，一次拌合好的浆液应在初凝前用完，一般不超过 2h，在使用前应不断缓慢拌动。要防止石块、杂物混入浆中。

钻孔注浆土钉通常采用简便的重力式注浆。将金属或 PVC 管注浆管插入孔内，管口离孔底 200～500mm 距离，启动注浆泵开始送浆，因孔洞倾斜，浆液可靠重力填满全孔，孔口快溢浆时拔管，边拔边送浆。水泥浆凝结硬化后会产生干缩，在孔口要二次甚至多次补浆。重力式注浆不可太快，防止喷浆及孔内残留气孔。钢管注浆土钉注浆压力不宜小于0.6MPa，且应增加稳压时间。若久注不满，在排除水泥浆渗入地下管道或冒出地表等情况后，可采用间歇注浆法，即暂停一段时间，待已注入浆液初凝后再次注浆。

3）面层施工顺序

一般要求喷射混凝土分两次完成，先喷射底层混凝土，再施打土钉，之后安装钢筋网，最后喷射表层混凝土。土质较好或喷射厚度较薄时，也可先铺设钢筋网，之后一次喷射而成。

4）安装钢筋网

钢筋网一般现场绑扎接长，应搭接一定长度，通常 150～300mm。也可焊接，搭接长度应不小于 10 倍钢筋直径。钢筋网在坡顶向外延伸一段距离，用通长钢筋压顶固定，喷射混凝土后形成护顶。钢筋网与受喷面的距离不应小于 2 倍最大骨料粒径，一般 20～40mm。通常用插入受喷面土体中的短钢筋固定钢筋网，如果采用一次喷射法，应该在钢筋网与受喷面之间设置垫块以形成保护层，短钢筋及限位垫块间距一般 0.5～2.0m。钢筋网片应与土钉、加强筋、固定短钢筋及限位垫块连接牢固，喷射混凝土时钢筋网在拌合料冲击下不应有较大晃动。

5）安装连接件

连接件施工顺序一般为：土钉置放、注浆→敷设钢筋网片→安装加强钢筋→安装钉头筋→喷射混凝土。加强钢筋应压紧钢筋网片后与钉头焊接，钉头筋应压紧加强筋后与钉头焊接。

6）喷射混凝土工艺类别

喷射混凝土按施工工艺分为干喷法、湿喷法及半湿法三种形式：①干喷法将水泥、砂、石在干燥状态下拌合均匀，然后装入喷射机，用压缩空气使干骨料在软管内呈悬浮状态压送到喷嘴，并与压力水混合后进行喷射。②湿喷法将骨料、水泥和水按设计比例拌合均匀，用湿式喷射机压送到喷头处，再在喷头上添加速凝剂后喷出。③工程中还有半湿式喷射及潮式喷射等形式，其本质上仍为干式喷射。为了将湿法喷射的优点引入干喷法中，有时采用在喷嘴前几米的管路处预先加水的喷射方法，此为半湿式喷射法。潮喷则是将骨料预加少量水，使之呈潮湿状，再加水泥拌合，从而降低上料、拌合喷射时的粉尘，但大量的水仍是在喷头处加入和喷出的，其喷射工艺流程和使用机械与干喷法相同。

7）喷射混凝土材料要求

（1）水泥。喷射混凝土应优先选用早强型硅酸盐水泥或普通硅酸盐水泥，因为这两种水泥的 C3S 和 C3A 含量较高，早期强度及后期强度均较高，且与速凝剂相容性好，能速凝。

（2）砂子。喷射混凝土宜选用中粗砂，细度模数大于2.5。砂子过细，会使干缩增大；砂子过粗，则会增加回弹，且水泥用量增大。

（3）石子。卵石或碎石均可。骨料的表面越粗糙，界面粘结强度越高，因此用碎石比用卵石好。但卵石对设备及管路的磨蚀小，也不像碎石那样因针片状含量多而易引起管路堵塞，便于施工。石子的最大粒径不应大于20mm，工程中常常要求不大于15mm，粒径小也可减少回弹量。

（4）外加剂。可用于喷射混凝土的外加剂有速凝剂、早强剂、引气剂、减水剂、增黏剂、防水剂等，国内基坑土钉墙工程中常加入速凝剂或早强剂。

（5）骨料含水量及含泥量。骨料含水量过大易引起水泥预水化，含水量过小则颗粒表面可能没有足够的水泥粘附，也没有足够的时间使水与干拌合料在喷嘴处拌合，这两种情况都会造成喷射混凝土早期强度和最终强度的降低。干法喷射时骨料含水量一般控制在5%～7%，低于3%时应在拌合前加水，高于7%时应晾晒使之干燥或向过湿骨料掺入干料，不应通过增加水泥用量来降低拌合料的含水量。骨料中含泥量偏多会带来降低混凝土强度、加大混凝土的收缩变形等一系列问题，含泥量过多时需冲洗干净后使用。

8）拌合料制备

（1）胶骨比。喷射混凝土的胶骨比即水泥与骨料之比，常为1:4～1:4.5。水泥过少，回弹量大，初期强度增长慢；水泥过多，产生粉尘量增多、恶化施工条件，硬化后的混凝土收缩增大，经济性也不好。

（2）砂率。拌合料中的砂率小，则水泥用量少，混凝土强度高，收缩小，但回弹损失大，管路易堵塞，湿喷时的可泵性不好，综合权衡利弊，以45%～55%为宜。

（3）水灰比。干喷法施工时，预先不能准确地给定拌合料中的水灰比，水量全靠喷射手在喷嘴处调节。一般来说，喷射混凝土表面出现流淌、滑移及拉裂时，表明水灰比过大；若表面出现干斑，作业中粉尘大、回弹多，则表明水灰比过小。水灰比适宜时，混凝土表面平整，呈水亮光泽，粉尘和回弹均较少。实践证明，适宜的水灰比为0.4～0.5，过大或过小不仅降低混凝土强度，也增加了回弹损失。

（4）配合比。工程中常用的经验配合比（重量比）有3种，即水泥:砂:石=1:2:2.5，水泥:砂:石=1:2:2，水泥:砂:石=1:2.5:2，根据材料的具体情况选用。

（5）制备作业。干喷法基本上均采用现场搅拌方式。拌合料应搅拌均匀，搅拌机搅拌时间通常不少于2min，有外加剂时搅拌时间要适当延长。

9）喷射作业及养护

喷射前，应将坡面上残留的土块、岩屑等松散物质清扫干净。喷射机的工作风压要适中，过高则喷射速度快，动能大，回弹多；过低则喷射速度慢，压实力小，混凝土强度低。喷射时喷嘴应尽量与受喷面垂直，喷嘴与受喷面在常规风压下最好距离0.8～1.2m，以使回弹最少及密实度最大。一次喷射厚度要适中，太厚则降低混凝土压实度、易流淌，太薄易回弹，以混凝土不滑移、不坠落为标准，一般以50～80mm为宜，加速凝剂后可适当提高；厚度较大时应分层，在上一层初凝后即喷下一层，一般间隔2～4h。分层施作一般不会影响混凝土强度。喷嘴不能在一个点上停留过久，应有节奏地、系统地移动或转动，使混凝土厚度均匀。一般应采用从下到上的喷射次序，自上而下的次序易因回弹物在坡脚堆积而影响喷射质量。喷射2～4h后应洒水养护，一般养护3～7d。

第十二节　土钉墙与复合土钉墙的工程应用

1. 深圳畔山花园基坑工程

1）工程概况

畔山花园位于深圳市福田区彩田路，地下3层，地上34层，总建筑面积96000m²，其中，地下室建筑面积为18000m²。基坑开挖：长×宽＝92m×73m，开挖深度约11.65m。

2）地质条件及周围环境

该基坑开挖范围内自上而下主要地层有：人工回填土、埋藏植物层、淤泥质黏土、粉质黏土、粗砾砂、残积黏土层等。

基坑东侧和南侧有较密的管网和重要交通道路，特别是南侧，道路下有燃气管、排洪沟、给水排水管等七种管线，离基坑最近处只有2m。北侧相邻建筑为沉管灌注桩基础，西侧为待建小区道路。

3）支护方案

根据地质和周边工程条件，基坑支护南、北、东三面采用复合土钉墙第一种模式，即单排深层搅拌桩止水帷幕＋土钉墙＋预应力锚杆，其中，南侧为保护坑边燃气管，在长约36m的地下车道处（坑壁距燃气管约3m）增加了一排型钢微型桩。支护参数为：深层搅拌桩 $\phi500@400$，桩长14m；土钉设置7排，长度10～12m，采用打入式高压注浆钢管土钉（$\phi48$、$\delta3.5$）；预应力锚索设置2排，长16～18m，由3根 $\phi15$ 钢绞线组成；微型桩直径250mm，配置型钢为18a工字钢；基坑西侧为普通土钉墙，并设5口降水井。基坑东侧支护典型剖面如图8-12-1所示。

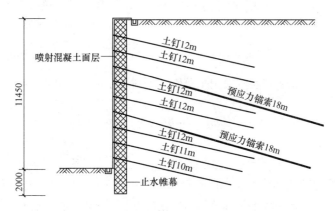

图 8-12-1　基坑东侧土钉墙剖面图

4）施工与监测情况

该基坑3个月完成基坑开挖和支护工作（图8-12-2、图8-12-3）。施工期间进行了较全面的工程监测，包括基坑周边水平位移、坡顶和邻近道路的沉降观测、地下水位观测、坡体位移观测（用测斜管测斜）。根据监测结果，至基坑开挖完成后，基坑周边位移多数点在40mm以下，少数点达到50～60mm；沉降值多数点在30mm范围内，特别是在管线密集的东侧和南侧，沉降值基本在20mm以下。坡体位移观测，南侧较大位移部位在地下 4.5～8.0m，位移值 27～28mm；东侧最大位移在地面下 4.5～9.0m，位移值在 41～43mm 之间。总之，基坑稳定情况良好。监测也发现，台风和暴雨以及西侧修路、挖沟、积水对边坡部分测点位移有明显影响。

图 8-12-2　畔山花园基坑北、东侧　　　　图 8-12-3　畔山花园基坑东、南侧

2. 深圳电视中心基坑工程

1）工程概况

深圳电视中心是深圳市城市中心区的代表性建筑，位于深南大道和新洲路交叉路口的东北角，由主楼、附楼及其他附属设施组成。其中，主楼 29 层，高 120m，设 2 层地下室。基坑开挖深度约为 9.30～12.80m。基坑轮廓近似方形，长×宽＝133m×107m。

2）地质条件

本工程场地自上而下主要地层有：人工填土、淤泥质黏土、粉质黏土、黏土、粗砂、粉质黏土、含卵石粗砾砂、第四系残积粉质黏土，其下燕山期花岗岩分为全风化、强风化、中风化、微风化四带。

3）支护方案

基坑支护方案为：北侧和西侧采用土钉墙与双排 $D550$ 深层搅拌桩联合支护，形成复合型土钉墙，深层搅拌桩兼作截水帷幕；打入注浆钢管土钉长 8～12m，预应力锚索长 16～18m，锚索由 3 根 $1×7-\phi15$ 钢绞线组成，北侧 2 排，西侧 1 排。其典型剖面见图 8-12-4。

4）施工与监测

基坑支护施工历时近三个月，在基坑开挖及地下室结构施工过程中，同时进行了基坑稳定性监测。监测结果显示，基坑水平位移在 35～58mm 之间，基坑周边地面沉降在 20～30mm 之间。监测结果表明，整个基坑稳定情况良好。完成后的基坑见图 8-12-5。

3. 赣州中航云府基坑工程

1）工程概况

赣州中航云府项目位于赣州市章江新区，由 7 栋高层及 11 栋多层组成。项目设置 1 层及 2 层地下室，基坑开挖深度约 4.6～9.5m，基坑周长约 836m，面积约 40000m²。

2）地质条件

场地主要分布有人工填土层（杂填土、素填土）、第四系耕植层（灰褐色黏性土）、第

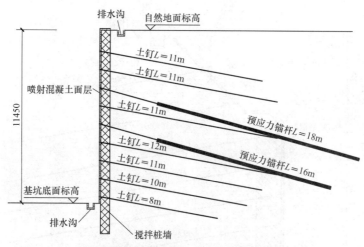

图 8-12-4 深圳电视中心基坑北侧复合土钉墙支护典型剖面图

图 8-12-5 深圳电视中心基坑西、北侧

四系冲积层（淤泥质黏土、粉质黏土、细砂、圆砾）和白垩系基岩。场地地下水类型主要为潜水、承压水及基岩裂隙水。潜水主要赋存于灰褐色黏性土、淤泥质黏土、粉质黏土层，主要受大气降水及章江水侧向补给，水量较丰富，水位随季节性变化较大。由于粉质黏土层的覆盖作用，赋存于细砂、圆砾层中的地下水具承压性，属承压水，细砂、圆砾层为场地主要含水层，含水量较丰沛。

3）支护方案

基坑支护方案：基坑北侧及东侧 2 层地下室区域采用旋喷桩＋土钉的复合土钉墙支护方案，南侧及西侧 1 层地下室区域采用放坡土钉墙支护，一、二层地下室之间的高差采用旋喷桩＋土钉的复合土钉墙支护。2 层地下室区域土钉长 4～12m，1 层地下室区域土钉长 6～9m，一、二层地下室高差土钉长 4～6m。其典型剖面见图 8-12-6。

4）施工与监测

本工程自支护施工开始至地下室施工完成历时 18 个月，在基坑开挖及地下室结构施工过程中，对坡顶位移、沉降进行了监测。监测结果显示，基坑水平位移在 30～40mm 之间，周边地面沉降在 20～30mm 之间。在基坑开挖完成一段时间后，基坑变形趋于稳定。完成后的基坑见图 8-12-7。

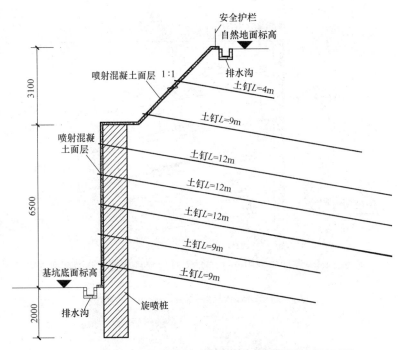

图 8-12-6 赣州中航云府基坑复合土钉墙支护典型剖面图

图 8-12-7 赣州中航云府基坑复合土钉墙支护

参 考 文 献

[1] 许建平，周颖军，陈国强．深埋桩支护设计理论研究．土木工程学报，2002，(3)：37-40.

[2] 许建平．深埋锚拉桩的优化设计方法//中国岩土锚固工程协会．岩土锚固新技术．北京：人民交通出版社．1998：81-85.

[3] 陈国强，许建平．深基坑工程水压力计算及止水帷幕设计．建筑结构，2001，(10)：50-53.

[4] 中国土木工程学会土力学及岩土工程分会．深基坑支护技术指南．北京：中国建筑工业出版社，2012.

[5] 夏明耀，曾进伦．地下工程设计施工手册．北京：中国建筑工业出版社，2001.

[6] 余志成，施文化．深基坑支护设计与施工．北京：中国建筑工业出版社，1997.

[7] 顾晓鲁，等．地基与基础（第三版）．北京：中国建筑工业出版社，2003.

[8] 蒋正国，等．简明施工计算手册．北京：中国建筑工业出版社，1993.

[9] （英）F.G. 贝尔．工程地质与岩土工程．汪时敏等译．北京：中国建筑工业出版社，1990.

[10] 北京市住房和城乡建设委员会．建筑基坑支护技术规程 DB11/489—2016．北京：北京城建科技促进会，2016.

[11] 中华人民共和国住房和城乡建设部．岩土锚杆与喷射混凝土支护技术规范 GB 500086—2015．北京：中国计划出版社，2015.

[12] 中华人民共和国住房和城乡建设部．建筑基坑支护技术规程 JGJ 120—2012．北京：中国建筑工业出版社，2012.

[13] 程良奎，杨志银．喷射混凝土与土钉墙．北京：中国建筑工业出版社，1998.

[14] 杨志银，张俊，王凯旭．复合土钉墙技术的研究及应用．岩土工程学报，2005，（2）.

[15] 深圳市基坑支护技术规范 SJG 05—2011．北京：中国建筑工业出版社，2011.

[16] 中华人民共和国住房和城乡建设部．复合土钉墙基坑支护技术规范 GB 50739—2011．北京：中国计划出版社，2012.

[17] 张惠旬．上海太平洋饭店深基坑开挖及板桩斜土锚的施工及测试．岩石锚固与注浆技术专业委员会．中国锚固与注浆工程实录选．北京：科学出版社，1995.

[18] 《压力分散型（可拆芯式）锚杆的研究与应用》科研报告．冶金工业部建筑研究总院，1999

[19] 美国交通部联邦公路总局，土钉墙设计施工与监测手册．佘诗刚译．北京：中国科学技术出版社，2000.

第九章　基　础　锚　固

建筑物和构筑物基础的主要功能是将结构所承受的荷载传递至地基，一般主要是竖向压力荷载，可充分依靠岩土的抗压承载能力满足上部结构的承载要求。但对于不同的结构形式及作用条件，结构荷载也是复杂多样的，许多情况下，大偏心荷载、倾斜荷载、水平力和拉力作用成为控制荷载，还需满足结构抗滑移、抗倾覆以及抗拉承要求等，如高耸结构的抗倾覆、临边建（构）筑物抗滑移、拱结构的拱脚锚固约束、大空间悬索结构抗拉基础以及承受水浮力的地下结构基础等。在处理这些复杂受力状态下的结构稳定和抗力问题时，单纯依靠基础自重和地基土的承载力，常常是不经济、甚至是不可行的。

岩土锚杆可充分调动岩土体的抗力，通过将结构基础与地基相互连接以传递拉力和剪力，并将荷载传递至稳定的地层，确保结构稳定和基础抗力；还可通过施加预应力，有效地控制结构和基础变形，基础受力也更为合理；岩土锚杆具有良好的地层适应性，易于施工，锚杆布置灵活方便，锚固效率高，可大幅度减少基础尺寸和降低造价。在各种大型建（构）筑物基础抗倾覆、抗滑移和抗浮工程中，岩土锚固技术得到了广泛应用。

第一节　承受切向力的基础锚固

1. 承受切向推力的拱结构基础锚固

坚硬岩土层上承受切向推力的基础，如拱形结构的基座，当侧向被动土抗力和基底摩擦力不足以平衡其切向推力时，可采用斜向预应力锚杆承担或分担基础的水平荷载。当不计侧向岩土抗力时，锚固基础的抗剪切安全系数及锚杆的拉力标准值可按下列公式计算（图 9-1-1）：

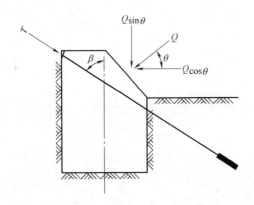

图 9-1-1　承受切向推力的锚拉基础的受力分析简图

$$K=\frac{f(Q \cdot \sin\theta + T_k \cdot \cos\beta)}{Q \cdot \cos\theta - T_k \cdot \sin\beta} \qquad (9\text{-}1)$$

$$T_k=\frac{Q \cdot \cos\theta - \dfrac{f}{K}Q \cdot \sin\theta}{\sin\beta + \dfrac{f}{K}\cos\beta} \qquad (9\text{-}2)$$

式中 Q——相应于作用的标准组合时，作用在基础上的切向力（kN）；

T_k——预应力锚杆受拉承载力标准值（kN）；

K——基底面抗剪切安全系数，取 1.2～1.5；

f——基底面的摩擦系数；

β——锚杆力作用线与基础底面垂线的夹角（°）。

承受切向推力基础的竖向分力仍需要基础下的岩土地基承担，当地基竖向承载力不足时，不宜直接施作预应力锚杆，可通过桩基础或在邻近坚硬地基上设置锚固基座，并采用拉杆将基座与主体基础连接牢固。

2. 承受切向拉力的索结构基础锚固

保持高空支架、缆索起重机、悬索桥、悬索屋顶等拉筋稳定，通常采用块体基础，但有时所需块体基础非常巨大，施工难度较大、经济性不佳。当地质条件适合采取锚杆进行基础锚固并提供抗拔力时，可大大减轻锚固块体的体积并降低施工难度。

索结构基础与拱结构基础受力方向刚好相反，可采用预应力锚杆与块体基础承担索结构切向拉力。如图 9-1-2 所示。

3. 工程实例

1）湖南某大型剧场基础锚固

湖南某大型剧场采用张拉索膜结构屋盖，部分张拉荷载由预应力锚杆基础承担，锚固基础设计最大拉力为 1062kN，最小拉力为 314kN（图 9-1-3）。锚杆直径分别采用

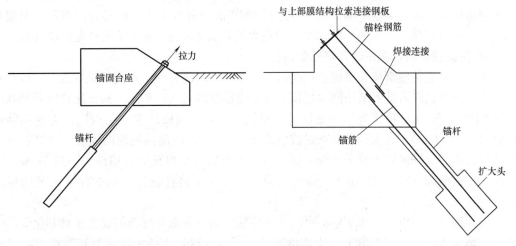

图 9-1-2 承受切向拉力的基础锚杆　　　　图 9-1-3 锚座与锚杆连接节点示意图

$\phi300$mm 和 $\phi200$mm，端部扩大头，采用套管成孔工艺。锚杆锚固段置于中风化粉质砂岩中。锚杆杆体采用直径 $\phi25$、$\phi28$ 和 $\phi32$ 的热轧螺纹钢筋，浆体强度 M30。锚杆抗拔安全系数采用 3.0。锚杆验收荷载采用 1.33 倍的设计拉力。对索膜结构，由于风荷载是其控制荷载，有时是雪荷载，故需考虑往复荷载作用下的锚杆蠕变问题。锚杆预应力水平控制在 30%～40% 以下。

2）河南省体育场基础锚固

河南省体育场是一个 5 万座的综合体育场，建筑面积 69153m^2，东、西看台上空各装有 1 座跨度 273m、高 50.5m 的双曲面网架罩棚（图 9-1-4），每座网架罩棚支座均产生 8290kN 的水平推力，为平衡水平推力，防止基础位移，设计要求在每个网架基础箱体上施工 36 根水平预应力锚索，分布 3 层 12 列直径 150mm、长 29m 的水平锚索，与水平面成 15° 夹角，内穿 5 束 7ϕ5 钢绞线（图 9-1-4），锚索孔内灌水泥浆与土体锚固。每根锚索设计承载力为 320kN，网架基础允许最大水平位移为 20mm。

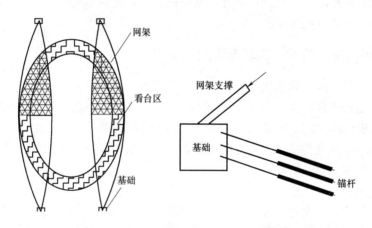

图 9-1-4　网架基础布置及锚固示意图

自网架安装开始，进行了 10 个月共 41 次的锚索应力观测。观测结果表明，锚索承受拉力在 140～190kN 间变化，远小于设计承载力 320kN。经分析认为，这是锚索位移引起的松弛造成的。自网架基础施工完成后进行的 10 次（每月 1 次）位移观测显示，网架基础在 x 方向（网架推力方向）的水平位移最大值为 5.27mm，远小于设计允许位移值。

3）英国曼彻斯特城市体育场基础锚固

英国曼彻斯特城市体育场建立在曼彻斯特东部一块废弃的工业用污染场地上，体育场结构主要包括预应力悬索结构网状屋顶、八个螺旋形坡道入口建筑、碗形座位区及其基础（基础下布置有 1150 根常规钻孔灌注桩，见图 9-1-5）。轻质悬索网结构屋顶为悬挑结构（悬挑长度为 35m），将屋顶荷载通过拉索由 12 根钢立柱传递到场地四周 28 个锚定基础，并通过预应力锚杆锚固于地下。每个锚定基础下布置有 2 根预应力锚杆，一共 58 根，锚杆的工作荷载为 1000～1950kN，使用寿命为 120 年。锚杆设计采用的标准为英国标准 BS 8081。

工程场地为一块超过 200 年历史的工业用地，遗留有部分废弃的建筑基础和化学污染土层。地质条件为：人工填土、建筑垃圾等，2～3m 厚；冰碛土（主要是黏性土），7～15m 厚；岩层，层顶埋深在 12～18m，岩层主要为泥岩、粉砂岩和砂岩，中间含有相对

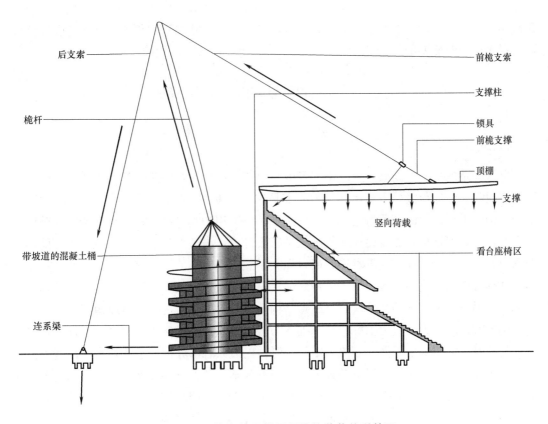

图 9-1-5 体育场悬挑屋顶结构荷载传递简图

软弱的石炭纪煤层夹层，埋藏较浅的煤层预先进行了注浆加固。

每根锚杆由 7～13 根 $\phi15.2$ 钢绞线组成，钻孔直径为 240mm，每根钢绞线极限抗拉强度为 300kN。锚杆采用双层防腐工艺，锚固段采用有粘结钢绞线、外套直径为 110mm 的波纹管，波纹管内注浆体采用工厂灌注并封装；自由段采用外套聚丙烯外皮的钢绞线和直径 165mm、厚度不小于 1mm 的波纹管。为了避免土体蠕变及钢绞线松弛，锁定荷载定为 $110\%\sim115\%T_w$（工作荷载）。锚固体与岩土体粘结强度设计采用值为 $260kN/m^2$（综合安全系数为 3.0）。锚杆锚固段位于泥岩和砂岩层，锚固段长度为 6～10m，锚杆总长度为 25～30m。锚杆设计预期的持有荷载约为 $110\%T_w$（工作荷载），考虑到施工张拉锁定过程中约 10% 的预应力损失，锚杆锁定值基本为 T_w（工作荷载）的 $110\%\sim125\%$。

因锚杆抗拔力对于体育场屋顶结构的安全使用至关重要，针对长期使用过程中锚杆可能因岩土体蠕变、钢绞线松弛、整体结构徐变、腐蚀等造成的预应力损失，工程在 2001 年项目完工后至 2007 年对全部 56 根锚杆进行了锚杆持有荷载、锚头及锚定基础完整性调查等长期监测。持有荷载试验结果表明，全部锚杆持有荷载为 $104\%\sim119\%T_w$，其中 48 根锚杆持有荷载超过 $110\%T_w$，8 根锚杆持有荷载低于 $110\%T_w$，单根钢绞线拉力约为 $51\%\sim56\%$ 极限抗拉强度。基本调查显示，除有两根锚杆持有荷载值已接近工作荷载设计值（满足设计要求）、需加强关注外，该工程锚杆均处于较好的工作状态。后续长期监测工作将调整为 5 年一次，直至 120 年设计使用期结束。从锚杆持有荷载变化趋势看，虽然很缓慢但仍是下降的，随着时间延续，因腐蚀、蠕变、松弛等造成的锚杆预应力损失仍然是影响建筑物安全的重要因素，永久性锚杆的长期监测工作虽可根据当前状态延长时间间隔，但仍是十分必要的。

第二节　承受倾覆力矩的基础锚固

1. 概述

电力线路的塔架、高架管道支座、风电、水塔、筒仓、高层建筑等高耸结构基础，在使用期间除了竖向荷载外主要承受风力的水平作用，水平力作用于上部结构传导至基础，基础结构要承受较大的倾覆力矩。一般情况下，可采用增大基础结构自重和增加基础埋深等方法处理，但这种方法需要为基础施工进行大开挖，浇灌大量混凝土，在施工条件不良的场地，不仅大大增加了施工难度，而且加大了经济成本。使用锚固技术，这些高耸结构物的基础可用锚杆锚固于基底以下的良好地层中，一经锚固就可使建（构）筑物基础与基底下地层形成完整稳定的结构，满足高耸结构的抗倾覆要求。抗拔锚杆应用于高耸结构基础抗倾覆时，一般为预应力锚杆，当基础下为岩石地基时也可使用非预应力锚杆。

与一般拉力型基础不同，倾覆力矩作用时，一般只有部分锚杆承受拉力，而基础另一部分的基底压力与之平衡。假设基础为刚性矩形基础，基底压力线性分布，以基底不出现受拉区、且基底最大应力不大于 1.2 倍的地基承载力进行控制，可以得到基础的最大抗倾覆力矩和锚杆的最大拉力。地震工况验算时，地基承载力可再乘以 1.25。抗倾覆基础受力简图见图 9-2-1。

$$P_{kmax} \leqslant 1.2 f_a \tag{9-3}$$

$$P_{kmin} \geqslant 0 \tag{9-4}$$

$$P_{kmax} = \frac{F_k + G_k}{A} + \frac{M_k - Ta}{W} \tag{9-5}$$

$$P_{kmin} = \frac{F_k + G_k}{A} - \frac{M_k - Ta}{W} \tag{9-6}$$

式中　P_{kmax}——标准组合时，基础底面边缘处最大压力值（kN）；

$\quad\quad P_{kmin}$——标准组合时，基础底面边缘处最小压力值（kN）；

$\quad\quad f_a$——修正后的地基承载力特征值（kN）；

$\quad\quad T$——锚杆受拉承载力标准值（kN）；

$\quad\quad G_k$——基础自重和基础上土重（kN）；

$\quad\quad F_k$——标准组合时，上部结构传至基础顶面的竖向力值（kN）；

$\quad\quad M_k$——标准组合时，上部结构传至基础底面的力矩值（kN·m）；

$\quad\quad W$——基础底面的抵抗矩（m³）；

$\quad\quad A$——基础底面面积（m²）；

$\quad\quad a$——锚杆作用位置至基础中心距离（m）。

2. 塔架基础锚固

根据所需锚固的基础形式及倾覆力矩方向，锚杆的布置可分为单根锚杆或群锚，群锚形成的抗拉合力点应位于对基础抗倾覆最有利的位置。如图 9-2-2 所示。

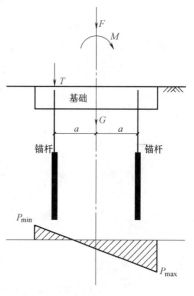

图 9-2-1　抗倾覆基础受力简图

建造在美国加利福尼亚州威尔逊山顶的、一个高达 162m 的电视发射塔架，其海拔为 1740m，由于使用了锚固技术，使其基础重量大大降低。塔架的支柱由单独的地脚支撑（图 9-2-3），把每一个地脚锚固于基岩，使用了 8 根直径为 44.5mm 的高级钢条。两端都带有螺母丝扣的钢条被插入直径 18cm、深 7m 的钻孔内，然后对钻孔最底部 3m 用膨胀水泥浆灌实。在水泥浆硬化之后，对钢条施加的预应力达 600～800kN，锚杆在岩石中锚固之后，就对钻孔内剩余部分进行灌浆处理。

英国俄福德勒斯无线电研究站需要 200 根高度 6～200m 支杆，每根支杆由平面上成 120°角的三根拉索支持（图 9-2-4）。拉索水平倾角在 43°～57°之间。支杆布置成圆弧形，拉索的工作荷载为 200～400kN。锚杆设计的主要要求是：锚杆承载力较高，拉索与锚杆连接节点的位移要小，最大位移允许值为 25mm，并且锚杆的平面位置及倾斜度要求准确。该工程的地基由一层厚 9m 的粉砂质黏土及其下卧的伦敦硬黏土或厚 5.4m 的密实含贝壳砂组成。

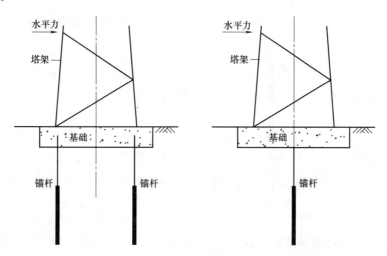

图 9-2-2　塔架独立基础锚杆布置示意图

如图 9-2-4 所示，支撑结构由单桩支撑。三个支撑桩的桩头用水平系杆和中心支杆桩连系。系杆的端头同锚杆、支杆拉索在支撑桩头上的钢盒内相连接。预应力锚杆由 2 根直径 35mm 的钢筋组成。为了检验锚杆在硬黏土和密实砂中的长度和承载力，对垂直和倾斜的锚杆都做了破坏性试验。试验结果表明，在砂中，280kN 锚杆要求最小垂直覆盖层

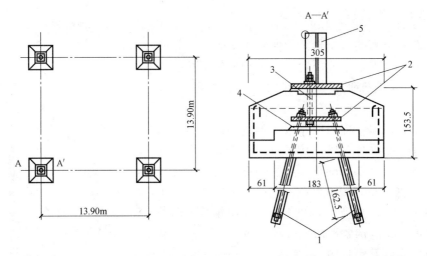

图 9-2-3　美国加利福尼亚州威尔逊山上 162m 高塔架地脚锚固示意图
1—高级钢条锚杆（φ44.5mm，每一塔基 8 根）；2—荷载分布钢板；
3—锚固螺栓（每一塔基 8 根）；4—找平钢板；5—塔架支腿

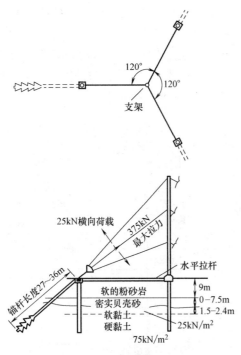

图 9-2-4　英国俄福德勒斯无线电
支杆结构基础布置图

厚 4.5m，400kN 锚杆要求最小垂直覆盖层厚度为 6.0m，在硬黏土中的最小锚固长度为 10m。锚杆总长度为 27～36m，靠近锚杆固定长度的下端设置 4 个直径为 0.6m、间距为 1.5m 的扩孔锥，以提高预应力锚杆的承载力。

3. 高层建筑基础锚固

高层建筑物承受地震或台风时，建筑物基础将承受巨大的倾覆荷载，采用永久性地锚是安全经济的有效措施之一。

日本某市一幢临海的高层建筑，高 59.9m，地下 1 层，建筑物较薄，高宽比为 6：1，采用了 252 个地锚防止地震作用及水平力产生的倾覆力矩。建筑物剖面图见图 9-2-5。建筑场地地层为第三纪中新统海相沉积物，由砂岩、粉砂岩、泥岩及砾岩互层组成，其中泥岩层作为建筑物的地基，泥岩层下面为新鲜砂岩大范围分布，其 RQD 值高于 80％～90％，此层为地锚持力层。地锚构造图见图 9-2-6。地锚锚索为带有波纹管防腐结构并在管内外注浆的预应力拉力型锚索，锚固段直径为 135mm，嵌入砂岩层 7.5m，自由段长度 10.4～12.1m。所有锚索都于上部结构施工前锚固好。

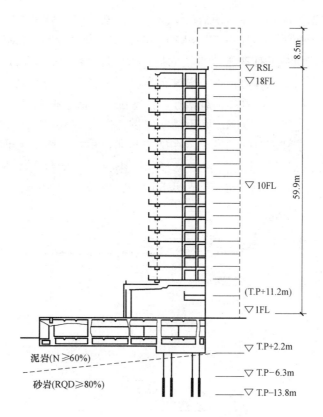

图 9-2-5　建筑物剖面示意图

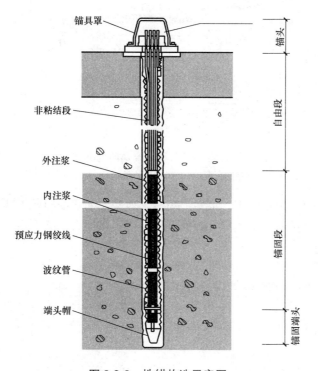

图 9-2-6　地锚构造示意图

建筑物结构为钢筋混凝土柱与钢结构梁组合的框架结构，锚固工作在 1991 年 6 月结束，建筑物部分于 1992 年 11 月完工。竣工时累计建筑荷载约为 147MN，其后建筑物荷载变化不明显。建筑物竣工日期为锚索锚固后第 640d；第 1200d，台风发生；第 1321d，南兵库地震发生。台风和地震对锚索几乎没有影响。锚索初始张拉力为 1.45MN，随建筑物施工进行，地基被压实，建筑物荷载增加，锚索拉力降低。施工结束后，锚索拉力减小的速率变慢，基本稳定于 1.26MN，大于锚索的设计拉力 1.18MN。图 9-2-7 为锚索附近压板表面与地面相对位移随时间的变化。在施工初期，相对位移变化迅速；到施工后期，相对位移变化减慢；施工结束后，相对位移几乎不再发生变化。图中，点（a）（TP-6.3m）处位移为 1.42mm，点（b）（TP-18.8m）处位移为 1.67mm。

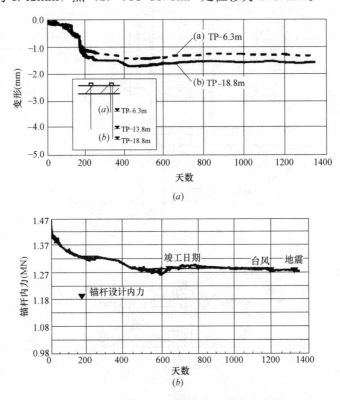

图 9-2-7　地锚拉力及位移随时间变化曲线

（a）相对位移随时间变化曲线；（b）地锚拉力随时间变化曲线

由上述长期监测结果可看出，锚索锚固后，地基及锚索锚固段的蠕变变形引起锚索预应力的下降。施工开始后，锚索产生弹性变形，锚索张拉力持续下降；施工结束后，锚索张拉力下降速度趋于稳定。

第三节　地下结构抗浮锚固

1. 概述

随着我国基础设施与城镇建设的飞速发展，越来越多的地下建（构）筑物如地下空间、地下车库、地下仓库、地下储罐、深埋水池、消力池、旋流池等不可避免地遭遇地下水抗浮问题。抗浮方法中除去传统的压重、疏排、抗拔桩等措施外，采用抗浮锚杆是一种有效的技术手段。抗浮锚杆由于其单向受力特点，抗拔力及预应力易于控制，有利于建筑结构的应力与变形协调，减少结构造价，在许多条件下优于压重和抗浮桩方案。

抗浮锚杆设计需要解决的主要问题包括：抗浮锚杆的选型、上浮力及抗浮设计水位的确定、抗浮锚杆工程基础底板的防水问题、锚杆的防腐及耐久性问题、抗浮整体稳定性问题、抗浮锚杆合理布置问题（基于荷载平衡的调平设计理念、上部结构—基础—地基—抗浮锚杆共同作用协同分析）、不同工况条件下的抗浮结构设计（最低水位和最高水位、施工阶段与使用阶段）、非预应力锚杆的合理设计与变形控制问题、抗浮锚杆的验收方法等。

2. 抗浮设防水位的确定

抗浮设防水位是建筑工程施工和使用期间可能遇到的最高水位，抗浮设防水位的确定一方面依靠现场实测分析，更多还要结合历史资料及未来发展预测，也与建设时期社会经济发展水平有关，具有很强的政策性和经验性。

抗浮设防水位应由地下建（构）筑物具体情况、现场实测地下水位（多层地下水情况应通过渗流分析提供基底相应位置不利条件下的孔隙水压力）、场地历史水文资料、场地补给和排泄条件，并结合区域地下水的变化与当地经验综合预测后确定。在我国南方地区，雨季暴雨频繁，考虑到地下结构基槽回填质量不可靠，为偏于安全，抗浮设防水位一般根据场地排水条件，取室外地坪标高以下 1～2m、甚至低洼地区采用室外地坪标高，当周边有水位高于自然地坪的河海湖泊，且地下具有渗透路径时，尚考虑其水位影响。

3. 预应力抗浮锚杆的选型与构造

常用预应力抗浮锚杆按结构及传力机理，可分为普通拉力型、普通压力型、压力分散型及扩体型（图 9-3-1）。

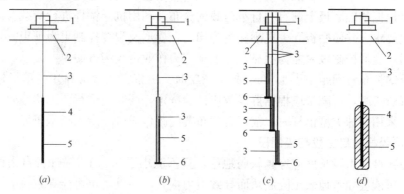

图 9-3-1　不同类型锚杆结构简图

（a）普通拉力型；（b）普通压力型；（c）压力分散型；（d）扩体型

1—锚头；2—基础结构；3—筋体；4—筋体粘结段；5—锚固体；6—承载体

抗浮锚杆选型应根据结构要求、锚固地层性质、锚杆长度及承载力、使用环境、地下水位分布和施工方法等综合确定。

预应力锚杆可施加预应力，适用于设计基准期内要求严格控制上浮变形和水浮力荷载变化频率及幅度较大的抗浮工程；非预应力锚杆是被动受力构件，只有在水浮力作用下地下结构达到一定的上浮变形后，锚杆的抗浮承载力才能够充分发挥。非预应力锚杆的变形主要为不可恢复的塑性变形，对于承受地下水浮力反复变化的情况，如荷载过大，在多次循环下，极易形成累计变形，造成地下结构上浮破坏，因此非预应力锚杆适用于荷载较低及基础底板位于岩层或坚硬地层、对变形控制相对宽松、浮力荷载变化频率较低的情况，锚杆设计长度不宜过长。

压力型锚杆更有利于提高防腐能力，确保锚杆的耐久性。当锚固地层较差而锚杆承载力需求较高时，可采用荷载分散型锚杆（压力分散型、拉压复合型等），但该类型锚杆对施工工艺要求较高，且张拉方法相对复杂。

作为永久性锚杆，抗浮锚杆应根据腐蚀环境条件，采用永久性防腐构造设计。具体做法及要求详见本《指南》有关章节。

1）抗浮锚杆布置

在满足地下结构整体抗浮稳定的基础上，抗浮锚杆的布置形式可能影响基础底板的受力及变形，以及可能引起局部抗浮不足或底板开裂等问题。应根据上部结构荷载分布、地下水浮力、结构墙柱跨度及基础刚度、抗浮锚杆承载能力及抗拉刚度、地基承载力及刚度等，考虑结构荷载平衡及变形控制，按上部结构—基础—地基—抗浮锚杆共同作用理念进行抗浮锚杆布置与设计。

（1）集中式布置。即将抗浮锚杆集中布设在墙柱下及其周围，其优点是可利用柱下及墙下基础设置锚杆进行荷载传递，基础锚固可靠，受力路径简单，同时可考虑抗压工况的承载力要求；但基础底板柱间跨中区域上浮荷载需靠基础底板传递，底板受力及局部挠曲变形较大，造成底板厚度及配筋加大，故适合结构物自重不大、地下水浮力不大、抗浮锚杆数量少的情况，特别是有抗压要求的情况。对于抗浮锚杆而言，由于刚度小及单向受拉的特点，一般不宜采用这种布置方式。

（2）分布式布置。即将抗浮锚杆均匀布置，或布置在墙柱范围以外的梁下或板下。其优点是可以根据基础底板上部有利自重荷载的分布，利用抗浮锚杆进行荷载合理平衡，达到抗浮稳定要求，并使底板受力更小和更为均匀，变形及裂缝控制更为理想。预应力锚杆这种布置形式变形控制效果尤为明显，施加预应力作业也较为方便。

当抗浮锚杆布置间距小于 1.50m 或 6～8D 时，由于群锚效应作用，单根锚杆抗拔承载力相应有所折减，折减量应根据群锚效应试验确定，同时应进行考虑群锚效应的抗浮稳定性验算。采用特殊类型锚杆时，锚杆合理布置间距也应进行专项技术研究。

2）抗浮锚杆的自由段与锚固段

预应力锚杆自由段长度应穿越软弱地层，且不应小于 4.0m。锚杆若自由段过短，施加预应力后可能会导致地表土隆起从而导致应力损失；另外，也可能导致拉力型锚杆的弹性位移较小，一旦锚头出现松动等情况，也可能会造成较大的预应力损失。同时，为了满足锚杆设计抗拔承载力，需要将锚固段置放在合适的能够提供更大抗拔力的地层内，为了满足被锚固基础结构与地层的整体稳定性，往往也需要更长的自由段。

当锚杆锚固段长度超过一定值（该值与岩土介质的弹性模量等多种因素有关）后，抗拔承载力的提高极为有限，甚至可忽略不计，因此，国内外的锚杆标准均规定了适宜的锚固段长度范围。

3）抗浮锚杆与基础连接节点设计

预应力锚杆需锁定于基础结构内部或上表面，在结构施工至特定阶段时进行张拉锁定，并按相应耐久性要求对锚头部分进行封闭，有后期监测维护要求的则需要在锚头部位设置可开启装置以便于后期监测与维护。通常需要锁定后向过渡管及钢垫板的预留孔中充填水泥浆、润滑脂或阻锈剂，为便于施工，选用的锚索锚具可富余出 1 个锚孔，钢筋锚具则需要预留一个注浆孔。

预应力锚杆锚头密封可符合下列要求之一（图 9-3-2）。

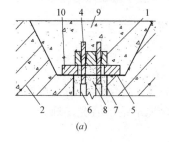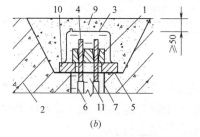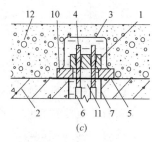

（a）　　　　　　　　　　　（b）　　　　　　　　　　　（c）

图 9-3-2　预应力锚杆锚头锚固节点简图

（a）留坑后一次性浇灌；（b）留坑后一次性浇灌（设锚具罩）；（c）锚头设置在基础结构表面

1—锚夹具；2—基础结构；3—锚具罩；4—普通筋体或环氧涂层筋体；5—砂浆或细石混凝土找平层；
6—护管；7—过渡管；8—浆体（锁定后注入）；9—强度等级不低于基础结构的微膨胀混凝土，
或强度等级高于基础结构一个等级的细石混凝土；10—钢垫板；11—润滑脂；12—建筑层

（1）基础结构可留足锚杆张拉锁定作业坑尺寸后一次性浇灌，之后张拉锁定锚杆、过渡管内注浆、浇灌封锚混凝土。工作期间有打开检查或重新张拉需求的锚头，应采用钢板或塑料复合钢板锚具罩密封锚头后再浇灌封锚混凝土。

（2）锚头设置在基础结构表面，张拉锁定后安装锚具罩，之后施工填充找平层。

4. 锚固节点防水设计

不同防水等级的地下结构工程防水设防要求与措施不同，抗浮锚杆锚固节点作为结构体系的一部分，应对其进行防水等级划分并与地下结构防水等级相匹配。对需要穿过地下结构底板的预应力锚杆，在高水位条件下，仅仅依靠锚固节点防水加强措施，严格满足一级防水等级要求时有一定难度，必要时可在结构底板以上设置排水层及排渗沟疏排渗漏水。

锚杆浆体顶部采用的防水涂料目前一般为水泥基渗透结晶型防水涂料，在有相关经验或试验验证情况下也可采用其他类型防水涂料，防水涂料与柔性卷材防水结合使用时应具备相容性。预应力锚杆锚固节点防水构造（图 9-3-3）应符合表 9-3-1 规定。

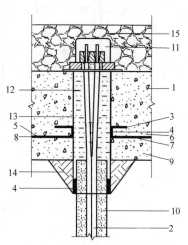

图 9-3-3　预应力锚杆锚固
节点防水构造简图

1—基础结构；2—锚杆筋体；3—防水
钢板；4—遇水膨胀止水胶（条）；
5—防水涂料；6—防水保护层；7—密
封膏；8—加强柔性防水层；9—基础
底板垫层；10—锚体浆体；11—锚具罩
（内充浆体、阻锈剂或润滑脂）；12—阻
锈剂或防腐润滑脂；13—过渡管；
14—埋置过渡管的凹坑（填充
浆体或填土击实）；15—透水材
料回填层（排渗层）

<table>
<tr><td colspan="2" align="center">抗浮锚杆锚固节点防水构造要求</td><td align="right">表 9-3-1</td></tr>
</table>

锚杆类型		预应力锚杆
防水措施		1. 遇水膨胀止水胶或金属防水板（用于金属过渡管） 2. 加强柔性防水层 3. 排渗层
防水等级	一级	应选 2~3 道防水措施
	二级	应选 2 道防水措施
	三级	应选 1~2 道防水措施

5. 抗浮锚杆稳定验算

地下结构基础下整体布置时的群锚需进行整体抗浮稳定性验算。实际验算时，可根据工程项目的抗浮锚杆设计参数、工程场地地质及水文条件并结合地下结构情况，划分为若干个具有相同参数的计算单元，分别进行验算。

考虑计算深度限值和简化后群锚实体基础底面的抗拉力，预应力抗浮锚杆工程整体抗浮稳定性验算可按图 9-3-4 及式（9-7）进行验算。

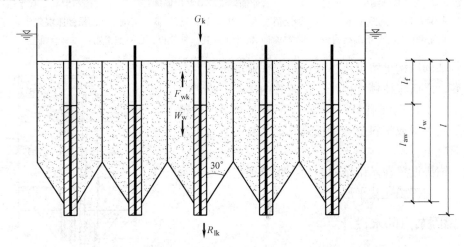

图 9-3-4 整体破坏时压力型群锚抗浮稳定性验算简图

$$W_w + G_k + R_{lk} \geqslant 1.1 F_{wk} \tag{9-7}$$

式中　W_w——压力型预应力锚杆布置范围内岩土体的重量标准值（kN）；

　　　G_k——基础自重和上部永久荷载（kN）；

　　　R_{lk}——抗浮锚杆布置范围内岩土体下部破裂面上的岩体抗拉力标准值的竖向分量（kN）；

6. 工程应用

1）北京新保利大厦地下结构抗浮锚固工程

北京新保利大厦抗浮锚杆工程由一个高层多功能主体大楼及其四周纯地下室部分组成，采用片筏基础，基础埋深约 22.0m，基底标高 22.5m。基础底板以下水文地质情况如下：

黏土、重粉质黏土⑤层：湿～饱和，可塑～硬塑；卵石、圆砾⑥层：内含细砂、中砂，层顶标高 19.26～21.53m；粉质黏土、重粉质黏土⑦层：湿～饱和，可塑～硬塑，层顶标高 10.31～12.02m；卵石、圆砾⑧层：内含细砂、中砂，层顶标高 6.65～8.88m；粉质黏土、黏质粉土⑨层：湿～饱和，硬塑～可塑，层顶标高 −3.67～−3.34m；卵石、圆砾⑩层：内含细砂、中砂，层顶标高 −10.94～−10.16m；粉质黏土、重粉质黏土⑪层：湿～饱和，可塑～硬塑，层顶标高 −21.54m。历年最高水位标高为 38.52～41.02m，抗浮设计水位标高为 37.00m，地下水对混凝土无腐蚀性，在干湿交替环境下对钢筋混凝土中的钢筋有弱腐蚀性。

本工程设计地下水浮力为 145kPa，纯地下车库结构自重无法平衡地下水浮力，主楼则由于其特殊的大跨度大空间结构，底板厚度难以满足地下水浮力的作用，因此，必须采用抗浮方案，保证建筑物的稳定和正常使用。工程地下水设防水位是根据北京市长期水位预测提出的。在当前低水位情况下，建筑物并不存在抗浮问题。如采用抗浮桩方案，由于抗浮桩抗压刚度大，难以协调主楼与地下车库的变形，桩顶应力也很集中，造成底板厚度加大。另外，本工程对抗浮结构的永久性防腐要求很高，抗浮桩的抗裂验算很难满足要求。通过与抗浮桩方案的比较，最后采用压力分散型抗浮锚杆方案。

本工程抗浮锚杆的基本设计参数如下：

（1）锚杆直径 150mm，底板以下的锚杆长度 23m。

（2）注浆体：强度等级 C40，杆体保护层厚度不小于 20mm。

（3）锚杆体：锚杆设置 4 个承载体，每个承载体设 2 束 12.7（1860MPa）低松弛无粘结预应力钢绞线，单元锚杆锚固段长度均为 4500mm，锚索顶端共 8 束钢绞线与基础底板锁定。

（4）锚杆设计拉力为 550kN，锚杆锁定荷载为 400kN。

（5）锚杆抗拔安全系数为 2.0，杆体抗拉安全系数为 1.8。

锚杆总数 622 根，其中主楼大空间区域基础底板布设 206 根锚杆，锚杆间距 3.0m×3.0m 均匀布置；纯地下车库基础，柱距 9.0m×9.0m，布设 416 根锚杆，采用柱下基础及地基梁下布置。

压力分散型锚杆总的极限抗拔力应为各个单元锚杆抗拔力之和。由于单元锚杆自由段长度不同，当锚头发生一定变形时，各单元锚杆的荷载值是不同的。因此，压力分散型锚杆的设计原则是，仅在设计荷载下各单元锚杆承担相同的荷载。锚杆锚固段长度和各单元体位置，均根据地层情况确定，以保证各单元锚杆能够提供相同的抗拔力，锚杆剖面图如图 9-3-5 所示。

由于锚杆数量较多，全部要穿越底板，对整体防水提出更高的要求。底板整体采用刚性防水与柔性防水结合，采用 4+3mm 厚 SBS 改性沥青以及水泥基渗透结晶型防水材料，锚杆结合部位采用聚合物水泥防水砂浆（最薄处 7mm 厚）和防水密封膏，每根无粘结钢绞线均采用遇水膨胀止水条缠绕。通过多种手段确保了整体防水体系的有效性，从使用情况看没有出现任何防水问题。锚杆防水节点如图 9-3-6 所示。

由于压力分散型锚杆的特殊构造，为确定锚杆的极限抗拔力，如采用一次整体张拉，各单元锚杆不能均匀受力。常规方法是先分别张拉单元锚杆的差异变形量和荷载值，再进

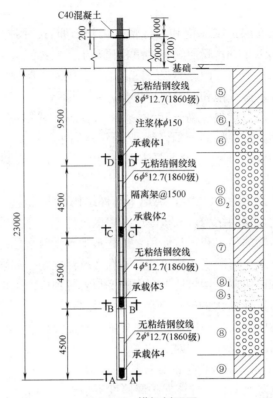

图 9-3-5　锚杆剖面图

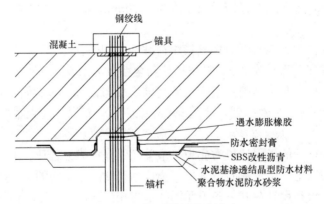

图 9-3-6　抗浮锚杆防水节点

行整体张拉。这种方法存在的问题是：由于各单元锚杆差异变形较大，当完成差异值张拉后，锚杆已施加了太大的荷载，整体张拉的荷载空间不足，无法严格进行分级加载；而且，由于各单元锚杆受力不同步，无法避免各单元锚杆的相互影响。因此，压力分散型锚杆的试验过程中，应保证在各级荷载作用下各个单元锚杆承受相同的荷载。本工程采用等荷载同步张拉方法，张拉试验装置如图 9-3-7 所示。

　　具体做法是：采用 4 台相同规格的张拉千斤顶并联，由 1 台油泵均匀供压，确保在试验过程中，4 个单元体受力相同。测试拉力的同时，分别测试 4 组单元体钢绞线的变形。锚杆的抗拔反力通过千斤顶传至反力钢梁，再通过反力钢梁传至支墩。抗浮锚杆试验成果

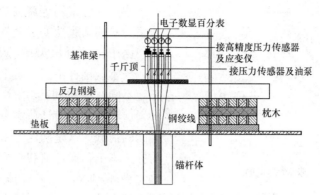

图 9-3-7　锚杆张拉试验装置

如表 9-3-2 所示。

抗浮锚杆试验成果表　　　　　　　　　　　　　表 9-3-2

锚杆编号	成孔工艺	单元锚杆极限抗拔力(kN)				锚杆极限抗拔力(kN)
		第一层	第二层	第三层	第四层	
2	泥浆护壁	325	203	325	325	1178
3		284	284	284	284	1136
7		284	325	325	325	1259
4	套管护壁	203	325	325	325	1178
5		325	150	325	325	1125
6		203	325	325	325	1178

　　本工程锚杆成孔施工的难点是卵石层中成孔。根据本工程锚杆设计、成孔地质条件和以往成功的工程经验，确定 2 种锚杆钻孔成孔工艺，即地质钻机泥浆护壁成孔工艺和套管跟进护壁冲击成孔工艺。由于成孔工艺的不同，锚索锚固端承载体分别采用了钢板挤压锚和 U 形环绕聚酯纤维承载体两种形式。

　　由于本工程地质条件和锚杆工艺特点，锚杆清孔和注浆是最为关键的环节。对压力型锚杆而言，浆体质量，特别是承载体附近的浆体质量必须得到保证，否则会直接导致单元锚杆承载体失效。对套管成孔锚杆，成孔过程中用清水循环，套管护壁，成孔注浆后，与土层的通透性较好，容易受地层渗透性和地下水动态影响。本工程基底以下 10m 范围内主要为砂及砂卵石，渗透性极强，为第一层承压含水层，且一直持续进行降水作业，形成动态水，容易造成锚杆注浆流失、形成空洞，或受流砂影响，产生夹砂。对泥浆护壁锚杆，成孔护壁泥浆比重较高，以满足成孔护壁及排砂要求。由于多个承载体相连，对泥浆置换及注浆形成一定的阻力，容易造成锚杆浆体夹砂和夹泥情况，直接影响锚杆杆体质量和承载力。

　　针对以上情况，通过工艺试验采取了以下技术措施，取得了很好的效果：①通过多次间歇补浆，减少和补充锚杆流失浆体，避免出现空洞；②对于泥浆护壁锚杆，除以上措施以外，还要通过自下而上，不同深度，特别对承载体附近的反复补浆，减少杆体缺陷。

　　检测试验数量为锚杆总数量的 5%，拉拔力为 1.5 倍的设计荷载，采用分级单循环试

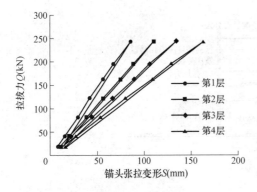

图 9-3-8 单元锚杆拉拔力 Q 与锚头张拉变形 S 关系曲线

验方法，同样采用等荷载同步张拉方法，其拉拔力与锚头张拉变形关系如图 9-3-8 所示。

由于压力分散型单孔复合锚杆的特殊性，与常规锚杆不同，各个单元锚杆的自由长度不同，在相同荷载下，变形差异很大。必须保证在总的设计荷载下各单元锚杆承担相同的荷载，这是确定各单元锚杆锁定值的前提。本工程设计荷载 550kN，总的锁定荷载定为 400kN，各单元体的锁定值均不相同，每个单元的张拉、锁定荷载及相应变形值如图 9-3-8、表 9-3-3 所示。

锚杆锁定值 　　　　　　　　　　　　　　　　　　　表 9-3-3

单元锚杆编号	张拉长度（m）	锁定荷载（kN）	计算变形（mm）
1	11.5	72	21.5
2	16.0	97	40.3
3	20.5	111	59.1
4	25.0	120	77.9
合计		400	

考虑到建筑物的变形协调，并减少锚杆预应力损失，锚杆的张拉锁定是在主体结构完成 80% 后进行的。根据计算确定的单元体锁定荷载值，从最下面的单元体开始张拉锁定，自下而上依次进行，严格按单元体分组张拉，直接锁定在底板上，外锚头采用混凝土封闭保护。

2）北京第五广场地下结构抗浮锚固工程

第五广场位于北京市东城区二环路内东四十条桥西南角，东四危改小区沿街公建北区 D5 区，地上由 A、B、C 三栋写字楼组成，地上 18 层，地下 4 层。占地面积为 13660m²，总建筑面积 120012m²，其中，地下建筑面积 44512m²。结构类型为现浇钢筋混凝土框架剪力墙结构，基础采用片筏基础，埋深－23.06～－24.26m。设计±0.00 标高相当于绝对标高 43.50m。其中，主楼基槽底标高为－24.26m，裙楼基槽底标高为－23.06m。

基础底板以下地层各层情况如下：

（1）黏土⑤层。褐黄色，湿～饱和，可塑，属中压缩性土，土质较均匀，局部夹重粉质黏土薄层、⑤₁ 粉质黏土及 ⑤₂ 细砂薄层或透镜体。本层厚度 3.10～7.10m，层底标高 17.98～20.85m。

（2）卵石⑥层。杂色，密实，饱和，卵石含量 60%～70%，粒径一般为 2～6cm，最大粒径 10cm，中粗砂充填。本层厚度 3.80～10.00m，层底标高 9.18～11.21m。

（3）细砂⑥₁ 层。褐黄色，密实，饱和，含砾石约 20%，少量中粗砂、云母、氧化铁，分布于卵石⑥层的顶部。本层厚度 0.80～5.10m，层底标高 14.93～18.71m。

（4）黏土⑦层。褐黄色，饱和，可塑，属中～中低压缩性土，含云母、氧化铁，夹重粉质黏土薄层或透镜体、⑦₁粉质黏土及⑦₂砂质粉土透镜体。本层厚度 0.70～4.10m，层底标高 5.53～9.08m。

（5）细砂⑧层。褐黄色，密实，饱和，颗粒较均匀，含云母、氧化铁及少量中粗砂、砾石。本层厚度 0.80～3.40m，层底标高 4.27～7.35m。

（6）卵石⑨层。杂色，密实，饱和，卵石含量 60%～70%，局部夹黏性土透镜体，分选较好，粒径一般为 2～6cm，钻探可见最大粒径 10cm，中粗砂充填。本层在场地内分布较连续，本层厚度 4.80～7.30m，层底标高约－1.68～0.16m。地质勘察报告提供的主要地层参数见表 9-3-4。

土层岩性及主要参数　　　　　　　　　　　　表 9-3-4

序号	土层编号	土层名称	土层描述	厚度(m)	极限侧摩阻力标准值(kPa)
1	⑥	卵石	密实，饱和	9	70
2	⑦	黏土	饱和，可塑	4	55
3	⑧	细砂	密实，饱和	1	60
4	⑨	卵石	密实，饱和	5	80

该工程地下结构抗浮采用由 3 个单元锚杆组成的压力分散型锚杆。其主要设计参数为：①锚杆成孔直径 150mm；②锚杆长度 17m；③水泥浆体强度等级 M35；④锚杆体：6 束（单体 2 束）1860MPa 无粘结低松弛预应力钢绞线；⑤锚杆设计拉力 345kN，锚杆锁定荷载 210kN；⑥锚杆抗拔安全系数 2.0，杆体材料安全系数 1.8。

抗浮锚杆布置在基础地梁上，锚杆间距约 2.0m，布置形式如图 9-3-9、图 9-3-10 所示。

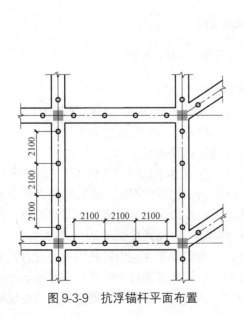

图 9-3-9　抗浮锚杆平面布置　　　　　　图 9-3-10　抗浮锚杆剖面图

抗浮锚杆采用全套管锚杆钻机施工，共计施工抗浮锚杆约 9000 延米。锚杆施工完成后效果见图 9-3-11。

图 9-3-11 施工后的抗浮锚杆

抗浮锚杆施工后，按总数的 5％随机抽取进行验收试验，验收荷载为 1.5 倍的设计值。采用等荷载同步张拉方法，典型抗拔力与锚头位移曲线见图 9-3-12。验收试验结论：受检的工程锚杆抗拔力满足 345kN 的设计要求。

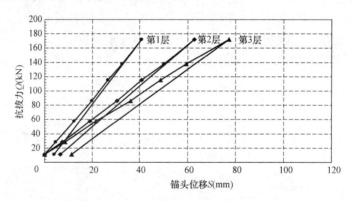

图 9-3-12 抗浮锚杆抗拔力 Q 与锚头位移 S 曲线

3）非预应力抗浮锚杆在北京某抗浮工程中的应用

本项目由 3 栋高层及纯地下车库等组成，采用筏板基础形式，基础埋深为 18.1～18.9m。地层情况主要为填土、粉质黏土、粉土与卵石层，地下水水头平均约为 5.0～6.0m，设计地下水浮力为 110 kPa，采用非预应力抗浮锚杆方案。

锚杆直径 200mm，底板以下的锚杆长度 14.0m。注浆体采用强度等级 M25 水泥净浆。锚杆顶部设置 3.0m 非粘结段，锚固段长度 11.0m，采用 1080MPa、1ϕ25 预应力螺纹钢筋，锚筋外全长设置 ϕ80 塑料波纹管，锚筋顶部采用钢板加螺母形式锚固于基础底板。锚杆设计拉力为 300 kN。车库底板下均匀布置，锚杆间距 1.8m×1.8m、2.0m×2.4m。

采用顶部设置非粘结段的非预应力钢筋锚杆，是考虑到非预应力锚杆为被动受力—变形—抗力模式，即受荷后先变形随之产生抗力，常规全长粘结锚杆在循环荷载作用下，易因此发生并累积永久残余变形，当累积的塑性变形达到一定程度并接近被锚固基础底板结构临界挠度变形后，再次受荷—产生抗力并随之产生的竖向变形将超过被锚固基础底板结构临界挠度变形，进而造成被锚固结构物产生开裂、局部隆起等破坏，可视为抗浮锚杆失效。因此，本工程采用的非预应力锚杆上部设置 3.0m 非粘结段长度作为锚杆的弹性段，

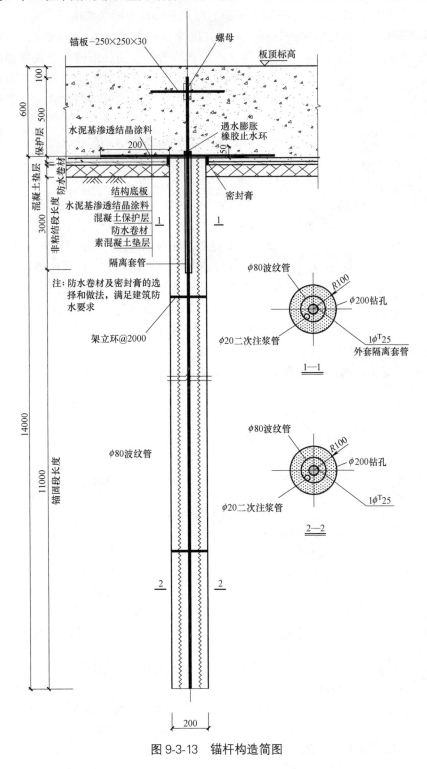

图 9-3-13　锚杆构造简图

用以克服循环荷载作用下非预应力锚杆的残余变形积累问题。同时，非粘结段长度较短，其弹性变形也很小，锚杆筋体承受水浮力荷载产生的弹性变形不会对基础底板变形造成不利影响。

考虑到非预应力锚杆一般承受拉力，拉力作用下锚筋外围灌浆体将产生较多环形微裂缝，使灌浆体失去对锚筋的保护作用，同时在灌浆体内加设阻锈剂，因此，在防腐做法上，本工程非预应力钢筋锚杆沿锚杆全长在锚筋外侧设置 $\phi80$ 塑料波纹管，可有效防止拉力作用下灌浆体的微裂缝开展，防止地下水对锚筋的腐蚀作用。锚杆构造简图见图9-3-13。

锚杆验收试验曲线显示：在验收荷载下，锚杆最大位移均小于 25mm，其中塑性变形小于 10mm，满足设计要求。

4）瑞典 Capellis 反射天线塔架底脚的锚固

瑞典 Capellis 反射天线支架采用了锚固基础，该基础可以将支架的重量和锚固力分布在地层的大范围内（图 9-3-14）。有些专家认为不应对锚杆施加充足的预应力，因为这样会降低基础上的承载压力（基础的尺寸是根据地基的安全承载力确定的）。但这种意见是不正确的，特别是对于建造在不太坚实地基上的基础更是如此。当结构承受倾覆弯矩时，锚杆预应力值不足就会增大锚杆的应力和拉伸变形，结果使基础产生扭转变位，因此压力就会集中在基础的较狭窄地带，从而增大这一面积上的荷载。

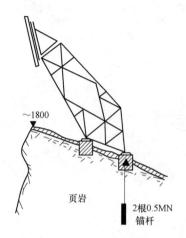

图 9-3-14 瑞典 Capellis 反射天线塔架底脚的锚固

参 考 文 献

［1］ J. Martin，Byland Engineering Ltd，York，UK P. Daynes，Atkins China Ltd，HongKong C. McDonnell，White Young Green，Dublin，Ireland M. J. Pedley，Cementation Foundations Skanska Ltd，London，UK The design，installation & monitoring of high capacity antiflotation bar anchors to restrain deep basements in Dublin Ground anchorages and anchored structures in service，Edited by G. S. Littlejohn

［2］ Lee Jordan，Arup Manchester，UK Monitoring of Multi-Strand Ground Anchors at the City of Manchester stadium，Ground anchorages and anchored structures in service. Edited by G. S. Littlejohn

［3］ 丁佩民，肖志斌，张其林. 锚杆作为张拉索膜结构抗拔基础的设计问题. 建筑结构，2003，（11）.

［4］ 加藤千博，池田正基，柴琦富士男，等. 用永久性地锚预防高层房屋倒塌：长期量测结果. 岩土锚固工程技术与应用的发展，1996.

［5］ 付文光，柳建国，杨志银. 抗浮锚杆及锚杆抗浮体系稳定性验算公式研究. 岩土工程学报，2014，（11）.

［6］ 程良奎，范景伦，韩军，等. 岩土锚固. 北京：中国建筑工业出版社，2003.

[7] 中华人民共和国建设部. 高耸结构设计规范 GB 50135—2006. 北京：中国计划出版社，2007.

[8] 中华人民共和国住房和城乡建设部. 混凝土结构设计规范 GB 50010—2010. 北京：中国建筑工业出版社，2011.

[9] 中华人民共和国住房和城乡建设部. 建筑地基基础设计规范 GB 50007—2011. 北京：中国建筑工业出版社，2011.

[10] 中华人民共和国住房和城乡建设部. 地下工程防水技术规范 GB 50108—2008. 北京：中国计划出版社，2008.

[11] 柳建国，吴平，尹华刚，等. 压力分散型抗浮锚杆技术及其工程应用. 岩石力学与工程学报，2005，(21).

[12] 中华人民共和国工业和信息化部. 抗浮锚杆技术规程 YB/T 4659—2018. 北京：冶金工业出版社，2018.

[13] 陈国强. 压力分散型抗浮锚杆技术在北京第五广场工程中的应用//苏自约，林强有，丁国贵等. 岩土锚固技术的新发展与工程实践. 北京：人民交通出版社，2008.

第十章 混凝土坝的锚固

第一节 概 述

自从 1934 年阿尔及利亚舍尔法坝改造加高 3.0m，采用 37 根承载力为 10000kN 的预应力锚杆成功地保持了大坝的稳定以来，国际上混凝土重力坝、连拱坝的改造与新建工程中高承载力预应力锚杆的应用已获得迅速发展。在以美国为主的北美，1964～2004 年的 40 年间，已有 318 座混凝土坝的加高和加固（图 10-1-1）采用高承载力的预应力锚杆（索）技术，尤其是 1985～2002 年的 17 年间，就达 251 座，占 40 年总应用量的 79%。2004 年美国在新建的高 30m 的马密特大坝和船闸工程中，成功地采用 337 根承载力达 2.0MN 的预应力锚杆技术。在 2005 年又完成了用 62 根承载力为 6.2～9.2MN 的预应力锚杆加固高 54m 的吉尔波大坝工程，满足了该坝后新的洪水标准条件下的稳定性要求。在澳大利亚，据统计，从 1958～1995 年约有 30 多座重力坝采用预应力锚杆加固。特别在 1981 年完成曼利坝基岩锚固工程后，发展尤为迅速（表 10-1-1）。还要特别说明的是，此后所使用的岩锚均为全新的、可检测的和可重复施加预应力的，其筋体由完全密封在聚乙烯护套内的高强度钢绞线组成，锚杆锚固段护套的内外侧采用水泥灌浆。这类新型的预应力锚杆，具有良好的长期性能。

在国内混凝土坝的建造中，一般是利用预应力锚杆（索）加固坝基，将预应力锚杆（索）贯穿坝体锚固于基岩的工程主要有：1991 年完成的陕西石泉混凝土重力坝加固和 2005 年完成的石家庄峡石沟混凝土重力坝新建工程。前者的目的是为了抑制千年一遇的洪峰导致大坝出现拉应力，共采用 29 根承载力设计值为 6MN 和 1 根承载力设计值为 8MN 的预应力锚杆加固坝体；后者是基于要在显著减小坝体混凝土体积条件下用岩锚技术保持混凝土坝的整体稳定，共采用 62 根设计承载力为 2.2MN 的压力分散型锚杆。

至今，从总体上说，国内外所有包括改建或新建的 700 余座被锚固的混凝土坝，工作状态良好或基本良好。

大量的工程实践表明，高预应力锚杆（索）用于混凝土坝的加固、加高及新建工程中，具有以下突出的优越性。

（1）预应力锚杆（索）施加的荷载是永久的、可监测和可重复施加的，具有高度的可靠性和灵活性。

（2）经济。预应力锚固体系所用的 1t 钢绞线可取代 300～400m³ 混凝土。英国（苏格兰）一座高 22m 的 Allt-na-Lairige 重力坝由于使用了预应力锚固技术，使混凝土梁减少了 50%，工程费用减少了 17%。法国在 St. Michel 地区的多拱坝建造中首次使用了预应力锚固技术，结果表明，用于锚固坝体的 1.0t 钢材，能节省 340m³ 混凝土，使工程总费用减少了 20% 左右。我国河北省石家庄市一座新建的用于拦挡垃圾及洪水的混凝土重力坝，高 32m，采用了 62 根承载力设计值为 2.2MN 的预应力锚杆，结果使混凝土量节约了 37%，减少了工程总费用的 30%。

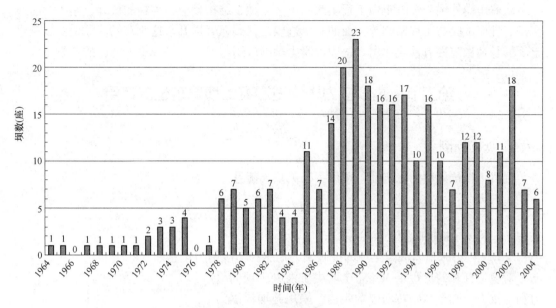

图 10-1-1　北美预应力锚固混凝土重力坝和拱坝的应用量

澳大利亚采用后张锚索加固与加高的重力坝（1981～1995 年）						表 10-1-1
大坝	加载年份	坝高(m)	锚索构造	工作荷载(kN)	最小预应力筋间距(mm)	最大钻孔直径(mm)
曼利	1981	19	24/15.2mm	6000	5.0	215
古尔本	1983	15	27/15.2mm	6750	1.75	200
奇切斯特	1983	43	132/7mm	6640	1.70	254
休姆(2 期)	1987	51	55/15.2mm	13750	2(8.0)	312
卡塔拉克特	1988	54	56/15.2mm	13750	2.5	310
沃勒甘巴	1989	142	63/15.2mm	16500	2.5	310
格伦	1989	37	52/15.2mm	13670	3.0	300
马鲁纳	1990	47	52/15.2mm	13670	3.6	305
古公	1991	35	36/15.2mm	9400	2.65	254
比克利	1991	13	12/15.2mm	3150	1.2	165
芒特科尔	1991	25	44/7mm	2860	3	250
尼平	1992	75	63/15.2mm	16500	2.0	314
卡普廷斯弗拉特	1992	17	19/15.2mm	4960	2.5	215
巴林贾克	1994	79	65/15.2mm	16250	1.5	315
莱尔	1995	20	19/15.2mm	4960	2.5	215

（3）可在不停止混凝土坝运行条件下实施坝体加固。

（4）能显著提高混凝土坝的抗震稳定性。

随着国内外锚固混凝土坝工程实践的增多，坝工结构预应力锚杆的设计、施工、防腐保护、性能试验与工程监测等方面的技术进步已得到显著提升，这对有效保障锚固型混凝土坝的长期稳定性有重要作用，锚固混凝土坝的应用与发展将呈现更加宽广的前景。

第二节　高预应力岩锚对混凝土坝稳定性的作用

1. 抵抗倾倒

混凝土抵抗倾倒的稳定性，可用下列关系式衡量。

$$K = \frac{M^-}{M^+}$$ （10-1）

式中　K——抵抗倾倒的安全系数；

M^-、M^+——未锚固混凝土坝的抗倾倒力矩总和与倾倒力矩总和（kN·m）。

对稳定有利的负弯矩 M^- 完全取决于混凝土坝的重力和该重力中心至基础转动边的距离。采用施加锚固力的方法提高混凝土坝的抗倾倒稳定性，其突出的优点是所施加锚杆荷载的中心可以位于距离转动边较远处，因此，它与其他任何混凝土或圬工结构所产生的力相比，获得同等的抗倾倒力矩所采用的锚固力可以显著减小（图 10-2-1）。

混凝土坝抵抗倾倒所需的预应力锚杆锚固力可由下式计算：

$$T = \frac{KM^+ - M^-}{t_p}$$ （10-2）

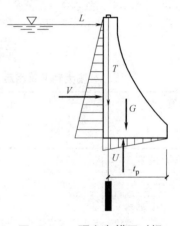

图 10-2-1　预应力锚固对坝体结构抗倾倒的作用图

L—冰压力；V—水压力；U—冰压力；G—坝体重；T—预应力锚杆锚固力；t_p—锚固力的弯曲半径

式中　T——垂直作用于坝基的预应力锚杆所提供的锚固力总和（kN）；

K——抵抗倾倒的安全系数；

M^+——锚固前作用在结构上的倾倒弯矩之和（kN·m）；

M^-——锚固前作用在结构上的抗倾倒弯矩之和（kN·m）；

t_p——锚杆锚固力中心至主坝边缘线间的距离（m）。

2. 抵抗沿基础面的滑动

坝体对沿基础面的水平位移的阻力在很多情况下是由坝体的重力和基础面的摩擦系数所决定的。其值可由以下的关系式求得出：

$$K = \frac{\sum W \cdot f}{\sum P}$$ （10-3）

式中　K——剪切破坏的安全系数；

$\sum W$——重力作用于基础面的力的总和（kN）；

$\sum P$——使结构产生位移的平行于基础面的切向力总和（kN）；

f——基础面的摩擦系数。

如果计算得出的坝体抗滑稳定安全系数不能满足要求，则可用增加坝体重量或采用预应力锚杆将坝体与基岩紧紧地锚固在一起的方法来提高坝体沿基础面的抗滑稳定性。

采用垂直或倾斜于基础面的预应力锚杆（图 10-2-2）来增大沿基础面抗滑稳定性的混凝土坝，其抗滑稳定安全系数可按下列公式计算。

1）按抗剪断强度

$$K = \frac{f'(\sum W + \sum T_n) + c'A}{\sum P - \sum T_t}$$
(10-4)

式中 K——抵抗按剪断强度计算的抗滑稳定安全系数；

$\sum W$——作用于锚固前坝体上全部荷载（包括扬压力）对滑动面的法向力的总和（kN）；

$\sum P$——作用于锚固前坝体上全部荷载对滑动面的切向力的总和（kN）；

$\sum T_n$——预应力锚杆作用力对滑动面的法向分力总和（kN）；

$\sum T_t$——预应力锚杆作用力对滑动面的切向分力总和（kN）；

c'——坝体混凝土与坝基接触面的抗剪断黏聚力（kPa）；

f'——坝体混凝土与坝基接触面的抗剪断摩擦系数；

A——坝体与坝基的接触面积（m²）。

2）按抗剪强度计算

$$K = \frac{f(\sum W + \sum T_n)}{\sum P - \sum T_t}$$
(10-5)

式中 K——按抗剪强度计算的抗滑稳定安全系数；

f——坝体混凝土与坝基接触面的抗剪摩擦系数。

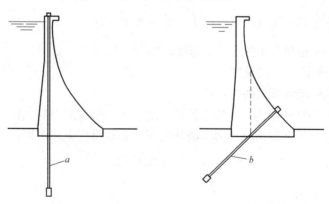

图 10-2-2 垂直或倾斜于坝基面的预应力锚杆

a—垂直锚杆；b—倾斜锚杆

3. 对抗震稳定性的作用

地震对坝体结构的破坏作用应根据坝体到震中的距离及岩土体在垂直方向或水平方向

的加速度而定。

在震中的地震应力来源于垂直方向的加速度，由于相互作用的块体的惯性，致使竖向力在竖向振动过程中发生变化，这种变化可以产生大于结构强度或基岩承载力的荷载，给结构造成严重破坏。由于预应力锚杆提供的锚固力和与结构重量有关的力不同，在地震振动的影响下不会发生变化，因此锚固力应用于地震区的坝体工程，有助于减少竖向加速度引起的附加荷载。

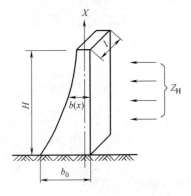

图 10-2-3 地震时水平加速度对坝体稳定性的影响

随着坝体结构与震中距离的增加，任何加速度的水平分力也越加占优势，这会引起水平荷载的变化，同时通过惯性作用，产生一个与结构重量成正比的附加水平力。因此，水平加速度对于坝体这类竖向结构的稳定是一个较大的威胁。

对于承受水平荷载的坝体结构，水平加速度危及结构稳定的程度更为严重。因此，在地震区内，锚杆锚固力比增加结构重量对结构安全度的贡献要大得多（图 10-2-3）。

根据以上分析，地震条件下大坝基础面抵抗剪切破坏的安全系数可由下式得出：

$$K = \frac{N \cdot f}{Z_H + \alpha \cdot Q \int_J^H b(x) \mathrm{d}x} \tag{10-6}$$

式中　　K——锚固前坝基面抗剪切破坏的安全系数；

　　　　N——未锚固结构的重量；

　　　　f——基础面摩擦系数；

　　　　Z_H——静荷载的水平分力；

$\alpha \cdot Q \int_J^H b(x) \mathrm{d}x$——结构重量的惯性产生的水平地震力；

　　　　α——振幅为 α 的水平加速度；

　　　　Q——混凝土的重度；

　　　　$b(x)$——坝体横截面的当量。

当采用预应力锚杆将坝体与基岩紧锁在一起，可依靠锚固力取代相当部分的结构重力时，则在地震条件下坝基础面抵抗剪切破坏的安全系数可由下式求得：

$$K = \frac{N \cdot f + c(b_0)}{Z_H + \alpha \cdot Q \int_J^H b(x) \mathrm{d}x} \tag{10-7}$$

式中　c——坝基础面的黏聚力；

　　　b_0——坝基础面处的坝宽。

比较式（10-6）和式（10-7）可以清楚地看出，锚固混凝土坝抗剪切破坏安全系数的计算公式（10-7）中，其分子项中增加了坝基面上的黏聚力 c，在分母第二项，由于坝体重量的减小导致水平地震力减小，因而，它比非锚固的坝体结构具有更大的安全性。

对于坝体结构抗倾倒安全系数，可以用类似于坝基面抗剪切破坏的公式来表示。

在地震时，岩石的应力状态可能改变，从而使锚杆周围的岩石破坏区扩展，就会减弱锚杆的锚固强度。但是，用于锚固坝体的锚杆较长，其锚固段一般离坝基面较远，由于坝振动所产生的摆动有所衰减，因而减弱锚杆锚固强度的危险较小。

总之，在地震区改建或新建混凝土坝，采用锚固结构是增强其抗剪切破坏和抗倾倒破坏安全度的经济而有效的方法。

第三节　混凝土坝锚固的设计施工原则与技术要点

1. 设计

（1）在混凝土坝改造及新建工程的规划设计阶段，根据安全可靠、经济合理、缩短工期的基本原则，应重点考虑采用高预应力锚杆（索）锚固的坝体结构。

（2）对于重力坝，预应力锚杆通常应垂直布置，或自垂直方向略微倾斜，锚杆荷载宜在坝顶或其附近施加，作用点应尽可能靠近大坝上游面，以形成最大的稳定力矩。

（3）所设计的锚杆工作荷载应与大坝自重一起作用，采用一个统一的允许的安全系数抵抗水的水平推力、静水扬压力和其他一些不稳定力所产生的倾覆力矩。

（4）坝体自重和预应力锚杆提供的垂直荷载所调动的坝体与坝基间的摩擦力（以及倾斜锚杆作用于坝基面上的切向分力）可共同抵抗坝体沿基础面的水平滑动。

（5）单根预应力锚杆的承载力应根据大坝单位长度所需的作用力、锚杆间距及锚杆的利用率确定，一般为 2.5MN～10MN。

（6）混凝土坝中预应力锚杆的设计应严格遵循国家标准 GB 50086—2015 的有关规定，锚杆的锚固段应设置在坚硬的岩体中，锚固段长应不小于 3～5m，但也不必大于 10m。

（7）预应力锚杆自由段穿过坝基面不小于 5m，其穿过坝基面的距离尚应满足坝基面至锚固段上端的有效岩石体积重量不小于预应力锚杆承载力设计值。

（8）设计采用的岩石与锚杆灌浆之间的平均极限粘结应力（强度）标准值应由预应力锚杆的基本试验确定，平均粘结强度设计值的安全系数应不小于 2.0。

（9）设计采用的钢绞线抗拉强度设计值应取 0.5～0.55 的钢绞线极限抗拉强度标准值。

（10）预应力锚杆的锁定荷载宜取 105％的设计荷载值，以满足锚杆长期工作后锚杆的预应力值仍保持不小于 95％的设计荷载。

（11）为尽量减小对锚杆施加预应力过程中的锚固蠕变量及其引发的锚杆预应力损失，建议对高承载力锚杆采用分期（分阶段）加荷方式，即起始荷载（5％的设计荷载），加荷至 60％的设计荷载（停放 1～2 周），加荷至 80％的设计荷载（停放 1～2 周），加荷至 105％的设计荷载锁定。

（12）钻孔直径应保证包裹锚杆筋体的波形管与钻孔周围岩体的距离不小于 2.0cm。当锚杆的承载力设计值为 2.5～10MN 时，一般钻孔直径宜为 200～320mm。

（13）锚杆设置：

根据预应力锚杆锚固场地和锚杆数量，在平面上锚杆可均匀布置。

① 为最大限度地发挥预应力锚杆的力学作用，根据满足重力坝或拱坝稳定的要求，

锚杆与坝基面相交方式可设置垂直或倾斜的锚杆形式。

② 为最大限度地降低群锚效应对预应力锚杆固有承载力的不利影响，位于基岩中的锚杆锚固段在垂直方向宜错开 1/2 锚固段长度。

③ 预应力锚杆的锚头宜布置在坝顶、坝坡及廊道等有利于检查修复的部位。

④ 布置在坝体结构面上的锚头，不宜凸出结构物表面。

2. 施工

1）钻孔

（1）钻孔机具宜用潜孔锤。美国在混凝土坝改造工程中的钻孔作业中，所使用的潜孔锤不仅钻孔偏斜率小，而且钻孔效率高。斯图尔特拱坝抗震锚固工程中，设计孔径 250mm、孔深 78m 的钻孔，采用潜孔锤钻孔，孔的偏斜率控制在 1/200 以内，在混凝土和花岗岩中，成孔速度达到 18m/h。图 10-3-1 为潜孔锤正在拱坝上钻孔的情景。

图 10-3-1　在拱坝上用潜孔锤钻孔的情景

（2）用于锚固混凝土坝的岩石锚杆，通常杆长都大于 50m，且由于满足大坝稳定要求，一般布置较密的高承载力锚杆，因而为避免群锚效应对锚杆固有承载力的不利影响，以及满足锚固坝体自身要求，钻孔偏斜率宜控制在 1/100～1/200，每钻进 3～6m，要进行一次孔的偏斜测量，并采取有效的纠偏措施。

（3）钻孔完成后，应进行透水试验。透水试验可取整孔或取部分孔深。美国斯图尔特混凝土拱坝抗震锚固工程采用的透水试验标准是在 10psi（1psi＝6.895kPa）压力下，每 10min 孔内水量损失为 USgal（1USgal＝3.785L）。

不满足透水标准的孔段，或钻孔内的水泥浆出现喷射状情况，则应用贫水泥预浇灌密封后重新钻孔，尤其对水头压力较大的坝基与混凝土接触面处，应采取预灌浆措施，并加入膨胀剂或硅酸钠来防止水泥浆的流失。LittleJohn 曾建议渗透系数在 10 以上的区段均应进行预灌浆处理。美国的实践经验是在有承压水的区域钻孔，进行预灌浆处理。

2）灌浆

（1）灌浆采用 32.5 级普通硅酸盐水泥，水灰比宜为 0.4～0.45，离析率控制在 2%～5%。

（2）根据需要，灌浆料中可掺加外加剂。

（3）施工前对水泥及水泥结石体的质量应进行校验，水泥结石体 28d 强度应不小于 M25。

（4）确保灌浆体的流动性，并采取防止其离析的措施。

3）杆体安放

（1）杆体一般采用直径为 15.2mm 的钢绞线作筋体，在工厂制作，缠绕在直径 2.4～3m 的圆筒上运输到安放现场。

（2）采用有效控制的方式，将杆体下放到钻孔内，一般采用卷扬机、起重机下放，在特殊条件下，可以采用直升飞机下放（图 10-3-2）。

3. 防腐保护

用于锚固混凝土的锚杆，均属于永久性锚杆，局部长度锚杆长期处于承压水岩层中，因此，预应力锚杆的防腐保护是大坝锚固设计施工的重要组成部分。

（1）杆体防腐保护应采取 I 级防护，应执行国家标准 GB 50086—2015 中表 4.5.44-5-4 关于 I 级防腐保护构造设计的规定。若锚杆处于腐蚀性的环境中，则杆体筋材宜采用环氧涂层钢绞线或欧洲锚杆防腐标准要求，测定锚杆杆体与周围地层间及锚头与锚杆筋体间的电阻值，其值应分别不小于 0.1MΩ 和 100Ω。

图 10-3-2　在拱坝上下放由环氧树脂涂层钢绞线组成的锚杆杆体

（2）锚杆张拉后，应及时对锚具及外露钢绞线进行防腐保护，外露钢绞线长度应满足可进行再次张拉的要求；锚头处要设置可拆卸的防护涂锌钢罩，钢罩内的全部空隙应用防腐油脂充满。

4. 锚杆性能试验

为了校核锚杆设计中采用的锚杆灌浆体与围岩间的粘结应力以及抗拔安全系数，评价现场地层蠕变的敏感性，校验工程锚杆结构及其性状是否符合设计要求，以及预测锚杆的长期性能及锚固结构的安全度，应进行一系列性能试验。主要包括：

1）基本试验

基本试验是在施工图设计前需实施的预先制作的锚杆的性能试验，从中可获得锚杆灌浆体与围岩间的极限粘结应力。

2）验收试验

通过锚杆多循环张拉验收试验，可以验证锚杆的承载力、蠕变变形及自由段长度是否符合 GB 50086—2015 的规定及设计要求。在混凝土坝锚固工程中，多循环加荷的验收试验锚杆数量应不少于工程锚杆总量的 10%。

3）提离试验

锚杆锁定后随即进行的提离试验称为初始提离试验，其目的是掌握锁定荷载是否传递到锚固区域。使用过程中再次或多次进行的提离试验称为扩展性提离试验，其目的是结合以前的提离试验结果，预测锚固混凝土坝运行期内预应力锚杆提供的锚固荷载。国外混凝土坝锚固工程锚杆提离试验的荷载一般为 0.95～1.05 倍锁定荷载（1.1 倍设计荷载），选取扩展性提离试验的锚杆数量均为锚杆总量的 12.5%。美国吉尔波（Gilbon）混凝土坝锚固工程在锚杆锁定后对 10 根锚杆进行了初始提离试验，30d 后，又进行了锚杆的扩展性提离试验，试验结果如图 10-3-3 所示。将初始提离试验与扩展性提离试验的锚杆荷载连成一线，可推测服务年限达 100 年的锚杆荷载为设计荷载的 99%～102%。

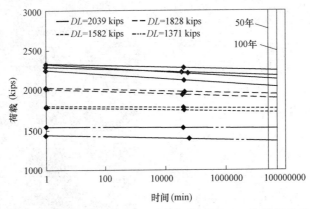

图 10-3-3　初始提离试验与扩展提离试验显示的锚杆荷载
随时间的变化曲线（1.0kips＝4.448kN）

5. 锚杆长期性能监测

（1）混凝土坝锚固工程，应对预应力锚杆的拉力变化进行长期监测，监测锚杆的数量应不少于锚杆总量的 15%，并不得少于 5 根。当监测锚杆预应力损失总量大于锚杆预应力设计总体的 10% 时，应对混凝土坝采取加强措施。

（2）在长期监测中，若发现测力计存在缺陷，不能准确测得真实数据，应及时更换测力计，或启动锚杆提离试验和扩展的锚杆提离试验，以获得当前的和长期的锚杆荷载变化，为评估锚杆的长期性能提供依据。

第四节　采用基岩锚固技术改造和新建混凝土坝的应用概况

1. 概述

自 1934 年阿尔及利亚舍尔法重力坝首次成功地采用基岩预应力锚固技术将大坝加高 3.0m 以来，据不完全统计，全世界约有 700 座以上混凝土重力坝或连拱坝的改建或新建采用了基岩锚固技术。20 世纪 80 年代以后，用预应力锚杆（索）锚固的大坝迅速增多，尤

表10-4-1

国内外采用基岩锚固改造或新建的部分混凝土坝

序号	项目所在国	坝名	坝体几何参数	坝体改造或新建	基岩条件	锚杆工程与锚杆结构参数	防腐	使用效果
1	阿尔及利亚	舍尔法重力坝	坝高30m	1934年改建加高3.0m	砂岩	采用37根预应力锚杆加固大坝，每根锚杆由630根直径5mm的钢丝组成。施加预应力达10MN		使用20年后，锚杆预应力损失达3%，30年后锚杆预应力损失达9%，主要是由两根锚杆与锚头连接处出现腐蚀破坏所致。后用54根2MN的预应力锚杆加强，此后预应力未见有锚杆预应力损失和坝体再次加固的报道
2	美国	亚利桑斯图尔特大坝	双曲拱坝，60m高，修建于1928~1930年	为满足承受受强地震作用要求，于1990年采用预应力锚杆加固	石英闪长岩，花岗岩；有断层	采用62根预应力锚杆，锚杆间距2.7m，自由段长度66m，锚固段由段长9~14m，锚杆最大承载力为5.6MN	采用美国标准的I级防腐，钢绞线用环氧树脂涂层防腐	锚杆锚固效果良好，拱坝坝变形小，能满足地震作用和正常工作荷载下大坝的稳定性
3	美国	吉尔波大坝	高54m的重力坝，修建于1927年	2005年采用预应力锚杆改建，以满足新的洪水标准和坝体稳定性	砂岩，页岩，粉砂岩，泥岩	采用79根预应力锚杆(47根垂直锚杆，32根倾斜锚杆，倾角45°~48°)，设计荷载6.2~9.2MN，钻孔直径304~380mm；锚固段长度9.3~14.7m	采用美国标准的I级防腐，钢绞线用环氧树脂涂层防腐	进行多次提离试验，推算100年后坝体锚固荷载为锁定荷载的90%
4	澳大利亚	巴林贾克(Burrinjack)大坝	坝高79m的重力坝，曾于1953年坝加固、加高	该坝原设计洪峰流量为2265m³/s，后上升为15800m³/s(估计将现期为400年)，决定将坝高加高12.2m，采用预应力锚杆方案，改造工程1990年2月开工，1994年3月完成	花岗岩	采用161根预应力锚杆加强坝体，每根锚杆拉力设计值为12.8MN，由65束直径15.2mm钢绞线组成，锚杆长76~128mm，分别伸入坝基30m、40m和50m，锚杆直径310mm	锚杆杆体采用双层护套，先制作包括在钢绞线上涂油脂的内护套的杆体。外套管在钻孔完成后直接插入钻孔内，后插入杆体，然后后灌浆	自锚杆安装后，对每根锚杆都用压力盒测定工作荷载，测定同间隔时间为3个月，12个月，之后是5年一次，1997年，即使用4年后，锚杆荷载损失很小，在设计允许范围之内，大坝很安全

续表

序号	项目所在国	坝名	坝体几何参数	坝体改造或新建	基岩条件	锚杆工程与锚杆结构参数	防腐	使用效果
5	德国	Eder重力坝	坝高47m，半径为30m的拱坝，于1914年建成	第二次世界大战时遭受局部破坏，随即修复，1984年对大坝稳定性进行检验和调查。结果表明，尽管大坝材料良好，渗水在容许范围内，但坝内及坝体上浮力显示大坝稳定性不足，决定采用预应力锚杆加固大坝	砂岩、黏土岩	静力计算，每米坝体需用2000kN锚杆加固，共采用104根设计锚固力为4500kN的锚杆，锚杆间距为2.25m	锚固段防筋体在专门工厂除掉油脂后用PE管，经装配后运至现场，保护运至现场，放入预先放置波形管的钻孔内，然后再进行灌浆作业。锚头承载板上部均充填凡士林，再用防腐帽密封	对10根锚杆安装了测力计，其结果显示，水位对锚杆锚固力无明显影响，历经26个月后，在安装锚杆26个月后的1996年，进行了锚杆的提离试验，测得锚杆锚固力表明，锚杆锚固力平均损失为63kN，占锚杆锁定值的1.4%，大坝工作状态安全
6	英国（苏格兰）	玛拉多奇坝	坝高49m	因廊道内渗水突增，决定采用以预应力锚杆为主的加固方案，1990年完成大坝加固改建	变质岩，其最小抗压强度为60MPa	采用26根承载力为11000kN的垂直锚杆	双层防腐锚杆体自由段采用无粘结钢绞线，锚固段全长度要剥去PE层并除油，杆体全长插入波纹管，然后再对波纹管内外分次灌浆	1990年完成大坝锚固改造工程后，一直采用测力计监测锚固荷载变化。1994年监测结果显示，相当大比例的锚杆荷载损失达10%，后采用在锚头下设置薄垫片式，使锚头荷载平均补偿到设计荷载的115%（1990年最初设计值的112%），此后锚杆荷载一直处于稳定状态
7	澳大利亚	Meadow-Bank坝	上游面倾斜连拱坝，坝高69m	新建的坝基锚固工程。由于基岩条件差，不同层理之间的摩擦系数为0.35~0.5，粘结力为零，故采用预应力锚杆加固坝基	不同厚度水平状的砂岩、泥灰岩和页岩	该坝为上游面倾斜的连拱坝，采用155根承载力为2.65MN的预应力锚杆加固坝基，锚杆与基岩呈35°倾角，锚杆长度为16~55m		使用效果良好

续表

序号	项目所在国	坝名	坝体几何参数	坝体改造或新建	基岩条件	锚杆工程与锚杆结构参数	防腐	使用效果
8	中国	石泉混凝土重力坝	最大坝高 65m，坝顶长 353m	该坝 1973 年建成使用，1989 年安全检查认为，按标准要求，该坝校核洪水量应由 500 年一遇，提高至千年一遇。据此计算分析，部分非溢流段坝踵要出现 0.029～0.413MPa 拉应力，为消除此拉应力，决定采用预应力锚杆加固	中风化砂岩，黏土岩	采用 30 根预应力锚杆加固大坝，其中 29 根锚杆的设计拉力值为 6.0MN，锚杆长 42～75m，锚固段长 10m，钻孔直径 240mm，1 根锚杆拉力设计值为 8MN	固结防渗灌浆，减少渗水量，对渗水量大的钻孔进行岩石裂隙灌浆；钢绞线筋体采用在坝基顶以上 2.0m 至锚固体顶端的长度内用环氧树脂涂层	大坝预应力锚杆锁定后，立即对部分锚杆进行荷载变化的监测。在 30d 内，荷载损失量为锁定荷载的 0.17%～1.5%，在 1 年内，荷载损失为锁定荷载的 0.17%～1.5%，说明预应力锚杆具有良好的长期性能
9	中国	石家庄市峡沟混凝土重力坝	坝体最大高度 32m，坝顶长 127.5m，上游面与下游面垂直面，下游面为 1：0.3 的斜坡面，最大坝底宽 10.85m，顶宽 2.0m	该坝为利用基岩固结加固型新坝，用以拦截垃圾及洪水，以于 2005 年完成大坝建造	石英砂岩，坝体中段基岩节理裂隙发育严重	共采用 62 根预应力设计值为 2.2MN 的压力分散型锚杆，锚杆由压力分散型预应力锚固 3 个单元锚杆组成，锚固总长度为 8.0m	杆体全长均采用工厂制作的无粘结钢绞线。使用的锚杆系压力分散型锚杆，相邻锚杆的锚固段在竖直方向错开 4.0m	预应力锚杆锁定后，随即对安装荷载监测的锚杆系统进行长期监测，180d 的锚杆预应力损失为 3.47%～3.61%，随后即趋于稳定，13 年来，该坝工作状态良好
10	中国	安徽梅山混凝土坝	坝高 88.24m，连拱坝	该坝于 1958 年建成发电，1962 年发现坝基大量漏水，某些坝墩向左及右下游倾斜，并发生局部断裂，坝基出现一条长 101m 的连续裂缝，最大缝宽达 17mm。经调研发现，坝基石断层裂缝发育，坝基整体性差，坝基抗滑稳定性不足，安全系数仅为 0.95，决定采用预应力锚杆加固	花岗岩	共采用预应力锚杆 110 根，其中，左岸锚杆的拉力设计值为 2.4MN，杆体由 123 根 ϕ5 高强度钢丝组成，锚杆长度为 28～38m，右岸锚杆预应力设计值为 3.2MN，锚杆长度为 30～47m		大坝加固后，坝基提高到消滑稳定安全系数到 1.05，满足大坝稳定要求，同时减少了渗透水量

续表

序号	项目所在国	坝名	坝体几何参数	坝体改造或新建	基岩条件	锚杆工程与锚杆结构参数	防腐	使用效果
11	美国	马密特船闸和大坝	重力坝,高30m	新建	沉积砂岩,砂质页岩	377根坝锚杆(包括95根坝基锚杆,倾角45°~90°),长度15.6~30.3m,锚杆最大承载力2.0MN	采用美国标准的Ⅰ级防腐,钢纹线用环氧树脂涂层防腐	确保了大坝和船闸的稳定
12	美国	汤姆米勒大坝	重力坝,建于1890~1893年,高168m	1912年,1930~1934年分别进行了加固,2004年为满足新的洪水标准和坝体稳定要求,决定采用预应力锚杆加固	中风化~强风化石灰岩	52根预应力锚杆,锚孔直径200mm,锚固段长度9m,锚杆长度38~41m,锚杆承载力2.5MN	采用美国标准的Ⅰ级防腐,钢纹线环氧脂涂层防腐	满足新的大坝安全标准
13	捷克斯洛伐克	Bystrickae-thick坝	高23m	该混凝土重力坝建于1908~1912年,常规检查时,发现该坝已不够安全,决定采用预应力锚杆加固坝体和采用相应的排水措施以减少浮力	石灰岩,砂岩碎屑岩,黏土质页岩	采用26根预应力锚杆加固坝体,每根锚杆的承载力为4MN,长度为32~54m,固定锚杆的锚固段是用爆破炸成的孔穴	锚杆自由段杆体用多层软膏及防水封闭性能良好的玻璃布封闭。锚固段周边岩石中裂缝用灌浆封闭,再用一道帷幕灌浆封闭	大坝使用效果良好
14	南非	Lauling坝	坝高45m	1970年洪水期间流进溢洪道流量超过原设计流量4100m³/s的80%,后决定采用预应力锚杆加固,1977年完成大坝改造工程	辉绿岩	采用31根设计承载力为4.8~6.0MN的预应力锚杆,设置在距上游面1.0m处,锚杆长度为14~63m,埋设在距坝底最深处12m的辉绿岩中,锚固段长为8.0m	锚杆杆体在工厂用油脂涂刷并用防腐保护层包裹后运至现场,锚固段杆体用清洁剂擦洗干净后再插入钻孔内,最后进行灌浆	对锚杆施加预应力后4d,检验锚杆的预应力变化,使其满足设计要求。大坝工作状态安全

续表

序号	项目所在国	坝名	坝体几何参数	坝体改造或新建	基岩条件	锚杆工程与锚杆结构参数	防腐	使用效果
15	澳大利亚	Catagunyga 坝	坝高 45m,坝底宽 24.6m	该锚固坝为新建工程,其特点是溢洪道表面向上游面悬挑。该坝于 1960 年建成	坚硬岩石	每延米坝长需提供 5.26MN 锚固力。每根锚杆杆体直径为 7.5cm,由 102 根钢丝组成,每根锚杆的承载力为 2.0MN,在坝体上设置 2 排垂直的张拉锚杆		使用效果良好
16	法国	Mont-Larron 坝	该坝由三个共拱组成,支撑在两个支墩和河道两边的峡合边坡上	该锚固连拱坝系新建工程	坚硬岩石	每个支墩要承受 200MN 的力,采用预应力锚索 36 根,每根锚索施加的预应力为 1.23MN,锚杆通过坝体中的直径为 90mm 的管子进入基岩钻孔内,施加预应力数天后,再加一次预应力,最后灌浆处理		满足了大坝长期稳定要求,工作状态良好

其在美国和澳大利亚，锚固混凝土的数量节节升高，预应力锚杆（索）的工作荷载和杆体长度也有显著增大，如1989年澳大利亚改建的沃勒甘巴大坝使用的预应力锚杆，其工作荷载达16.5MN，锚杆穿过142m高的坝体，锚固于基岩内，最大钻孔直径达310mm。在此期间，为了适应混凝土坝改建和新建的需要，国内外的工程师加强了对用基岩锚固技术加固混凝土坝的研究工作，国际上的交流合作也十分活跃，从而极大地推动了混凝土坝锚固工程的技术进步。混凝土坝的加固理论、高承载力锚杆的设计方法、防腐保护、施工工艺（特别是深长钻孔偏斜率控制）、性能试验、工程质量控制和长期性能监测等方面的技术水平都有显著的提升，积累了广泛的成熟经验。

2. 国内外采用基岩锚固改造或新建的部分混凝土坝

国内外采用基岩锚固改造或新建的部分混凝土坝工程实例见表10-4-1。

第五节　典型的锚固混凝土坝的工程实例

1. 阿尔及利亚舍尔法重力坝改建

该坝建于1880～1882年，是一座高30m的重力坝，其坝基岩层以砂岩为主，如图10-5-1所示。当同期建造的具有相同结构特点的坝（即Bourey，·Oued Ferg-ona和Helra坝）发生破坏时，开始改建此坝。1934年改建时坝高加高3m，用37根锚杆进行加固，每根由630根直径为5mm的优质钢丝组成，对其施加的预应力达10MN（锚固力的总和相当于坝体自重的1/3）。钢筋混凝土锚头设置在加高的坝顶上（间距为6m），锚杆的下端固定在成对的锚固孔穴中。该预应力锚杆加固工程是由A·Coyne设计的，他就是该锚固结构的创始人。该重力坝锚杆工程使用20年以后，预应力的损失仅为3%。

使用30年之后，于1965年再次对该坝进行检查发现，总的预应力损失为9%，这些损失是由于2根锚杆在杆体与锚头连接处腐蚀损坏所造成的。第二次改建时，增设30根新锚杆，对每根施加的预应力达2MN，从而有助于坝体的稳定。新增的锚杆由54根直径为7mm的钢丝组成，围绕着中心灌浆管编排成3层，由内层到外层的根数分别为12根、18根和24根。锚索直径为70mm，钻孔直径为146mm。锚杆长度为55～60m，深入坝基以下25m，使用水泥砂浆对最下部段10m进行灌浆，锚杆则固定于基岩内，用重沥青油保护锚杆杆体，重油是在钻孔孔壁已经用化学剂灌注密封之后灌入钻孔的。重沥青油还保护了锚头及其上部。这种布置方法便于检查钢丝和锚头的覆盖，必要时可以加厚顶部的封闭介质材料。

2. 美国吉尔波混凝土重力坝锚固工程

1）概述

吉尔波大坝是纽约市供水系统的主要组成部分，位于纽约北部约120mi（1mi＝1.609km）的卡茨基尔山。建成于1927年的这座180ft（1ft＝0.3048m）高的大坝，由700ft长（约213m）的堤坝以及一个1324ft长（约404m）的圆形混凝土泄洪道组成。斯

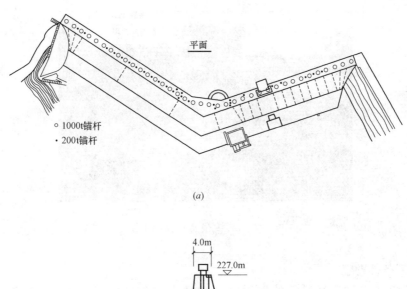

(a)

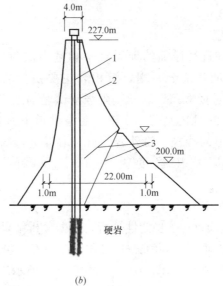

(b)

图 10-5-1　世界上第一座采用锚固技术的重力坝——阿尔及利亚舍尔法坝

（*a*）大坝平面图；（*b*）剖面图

1—10MN 锚杆；2—2MN 锚杆；3—排水孔

科哈里（Schoharie）水库储量达 176 亿 US gal（1US gal＝3.785L），城市的饮用水大部分由其提供。溢洪道建造在水平分层的砂岩、泥岩、粉砂岩、页岩上，吉尔波大坝俯视图如图 10-5-2 所示。

2005 年秋，在对大坝进行改造的初步设计阶段，设计分析计算表明，溢洪道的抗滑稳定性没有达到纽约州大坝安全标准和 1996 年洪水记录的安全标准。考虑到该水库的重要性以及水库下游居民和纽约市供水的安全性，在进行大规模修复之前，对该项目采取了临时稳定措施，该临时稳定措施在 12 个月内完成。

2）岩石锚固设计方法

根据美国后张预应力学会（PTI）有关岩土锚杆的建议和标准设计，防腐等级为Ⅰ级防腐。

图 10-5-2　吉尔波大坝俯视图

3）地质条件勘察

工期进度不允许进行详细的地质勘察和室内试验，1977 年和 2003 年 GZA 的地质勘察主要研究表明：地势平坦，沉积岩主要由砂岩、粉砂岩、页岩和泥岩组成，根据（2005GZA）对页岩和砂岩无侧限强度试验的结果，无侧限抗压强度为 15000～25000psi（1psi＝6.895kPa）。2006 年，在溢洪道下游进行了补充地质勘察，钻孔数量为 5 个，对钻孔中的砂岩、粉砂岩、页岩取样进行的无侧限抗压强度试验表明，页岩和粉砂岩无侧限抗压强度为 6000～13000psi，砂岩无侧限抗压强度为 11000～20000psi。

4）锚杆的布设

对溢洪道 7 个剖面进行了稳定性分析，根据分析结果，共安装 79 根锚杆。其中，垂直锚杆 47 根，布设在坝顶；倾斜锚杆 32 根，布设在溢洪道下游，倾斜角度约为 48°。大坝锚杆布设平面图及剖面图如图 10-5-3 和图 10-5-4 所示。

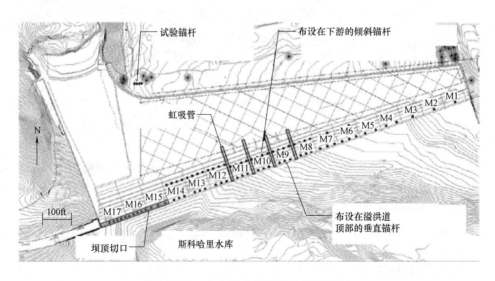

图 10-5-3　吉尔波大坝锚杆布设平面图

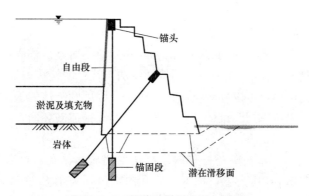

图 10-5-4　溢洪道锚杆布设剖面图

根据锚杆的设计承载力，布设的锚杆可分为 A～D 四组，如表 10-5-1 所示。

锚杆的分组表　　　　　　　　　　　　　表 10-5-1

组名	钢绞线的数量（根）	设计承载力（kips）	最大钢绞线数	锚杆最大设计承载力（kips）
A	33～39	1160～1371	39	1371
B	40～45	1406～1582	45	1582
C	46～52	1617～1828	52	1828
D	53～58	1863～2039	58	2039

5）锚杆的设计

锚杆孔的直径与保护套直径通过计算确定。设计确定的锚杆孔直径与保护套直径如表 10-5-2 所示。

设计锚杆基本参数表　　　　　　　　　　表 10-5-2

钢绞线数量	设计荷载（kips）	锚杆孔直径（in）		护套直径（in）		锚固段长度（ft）	
39	1371	12	15	8	10	31	41
45	1582	12	15	8	10	35	45
52	1828	14	15	8	10	35	45
58	2039	14	15	8	10	39	49

锚固段的长度根据锚杆孔的直径和极限粘结应力计算确定。吉尔波大坝锚固段的极限粘结应力的确定以页岩和砂岩为地层代表，根据 PTI 所提供的砂岩和页岩的极限粘结应力参考值，砂岩取 100～250psi，页岩取 30～200psi，根据砂岩和页岩的无侧限抗压强度试验，所确定的极限粘结强度值为 1500～2500psi。因此，选取 PTI 极限粘结应力的上限值 200psi 进行锚杆的设计，工作粘结应力取为 100psi，安全系数为 2.0。

6）自由段长度的确定

根据 PTI 有关自由段长度的规定，自由段至少穿过潜在滑裂面 5ft，根据 1927 年吉尔波大坝建造的图纸和锚杆孔钻孔施工中所确定的坝基和岩石的分界面以及潜在的滑裂面，并考虑到潜在滑裂面的不确定性，吉尔波大坝所确定的自由段长度穿过坝基与岩石分界面 10ft。

7）群锚效应评估

群锚效应的评估是用来考虑相邻锚杆的相互作用，不对整体锚固系统的承载力产生影响。所采用的方法是 littleJohn 和 Bruce 的倒圆锥法，锚杆的抗拔力等于倒圆锥体的重量，由于相邻锚杆的相互作用，可以导致倒圆锥体重叠，因此圆锥体的重量减少，从而锚杆的抗拔力减少。该方法未考虑到圆锥体抗拔破坏时，倒圆锥体破坏面上岩石的剪切抗力。

8）杆体的防腐

根据 PTI 相关要求，永久性锚杆采取Ⅰ级防腐措施，钻孔后，应进行孔的透水性试验，其合格标准为在 10psi 压力下，每 10min 孔内水量损失不大于 5US gal；若孔的透水试验不满足要求，应采取预灌浆并重新钻孔，直到孔的不透水试验满足要求。此外，每个锚杆孔都要进行孔壁检查，确定孔的透水是渗流还是喷射流，喷射流会影响防腐效果且冲刷锚固段浆液，因此应对喷射流引起足够的重视。

9）锚杆的长期性能

锚杆的长期性能通过在锚头部位安装压力监测仪器对锚杆的承载力进行监测，由于吉尔波大坝锚杆的布设位置以及进一步施工的需求，无法在锚头部位安装监测仪器。为了确保吉尔波大坝锚杆具有良好的长期性能，设计采用足够的安全度，并进行了一系列的锚杆性能试验。

（1）锚杆粘结强度和蠕变性能试验

为了确定锚杆粘结强度和蠕变性，在现场进行了较小尺寸的锚杆性能试验，试验锚杆条件及测试结果如表 10-5-3 所示。采用循环荷载试验，试验锚杆未破坏。

锚杆性能试验情况及结果　　　　　　　　　　　　　表 10-5-3

锚杆编号	钢绞线数量	试验荷载（kips）	锚固段长度（ft）	锚固段地层	平均粘结应力（psi）	试验安全系数
PP-1	10	468	4.9	页岩	282	2.8
PP-2	15	701	9.9	页岩	209	2.0
PP-3	10	468	5.0	砂岩	276	2.7
PP-4	15	701	9.8	砂岩	211	2.1

场地的锚杆蠕变性能评估，对每个锚杆施加固定荷载，荷载的大小为钢绞线极限抗拉强度的 80%，观察时间为 75h（4500min），蠕变曲线上锚杆的伸长量小于 1.0mm，满足要求。

PP-2、PP-4 锚杆在性能试验和蠕变试验后，安放荷载监测仪器并锁定锚杆，锁定荷载为钢绞线极限抗拉强度的 70%。锚杆荷载监测时间为 1 年或超过 6 个月，监测结果如图 10-5-5 所示。假设大坝的服务年限为 100 年，锚杆所提供的锚固力为 91%～92% 的锁定荷载，满足设计承载力的要求（60% 的钢绞线极限抗拉强度）。

（2）锚杆的验收试验

对所有 79 根锚杆都进行验收试验，验收试验数量标准远超过现行的标准（2% 的锚杆且不少于 2～3 根）。验收试验遵循现有规范的基本要求，验收结果如图 10-5-6 所示。

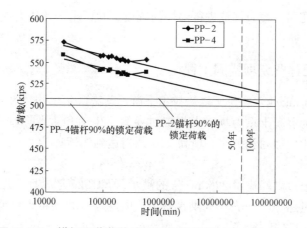

图 10-5-5　锚杆用荷载传感器测定的结果（1kips＝4.448kN）

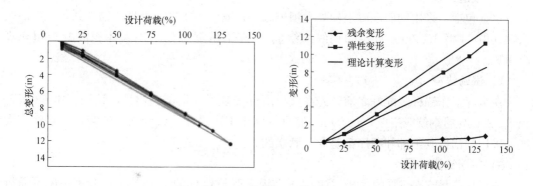

图 10-5-6　锚杆的荷载—变形曲线图

（3）提离试验

初始提离试验时间：锚杆（索）锁定后立即执行；扩展的提离试验时间：初始提离试验后 30d 进行。

试验目的：评估锁定荷载是否传递到锚固区域；外推大坝运行期内预应力锚杆能提供的锚固荷载。

试验荷载：0.95～1.05 的锁定荷载（1.1 的设计荷载）。

试验数量：选取锚杆数量的 12.5％进行扩展外延提离试验。吉尔波大坝选取 6 根垂直锚杆、4 根倾斜锚杆进行提离试验，用于判断 100 年后锚杆所提供的锚固力。10 根锚杆提离试验（包括初始提离试验和扩展提离试验）的结果如图 10-3-3 所示。

10）结语

（1）锚杆设计严格按照规范进行，确保锚杆安全度；尽管施工过程中钢绞线部分断丝，但仍能满足坝体整体稳定的安全度。

（2）在现场进行锚杆的性能试验，可以很好地了解施工过程中存在的问题、锚杆承载的性能以及蠕变特性，对后续锚杆的施工具有较强的指导意义。

（3）选取一定数量的锚杆进行长期监测，可以评估大坝运行过程中锚杆荷载的变化。

（4）通过观察和仪器检测，确保每个施工工序防腐满足要求。

（5）施工后（几周）按照规范进行锚杆的抗拔试验，用于评估大坝运行期锚杆提供的主动荷载。

3. 澳大利亚巴林贾克坝锚固工程

巴林贾克（Burrinjack）坝位于堪培拉市下游、新南威尔士州（NSW）境内马兰比吉河上一处峡谷内，为混凝土重力坝。大坝提供灌溉、生活和工业用水。建于 1907～1928 年，于 20 世纪 50 年代加固和扩建。坝高 79m，当达到满库库容 10.26 亿 m³ 时，每年平均供水 12 亿 m³。

大坝最初设计通过洪峰流量 2265m³/s 的洪水。在 1925 年 5 月，几乎完建的大坝遭受到一场估计洪峰流量达 10000m³/s 的洪水漫顶，因此，对大坝将来可能需要进一步加高。大坝加固和扩建在 1953 年基本完工。

1）改造工程

主要包括：采用钢筋混凝土加高大坝 12.2m；安装 161 根穿过坝体锚固到基础的后张锚索（由 65 根 15.2mm 直径的钢绞线组成）；在下游坝趾处采用大体积混凝土填充坝垛间隙。

2）试验锚杆

在全部工作锚杆装配好之前，先在大坝附近安装了一根试验锚杆。该锚索由 63 根直径 15.20mm 的钢绞线组成，长 50m，完全等同于工作锚杆。试验锚杆证实，预定将在大坝上采用的锚杆其细部和程序都是令人满意的。

3）主墙锚索布置

主墙加高是在 2m 厚的底板（也用作大坝后张拉锚杆的上部锚板）上建一层可通行的、空心的钢筋混凝土起重机室。

后张系统包括安装 161 根锚杆，它们从新坝顶的起重机室底板开始，穿过坝体，然后被锚固到花岗岩层。锚杆分 2 排，每排按 1.5m 的间距布置。锚索长度从 76～128m 不等，交错贯穿坝基达 30m、40m 和 50m 深。钻孔直径 310mm。所有锚杆均可进行荷载监测并重复加力。预应力锚杆锚固大坝结构的剖面图见图 10-5-7。

4）锚杆防腐与装配

由于灌浆管道长、数量多，因此决定采用先将锚杆护套装进钻孔，再将装配好的钢绞线装进护套的办法。装配作业包括单根钢绞线涂润滑脂和装护套，之后再合成锚杆。这项工作在距大坝 8km 的一个装配点进行。与此同时，外层护套被加工成一连串 12m 以上长度的套管，装进大坝已充满水的钻孔中。对护套逐步充水以克服浮力和进行渗漏试验。

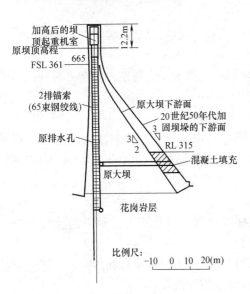

图 10-5-7　用 2 排预应力锚杆
加固的大坝结构剖面图

5）锚杆安装

装配好的锚杆采用约 2m 中心距的橡胶轮胎转向车自 8km 外的存放地运至大坝现场，在坝上，将锚杆顶端运至一个安装架，用绞车提升至安装架的上方，再将锚杆插入预先安装好的护套。当锚杆已完全装入护套时，就采用一种特制的、能均匀夹住每根钢绞线尾部的夹头将锚杆尾端从支承架上吊起。这就保证了所有钢绞线在灌浆时保持垂直。之后，通过施加 2m 高差的压力水，对已安装锚杆的外层护套进行渗漏检查。这类锚杆的主要优点之一是在安装后能确定防腐材料（即外层的聚乙烯护套）的完整性（图 10-5-8 所示）。

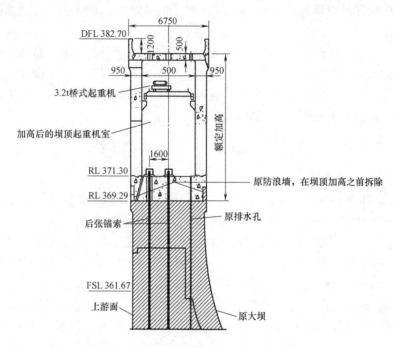

图 10-5-8　加高后的坝顶起重机室

6）锚杆灌浆

浆材有 2 种不同的类型。锚杆粘结段采用"油井"G 型水泥（水灰比 0.36，无外加剂）灌浆。自由段则采用 A 型水泥（水灰比 0.36，Sikament320 添加剂按水泥重量 1% 的比例加进浆材）灌浆。由于锚杆很长，因此护套内外的灌浆分 3 期进行。

浆材采用 150L 转叶式拌合机拌合后放入到 750L 的搅拌器中。之后采用拌合泵注入内侧、外侧灌浆管。通过采用校准过的测试盒监测水及随后的浆液从护套外侧和内侧溢出的情况，可控制灌浆压差。灌浆时间为 1~2h。

7）锚杆加载

锚杆加载所用的程序与近期其他大坝锚固工程采用的程序完全相同，包括一个正常加载程序和一个试验用的工作锚杆加载程序。基本上对全部锚杆分阶段施加到了破坏荷载的78%，之后锁定在 72%。这样，就允许有 10% 的长期损失和最小工作荷载达到破坏荷载的 62%。在最小浆体强度为 30MPa 时，对锚杆施加的最大荷载为 12800kN。

8）锚杆监测

所有锚杆的锚头都带有外螺纹，以便随时都可用轻便式液压测力盒进行荷载测量。所有锚杆在施工末期均采用压力盒测量其工作荷载，这就提供了与将来的全部测量结果进行比较的起始图形。自第一次加载后的监测间隔为 3 个月、12 个月，之后是 5 年一次。迄今结果显示，损失很小，在预计值之内。

9）锚杆表面处理

在完成所有加载和初始荷载的监测后，外露的钢绞线在锚头上方 300mm 处被截断。钢绞线伸出部分使得锚索在长期损失超过预计值这种极不可能的情况下可以重新加载。

注入润滑脂填充锚头下方和内部的所有残留空隙。在完成润滑保护措施之后，用镀锌钢罩盖住锚头，该钢罩有个可拆卸的顶盖，无需拆卸整个钢罩就可简单地检查润滑油脂保护情况。

10）结语

在世界范围内，由于大坝业主们面临着如何经济地处理其拥有的非常危险的构筑物所必需的安全度问题，所以预应力锚杆（索）在大坝加固方面得以发展。澳大利亚研制和应用的永久、可监测和可重复加力锚杆的经验已经证明，用预应力锚杆加固大坝的方法具有高度的可靠性和灵活性，同时成本低廉。

4. 德国用 4500kN 岩锚改善 Eder 重力坝的整体稳定性

该大坝于 1914 年建成，是一个半径为 305m 的拱坝，其坝基基岩由硬砂岩和黏土岩构成。大坝从基础到坝顶高 47m，坝顶长 400m，坝的最低基础长 270m。第二次世界大战前大坝无需保养和维护。但 1943 年 5 月 17 日大坝被炸开了一个深 22m、宽 60m 的缺口。因当时水库蓄满水，故有 1.6 亿 m³ 的水量以 8500m³/s 的最大下泄量下泄。缺口在 4 个月内被堵上，总修复时间花费了 13 个月，用水泥进行了灌浆，并设置了新的排水系统；同时，通过两个横向廊道开挖了纵向排水廊道、检修廊道和观测廊道。

为检查大坝的稳定性，1984 年做了总长度约 1350m 的钻探，进行了压水试验、电视探测和其他试验。试验和调查的结果表明，大坝材料状况良好，渗水在可接受的范围内，但坝内及坝基扬压力（在最初静力计算时并未加以考虑）的量级达到使大坝整体稳定性不足的程度。这里还要提到的是上游侧不允许有垂直向的拉应力。因为不考虑任何扬压力时，应力大约为零，因此应采取补救措施来增加大坝稳定性。

为改善大坝稳定性，经多方案分析比较，采用预应力锚杆垂直锚固为主的加固方案。

1）岩锚结构参数与锚杆试验

静力计算每米坝体所需的锚固力为 2000kN，实施方案采用每根锚杆的设计荷载为 4500kN，每根锚杆锚固段长为 10m（图 10-5-9），间距 2.25m，共用锚杆 104 根。图 10-5-10 为大坝上部锚杆廊道的详图。

锚杆正式施工前，进行了预先试验。该试验不打算研究 10m 长的锚固长度是否能满足承载力要求，而是想找到多长的锚固段将引起锚杆破坏。因此，在两种岩石中用直径 273mm 的钻孔安装了锚固段分别为 3m、5m 和 7m 的锚杆。当锚杆应力值几乎加到钢材屈服点时（约 7600kN），未出现锚杆的任何破坏。为了证明锚固力可以更大，德国 VSL 锚杆经销商决定在同一地点，用两根 F6-55 锚杆（由 55 根直径 15.2mm 钢绞线组成杆体）再做试验。这两根锚杆一根锚固段长 7m（黏土岩中），另一根锚固段长 5m（杂砂岩中），然后加荷到 12.5MN，没有断裂，其蠕变系数均在 1.0mm 以下。在大坝内安装锚杆的过程中及安装后，在大坝两侧即杂砂岩和黏土岩中进行了适应性试验，所有锚杆都通过了验

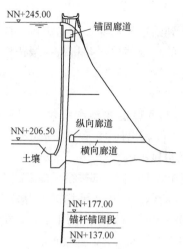

图 10-5-9　大坝锚杆位置的剖面图

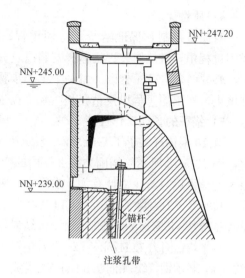

图 10-5-10　大坝顶部横剖面图

收试验。最后的预应力锚杆加载按锁定荷载（4500kN）的 50%、80% 及 100% 以几周或几个月的间隔分步骤进行，将蠕变影响降到最低。

2）钻孔及锚杆安装

对锚杆设计要求 3.2°倾斜，允许有 1‰ 的误差，坝基线以下容许偏差 2‰，承包商用精确定位的重型钻进设备，成功获得所需精度。即使右坝顶下 75m 处的最低点，孔斜也不能超过 1‰，一种 Maxibor 装置用来控制钻孔精度，另一种测量装置用来控制钻孔到纵向较低廊道的位置。钻孔以及灌浆步骤如下：

（1）钻直径为 156mm 的钻孔；

（2）遵照规范规定灌浆；

（3）扩大钻孔直径到 273mm；

（4）压水试验。

对于锚杆安装，曾考虑过使用直升飞机，不过最后用一种特殊的装置和汽车起重机来安装，这是最经济的办法。锚杆安装于 1992 年 12 月 15 日开始，最后一根锚杆于 1993 年 11 月 25 日安装。

3）防腐保护

对于锚固段，涂了油脂并用 PE 管保护起来的钢绞线是在专门工厂里除掉 PE 管和油脂，预先装配起来。整体安装及预应力锚杆的灌浆都在现场进行。锚杆在运到钻孔现场的过程中都用泡沫板保护起来，自由段到锚固段的过渡处，用 U 形钢筋箍紧，这在安装过程中尤其重要。对锚杆头部的防腐给予了特别重视，所有部分都灌了浆，上部充填了凡士林。为便于以后测量锚固力，锚头没有灌浆，仅充填了凡士林（图 10-5-11）。

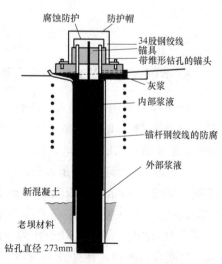

图 10-5-11　锚杆头部剖面图

535

4）质量保证

对质量控制和保证给予了特别重视，因此在
锚固过程中，对从组装、运输、安装以及分步预应力到给锚头加保护帽，进行了详细的说明，必要时还进行了修改。每一个工作步骤都有相应的检查清单，并将每一根锚杆的情况都填上。对锚固工程以及钻孔和注浆工程进行了 24h 监理。

5）锚杆的长期工作性能

有 10 根锚杆装上了 GLOTZL 系统压力计，压力与水库的水温和水位一起每周测一次，图 10-5-13 所示是锚固力在 2 年内的变化过程，可以看出压力与水温密切相关，这种温度特征可以只与压力计有关，水库水位对锚固力无明显影响。

1996 年 9 月，除了这 10 根 GLOTZL 压力计外，对 104 个锚杆全部进行了提离试验，以测量其锚固力。1994 年和 1996 年的测量结果如图 10-5-14 所示。1994 年平均锚固力为 4523kN，1996 年平均锚固力为 4475kN，26 个月中锚固力平均损失 63kN（锁定力的 1.4%），少数锚杆（约 5%）显示钢绞线顶部的凡士林涂层隆起，但未找到原因，也未见到腐蚀征兆。

装有 GLOTZL 仪的 10 根锚杆也装了一个玻璃纤维测量装置，以研究锚固力沿钢绞线的分布。在消力池的预试验和适应性试验中可看出，在 10m 长的预应力锚固段中，只有顶部 2.5m 和 3.0m 长范围内有锚杆应力分布，其随时间的分布变化可通过玻璃纤维测量进行监测（图 10-5-12、图 10-5-13）。

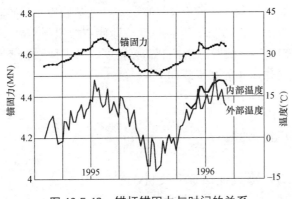

图 10-5-12　锚杆锚固力与时间的关系

5. 英国（苏格兰）玛拉多奇坝用 11000kN 预应力锚杆加固

1986 年，英国（苏格兰）玛拉多奇坝廊道内渗水突然增加，这一现象被业主及时察觉。坝顶长 730m 的玛拉多奇坝位于因弗内斯地区以西 50km 处的坎宁奇峡谷高地，坝高 49m，是苏格兰北部最大的大坝之一。

通过两年的调查、测量、监测和设计，确认了该工程渗漏突增的原因。问题在于该坝不同寻常的 V 形结构，因其跨越被中部大岩丘分割的两个小山谷，因而设计采用两道 365m 长的翼墙，两道翼墙在岩丘中部相遇所交顶角为 140°。夏季，混凝土坝热胀导致纵向压应力的产生。混凝土块是作为双向膨胀块设计的，纵向压应力应该被块体之间的垂直施工缝吸收。然而，在过去 30 余年的混凝土溶滤已经导致接缝钙化，且整个坝顶点作为整体式结构在有效作用。结果，夏季热作用导致的压应力在顶点集中，致使支墩下游面受

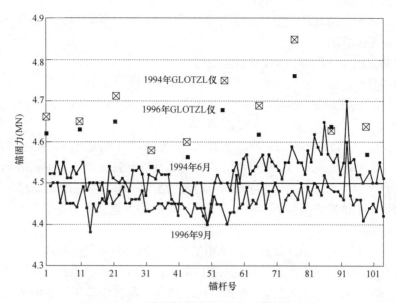

图 10-5-13　锚杆提离试验及测力计测量结果

压，上游面受拉。正是这些拉力使原来的水平施工缝张开，导致渗流量大大增加。

经证实，该问题最为经济的解决办法是采用岩石锚杆将支墩锚固到云母片岩基岩中。由于坝顶长度十分有限，经荷载计算，必须在坝顶正中央采用大吨位锚杆（图 10-5-14）。

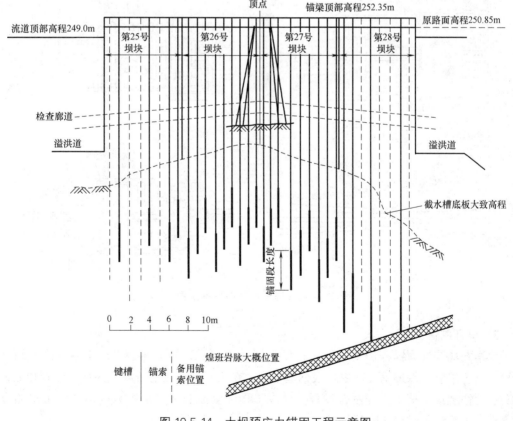

图 10-5-14　大坝预应力锚固工程示意图

为确保垂直岩石锚杆加载后产生的拉应力不会进一步引起整体稳定问题，穿越大坝的低吨位水平锚杆也是需要的。

该工程共采用 26 根 11000kN 垂直岩石锚杆。

1）试验锚杆

试验锚杆所在坝段岩石调查表明，基岩为均质高强的中新统变质岩，最低抗压强度 60MPa。

除试验锚杆锚固段长 4.0m 外，试验锚杆结构尺寸与工程锚杆相同，钻孔直径 330mm。当试验锚杆加载至 8800kN 时，均无非弹性性状特征出现，因而表明岩石与地基极限粘结应力至少为 2.15MPa。根据试验锚杆的结果，永久锚杆的锚固段长度选用 6m，在被证实的最小粘结应力条件下，相应设计工作荷载的安全系数为 2.5。

2）防腐保护

为保证锚杆的安全使用寿命最长，采用了双重防腐保护系统。在锚固段，钢绞线外包裹了 2 层波纹管，其直径为 $250\sim260$mm 和 $155\sim165$mm。在自由段，由无粘结钢绞线和 1 层波纹管（$\phi155\sim\phi165$）提供双层保护系统。而且，在每块承压板下的岩面上夹 1 层胶木以绝缘。锚杆及其保护系统见图 10-5-15。

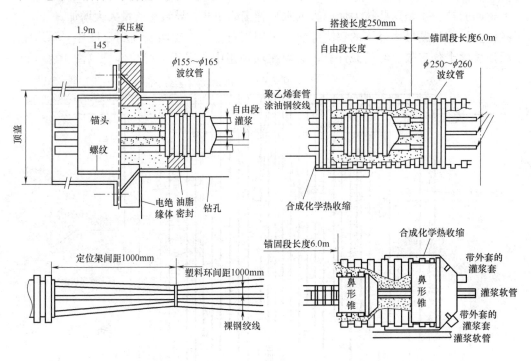

图 10-5-15　锚杆及其保护系统图

3）锚杆制作

原采石场被选为锚杆加工区。采石场距坝址约 3km，场地面积大，水平度高，用来进行长锚杆组装。每根钢绞线由 7 根钢丝组成，在工厂截至规定长度，并被涂油脂和加上外套后运往现场。整个锚杆制作过程，允许工程师全面监理。采用测量锚杆电阻率的方式，进一步确认了锚杆的防腐效果。

4）钻孔

锚杆安装选定的钻孔直径为 330mm。运料可以在直径 260mm 的锚杆周边提供 35mm 的理论灌浆保护厚度。钻孔的精度控制非常严格，允许平面误差为 ±5mm，钻孔全长（＞50m）垂直精度为 1%。所有钻孔均采用米森潜孔锤完成，先采用直径 165mm 的先导孔钻至孔底深度。由于采用了直径 125mm 的钻杆，并在重锤后设置了定心器和稳定器，钻孔几乎是完全顺直的。先导孔钻钻至孔底深度后，采用 Boretrac 潜孔电子测量仪进行孔斜检查。钻孔被证实在允许偏差以内之后，采用直径 250mm 的米森锤和直径 330mm 的扩孔钻、150mm 的导向片，将钻孔扩大至要求的终孔直径。该系统被证明是非常有效的，只有 1/26 的钻孔略微超过规定的误差。

5）安装

如前所述，在锚杆长度、重量、直径已经确定，且其他方法难以使锚杆到达安装部位的情况下，唯一可行的安装方法是通过直升飞机。邦德海上直升机公司成功地用直升机将长 50 余米、重 3.5t 的锚杆端部下放到比杆体直径大 80mm 的钻孔中。

6）灌浆

锚杆安装后，杆底端被吊离钻孔底部，在灌浆过程中是悬空的。灌浆分三个阶段进行。锚固段灌浆采用纯水泥浆，水灰比为 0.45，28d 强度为 65～70MPa。

自由段灌浆一般滞后锚固段灌浆几天，先用纯水泥浆灌注无粘结钢绞线与外径 150～160mm 波纹管间的空隙，水灰比为 0.50。自由段波纹管与孔壁间的空隙采用更为"塑性"的水泥与膨润土混合浆液灌注。混合浆液的配合比为水泥 45.6%，膨润土 11.6%，水 41.9%，28d 强度为 12～15MPa。在施加预应力后和在顶帽安装之前，通过承压板灌注纯水泥浆，以保证防腐保护完全到位。

7）施加预应力

锚杆预应力分两个阶段施加，每个阶段按预定程序操作，以防止坝体应力累积。

首次加载达到锚杆设计荷载的 75% 左右，并在 75% 的极限荷载范围内进行全过程验收试验。所有锚杆均能完全加载到 75% 的极限荷载，其实际伸长值最大达到自由段理论弹性伸长值的 125%。对锚杆进行循环加载，实测伸长并不增加。得出的结论是：计算伸长值偏小很可能是由于长度大（最长达 45m）且被严密包裹的钢绞线产生的摩擦所致。

在首次预应力施加到 75% 的最终设计荷载后，过 6～8 周，再以同样方式加载一次。开发了一种特别的工具和单绞线千斤顶，实现了预应力的放松。最后采用 ZPE1000 多绞线千斤顶重新加载至设计荷载。

为使锚杆日后既能充分降低预应力，又能重新施加预应力，要留出 1.8m 长的钢绞线伸出锚头以外。

8）重新施加预应力

自 1990 年完成大坝锚固之后，采用门架和一种"跳动"荷载测力计对锚杆进行了监测，到 1994 年，揭示出相当大比例的锚杆荷载损失达到 10%。这些荷载损失通过在锚头下设置薄垫片进行了补偿，将锚杆平均荷载恢复到设计荷载的 115%，而 1990 年最初锚固时锚杆的平均荷载为设计荷载的 112%。

6. 美国斯图尔特拱坝用基岩锚固改善其抗震稳定性

1）概述

位于美国亚利桑那州凤凰城附近盐河上的斯图尔特大坝为双曲拱坝，采用预应力岩石锚杆对斯图尔特大坝加固是美国第一次对双曲拱坝进行的修缮。斯图尔特大坝所在东南沙漠区域，过去发生过大的地震，位于凤凰城上游的斯图尔特大坝如果发生坝体失稳，会对凤凰城造成灾难性的后果。用预应力锚杆对斯图尔特大坝的改扩建加固工程，创造了多个世界第一：①采用预应力锚杆对双曲拱坝进行稳定性加固，抵抗地震作用；②采用试验锚杆，研究了三个主要地层的锚固长度和传力机制；③严格控制每个孔的钻孔精度，孔下进行监控修正；④采用环氧树脂对杆体进行防腐；⑤预应力锚杆施工过程中，对斯图尔特大坝进行监测，实现信息化施工，确保大坝的安全。

2）设计

斯图尔特大坝建造于 1928～1930 年，施工时，由于水平施工接缝未进行很好的处理，给大坝的稳定性带来安全隐患。采用三维有限元数值分析模拟，对该坝在各种荷载作用下的安全性能进行了评估。其中，地震作用按 1988 年发生的，距大坝 15km，地震烈度6.75 级考虑分析，分析结果表明：大坝曲拱部位将破坏。为了增加曲拱的稳定性，设计采用在拱坝顶部布设 62 根预应力锚杆，锚杆间距 2.7m，自由段长度最长为 66m，锚固段长度 9～14m，钢绞线 22 根；设计工作荷载 2.5～3.4MN，相当于 50％钢绞线的极限抗拉强度；左坝段布设 22 根锚杆，用来提高其坝基与坝体之间抗滑移的稳定性，自由段长度 12～38m，锚固段长度 12m，钢绞线 28 根，设计荷载为 4.5MN，相当于 60％的钢绞线极限抗拉强度。

3）地质情况

斯图尔特大坝的坝基主要为先寒武纪的硬质石英闪长岩。坝基被断层分为三个区域，即断层左侧部分、断层部分和断层右侧部分。断层右侧部分下覆岩层为微风化至新鲜岩层，力学性能很好；断层左侧部分下覆岩层为较破碎，中风化岩层为主，力学性能较差；断层部分及其周围岩层破碎严重，微风化～中风化为主。

4）锚杆试验

选取坝基的典型地层 3 处作为试验场地，试验场地间距 3.6m，分别进行两组（A 和B）锚杆试验，其中，场地 1 的地质条件优于场地 2，场地 2 的地质条件优于场地 3（破碎的岩体）；场地 1 和场地 2 岩芯的无侧限抗压强度分别为 180MPa 和 130MPa；场地 1 的弹性模量为 7000～20000MPa，场地 2 的弹性模量为 3500～17000MPa，场地 3 的弹性模量约为 700MPa。试验锚杆参数如表 10-5-4 所示。每个试验锚杆锚固段安设测试仪器。在最大试验荷载条件下，各组锚杆锚固段的粘脱长度监测结果如表 10-5-5 所示。

试验锚杆参数　　　　　　　　　　　　　　　　　　表 10-5-4

		场地 1	场地 2	场地 3
A 组锚杆	自由段长度（m）	6.1	5.6	5.5
	锚固段长度（m）	3.1	3.6	3.6
B 组锚杆	自由段长度（m）	6.1	5.7	8.2
	锚固段长度（m）	6.1	6.5	4.0
A/B 组锚杆	钢绞线数量	28	28	28
A/B 组锚杆	试验最大荷载（t）	595	595	595

监测测试结果表　　　　　　　　　　表 10-5-5

项目	最大试验荷载作用下锚固段的粘脱长度	
锚杆	实际长度(mm)	平均长度(mm)
1A	533	584
1B	635	
2A	1016	1067
2B	1118	
3A	破坏(3607)	2743
3B	1854	

试验结果表明：

（1）岩体质量越好，锚固段长度越短，接近锚头的锚固段应力越集中；

（2）试验锚杆的锚固段长度满足锚固安全系数的设计要求；

（3）锚杆的蠕变量满足 PTI 规范的相关规定。

5）钻孔工艺

根据美国斯图尔特大坝修复钻孔施工经验，钻孔工艺采用潜孔锤钻孔，其优越性如下：

（1）孔径 250mm，孔深 78m，孔的偏斜率为 1/200；

（2）在混凝土和花岗岩中，成孔速度 18m/h；

（3）压缩空气对升降机接头的影响较小；

（4）锤的振动满足业主的要求。

对于类似斯图尔特大坝的双曲拱坝，先施工 1～1.5m 的超前钻孔，然后再逐步成孔；潜孔锤成孔逐步成为大坝修复施工过程中重要的施工工艺之一。

6）钻孔精度控制

控制钻孔偏斜率的主要目的是免除群锚效应和改善加固效果。钻孔偏斜率采用精度极高的方法自动测量，采用安装在新型尼克尔森-卡萨格兰德 CR 型长冲程柴油机液压履带钻机上的潜孔锤可钻凿直径为 254mm 的锚杆孔，此外，还使用了特制锤和钻杆附件以便获取钻孔良好的平直度。根据规范要求，对每一个钻孔上部 15m 长度内，每 3m 就要测量一次钻孔的位置，超过 15m 后，每 6m 测量一次钻孔的位置，钻孔的最终深度为 82m。这种高频率的测量，以及在 30m 长度内的误差应当控制在 75mm 以内的精度要求必须引起操作人员的高度关注。此外，还采用了在常规油田作业中用的自动探寻 1 级回转式测斜仪，利用此仪器，不仅允许人们通过钻杆准确测定钻头的位置，而且可以借助计算机软件的改进在数分钟之内揭示钻孔进度的合格程度，从而可以使施工周期内的停工时间减少到最低程度。

作为进一步检验，美国农垦局技术人员使用五棱镜对随机选取的钻孔进行了精确的光学测量，其结果证实这些钻孔具有较好的平直度、正确的方位和倾斜度，从而表明每个钻孔都是合格的。

在钻孔作业初期，人们还进行过其他一系列试验，在邻近钻孔的坝体下游面上安装了地震检波器和裂缝测定计。结果证实由钻孔作业引起的最大裂缝孔口和振动都小到难以置信的程度，其量值与自然温度波动引起的振动相关。这类观测结果对大坝工程技术人员而言具有重大意义，这是因为即使对某种脆弱的构筑物，在自由面1.5m范围以内用旋转冲击进行钻孔作业时，也很难观测到上述结果。因此，这种钻孔方法具有极好的经济效益。

7）锚杆防腐

美国设计科学研究所公司生产的专用环氧涂层多股钢绞线锚杆，先被安装在专用的卷筒上，然后将其运至钻孔现场，必须特别小心缓慢地将每一根锚杆安装于孔内，以防止环氧涂层的磨损，然后再通过导管把特制的高强度塑化水泥浆注入每个锚杆孔内，以获得准确的粘结长度，还要精确记录水泥浆及硬化浆体的各种性能指标，作为整个施工过程的常规质量管控。

8）锚杆张拉和监测

在对锚杆进行灌浆处理后14d，就开始对锚杆施加预应力。根据美国锚杆标准PTI建议（1986年），对其中12根锚杆进行循环加载性能试验，以便详细验证这些锚杆的工作性状。按照PTI验收试验的规定，对其余的锚杆只进行较为简单的试验。在给定较大荷载及较长自由段的前提下，把那些最长锚杆置于试验荷载下测得的拉伸长度达到440mm（其永久性拉伸长度为9mm），再通过徐变和提离检验（Lift-off Checks）圆满完成了对锚杆的初步验证。从各方面来看，每一根锚杆都具有良好的质量（性能），其详细结果基本反映了试验计划的结论。

把每一根锚杆置于133％的设计工作荷载下进行了验证，在施加此种额外荷载的条件下没有产生任何结构挠度（变形）。这大概得益于美国农垦局的设计理念，也就是通过逐步增大坝体各区段上锚杆的荷载，从而可以把增大荷载产生的影响减至最小，即首先增大60号锚杆的荷载，其次是增大58号、6号、4号、13号和11号等锚杆的荷载，然后在锚杆承受最终锁定荷载（即108.5％的设计工作荷载）以及对锚杆进行二次灌浆之前即施加应力之后100d以内监测坝体和锚杆的状况，结果又一次证实全部锚杆都具有良好的性能，同时拱坝也没有产生任何可观测到的位移。

9）经验和教训

斯图尔特大坝的加固修复工程，归纳起来，有以下几方面的经验和教训：

（1）应用。将承载能力很强的锚杆用于双曲拱坝，具有明显的抗震效应。

（2）研究与开发。深入细致的试验计划可以证实证实硬岩层锚杆荷载传递的许多复杂原理，但也给出了出人意料的明确提示，即使很坚硬的岩体，也能通过施加预应力改善大坝的稳定性。

（3）钻孔技术。采用合适的规划、工具设备以及专门技术，就可以通过混凝土和硬岩层快速钻凿平直度和精度极高的254mm直径的锚杆孔，其深度可超过80m。这些方法绝对不会对构筑物产生有害影响。目前，已有更多的设备和方法可以确保此种钻孔的精度在数毫米以内。

（4）锚杆技术。这种较为新型的环氧涂层多股钢绞线锚杆适用于这类现场，并且具有极好的粘结特性。但是在运输和安装这种锚杆的过程中，必须对其实施严格的管控，以防止环氧涂层的磨损。

（5）锚杆与构筑物的相互作用。美国斯图尔特大坝代表了当前锚固双曲拱的典型特性，即使向其施加数万吨的荷载之后，也不会使双曲拱坝产生任何结构性变形。

7. 我国陕西石泉混凝土坝加固

1）概述

石泉水电站位于汉江上游陕西省石泉境内，大坝为混凝土重力坝，坝顶长 353m，最大坝高 65m，1973 年投入发电。1989 年，石泉大坝第一次安全检查认为，按规范要求，石泉水电站校核洪水标准应由 500 年一遇提高到千年一遇。经按千年一遇洪水计算，部分非溢流坝段坝踵出现 0.029～0.413MPa 拉应力。为消除千年一遇洪水所产生的拉应力，决定采用预应力锚固方案。该加固工程共采用预应力锚杆 30 根（图 10-5-16）。其中，29 根锚杆设计拉力为 5884kN（6.0MN），1 根锚杆设计拉力为 7840kN（8MN），锚杆布置在非溢流段约 90m 长范围内。

长 42～75m、6.0MN 级的锚杆由 33 根直径为 15.24mm 的钢绞线组成，钻孔孔径为 240mm。8MN 级的锚杆由 43 根直径为 15.24mm 的钢绞线组成，钻孔直径为 300mm。锚杆锚固段长均为 10m。

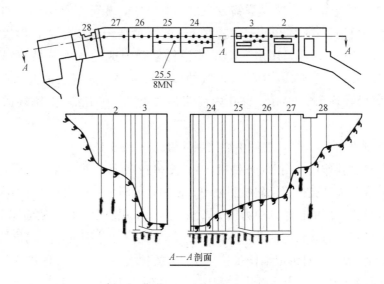

图 10-5-16　石泉大坝锚杆加固布置图

2）杆体防腐

（1）固结防腐灌浆。在锚杆杆体下放孔内前，对钻孔周边基岩进行固结灌浆，以减少渗水量。坝体锚孔渗水量大的地段，则进行岩体裂隙渗水处理灌浆。

（2）在杆体入孔前先用 pH＞12 的石灰水浸泡筋体。杆体入孔后要定时向孔内注入 pH≥12 的石灰水，保持孔内水的 pH≥10，以防筋体锈蚀。

（3）坝基以上 1.0m 处至锚杆锚固段顶端的筋体均全面涂环氧树脂涂层。

3）使用效果

曾对 3 根张拉荷载为 6MN 及 1 根张拉荷载为 8MN 的预应力锚杆安设了测力计，进行锚杆荷载变化的长期监测，监测结果表明：监测一个月后，荷载损失量为锁定荷载的 0.19%～1.5%；监测一年后，荷载损失平均值为锁定荷载的 1%。说明预应力锚杆的长期工作性能良好，能满足坝体长期安全工作的要求。

8. 我国河北石家庄市峡石沟混凝土坝锚固

石家庄市峡石沟垃圾拦挡坝坝长 127.5m，坝体底边线呈倒抛物线形，坝体最大坝高 32m，横断面呈直角梯形，上游面为垂直面，下游面为 1∶0.3 斜坡面；大坝沿轴线方向将坝体分为 9 个坝块，最大底宽 10.85m，顶面宽度 2.0m，坝体混凝土总计 16500m³；在 3、4、5、6、7 坝块范围内，距上游面 1m 的位置共布设预应力锚杆 62 根，锚杆穿过混凝土坝体锚固在基岩中；坝基岩石为石英砂岩，每根锚杆的拉力设计值为 2200kN，锚杆中心间距在 3 号坝块内为 1.5m，在 4 号、5 号、6 号、7 号坝块内为 1.15m，锚杆孔径为 168mm，岩石中孔深为 9.5～19.05m，是通过坝体中预留的直径 200mm 的水泥管向下钻进的。

由于锚杆布置密集，为减少群锚效应的不利影响，相邻锚杆锚固段的底标高相差不低于 4m。每根锚杆由 14 根直径 15.20mm 的无粘结钢绞线组成，钢绞线抗拉强度标准值为 1860MPa。锚杆采用由三个单元锚杆复合而成的压力分散型锚固结构，每个单元锚杆分别由 5 根或 4 根钢绞线通过端部的挤压锚被固定在钢板承载体上。各单元锚杆的锚固段长均为 2.67m。锚孔内灌浆体强度为 60MPa，张拉端锚墩混凝土强度等级为 C20。

锚杆布置图见图 10-5-17，使用中拦挡坝外貌见图 10-5-18。

该工程锚杆钻孔作业采用 Y150 钻机，4m 长 φ172 钻具，并重视钻机固定就位，及时调整钻进速度和加大钻孔过程偏斜检测频率，使钻孔偏斜率一般为 0.4%～1.1%。

为控制锚杆锁定后的初始预应力损失，该工程除采用压力分散型锚固体系外，还采用了较小的张拉控制应力（锁定荷载），对钢绞线施加的应力分别为钢绞线抗拉强度标准值的 53% 和 57%。此外，对每根锚杆张拉至 100% 的拉力设计值后，停放 5 昼夜，再张拉至 105% 的拉力设计值后锁定。锁定过程锚杆的预应力损失为 1.17%～4.41%。锁定后 180d 的预应力损失为 3.47%～3.61%，随后即趋于稳定。13 年来，采用基岩锚固技术建造的石家庄峡石沟混凝土坝工作状态良好。

图 10-5-18 为使用中的峡石沟拦挡坝全貌。该重力坝采用预应力锚固后，节省混凝土量 37%，节约工程投资 30%，具有显著的经济效益和社会效益。

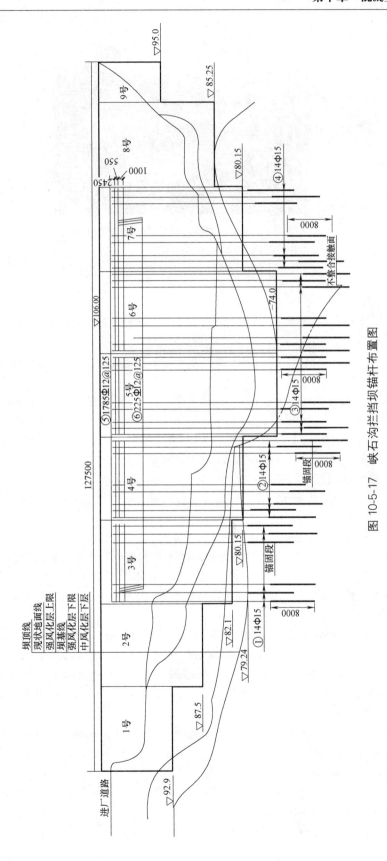

图 10-5-17　峡石沟拦挡坝锚杆布置图

图 10-5-18 石家庄市峡石沟锚固混凝土坝

参 考 文 献

［1］ 程良奎，李象范. 岩土锚固. 土钉. 喷射混凝土—原理、设计与应用. 北京：中国建筑工业出版社，2008.

［2］ 刘宁，高大水，戴润泉，等. 岩土预应力锚固技术应用及研究. 武汉：湖北科学技术出版社，2002.

［3］ L Hobst，J Zajic. Anchoring in rock and soil. New York：Elsevier Scientific publishing company，1983.

［4］ 中华人民共和国住房和城乡建设部. 岩土锚杆与喷射混凝土支护工程技术规范 GB 50086—2015. 北京：中国计划出版社，2016.

［5］ 王冲. 张修德. 预应力锚固在安徽水利水电工程中的应用.

［6］ 李志谦，沙克敏，沈安琪，等. 石泉水电站大坝大吨位预应力锚索加固工程. 水力发电，1996，（12）.

［7］ 赵长海. 预应力锚固技术. 北京：中国水利水电出版社，2001.

［8］ 王泰恒，许文年，陈池，等. 预应力锚固技术基本理论与实践. 北京：中国水利水电出版社，2007.

［9］ 石家庄市道桥建设总公司，石家庄市道桥管理处. 高承载力压力分散型锚固体系及其在新建坝体中的应用研究. 2007.

［10］ J G Shields . Post tensioning Mullardoch Dam in Scotland . Proceedings of international conference on ground anchorages and anchored structures. London，1997：243-249.

［11］ B A Cavil . Very high capacity ground anchors used in strengthening concrete gravity dams . Proceedings of international conference on ground anchorages and anchored structures. London，1997：262-217.

［12］ I Feddersen . Improvement of the overall stability of a gravity dam with 4500kN anchors . Proceedings of international conference on ground anchorages and anchored structures. London，1997：318-325.

［13］ Bogdan L. The Use of Epoxy Coated Strand for Post Tensioned Anchors. Foundation Drilling，ADSC，2001，9/10：23-34.

［14］ Bogdan L. Post Tensioned Anchors Using Epoxy Coated Strand for Rehabilitation of Concrete

Dams. The Future of Dams and their Reservoirs. 21st Annual USSD Lecture Series，United States Society on Dams，Denver，CO，2001，7，30~8，3：681-692.

[15]　British Standards Institution. Ground Anchorages. BS8081. BSI，London，England. 1989.

[16]　Bruce D A. Practical Aspects of Rock Anchorages for Dams. Association of State Dam Safety Officials 5th Annual Conference，Manchester，New Hampshire，1988，9：25-28.

[17]　Bruce D A. The Stabilization of Concrete Dams by Post-Tensioned Rock Anchors：The State of American Practice. Ground Anchorages and Anchored Structures，Proceedings of the International Conference，Institution of Civil Engineers，London，U. K.，Thomas Telford. Edited by G. S. Littlejohn，1997，3，20-21：508-521.

[18]　Bruce D A. A Historical Review of the Use of Epoxy Protected Strand for Prestressed Rock Anchors. Dam Safety，2002，Annual Conference of the Association of State Dam Safety Officials，Tampa，FL，2002，9：8-11.

第十一章 岩土锚杆与锚固结构的长期性能与安全评价

近几十年来，岩土锚固技术在我国土木、水利和建筑工程中得到空前广泛的发展。其发展速度之快、应用规模之大、应用量之多已跃居世界之首，而且正以飞跃之势向工程建设的广度和深度推进。在这种新形势下，研究掌握岩土锚固工程的长期性能，对重大的锚固工程实施安全评价，对安全度不足或出现病害的锚固工程采取有效的处置措施，以保障岩土锚固工程的安全工作，是岩土和结构工程工作者所面临的一项十分紧迫而重要的任务。

在国外，多年来对岩土锚固的长期性能研究是相当重视的。1997年在英国召开的"地层锚杆与锚固结构"国际学术研讨会上，交流的54篇论文中，主要内容涉及岩土锚固长期性能的就有11篇；英国和德国等有关部门还专门对部分使用了10～22年的岩土锚固工程的长期性能进行了全面的调查与检测，并作出了安全评价。为了防止预应力锚杆的筋体遭受腐蚀而导致锚杆长期性能变差或恶化，一些国家还将有利于锚杆防腐的技术要求纳入各自的岩土锚杆标准，如美国的岩土锚杆技术标准（PTI）明确规定：Ⅰ级防腐的预应力锚杆应采用符合质量标准要求的环氧树脂涂层钢绞线；瑞士岩土锚杆规范（SLAV 191）则规定，对在钻孔内已就位的锚杆，在灌浆前应实施电阻值测定，须满足最小电阻值的要求，以检验锚杆筋体密封保护系统的完善性。为了确定岩土锚杆设计、施工的可靠性，提升锚杆的长期性能，2001年日本建筑学会新修订的《岩土锚杆设计施工指南与解说》在锚杆基本试验部分增加了提高试验内容，在锚杆验收试验部分增加了长期试验内容。总之，努力提升岩土锚杆与锚固结构的长期性能，保障各类锚固结构的长期稳定与安全，已成为国际岩土锚固工程界工程师们的共识。在我国，近年来对岩土锚固长期性能的研究工作有所加强。2015年，国家标准《岩土锚杆与喷射混凝土支护工程技术规范》GB 50096—2015正式颁发，该规范对岩土锚杆与锚固结构的设计、防腐、施工、试验、监测与维护作出了全面的明确规定。其中不少条文都涉及了对岩土锚固长期性能，保障锚固结构工程长期稳定安全的技术要求。但是至今仍有不少永久性岩土锚固工程长期性能监测力度十分不足，岩土锚杆的验收试验不到位、不标准的现象也相当普遍，部分岩土锚固工程潜伏着安全隐患，有的已经出现了失稳或破坏，这种情况若任其发展，后果极为严重。因此，加强对岩土锚固工程长期性能的研究，建立完善的岩土锚固安全评价方法，是当前引导我国岩土锚固技术健康发展与规避工程安全风险的一个重大课题。

第一节 岩土锚固工程的长期性能

岩土锚固工程的长期性能是岩土预应力锚杆（索）及被锚固的结构物在经历较长时间（一般在2年以上）后，在不同工作与环境条件下力学稳定性和化学稳定性的客观真实反映，它直接关系着岩土锚固工程的安全状态。

本章收集到的英国、美国、德国、澳大利亚、中国、南非等世界各国24项被检测和监测的岩土锚固工程的长期性能见表11-1-1。其中，长期性能良好的工程有12项；长期性能基本良好，但少量或个别锚杆长期性能弱化或有缺陷的有8项；其余4项，即南非德班外环线与萨尼亚道路立交桥边坡锚固工程、英国普利茅斯德文波特皇家造船厂船坞锚固工程、英国泰晤士河码头锚固板桩墙工程、瑞士某管线桥桥墩锚固工程（表11-1-1中序号11、15、18、22），则出现了预应力锚杆（索）长期性能的严重恶化或工程病害，甚至造成锚固结构物的倒塌破坏。

从表11-1-1中可以看出，想要保持锚固结构良好的长期性能，必须遵循以下原则：审慎地处理岩土地质或环境因素可能引起的结构物超载，坚持信息化动态设计，锚固结构物有足够的安全度，预应力锚杆（索）采取全面有效的防护措施，对锚杆（索）进行严格的性能（包括长期性能）试验，按规范要求设置完善的工程监测系统，定期监测锚杆（索）预应力与锚固结构位移的变化，若出现异常，能及时采取修补与加强措施。若违背这些原则，保持锚固结构良好的长期性能是难以做到的。

国内外部分锚固结构的长期性能状况　　　　　　　　　　　　　　　表11-1-1

序号	工程名称	锚杆(索)安设时间	锚杆(索)锁定荷载	长期性能概述	原因分析	处治措施
1	阿尔及利亚舍尔法重力坝锚固	1934年	10000kN（37根）	使用20年后，锚索预应力损失达3%，30年后达9%	主要由2根锚索与锚头连接处出现腐蚀破坏所致	1965年，用54根2MN的预应力锚杆加强后，未见有关该工程锚索荷载损失及再次加固报道
2	美国吉尔波重力坝锚固	2005年	6200～9200kN（79根）	长期性能良好。根据锚杆锁定后两次提离试验推测，100年后锚杆的预应力损失均为10%	采用严格的定量控制技术，锚孔偏斜率≤1%；对锚孔的压水试验，必要时实施灌浆处理；完善的锚固长期性能试验，包括基本试验、验收试验和锁定后的锚杆承载力试验；采用环氧涂层钢绞线作锚杆杆体	
3	德国Eder大坝锚固	1992～1993年	4500kN（104根）	对104根锚杆进行提离试验，在26个月后，锁定荷载平均损失为1.4%，也未见腐蚀征兆，长期性能良好	全部锚杆进行并通过了验收试验。预应力荷载是在几周或几个月内采用锁定荷载（4500kN）的50%、80%和100%的间隔分步骤施加的	
4	南非佛罗伦萨沃赛斯特边坡锚固工程	1989年	300～1700kN（312根）	使用6年后，对10%的工程锚杆进行了抗拔试验，锚杆现存的承载力比锁定荷载低15%～20%	地下水呈酸性（pH值4.78～5.0），75%锚杆在锚固段上下部未封孔灌浆。锚头下方钢绞线张拉后裸露	计划于次年进行一次提离试验并采取相应的处治措施

续表

序号	工程名称	锚杆(索)安设时间	锚杆(索)锁定荷载	长期性能概述	原因分析	处治措施
5	中国锦屏一级水电站高边坡锚固工程(开挖高度530m)	2006～2009年	3000kN,2000kN,1000kN(6300根)	锚索安设7年后的监测资料显示,锚索预应力损失为2%～4%,边坡测点位移为−3.85～22.09mm,且位移主要发生在开挖期间,此后一直处于稳定状态。锚索长期性能良好	边坡锚固工程共用6300余根压力分散型锚索,该型锚索锚固段剪应力分布较均匀,蠕变量小,且杆体为有PE层覆盖的无粘结钢绞线,防护性能好	
6	中国石家庄重力坝锚固工程	2005年	2200kN(62根)	锚杆锁定后180d的预应力损失为3.17%～4.41%,以后一直保持稳定状态,锚固混凝土坝长期性能良好	采用压力分散型锚杆;锚杆防腐体系完善;锚杆锚固段剪应力分布较均匀,蠕变量小。锚杆锚固段在垂直方向错开4.0m,有利于防止群锚效应引起锚杆预应力损失	
7	中国安徽梅山水库坝基锚固		2400～3240kN(110根)	锚固坝基茎总体长期性能良好。使用8年后,3根锚杆部分钢丝(直径5.0mm)出现断裂	承载力为3240kN的锚杆杆体由165根钢丝组成,钢丝受力不均,控制应力过高,引起应力腐蚀与氢脆	
8	中国西南某水电站边坡锚固	1990年	1500～2000kN	锚固边坡工程使用10年后,部分锚杆锚头拆开后检查,锚具与钢绞线出现锈蚀	外露筋体与锚具未及时封闭,锚头处封闭层太薄,局部锚头保护层仅为厚10mm的砂浆,开裂现象严重	
9	南非普莱顿纯边坡锚固	1986～1989年		8年后检查(包括检测),所有锚杆状态良好	优良的防护系统和完好有效的封孔灌浆,阻止了水和空气接触钢绞线与锚头	
10	南非娄里爵士通道高架桥锚固	1983～1984年	1062kN	10年后对10%的锚杆进行了拉拔试验,情况良好。一般锚杆荷载损失0.5%～5%,有2根锚杆荷载增加了0.06%和6%,拆开3根混凝土包裹的锚杆,仅锚头有轻微腐蚀,筋体未有腐蚀,无蚀坑	锚头轻微腐蚀是由于验收试验后混凝土封闭的时间延误了28d	

序号	工程名称	锚杆(索)安设时间	锚杆(索)锁定荷载	长期性能概述	原因分析	处治措施
11	南非德班外环线与萨尼亚道路立交桥边坡防护	1975～1981年	500～750kN	为抑制充泥层理面的顺层破坏,1976年用145根承载力为500kN的锚杆锚固边坡,1978年6月,锚杆测力计显示,锚杆荷载已超过锁定荷载值的60%,于是新安装了15根750kN锚杆,并将原锚杆的荷载调整到原设计荷载的120%(600kN)。此后,锚杆荷载仍不断增加,到1979年,经抗拔试验表明,所有锚杆的现存承载力下降。1981年8月,该区大雨后,边坡继续位移,锚杆荷载进一步增加,开挖检查到某些锚杆在紧挨锚头之下出现腐蚀	对顶层边坡开挖引起的扰动估计不足,锚杆的安全系数小于1.5;附近有一条铁路,存在杂散电流,边坡持续位移,节理裂隙张开,使锚杆暴露于地下水的侵蚀环境中	将所有锚杆的工作荷载降低到原设计值的30%;对锚头下方的空隙重新灌浆;并新安装了160根锚杆,确保锚杆的安全系数大于1.5。此后又经历了11年,情况良好
12	澳大利亚巴林贾克重力坝加固加高	1990～1994年	12800kN(161根)	大坝锚固工程长期性能良好。对每根锚杆都用测力计监测荷载值。4年后,经测定,锚杆荷载值的损失很小,大坝很安全	对预应力锚杆制作及施工全过程都进行严格的质量控制。锚杆杆体采用双层防护,每根锚杆均安设测力计进行监测	
13	英国(苏格兰)玛拉多奇大坝锚固	1990年	11000kN(26根)	对全部26根锚杆一直用测力计进行监测,1994年,部分锚杆的荷载损失达10%,后采用在锚头下设置薄垫片的方式,使锚杆荷载平均补偿到设计荷载的115%	锚杆杆体严格的双层防护,并有完整的预应力锚索承载力监测系统	
14	英国利物浦桑登多克废水处理工程结构抗浮	1985年	1950kN	65根锚杆中的9根安装了测力计,经10年的监测,锚杆初始荷载(锁定荷载)变化为-2%～+3%,性能良好	对所有工作锚杆都进行并通过1.5倍工作荷载的验收试验,安装测力计的锚杆锚头采取良好的防腐处理	

续表

序号	工程名称	锚杆(索)安设时间	锚杆(索)锁定荷载	长期性能概述	原因分析	处治措施
15	英国普利茅斯德文波特皇家造船厂综合码头和干船坞锚固	1971～1974年	2000kN（224根）	在海水中工作了22年的全部锚杆（224根）进行了提离（承载力）试验表明（并以最保守的方法评估），锚杆能承受的工作荷载降低了61%（14号船坞）和38%（15号船坞）。未完全用护套并暴露在轻微腐蚀环境中的钢绞线,在工作22年后直径缩小了1～2mm	14号船坞现存锚杆荷载降低严重是由于外露钢绞线机械损伤较严重所致	按评估的锚杆荷载继续使用,并增补锚杆,以满足工程设计的锚杆抗力。对每根锚杆锚头的上下方喷补防腐材料,锚头上部裸露的钢绞线涂油脂并加上护套
16	美国挡土墙锚固		采用35mm直径的钢筋锚杆背拉挡土墙	使用2年后,其中几根锚杆断裂,并像标枪一样由墙内飞出	筋体未加防护,该区域有烧煤的火车头掉下的煤渣形成硫酸,使地下水具有腐蚀性	
17	中国小浪底地下厂房锚固工程	1997年	主厂房安设1500kN锚索（325根）	工程建成后,实测资料表明主厂房拱顶最大下沉4.76mm,边墙最大位移5.97mm,拱顶锚索预应力变化0.3%～1.5%,锚固结构长期性能良好	全面采用张拉锚杆、喷射混凝土和预应力锚索。张拉锚杆与喷射混凝土紧跟开挖面,预应力锚索有效的波形管防腐体系,并通过了严格的验收试验	
18	英国泰晤士河锚固板桩墙工程	1969年	500kN（79根）	使用21年后,即1990年2月26日锚杆杆体断裂。钢板桩倾倒,离开原来的起重机平台近30m	锚杆荷重增加,锚杆锚头下部灌浆量严重不足,锚头部件、自由段钢绞线腐蚀	重新修复了该码头挡墙,用增设成排锚杆进行加固稳定处理,所有锚杆均采用双层防腐系统
19	德国（原联邦德国）WaldeckⅡ地下电站洞室锚固工程	20世纪70年代	系统布置短的张拉锚杆（120kN）和预应力锚索（1.7MN）	该洞室长106m,高51m,宽33m,洞室周边全面采用较短的低预应力锚杆和较长的预应力锚索,并与原20cm厚的配筋喷射混凝土结合使用,40多年来,工程稳定如初	洞室周边全面采用张拉锚杆和预应力锚索	
20	美国马密斯特船闸与大坝锚固工程（坝高30m）		锚索最大承载力为2000kN（337根）	确保了大坝和船闸的稳定,长期性能良好	采用美国PTI标准规定的Ⅰ级防腐,钢绞线用环氧树脂涂层防腐。对锚索进行严格的长期承载力试验	

续表

序号	工程名称	锚杆(索)安设时间	锚杆(索)锁定荷载	长期性能概述	原因分析	处治措施
21	美国汤姆米勒大坝锚固(坝高168m)	2004年	2500kN(52根)	满足了新的大坝安全标准,锚杆长期性能良好	采用美国PTI标准规定的Ⅰ级防腐,钢绞线采用环氧涂层防腐,对锚索进行严格的长期承载力试验	
22	瑞士某管线桥的锚固桥墩	1976年	1130~1150kN	因3根锚索的钢绞线在离自由段50cm的锚固段内出现断裂破坏,引起桥墩破坏和管线桥倒塌	锚固段周边地层为含有硫酸盐和氯化物地下水的砾石层,锚固段前端灌浆料严重不足,劣质施工,钻孔缺少压水试验	
23	瑞士Veytaux地下电站洞室工程	20世纪70年代	短(4m长)的张拉锚杆,其锁定荷载为160kN,较长(11~18m)的预应力锚索,其锁定荷载为1.15~1.35MN	该洞室宽36.5m,高26.5m,长137.5m,洞室周边全面采用4m长的低预应力(张拉)锚杆、较长的预应力锚索和不小于15cm厚的喷射混凝土支护,40余年来,洞室保持稳定,岩石锚固体系长期性能良好	采用系统布置的张拉(低应力)锚杆,安装后几小时施加预应力。全面布设有良好防腐保护的高预应力锚索,能形成大范围压缩状态的岩石拱	
24	中国(香港)挡土墙锚固	1977年	1050kN	3年后检查,有1根锚杆自由段处的2根钢绞线腐蚀破坏,对45根锚索金相检验表明,对自由段锚筋采用涂油套管保护前裸露1~8个月及16~36个月的钢绞线,直径分别减少2.7%和12.0%	锚头下方无防腐保护,在锚杆张拉与锚头封闭保护期间有很长时间耽搁	

第二节　几个锚固结构工程长期性能的研究分析

1. 英国普利茅斯德文波特核潜艇船坞锚固工程的长期性能

1) 概述

20世纪70年代初,为了对停泊在英国普利茅斯德文波特皇家造船厂的核潜艇进行修理,需建造一个综合的修理结构物。该综合体建在已有船坞的西北角,包括新建2座干船坞——14 码头（东墙）和 15 码头（西墙）（图 11-2-1）。稳定性计算结果表明，原有的船坞墙的所有断面均需加固，然后才能排水。因此，在建造综合码头期间，共需安装 331 根预应力锚索，在干船坞墙体上于 22 年前已安装了约 220 根工作锚索，如何利用这些工作锚索，应对已有锚固系统进行详尽的检查和研究后，才能将其应用于工程实践。

为了确定锚杆现有的工作荷载和在海水环境中工作了 22 年的性状，进行了一次全面系统的调查和试验研究，其内容包括：

（1）在锚头上、下部进行腐蚀状况检查；

（2）确定钢绞线残余荷载的拉拔试验；

（3）确定锚索自由段长度的循环加载拉伸试验；

（4）在锚头上部和下部进行金相分析和环境调查。

（5）在 14 号船坞东墙体内工作的 80 根锚索中，有 22 根（占 28%）进行了锚头上部的腐蚀检查，19 根（占 24%）进行了锚头下部的腐蚀检查，17 根（占 21%）进行了拉拔试验，3 根（占 4%）进行了循环加载拉伸试验。在 15 号码头西墙体内的 142 根锚索中，对 52 根（占 37%）进行了锚头上部腐蚀检查，对 29 根（占 21%）进行了锚头下部腐蚀检查，对 52 根（占 37%）进行了拉拔试验。

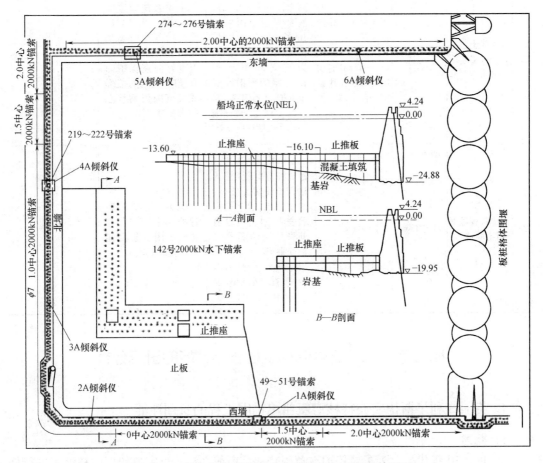

图 11-2-1 德文波特修理综合码头锚固系统平面布置图

2）原船坞东、西墙锚索设计及现场情况

所有锚索的顶端均位于现有备用检修沟的底部，而检修沟走向沿着 14 号船坞东墙及 15 号船坞西墙顶部。锚索索体由多根直径为 15.2mm 钢绞线组成，并被安装在直径 140mm 的钻孔中。

锚索索体的自由段涂有黄油并用聚乙烯护套防护。索体锚固段未防护，直接与水泥浆接触，锚固段长 8.0m。为确保总体稳定性，经计算，从基岩至锚固段中部的深度，不应小于 12m；此外，凡锚索间距为 1.0m 区段，锚索深度增加 2.0m，以使荷载传递到更深部的岩体中，可减少岩体沿层理面破坏的可能性。

锚索的设计工作荷载为 2000kN，锁定荷载为 2250kN，以考虑长期应力损失和锁定损失。锁定后在锚头部涂上沥青或进行水泥灌浆，锚头以上凸出部分的钢绞线，涂润滑油然后用套管封住，或用防腐胶带将其裹住，然后用砂回填沟槽。

3）腐蚀检查与评估结果

对 122 根锚索锚头的上、下部进行了腐蚀状况检查，用游标卡测量钢绞线直径变化。

从锚头上、下部取出多段钢绞线样品进行金相分析。从锚头附近墙的砂料、锚头沟槽和钻孔中取出实物和地下水样品，进行 pH 值、碳氢化合物以及主要离子的分析，以便评价现场环境特性。

腐蚀检查结果表明：

（1）锚头上部的腐蚀

钢绞线的腐蚀从轻微腐蚀到锚具正上方钢绞线的表面明显剥落，反映了断面面积损失（图 11-2-2）。与原状最小钢绞线直径 15.0mm 相比，锚具正上方被腐蚀后的钢绞线直径为 12.9~16.03mm（14 号船坞）和 13.17~16.77mm（15 号船坞），直径减小了 2.1mm。

（2）锚头下部的腐蚀

受力锚头正下方钢绞线的状况，从完全封套防护（用塑料封套 A 级防护）到正下方完全裸露。裸露的钢绞线长度为 5~210mm 不等。从 210mm 以下到最大深度处，尽管有些封套破裂了，但几乎全部钢绞线均被防护。

（3）金相试验成果

金相试验表明，凡安装锚索时，其自由段被涂了油脂并用封套防护的钢绞线样品均未出现有腐蚀或品质下降的迹象。这清楚地说明，采用涂抹油脂并加上封套的防护系统在实际工程中是大有益处的。但是，因锚头下部钢绞线周围没有加聚乙烯护套而出现了两种腐蚀情况：①只局限于局部范围的一般性腐蚀；②受环境影响的应力裂缝。在锚具正上方的钢绞线，只有第一种情况。锚头以下属"c"级的腐蚀，这与没有完全用封套防护的暴露在轻微腐蚀环境中的情况相一致。这使钢绞线直径在过去几年中缩小了 1~2mm。

从对两个船坞所做金相试验来看，只有 2 根钢绞线不能正常工作。高抗拉强度的钢绞线出现应力裂缝（SCC）主要与以下 4 种因素有关，即，①材料的灵敏性；②腐蚀环境；③施加应力或剩余应力；④时间。因此在非腐蚀环境中，即使施加的应力很大，发生应力裂缝的风险也是很小的。

对处于锚固段内的钢绞线的检验表明，发现都受到腐蚀，但与锚头下方的严重腐蚀相比，腐蚀是局部的，对钢绞线的损坏可忽略不计。

（4）环境腐蚀

地下水水样分析结果显示地下水没有腐蚀性，但在 15 号船坞一根锚索处的一个水样中发现，水样中氯化物含量高达 1350×10^{-6}。据了解，这样高的含量会引起腐蚀，尽管水泥浆体呈现较高的 pH 值（12.5）而会使腐蚀降低，对锚头周围填砂的材料分析表明，确实有淡水硫化还原细菌的存在，这会增加腐蚀性。

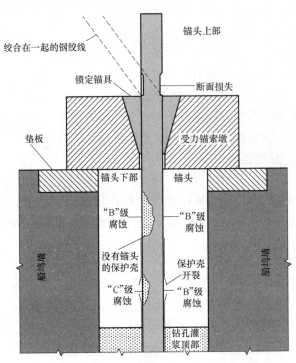

图 11-2-2　锚头钢绞线典型断面图及腐蚀分级

4）对目前锚索工作荷载的评价

对 17 根（14 号船坞）和 52 根（15 号船坞）锚索现存的工作荷载进行了提离拉拔试验，试验结果表明，14 号船坞锚索每根钢绞线的平均工作荷载为 158.1kN，15 号船坞每根钢绞线的平均工作荷载为 143.2kN。

最终，从 4 种评估现有锚索工作荷载的方法中，选择了保守的评估方法，该方法考虑了锚索的腐蚀情况。其现有工作荷载的评估结果见表 11-2-1。

船坞锚索荷载

表 11-2-1

船坞	1970 年锚索的锁定荷载（kN）	1992 年测定的平均荷载（kN）
14 号	2000	781
15 号	2000	1243

从接受检查和试验的锚索可看出，只有 2 股钢绞线因应力裂缝而破坏，因此，从锚索周围现有环境条件的评估结果来看，预计在静力加载条件下（即在锚索上未产生附加荷载），在 18 个月内，因应力裂缝而引起钢绞线随机破坏不可能超过 1 或 2 股。该数据不包括所有降级的钢绞线（即锚头下方划为"C"级的钢绞线），是根据因应力裂缝而引起少

量破坏的钢绞线和工作应力超过特征强度60％的钢绞线以及显示腐蚀等级为"B"级以下的钢绞线数量而得出的。

5）结语

国内外有许多在复杂或恶劣的环境条件下，工作了10～20年以上的锚固结构工程，对于这些工程，全面检查其长期工作性能是很有必要的。英国普利茅斯德文波特核潜艇船坞锚固工程长期性能的检测、试验和评估，为今后研究锚固结构工程的长期性能提供了参考。根据这种研究方法，可以得出以下结论：

（1）从全局上和数量上对有代表性的锚索进行检查和试验是必要的。

（2）在对已锁定的锚索进行拉拔试验之前，应对钢绞线进行全面检查，对腐蚀严重或看起来不能用的钢绞线应进行鉴别，并不对其进行拉拔试验，以免造成过早破坏。

（3）腐蚀检查至少应包括拟进行拉拔试验的那些钢绞线。检查内容应包括：防腐及周围环境概述，钢绞线的物理条件，目视检查腐蚀的程度，对锚具以上部分钢绞线直径进行测量，锚头下部检查，对样品（如钢绞线、地下水及有关物质）进行金相分析和环境影响研究。

（4）对于受到腐蚀和机械损伤的锚索，应使用保守方法来评价其工作荷载（视与破坏有关的危险程度而定）。

（5）为了减少锚杆在检查与试验后进一步腐蚀的程度，在每根锚头上、下方应喷上防腐填料；锚头上部裸露在外的钢绞线应打上油脂并加上护套。

（6）根据对锚索腐蚀程度、腐蚀种类和分布特征以及现有工作应力的评估结果，对锚索具体的安全使用年限进行估算。

2. 英国泰晤士河上使用21年的锚固板桩码头墙的倾倒破坏

1）概述

1990年2月26日，在泰晤士河锚拉板桩码头墙后面的混凝土路面以及在沿码头边缘铺设的大型管道正面都出现了一条裂缝。两天之后，发现10m长的板桩已经离开管道达2m之远。再一天之后，所有板桩与重型钢筋混凝土压顶梁以及外部起重机轨道都离开码头而陷落，从而在板桩与码头后面之间留下一条断裂带，人们运来抽水机以便在涨潮之后，在板桩后面进行排水（降水）作业以减少加速破坏的积水量。同时，在下游破坏极限范围内板桩顶部出现了细长裂缝（撕裂）。

此后，将一些重型链条运至现场，以便对板桩墙提供外部抗力，以防止发生进一步破坏，这对下游方向上已有起重机的位置至关重要，此时在大范围的混凝土路面上，观测到了过度的沉降，最大的沉降量达500mm，该区域与近岸板桩墙沉降带之间的距离约为15m，而距上游墙体初始破坏区的距离为30m（图11-2-3）。

在该周末对上述状况进行了监测，并在1.5m×1.5m的钢筋混凝土管路通道上观测到首次破坏，而此种破坏是由垂直沉降和外向塌陷进入板桩墙后面形成的空洞的组合作用产生的（图11-2-3）。

在第二星期，人们设置了两组链条和拉杆，并将其固定在已损坏的压顶梁的两根系船桩与距码头后面大约30m的两根外露桩帽上，然后用机械设备打入垂直于码头的一排（一系列）板桩，以防止靠近吊车之处发生进一步破坏（图11-2-4）。

通过在已经开始发生塌陷区内硬土层上板桩处取出全套锚头部件的办法，对导致墙体破坏的某些因素进行研究。

承包商提供了在低潮期间通向墙体外部的通道，从而可以对全部外露的锚头、内部钢制构件以及钢筋混凝土构件进行详尽的研究。

锚杆钢绞线被切断

图 11-2-3　在码头混凝土路面出现裂缝，6d 后，锚拉板桩墙发生倾倒破坏　　图 11-2-4　墙倒塌后被切断的锚杆杆（筋）体

2）码头、锚固板桩墙结构

该码头结构为一深 15m 的船台体系，由起重机轨道和管线等组成（图 11-2-5）。码头前端安设有 142m 长的排（板）桩，板桩顶部采用钢筋混凝土帽梁，支撑着外部的起重机轨道。而打入地层的双排 H 形钢桩顶部由钢筋混凝土梁连接，支承着外部的起重机轨道。在排桩与 H 形钢桩之间安设矩形钢筋混凝土管道，薄层钢筋混凝土板覆盖整个码头区域。码头的侧向抗力系是由一排离码头水平面以下 3m 处设置的地层锚杆，与其顶部相固定的打下式板桩，及打入式 H 形钢桩以及这些组合结构形成的总刚度共同提供的。

该码头始建于 1968 年秋，于 1969 年秋建成。

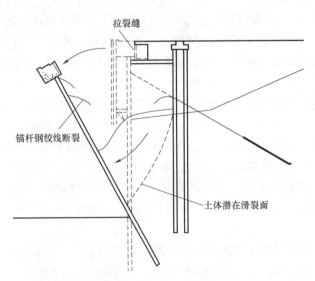

图 11-2-5　原始的用以支护起重机轨道及管线的锚固板桩墙破坏后描绘图

共有 79 根预应力锚杆穿过并固定在板桩的连梁上，锚杆间距 1.68m，每根锚杆的设计工作荷载为 500kN，按 30°角倾斜布设。长 17m 的锚杆采用端部袖阀管高压力注浆工艺，使锚杆体与泰晤士河的砂卵石地层粘结在一起。

3）锚固墙倒塌后，锚杆及锚杆防护系统的现状

锚固墙倒塌后，共检查观察了 29 根锚杆各组件及锚杆防护层的现状。观察结果清楚地表明，当 1～2 根锚杆首先破坏后，墙体的破坏是逐渐发展的。很显然，最先的 1～2 根锚杆破坏后，相邻锚杆就超载了，并引起相邻锚杆也随之发生破坏。在大多数情况下，从钢绞线破裂部位就可识别出钢绞线最薄弱的环节。图 11-2-6 为墙体破坏前后锚杆的平面图。

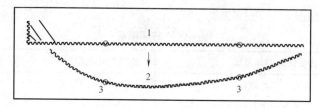

图 11-2-6　墙体破坏前后锚杆的平面图
1—破坏前；2—破坏后；3—系船桩

观察结果揭示出，工作 21 年后，锚杆防护系统存在严重缺陷。这主要表现在：不少锚杆的锚头下部灌浆没有达到预定的充填孔隙的效果，以及锚头垫板处、钢绞线布置与自由段孔径的不相适应。图 11-2-7 表示出锚固墙倒塌后，锚杆各部件的缺陷与破坏位置。

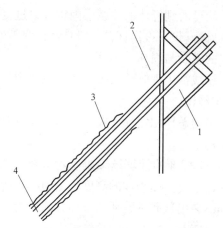

图 11-2-7　锚固墙倒塌后，锚杆各部件的缺陷与损坏位置
1—锚头下部，灌浆深度与灌浆量严重不足；2—锚头区域损坏；
3—锚杆自由段防护层破坏；4—锚杆自由段钢绞线的破断与损坏

所检查观察的 29 根锚杆（包括 145 根钢绞线）在墙体倒塌破坏后，呈现以下缺陷及破坏情况：

（1）锚头下部灌浆深度与灌浆量严重不足

锚头下部灌浆深度与灌浆量情况，见表 11-2-2 所列。

锚杆锚头下部的灌浆深度与灌浆量 表 11-2-2

序号	灌浆深度及灌浆覆盖钢绞线情况	锚头量(个)	占检查总锚头量的比例(%)
1	3根钢绞线被足够的灌浆量覆盖	8	28
2	2根钢绞线被足够的灌浆量覆盖	4	14
3	底部1根钢绞线被足够的灌浆量覆盖	5	17
4	一般的灌浆深度	7	24
5	无灌浆迹象	5	17

（2）锚头区的破坏情况

锚头区的破坏情况，见表 11-2-3 所列。

锚头区的破坏情况 表 11-2-3

序号	锚头区域破坏情况	钢绞线根数(根)	占检查总量的比例(%)
1	锚头内部的破坏	38	26
2	锚头处钢绞线不居中	13	9
3	钢绞线锚具和夹片腐蚀	5	3
4	锚头内或锚头下部钢绞线破坏	14	10
5	检查时钢绞线缺失	70	48

（3）锚杆自由段杆体防护层的损坏

在所有检查的锚杆中，均可看到杆体的注浆层因钢绞线过度张拉而损伤，此外有 3 根锚杆自由段的 PVC 管离开杆体，仅 1 根锚杆自由段杆体被完整的套管所保护。

（4）锚杆自由段钢绞线的破断与损坏

被检查的所有 145 根钢绞线都出现倾斜的破裂面，也看到偏离破坏点的腐蚀坑。

4）锚固墙稳定性分析与结论

英国的工程师们对锚固墙的总体稳定性、施工技术影响以及锚固墙的荷载状况进行过广泛的研究，并得出相关结论。

（1）虽然按照英国 BS8081 标准的计算结果表明，该锚固结构的总体稳定存在问题，但是由于锚杆的长度为 17m，且自由面墙体的高度为 15.6m，所以毫无疑问在破坏发生的过程中，以及在破坏之后都不会出现此种特征的破坏方式。由安装的双排承重桩支护后部吊车轨道而提供的约束力，可能对保持结构的总体稳定性发挥了主要作用。观测结果清楚地表明，墙体的破坏是由于锚杆的超载或因锚杆锚固体破坏引起的倾覆造成的。

（2）种种迹象表明，根据"挡土构筑物"的相关 BS 文件（CP₂）的原始计算对于确定所需由地层锚杆提供的水平抗力而言是符合要求的。然而，还应考虑在构筑物使用期间内的某些潜在因素，以及导致所用锚杆荷载量增加的外部受荷条件，即以下诸因素：

① 在施工期间开挖深度就已经增加了 6.8m，随后锚杆就承受了此超挖引起的荷载；

② 施工时安装在管线通道下面的那些临时系梁也会因为焊接接头的腐蚀，或者由于回填土的沉降，以及后来管线通道受荷共同作用导致超载而发生破坏；

③ 球门阀的破坏或局部破坏，以及对回填物料自由排水的限制；

④ 已经观测到的由于堆放废金属而使码头超载；

⑤ 由于上述原因造成混凝土路面的沉降而导致局部地表水的超量排出（与破坏时极端的潮水距离和强大的雨水径流的重合作用）。

尽管上述的潜在因素会导致锚杆超载或荷载波动，但是无任何迹象表明固定的锚杆范围内已经发生破坏。然而这样的条件可能导致已观测到的锚杆杆体以及其他组件的破坏。分析表明，仅仅由于腐蚀或由于锚杆杆体负荷量的增加，在下面三个主要因素（条件）的作用下也会发生某种程度的破坏：

① 外部锚头用环氧树脂涂层的破坏；

② 锚头下部的灌浆处理不合适；

③ 锚头下部灌浆层与锚杆上部自由段保护层之间结合部位的缺陷。

（3）凡是在锚杆自由段范围内发生的锚杆杆体的破坏，可能都是由于超载与因墙体破坏时几何形状变化引起角度偏差的组合作用造成的，使防腐保护层发生开裂的腐蚀现象不可避免。

（4）英国在初期（1968 年）使用的锚固系统以及相应的腐蚀防护技术与当时英国的技术发展水平同步，或优于其技术发展水平。研究表明，当时锚固墙的设计人员对全部组件的防护措施都予以关注，但是只有经过多年技术的不断发展，人们才能认识到当时使用的某些防护方法（措施）存在缺点。

（5）尚不能确定 1990 年 2 月 26 日发生的锚固墙破坏完全是由某些锚杆组件的腐蚀所引起的，也可能是因为其他结构构件的破坏而使锚杆荷载量增大，或因锚固墙压力增大而共同造成的结果。但可以肯定的是，由腐蚀引起的破坏最终必然会发生。

5）锚固板桩码头破坏后的重建

破坏发生之后，重建了该码头墙体，并且使用了现场便于施工的拉杆系统对其进行约束；还采用增设成排地层锚杆的办法对已有的墙体上游破坏段进行加固与稳定处理，对这些锚杆则用双层塑料系统进行保护。锚固墙的破坏和检查证实，在提供的优质防腐系统中至少必须有一层经过验证的阻隔层来保护现场全部锚杆的钢制组件，而此种阻隔层的寿命必须超过构筑物的预计（设计）寿命。

3. 南非德班外环线与萨尼亚道路立交桥边坡锚固工程

德班外环线修筑工程始于 1975 年，在边坡锚固工程与萨尼亚道路交汇的立交桥处，有一路堑 1976 年沿一条充泥层理面发生面状破坏，以 5°角度朝道路倾斜，道路位于风化冰碛岩中，使用 145 根锚固力达 500kN 的锚索进行锚固，路堑每米的锚固力达 500kN。在修筑期间进行的监测显示，锚索荷载显著增加，到 1978 年 6 月，超过工作荷载 60％。反分析显示，可能需要提供每米 1000kN 左右的锚固力，于是安装了 15 根 750kN 的锚索，并将原锚索的荷载调整到超过原设计荷载的 20％，即 600kN，监测显示锚索荷载仍在不断增加。到 1979 年初，所有锚索残余荷载下降，因此，建议安装更多锚索。1981 年 8 月，在该地区发生大雨之后，观测到锚索荷载进一步增加，路堑仍在继续位移。通过挖开检查，发现某些锚索在紧挨锚头之下出现腐蚀。在这些腐蚀的锚索中，尽管施工时封孔灌浆特别小心，但是锚头之下仍存在着空隙。

通过进一步详细检查得知，下列两个因素是引起上述问题的主要原因：

（1）由于附近有一条铁路，存在杂散电流；

（2）持续的位移导致出现裂隙和断裂张开口，这些开口先前已由灌浆封堵。在完成封孔灌浆时，砂浆流入新形成的裂隙之中，使锚索暴露在路堑水的腐蚀之下。

将所有锚索荷载都降低到设计荷载的 30%，对锚头之下的空隙进行重新灌浆，并新安装了 160 根锚索，确保有不小于 1.5 的安全系数，边坡没有进一步发生位移。此后，在使用了 11 年后，检查表明该段的岩石锚固成功地加固了边坡，防腐措施也是有效的。

4. 瑞士某管线桥锚固桥墩破坏而倒塌

瑞士于 1976 年建成的一座管线桥，该桥桥墩处于砂砾层中，用预应力锚索将桥墩与地层锚固在一起。单根锚索由 10 根直径为 12.7mm 的钢绞线组成，设计承载力为 1130～1150kN，筋体自由段由充填沥青的聚丙烯套管保护，锚固段仅用水泥浆保护。该管线桥使用 5 年后，因 3 根预应力锚索在锚固段前端（离自由段 50cm 处）发生严重腐蚀，导致锚固桥墩破坏并造成管线桥倒塌。

分析锚固桥墩破坏的原因有：

（1）预应力锚索锚固段处于具有腐蚀性（硫酸盐和氯化物）地下水的透水性地层中；

（2）锚索锚固段筋体未设套管保护；

（3）劣质施工，在透水性地层中的锚孔缺少压水试验，导致锚固段灌浆严重不足。

第三节　提高岩土锚杆与锚固结构长期性能的途径与方法

根据国内外岩土锚固技术的发展现状及对部分被揭示的锚固结构长期性能的状况分析可知，为提高岩土锚杆的长期性能，确保锚固结构的长期稳定性，应遵循以下途径与方法。

1. 锚杆设计应有足够的安全度

（1）谨慎而合理地确定锚杆（索）的工作荷载与自由段长度。

（2）加强动态的信息化设计，根据地质及环境条件的变化，及时调整锚杆的工作荷载、设计参数与开挖步骤及方法。

（3）锚杆（索）的自由段长度不应小于 5m，其伸入潜在滑移面或破坏面应不小于 1.5m。

（4）永久性岩土锚杆锚固段的抗拔安全系数应不小于 2.0～2.2；锚杆筋体的拉力设计值应不大于钢材极限抗拉强度标准值 F_{ptk} 的 0.55。

（5）当处于高塑性流变地层或高腐蚀环境中的锚杆，以及用作悬索桥主索固定或为提升重型构件提供反力的锚杆，其破坏后果严重的，则无论是永久的或短时的，其抗拔和抗拉安全系数均应不小于 3.0。

2. 防腐保护

（1）周密调查、检验和判别锚杆工作环境的腐蚀性。

（2）永久性锚杆应按国家标准 GB 50086—2015 规定要求，采取 I 级或 II 级防护，锚杆锚固段筋体至少要有一层 PE 层封闭保护（波形管或无粘结钢绞线）。

（3）对外露的锚头垫板、锚具和钢绞线，在锁定后应及时涂抹油脂并用防护罩封闭，防护罩内应充满防腐料。

（4）在锚杆安设及使用过程中监测锚杆防护体系的完好性。可采用瑞士开创的现场锚杆电绝缘性测定法（详见第二章第八节），该监测方法已在瑞士获得广泛应用，也被欧洲的锚杆标准所采纳。

3. 推行压力分散型锚固体系（单孔复合锚固）

在软岩或土层中锚固的结构，应采用压力分散型锚杆。这类锚杆能充分调动地层的抗剪强度，显著提高其承载力。特别是在增加单元锚杆数量和锚固段长度的条件下，其抗拔承载力能成比例地提高。锚杆负荷时剪应力分布较均匀，可显著降低应力集中现象，从而导致锚杆蠕变率及初始预应力损失显著减少。且锚杆杆体全长完全被 PE 层包裹，锚固段的水泥浆体基本处于受压状态，不易开裂，因而这种锚杆也具有良好的防腐性能。

4. 加强锚固结构质量控制

（1）锚固紧跟隧洞、边坡开挖面施作，系统的张拉锚杆安设后宜在几小时内施加预应力。

（2）发展预制的钢筋混凝土格构或块件。预应力的锚杆（索）应在岩面开挖后最短时间内张拉锁定。

（3）严格控制钻孔的偏斜率。混凝土坝的锚固，一般间距小且杆体长，其钻孔偏斜率不应大于钻孔长度的 1.0%，以防止群锚效应对锚杆承载力的不利影响。

（4）在裂隙发育以及富含地下水的岩层中钻孔，应对钻孔进行压（透）水试验，当渗水率超过 GB 50086—2015 的规定时，应进行固结灌浆。

（5）锚杆张拉前，应对锚头下方进行封孔灌浆；张拉后，应及时对外露的垫板、锚具和钢绞线涂抹油脂并用护罩封闭。对不用再次张拉的锚杆，则应用不小于厚 5cm 的混凝土封闭锚头。

（6）传力结构（梁和墩）面与钻孔轴线应保持垂直。

（7）露天边坡锚固用的传力结构（梁）应与基底紧密接触，并有良好的排水路径。

（8）承载力大于 1000kN 的锚杆宜采用分阶段递增的张拉加荷方式，以有效降低锚杆锁定后的预应力损失。

5. 全面的锚杆性能（包括长期性能）试验

（1）预应力锚杆（索）的性能试验应包括锚杆基本试验、蠕变试验和验收试验。必要时，还应进行锚杆锁定后的承载力试验（提离试验），以评估锚杆长期性能变化情况。

（2）永久性锚杆或任何一种新型锚杆及从未用过的地层中的临时性锚杆，均应进行多循环加荷张拉的基本试验。

（3）所有用于锚固结构的锚杆，必须进行规范化的验收试验。

（4）作为锚杆验收合格的标准，预应力锚杆（索）的最大试验荷载的蠕变率及杆体弹性位移需符合 GB 50086—2015 的规定要求。

（5）验收不合格的锚杆应及时更换或按降低设计抗力使用。任何马虎的、轻率的和不规范的验收试验都会给锚杆长期性能带来后患。

6. 坚持锚杆性能的长期监测

岩土锚固工程的整个生命周期内，在暴雨、飓风、波浪冲击、腐蚀环境、地震、爆破、开挖和振动等因素影响下，会使锚杆工作荷载增加，或锚杆的长期工作性能变差，特别是设计施工存在缺陷的锚固结构，对这些不良工作环境的抵抗能力力是很差的。因此，必须建立完整的包括锚杆初始预应力变化、锚杆与锚固结构的位移变化在内的锚杆长期性能监测系统，加强对锚固结构的安全评价，切实掌握锚固结构整个生命周期内的安全工作状态，对少量或个别安全度不足的锚杆应及时采取有效的处理措施。

第四节　岩土锚固工程的安全评价

1. 安全评价模式

岩土锚固工程的安全评价模式（图 11-4-1）主要包括岩土锚固危险性识别与岩土锚固危险度评价两个方面。

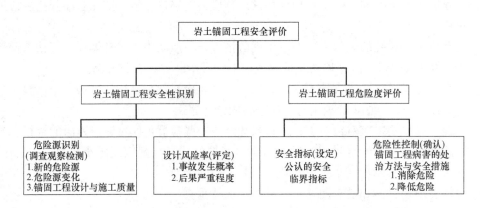

图 11-4-1　岩土锚固工程安全性评价模式

2. 锚固工程危险源识别

对锚固工程危险源的识别，首先应对影响岩土锚固长期性的一般性危险源进行细致周密的观察，主要调查观察的事项有：

（1）工程防排水设施是否能正常工作，有无局部乃至全面失效或破坏的征兆。

（2）工程范围内是否存在引起锚杆腐蚀的介质或杂散电流环境。

（3）暴雨季节雨水入渗边坡及其对锚杆侵蚀程度。

（4）邻近处是否有对岩土锚杆安全不利的开挖、爆破和振动等危险因素。

（5）锚杆、锚头、传力装置及工程范围内的岩土体是否有异常的变形迹象。若有，应详细测绘变形特征及分布情况。

3. 锚固工程设计施工质量的调查研究

（1）对工程锚杆设计荷载及结构参数进行复核。

（2）检查锚杆及锚固结构物的现状（包括锚头、传力结构、结构物的变形与缺损）。

（3）检查隐蔽工程施工记录，包括钻孔偏斜率、灌浆量、灌浆料水灰比等。

（4）检查锚杆的基本试验、验收试验是否符合规范要求，特别要重点检查在设计荷载条件下锚杆的蠕变率是否满足规范规定。

（5）检查钻孔作业（特别是处于地下水影响的破碎岩层中的钻孔）完成后，是否进行了压水试验以及必要的灌浆处理。

（6）锚杆张拉后，是否进行了严格的封孔灌浆。

4. 岩土锚固长期性能的试验与监测

为深入了解岩土锚固工程危险源的影响程度，正确评价岩土锚固工程的安全状态，必须对能反映岩土锚固长期性能的主要技术指标进行试验与监测。其主要试验和监测的项目有：

（1）锚杆现有承载力试验

选取锚杆总量10％的锚杆进行抗拔试验。其要点是采用将锚杆外露钢绞线接长的方法，对工作锚杆实施再张拉，即提离试验，它可测得锚杆现有的承载力及锚杆锁定时承载力的损失率。

这种锚杆承载力试验，也可定期多次实施，以推测50～100年后锚杆的承载力。

（2）锚杆初始预应力变化

永久性锚杆应取10％的工作锚杆进行锚杆初始预应力变化的监测。其方法要点是在锚杆荷载锁定时，即安设振弦式测力计，并定期测定钢弦的频率，由于钢弦频率与荷载间有精确的对应关系，因而通过测力计钢弦频率的变化即可掌握锚杆初始应力的变化。

为有利于对锚杆实施再次补偿张拉或放松张拉力，在锚杆荷载锁定后，锚杆锚头（钢垫板、锚具、外露钢制杆体）应立即用钢罩密封，钢罩内应充满防腐油脂，以防止空气、雨水对锚头金属部件的侵蚀。

（3）锚杆锚头及被锚固结构物变位

以边坡锚固工程为例，可选择有代表性的横断面埋设测点，对锚杆锚头位移、坡面及坡体内的变形进行监测。对锚杆锚头和坡面位移监测，可选用高精度经纬仪、水准仪与光波测距仪等。对坡体内地层的变位监测可采用多点位移计。

（4）锚杆腐蚀状况

根据国际预应力协会统计的世界各国35项锚杆腐蚀破坏案例进行总结，可知预应力锚杆的腐蚀主要发生在锚头和邻近锚头的杆体自由段长度内。因而，锚杆腐蚀状况检查的重点是拆除锚头的混凝土保护层和离锚头1.0m范围内的灌浆体，检查筋体的腐蚀及直径变化情况，必要时应取有腐蚀迹象处的金属材料进行金相分析。

5. 岩土锚固工程危险度评价

关于岩土锚固工程危险度评价，必须首先设定锚固工程安全临界技术指标，即工程安全控制预警值。该预警值应符合 GB 50086—2015 的规定见表 11-4-1。

工程安全控制的预警值 表 11-4-1

项目		预警值
锚杆预加力变化幅度	预加力等于锚杆拉力设计值	≤±10％锚杆拉力设计值
	预加力小于锚杆拉力设计值	≤+10％锚杆拉力设计值
		≤-10％锚杆锁定荷载
锚头及锚固地层或结构物的变形量与变形速率		设计单位根据地层性状、工程条件及当地经验确定
持有的锚杆受拉极限承载力与设计要求的锚杆受拉极限承载力之比		≤0.9
锚杆腐蚀引起的锚杆杆体截面减小率		≤10％

应当指出，当所检测的岩土锚杆与锚固结构的长期性能变化暂时未越过设定的安全控制的预警值，但已相当接近于表 11-4-1 所规定的指标时，考虑到锚固工程仍要长期使用，其长期性能可能进一步弱化，因此仍需对锚杆的承载力予以适当折减，增加一定数量的锚杆，并对筋体腐蚀处进行加强防护处理，以满足锚固结构长期稳定的要求。

第五节　岩土锚固工程病害处治

通过调查、观察和检测，确实表明锚固工程已出现病害，安全度已明显降低，不能满足原设计要求，有一项以上的锚杆性能指标已超越锚固工程安全临界状态时，则应采取以下的处治方法，以保证岩土锚固工程的长期安全稳定。

1. 一般性处治方法

（1）排除不利于锚固工程安全的危险源，如修复、完善或增设防排水设施，隔绝杂散电流环境影响等。

（2）对初始预应力（锁定荷载）变化幅度大于±10％的锚杆，在查明原因后应采取再次张拉或放松拉力等措施。

（3）对于出现锈蚀的锚具、垫板进行喷砂除锈，经查明的锚头以下自由段筋体出现锈蚀的部位，务必认真清除锈迹，对未进行或已开裂破坏的封孔注浆部位应重新实施严格的封孔注浆。

（4）凿除出现开裂的锚头保护层，重新施作锚头处的混凝土，混凝土保护层厚度不应小于 5cm。

（5）加强或更换锚杆的传力结构，使之达到设计要求的强度和刚度。

2. 增设锚杆

对局部区段出现锚杆抗力不足或变形过大的可采用锚杆局部加固。经检查和检测，若工程出现大范围锚杆抗力不足，工程安全度明显下降的情况，则必须全面系统地采用锚杆加固，包括增补锚杆数量和增大锚杆预应力值等。

3. 完善或重新建立完整的锚杆长期性能监测系统

对出现病害的岩土锚固工程，在采取必要的处治措施的同时，务必完善或重新建立完整的锚杆长期性能（锚杆拉力、位移以及被锚固结构物的变形等）监测系统，加强对岩土锚固工程的维护管理，切实掌握岩土锚固工程整个生命周期内的安全状态。

参 考 文 献

[1] 程良奎，韩军，张培文. 岩土锚固工程的长期性能与安全评价. 岩石力学与工程学报，2008，(5).

[2] 程良奎，李象范. 岩土锚固·土钉·喷射混凝土—原理、设计与应用. 北京：中国建筑工业出版社，2008.

[3] Britsh standard. code of practice for anchorages. BS 8081：1989.

[4] R B Weerasinghe，R W W Anson. Investigation of the long term performance and future behaviour of existing ground anchorges. proc. of Int. Confr. on Ground anchorages and anchored structures. London，1997：353-362.

[5] D L Jones. Corrosion - cstablishing the limits of acceptability. proc of lnt. Confr on Ground anchorages and anchored structures. London，1997：263-270.

[6] A D Barley . Ground anchor tendon protected against corrosion and damage by adouble plastic layer . proc. of lnt . confr on ground ancharages and anchored structures. London，1997：371-383.

[7] R Parry-Davics and E C Knottendbelt. Investigations into long - term performancc of anchors in South Africa with emphasis on aspects requiring care. proc. of Int. Confr. on Ground anchorages and anchored stractures. London，1997：384-392.

[8] 中华人民共和国住房和城乡建设部. 岩土锚杆与喷射混凝土支护工程技术规范 GB 50086—2015. 北京：中国计划出版社，2016.

[9] 刘宁，高大水，戴润泉，等. 岩土预应力锚固技术应用及研究. 武汉：湖北科学技术出版社，2001.

[10] D E Joncs，D Tonge，A Simpson. Design installation，testing and long term monitoring of 200 tonne rock anchorages at Sandon Dock，Liverpool. proc of int. confr. on Ground anchorages and anchored structures. London，1997：297-307.

[11] I Federsen. Improvement of the overall stabilitv of a gravitv with 4500kN-anchors，Proc of int. Confr. on Ground anchorages and ancbored structures . London，1997：318-325.

[12] A D Barley. The failure of a 21 year old anchered sheet pile quay wall on the thames . Ground Engineering，1997，(3)：42-45.

[13] L Hobst，J Zajic. Anchoring in Rock and soil. New York：Elsevier scientific publishing company，1983.

[14] 王泰恒，徐文年，陈池，等. 预应力锚固技术基本理论与实践. 北京：中国水利水电出版社，2007.

[15] 赵长海. 预应力锚固技术. 北京：中国水利水电出版社，2001.

[16] 石家庄市道桥建设总公司，石家庄市道桥管理处. 高承载力压力分散型锚固体系及其在新建坝体中的应用研究，2006.

[17] Bruce D A. , J S Wolfhope. Rock Anchors for Dams: The Preliminary Results of the National Research Project. ASDSO Dam Safety Conference, Orlando, Fl, 2005, 9: 23-26, 6.

[18] Bruce D A. , P J Nicholson. The Stabilization of Concrete Dams by Post Tensioned Rock Ancorages. International Symposium on Anchoring and Grouting Techniques, Guangzhou, China. 1994, 12: 7-10, 13.